新工科系列规划教材

Principles of Automatic Control

自动控制原理

主编　贺容波　张世峰

编委　李　飞　姚凤麒

陈　玲　孔庆凯

方　炜

中国科学技术大学出版社

内 容 简 介

本书是为满足新工科建设需求，依据高等院校自动控制原理课程教学大纲，立足于新工科人才培养，精选各章内容编写的本科教材。全书共分为8章，全面介绍了控制系统在时域和复频域中的数学模型及其结构图和信号流图；系统阐述了线性控制系统的时域分析法、根轨迹法、频域分析法以及校正和设计方法；在非线性控制系统分析方面，给出了相平面和描述函数两种常用的分析方法；详细讨论了线性离散系统的基本理论、分析和设计方法等。

本书可作为自动化专业以及电子信息工程、电气工程及其自动化、测控技术与仪器、轨道交通信号与控制、工业机器人控制等相关专业的教材或教学参考书，也可供有关专业的师生和工程技术人员参考。

图书在版编目(CIP)数据

自动控制原理/贺容波，张世峰主编. —合肥：中国科学技术大学出版社，2024.4
ISBN 978-7-312-05707-6

Ⅰ. 自… Ⅱ. ① 贺… ② 张… Ⅲ. 自动控制理论—高等学校—教材 Ⅳ. TP13

中国国家版本馆 CIP 数据核字(2024)第 056643 号

自动控制原理
ZIDONG KONGZHI YUANLI

出版 中国科学技术大学出版社
安徽省合肥市金寨路 96 号，230026
http://press.ustc.edu.cn
https://zgkxjsdxcbs.tmall.com

印刷 合肥华苑印刷包装有限公司

发行 中国科学技术大学出版社

开本 787 mm×1092 mm 1/16

印张 25.5

字数 650 千

版次 2024 年 4 月第 1 版

印次 2024 年 4 月第 1 次印刷

定价 69.00 元

前　　言

自动控制作为一门科学，自诞生之日起就显示出强大的生命力。在人类社会进步和生产技术发展的各个阶段，自动控制理论都发挥了极其重要的作用。目前，自动控制技术已经广泛、深入地应用于工农业生产、交通运输、国防现代化和航空航天等诸多领域。自动控制原理作为高等院校自动化专业重要的基础理论课程，不仅对工程技术有指导意义，而且对培养学生的辩证思维能力、建立理论联系实际的科学观点和提高综合分析问题的技能，都具有重要的作用。深入理解、掌握自动控制原理的概念、思想和方法，对于学生日后解决实际控制工程问题、掌握控制理论下其他学科方向的知识，都是必备的基础。在国家持续推进新时期信息化与工业化深度融合发展，提升制造业数字化、网络化、智能化发展水平，建设制造强国的当下，以自动控制理论为指导的自动化技术发挥着重要的桥梁和纽带作用。

为服务国家新工科建设的需求，加快培养新兴领域工程科技人才，我们根据一线教师与科研工作者的教学、科研体会，精选了自动控制原理各方面的内容，使其更加适宜教学的需要。本书的编写过程做到了突出重点，淡化烦冗的理论推导，力求简洁明了的表达方式。在详细阐述课程重点内容的同时，删除了工程中不常用的扩张部分；以基本内容为主线，注重基本概念和原理的讲解，突出工程实用方法，在有些理论性较强的部分和主要的设计方法上作了较详细的分析和讨论。

本书比较全面地阐述了自动控制的基本原理，系统地介绍了自动控制系统分析和综合设计的基本方法。全书共分为 8 章。第 1 章简要介绍了自动控制理论的发展历史和自动控制系统的一般概念。第 2 章讲解了自动控制系统的表示方法和数学模型。第 3～5 章分别阐述了自动控制原理中的三种基本分析方法，即时域分析法、根轨迹分析法、频域分析法，并详细描述了各种分析方法的基本概念、基本原理及其应用等内容。第 6 章介绍了控制系统校正的常用方法。第 7 章介绍了非线性控制系统理论基础和方法，即相平面法和描述函数法。第 8 章介绍了采样控制系统的基本理论和分析、设计方法。此外，在主要章节中还安排了基于 MATLAB 软件的系统分析与设计实例，以适应计算机辅助教学的要求。各章之后的小结帮助学生把握章节的要点和课程的体系结构。每章配有适量的习题，以配合课堂教学，帮助学生准确理解有关概念，掌握解题方法和技巧，检验计算结果。

本书由贺容波、张世峰主编，李飞、姚凤麒、孔庆凯、陈玲、方炜等参与编写了部分章节。本书编写过程中，参考了许多院校老师编写的教科书和习题集，得到了安徽工业大学教务处、中国科学技术大学出版社有关同志的大力帮助。在此谨向所有关心本书的出版，并为本书的编写付出辛勤劳动的同志表达深深的谢意！

由于编者水平有限，书中难免出现错误及不妥之处，恳请各位读者、同行批评指正，以便进一步修订和完善。

编　者

2024年2月

目　　录

第 1 章 自动控制的一般概念

在科学技术飞速发展的今天，自动控制技术和理论已经成为现代社会不可或缺的组成部分。自动控制技术及理论已经广泛地应用于机械、冶金、石油、化工、电子、电力、航空、航海、航天、核工业等各个领域。近年来，控制学科的应用范围还扩展到了交通管理、物流运输、生物医药、生态环境、经济管理、社会科学和其他许多社会生活领域，并对各学科之间的相互渗透起到了促进作用。自动控制技术的应用不仅使生产过程实现了自动化，从而提高了劳动生产率和产品质量，降低了生产成本，提高了经济效益，改善了劳动条件，使人们从繁重的体力劳动和单调重复的脑力劳动中解放出来；而且在人类探索大自然、开发新能源、发展空间技术和创造人类文明等方面都具有十分重要的意义。可以说，一个国家在自动控制领域水平的高低是衡量它的生产技术和科学技术水平先进与否的一项重要标准。

生产的自动化和管理的科学化，大大地改善了劳动条件，使产品的质量得以提高，产量得以增加。近十几年来，计算机的广泛应用，使自动控制理论更加迅速地向前发展，使得自动控制技术所能完成的任务更加复杂，水平大大提高。电子技术和计算机技术的迅猛发展，犹如为自动控制技术插上了两只翅膀，自动控制技术将在愈来愈多的领域发挥愈来愈重要的作用。因此，各个领域的工程技术人员和科学工作者，都必须具备一定的自动控制知识。

自动控制是一门理论性和工程实践性均较强的技术学科，通常称为“控制工程”，而把实现这种技术的理论叫作“自动控制理论”。自动控制理论是研究关于自动控制系统组成、分析和综合的一般性理论，是研究自动控制共同规律的技术科学。学习和研究自动控制理论是为了探索自动控制系统中变量的运动规律及改变这种运动规律的可能性和途径，为建立高性能的自动控制系统提供必要的理论依据。根据自动控制技术发展的不同阶段，自动控制理论通常分为“经典控制理论”和“现代控制理论”两大部分。

1.1 自动控制理论发展概述

自动控制理论是在人类征服自然的生产实践中孕育、产生，并随着社会生产和科学技术的进步而不断发展、完善起来的。

早在古代，劳动人民就凭借生产实践中积累的丰富经验和对反馈概念的直观认识，发明了许多闪烁着控制理论智慧火花的杰作。例如，我国北宋时期苏颂和韩公廉利用天衡装置制造的水运仪象台，就是一个基于负反馈原理的自动控制系统；1679 年法国物理学家帕潘(D. Papin)发明了用作安全调节装置的锅炉压力调节器；1765 年俄国发明家波尔祖诺夫(I. I. Polzunov)发明了蒸汽锅炉水位调节器；等等。

1788 年，英国发明家瓦特(J. Watt)在他发明的蒸汽机上使用了离心调速器，解决了蒸汽机的速度控制问题,引起了人们对控制技术的重视。之后人们曾经试图改善调速器的准确性,却常常导致系统产生振荡。

实践中出现的问题,促使科学家们从理论上进行探索研究。1868 年,英国物理学家麦克斯韦(J. C. Maxwell)通过对调速系统线性常微分方程的建立和分析,解释了瓦特速度控制系统中出现的不稳定问题,开辟了用数学方法研究控制系统的途径。此后,英国数学家劳斯(E. J. Routh)和德国数学家赫尔维茨(A. Hurwitz)分别在 1877 年和 1895 年独立地建立了直接根据代数方程的系数判别系统稳定性的准则。这些方法奠定了经典控制理论中时域分析法的基础。

1932 年,美国物理学家奈奎斯特(H. Nyquist)研究了长距离电话线信号传输中出现的失真问题,运用复变函数理论建立了以频率特性为基础的稳定性判据,奠定了频率响应法的基础。随后,伯德(H. W. Bode)和尼柯尔斯(N. B. Nichols)分别在 20 世纪 30 年代末和 40 年代初进一步将频率响应法加以发展,形成了经典控制理论的频域分析法,为工程技术人员提供了一个设计反馈控制系统的有效工具。

二战期间,反馈控制方法被广泛应用于设计研制飞机自动驾驶仪、火炮定位系统、雷达天线控制系统以及其他军用系统。这些系统的复杂性和对快速跟踪、精确控制的高性能追求,迫切要求拓展已有的控制技术,导致了许多新的见解和方法的产生。同时,还促进了对非线性系统、采样系统和随机控制系统的研究。

1948 年,美国科学家埃文斯(W. R. Evans)创立了根轨迹分析法,为分析系统性能随系统参数变化的规律性提供了有力工具,被广泛应用于反馈控制系统的分析、设计。

以传递函数作为描述系统的数学模型,以时域分析法、根轨迹法和频域分析法为主要分析设计工具,构成了经典控制理论的基本框架。到 20 世纪 50 年代,经典控制理论已发展到相当成熟的地步,形成了相对完整的理论体系,为指导当时的控制工程实践发挥了极大的作用。

经典控制理论研究的对象基本上是以线性定常系统为主的单输入-单输出系统,还不能解决时变参数问题,或多变量、强耦合等复杂的控制问题。

20 世纪 50 年代中期,空间技术的发展迫切要求解决更复杂的多变量系统、非线性系统的最优控制问题(例如,火箭和航天器的导航、跟踪和着陆过程中的高精度、低消耗控制)。实践的需求推动了控制理论的进步,同时,计算技术的发展也从计算手段上为控制理论的发展提供了条件。适合于描述航天器的运动规律、又便于计算机求解的状态空间描述成为了主要的模型形式。俄国数学家李雅普诺夫(A. M. Lyapunov)于 1892 年创立的稳定性理论被引入到控制中。1956 年,苏联科学家庞特里亚金(L. S. Pontryagin)提出了极大值原理。同年,美国数学家贝尔曼(R. Bellman)创立了动态规划。极大值原理和动态规划为解决最优控制问题提供了理论工具。1959 年美国数学家卡尔曼(R. Kalman)提出了著名的卡尔曼滤波算法,1960 年卡尔曼又提出了系统的可控性和可观测性问题。到 20 世纪 60 年代初,一套以状态方程作为描述系统的数学模型、以最优控制和卡尔曼滤波为核心的控制系统分析设计的新原理和方法基本确定,现代控制理论应运而生。

现代控制理论主要利用计算机作为系统建模分析、设计乃至控制的手段,适用于多变量、非线性、时变系统。现代控制理论在航空、航天、制导与控制中创造了辉煌的成就,使人类迈向宇宙的梦想变为现实。

为了解决现代控制理论在工业生产应用过程中遇到的被控制对象精确状态空间模型不

易建立、合适的最优性能指标难以构造、所得最优控制器往往过于复杂等问题，科学家们经过不懈努力，近几十年来不断提出新的控制方法和理论，例如，自适应控制、预测控制、容错控制、鲁棒控制、非线性控制和大系统、复杂系统控制等，极大地扩展了控制理论的研究范畴。

控制理论目前还在不断向更深、更广的领域发展。以控制论、信息论和仿生学为基础的智能控制理论，开拓了更广泛的研究领域，为信息与控制学科研究注入了蓬勃的生命力。无论在数学工具、理论基础，还是在研究方法上都产生了实质性的飞跃，启发并扩展了人们的思维方式，引导人们去探讨自然界更为深刻的运动机理。

控制理论的深入发展，必将有力地推动社会生产力的发展，提高人民的生活水平，促进人类社会的进步。

1.2　自动控制和自动控制系统的基本概念

自动控制是随着人们不断解决在生产实践和科学试验中提出的“控制”问题而发展起来的，因此，首先必须了解什么是控制。

1.2.1　控制

在生产和科学实践中，往往要求一台机器或一个生产过程按人们所希望的状态工作。但是由于种种原因，它们的实际工作状态一般不会自动地和人们所希望的工作状态相一致。下面举例说明。

例1.1　炉温控制系统如图1.1所示。由图中可以看出，炉子通过加热器加热而达到所要求的温度。加热器由电源供电，电源经过一个控制开关控制流过加热器中的电流。如果控制开关的位置确定了，相应的炉子的温度就确定了。控制开关的不同位置对应炉子的不同温度。

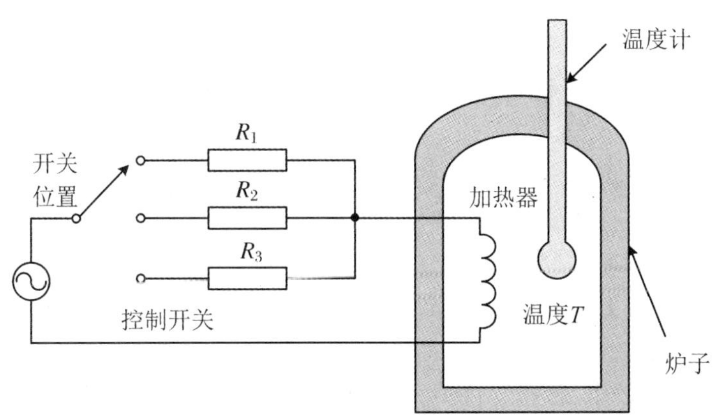

图1.1　炉温控制系统

例1.2　直流电动机调速系统Ⅰ如图1.2所示。图中1是电位计，2是电位计的滑动端,3是发电机4的激磁绕组。移动电位计1的滑动端2,可以调节发电机4的激磁绕组3中的激磁电流,发电机4的转子由原动机带动做恒速旋转。由于激磁电流的改变,发电机输出的电势随之改变,这就使直流电动机5的电枢电压发生变化。由于直流电动机的激磁电流 i_f 保持不变,因此直流电动机电枢电压的改变,将导致直流电动机转速变化。又由于直流电动机5和测速发电机6同轴连接,因此测速发电机电枢输出电压和直流电动机转子转速成正比。在测速发电机电枢输出端接有电压表7以显示测速发电机的输出电压。直流电动机5与测速发电机6的转速可以在电压表7上反映出来。我们只要将电位计1的滑动端2置于某一相应位置,即可使电动机的转速为所需要的数值,也就是说,改变滑动端2的位置即可改变电动机的转速。

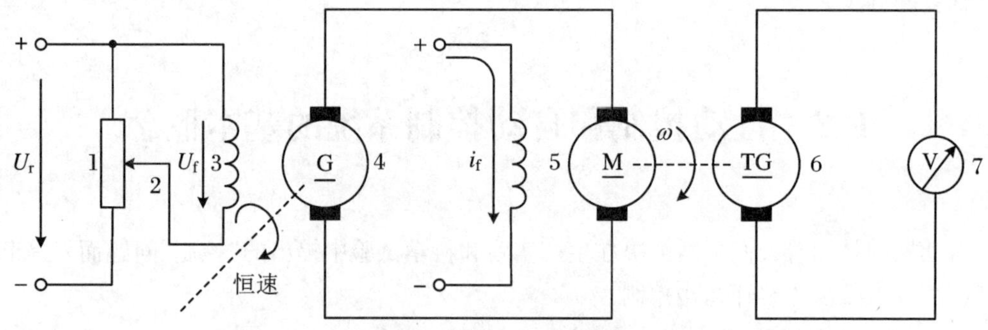

图1.2　直流电动机调速系统Ⅰ

在上面两例中,我们把炉子、电动机称作被控(制)对象,对被控制对象起控制作用的装置总体称作控制装置或控制器;炉温、转速表征被控制对象工作状态,被称作被控制量;而规定的炉温、电动机转速就是在运行过程中的被控制量的希望值,称作输入量或控制量;而所有妨碍控制量对被控制量按要求进行正常控制的因素称为干扰量或扰动量。我们要使被控制量等于希望值,就必须对被控制对象进行控制。这个任务可以由人直接参与,或由机器及其他设备来完成。

1.2.2　人工控制

在人直接参与的情况下,利用控制装置使被控制对象和过程按预定规律变化,称为人工控制。将由人参与的控制系统称为人工控制系统。下面就以例1.2直流电动机调速系统Ⅰ为例来说明这个问题。

首先,人们将测得的转速 n 与希望的转速 n_r 比较,看它们是否相等,若不等,判断是偏高还是偏低,偏差是多少。所谓比较,就是人在脑海里进行一个简单的减法运算,把通过测量仪器测得的实际转速 n 与脑海里记忆的希望值 n_r 相减,其偏差为 n_g。然后,根据偏差 n_g 的大小和正负来改变图1.2中的2或1,从而改变 U_f 或 U_r,使实际输出转速 n 接近或等于希望值 n_r。由此可见,人在控制过程中主要完成了测量、比较和执行这三种任务。

显然,在负载变化较小、转速变化不大的场合,采用人工控制是可以完成的。但是人工控制系统有许多缺点,甚至有时也是不可能实现的。首先,人工控制系统的控制精度不高,或者说控制精度完全取决于操作者的经验;其次,由于有些控制过程动作极快,人的反应不能适应;再则,在如高温、放射性等对人体有危害的场合,人无法直接参与控制。因此,为了进一步改善控制系统的性能，必须应用机械、液压、电气等自动化装置来代替人对一些物理量自动地进行控制，这样人工控制系统就发展成为自动控制系统。

1.2.3　自动控制

所谓自动控制，就是在无人直接参与的情况下，利用控制装置使被控制对象和过程自动地按预定规律变化的控制过程。自动控制系统是由控制装置和被控制对象组成的，它们以某种相互依赖的方式结合成为一个有机整体，并对被控制对象进行自动控制。显然，这些控制装置至少完成了人所起的某种作用：测量、比较或执行。下面仍以例1.2为例来说明如何用一些设备代替人来完成自动控制的任务，如图1.3所示。

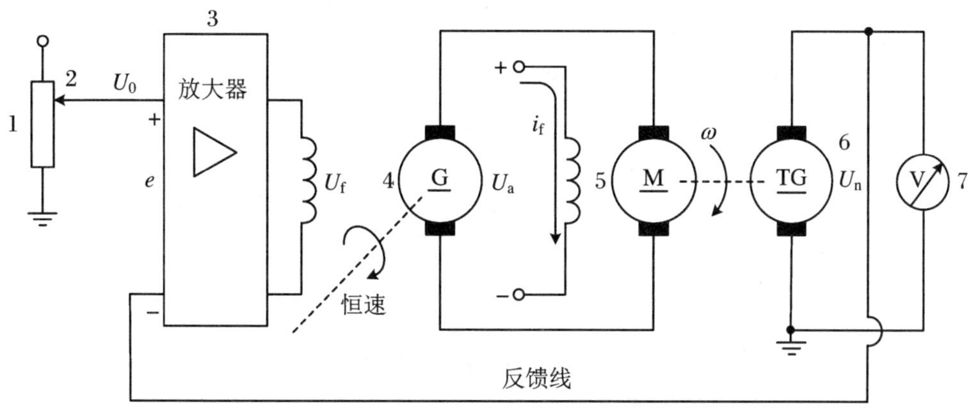

图1.3　直流电动机调速系统Ⅱ

图1.3所示的直流电动机调速系统Ⅱ中，直流电动机5的转速由测速发电机6测量，并通过电压表7来反映。与电动机转速对应的测速发电机电压 U_n 经反馈线回送到系统的输入端与给定电压 U_0 相比较，其差值 e 经放大器3放大，调节直流发电机4两端电压 U_a，这个电压施加在电动机电枢两端使电动机按预定的转速旋转。当转速对应的测速发电机电压 U_n 偏离给定值 U_0 时，U_0 与 U_n 之差将为 $e \pm \Delta e$，这个变化后的误差电压经放大器放大后，致使发电机两端电压 U_a 相应升高或降低，从而使电动机的转速恢复到给定的数值。

上述控制系统按控制装置与被控制对象之间的作用形式来划分，可分为开环控制系统、闭环控制系统和复合控制系统。

1.2.4　开环控制和闭环控制

1. 开环控制

开环控制是指控制装置与被控制对象之间只有正向作用，没有反向联系的控制过程。在开环系统中，不需要对输出量进行测量，其结构如图1.4所示，如交通指挥的红绿灯转换、自动生产线等。

开环控制的特点有：

(1) 输出不影响输入，对输出不需要测量，通常较容易实现；

(2) 只有组成系统的元部件精度高，系统的精度才能高；

(3) 系统的稳定性不是主要问题。

开环系统存在的问题如下：

(1) 对元部件的精度要求高；

(2) 当存在变化规律无法预测的干扰时，不容易实现。

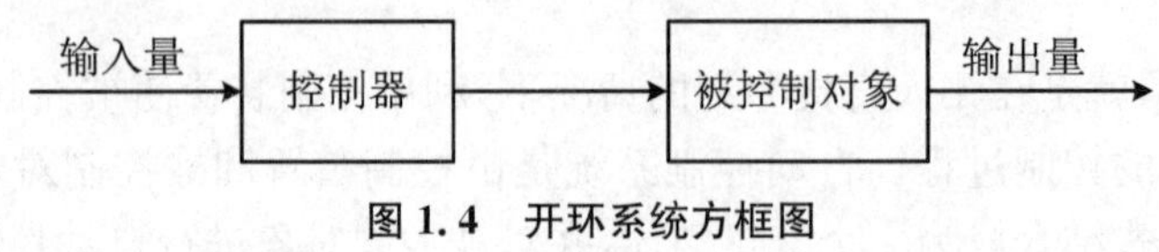

图 1.4　开环系统方框图

2. 闭环控制

闭环控制是指控制装置与被控制对象之间既有正向作用，又有反向联系的控制过程。在闭环系统中，需对输出量进行测量，其结构图如图 1.5 所示。典型的闭环系统，有小功率随动系统、雷达自动控制系统等。显然，闭环系统是反馈系统，反馈按反馈极性的不同分成两种形式：如反馈使系统偏差增大，即为正反馈；反之则为负反馈。我们所讲述的反馈系统，如果无特殊说明，一般都是指负反馈。

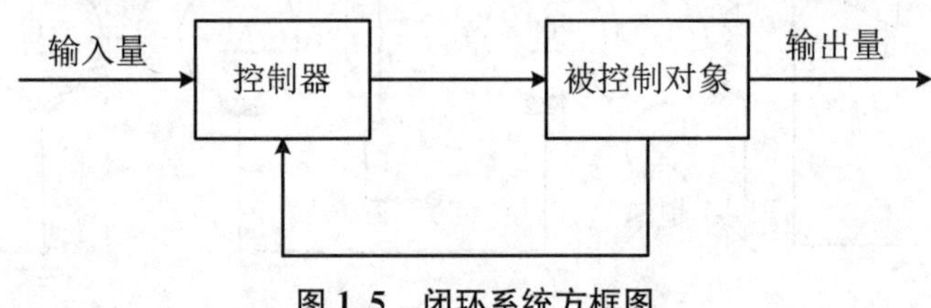

图 1.5　闭环系统方框图

闭环控制的特点有：

(1) 输出影响输入，所以能削弱或抑制干扰；

(2) 低精度元件可组成高精度系统；

(3) 因为可能发生超调、振荡，所以稳定性问题很重要。

一般说来，开环控制系统结构比较简单，成本较低。开环控制系统的缺点是控制精度不高，抑制干扰能力差，而且对系统参数变化比较敏感。一般用于可以不考虑外界影响或精度要求不高的场合，如洗衣机、步进电机控制装置以及水位调节系统等。

在闭环控制系统中，不论是输入信号的变化，还是干扰的影响，或者系统内部参数的改变，只要是被控制量偏离规定值，都会产生相应的作用去消除偏差。因此，闭环控制抑制干扰能力强，与开环控制相比，系统对参数变化不敏感，可以选用不精密的元件构成较为精密的控制系统，获得满意的动态特性和控制精度。但是采用反馈装置需要添加元部件，造价较高，同时也增加了系统的复杂性。如果系统的结构参数选择不当，控制过程可能变得很差，甚至出现振荡或发散等不稳定的情况。因此，如何分析系统，合理选择系统的结构参数，从而获得满意的系统性能，是自动控制理论必须研究解决的问题。

1.3　自动控制系统的分类

自动控制系统有许多分类方法。根据系统元件特性是否是线性的，分为线性系统和非线性系统;根据系统参数是否随时间变化,分为定常系统和时变系统;根据系统内信号传递方式的不同,分为连续系统和断续系统。同样,根据系统使用元件的不同,分为机电控制系统、液压控制系统、气动控制系统和生物控制系统等。根据被控制量遵循的运动规律,自动控制系统又可分为恒值系统、随动系统和程序控制系统等。此外,根据被控制量是否存在稳态误差,还可以分为有差系统和无差系统。为了更好地了解自动控制系统的特点,下面介绍其中比较重要的几种分类。

1.3.1　恒值系统、随动系统和程序控制系统

输出量以一定精度等于给定值,而给定值一般不变或变化很缓慢,扰动可随时变化的系统称为恒值系统。恒值系统又称为镇定系统。在生产过程中,这类系统非常多。例如,在冶金部门,要保持退火炉温度为某一个恒定值;在石油化工中,为保证反应正常进行,气罐需保持压力不变。一般像温度、压力、流量、湿度、黏度等一类热工参量的控制多用到恒值系统。

输出量能以一定精度跟随给定值变化的系统称为随动系统。随动系统又称为跟踪系统。其特点是系统给定值的变化规律完全取决于事先不能确定的时间函数。这类系统在航天、军工、机械、造船、冶金等部门得到广泛应用。

自动控制系统的被控制量如果是根据预先编好的程序进行控制的,称为程序控制系统。在对化工、军事、冶金、造纸等生产过程进行控制时,常用到程序控制系统。如加热炉的温度控制是在微机中按加热曲线编好程序进行的。又如按事先给定轨道飞行的洲际弹道导弹的程序控制系统。在这类程序控制系统中,给定值是按预先的规律变化的,而程序控制系统则一直保持被控制量和给定值的变化相适应。

1.3.2　定常系统和时变系统

控制系统的参数如果在工作过程中不随时间变化,那么这类系统称为定常系统。严格地说,大多数系统的参数在不同程度上都随时间变化,不过这种变化对系统影响很小,可以忽略,所以仍然属于定常系统。如果系统工作期间其参数随时间的变化显得很重要,不能忽略它对系统工作的影响,则这种系统称为时变系统。时变系统可分为非线性时变系统和线性时变系统。包括非线性的时变系统称为非线性时变系统,不包括非线性的时变系统称为线性时变系统。线性系统的特点是可以应用叠加原理,因此数学上比较容易处理。

1.3.3　连续系统和断续系统

如果系统中传递的信号都是时间的连续函数,则称为连续系统。系统中只要有一个传递的信号是时间上断续的信号,则称为断续系统,也称为采样系统或离散系统。如图 1.1 和图 1.2 所示的系统一般可以认为是连续系统,而计算机控制的系统一定是断续系统。

1.3.4 有差系统和无差系统

按系统在给定输入量或扰动输入量的作用下是否存在稳态误差，可分为有差系统和无差系统。我们知道，恒值系统的主要任务是当存在扰动时保证输出量维持在希望值上。也就是说，要在存在扰动的情况下保持输出量不变。如果某个系统的扰动作用经过一段时间而趋于某一恒定的稳态值，而被控制量的实际值和希望值之差也逐渐趋于某一恒值，且这个值取决于扰动作用的大小，那么这个系统就称为对扰动有差的系统。如果一个系统的扰动作用经过一段时间而趋于某一恒定的稳态值，而被控制量的实际值和希望值之差逐渐趋于零且与扰动作用的大小无关，那么这个系统就称为对扰动无差的系统。

在随动系统中，我们主要关心的是确定系统对给定输入有差还是无差。如果给定输入经过一段时间之后趋于某一稳态值，系统的误差也趋于某一稳态值，则此系统称为对给定输入有差的系统；反之，如果不论给定输入量的大小如何而误差恒趋于零，则这一系统称为对给定输入无差的系统。

图 1.6 是一个简单的液面自动控制系统，其中液面 H 为被控制量，液体流出量 Q 为扰动量。设在一定的流量 Q 下，水位为 H，这时进水阀门有一定的开启程度，流入量和流出量相等。如果流出量 Q 增加，液面就降低，浮筒位置下降，通过杠杆作用使阀门开口加大而增加流入量，以使液面回升。当流入量等于流出量时，就重新达到平衡。流出量愈大阀门就需开得愈大，因而稳态液面就愈低。这种系统在不同的扰动作用下，相应的被控制量的值也不同，所以是一个有差系统。

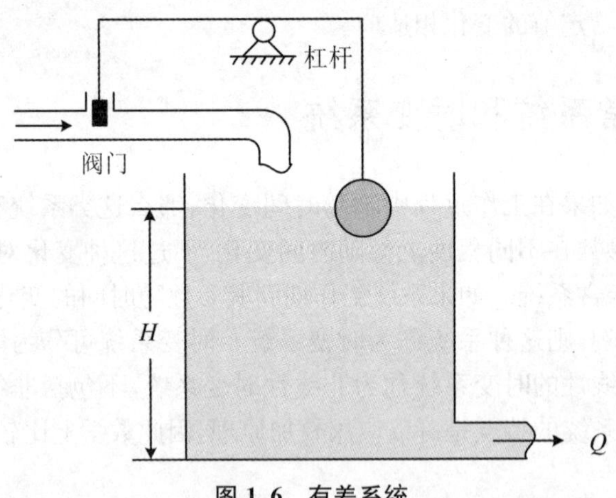

图 1.6　有差系统

另一液面系统，如图 1.7 所示。和图 1.6 中不同的是，当流出量 Q 增加时，浮筒下降，通过杠杆使上接点闭合，这时电动机开始转动，升高阀门使流入量增加，促使液面回升。当流出量 Q 减小时，浮筒上升，从而使下接点闭合，这时电动机与上述转向相反，降低阀门使流入量减少，促使液面下降。只有当液面高度等于给定值时，接点不闭合，电动机不转。因此不论流出量 Q 的大小如何，被控制量液面高度 H 的稳态值只可能发生在给定值上，即对应于图中接点的中心位置，所以这是一个无差系统。

应该指出，同一系统可能对扰动输入是有差的，而对给定输入是无差的，或者相反。因此，研究一个自动控制系统是有差的还是无差的，必须指出是对扰动而言还是对给定输入而言。

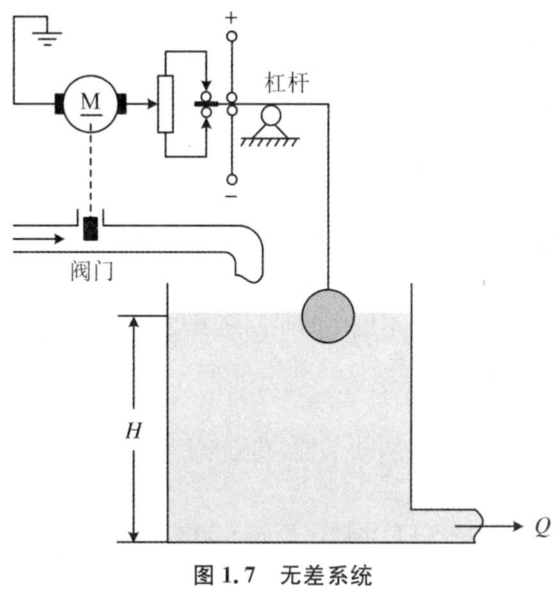

图 1.7　无差系统

1.4　闭环系统的组成及性能要求

1.4.1　闭环系统举例

例 1.3　电机调速系统。

电机调速系统是典型的恒值系统，其方框图如图 1.8 所示。根据恒值系统的定义，可知该系统的特点是：

(1) 输入信号是常量或是变化极为缓慢的信号；

(2) 主要任务是补偿干扰，使系统输出保持恒值。

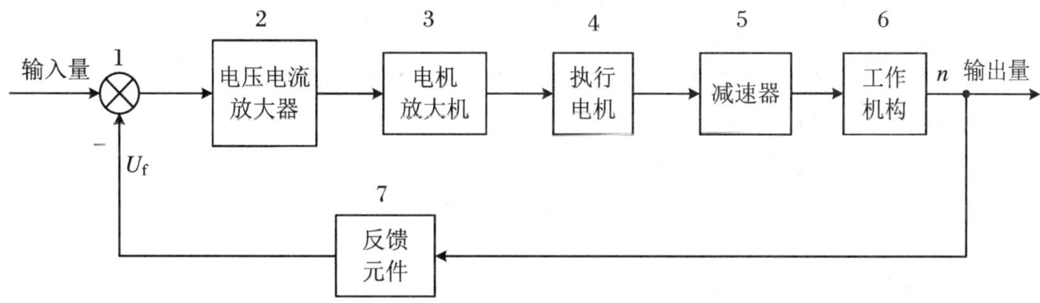

图 1.8　电机调速系统方框图

其组成如下：

(1) 1是比较元件，用来对信号进行比较。如电位计、弹簧-膜片、自整角机等。本例用电位计。

(2) 2和3是放大元件，用来放大偏差信号，使偏差信号具有一定的功率以便驱动后面的执行元件。如电子放大器、电机放大机、晶闸管功率放大器等。本例中电压、电流放大是根据性能指标要求选择的电子放大电路，功率放大用的是电机放大机。

(3) 4和5是执行元件，根据偏差信号产生调整作用，通过执行元件对被控制量进行控制。如各种驱动电动机、油缸的活塞等。本例是电动机。

(4) 6是被控制对象。如机床、油罐、加热炉等。本例是机床。

(5) 7是反馈元件，包括测量元件和校正元件。测量元件用来测量执行电机的输出信号，如测速发电机、膜片、热电偶等，本例用的是测速发电机；校正元件用来改善系统性能，如各种调节器，本例用的是PID调节器。

例1.4 导弹发射架系统。

导弹发射架系统是一个典型的随动系统，其方框图如图1.9所示。根据随动系统的定义，可知该系统的特点是：

(1) 能以一定精度跟踪(复现)变化规律事先未知的控制信号；

(2) 主要解决干扰问题。

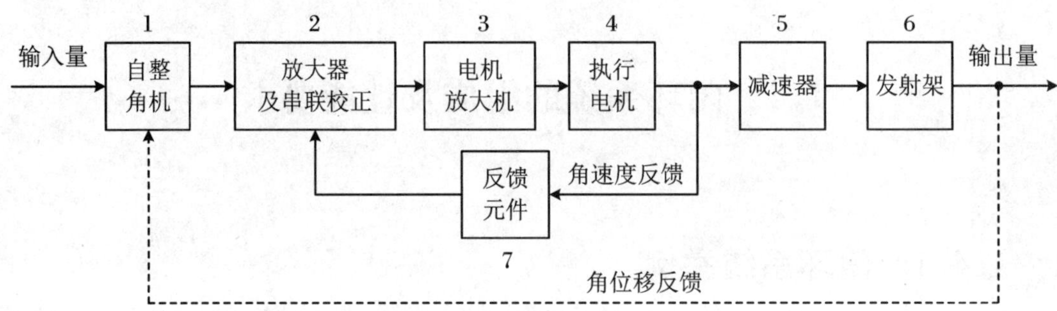

图1.9 导弹发射架系统方框图

其组成如下：

(1) 1是比较元件(兼直放)，本例采用自整角机。

(2) 2和3是放大元件(2是进一步直放兼串联校正，3是功率放大器)，本例采用放大器和电机放大机。

(3) 4和5是执行元件，本例采用驱动电动机和减速器。

(4) 6是被控制对象，本例是导弹发射架。

(5) 7是反馈元件，包括测量元件和校正元件。测量元件，本例用的是测速发电机；校正元件，本例用的是PID校正网络。

例1.5 电炉温度微机控制系统。

电炉温度微机控制系统是一个典型的程序控制系统，其方框图如图1.10所示。根据程序控制系统的定义，可知该系统的特点是：

(1) 输入信号是预先编好的程序；

(2) 系统中并存数字量和模拟量。

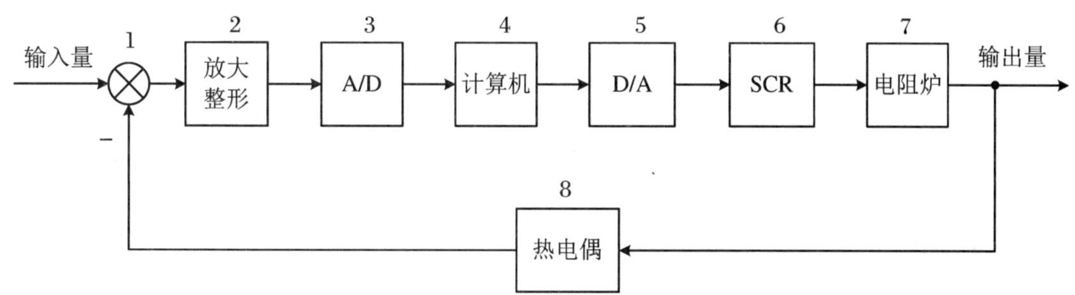

图 1.10　电炉温度微机控制系统方框图

其组成如下：

(1) 比较元件 1,本例由计算机完成。

(2) 放大整形电路 2,本例由电子线路完成。

(3) A/D 转换元件,将模拟量转变成数字量,本例由电子芯片完成。

(4) 计算机,本例由 80C196 单片机完成。

(5) D/A 转换元件,将数字量转变成模拟量,本例由电子芯片完成。

(6) 功率放大器,本例由晶闸管 SCR 完成。

(7) 被控制对象 7,本例是电阻炉。

(8) 测量元件 8,本例是热电偶。

1.4.2　闭环系统的组成

上述举例表明,尽管控制系统不同,复杂各异,但基本组成是类同的,即闭环系统的基本组成为:比较元件;放大元件;执行元件;校正元件;被控制对象;测量元件。一般说来,一个闭环自动控制系统的组成如图 1.11 所示。

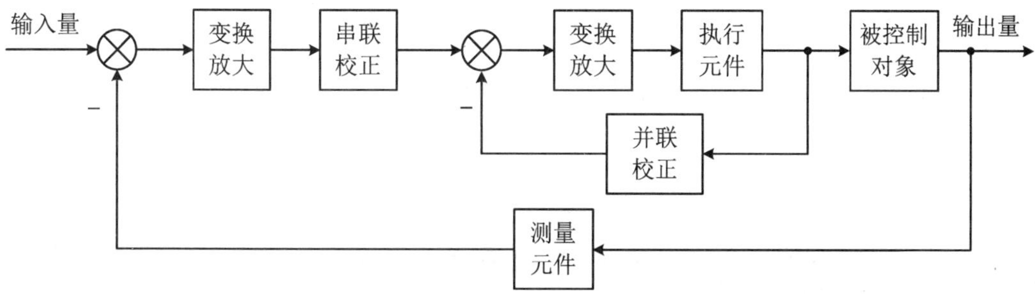

图 1.11　闭环系统的一般组成

附带指出一点,对于一个具体控制系统而言,并不一定都具备上面所说的元件。例如,气罐压力控制系统就没有放大元件,一般简单的系统就没有校正元件。另外,一个具体物理元件有时也可以起到上述几个元件的作用,如上面列举的导弹发射架随动系统中的自整角机,就起到比较兼放大的作用。它们之间并无简单的对应关系。

1.4.3 对控制系统的一般要求

为了实现自动控制的基本任务，必须对系统在控制过程中表现出来的行为提出要求。控制系统的基本要求，通常是通过系统对特定输入信号的响应来满足的。例如，用单位阶跃信号的过渡过程及稳态的一些特征值来表示。

1. 稳定性

被控制信号能跟踪输入信号，从一种状态过渡到另一种状态。如能做到这一点，我们就认为该系统是稳定的。

2. 精度要求

以输入阶跃信号为例，单位阶跃响应如图 1.12 所示。精度要求一般以稳态误差来表示，即实际输出 $c(t)$ 与期望值之差是否进入允许误差区 Δ。

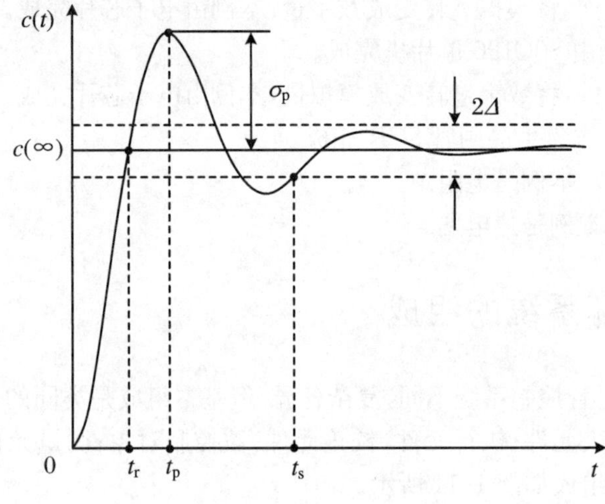

图 1.12 单位阶跃响应

3. 超调量 σ_p

超调量是说明系统阻尼性即振荡性的，阻尼大则振荡小。对于稳定系统而言，第一次超调量为输出最大超调量，取其为性能指标之一，即

$$\sigma_p = \frac{c(t_p) - c(\infty)}{c(\infty)} \times 100\%$$

也可以用振荡次数来说明，在 Δ 确定后，振荡次数 N 越小，说明反馈控制系统阻尼性越好。

4. 过渡过程时间 t_s

系统达到并保持在给定 Δ 区内所需的时间又称调节时间。这个指标反映系统的惯性，即响应速度。

5. 上升时间 t_r

从原始状态开始，第一次达到单位阶跃输入所对应的时间，定义为上升时间。

综上所述，对自动控制系统的要求，在时域中一般可归纳为三大性能指标：

(1) 稳定性。稳定性是保证系统正常工作的先决条件。为保证系统能很好地工作，要求系统稳定并且有一定的稳定裕度。

(2) 快速性。为了很好地完成控制任务，还必须对其过渡过程的形式和快慢提出要求。

(3) 准确性。要求系统最终的响应准确度，应限制在工程允许的范围内。

上述要求简称“稳、快、准”。不同的系统对稳、快、准的要求一般是不同的。对于同一系统，稳、快、准是相互制约的。各系统对稳、快、准的要求应有所侧重，如何来分析和解决这些问题，将是本课程的重要内容。

1.5　本课程的研究内容

自动控制原理是一门研究自动控制共同规律的工程技术科学，是研究自动控制技术的基础理论。自动控制系统虽然种类繁多，形式不同，但所研究的内容和方法是类似的。本课程研究的内容主要分为系统分析和系统校正(或综合)两个方面。

(1) 系统分析

系统分析是指在控制系统结构参数已知、系统数学模型建立的条件下，判定系统的稳定性，计算系统的动、静态性能指标，研究系统性能与结构、参数之间的关系。

(2) 系统校正

系统校正是在给出被控制对象及其技术指标要求的情况下，寻求一个能完成控制任务、满足技术指标要求的控制系统。在控制系统的主要元件和结构形式确定的前提下，系统校正的任务往往是改变系统的某些参数，有时还要改变系统的结构。选择合适的校正装置，计算、确定其参数，加入系统中，使其满足预定的性能指标要求，这个过程称为校正。

校正问题要比分析问题更为复杂。首先，校正问题的答案往往并不唯一，对系统提出的同样一组要求，往往可以采用不同的方案来满足；其次，在选择系统结构和参数时，往往会出现相互矛盾的情况，需要重新进行折中，同时必须考虑控制方案的可实现性和实现方法；此外，校正时还要通盘考虑经济性、可靠性、安装工艺、使用环境等各个方面的问题。

分析和校正是两个完全相反的命题。分析系统的目的在于了解和认识已有的系统，对于从事自动控制专业的工程技术人员而言，更重要的工作是校正系统，改造那些性能指标未达到要求的系统，使其能够完成确定的工作。

小　　结

本章简述了自动控制理论产生和发展的过程，对自动控制系统作了一般性的介绍，着重提出和说明了自动控制的主要任务、基本概念和主要的结构形式。通过举例，说明了自动控制原理及开环、闭环控制的主要特点。读者通过本章的学习，应重点熟悉和理解有关自动控制的名词、术语的含义，掌握反馈的概念及如何建立具有负反馈工作机制的自动控制系统，了解各类自动控制系统的工作原理、系统各组成部分的主要作用以及如何根据工作原理绘制系统方框图。此外，还应了解自动控制系统所提出的基本要求。

习　题

1.1　举出日常生活中的开环控制和闭环控制的例子，并说明开环控制和闭环控制各自的特点。

1.2　试说明控制系统是如何分类的。

1.3　闭环系统的基本组成是什么？对控制的一般要求是什么？

1.4　图 1.13 为一水位自动控制系统。

(1) 试叙述它的工作原理。

(2) 什么是给定输入、被控制量、误差？

(3) 指出系统可能存在的扰动。

(4) 画出系统的结构方框图。

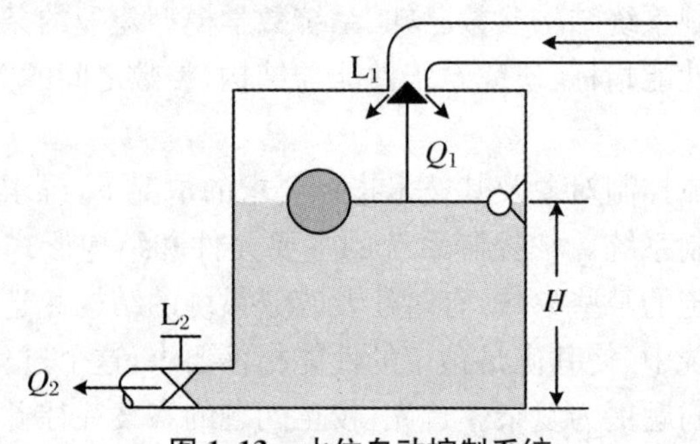

图 1.13　水位自动控制系统

1.5　图 1.14 是液面自动控制系统的另一种原理示意图，在运行过程中，希望液面高度 H 维持不变。

(1) 试叙述它的工作原理。

(2) 画出系统的结构方框图，指出被控制对象、给定值、被控制量和扰动信号是什么。

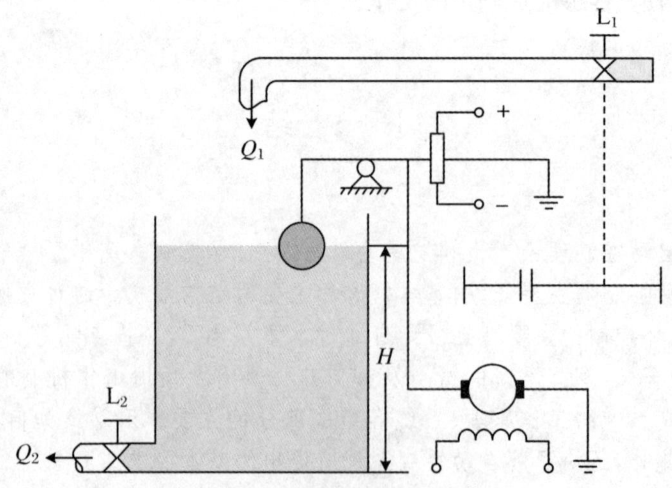

图 1.14　液面自动控制系统

1.6　什么是负反馈控制？在图1.14中系统是怎样实现负反馈控制的？在什么情况下反馈极性会误接为正？此时对系统工作有何影响？

1.7　某仓库大门自动开关控制系统原理图如图1.15所示。试说明自动控制大门开启和关闭的工作原理并画出系统方框图。

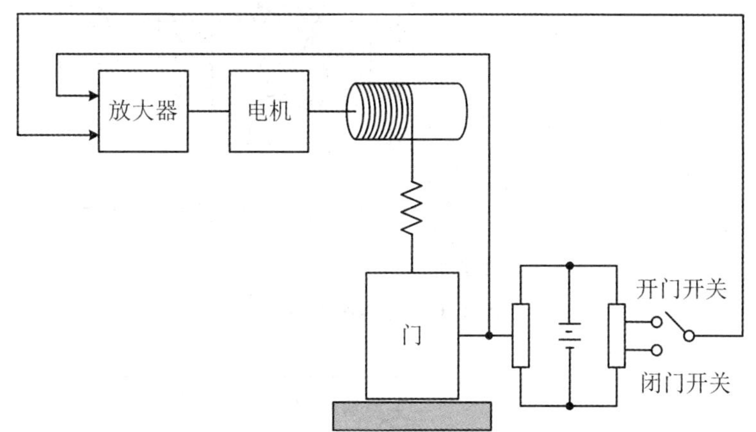

图1.15　大门自动开关控制系统原理图

1.8　图1.16为导弹发射控制系统，试说明其工作过程，并指出何为给定输入、被控制量、被控制对象、执行元件、放大和比较元件。

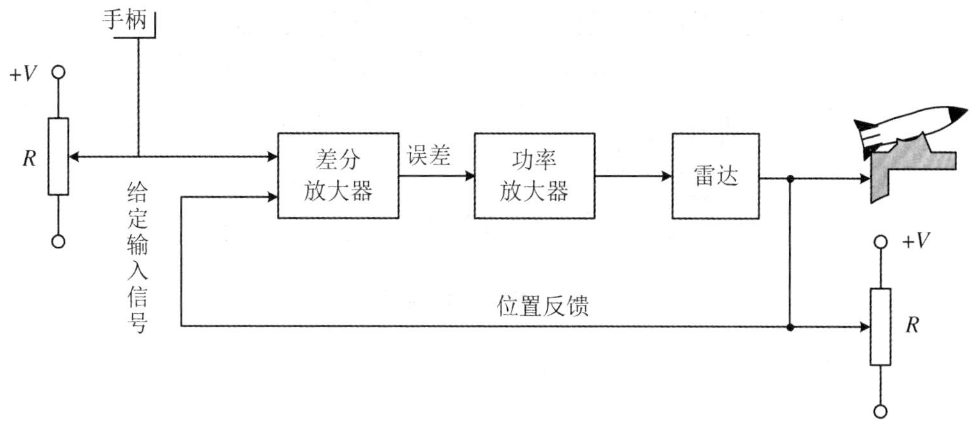

图1.16　导弹发射控制系统

1.9　图1.17为水温控制系统示意图。冷水在热交换器中由通入的蒸汽加热，从而得到一定温度的热水。冷水流量变化用流量计测量。试绘制系统方框图，并说明为了保持热水温度为期望值，系统是如何工作的？系统的被控对象和控制装置各是什么？

1.10　图1.18为谷物湿度控制系统示意图。在谷物磨粉的生产过程中，有一个出粉量最多的湿度，因此磨粉之前要给谷物加水以得到给定湿度。图中，谷物用传送装置按一定的流量通过加水点，加水量由自动阀门控制。加水过程中，谷物流量、加水前谷物湿度以及水压都是对谷物湿度控制的扰动作用。为了提高控制精度，系统中采用了谷物湿度的顺馈控制，试画出系统的方框图。

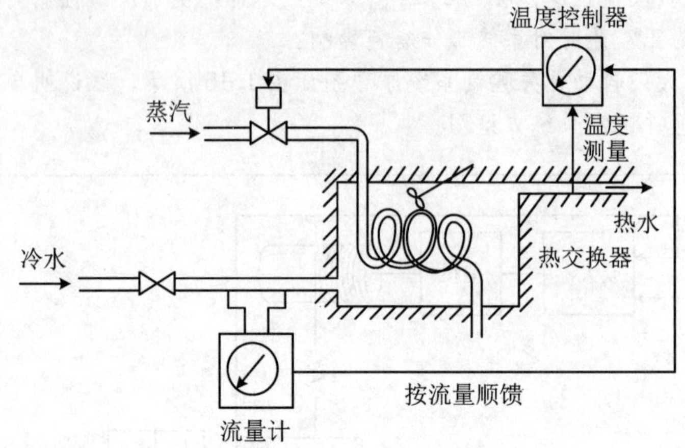

图 1.17　水温控制系统

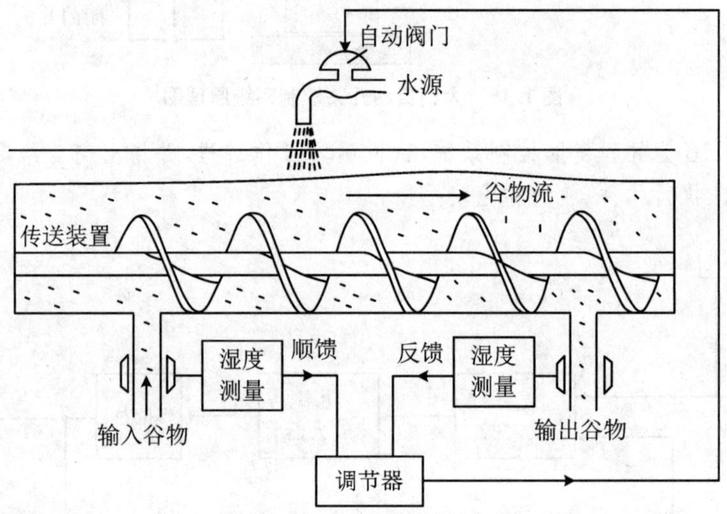

图 1.18　谷物湿度控制系统

第 2 章　控制系统的数学模型

控制系统的数学模型是描述系统输入、输出变量以及内部各变量之间关系的数学表达式。建立系统的数学模型，是对控制系统进行分析和设计的基础。许多表面上完全不同的系统（如机械系统、电气系统、化工系统等），其数学模型可能完全相同。数学模型更深刻地揭示了系统的本质特征，是系统固有特性的一种抽象和概述。研究透了一种数学模型，就能完全了解具有这种数学模型的各种系统的特点。

建立系统数学模型的方法有解析法和实验法。所谓解析法，就是根据系统中各元部件所遵循的客观规律和运行机理（如物理定律、化学反应方程式等）列写相应的关系式，导出系统的数学模型。所谓实验法，就是人为地给系统施加某种测试信号，记录该输入及相应的输出响应，并用适当的数学模型去逼近系统的输入输出特性。为简便起见，本章只讨论运用解析法建立系统的数学模型。

系统数学模型常见的描述形式有微分方程、传递函数、频率特性等。它们从不同角度描述系统中各变量间的相互关系。本章重点介绍微分方程和传递函数这两种基本的数学模型，其他形式的数学模型将在后续章节中予以介绍。

2.1　元件和系统运动方程的建立

在系统模型建立时，列写运动方程一般可按以下步骤进行。

(1) 分析系统的工作原理和系统中各变量间的关系，确定待研究元件或系统的输入量和输出量。

(2) 从输入端入手（闭环系统一般从比较环节入手），依据各元件所遵循的物理、化学、生物等规律，列写各自的方程式，但要注意负载效应。所谓负载效应，就是考虑后一级对前一级的影响。

(3) 将所有方程联解，消去中间变量，得出系统输入输出的标准方程。所谓标准方程，包含三方面内容：① 将与输入量有关的各项放在方程的右边，与输出量有关的各项放在方程左边；② 将输入量与输出量的各导数项按降幂排列；③ 将方程的系数通过元件或系统的参数化成具有一定物理意义的系统。

下面通过例子进行说明。

例 2.1　二级齿轮传动系统如图 2.1 所示。设 M 为输入轴端的输入力矩，M_{fz} 为输出轴端的负载力矩。(J_1,f_1)，(J_2,f_2)，(J_3,f_3) 分别代表相应轴的转动惯量与黏性摩擦系数；θ_1，θ_2，θ_3 分别代表各相应轴的转角；i_1，i_2 分别为两级减速器的传动比，即 $i_1=\dfrac{\theta_1}{\theta_2}$，$i_2=\dfrac{\theta_2}{\theta_3}$。试

列写出以输入转矩 M 和负载转矩 M_{fz} 为输入信号，以转角 θ_1 为输出信号的运动方程。

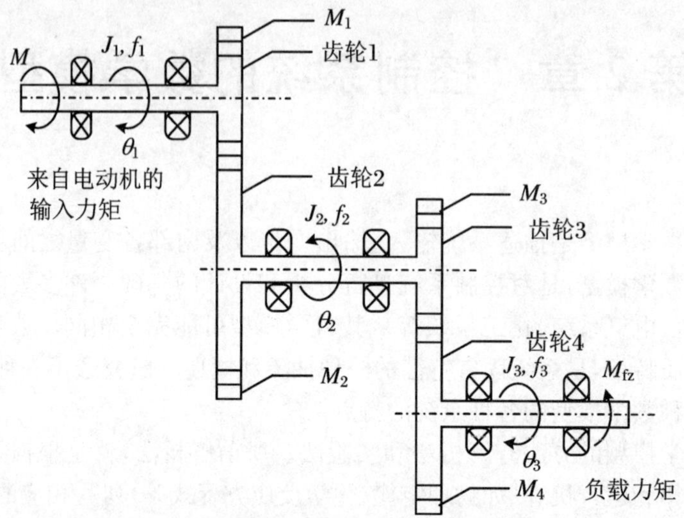

图 2.1　二级齿轮传动系统

解　根据转动定律，有

$$J_1\frac{\mathrm{d}^2\theta_1}{\mathrm{d}t^2}=M-M_1-f_1\frac{\mathrm{d}\theta_1}{\mathrm{d}t}$$

即

$$J_1\ddot{\theta}_1+f_1\dot{\theta}_1=M-M_1 \tag{1}$$

同理

$$J_2\ddot{\theta}_2+f_2\dot{\theta}_2=M_2-M_3 \tag{2}$$

$$J_3\ddot{\theta}_3+f_3\dot{\theta}_3=M_4-M_{fz} \tag{3}$$

设轴为刚体，则

$$M_2=\frac{\theta_1}{\theta_2}M_1=i_1M_1 \tag{4}$$

同理

$$M_4=i_2M_3 \tag{5}$$

在式(1)、式(2)、式(3)、式(4)、式(5)中消去中间变量 θ_2，θ_3，以及 M_1，M_2，M_3，M_4，得

$$\left(J_1+\frac{J_2}{i_1^2}+\frac{J_3}{i_1^2i_2^2}\right)\ddot{\theta}_1+\left(f_1+\frac{f_2}{i_1^2}+\frac{f_3}{i_1^2i_2^2}\right)\dot{\theta}_1=M-\frac{M_{fz}}{i_1i_2} \tag{6}$$

若定义 $\bar{J}_1=\left(J_1+\frac{J_2}{i_1^2}+\frac{J_3}{i_1^2i_2^2}\right)$ 为输入轴的等效转动惯量，$\bar{f}_1=\left(f_1+\frac{f_2}{i_1^2}+\frac{f_3}{i_1^2i_2^2}\right)$ 为输入轴的等效摩擦系数，$\bar{M}_{fz}=\frac{M_{fz}}{i_1i_2}$ 为输入轴的等效负载力矩，则式(6)可写为

$$\bar{J}_1\ddot{\theta}_1+\bar{f}_1\dot{\theta}_1=M-\bar{M}_{fz} \tag{7}$$

这就是以输入转矩 M 和负载转矩 M_{fz} 为输入信号，以转角 θ_1 为输出信号的运动方程。

例 2.2　列写如图 2.2 所示直流调速系统的运动方程。

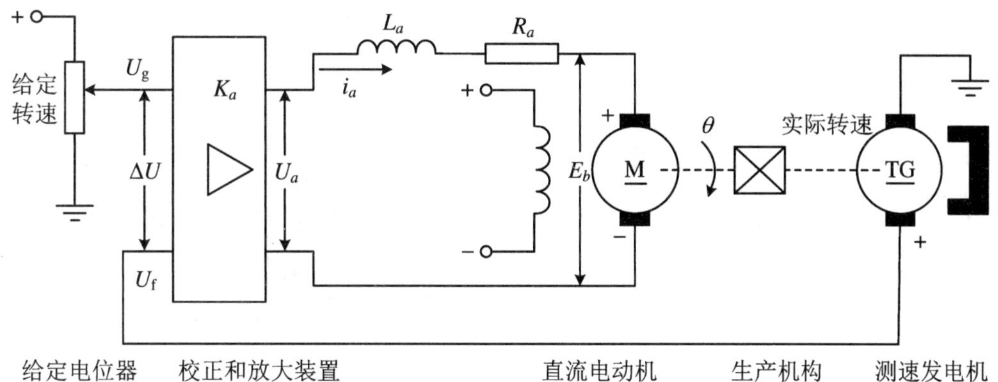

图 2.2　直流调速系统

解　确定给定电压 U_g 为输入量，转角 θ 为输出量。

比较环节：

$$\Delta U = U_g - U_f \tag{1}$$

放大环节：

$$U_a = K_a \Delta U \tag{2}$$

执行环节：

$$U_a = L_a \frac{di_a}{dt} + R_a i_a + E_b \tag{3}$$

$$E_b = K_b \dot{\theta} \tag{4}$$

$$M = K_i i_a = J\ddot{\theta} + f\dot{\theta}$$

即

$$i_a = \frac{1}{K_i}(J\ddot{\theta} + f\dot{\theta}) \tag{5}$$

将式(4)、式(5)代入式(3)，得

$$U_a = \frac{L_a}{K_i}\frac{d}{dt}(J\ddot{\theta} + f\dot{\theta}) + \frac{R_a}{K_i}(J\ddot{\theta} + f\dot{\theta}) + K_b\dot{\theta}$$

即

$$L_a J\dddot{\theta} + L_a f\ddot{\theta} + R_a(J\ddot{\theta} + f\dot{\theta}) + K_b K_i \dot{\theta} = K_i U_a \tag{6}$$

测量环节：

$$U_f = K_n \dot{\theta} \tag{7}$$

将式(1)、式(2)、式(6)、式(7)联立，以 U_g 为输入量，θ 为输出量，得运动方程为

$$L_a J\dddot{\theta} + (L_a f + R_a J)\ddot{\theta} + (R_a f + K_b K_i)\dot{\theta} = K_i K_a (U_g - K_n \dot{\theta})$$

进一步整理，得

$$L_a J\dddot{\theta} + (L_a f + R_a J)\ddot{\theta} + (R_a f + K_b K_i + K_i K_a K_n)\dot{\theta} = K_i K_a U_g \tag{8}$$

式(8)就是以 U_g 为输入量，以转角 θ 为输出量的直流调速系统的运动方程。

例 2.3 列写如图 2.3 所示直流随动系统的运动方程。

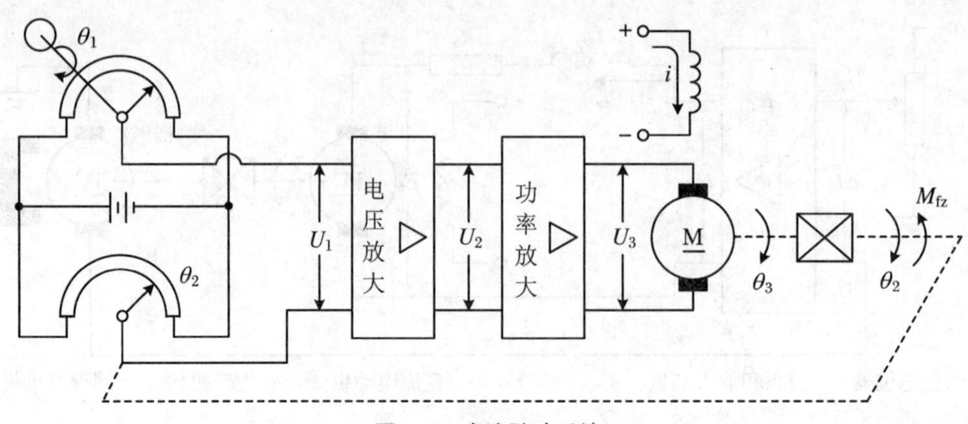

图 2.3 直流随动系统

解 确定输入量 θ_1、输出量 θ_2，列写各环节方程式。

比较环节：

$$\Delta\theta = \theta_1 - \theta_2$$

$$U_1 = K_1\Delta\theta = K_1(\theta_1 - \theta_2) \tag{1}$$

电压放大环节：

$$U_2 = K_2 U_1 \tag{2}$$

功率放大环节：

$$U_3 = K_3 U_2 \tag{3}$$

执行环节：

$$T_{\mathrm{m}}\ddot{\theta}_3 + \dot{\theta}_3 = K_{\mathrm{m}} U_3 \tag{4}$$

式中，$T_{\mathrm{m}} = \dfrac{2\pi J R_a}{60 K_i K_b}$为电动机的机电时间常数，其中，$J = J_{\mathrm{m}} + \dfrac{1}{i^2} J_2$ 是电动机和负载折算到电动机轴上的等效转动惯量，这里，i 是减速比，J_2 是负载的转动惯量；R_a 是电枢绕组的电阻；K_i 是转矩系数，即 $M = K_i i_a$；K_b 是电机反电动势和本身转速之间的系数，即 $E_b = K_b n$，$K_{\mathrm{m}} = \dfrac{1}{K_b}$为电动机的传递系数。

减速器：

$$i = \frac{\theta_3}{\theta_2} \tag{5}$$

将式(1)、式(2)、式(3)、式(4)、式(5)联立，消去中间变量 U_1, U_2, U_3, θ_3，得随动系统的运动方程为

$$T_{\mathrm{m}}\ddot{\theta}_2 + \dot{\theta}_2 + K\theta_2 = K\theta_1 \tag{6}$$

其中，$K = \dfrac{K_1 K_2 K_3 K_{\mathrm{m}}}{i}$是随动系统前向通道的传递函数，它的单位是 s^{-1}。在闭环系统中，偏差信号至被控制信号之间的通道称为前向通道。

2.2 运动方程的线性化

从上节例子可以看到，在列写具体元部件或系统的数学模型时，总是根据系统的具体情况，忽略某些“次要”因素，或者作某种假定，尽量使问题简单化，从而获得阶次较低的常系数线性微分方程。这个简化过程称为“理想化”，因为其结果就是以一个比较简单且便于处理的理想化系统来代表一个实际系统。在理想化过程中，“线性化”是关键的一环。

2.2.1 小偏差线性化的基本概念

“理想化”就是把一个实际系统或实际元部件简化成线性系统或线性元部件。但是严格说来，构成控制系统的元部件的输出量与输入信号之间，都具有不同程度的非线性。比如机械传动中，相互运动都有摩擦，这样在开始阶段就一定存在着不灵敏区，致使输出和输入之间不能是线性关系；又如磁路存在饱和问题，晶体管的输入、输出特性；等等（如图 2.4 所示）。这样在研究控制系统的过程中，就会遇到求解非线性微分方程问题。然而，对于高阶微分方程，在数学上不可能求得一般形式的解。因此，在研究这类问题时，在理论上将会遇到困难。矛盾推动着事物不断向前发展，人们根据理想化的思想，找到了“线性化”这一方法，较好地解决了很多非线性问题。

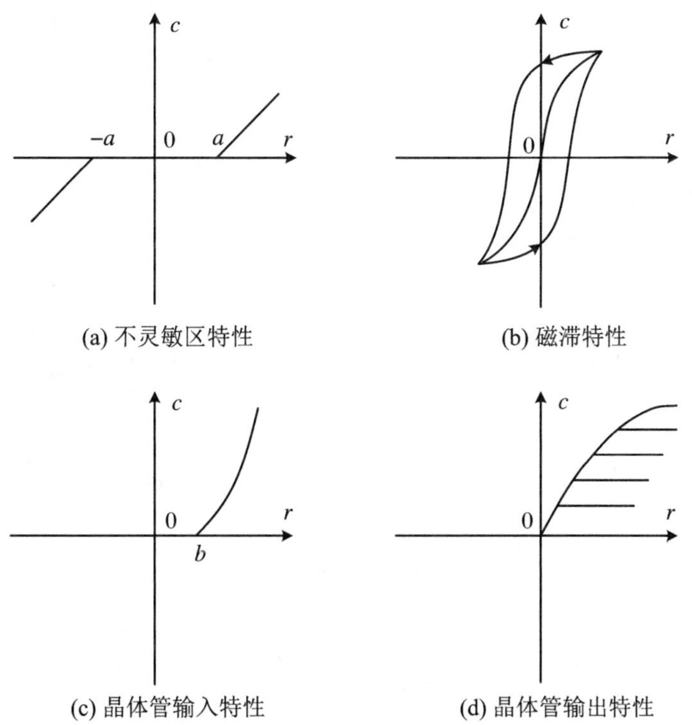

图 2.4　非线性特性

线性化是指将非线性微分方程,在一定条件下近似转化为线性微分方程的过程。

由于上述线性化是以变量偏离预定工作点很小的假定条件为基础的,即偏差为微量,因此有时也把上述线性化称为小偏差线性化。小偏差线性化的实质是:在系统工作点附近,将方程利用泰勒级数展开,忽略高次项。其几何意义是:在预期工作点附近,用通过该点的切线近似代替原来的曲线。

2.2.2 小偏差线性化举例

例 2.4 液压伺服马达系统如图 2.5 所示。试列写以 x 为输入,y 为输出的线性化方程。

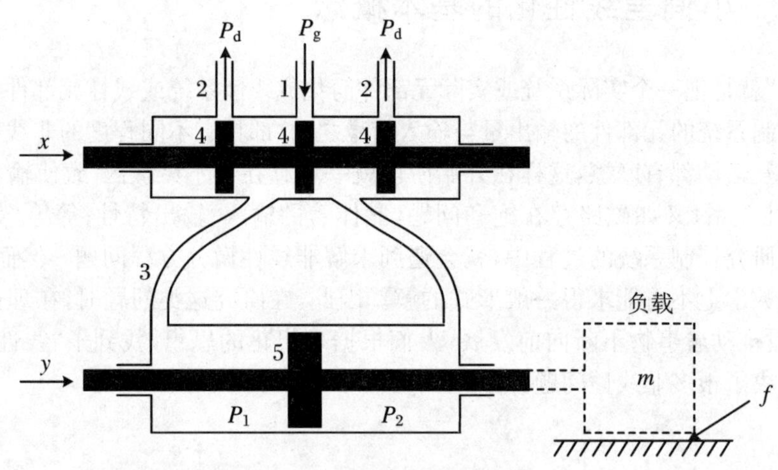

图 2.5 液压伺服马达系统

解 设 q 为进入动力油缸的油液流量,单位为 kg/s;

$P_c = P_1 - P_2$ 为动力活塞两侧的压强差,单位为 kg/cm^2;

ρ 为油液密度,单位为 kg/cm^3;

x 为操纵滑阀 4 的位移,为系统输入量,单位为 cm;

y 为负载的位移,为系统输出量,单位为 cm。

由物理知识可知,q 是 x 和 P_c 的函数。一般地说,变量 q,x,P_c 可用非线性方程表示,即将此非线性方程在平衡工作点 $q_0=0, x_0=0, P_{c_0}=0$ 的邻域内展开成泰勒级数,并略去微分的高次项,得

$$f(x,P_c) \doteq f(x_0,P_{c_0}) + \left(\frac{\partial f}{\partial x}\right)_{x=x_0} \Delta x + \left(\frac{\partial f}{\partial P_c}\right)_{P_c=P_{c_0}} \Delta P_c$$

显然

$$q = f(x,P_c), \quad q_0 = f(x_0,P_{c_0})$$

则上式变为

$$q - q_0 \doteq \left(\frac{\partial f}{\partial x}\right)_{x=x_0} \Delta x + \left(\frac{\partial f}{\partial P_c}\right)_{P_c=P_{c_0}} \Delta P_c$$

$$\Delta q = K_x \Delta x - K_P \Delta P_c$$

式中

$$K_x = \left(\frac{\partial f}{\partial x}\right)_{x=x_0}$$

$$K_P = -\left(\frac{\partial f}{\partial P_c}\right)_{P_c=P_{c_0}}$$

注意，系统的平衡点对应于 $q_0=0, x_0=0, P_{c_0}=0$。因此，上式可写为

$$q = K_x x - K_P P_c \tag{1}$$

根据物理知识，得

$$A\rho \mathrm{d}y = q\mathrm{d}t \tag{2}$$

这样，式(1)可写成

$$P_c = \frac{1}{K_P}\left(K_x x - A\rho\frac{\mathrm{d}y}{\mathrm{d}t}\right)$$

式中，A 为动力活塞面积。设动力活塞产生的力为 F，则有

$$F = A\Delta P_c = AP_c = \frac{A}{K_P}\left(K_x x - A\rho\frac{\mathrm{d}y}{\mathrm{d}t}\right) \tag{3}$$

根据物理定律，得

$$m\ddot{y} + f\dot{y} = \frac{A}{K_P}(K_x x - A\rho\dot{y})$$

或

$$m\ddot{y} + \left(f + \frac{A^2\rho}{K_P}\right)\dot{y} = \frac{AK_x}{K_P}x \tag{4}$$

即为本例中经过小偏差线性化后的运动方程。

例 2.5　交流伺服电动机系统如图 2.6 所示。试列写以 U_k 为输入，ω 为输出的线性化方程。

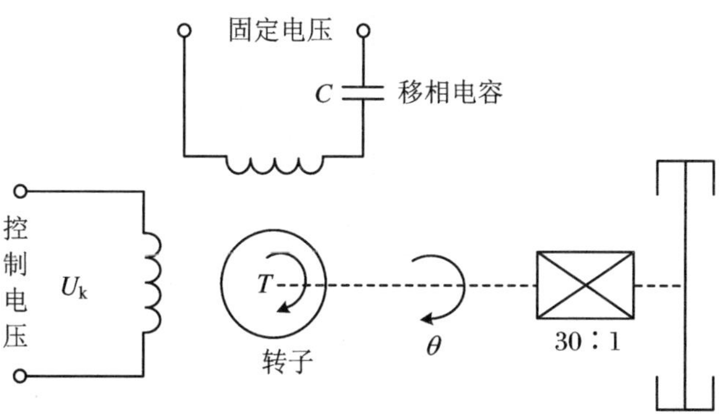

图 2.6　交流伺服电动机系统

解　U_k 为两相伺服电动机的控制电压，为输入信号；ω 为两相伺服电动机的转速，为输出信号；两相伺服电动机产生的轴端力矩用 M 表示；J 为转动惯量；M_f 为折合到电动机轴上的阻尼力矩。

M 为 ω 和 U_k 的函数，两相伺服电动机的机械特性、控制特性和阻尼力矩特性分别如图 2.7(a)、(b)、(c)所示。

由转动定律，得

$$J\frac{\mathrm{d}\omega}{\mathrm{d}t} = M(U_k, \omega) - M_f(\omega) \tag{1}$$

设 $\omega = \omega_0, U_k = U_{k0}$时，两相伺服电动机处于平衡状态，称$(U_{k0}, \omega_0)$为平衡工作点，这时有

$$M(U_{k0}, \omega_0) = M_f(\omega_0) \tag{2}$$

把

$$U_k = U_{k0} + \Delta U_k, \quad \omega = \omega_0 + \Delta\omega$$

代入式(1)，得

$$J\frac{\mathrm{d}}{\mathrm{d}t}(\omega_0 + \Delta\omega) = M(U_{k0} + \Delta U_k, \omega_0 + \Delta\omega) - M_f(\omega_0 + \Delta\omega) \tag{3}$$

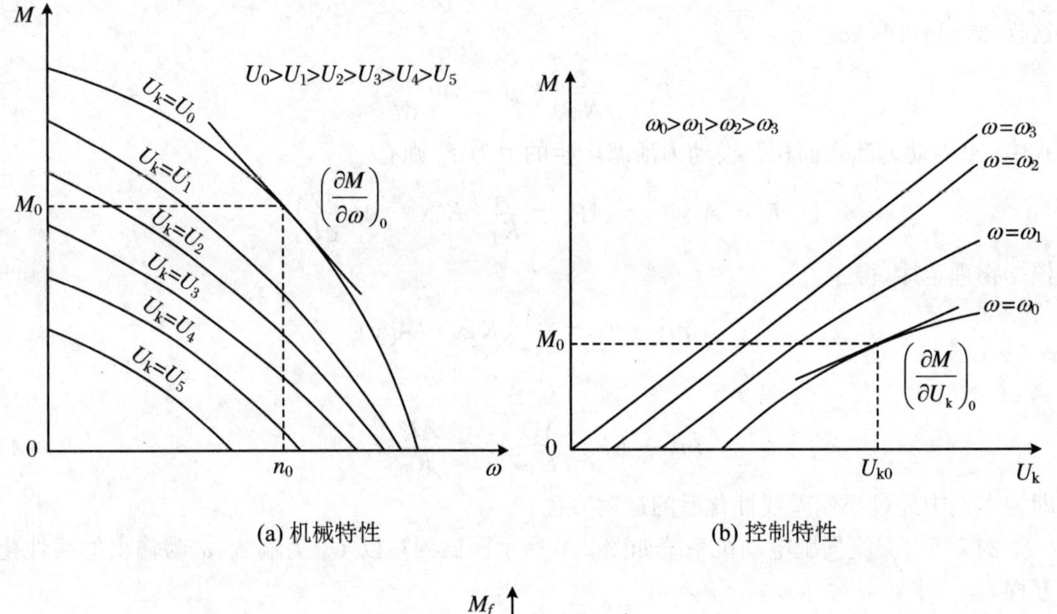

(a) 机械特性　　　　(b) 控制特性

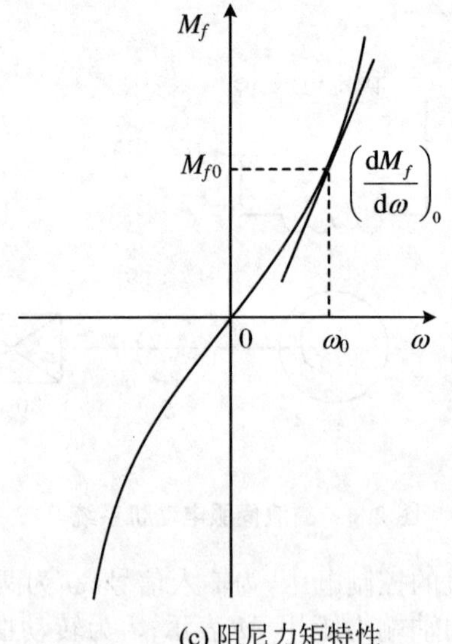

(c) 阻尼力矩特性

图 2.7　两伺服电动机的特性

设函数 $M(U_k, \omega), M_f(\omega)$在工作点 $\omega = \omega_0, U_k = U_{k0}$附近连续且对变量 U_k, ω 的各阶偏导存在，则 $M(U_k, \omega), M_f(\omega)$在 $\omega = \omega_0, U_k = U_{k0}$点的邻域可展开成泰勒级数，即

$$M(U_{k0}+\Delta U,\omega_0+\Delta\omega)=M(U_{k0},\omega_0)+\left(\frac{\partial M}{\partial U_k}\right)_0\Delta U_k+\left(\frac{\partial M}{\partial \omega}\right)_0\Delta\omega$$
$$+\frac{1}{2!}\left[\left(\frac{\partial^2 M}{\partial U_k^2}\right)_0\Delta U_k^2+\left(\frac{\partial^2 M}{\partial \omega^2}\right)_0\Delta\omega^2+2\left(\frac{\partial^2 M}{\partial\omega\partial U_k}\right)_0\Delta U_k\Delta\omega\right]+\cdots$$

$$M_f(\omega_0+\Delta\omega)=M_f(\omega_0)+\left(\frac{\mathrm{d}M_f}{\mathrm{d}\omega}\right)_0\Delta\omega+\frac{1}{2!}\left(\frac{\mathrm{d}^2M_f}{\mathrm{d}\omega^2}\right)_0\Delta\omega^2+\cdots$$

如果偏差信号 $\Delta\omega,\Delta U_k$ 均为微量，忽略二阶以上各项，则

$$M(U_{k0}+\Delta U,\omega_0+\Delta\omega)\doteq M(U_{k0},\omega_0)+\left(\frac{\partial M}{\partial U_k}\right)_0\Delta U_k+\left(\frac{\partial M}{\partial \omega}\right)_0\Delta\omega \tag{4}$$

$$M_f(\omega_0+\Delta\omega)\doteq M_f(\omega_0)+\left(\frac{\mathrm{d}M_f}{\mathrm{d}\omega}\right)_0\Delta\omega \tag{5}$$

式中，$\left(\frac{\partial M}{\partial U_k}\right)_0,\left(\frac{\partial M}{\partial \omega}\right)_0,\left(\frac{\mathrm{d}M_f}{\mathrm{d}\omega}\right)_0$ 表示函数 $M(U_k,\omega),M_f(\omega)$ 在 $\omega=\omega_0,U_k=U_{k0}$ 点处对变量 U_k,ω 求偏导数。由图 2.7(a)、(b)、(c)可见

$$\left(\frac{\partial M}{\partial \omega}\right)_0<0$$

$$\left(\frac{\partial M}{\partial U_k}\right)_0>0$$

$$\left(\frac{\mathrm{d}M_f}{\mathrm{d}\omega}\right)_0>0$$

将式(4)、式(5)代入式(3)并考虑到式(2)，得

$$J\frac{\mathrm{d}}{\mathrm{d}t}\Delta\omega=\left(\frac{\partial M}{\partial U_k}\right)_0\Delta U_k+\left(\frac{\partial M}{\partial \omega}\right)_0\Delta\omega-\left(\frac{\mathrm{d}M_f}{\mathrm{d}\omega}\right)_0\Delta\omega \tag{7}$$

即

$$T_m\frac{\mathrm{d}}{\mathrm{d}t}\Delta\omega+\Delta\omega=K_m\Delta U_k \tag{8}$$

其中

$$T_m=\frac{J}{\left(\frac{\mathrm{d}M_f}{\mathrm{d}\omega}\right)_0-\left(\frac{\partial M}{\partial \omega}\right)_0}>0$$

$$K_m=\frac{\left(\frac{\partial M}{\partial U_k}\right)_0}{\left(\frac{\mathrm{d}M_f}{\mathrm{d}\omega}\right)_0-\left(\frac{\partial M}{\partial \omega}\right)_0}>0$$

分别定义为二相伺服电动机的机电时间常数和电压传递系数。

为书写方便，通常将偏差信号用相应的字母表示，则式(8)可写为

$$T_m\frac{\mathrm{d}}{\mathrm{d}t}\omega+\omega=K_mU_k \tag{9}$$

该式即两项伺服电动机在工作点(U_{k0},ω_0)邻域进行小偏差线性化所得的运动方程。

2.2.3　注意事项

(1) 应用小偏差线性化时，必须明确预定平衡工作点的参数值，对于不同的工作点，得

出的线性微分方程的系数一般是不一样的。

(2) 如果元部件或系统的原有特性接近线性,则线性化得到的方程在偏差信号变化范围较大时,仍能适用;反之,线性化运动方程只适用于偏差信号为微量的情况。

(3) 小偏差线性化的使用条件:① 在工作点附近信号变化为微量;② 在工作点附近能展开成泰勒级数。

(4) 本质非线性不能应用小偏差线性化。如图 2.8 所示的理想继电器特性就不能进行小偏差线性化,因为该特性在原点不连续,不能进行泰勒级数展开,$r\neq 0$ 的所有点上的输出的偏导数为零,无任何实用意义。此类非线性称为本质非线性。

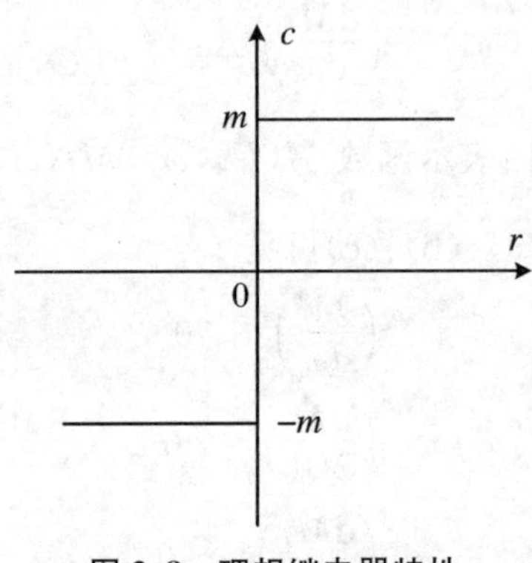

图 2.8 理想继电器特性

(5) 为书写方便,通常将偏差信号用相应的字母表示,如在式(8)中的代换。但需清楚式(9)中的 ω 应理解为 $\Delta\omega$。当然,对于预定平衡工作点为原点的情况来说,ω 与 $\Delta\omega$ 是完全一样的。

2.3 传递函数

控制系统的微分方程是在时间域描述系统运动规律的数学模型。若给定外作用及初始条件,求解微分方程就可得到系统输出响应的解析解。解析解中包含了系统运动的全部时间信息。这种方法直观、准确,但是如果系统的结构改变或某个参数变化,就要重新列写并求解微分方程,不便于对系统进行分析和设计。

传递函数是在拉普拉斯变换(拉氏变换)的基础上定义的,是复数域中的数学模型。传递函数不仅可以表征系统的动态特征,而且可以用来研究系统的结构和/或参数变化对系统性能的影响。经典控制理论中广泛应用的根轨迹法和频域分析法,就是以传递函数为基础建立起来的,因此传递函数是经典控制理论中最基本也是最重要的数学模型。

2.3.1 传递函数的定义

所谓传递函数,即线性定常系统在零初始条件下,输出量的拉氏变换 $X_2(s)$ 与输入量的拉氏变换 $X_1(s)$ 之比。一般记为

$$G(s) = \frac{X_2(s)}{X_1(s)}$$

本定义也适用于线性元部件。

线性定常系统的运动方程常用下列 n 阶微分方程来描述：

$$\begin{aligned} &a_n x_2^{(n)}(t) + a_{n-1} x_2^{(n-1)}(t) + \cdots + a_1 \dot{x}_2(t) + a_0 x_2(t) \\ &= b_m x_1^{(m)}(t) + b_{m-1} x_1^{(m-1)}(t) + \cdots + b_1 \dot{x}_1(t) + b_0 x_1(t) \quad (n \geqslant m) \end{aligned} \tag{2.1}$$

式中，$x_2(t)$为系统输出量，$x_1(t)$为系统输入量，$a_0, a_1, \cdots, a_n$ 及 $b_0, b_1, \cdots, b_m$ 是由系统结构和参数决定的实常数。初始条件为零的含义是

$$x_2^{(i)}(0) = 0 \quad (i = 0, 1, \cdots, n-1)$$

$$x_1^{(i)}(0) = 0 \quad (i = 0, 1, \cdots, m-1)$$

在零初始条件下，对式(2.1)左右两端进行拉氏变换，得

$$N(s) X_2(s) = M(s) X_1(s) \tag{2.2}$$

式中

$$N(s) = a_n s^n + a_{n-1} s^{n-1} + \cdots + a_1 s + a_0$$

$$M(s) = b_m s^m + b_{m-1} s^{m-1} + \cdots + b_1 s + b_0$$

按上述拉氏变换的定义，得式(2.2)的传递函数，用 $G(s)$表示为

$$G(s) = \frac{L[x_2(t)]}{L[x_1(t)]} = \frac{X_2(s)}{X_1(s)} = \frac{M(s)}{N(s)} \tag{2.3}$$

其结构为

$X_1(s)$ → [$G(s)$] → $X_2(s)$

由 $N(s)=0$ 求得的根，称为 $G(s)$的极点；由 $M(s)=0$ 求得的根，称为 $G(s)$的零点。若 $N(s)$的最高阶数为 n，则称该系统为 n 阶系统。

由传递函数的定义不难看出，传递函数的求法分如下三步：

(1) 写出系统或元部件的微分方程；

(2) 假设全部初始条件为零，取微分方程的拉氏变换；

(3) 求输出量与输入量的拉氏变换之比。

例 2.6　求如图 2.9 所示机械平移系统的传递函数。

解　(1) 根据牛顿第二定律 $ma = \sum F$，得

$$m\frac{\mathrm{d}^2 y}{\mathrm{d}t^2} = F(t) - f\frac{\mathrm{d}y}{\mathrm{d}t} - Ky$$

或

$$m\frac{\mathrm{d}^2 y}{\mathrm{d}t^2} + f\frac{\mathrm{d}y}{\mathrm{d}t} + Ky = F(t)$$

(2) 对上式两端取拉氏变换，得

$$m[s^2 Y(s) - sy(0) - \dot{y}(0)] + f[sY(s) - y(0)] + KY(s) = F(s)$$

由初始条件为零，得

$$(ms^2 + fs + K) Y(s) = F(s)$$

(3) 求输出量的拉氏变换 $Y(s)$与输入量的拉氏变换 $F(s)$之比,得出传递函数为

$$G(s) = \frac{Y(s)}{F(s)} = \frac{1}{ms^2 + fs + K}$$

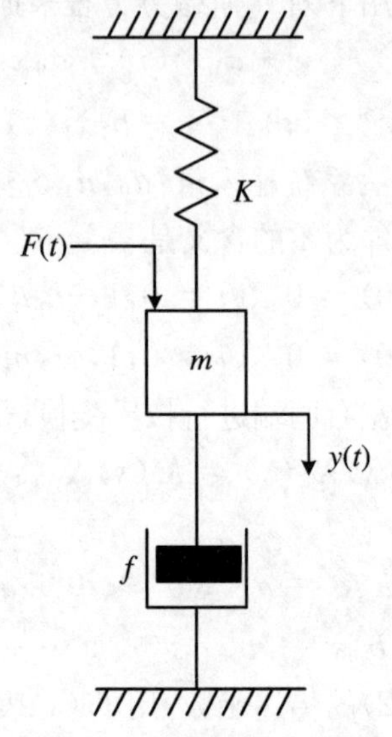

图 2.9 机械平移系统

例 2.7 求如图 2.10 所示 RLC 电路的传递函数。

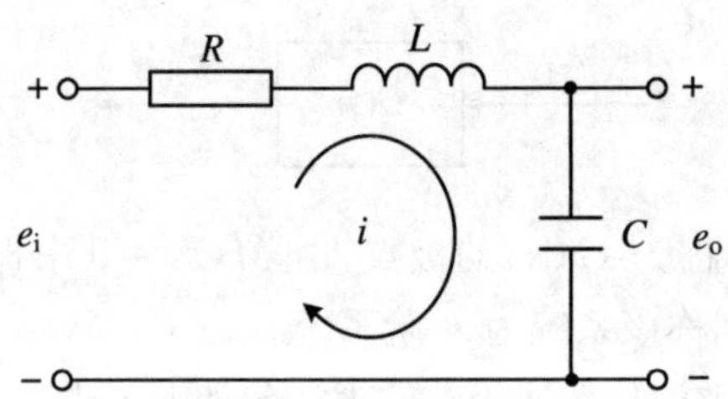

图 2.10 RLC 电路

解 (1) 根据基尔霍夫第二定律,可得如下方程:

$$L\frac{\mathrm{d}i}{\mathrm{d}t} + Ri + \frac{1}{C}\int i\mathrm{d}t = e_i \tag{1}$$

$$\frac{1}{C}\int i\mathrm{d}t = e_o \tag{2}$$

(2) 在零初始条件下,取式(1)的拉氏变换,得

$$LsI(s) + RI(s) + \frac{1}{C}\frac{1}{s}I(s) = E_i(s) \tag{3}$$

$$\frac{1}{C}\frac{1}{s}I(s) = E_o(s) \tag{4}$$

由式(4)得 $I(s) = CsE_o(s)$,并将其代入式(3),得

$$LCs^2E_o(s) + RCsE_o(s) + E_o(s) = E_i(s)$$

(3) 求输出与输入拉氏变换之比,即得系统的传递函数为

$$G(s) = \frac{E_o(s)}{E_i(s)} = \frac{1}{LCs^2 + RCs + 1}$$

从例 2.6、例 2.7 可看出，它们的传递函数具有相同的形式，通常把这两个系统叫作相似系统。相似系统这一概念在实践中很有用，因为一种系统可能比另一种系统更容易通过实验来处理。我们可以通过构造和研究一个与机械系统相似的模拟系统，来代替对机械系统的研究。一般来说，电学系统容易通过实验进行研究，所以用模拟机或用数字计算机来模拟机械系统或其他物理系统就更方便了。

从上面的讨论和举例不难看出，传递函数具有下列特点：

(1) 只适用于线性定常系统；

(2) 传递函数与时域的微分方程模型一一对应；

(3) 用复域形式反映的系统内在特性与外部无关；

(4) 它是由实际物理系统用数学方法转换出来的，不代表物理结构；

(5) 它是关于复变量 s 的有理分式，其分子、分母均为 s 的多项式，即

$$G(s) = \frac{M(s)}{N(s)} = \frac{b_m s^m + b_{m-1} s^{m-1} + \cdots + b_1 s + b_0}{a_n s^n + a_{n-1} s^{n-1} + \cdots + a_1 s + a_0} \quad (n \geqslant m)$$

由于控制系统是由若干元件按一定方式组合而成的，因此在研究控制系统的运动特性时，首先研究组成系统元件的运动特性是必要的。描述元件运动特性的基本单元称为环节，如比较环节、放大环节、惯性环节、积分环节、微分环节、振荡环节等。这样，控制系统也可以说是由若干环节按一定方式组合而成的。下面针对环节的不同组合方式讨论环节组合后的传递函数运算问题。

2.3.2　传递函数的运算

1. 串联环节传递函数的运算

设有三个环节串联，其传递函数分别为 $G_1(s)$，$G_2(s)$，$G_3(s)$，如图 2.11 所示。求总的传递函数 $G(s)$。

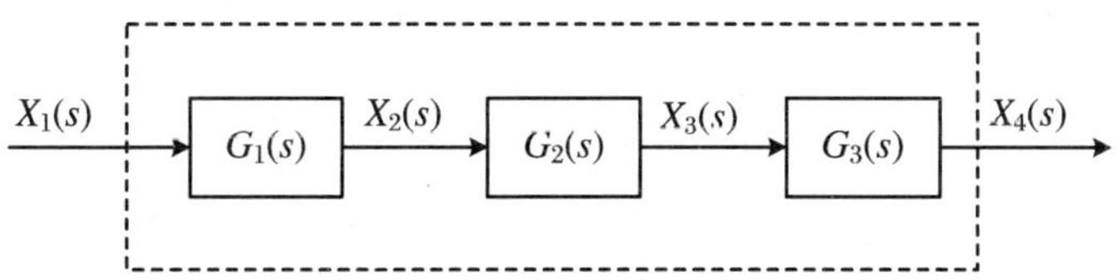

图 2.11　串联环节的方框图

由传递函数定义，得

$$G_1(s) = \frac{X_2(s)}{X_1(s)}$$

$$G_2(s) = \frac{X_3(s)}{X_2(s)}$$

$$G_3(s) = \frac{X_4(s)}{X_3(s)}$$

则串联后总的传递函数为

$$G(s) = \frac{X_4(s)}{X_1(s)} = \frac{X_4(s)}{X_3(s)} \cdot \frac{X_3(s)}{X_2(s)} \cdot \frac{X_2(s)}{X_1(s)} = G_1(s)G_2(s)G_3(s)$$

同理可以证明,当 n 个环节串联时,有

$$G(s) = G_1(s)G_2(s)G_3(s)\cdots G_n(s)$$

结论 数个串联环节的传递函数等于每个串联环节等效传递函数的乘积。

上述性质又称为传递函数的相乘性。

例 2.8 设有一 RC 两级滤波网络如图 2.12 所示。其输入信号为 e_i,输出信号为 e_o,试求两级串联后的传递函数。

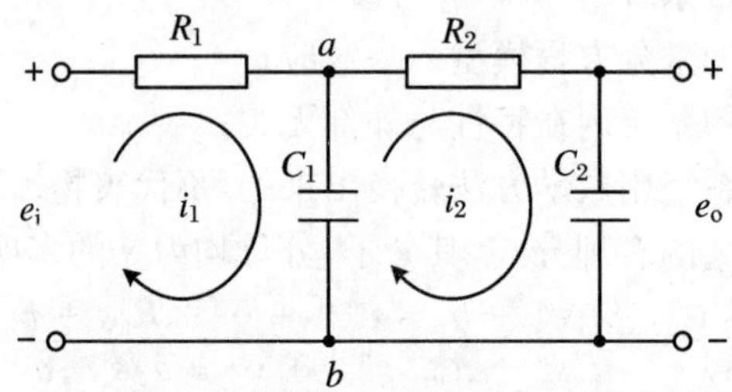

图 2.12 RC 滤波网络

解 (1) 不计负载效应。

第一级滤波器的输入信号是 e_i,输出信号是 e_{ab},其传递函数为

$$G_1(s) = \frac{E_{ab}(s)}{E_i(s)} = \frac{\frac{1}{C_1 s}}{R_1 + \frac{1}{C_1 s}} = \frac{1}{R_1 C_1 s + 1}$$

第二级滤波器的输入信号是 e_{ab},输出信号为 e_o,其传递函数为

$$G_2(s) = \frac{E_o(s)}{E_{ab}(s)} = \frac{\frac{1}{C_2 s}}{R_2 + \frac{1}{C_2 s}} = \frac{1}{R_2 C_2 s + 1}$$

根据传递函数的相乘性,有

$$\begin{aligned} G(s) &= G_1(s)G_2(s) = \frac{1}{R_1 C_1 s + 1} \cdot \frac{1}{R_2 C_2 s + 1} \\ &= \frac{1}{R_1 R_2 C_1 C_2 s^2 + (R_1 C_1 + R_2 C_2)s + 1} \end{aligned} \tag{1}$$

(2) 考虑负载效应。

第一级的传递函数为

$$\begin{aligned} G_1(s) &= \frac{E_{ab}(s)}{E_i(s)} = \frac{\frac{1}{C_1 s} /\!/ \left(R_2 + \frac{1}{C_2 s}\right)}{R_1 + \frac{1}{C_1 s} /\!/ \left(R_2 + \frac{1}{C_2 s}\right)} \\ &= \frac{R_2 C_2 s + 1}{R_1 R_2 C_1 C_2 s^2 + (R_1 C_1 + R_2 C_2 + R_1 C_2)s + 1} \end{aligned}$$

第二级的传递函数没有变,因此总的传递函数为

$$G(s) = G_1(s)G_2(s) = \frac{1}{R_1 R_2 C_1 C_2 s^2 + (R_1 C_1 + R_2 C_2 + R_1 C_2)s + 1} \tag{2}$$

比较式(1)、式(2)可知,考虑负载效应时,传递函数 $G(s)$的分母中多了一项 R_1C_2s,它表示前后两级 RC 电路相互影响。因此,在求串联环节的等效传递函数时应考虑环节间的负载效应,否则容易得出错误的结果。所以提出两点注意:

(1) 多个环节相串联,在求其总传递函数时要考虑负载效应;

(2) 后一级的输入阻抗为无限大(或很大)时,可以不考虑它对前级的影响。

2. 并联环节传递函数的运算

设三个传递函数分别为 $G_1(s)$,$G_2(s)$,$G_3(s)$,其环节同向并联,如图 2.13 所示。求总的传递函数。

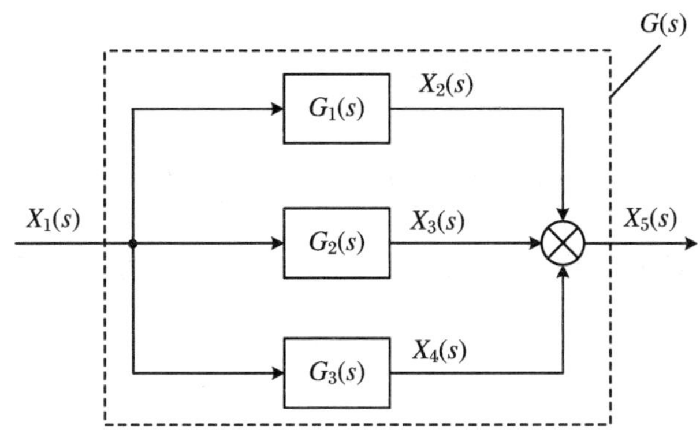

图 2.13　并联环节的方框图

由传递函数定义,得

$$G_1(s) = \frac{X_2(s)}{X_1(s)}$$

$$G_2(s) = \frac{X_3(s)}{X_1(s)}$$

$$G_3(s) = \frac{X_4(s)}{X_1(s)}$$

由同向并联后总的传递函数为

$$\begin{aligned} G(s) &= \frac{X_5(s)}{X_1(s)} = \frac{X_2(s)+X_3(s)+X_4(s)}{X_1(s)} = \frac{X_2(s)}{X_1(s)} + \frac{X_3(s)}{X_1(s)} + \frac{X_4(s)}{X_1(s)} \\ &= G_1(s) + G_2(s) + G_3(s) \end{aligned}$$

同理可以证明,当 n 个环节并联时,有

$$G(s) = G_1(s) + G_2(s) + G_3(s) + \cdots + G_n(s)$$

结论　数个环节同向并联时,其传递函数等于每个并联环节传递函数之和。

上述性质又称为传递函数的相加性。

2.4　控制系统的传递函数

自动控制系统方框图的一般形式如图 2.14 所示。设 $G_1(s)$,$G_2(s)$,$H(s)$已知,可根据传递函数的定义及性质,求得控制系统的开环传递函数和闭环传递函数。

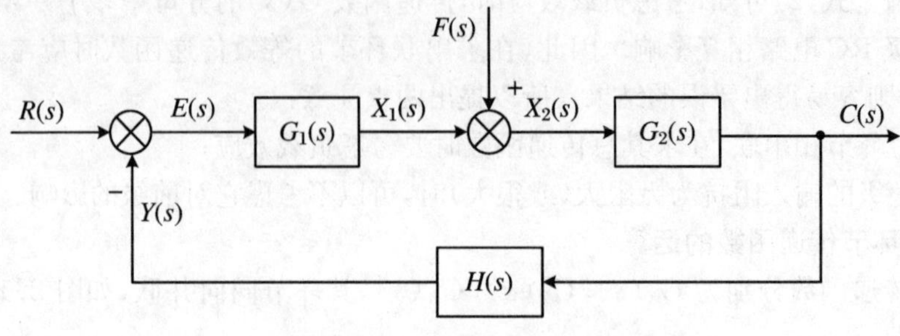

图 2.14　自动控制系统方框图

2.4.1　系统的开环传递函数

若 $f(t)=0$,则系统反馈信号的拉氏变换 $Y(s)$与系统偏差信号的拉氏变换 $E(s)$之比，称为系统的开环传递函数。

按上述定义求取系统开环传递函数时,可以设想系统从反馈端断开,使系统变成开环状态,如图 2.15 所示。

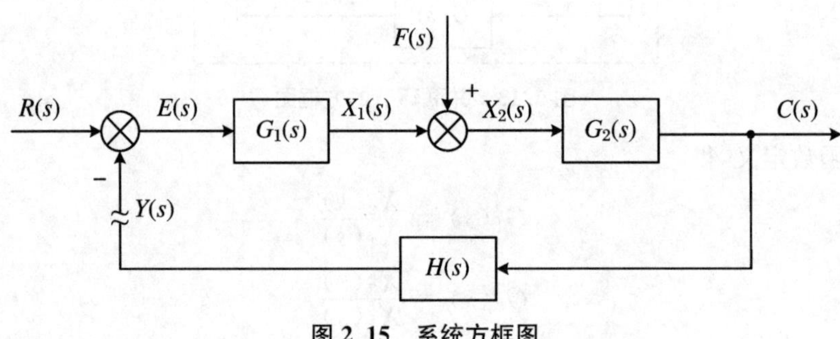

图 2.15　系统方框图

按传递函数的相乘性,得

$$E(s)G_1(s)G_2(s)H(s) = Y(s)$$

据开环传递函数的定义,得

$$\frac{Y(s)}{E(s)} = G_1(s)G_2(s)H(s) = G(s)H(s)$$

其中,$G(s)=G_1(s)G_2(s)$为前向通道传递函数。

结论　开环传递函数等于前向通道的传递函数与反馈通道传递函数的乘积。

2.4.2　被控制信号 $c(t)$对输入信号 $r(t)$的闭环传递函数

若 $f(t)=0$,则系统的被控制信号的拉氏变换 $C(s)$与输入信号的拉氏变换 $R(s)$之比，称为被控制信号 $c(t)$对输入信号 $r(t)$的闭环传递函数,记为 $\Phi(s)$,即

$$\Phi(s) = \frac{C(s)}{R(s)}$$

设 $G(s)=G_1(s)G_2(s)$,由图 2.15,得

$$E(s) = R(s) - Y(s) \tag{2.4}$$

$$C(s) = G(s)E(s) \tag{2.5}$$

$$Y(s) = H(s)C(s) \tag{2.6}$$

由式(2.4)～式(2.6)，得

$$C(s) = G(s)[R(s) - H(s)C(s)]$$

整理，得

$$C(s)[1 + G(s)H(s)] = G(s)R(s)$$

故

$$\Phi(s) = \frac{C(s)}{R(s)} = \frac{G(s)}{1 + G(s)H(s)} \tag{2.7}$$

结论　负反馈系统中，$c(t)$对 $r(t)$的闭环传递函数，其分子等于前向通道传递函数的乘积，其分母等于 1 加上开环传递函数。

特别地，对于单位反馈系统，即 $H(s)=1$，有

$$\Phi(s) = \frac{G(s)}{1 + G(s)}$$

2.4.3　被控制信号 $c(t)$对扰动信号 $f(t)$的闭环传递函数

若 $r(t)=0$，则系统的被控制信号的拉氏变换 $C(s)$与扰动信号的拉氏变换 $F(s)$之比，称为被控制信号 $c(t)$对扰动信号 $f(t)$的闭环传递函数，记为 $\Phi_f(s)$，即

$$\Phi_f(s) = \frac{C(s)}{F(s)}$$

此情况下，一般闭环结构如图 2.16 所示。

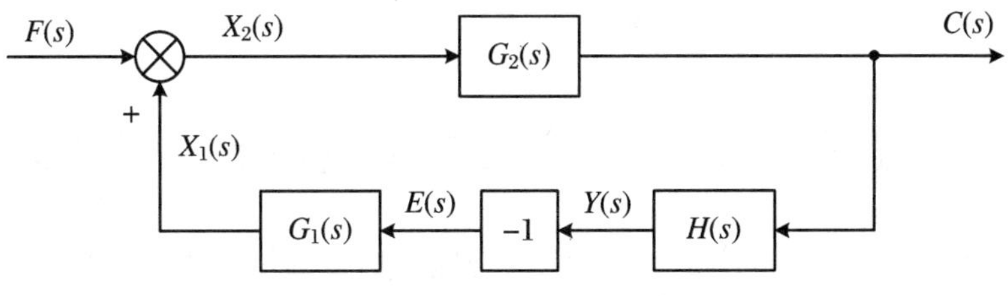

图 2.16　$r(t)=0$ 的闭环方框图

由结构图，得

$$C(s) = X_2(s)G_2(s) \tag{2.8}$$

$$Y(s) = C(s)H(s) \tag{2.9}$$

$$E(s) = -Y(s) \tag{2.10}$$

$$X_1(s) = E(s)G_1(s) \tag{2.11}$$

$$X_2(s) = F(s) + X_1(s) \tag{2.12}$$

将式(2.9)代入式(2.10)，得

$$E(s) = -C(s)H(s) \tag{2.13}$$

将式(2.13)代入式(2.11)，得

$$X_1(s) = G_1(s)[-H(s)C(s)] \tag{2.14}$$

将式(2.8)、式(2.14)代入式(2.12)，得

$$\frac{C(s)}{G_2(s)} = F(s) + G_1(s)[-H(s)C(s)]$$

故

$$\Phi_f(s) = \frac{C(s)}{F(s)} = \frac{G_2(s)}{1 + G_1(s)G_2(s)H(s)} = \frac{G_2(s)}{1 + G(s)H(s)}$$

结论 被控制信号 $c(t)$对扰动信号 $f(t)$的闭环传递函数,其分子等于扰动信号到输出信号之间的传递函数,其分母等于 1 加开环传递函数。

当 $r(t)\neq 0, f(t)\neq 0$ 时,即控制信号和扰动信号同时作用于系统时,可分别求得 $r(t)$,$f(t)$单独作用的闭环传递函数,再应用叠加原理,可求得两个信号同时作用下的系统总输出,即

$$\begin{aligned} C(s) &= \Phi(s)R(s) + \Phi_f(s)F(s) \\ &= \frac{G_1(s)G_2(s)}{1 + G_1(s)G_2(s)H(s)} \cdot R(s) + \frac{G_2(s)}{1 + G_1(s)G_2(s)H(s)} \cdot F(s) \\ &= C_R(s) + C_F(s) \end{aligned}$$

系统方框图如图 2.17 所示。

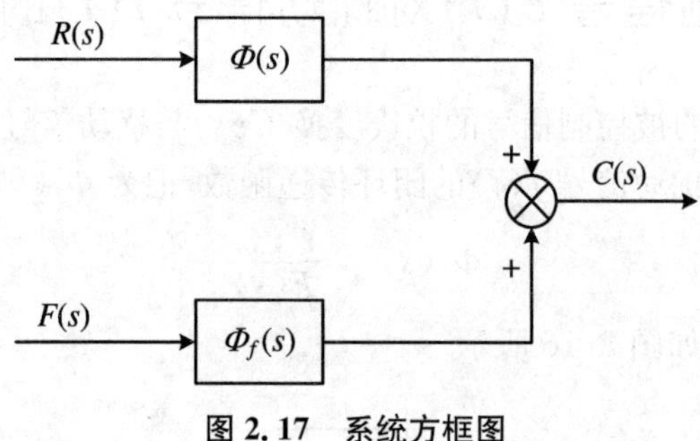

图 2.17 系统方框图

2.4.4 偏差信号 $e(t)$对输入信号 $r(t)$的闭环传递函数

若 $f(t)=0$,则偏差信号的拉氏变换 $E(s)$与输入信号的拉氏变换 $R(s)$之比,称为偏差信号 $e(t)$对输入信号 $r(t)$的闭环传递函数,记为 $\Phi_e(s)$,即

$$\Phi_e(s) = \frac{E(s)}{R(s)}$$

在图 2.14 中,令 $F(s)=0, G(s)=G_1(s)G_2(s)$,则由图 2.14,得

$$E(s) = R(s) - Y(s) \tag{2.15}$$

$$Y(s) = E(s)G(s)H(s) \tag{2.16}$$

将式(2.16)代入式(2.15),得

$$E(s) = R(s) - E(s)G(s)H(s)$$

整理得

$$\Phi_e(s) = \frac{E(s)}{R(s)} = \frac{1}{1 + G(s)H(s)}$$

结论 在负反馈系统中,偏差信号 $e(t)$对输入信号 $r(t)$的闭环传递函数为 1 加开环传递函数的倒数。

若为单位反馈，则

$$\Phi_e(s) = \frac{1}{1+G(s)}$$

$$\Phi(s) = \frac{G(s)}{1+G(s)} = 1 - \Phi_e(s)$$

2.4.5　偏差信号 $e(t)$ 对扰动信号 $f(t)$ 的闭环传递函数

若 $r(t)=0$，则偏差信号的拉氏变换 $E(s)$ 与扰动信号的拉氏变换 $F(s)$ 之比，称为偏差信号 $e(t)$ 对扰动信号 $f(t)$ 的闭环传递函数，记为

$$\Phi_{ef}(s) = \frac{E(s)}{F(s)}$$

令 $G(s)=G_1(s)G_2(s)$，则由图 2.16，得

$$F(s) = X_2(s) - X_1(s) \tag{2.17}$$

$$X_1(s) = E(s)G_1(s) \tag{2.18}$$

$$E(s) = -H(s)G_2(s)X_2(s) \tag{2.19}$$

将式(2.18)、式(2.19)代入式(2.17)，得

$$F(s) = -\frac{E(s)}{G_2(s)H(s)} - E(s)G_1(s)$$

整理得

$$\Phi_{ef}(s) = \frac{E(s)}{F(s)} = -\frac{G_2(s)H(s)}{1+G(s)H(s)}$$

结论　在负反馈系统中，偏差信号 $e(t)$ 对扰动信号 $f(t)$ 的闭环传递函数，其分子等于从扰动信号到偏差信号之间的传递函数，其分母等于 1 加开环传递函数。

当 $r(t)\neq 0, f(t)\neq 0$ 时，由叠加原理得系统的总偏差为

$$\begin{aligned} E(s) &= \Phi_e(s)R(s) + \Phi_{ef}(s)F(s) \\ &= \frac{1}{1+G(s)H(s)}R(s) - \frac{G_2(s)H(s)}{1+G(s)H(s)}F(s) \end{aligned}$$

其结构图如图 2.18 所示。

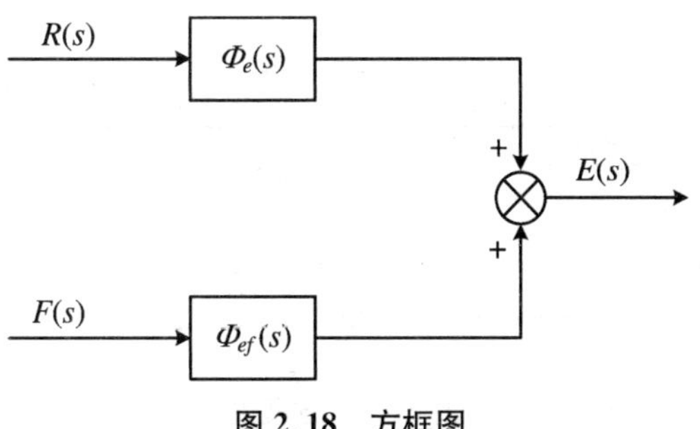

图 2.18　方框图

对负反馈闭环系统的讨论可总结出如下共同规律：闭环传递函数 $\Phi(s)$，$\Phi_f(s)$，$\Phi_e(s)$，$\Phi_{ef}(s)$ 的分子等于对应所求的闭环传递函数的输入信号到输出信号所经过的传递函数的乘积，并赋以符号，其分母等于 1 加开环传递函数。

2.5 控制系统的方框图及其简化

方框图是从具体系统中抽象出来的数学图形，主要是为了研究系统的运动特性，而不是研究它的具体结构。因此，从尽可能简便地获得系统传递函数这一点出发，我们完全可以对它进行任何需要的变换。当然，变换前后有关信号之间的关系应保持不变。这就是方框图及其简化问题。

2.5.1 方框图的基本概念

在工程上通常把每个元件用一个小方框来表示，方框内标明元件的传递函数。元件之间的信号传递关系，用方框之间的连线表示。这种用标明传递函数的方框和连线表示系统功能的图形叫方框图，如图 2.19 所示。

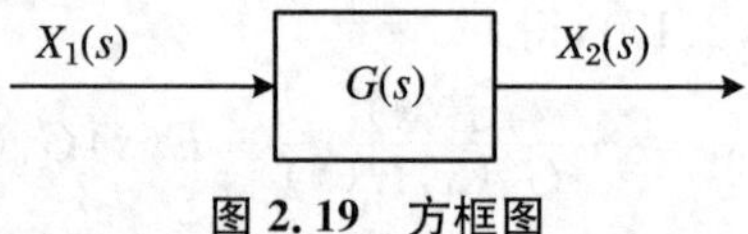

图 2.19　方框图

图中方框内标明输入输出信号间的传递函数，方框的输出信号是输入信号与方框内传递函数相乘的结果，即 $X_2(s)=X_1(s)G(s)$。信号通过方框的流向以箭头表示，输入信号的箭头指向方框，输出信号的箭头背向方框。换言之，由图 2.19 箭头的方向，便可知 $X_1(s)$ 是输入信号，$X_2(s)$是输出信号。

在方框图中，对信号求代数和的点，称为相加点，用符号"⊗"表示；来自方框的信号在某点同时传向所需的各处，此点称为分支点，用符号"•"表示。如图 2.20 所示，①为相加点，用"⊗"表示，输入信号和反馈信号在这里进行代数相加；②为分支点，用"•"表示，由前向通道方框 $\boxed{G(s)}$ 出来的信号，一个作为输出信号，另一个进入到反馈方框 $\boxed{H(s)}$，它们在这里进行分离。

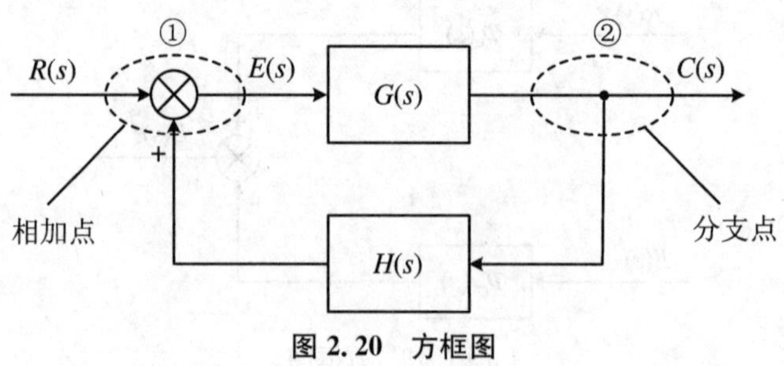

图 2.20　方框图

2.5.2 绘制方框图的步骤及方框图的特点

绘制方框图的步骤：① 写出组成系统的各环节的微分方程；② 求取各环节的传递函数，

画出个体方框图；③ 从相加点入手，按信号流向依次连接成整体方框图，即系统方框图。

例 2.9　绘制如图 2.21 所示 RC 电路的方框图。

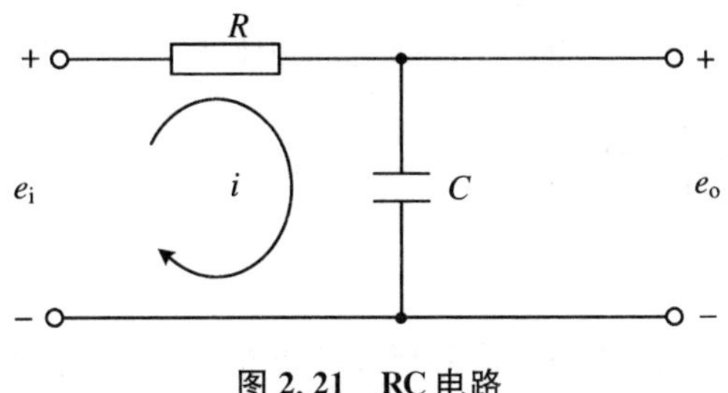

图 2.21　RC 电路

解　(1) 写出组成系统的各环节的微分方程：

$$i = \frac{e_i - e_o}{R} \tag{1}$$

$$e_o = \frac{1}{C}\int i \mathrm{d}t \tag{2}$$

(2) 取式(1)、式(2)在零初始条件下的拉氏变换，得各环节的传递函数，并画出个体方框图：

$$I(s) = \frac{E_i(s) - E_o(s)}{R} \tag{3}$$

$$E_o(s) = \frac{I(s)}{Cs} \tag{4}$$

式(3)表示减法后再乘以 $1/R$，其方框图如图 2.22 所示，式(4)的方框图如图 2.23 所示。

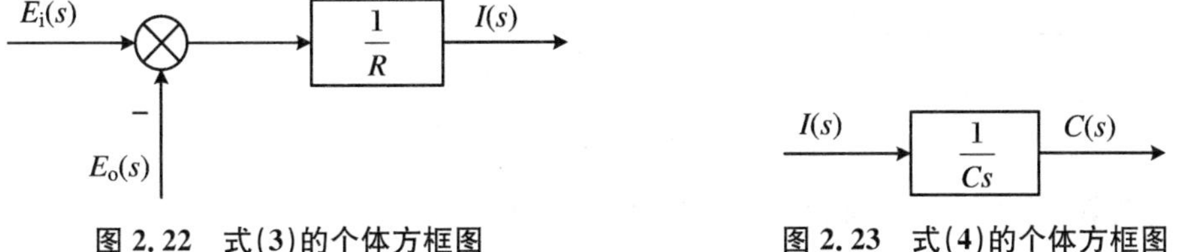

图 2.22　式(3)的个体方框图　　**图 2.23　式(4)的个体方框图**

(3) 从相加点入手，按信号流向依次连接成完整方框图，如图 2.24 所示。

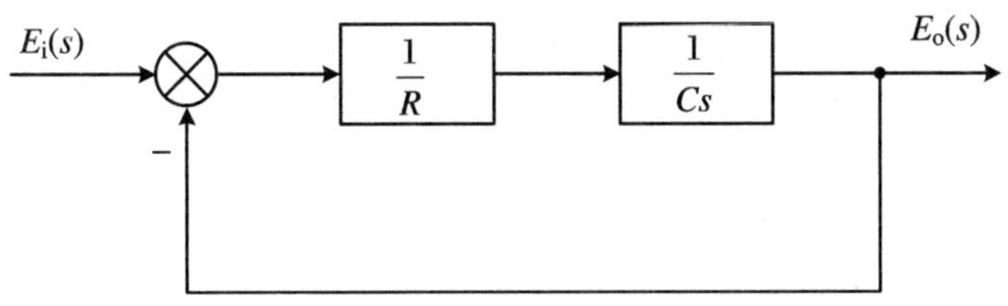

图 2.24　完整方框图

方框图的特点：① 方框图是从实际系统抽象出来的数学模型，不代表实际的物理结构，不明显表示系统的主能源。方框图是从传递函数的基础上得出来的，所以仍是数学模型，不代表物理结构。系统本身有的反映能源，有的不反映能源，如有源网络和无源网络等，但在方框图上一般不明显表示出来。② 能更直观、更形象地表示系统中各环节的功能和相互关系，以及信号的流向和每个环节对系统性能的影响。更直观、更形象是相对系统的微分方程而言的。③ 方框图的流向是单向不可逆的。④ 方框图不唯一。由于研究角度不一样,传递函数列写出来就不一样,方框图也不一样。⑤ 研究方便。对于一个复杂的系统可以画出它的方框图,通过方框图简化,不难求得系统的输入、输出关系,在此基础上,无论是研究整个系统的性能,还是评价每一个环节的作用,都是很方便的。

2.5.3 方框图的简化

1. 分支点移动规则

根据分支点移动前后所得的分支信号保持不变的等效原则,可将分支点顺着信号流向或逆着信号流向移动。

(1) 前移(图 2.25)。

图 2.25　分支点前移原则

(2) 后移(图 2.26)。

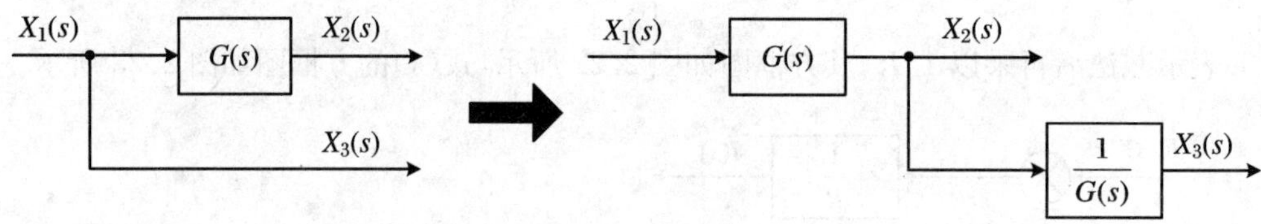

图 2.26　分支点后移原则

不难验算,分支点移动前后,分出支路信号保持不变。

结论　分支点前移时,必须在分出支路串入具有相同传递函数的函数方框;分支点后移时,必须在分出支路串入具有相同传递函数倒数的函数方框。

2. 相加点移动规则

根据保持相加点移动前后总的输出保持不变的等效原则,可以将相加点顺着信号流向或逆着信号流向移动。

(1) 前移(图 2.27)。

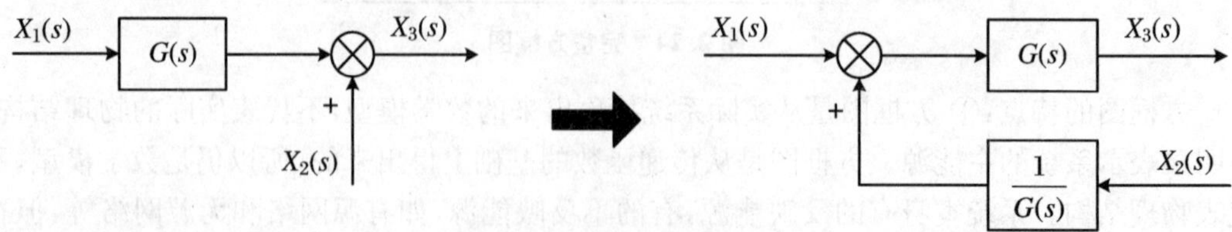

图 2.27　相加点前移原则

(2) 后移(图 2.28)。

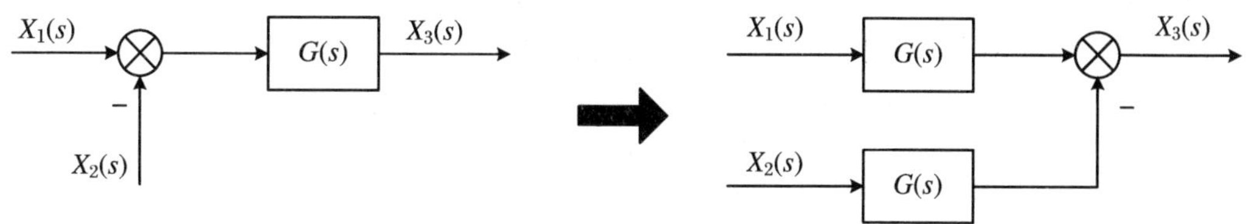

图 2.28　相加点后移原则

不难验算,相加点移动前后,分出支路信号保持不变。

结论　相加点前移时,必须在移动的相加支路中,串入具有相同传递函数倒数的函数方框;相加点后移时,必须在移动的相加支路中,串入具有相同传递函数的函数方框。

3. 等效单位反馈变换规则(图 2.29)

$$\frac{C(s)}{R(s)}=\frac{1}{G_2(s)}\cdot\frac{G_1(s)G_2(s)}{1+G_1(s)G_2(s)}$$

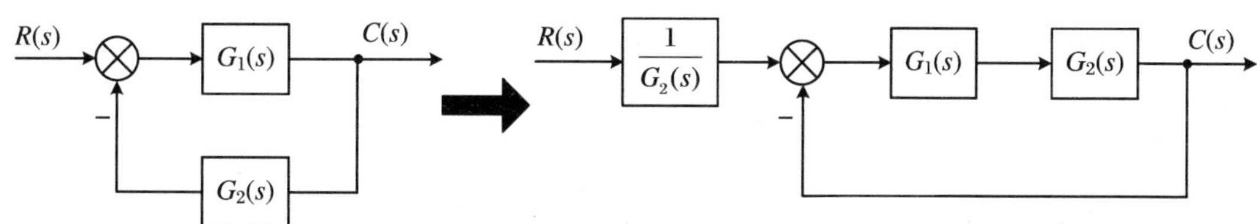

图 2.29　等效单位反馈变化原则

4. 交换或合并相加点原则(图 2.30)

$$C(s)=E_1(s)\pm R_3(s)=R_1(s)\pm R_2(s)\pm R_3(s)=R_1(s)\pm R_3(s)\pm R_2(s)$$

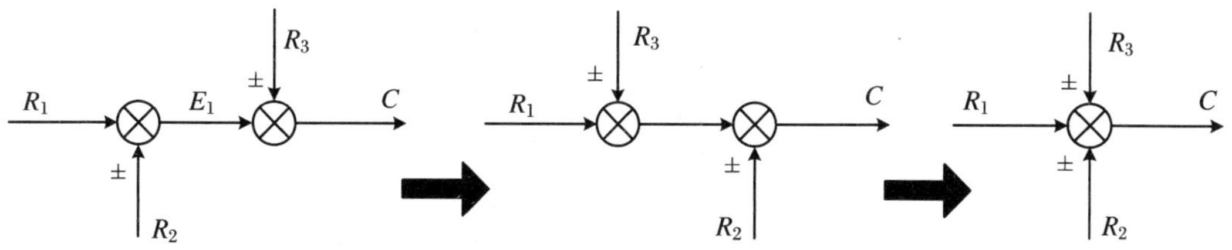

图 2.30　交换或合并相加点原则

5. 内反馈线消除规则

控制系统方框图的简化,关键在于消除内反馈线(不是主反馈线),而分支点、相加点的移动都是为消除内反馈线服务的。因此,在应用方框图的简化规则时,要首先着眼消除内反馈线且最终落实于消除内反馈线。

内反馈线消除的规则是,消除内反馈前后保证输入、输出信号关系不变。其方法是利用 $\Phi(s)$,$\Phi_f(s)$,$\Phi_e(s)$,$\Phi_{ef}(s)$的计算公式及相加点、分支点移动规则。

应用上述各项基本规则,可将包含许多反馈回路的复杂方框图进行简化。但在简化过程中,一定要记住下列两条原则:

在闭环系统中,① 前向通道中传递函数的乘积保持不变;② 反馈回路中传递函数的乘积保持不变。

大量工程实践得出简化方框图的一般法则是:移动分支点和相加点,减少内反馈回路。

例 2.10 试简化图 2.31(a)所示系统方框图,并求系统传递函数 $C(s)/R(s)$。

解 在图 2.31(a)中,由于 $G_1(s)$ 与 $G_2(s)$ 之间有交叉的相加点和分支点,不能直接进行方框运算,但也不可简单地互换其位置。最简便的方法是将相加点前移,分支点后移,如图 2.31(b)所示;然后进一步简化为图 2.31(c);最后求得传递函数为

$$\frac{C(s)}{R(s)}=\frac{G_1(s)G_2(s)}{1+G_1(s)+G_2(s)+G_1(s)G_2(s)H_1(s)}$$

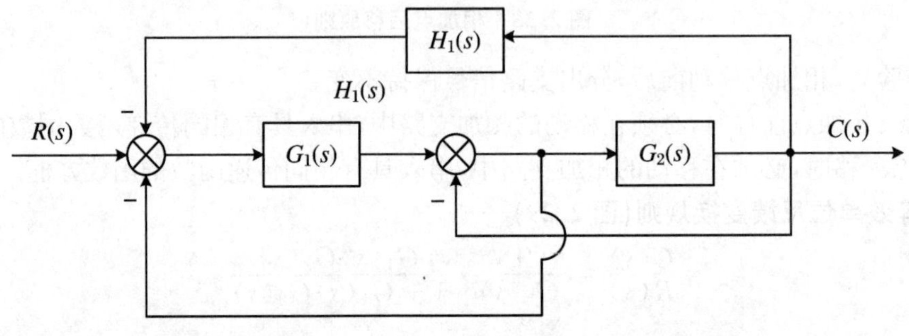

(a) 方框图

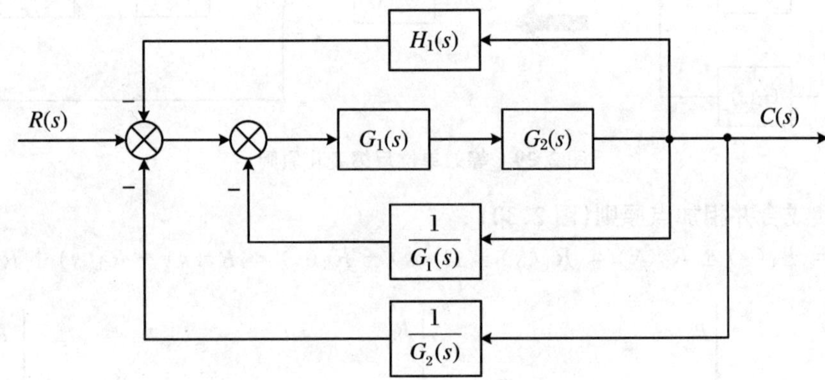

(b) 简化后的方框图

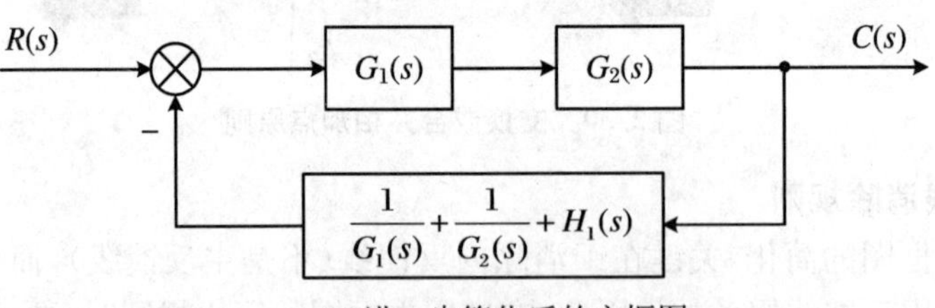

(c) 进一步简化后的方框图

图 2.31 方框图的简化

例 2.11 RC 两级滤波网络的方框图如图 2.32 所示。试加以简化,并求 $\Phi(s)$,$\Phi_e(s)$。

解 先将点②移到点③,如图 2.33 所示。

Ⅱ回路应用求 $\Phi(s)$ 的闭环公式,得

$$\Phi_{\mathrm{II}}(s) = \frac{\frac{1}{R_2} \cdot \frac{1}{C_2 s}}{1 + \frac{1}{R_2 C_2 s}} = \frac{1}{1 + R_2 C_2 s}$$

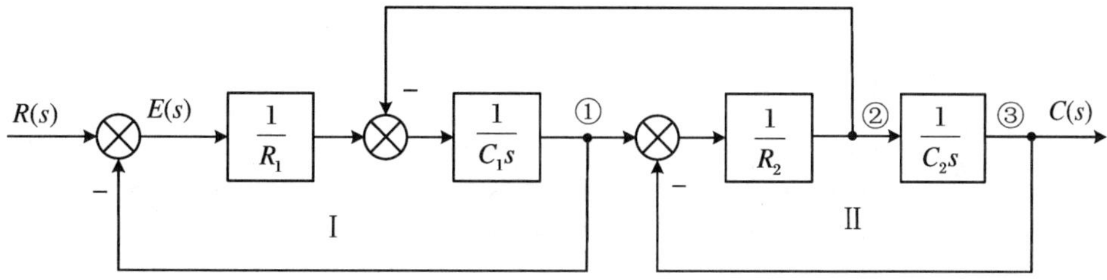

图 2.32　RC 两级滤波网络的方框图

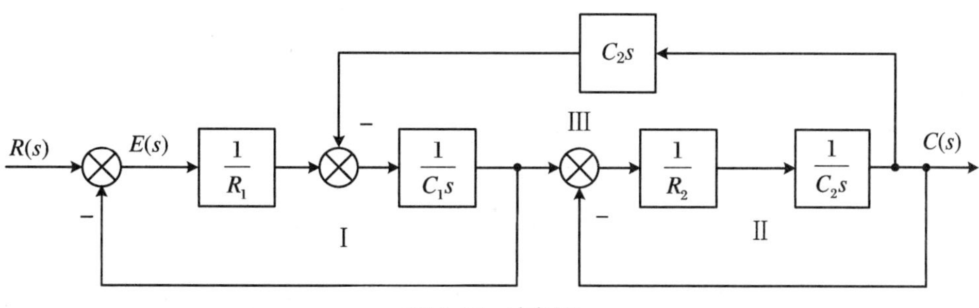

图 2.33　方框图

图 2.33 进一步简化为图 2.34。

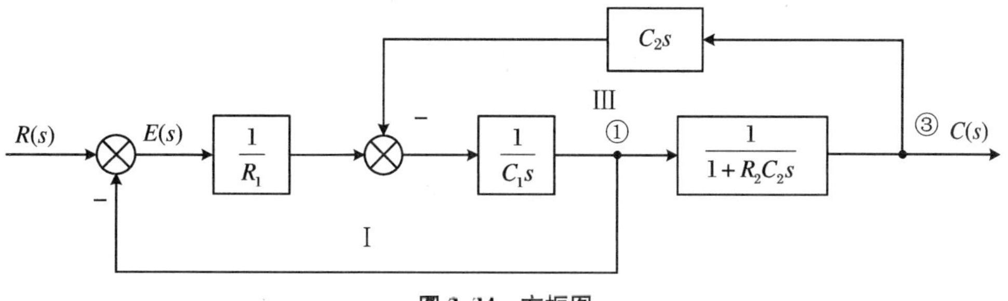

图 2.34　方框图

将点①移到点③，如图 2.35 所示。

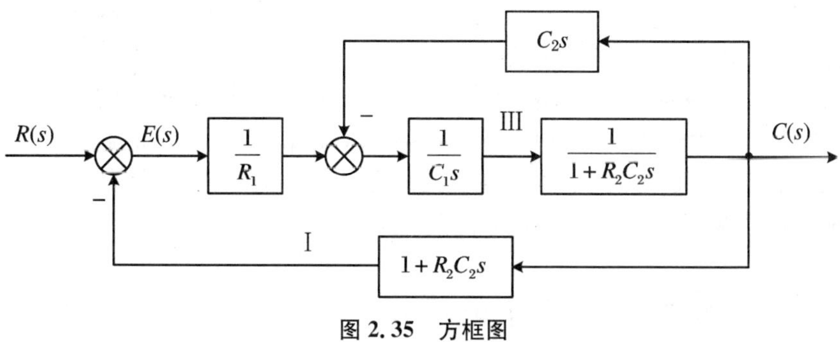

图 2.35　方框图

Ⅲ回路应用求 $\Phi(s)$的闭环公式，得

$$\Phi_{Ⅲ}(s)=\frac{\frac{1}{C_1 s}\cdot\frac{1}{1+R_2C_2s}}{1+\frac{1}{C_1 s}\cdot\frac{1}{1+R_2C_2s}\cdot C_2 s}=\frac{1}{C_1 s(1+R_2C_2s)+C_2s}$$

图 2.35 进一步简化为图 2.36。

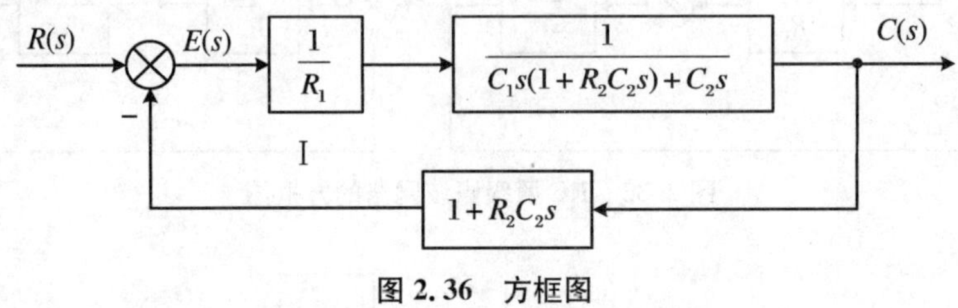

图 2.36　方框图

因此

$$\Phi(s)=\Phi_{Ⅰ}(s)=\frac{\frac{1}{R_1}\cdot\frac{1}{C_1 s(1+R_2C_2s)+C_2s}}{1+\frac{1}{R_1}\cdot\frac{1+R_2C_2s}{C_1 s(1+R_2C_2s)+C_2s}}$$

$$=\frac{1}{R_1R_2C_1C_2s^2+(R_1C_1+R_2C_2+R_1C_2)s+1}$$

$$\Phi_e(s)=\frac{1}{1+\frac{1}{R_1}\cdot\frac{1+R_2C_2s}{C_1 s(1+R_2C_2s)+C_2s}}$$

$$=\frac{R_1R_2C_1C_2s^2+(R_1C_1+R_1C_2)s}{R_1R_2C_1C_2s^2+(R_1C_1+R_2C_2+R_1C_2)s+1}$$

2.6　信号流图

方框图是图解表示控制系统的有效方法,但当系统较复杂时,方框图的简化很烦琐。与之替代的是信号流图法。

信号流图是一种表示代数方程的方法,当应用于控制系统时,根据统一的公式便能求出系统的传递函数。因此,当系统较复杂时,应用信号流图建立数学模型是很方便的。

信号流图是由网络组成的,网络中各节点用定向线段连接。每一节点表示一个系统变量,而每两个节点之间的连接支路相当于信号乘法器。信号只能单向流通,信号流通的方向由支路上的箭头表示,而乘法因子则标在支路线上。信号流图描绘了信号从系统中的一点向另一点的流通情况,并且表明了各信号之间的关系。

2.6.1　信号流图中使用的术语

节点:用以表示变量或信号的点称为节点,用符号“○”表示。

传输:两个节点之间的增益或传递函数称为传输。

支路:联系两个节点并标有信号流向的定向线段称为支路。

源点:只有输出支路,没有输入支路的节点称为源点,它对应于系统的输入信号,或称为输入节点。

阱点:只有输入支路,没有输出支路的节点称为阱点,它对应于系统的输出信号,或称为输出节点。

混合节点:既有输入支路,又有输出支路的节点称为混合节点。

通路:沿支路箭头方向而穿过各相连支路的途径,称为通路。如果通路与任一节点相交不多于一次,称为开通路;如果通路的终点就是通路的起点,并且与任何其他节点相交的次数不多于一次,称为闭通路或回路;如果通路通过某一节点多于一次,那么这个通路既不是开通路,又不是闭通路。

回路增益:回路中各支路传输的乘积,称为回路增益。

不接触回路:如果一些回路没有任何公共节点,就把它们叫作不接触回路。

自回路:只与一个节点相交的回路称为自回路。

前向通路:如果从源点到阱点的通路,通过任何节点不多于一次,则该通路称为前向通路。前向通路中各支路传输的乘积称为前向通路增益。

上述术语在信号流图中的部分体现,如图 2.37 所示。

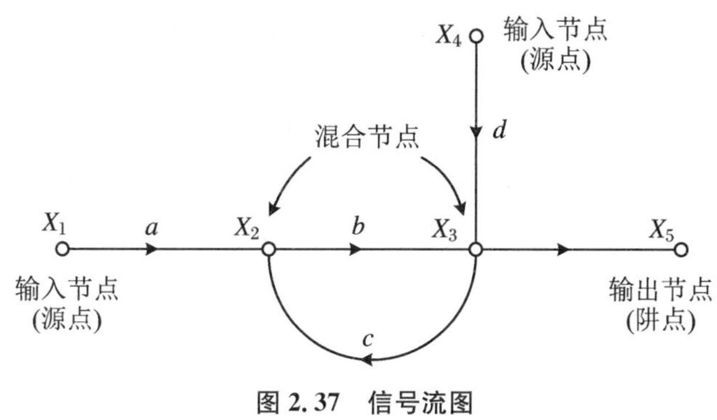

图 2.37　信号流图

2.6.2　信号流图的性质

(1) 支路表示一个信号对另一个信号的函数关系。信号只能沿着支路上由箭头规定的方向流通,如图 2.38(a)所示。

(2) 节点可以把所有输入支路的信号叠加,并把总的信号送到所有输出支路,如图 2.38(b)、(c)所示。从图 2.38(c),得

$$X_5 = a_4 X_4$$

而

$$X_4 = a_1 X_1 + a_2 X_2 + a_3 X_3$$

(3) 具有输入和输出支路的混合节点,通过增加一个具有单位传输的支路,可以把它变成输出节点来处理,使它相当于阱点,但用这种方法不能将混合节点变成源点,如图 2.38(c)所示。

(4) 对于给定的系统,由于传递函数不唯一,因此信号流图也不唯一。

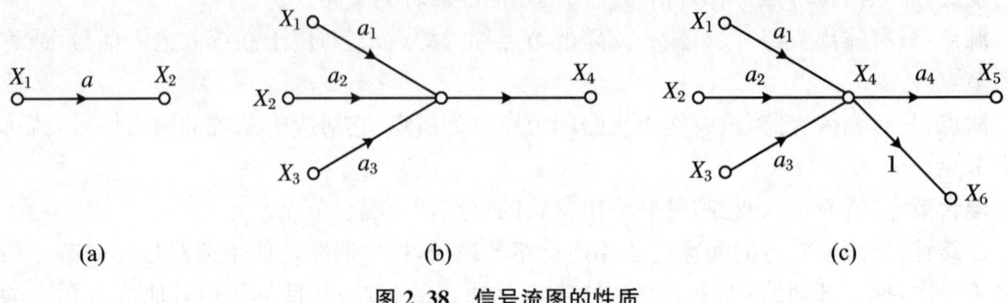

图 2.38　信号流图的性质

2.6.3　信号流图的运算法则

1. 加法规则

并联支路可以通过传输相加的方法,合并为单一支路,如图 2.39 所示。这时 $X_2 = (a_1 + a_2)X_1$ 不变。

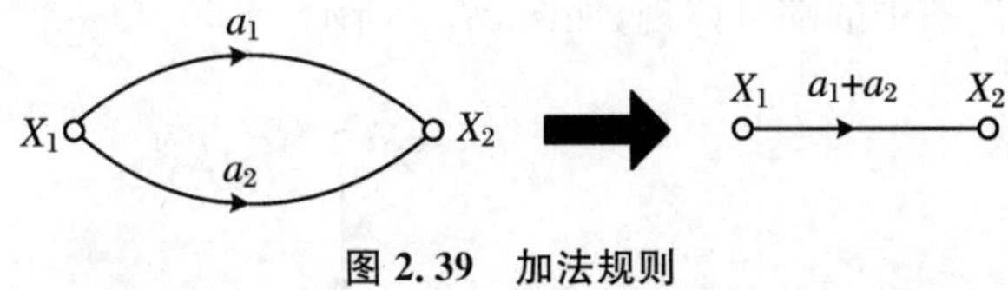

图 2.39　加法规则

2. 乘法规则

串联支路的总传输等于所有支路传输的总乘积,如图 2.40 所示。这时 $X_4 = a_1 a_3 X_1 + a_2 a_3 X_2$ 不变。

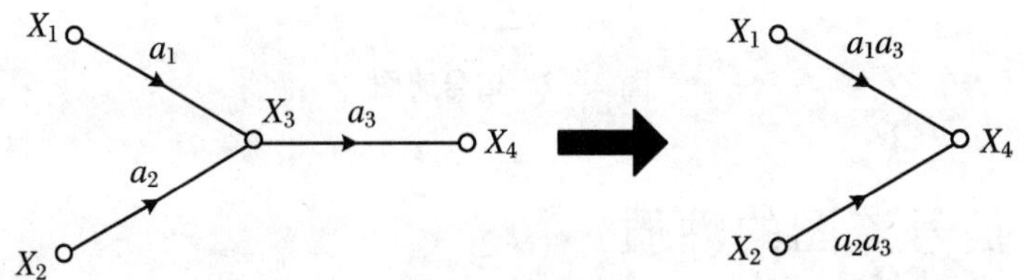

图 2.40　乘法规则

3. 分配规则

利用分配规则,可以将混合节点消除,如图 2.41 所示。

4. 自回路简化规则

自回路简化规则,如图 2.42 所示。由图可得

$$a_1 X_1 + a_2 X_2 = X_2, \quad \frac{X_2}{X_1} = \frac{a_1}{1 - a_2}$$

5. 反馈回路简化规则

反馈回路简化规则如图 2.43 所示。由图可得

$$(a_1 X_1 + a_3 X_3) a_2 = X_3, \quad \frac{X_3}{X_1} = \frac{a_1 a_2}{1 - a_2 a_3}$$

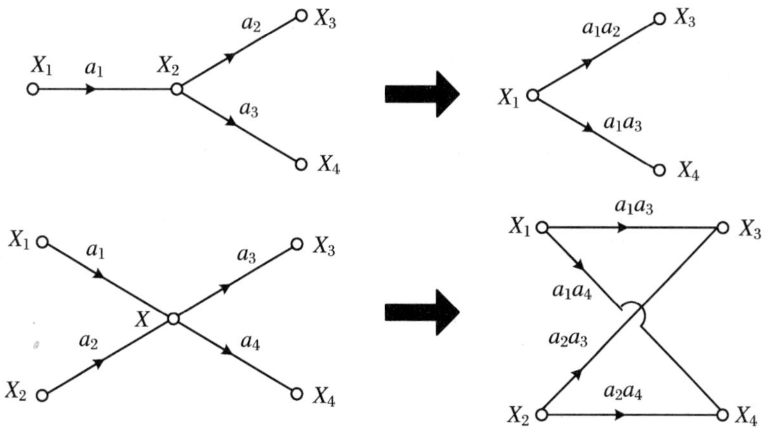

图 2.41　分配规则

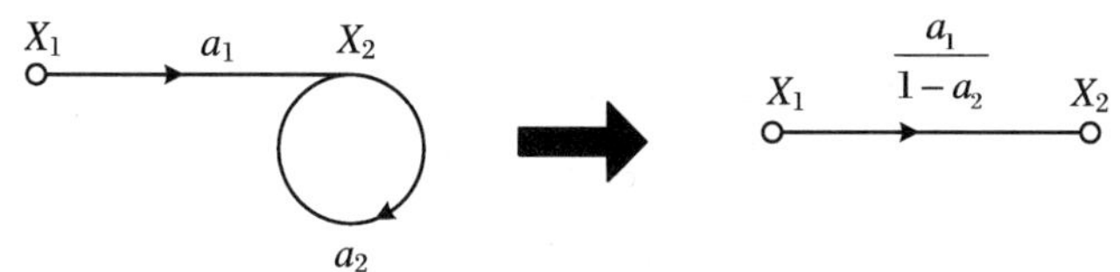

图 2.42　自回路简化规则

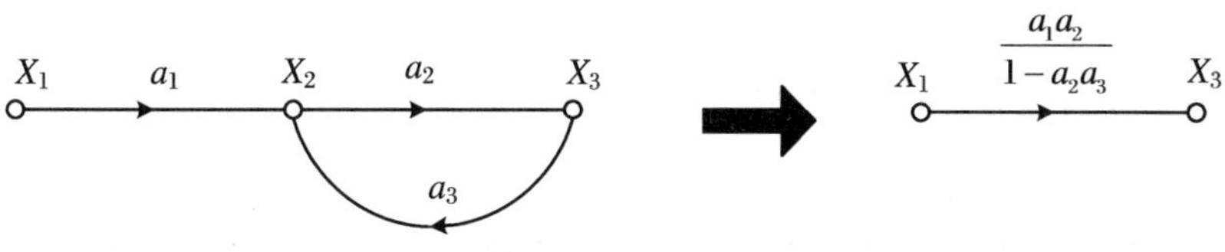

图 2.43　反馈回路简化规则

2.6.4　控制系统的信号流图

信号流图广泛用于线性控制系统中。信号流图可以根据系统的方程式画出来，在实践中，也可以通过对物理系统的观察直接画出来。利用上述规则，对系统的信号流图进行简化，就可以得到输入变量和输出变量之间的关系。

例如，设有一线性系统，其动态特性可由下列方程组描述：

$$y_2 = a_{12}y_1 + a_{32}y_3 \tag{2.20}$$

$$y_3 = a_{23}y_2 + a_{43}y_4 \tag{2.21}$$

$$y_4 = a_{24}y_2 + a_{34}y_3 + a_{44}y_4 \tag{2.22}$$

$$y_5 = a_{25}y_2 + a_{45}y_4 \tag{2.23}$$

绘制上述系统信号流图的步骤是：

(1) 分别绘制方程组中各方程的信号流图，如图 2.44(a)、(b)、(c)、(d)所示。

(2) 将图 2.44(a)、(b)、(c)、(d)沿信号流向由系统输入至系统输出连接起来，便得到整个控制系统的信号流图，如图 2.44(e)所示。

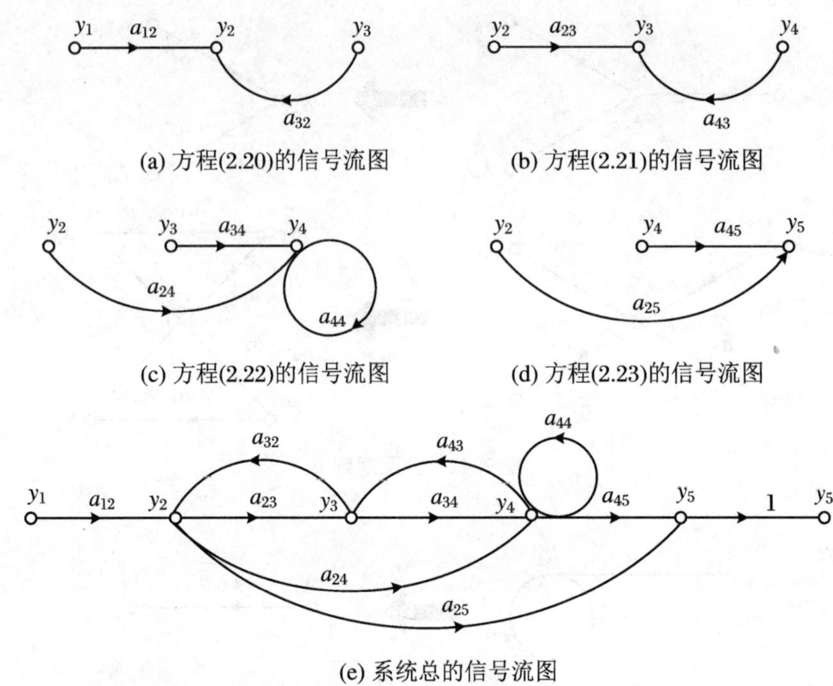

图 2.44　各方程及系统总的信号流图

在图 2.45 上表示了一些简单控制系统的信号流图。在这些简单的信号流图中,利用直观的方法,容易求得闭环传递函数 $C(s)/R(s)$ 或 $N(s)/R(s)$。对于比较复杂的控制系统,可通过直接观察或列 s 方程的方法画出信号流图,然后用梅森增益公式求出其传递函数。

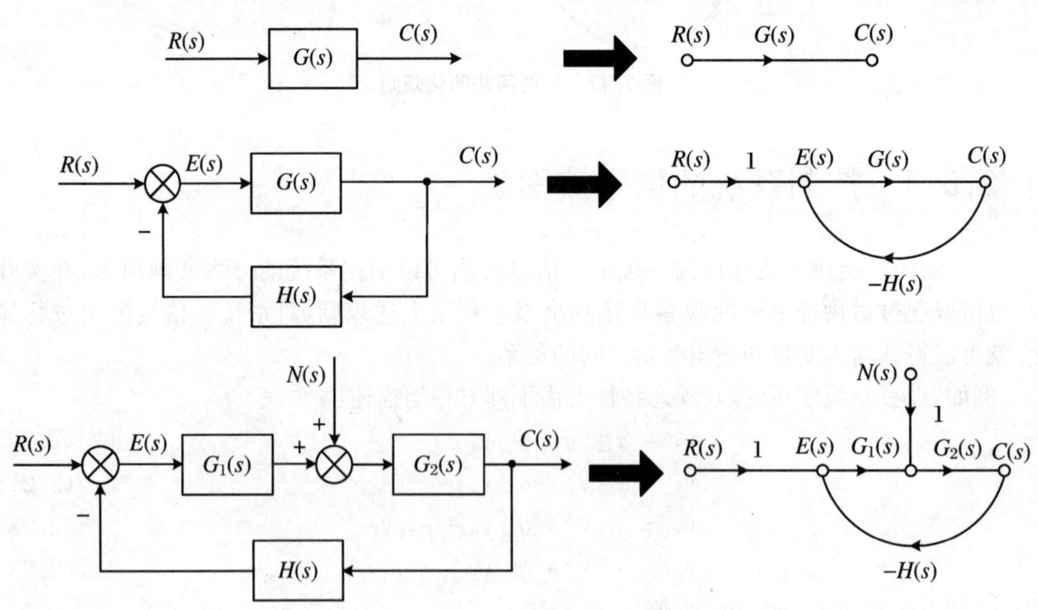

图 2.45　方框图与相应的信号流图

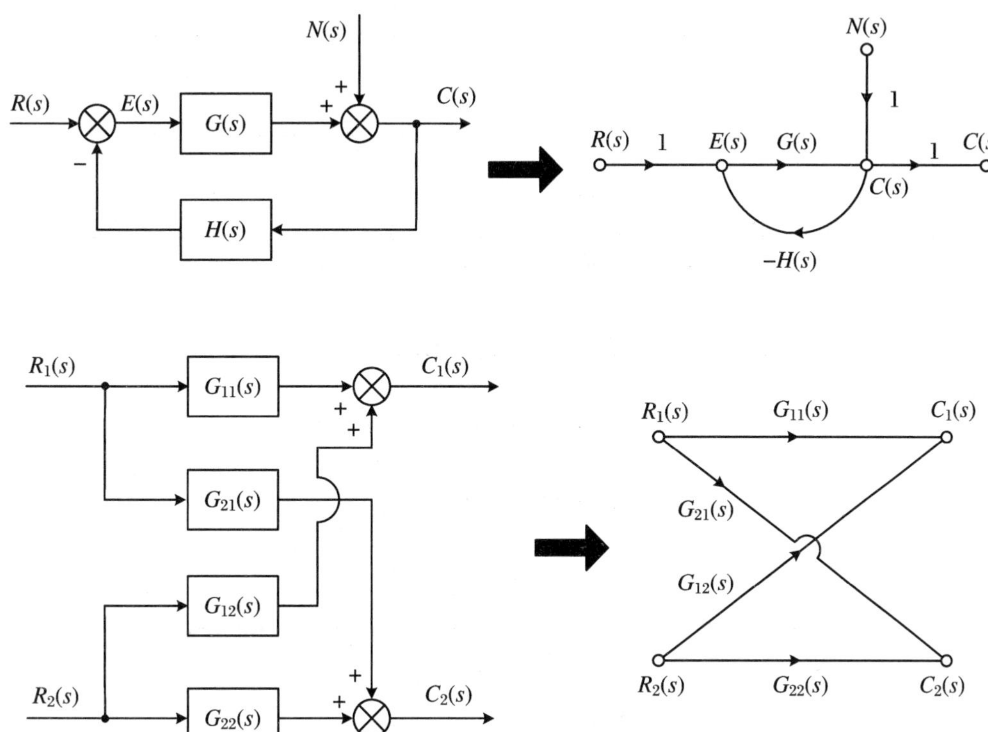

图 2.45　方框图与相应的信号流图(续)

2.6.5　信号流图的梅森增益公式

计算信号流图总增益的梅森公式为

$$P = \frac{1}{\Delta}\sum_{k=1}^{n} P_k \Delta_k$$

式中，P 表示总增益；P_k 表示第 k 条前向通路的通路增益或传输；Δ 表示信号流图的特征式，其表达式为

$$\Delta = 1 - \sum_{a} L_a + \sum_{bc} L_b L_c - \sum_{def} L_d L_e L_f + \cdots$$

这里，$\sum_{a} L_a$ 表示所有不同回路的增益之和；$\sum_{bc} L_b L_c$ 表示每两个互不接触回路增益乘积之和；$\sum_{def} L_d L_e L_f$ 表示每三个互不接触回路增益乘积之和；Δ_k 表示在 Δ 中除去与第 k 条前向通路 P_k 相接触的回路后的特征式，称为第 k 条前向通路特征式的余因子。

下面我们通过两个例子，说明梅森增益公式的应用。

例 2.12　设控制系统方框图如图 2.46 所示。试应用梅森增益公式，求取系统的闭环传递函数$\frac{\theta_{sc}(s)}{\theta_{sr}(s)}$。

解　根据图 2.46 所示控制系统方框图可绘制信号流图如图 2.47 所示。

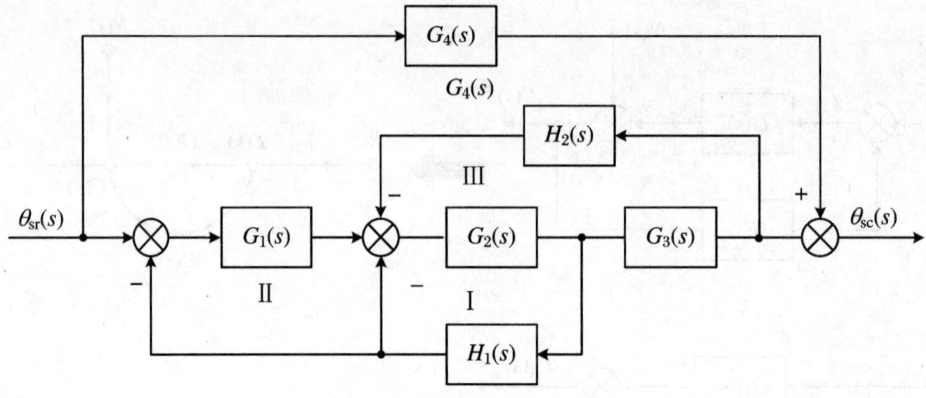

图 2.46　控制系统的方框图

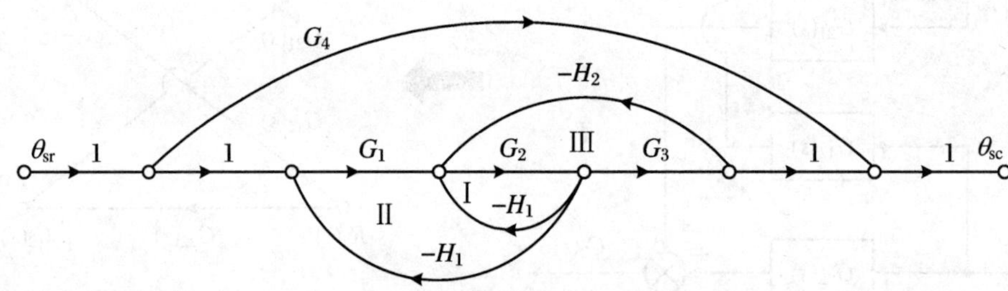

图 2.47　图 2.46 的信号流图

从图 2.47 可以看出,该信号流图共有两条前向通路,知 $k=2$,它们的通路增益分别为

$$P_1 = G_1G_2G_3$$

$$P_2 = G_4$$

从图 2.47 还可以看出,系统有三个回路,各回路的增益分别为

$$L_1 = -G_2H_1$$

$$L_2 = -G_1G_2H_1$$

$$L_3 = -G_2G_3H_2$$

信号流图中不存在互不接触回路。因此,求得控制系统的信号流图的特征式为

$$\Delta = 1 - \sum_a L_a = 1 - (L_1 + L_2 + L_3)$$

$$= 1 + G_2H_1 + G_1G_2H_1 + G_2G_3H_2$$

又根据 Δ_k 的定义,得

$$\Delta_1 = 1$$

$$\Delta_2 = 1 - (L_1 + L_2 + L_3)$$

最后,根据梅森增益公式,求得控制系统的闭环传递函数为

$$\frac{\theta_{sc}(s)}{\theta_{sr}(s)} = \frac{P_1\Delta_1 + P_2\Delta_2}{\Delta} = \frac{G_1G_2G_3 + G_4[1-(L_1+L_2+L_3)]}{1-(L_1+L_2+L_3)}$$

$$= \frac{G_1G_2G_3}{1+G_2H_1+G_1G_2H_1+G_2G_3H_2} + G_4$$

例 2.13　设滤波网络如图 2.48 所示。试应用梅森增益公式，求取滤波网络的传递函数 $\dfrac{U_2(s)}{U_1(s)}$。

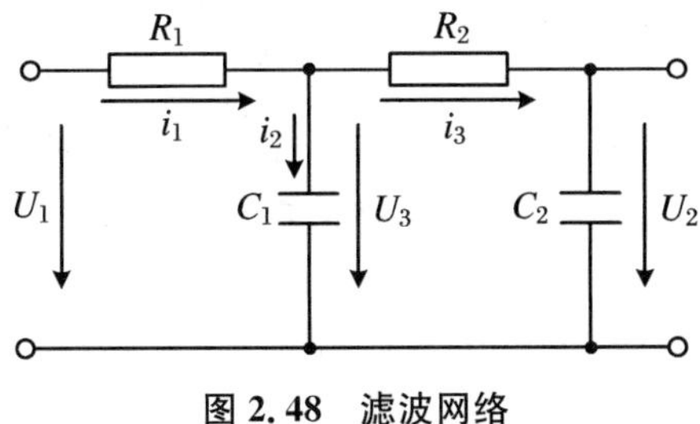

图 2.48　滤波网络

解　根据图 2.48 所示滤波网络，可得如下代数方程及个体信号流图如图 2.49 所示。

$$
\begin{cases}
\dfrac{U_1(s) - U_3(s)}{R_1} = I_1(s) \\
I_1(s) = I_2(s) + I_3(s) \\
U_3(s) = \dfrac{1}{C_1 s} I_2(s) \\
\dfrac{U_3(s) - U_2(s)}{R_2} = I_3(s) \\
U_2(s) = \dfrac{1}{C_2 s} I_3(s)
\end{cases}
$$

将图 2.49(a)、(b)、(c)、(d)、(e)五张个体信号流图沿信号流向由系统输入至系统输出连接起来，便得到整个控制系统的信号流图，如图 2.50 所示。

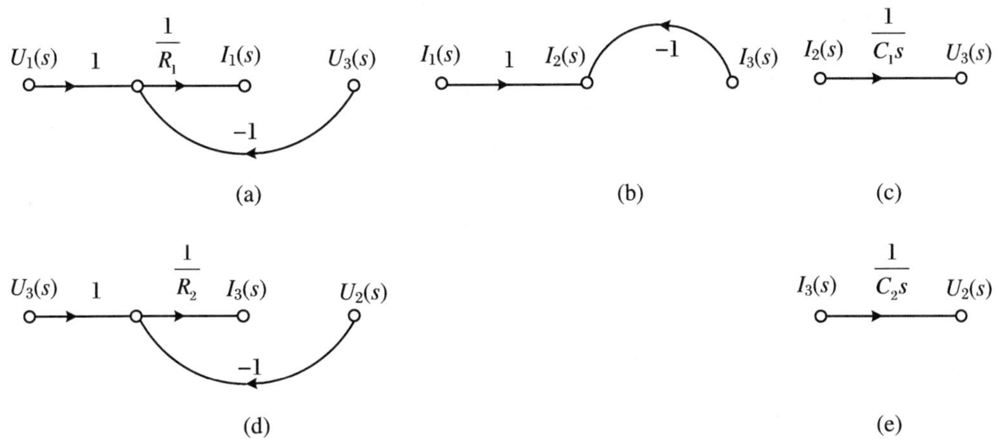

图 2.49　图 2.48 的信号流图

在这个系统中，输入量 $U_1(s)$和输出量 $U_2(s)$之间，只有一条前向通路，前向通路的增益为

$$P_1 = \frac{1}{R_1} \cdot \frac{1}{C_1 s} \cdot \frac{1}{R_2} \cdot \frac{1}{C_2 s} = \frac{1}{R_1 R_2 C_1 C_2 s^2}$$

从图 2.50 可以看出，这里有三个单独回路，这些回路的增益为

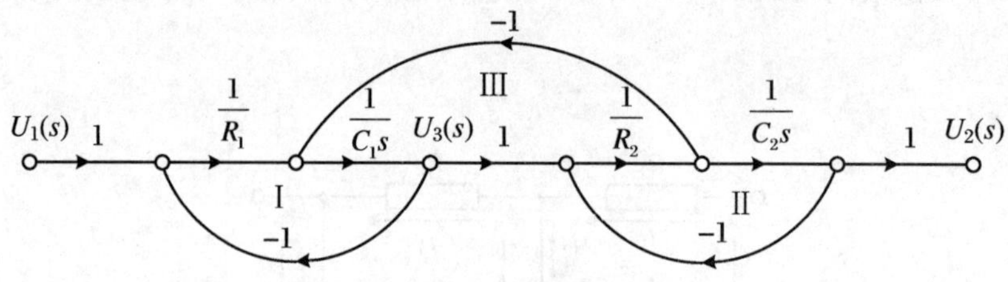

图 2.50　图 2.48 的最终信号流图

$$L_1 = \frac{1}{R_1} \cdot \frac{1}{C_1 s} \cdot (-1) = -\frac{1}{R_1 C_1 s}$$

$$L_2 = \frac{1}{R_2} \cdot \frac{1}{C_2 s} \cdot (-1) = -\frac{1}{R_2 C_2 s}$$

$$L_3 = \frac{1}{C_1 s} \cdot \frac{1}{R_2} \cdot (-1) = -\frac{1}{R_2 C_1 s}$$

信号流图中,存在两个互不接触的回路,它们的增益为

$$L_1 \cdot L_2 = \frac{1}{R_1 R_2 C_1 C_2 s^2}$$

因此,求得滤波网络的特征式为

$$\begin{aligned}\Delta &= 1 - \sum_a L_a + \sum_{bc} L_b \cdot L_c \\ &= 1 + \frac{1}{R_1 C_1 s} + \frac{1}{R_2 C_2 s} + \frac{1}{R_2 C_1 s} + \frac{1}{R_1 R_2 C_1 C_2 s^2}\end{aligned}$$

根据 Δ_k 的定义,有

$$\Delta_1 = 1$$

最后,根据梅森增益公式,求得滤波网络的传递函数为

$$\begin{aligned}\frac{U_2(s)}{U_1(s)} = \frac{P_1 \Delta_1}{\Delta} &= \frac{\dfrac{1}{R_1 R_2 C_1 C_2 s^2}}{1 + \dfrac{1}{R_1 C_1 s} + \dfrac{1}{R_2 C_2 s} + \dfrac{1}{R_2 C_1 s} + \dfrac{1}{R_1 R_2 C_1 C_2 s^2}} \\ &= \frac{1}{R_1 R_2 C_1 C_2 s^2 + R_1 C_1 s + R_2 C_2 s + R_1 C_2 s + 1}\end{aligned}$$

2.7　脉冲响应

由于控制系统的脉冲响应与系统闭环传递函数之间有着特定的关系,脉冲响应是由时域响应过程表示的一种数学模型。因此,研究脉冲响应有着重要意义。

2.7.1　基本概念

1. δ 函数的定义和性质

δ 函数定义为

$$\delta(t)=\begin{cases}0 & (t\neq 0)\\ \infty & (t=0)\end{cases}$$

在工程上，δ 函数常被称为理想单位脉冲函数。

δ 函数的性质有：

(1) $\int_{-\infty}^{+\infty}\delta(t)\mathrm{d}t=1$。

这个式子表明，理想单位脉冲函数的面积（或称脉冲强度）等于 1，这也是单位脉冲函数名称的由来。

(2) $\delta(t)=\frac{\mathrm{d}}{\mathrm{d}t}1(t)$。

这个式子表明，理想单位脉冲函数 $\delta(t)$ 是在间断点上单位阶跃函数 $1(t)$ 对时间的导数。反之，理想单位脉冲函数 $\delta(t)$ 的积分便是单位阶跃函数。

(3) $L[\delta(t)]=1$。

这个式子说明理想单位脉冲函数的拉氏变换等于 1。

在零初始条件下，线性定常系统对单位脉冲 $\delta(t)$ 输入的响应，称为该系统的脉冲响应。脉冲响应的函数表达式为脉冲响应函数。

在实验室或工程实践中，脉冲响应是非常容易得到的。一个电闸开关，一合一拉，只要合的时间与系统的时间常数相比短得多，就可以把这个方波看成是一个脉冲，设这个方波高为 h，宽为 τ，其波形为⎍。在一般情况下，当① $\tau\leqslant T$（T 是系统本身的时间常数）、② $h/\tau\geqslant 10$（来源于工程经验数据）、③ $\tau h=1$ 三条要求满足时，就可以把这个方波认为是单位脉冲了。这在实验室或工程实践中是很容易做到的。

2.7.2　脉冲响应函数与闭环传递函数的关系

若上述理想单位脉冲函数发生在 $t=t_0$ 瞬间，则理想单位脉冲函数的定义应叙述为

$$\delta(t-t_0)=\begin{cases}0 & (t\neq t_0)\\ \infty & (t=t_0)\end{cases}$$

由于理想脉冲实际无法获得，工程上通常按下述方法来代替理想单位脉冲，即用矩形脉冲在满足上述所提的三条要求的情况下来代替理想单位脉冲，实际脉冲如图 2.51 所示。其数学表达式为

$$\begin{cases}\delta_h(t)=0 & (t<0,t>\tau)\\ \delta_h(t)=h & (0<t\leqslant\tau)\end{cases}$$

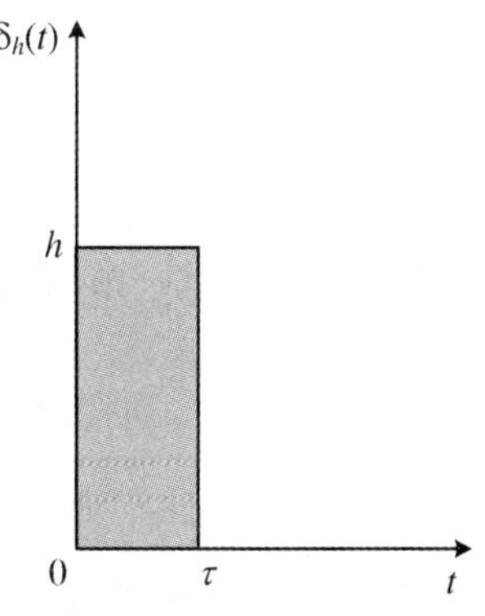

图 2.51　实际脉冲

按上述条件的第一条，则实际脉冲 $\delta_h(t)$ 的面积 $\tau\times h=1$，其中，τ 是实际脉冲的宽度，它是以零为极限的微量；h 是实际脉冲的高度。

实际脉冲函数 $\delta_h(t)$ 的拉氏变换为

$$L[\delta_h(t)]=\int_{0_-}^{\infty}\delta_h(t)\mathrm{e}^{-st}\mathrm{d}t=\int_{0_-}^{\tau}\frac{1}{\tau}\mathrm{e}^{-st}\mathrm{d}t=\frac{1}{\tau}\left(\frac{-\mathrm{e}^{-st}}{s}\right)_{0_-}^{\tau}$$

$$=\frac{1}{\tau}\cdot\frac{1-\mathrm{e}^{-s\tau}}{s}$$

当实际脉冲的宽度 τ 趋于其极限值零时，实际脉冲函数 $\delta_h(t)$ 的拉氏变换为

$$\lim_{\tau\to 0} L[\delta_h(t)] = \lim_{\tau\to 0}\frac{1-\mathrm{e}^{-\tau s}}{\tau s} = 1$$

上式说明，当实际脉冲宽度 τ 为微量时，其拉氏变换可近似等于1。

基于上述对脉冲函数的讨论，我们可以建立脉冲响应函数与闭环传递函数的关系。

设控制系统的运动方程为

$$n(p)c(t) = m(p)r(t) \tag{2.24}$$

$$\Phi(s) = \frac{C(s)}{R(s)} = \frac{M(s)}{N(s)} \tag{2.25}$$

式中，$c(t)$为输出信号；$r(t)$为输入信号；$n(p)$，$m(p)$分别为对 $c(t)$，$r(t)$的微分运算多项式。若将实际脉冲函数近似地作为理想脉冲函数来处理，即当 $r(t)=\delta(t)$时，根据脉冲响应函数的定义，此刻的系统输出 $c(t)$便是系统的脉冲响应函数 $k(t)$，即

$$c(t) = k(t) \tag{2.26}$$

因此，式(2.24)可写成

$$n(p)k(t) = m(p)\delta(t) \tag{2.27}$$

在零初始条件下，对式(2.27)进行拉氏变换，得

$$N(s)L[k(t)] = M(s)L[\delta(t)]$$

因为

$$L[\delta(t)] = 1$$

所以

$$L[k(t)] = \frac{M(s)}{N(s)} = \Phi(s) \tag{2.28}$$

式(2.28)表明，脉冲响应函数的拉氏变换等于系统的闭环传递函数，即

$$L[k(t)] = \int_0^{\infty} k(t)\mathrm{e}^{-st}\mathrm{d}t = \Phi(s) \tag{2.29}$$

亦即

$$k(t) = \frac{1}{2\pi}\int_{-\infty}^{+\infty} \Phi(s)\mathrm{e}^{st}\mathrm{d}\omega \tag{2.30}$$

其中

$$s = \beta + \mathrm{j}\omega$$

式(2.29)、式(2.30)表明了脉冲响应函数与闭环传递函数之间的关系。

2.7.3 脉冲响应的宽度与系统性能的关系

当 $k(t)=\delta(t)$时，则

$$\Phi(s) = \int_0^{\infty} k(t)\mathrm{e}^{-st}\mathrm{d}t = \int_0^{\infty} \delta(t)\mathrm{e}^{-st}\mathrm{d}t = 1 \tag{2.31}$$

式(2.31)表明，当 $k(t)=\delta(t)$时，控制系统将在其输出端无滞后地、准确地复现输入信号，即在任一瞬间都将有 $c(t)=r(t)$，这当然是理想的情况。对于实际控制系统，其脉冲响应函数不可能具有 $\delta(t)$的形式，而总存在一定宽度。但从理想情况所得结论推知：系统的脉冲响应的宽度越窄，系统复现控制信号的能力越强，对高速变化信号的反应能力越强，从而使系统具有良好的响应性能；反之，脉冲响应持续时间越长，系统的响应特性越差。

2.7.4　脉冲响应的用途

如果我们设计的系统的输入信号比较复杂，比如舰用稳定平台系统（军舰在大海中航行，浪的拍打可以近似认为是正弦信号），那么可将理论上设计好的数学模型在模拟机上模拟或在数字机上仿真，它的输出响应是

$$g(t)=\Psi(t)*k(t)=\int_0^t \Psi(\tau)k(t-\tau)\mathrm{d}\tau \tag{2.32}$$

其中，$\Psi(t)$代表实际作用的信号，如在上述舰用稳定平台系统中就是正弦信号；$k(t)$代表脉冲响应函数；“$*$”代表两信号的卷积。通过对系统加入一合一拉闸的电信号，只要满足前文所述三条要求，系统的输出就是脉冲响应函数 $k(t)$，从而比较方便地得到 $g(t)$。知道了一个系统的输出响应，它的很多性能就知道了。

小　　结

本章主要介绍如何利用解析法建立系统的数学模型，建立数学模型是对控制系统进行分析和设计的前提。

数学模型是描述系统输入、输出以及内部各变量之间关系的数学表达式。微分方程是系统的时域数学模型。要求掌握线性定常微分方程的一般形式、建立微分方程的步骤、微分方程的求解方法以及非线性方程的线性化方法。传递函数是在零初始条件下，线性定常系统输出的拉普拉斯变换和输入的拉普拉斯变换之比。传递函数是系统的复域数学模型，也是经典控制理论中最常用的数学模型形式。要求掌握传递函数的定义、性质和标准形式，熟练运用传递函数概念对系统进行分析和计算。

结构图和信号流图都是系统数学模型的图形表达形式，二者在描述系统变量间的传递关系上是等价的，只是形式不同。结构图等效变换和梅森增益公式是系统分析过程中经常运用的工具，应熟练掌握。

开环传递函数、闭环传递函数和误差传递函数在系统分析、设计中经常用到，应能熟练地掌握和应用。

习　　题

2.1　已知 $f(t)=A\mathrm{e}^{-at}$（A，a 是常数），求 $F(s)$。

2.2　若 $L[Af(t)]=AF(s)$，证明：$L[Atf(t)]=-A\dfrac{\mathrm{d}F(s)}{\mathrm{d}s}$。

2.3　求 $f(t)=\mathrm{e}^{-at}\sin\omega t$ 的拉氏变换。

2.4　求下列函数的初值和终值：

(a) $\dfrac{1}{s}$；(b) $\dfrac{1}{s^2}$；(c) $\dfrac{k}{s+a}$；(d) $\dfrac{c}{s(s+a)}$；(e) $\dfrac{s+b}{s(s+a)}$。

2.5 已知 $F(s)=\dfrac{s^2+2s+6}{(s+1)^3}$，求拉氏逆变换。

2.6 在如图 2.52 所示电路中，电容 C 上有初电压 $u_C(0)$，求 S 突然合上后的 $u_C(t)$。

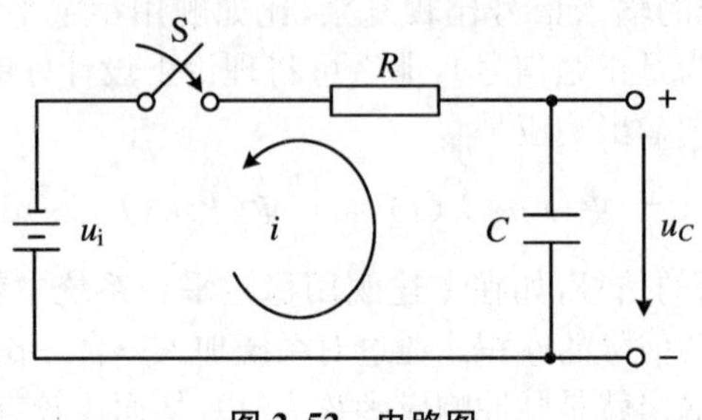

图 2.52 电路图

2.7 求旋转系统的传递函数，其中 J 为转动惯量，f 为摩擦系数，M 为外作用力矩，θ 为轴向位移，齿轮传动比为 Z_1/Z_2。

(1) 图 2.53(a)所示系统中，取 M 为系统输入，θ 为系统输出。

(2) 图 2.53(b)所示系统中，取 M 为系统输入，θ_2 为系统输出。

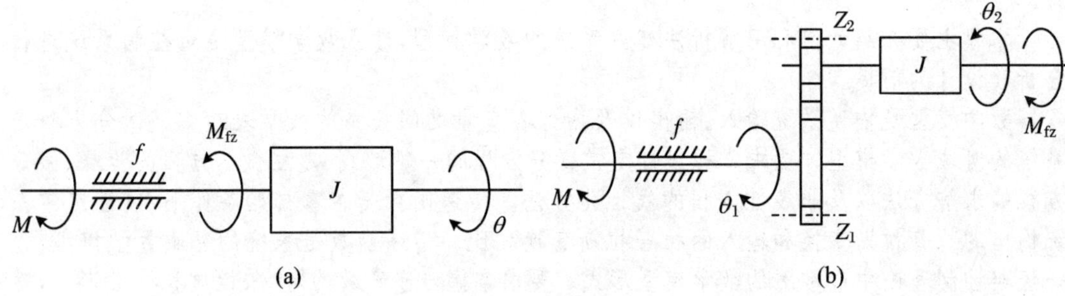

图 2.53 旋转系统

2.8 由质量弹簧及阻尼器组成系统如图 2.54 所示，求系统的传递函数 $Y(s)/X(s)$。其中 $x(t)$为输入外力，$y(t)$为输出位移。

2.9 RLC 电路如图 2.55 所示。取 U_i 为输入信号，U_o 为输出信号，求传递函数。

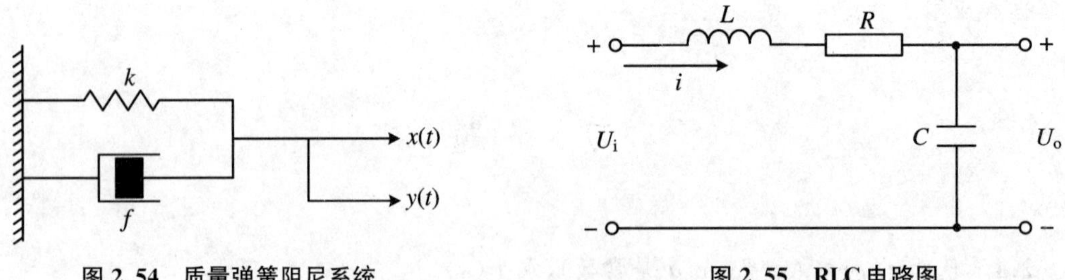

图 2.54 质量弹簧阻尼系统　　**图 2.55 RLC 电路图**

2.10 如图 2.56 所示电路，取 U_i 为输入信号，U_o 为输出信号，求传递函数 $U_o(s)/U_i(s)$。

2.11 运算放大器电路如图 2.57 所示，求其传递函数 $U_o(s)/U_i(s)$。

2.12 运算放大器电路如图 2.58 所示，求其传递函数 $E_o(s)/E_i(s)$。

2.13 如图 2.59 所示直流电动机系统，激磁恒定，以 u_a 为输入，θ 为输出，求传递函数 $\theta(s)/U_a(s)$。

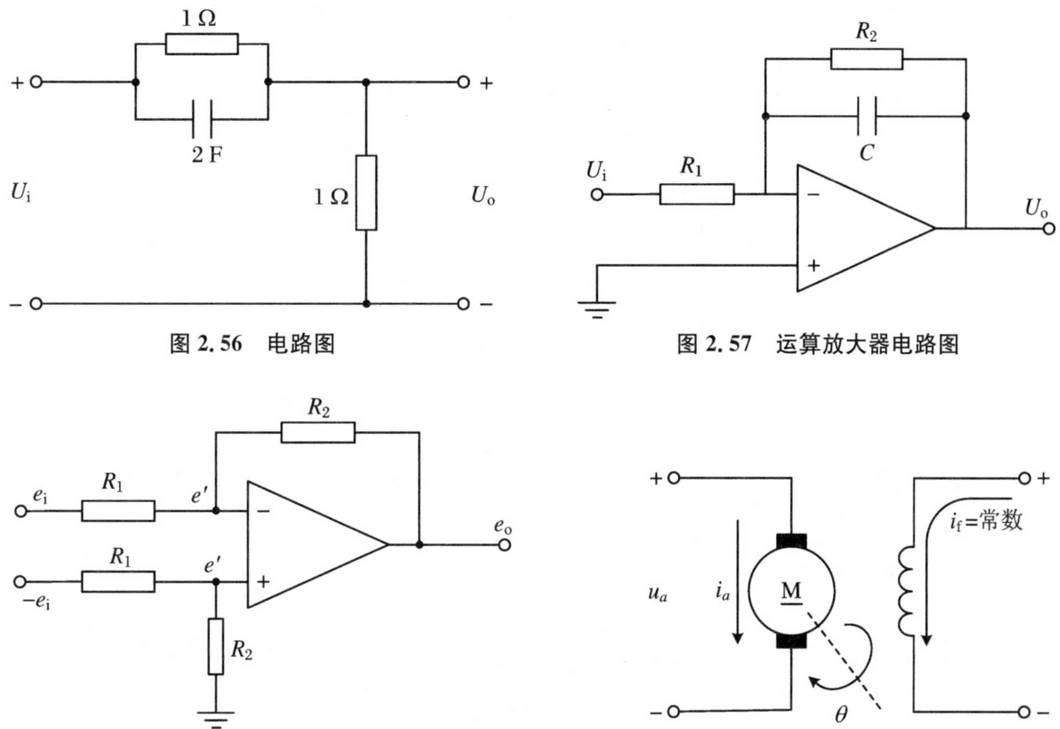

图 2.56　电路图

图 2.57　运算放大器电路图

图 2.58　运算放大器电路图

图 2.59　直流电动机系统

2.14　图 2.60 所示为直流电动机、齿轮和负荷组成的系统，加于直流电动机的电枢电压 U 是输入信号，负荷转轴的角速度 ω_2 是输出信号，其中 J_1 和 J_2 分别为电动机和负荷的转动惯量，齿轮传动比为 Z_1/Z_2，M_1，M_2，M_3 为作用力矩，激磁电流 i_f 恒定，求系统的传递函数。

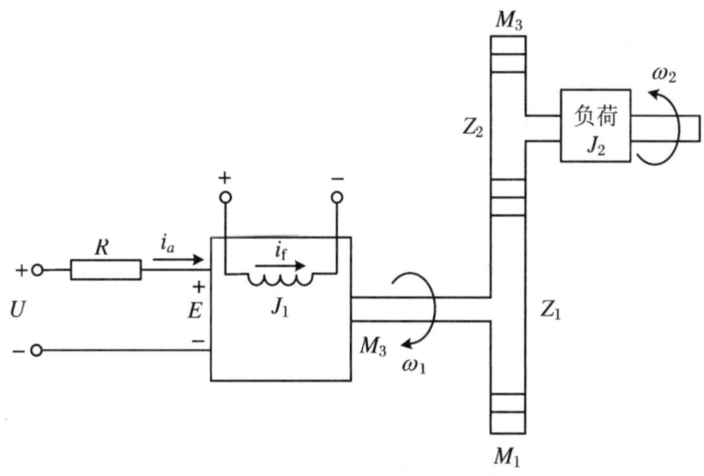

图 2.60　直流电动机齿轮负荷系统

2.15　已知系统方程组如下，试绘制系统结构方框图，并求闭环传递函数 $C(s)/R(s)$。

$$\begin{cases} X_1(s) = G_1(s)R(s) - G_1(s)[G_7(s) - G_8(s)]C(s) \\ X_2(s) = G_2(s)[X_1(s) - G_6(s)X_3(s)] \\ X_3(s) = [X_2(s) - C(s)G_5(s)]G_3(s) \\ C(s) = G_4(s)X_3(s) \end{cases}$$

2.16　通过方框图变换,求如图 2.61 所示系统的传递函数 $C(s)/R(s)$。

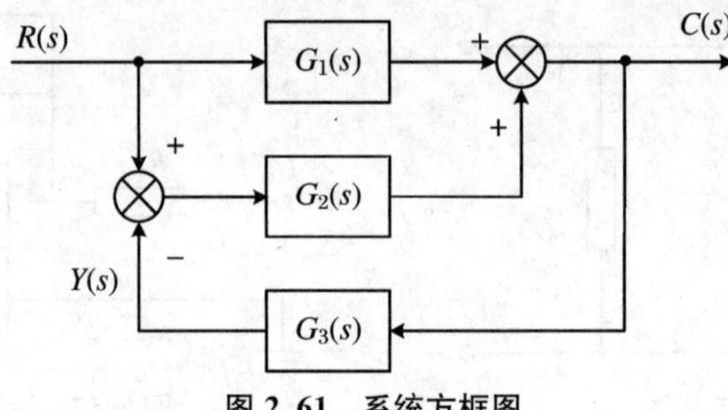

图 2.61　系统方框图

2.17　通过方框图变换,求如图 2.62 所示系统的传递函数。

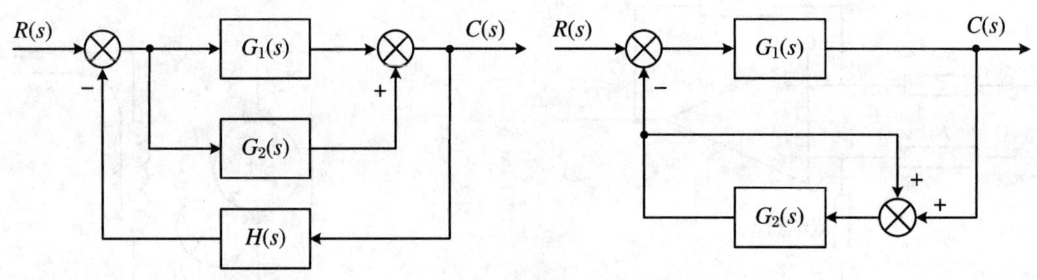

图 2.62　系统方框图

2.18　通过方框图变换,求如图 2.63 所示系统的传递函数 $C(s)/R(s)$。

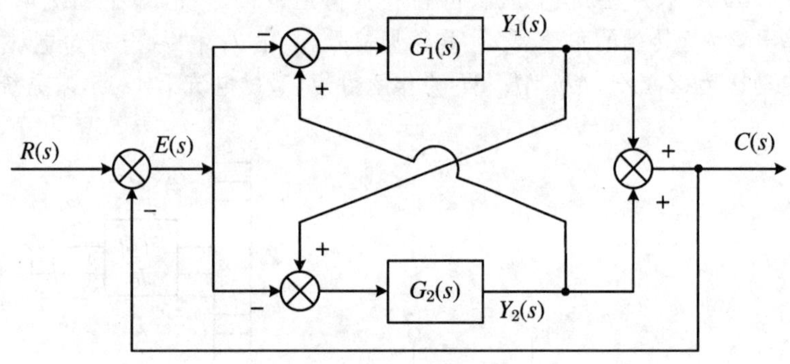

图 2.63　系统方框图

2.19　通过方框图变换,求如图 2.64 所示系统的传递函数 $C(s)/R(s)$。

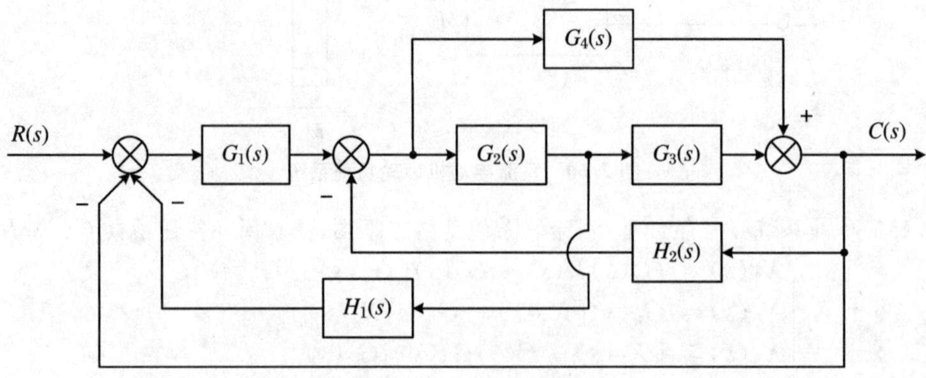

图 2.64　系统方框图

2.20　试应用梅森公式求取如图 2.65 所示系统的传递函数 $C(s)/R(s)$。

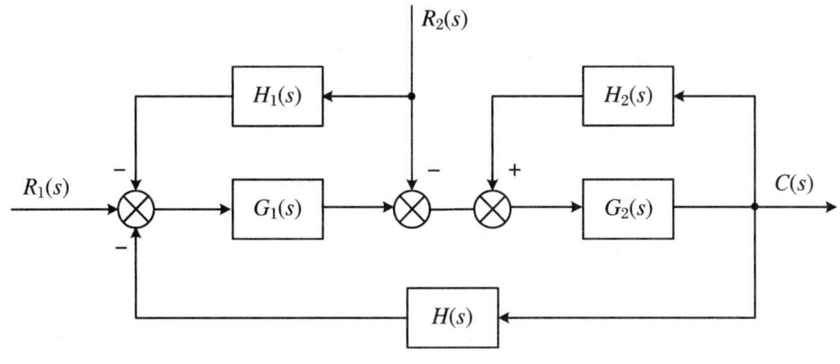

图 2.65　系统方框图

2.21　试应用梅森公式求取如图 2.66 所示系统的传递函数 $C(s)/R(s)$。

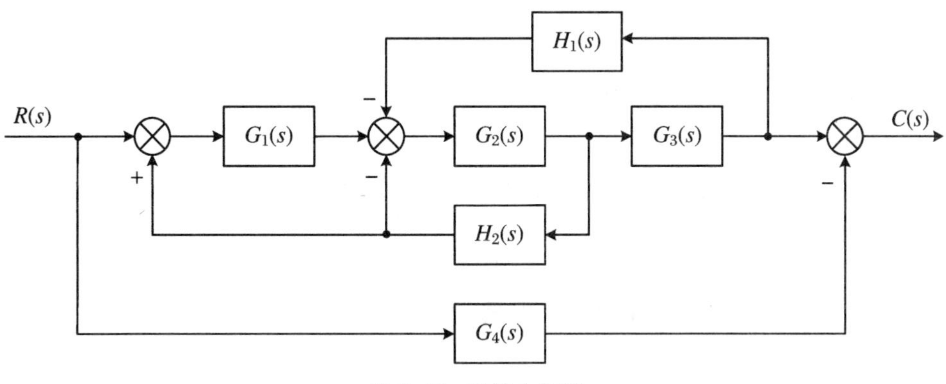

图 2.66　系统方框图

2.22　试应用梅森公式求取如图 2.67 所示系统的传递函数 $C(s)/R(s)$。

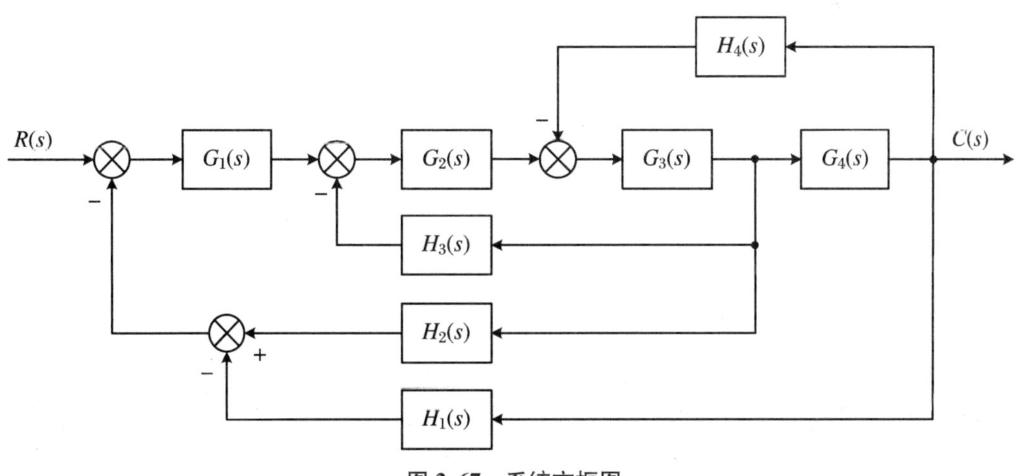

图 2.67　系统方框图

2.23　若某系统在阶跃输入作用 $r(t)=1(t)$ 时，系统在零初始条件下的输出响应为 $c(t)=1-2e^{-2t}+e^{-t}$，试求系统传递函数和脉冲响应函数。

第 3 章　线性系统的时域分析

在第 2 章中我们介绍了系统数学模型。一旦获得了系统的数学模型,就可以采用各种不同的分析方法去分析系统的性能。

实际上,控制系统的输入信号具有随机的性质,无法预先知道,并且瞬时输入量不可能用解析的方法表示。只有在某些特殊情况下,例如,在切削机床的自动控制中,输入信号才能够预先知道,并且可以用解析的方法或仿真曲线加以表示。

在分析和设计控制系统时,我们需要有一个对各种控制系统性能进行比较的基础,这种基础可以通过下述方法实现:预先规定一些特殊的试验输入信号,然后比较各系统对这些输入信号的响应。

许多设计准则建立在这些信号的基础上,或者建立在系统对初始条件变化(无任何试验信号)的基础上。因为系统对典型试验输入信号的响应特性与系统对实际输入信号的响应特性之间,存在着一定的关系,所以采用试验信号来评价系统性能是合理的。

3.1　典型输入信号

3.1.1　典型输入信号

在控制系统的设计中,一般要求输入信号是已知的。在大多数情况下,控制系统的实际输入是已知的。为了便于对各种不同的系统进行分析、设计和比较,往往需要假设一些有代表性的输入信号形式,称为典型输入信号。这些典型输入信号在实际系统中较为常见,其数学表达式也比较简单。常用的典型输入信号有以下几种时间函数。

1. 阶跃信号

$$r(t)=\begin{cases}R & (t\geqslant 0)\\ 0 & (t<0)\end{cases}$$

式中,R 为常量。当 $R=1$ 时,称为单位阶跃信号,记作 $1(t)$,如图 3.1(a)所示。

阶跃函数是不连续函数,其特点是在 $t\geqslant 0$ 的所有时刻均为常值。在实际中,电源突通、电动机负载的突变等,都可认为具有阶跃函数的特点。

2. 斜坡信号

$$r(t)=\begin{cases}Rt & (t\geqslant 0)\\ 0 & (t<0)\end{cases}$$

式中,R 为常量。当 $R=1$ 时,称为单位斜坡信号,记作 $r(t)=t$,如图 3.1(b)所示。

斜坡信号也称为等速度信号，它等于阶跃信号对时间的积分，而它对时间的导数就是阶跃信号。在实际应用中，斜坡信号常常表示控制系统的输入量随时间逐渐变化的状况。

3. 抛物线信号

$$r(t)=\begin{cases}Rt^2 & (t\geqslant 0)\\ 0 & (t<0)\end{cases}$$

式中，R 为常量。当 $R=\dfrac{1}{2}$ 时，称为单位抛物线信号，记作 $r(t)=\dfrac{1}{2}t^2$，如图 3.1(c)所示。

抛物线信号也称为等加速度信号，它等于斜坡信号对时间的积分，而它对时间的导数则为斜坡信号。

4. 脉冲信号

(1) 理想单位脉冲信号

$$r(t)=\delta(t)=\begin{cases}\infty & (t=0)\\ 0 & (t\neq 0)\end{cases}$$

且

$$\int_{-\infty}^{+\infty}\delta(t)\mathrm{d}t=\int_{0_-}^{0_+}\delta(t)\mathrm{d}t=1$$

如图 3.1(d)所示。

(2) 实际脉冲信号

$$r(t)=\begin{cases}h & (0\leqslant t\leqslant \tau)\\ 0 & (t>\tau,t<0)\end{cases}$$

我们前边已讨论过，满足下列三个条件时，这个矩形脉冲可以看作单位脉冲信号：

① $\tau<T$(T 为系统的时间常数)；

② $h/\tau\geqslant 10$；

③ $h\tau=1$。

如图 3.1(e)所示。

脉冲信号可表示输入信号为冲击输入量，如风力发电机系统受到阵风时的情形等。

5. 正弦信号

$$r(t)=A\sin(\omega t+\varphi)$$

其中，A 为振幅，是常数；ω 为角频率；φ 为初始相位。如图 3.1(f)所示，本图中 $\varphi=0$。

以正弦信号作为输入信号，当输入频率变化时，就可以求得系统在不同频率输入作用时的稳态响应，这种响应称为频率响应。有关频率响应的内容，将在第 5 章中介绍。

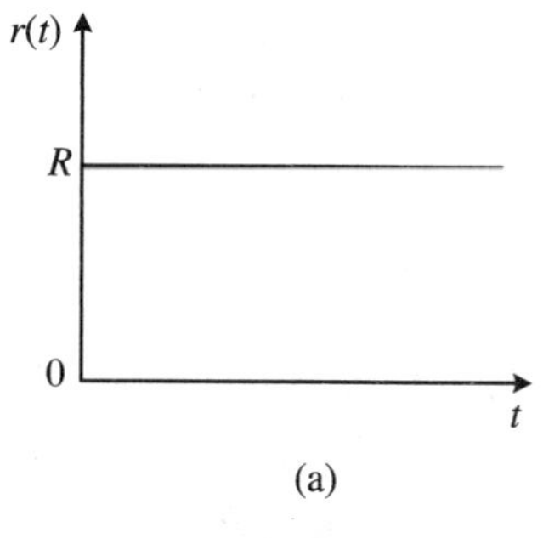

(a)

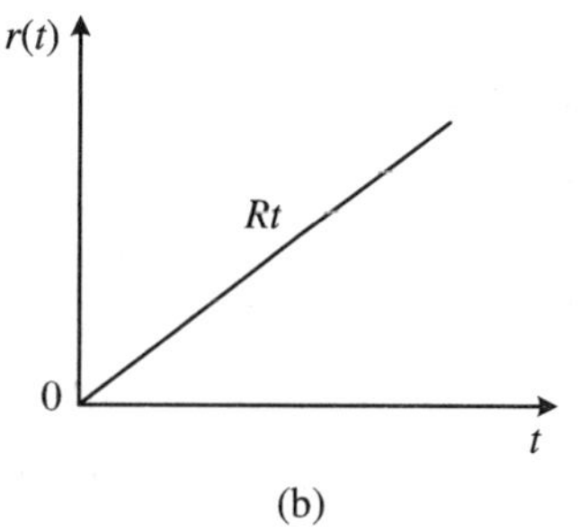

(b)

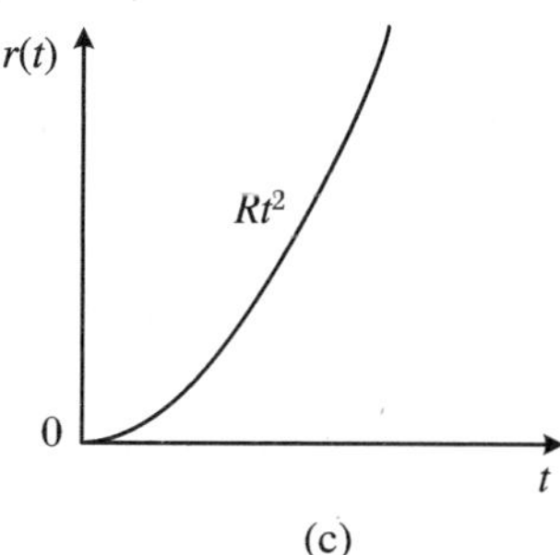

(c)

图 3.1　典型输入信号

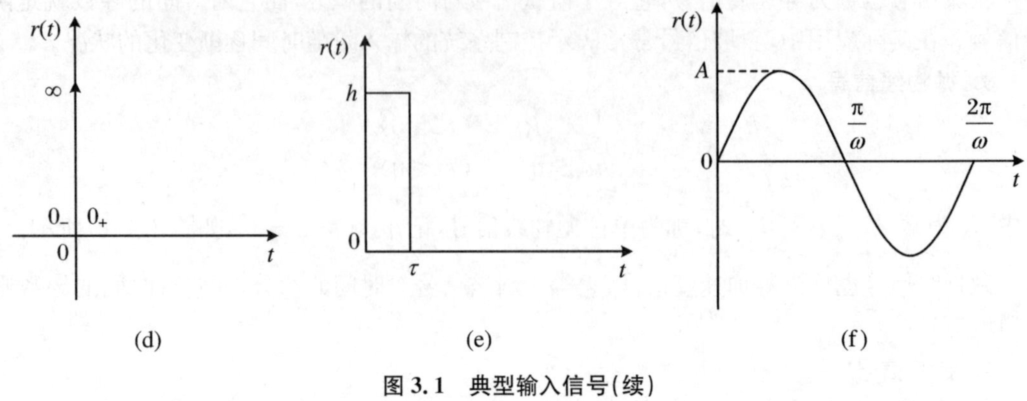

图 3.1 典型输入信号(续)

3.1.2 为什么选这五种信号作为典型信号

典型信号应与系统接受的信号基本接近。如果输入信号是随时间线性增加的,那么它是一种恒速信号;如果输入信号随时间成平方倍增加,则它是一种抛物线信号;舰船受海浪的拍打,由于海浪的变化规律接近正弦,因此这种信号可当作正弦信号来处理;如果作用于系统的信号是突变性质,则这种信号与阶跃信号比较接近;如果系统受两个信号作用,信号的性质是冲击性质,而两个信号作用时间间隔比较短,且方向相反,那么就可以把这种输入当作脉冲信号来处理。如果 $r(t)-r(t-\tau)$ 满足前文所述三个条件,就可以当作理想单位脉冲信号。更复杂的信号可以看成这五种信号的合成。

典型信号的数学处理简便。我们知道这五种信号的拉氏变换是比较简单的,这给理论分析带来了便利。如果用其他信号(如梯形信号,它是几种信号的组合,显然其拉氏变换式要复杂得多),就给理论分析带来了许多不便。

典型信号的实验容易实现:

(1) 这些信号在实验过程中容易产生。例如,阶跃信号是突然的一合闸;脉冲信号是满足前文所述三个条件的一合一拉闸;等等。

(2) 系统的动态特性与输入信号形式无关。加一定的输入信号只不过是测试系统性能的一种手段,因此,输入信号只要能实现,越简单越好。

3.1.3 单位阶跃信号引起重视的原因

(1) 单位阶跃信号反映系统受作用的最不利状态:如果系统能接受此信号,其他信号也能承受。

(2) 在数学上它与其他典型信号可以互相转换:$\frac{\mathrm{d}1(t)}{\mathrm{d}t}=\delta(t)$;$\int_0^t 1(t)\mathrm{d}t = t$。

(3) 线性定常系统的良好性质。在线性定常系统中,系统对输入信号导数的响应,可以通过系统对输入信号响应的导数来确定;系统对输入信号积分的响应,等于系统对输入信号响应的积分,而积分常数则由输入时的初始条件确定。基于上述性质,如果系统实际作用是 $\delta(t)$,那么将阶跃信号的响应求导就是 $\delta(t)$ 作用下的响应;如果实际作用是单位斜坡信号,那么对阶跃信号响应进行积分，再加上输入时系统的初始值即可。由于线性定常系统有这些良好的性质，因此只要得到阶跃信号的响应，其他信号的响应通过对应关系就会方便地得到。

3.2　一阶系统的时域分析

3.2.1　一阶系统的数学模型

前面已讨论过的 RC 电路的电路图和方框图如图 3.2 所示。

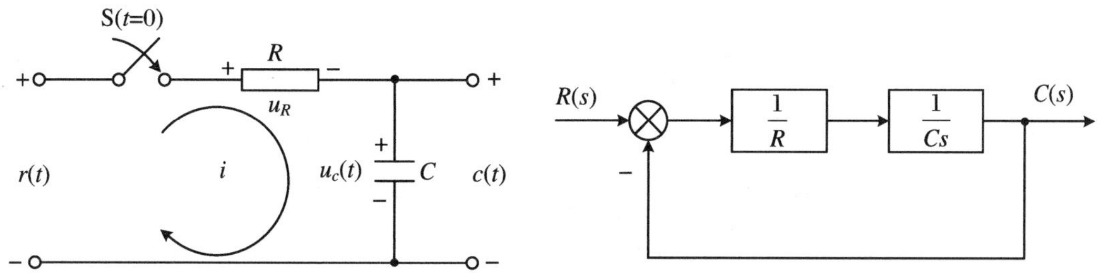

图 3.2　RC 电路及方框图

由求闭环传递函数公式，得

$$R(s) \longrightarrow \boxed{\frac{1}{Ts+1}} \longrightarrow C(s)$$

其中，$T=RC$ 称为系统的时间常数，即

$$\frac{C(s)}{R(s)}=\frac{1}{Ts+1} \tag{3.1}$$

对式(3.1)在零初始条件下进行拉氏逆变换，得

$$T\frac{\mathrm{d}c(t)}{\mathrm{d}t}+c(t)=r(t)$$

根据 n 阶系统的定义，可知本系统为一阶系统，其一般形式为

$$\frac{C(s)}{R(s)}=\frac{K}{Ts+1} \tag{3.2}$$

3.2.2　一阶系统的阶跃响应

因为单位阶跃函数的拉氏变换等于 $1/s$，将 $R(s)=1/s$ 代入式(3.1)，得

$$C(s)=\frac{1}{Ts+1}\cdot\frac{1}{s}$$

将 $C(s)$ 展开成部分分式，得

$$C(s)=\frac{1}{s}-\frac{T}{Ts+1}$$

取拉氏逆变换,得

$$c(t) = 1 - e^{-\frac{t}{T}} \quad (t \geqslant 0) \tag{3.3}$$

由式(3.3)可以看出,输出量 $c(t)$的初始值等于零,终值为 1。求几个特殊点,得表 3.1。

表 3.1 一阶系统在指定时刻的阶跃响应取值

t	0	T	$2T$	$3T$	$4T$	$5T$	…	∞
$c(t)$	0	0.632	0.865	0.95	0.982	0.993	…	1

由表 3.1 可得一阶系统的阶跃响应曲线,如图 3.3 所示。

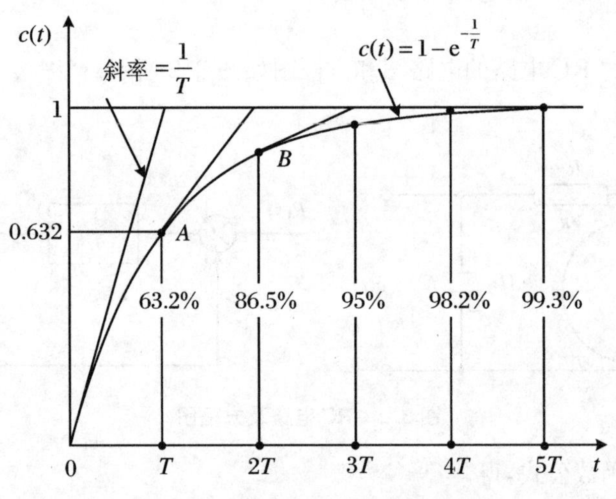

图 3.3 一阶系统的阶跃响应曲线

因为一阶系统的阶跃响应没有超调量,所以其性能指标主要是调节时间,它表征系统过渡过程进行的快慢。

其初始斜率等于 $1/T$,即

$$\left.\frac{dc(t)}{dt}\right|_{t=0} = \left.\frac{1}{T}e^{-\frac{t}{T}}\right|_{t=0} = \frac{1}{T}$$

如 T 小,则$\left.\frac{dc(t)}{dt}\right|_{t=0}$大,说明阶跃响应指数曲线上升得陡,动作快;如 T 大,则$\left.\frac{dc(t)}{dt}\right|_{t=0}$小,说明阶跃响应指数曲线上升得缓慢,动作慢。因此称 T 为时间常数,即反映响应速度的快慢,亦即反映系统的惯性,故又称一阶系统为惯性环节。

一般将过渡过程时间记为 t_s,理论上一阶系统过渡过程要完成全部变化量,需要无限长时间。但通过表 3.1 可以看出,当 $t=3T$ 时,过渡过程已完成全部变化量的 95%。工程上有两种表示法,一种以输出与输入信号误差小于 5%看作过渡过程结束,一种以输出与输入信号误差小于 2%看作过渡过程结束,即

$$\Delta = 0.05, \quad t_s = 3T$$

$$\Delta = 0.02, \quad t_s = 4T$$

因为 T 表征系统过渡过程进行的快慢,所以 T 的测试很重要。在实验室中,$r(t)=1$ 是容易得到的,而 $t=T$ 时,$c(t)=0.632$,可利用示波器来求 T。具体做法如下:在示波器荧光屏上找出输入信号幅值的 0.632 处,记录系统输出达到这点时所对应的时间,就是 T。

3.3　二阶系统的时域分析

用二阶微分方程描述的系统，称为二阶系统。它在控制系统中应用最为广泛，例如，RLC 网络，忽略电枢电感后的电动机，弹簧-质量-阻尼器系统，等等。此外，许多高阶系统，在一定条件下，往往可以简化成二阶系统。因此，详细研究和分析二阶系统的特性，具有十分重要的意义。

3.3.1　二阶系统传递函数的标准形式

设有一随动系统如图 3.4 所示。由于方框图 3.4 中的分母最高次为二次，根据 n 阶方程的定义，可知图 3.4 所对应的系统是二阶的，即二阶系统传递函数的标准形式为

$$\frac{C(s)}{R(s)} = \frac{\omega_n^2}{s^2 + 2\zeta\omega_n s + \omega_n^2} \tag{3.4}$$

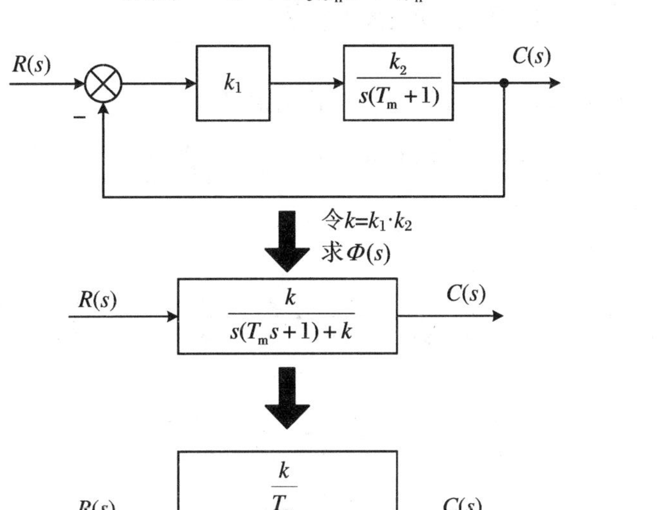

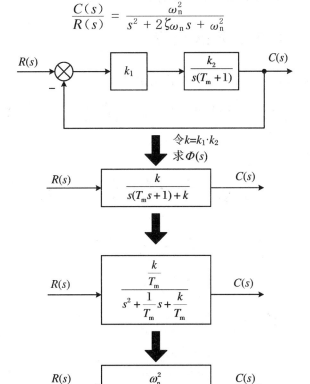

图 3.4　二阶系统传递函数的标准形式

可见，二阶系统的响应特性完全可由 ζ 和 ω_n 两个参数确定，其中 ζ 称为阻尼比，ω_n 称为无阻尼自振角频率，标准形式的闭环特征方程为

$$s^2 + 2\zeta\omega_n s + \omega_n^2 = 0$$

其特征根为

$$s_{1,2}=\frac{-2\zeta\omega_n\pm\sqrt{4\zeta^2\omega_n^2-4\omega_n^2}}{2}$$
$$=-\zeta\omega_n\pm\omega_n\sqrt{\zeta^2-1}$$

当 $0<\zeta<1$ 时,方程有一对实部为负的共轭复根

$$s_{1,2}=-\zeta\omega_n\pm j\omega_n\sqrt{1-\zeta^2}$$

称为欠阻尼状态。

当 $\zeta=1$ 时,系统有一对相等的负实根

$$s_{1,2}=-\zeta\omega_n$$

称为临界阻尼状态。

当 $\zeta>1$ 时,即阻尼比较大时,系统有两个不相等的负实根

$$s_{1,2}=-\zeta\omega_n\pm\omega_n\sqrt{\zeta^2-1}$$

称为过阻尼状态。

当 $\zeta=0$ 时,系统有一对纯虚根 $s_{1,2}=\pm j\omega_n$,称为无阻尼状态。

接下来,按上列不同情况分析二阶系统的单位阶跃响应。

3.3.2 二阶系统的阶跃响应

输入信号:$r(t)=1(t)$,$R(s)=1/s$。输出信号:

$$C(s)=\Phi(s)R(s)=\frac{\omega_n^2}{s^2+2\zeta\omega_n s+\omega_n^2}\cdot\frac{1}{s}$$

1. $0<\zeta<1$

由上式得

$$C(s)=\frac{\omega_n^2}{s^2+2\zeta\omega_n s+\omega_n^2}\cdot\frac{1}{s}=\frac{1}{s}-\frac{s+2\zeta\omega_n}{s^2+2\zeta\omega_n s+\omega_n^2}$$

而

$$\frac{s+2\zeta\omega_n}{s^2+2\zeta\omega_n s+\omega_n^2}=\frac{s+2\zeta\omega_n}{s^2+2\zeta\omega_n s+\omega_n^2+(\zeta\omega_n)^2-(\zeta\omega_n)^2}$$
$$=\frac{s+2\zeta\omega_n}{(s+\zeta\omega_n)^2+\omega_d^2}$$
$$=\frac{s+\zeta\omega_n}{(s+\zeta\omega_n)^2+\omega_d^2}+\frac{\zeta\omega_n}{(s+\zeta\omega_n)^2+\omega_d^2}\cdot\frac{\omega_d}{\omega_d}$$
$$=\frac{s+\zeta\omega_n}{(s+\zeta\omega_n)^2+\omega_d^2}+\frac{\zeta}{\sqrt{1-\zeta^2}}\cdot\frac{\omega_d}{(s+\zeta\omega_n)^2+\omega_d^2}$$

因为

$$L^{-1}\left[\frac{s+\zeta\omega_n}{(s+\zeta\omega_n)^2+\omega_d^2}\right]=e^{-\zeta\omega_n t}\cos\omega_d t$$
$$L^{-1}\left[\frac{\omega_d}{(s+\zeta\omega_n)^2+\omega_d^2}\right]=e^{-\zeta\omega_n t}\sin\omega_d t$$

则

$$L^{-1}\left[\frac{s+2\zeta\omega_n}{s^2+2\zeta\omega_n s+\omega_n^2}\right]=L^{-1}\left[\frac{s+\zeta\omega_n}{(s+\zeta\omega_n)^2+\omega_d^2}+\frac{\zeta\omega_d}{\sqrt{1-\zeta^2}[(s+\zeta\omega_n)^2+\omega_d^2]}\right]$$

$$= e^{-\zeta\omega_n t}\left(\cos\omega_d t + \frac{\zeta}{\sqrt{1-\zeta^2}}\sin\omega_d t\right)$$

所以

$$c(t) = L^{-1}[C(s)] = L^{-1}\left[\frac{1}{s} - \frac{s+2\zeta\omega_n}{s^2+2\zeta\omega_n s+\omega_n^2}\right]$$

$$= 1 - e^{-\zeta\omega_n t}\left(\cos\omega_d t + \frac{\zeta}{\sqrt{1-\zeta^2}}\sin\omega_d t\right) \tag{3.5a}$$

其中，$\omega_d = \omega_n\sqrt{1-\zeta^2}$，称为系统的有阻尼自振角频率。利用三角公式可将式(3.5a)进一步化成

$$c(t) = 1 - \frac{1}{\sqrt{1-\zeta^2}}e^{-\zeta\omega_n t}\sin\left(\omega_d t + \arctan\frac{\sqrt{1-\zeta^2}}{\zeta}\right)$$

$$= 1 - \frac{e^{-\zeta\omega_n t}}{\sqrt{1-\zeta^2}}\sin(\omega_d t + \varphi) \tag{3.5b}$$

其中，$\varphi = \arctan\dfrac{\sqrt{1-\zeta^2}}{\zeta}$或$\varphi = \arccos\zeta$。

由式(3.5b)可见，欠阻尼情况的阶跃响应是频率为ω_d、阻尼比为ζ的衰减振荡，其图形如图3.5中的曲线①所示。

2. $\zeta = 0$

将$\zeta=0$代入式(3.5b)，得

$$c(t) = 1 - \cos\omega_d t$$

又因为$\zeta=0$，$\omega_d = \omega_n\sqrt{1-\zeta^2}$，所以

$$\omega_d = \omega_n$$

则上式变为

$$c(t) = 1 - \cos\omega_n t \tag{3.6}$$

由式(3.6)可见，无阻尼情况的阶跃响应频率为无阻尼自振频率ω_n，其对应的阶跃响应曲线为图3.5中的曲线②。

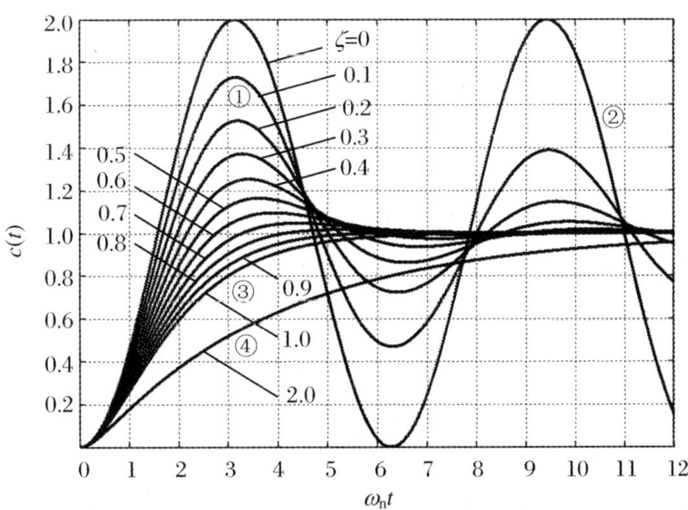

图3.5　二阶系统阶跃响应曲线

3. $\zeta=1$

因为

$$C(s)=\frac{\omega_n^2}{s^2+2\zeta\omega_n s+\omega_n^2}\cdot\frac{1}{s}$$

又因为 $\zeta=1$,所以

$$C(s)=\frac{\omega_n^2}{(s+\omega_n)^2}\cdot\frac{1}{s}=\frac{a_2}{(s+\omega_n)^2}+\frac{a_1}{s+\omega_n}+\frac{a_3}{s}$$

用留数法求得

$$a_2=-\omega_n,\quad a_1=-1,\quad a_3=1$$

则

$$C(s)=\frac{-\omega_n}{(s+\omega_n)^2}+\frac{-1}{s+\omega_n}+\frac{1}{s}$$

拉氏逆变换,得

$$\begin{aligned}c(t)&=(-\omega_n e^{-\omega_n t})t-e^{-\omega_n t}+1\\&=1-(1+\omega_n t)e^{-\omega_n t}\end{aligned}\tag{3.7}$$

由式(3.7)可见,临界阻尼情况的阶跃响应为单调上升曲线,如图3.5中的曲线③。

4. $\zeta>1$

这时二阶系统的特征方程有两个不相等的实数根,即

$$s_1=-\zeta\omega_n-\omega_n\sqrt{\zeta^2-1}=-\omega_n(\zeta+\sqrt{\zeta^2-1})$$

$$s_2=-\zeta\omega_n+\omega_n\sqrt{\zeta^2-1}=-\omega_n(\zeta-\sqrt{\zeta^2-1})$$

分两种情况进行讨论:

(1) $\zeta>1$。

则

$$C(s)=\frac{\omega_n^2}{(s-s_1)(s-s_2)}\cdot\frac{1}{s}=\frac{a_1}{s-s_1}+\frac{a_2}{s-s_2}+\frac{a_3}{s}$$

用留数法求系数,得

$$a_1=\frac{1}{2\sqrt{\zeta^2-1}(\zeta+\sqrt{\zeta^2-1})}$$

$$a_2=-\frac{1}{2\sqrt{\zeta^2-1}(\zeta-\sqrt{\zeta^2-1})}$$

$$a_3=1$$

所以

$$C(s)=\frac{1}{2\sqrt{\zeta^2-1}(\zeta+\sqrt{\zeta^2-1})}\cdot\frac{1}{s-s_1}-\frac{1}{2\sqrt{\zeta^2-1}(\zeta-\sqrt{\zeta^2-1})}\cdot\frac{1}{s-s_2}+\frac{1}{s}$$

拉氏逆变换,得

$$\begin{aligned}c(t)&=\frac{e^{s_1 t}}{2\sqrt{\zeta^2-1}(\zeta+\sqrt{\zeta^2-1})}-\frac{e^{s_2 t}}{2\sqrt{\zeta^2-1}(\zeta-\sqrt{\zeta^2-1})}+1\\&=1+\frac{\omega_n}{2\sqrt{\zeta^2-1}}\left(\frac{e^{s_2 t}}{s_2}-\frac{e^{s_1 t}}{s_1}\right)\end{aligned}\tag{3.8}$$

由式(3.8)可见,$\zeta>1$时,二阶系统的阶跃响应是一条含有两个衰减指数项的无超调单调上升曲线,其几何图形如图3.5中的曲线④。

(2) $\zeta \gg 1$。

若$|s_1| \gg |s_2|$,则

$$\frac{C(s)}{R(s)} = \frac{\omega_n^2}{(s - s_1)(s - s_2)} = \frac{\omega_n^2}{s_1 - s_2} \cdot \frac{1}{s - s_1} + \frac{\omega_n^2}{s_2 - s_1} \cdot \frac{1}{s - s_2}$$

忽略 s_1,得

$$\frac{C(s)}{R(s)} = \frac{\omega_n^2}{s_2 - s_1} \cdot \frac{1}{s - s_2} = \frac{\omega_n}{2\sqrt{\zeta^2 - 1}} \cdot \frac{1}{s - s_2} = \frac{\omega_n}{2\sqrt{\zeta^2 - 1} \cdot (-s_2)} \cdot \frac{1}{\frac{1}{-s_2} \cdot s + 1}$$

经过幂级数展开,得

$$\sqrt{1 - \frac{1}{\zeta^2}} \doteq 1 - \frac{1}{2\zeta^2}$$

则

$$\begin{aligned}\frac{C(s)}{R(s)} &= \frac{1}{2\sqrt{\zeta^2 - 1} \cdot (\zeta - \sqrt{\zeta^2 - 1})} \cdot \frac{1}{\frac{1}{-s_2} \cdot s + 1} \\ &= \frac{1}{2(\zeta\sqrt{\zeta^2 - 1} - \zeta^2 + 1)} \cdot \frac{1}{\frac{1}{-s_2} \cdot s + 1} \\ &= \frac{1}{2\left[\zeta^2\left(1 - \frac{1}{2\zeta^2}\right) - \zeta^2 + 1\right]} \cdot \frac{1}{\frac{1}{-s_2} \cdot s + 1} \\ &= \frac{1}{\frac{1}{-s_2} \cdot s + 1} = \frac{1}{Ts + 1}\end{aligned} \tag{3.9}$$

其中,$T = -\frac{1}{s_2}$。由式(3.9)可见,$\zeta \gg 1$ 时,二阶系统可转化为一阶系统。工程实践给出,只要 $\zeta > 2$,这种近似就认为是允许的。

5. $-1 < \zeta < 0$

二阶系统的单位阶跃响应为

$$C(t) = 1 - \frac{e^{-\zeta\omega_n t}}{\sqrt{1 - \zeta^2}} \sin(\omega_d t + \varphi) \quad (t \geqslant 0)$$

由于阻尼比 ζ 为负,因此指数因子 $e^{-\zeta\omega_n t}$ 在 $t \geqslant 0$ 时,具有正的幂指数,从而决定了单位阶跃响应具有发散正弦振荡的形式。

从响应曲线图 3.5 可以看出,当 $\zeta \geqslant 1$ 时,即在临界阻尼或过阻尼的情况下,二阶系统的单位阶跃响应是无超调的单调上升曲线。在这两种情况中,临界阻尼的过渡过程时间 t_s 较短。对于欠阻尼即 $0 < \zeta < 1$,二阶系统的单位阶跃响应曲线是具有衰减的振荡曲线,并通过响应公式可知,ζ 减小,振荡性将加强,以致 $\zeta = 0$ 时为等幅振荡,$\zeta < 0$ 时为发散振荡。在 $\zeta = 0.4 \sim 0.8$ 时,响应曲线振荡不严重,又有较短的过渡过程时间。因此,设计时一般将参数 ζ 选在这个区间。当 $\zeta = 0.707$ 时,调节时间最小,且 $\sigma_p = 4\%$,若按 $\Delta = 5\%$ 的误差带考虑,可认为 $\sigma_p = 0$。因此,理论上 $\zeta = 0.707$ 是带宽最佳值。

3.3.3　欠阻尼二阶系统的性能指标

通常评价控制系统动态性能的好坏,是通过系统阶跃响应的一些特征量表示的。为了

便于对系统性能进行比较，一般假设系统初始条件为零来定义系统单阶跃响应的一些特征量作为评价系统性能的指标。

1. 上升时间 t_r

单位阶跃响应 $c(t)$第一次达到稳态值 $c(\infty)=1$ 所需的时间，定义为上升时间，记为 t_r。对于过阻尼过程来说，一般把从稳态值的 10%上升到 90%所需的时间定义为上升时间。根据定义，当 $t=t_r$ 时，$c(t_r)=1$，由式(3.5b)，得

$$1-\frac{e^{-\zeta\omega_n t_r}}{\sqrt{1-\zeta^2}}\sin(\omega_d t_r+\varphi)=1 \tag{3.10}$$

整理得

$$t_r=\frac{1}{\omega_d}(\pi-\varphi)=\frac{\pi-\varphi}{\omega_n\sqrt{1-\zeta^2}} \tag{3.11}$$

其中

$$\varphi=\arctan\left(\frac{\sqrt{1-\zeta^2}}{\zeta}\right)$$

2. 峰值时间 t_p

单位阶跃响应 $c(t)$达到第一个峰值所需的时间，定义为峰值时间，记为 t_p。在 t_p 处，$c(t)$取极大值。将式(3.5b)对时间 t 求导，并令$\left.\frac{dc(t)}{dt}\right|_{t=t_p}=0$，可得

$$\frac{\omega_n}{\sqrt{1-\zeta^2}}e^{-\zeta\omega_n t_p}\sin\omega_d t_p=0$$

因为

$$\frac{\omega_n}{\sqrt{1-\zeta^2}}e^{-\zeta\omega_n t_p}\neq 0$$

所以

$$\sin\omega_d t_p=0$$

即

$$\omega_d t_p=0,\pi,2\pi,\cdots$$

由定义知，我们研究 $c(t)$达到第一个峰值所需时间，从而得

$$\omega_d t_p=\pi$$

即

$$t_p=\frac{\pi}{\omega_d}=\frac{\pi}{\omega_n\sqrt{1-\zeta^2}} \tag{3.12}$$

3. 最大超调量 σ_p

一般用下式定义控制系统的最大超调量，即

$$\sigma_p=\frac{c(t_p)-c(\infty)}{c(\infty)}\times 100\% \tag{3.13}$$

按定义，考虑到 $c(\infty)=1$，得

$$\sigma_p=\frac{c(t_p)-c(\infty)}{c(\infty)}\times 100\%=\left[-e^{-\zeta\omega_n t_p}\left(\cos\omega_d t_p+\frac{\zeta}{\sqrt{1-\zeta^2}}\sin\omega_d t_p\right)\right]\times 100\%$$

将式(3.12)代入上式，得

$$\sigma_p = e^{-\frac{\zeta}{\sqrt{1-\zeta^2}}\pi} \times 100\% \tag{3.14}$$

4. 过渡过程时间 t_s

单位阶跃响应 $c(t)$进行到使下式成立所需的时间定义为过渡过程时间,即

$$|c(t) - c(\infty)| \leqslant \Delta \cdot c(\infty) \quad (t \geqslant t_s)$$

另一种定义方式为:包络线衰减到 Δ 区内所需要的时间,定义为过渡过程时间。式中,Δ 为指定的数量,一般取 0.02 或 0.05。

式(3.5b)表明,二阶系统单位阶跃响应有两条包络线,为 $1 \pm \frac{e^{-\zeta\omega_n t}}{\sqrt{1-\zeta^2}}$,按第二种定义形式,有

$$1 + \frac{e^{-\zeta\omega_n t_s}}{\sqrt{1-\zeta^2}} \leqslant 1 + \Delta$$

即

$$e^{\zeta\omega_n t_s} \geqslant \frac{1}{\Delta\sqrt{1-\zeta^2}}$$

两边取自然对数,整理得

$$t_s \geqslant \frac{1}{\zeta\omega_n}\left(\ln\frac{1}{\Delta} + \ln\frac{1}{\sqrt{1-\zeta^2}}\right) \tag{3.15}$$

若取 $\Delta = 0.02$,则得

$$t_s \geqslant \frac{1}{\zeta\omega_n}\left(4 + \ln\frac{1}{\sqrt{1-\zeta^2}}\right) \tag{3.16}$$

若取 $\Delta = 0.05$,则得

$$t_s \geqslant \frac{1}{\zeta\omega_n}\left(3 + \ln\frac{1}{\sqrt{1-\zeta^2}}\right) \tag{3.17}$$

在 $0<\zeta<0.9$ 时,$\ln\frac{1}{\sqrt{1-\zeta^2}}$很小,可忽略不计。

因此,当 $\Delta = 0.02$ 时,有

$$t_s \geqslant \frac{4}{\zeta\omega_n} \tag{3.18}$$

当 $\Delta = 0.05$ 时,有

$$t_s \geqslant \frac{3}{\zeta\omega_n} \tag{3.19}$$

5. 振荡次数 N

在 $0 \leqslant t \leqslant t_s$ 时间内,单位阶跃响应 $c(t)$穿越其稳态值 $c(\infty)$次数的一半,定义为振荡次数,记为 N。

根据定义,有

$$N = \frac{t_s}{T_d} = \frac{t_s}{2\pi/\omega_d}$$

式中,$T_d = 2\pi/\omega_d$ 为有阻尼自振频率的周期。

当 $\Delta = 0.05$,$0<\zeta<0.9$ 时,得

$$N = \frac{3/\zeta\omega_n}{2\pi/(\omega_n\sqrt{1-\zeta^2})} = 1.5\frac{\sqrt{1-\zeta^2}}{\pi\zeta} \tag{3.20}$$

当 $\Delta = 0.02, 0 < \zeta < 0.9$ 时，得

$$N = \frac{4/\zeta\omega_n}{2\pi/(\omega_n\sqrt{1-\zeta^2})} = 2\frac{\sqrt{1-\zeta^2}}{\pi\zeta} \tag{3.21}$$

各性能指标的几何表示如图 3.6 所示。

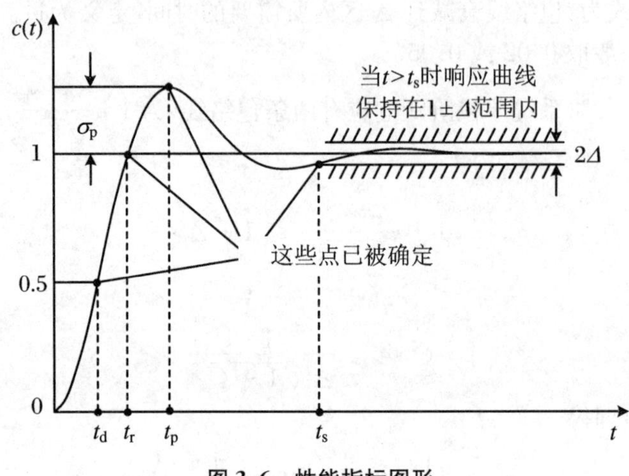

图 3.6　性能指标图形

3.3.4　初始条件不为零时二阶系统的响应过程

先前在分析二阶系统的响应过程时，假设系统的初始条件为零。然而，当输入信号作用于系统的瞬间，系统的初始条件实际上并不一定为零。例如，电锯转速控制系统，若在输入信号作用于系统之前，负载发生过波动，如锯在木头结子上，当输入信号作用于系统瞬间，负载波动的影响尚未完全消除，则在研究系统对输入信号的响应过程时，就需要考虑初始条件的影响。

设二阶系统的运动方程为

$$a_2\ddot{c}(t) + a_1\dot{c}(t) + a_0c(t) = b_0r(t)$$

对上式取拉氏变换，并考虑初始条件，得到

$$a_2[s^2C(s) - sc(0) - c^{(1)}(0)] + a_1[sC(s) - c(0)] + a_0C(s) = b_0R(s)$$

则

$$C(s) = \frac{b_0}{a_2s^2 + a_1s + a_0}R(s) + \frac{a_2[sc(0) + c^{(1)}(0)] + a_1c(0)}{a_2s^2 + a_1s + a_0}$$

若 $b_0 = a_0$，上式进一步变换为

$$C(s) = \frac{a_0/a_2}{s^2 + (a_1/a_2)s + a_0/a_2}R(s) + \frac{c(0)(s + a_1/a_2) + c^{(1)}(0)}{s^2 + (a_1/a_2)s + a_0/a_2}$$

令 $a_0/a_2 = \omega_n^2, a_1/a_2 = 2\zeta\omega_n$，则上式可写为

$$C(s) = \frac{\omega_n^2}{s^2 + 2\zeta\omega_ns + \omega_n^2}R(s) + \frac{c(0)(s + 2\zeta\omega_n) + c^{(1)}(0)}{s^2 + 2\zeta\omega_ns + \omega_n^2} \tag{3.22}$$

对上式取拉氏逆变换，得

$$c(t) = c_1(t) + c_2(t)$$

式中，$c_1(t)$为零初始条件下系统响应输入信号的分量；$c_2(t)$为反映初始条件影响的响应分

量。对于 $c_1(t)$，前面已讨论，下面着重分析一下 $c_2(t)$。对式(3.22)右端第二项取拉氏逆变换，得

$$c_2(t) = L^{-1}\left[\frac{c(0)[s + 2\zeta\omega_n] + c^{(1)}(0)}{s^2 + 2\zeta\omega_n s + \omega_n^2}\right]$$

类同前面欠阻尼的推导方法，得

$$c_2(t) = \sqrt{[c(0)]^2 + \left[\frac{c(0)\zeta\omega_n + c^{(1)}(0)}{\omega_n\sqrt{1-\zeta^2}}\right]^2}\, e^{-\zeta\omega_n t}\sin(\omega_d t + \varphi) \tag{3.23}$$

其中

$$\varphi = \arctan\left(\frac{\omega_n\sqrt{1-\zeta^2}}{\dfrac{c^{(1)}(0)}{c(0)} + \zeta\omega_n}\right) \quad (0 < \zeta < 1)$$

式(3.23)表明：① 当 $0<\zeta<1$ 时，二阶系统初始条件不为零的响应为衰减的振荡曲线；② 当 $\zeta=0$ 时，响应为等幅振荡曲线；③ 当 $\zeta\geqslant 1$ 时，响应为单调上升曲线；④ 当 $\zeta<0$ 时，响应为发散的响应曲线；⑤ $c_2(t)$与 $c_1(t)$关于响应的结论相同。当只分析系统自身固有特性时，仅分析初始条件为零时的响应就足够了。这是因为系统的固有特性只取决于本身的结构，与外加信号无关，在系统分析中，加入不同的输入信号只是为了得到系统的性能罢了。

例 3.1　二阶系统如图 3.7 所示，其中 $\zeta=0.6$，$\omega_n=5$ rad/s。当有一单位阶跃信号作用于系统时，试计算特征量 t_r，t_p，t_s，σ_p，N。

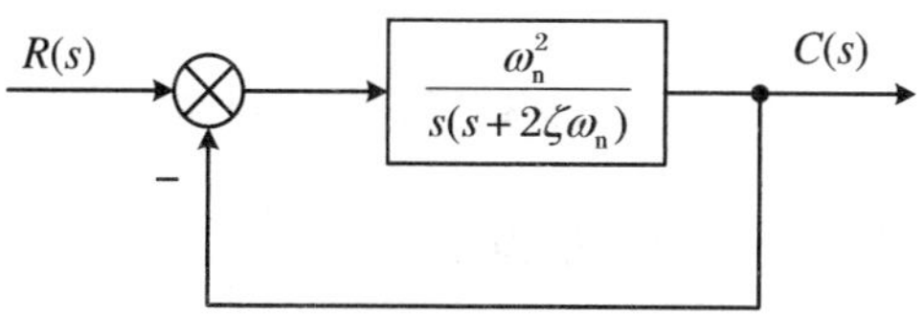

图 3.7　二阶系统方框图

解

$$\omega_d = \omega_n\sqrt{1-\zeta^2} = 5\sqrt{1-0.6^2} = 4 \text{ rad/s}$$

$$\zeta\omega_n = 0.6\times 5 = 3$$

$$\varphi = \arctan\frac{\sqrt{1-\zeta^2}}{\zeta} = \arctan\frac{0.8}{0.6} = 0.93 \text{ rad}$$

(1) 求 t_r。

因为 $t_r=\dfrac{\pi-\varphi}{\omega_d}$，所以 $t_r=\dfrac{\pi-0.93}{4}=0.55$ s。

(2) 求 t_p。

因为 $t_p=\dfrac{\pi}{\omega_d}$，所以 $t_p=\dfrac{\pi}{4}=0.785$ s。

(3) 求 t_s。

因为当 $\Delta=0.02$ 时，$t_s=\dfrac{4}{\zeta\omega_n}$，所以 $t_s=\dfrac{4}{3}=1.33$ s；因为当 $\Delta=0.05$ 时，$t_s=\dfrac{3}{\zeta\omega_n}$，所以 $t_s=\dfrac{3}{3}=1$ s。

(4) 求 σ_p。

因为 $\sigma_p = e^{-\frac{\zeta}{\sqrt{1-\zeta^2}}\pi} \times 100\%$，所以 $\sigma_p = e^{-\frac{0.6}{0.8}\pi} \times 100\% = 9.5\%$。

(5) 求 N。

当 $\Delta = 0.02$ 时，$N = \dfrac{2\sqrt{1-\zeta^2}}{\pi\zeta}$，所以 $N = \dfrac{2\times 0.8}{3.14\times 0.6} = 0.8$；当 $\Delta = 0.05$ 时，$N = \dfrac{1.5\sqrt{1-\zeta^2}}{\pi\zeta}$，所以 $N = \dfrac{1.5\times 0.8}{3.14\times 0.6} = 0.6$。

例 3.2 设单位反馈的二阶系统的单位阶跃响应如图 3.8 所示。试确定系统的闭环传递函数。

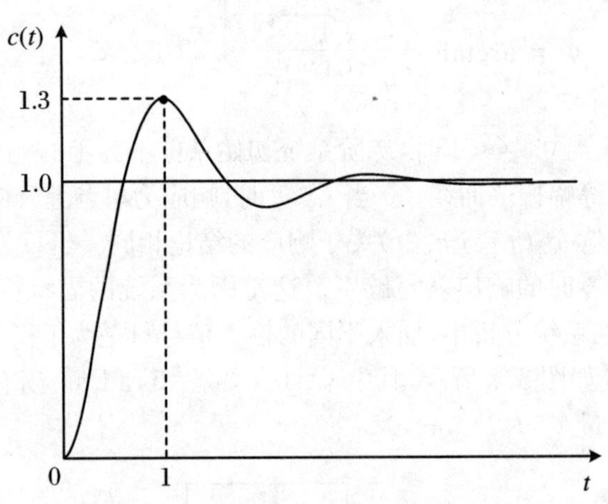

图 3.8 二阶系统的单位阶跃响应

解 由图 3.8 直接得出系统的超调量为 $\sigma_p = \dfrac{1.3-1.0}{1.0} \times 100\% = 0.3$，峰值时间为 $t_p = 1\ \mathrm{s}$。根据公式

$$\sigma_p = e^{-\frac{\zeta}{\sqrt{1-\zeta^2}}\pi} \times 100\%$$

$$t_p = \frac{\pi}{\omega_n \sqrt{1-\zeta^2}}$$

得

$$e^{-\frac{\zeta}{\sqrt{1-\zeta^2}}\pi} = 0.3 \tag{1}$$

$$\frac{\pi}{\omega_n \sqrt{1-\zeta^2}} = 1 \tag{2}$$

由式(1)，解得

$$\zeta = 0.357 \tag{3}$$

将式(3)代入式(2)，得

$$\omega_n = \frac{\pi}{\sqrt{1-0.357^2}} = 3.36\ \mathrm{rad/s}$$

于是二阶系统的闭环传递函数为

$$\Phi(s) = \frac{\omega_n^2}{s^2 + 2\zeta\omega_n s + \omega_n^2} = \frac{3.36^2}{s^2 + 2\times 0.357\times 3.36 s + 3.36^2}$$

$$= \frac{11.3}{s^2 + 2.4s + 11.3}$$

3.3.5 具有闭环零点时二阶系统的单位阶跃响应

设二阶系统具有如下形式，即

$$\frac{C(s)}{R(s)}=\frac{\omega_n^2(s+z)}{z(s^2+2\zeta\omega_n s+\omega_n^2)}$$

式中，$s=-z$ 为二阶系统的闭环零点，z 为实数。

当 $r(t)=1(t)$ 时，上式的阶跃响应为

$$C(s)=\frac{\omega_n^2(s+z)}{z(s^2+2\zeta\omega_n s+\omega_n^2)}\cdot\frac{1}{s}$$

对于欠阻尼情况，本系统的闭环极点仍为 $s_1=0$，$s_{2,3}=-\zeta\omega_n\pm j\omega_n\sqrt{1-\zeta^2}$，将上式写成部分分式形式：

$$C(s)=\frac{A_1}{s}+\frac{A_2}{s+\zeta\omega_n+j\omega_n\sqrt{1-\zeta^2}}+\frac{A_3}{s+\zeta\omega_n-j\omega_n\sqrt{1-\zeta^2}}\tag{3.24}$$

式中，A_1，A_2，A_3 用留数法，求得

$$A_1=1$$

$$A_2=-\frac{\sqrt{z^2-2\zeta\omega_n z+\omega_n^2}}{2jz\sqrt{1-\zeta^2}}\cdot e^{-j(\varphi+\theta)}$$

$$A_3=\frac{\sqrt{z^2-2\zeta\omega_n z+\omega_n^2}}{2jz\sqrt{1-\zeta^2}}\cdot e^{j(\varphi+\theta)}$$

其中

$$\varphi=\arctan\frac{\omega_n\sqrt{1-\zeta^2}}{z-\zeta\omega_n}$$

$$\theta=\arctan\frac{\sqrt{1-\zeta^2}}{\zeta}$$

式(3.24)的拉氏逆变换为

$$c(t)=1-\frac{\sqrt{(z-\zeta\omega_n)^2+(\omega_n\sqrt{1-\zeta^2})^2}}{z\sqrt{1-\zeta^2}}\sin(\omega_n\sqrt{1-\zeta^2}\,t+\varphi+\theta)\tag{3.25}$$

根据上升时间 t_r，峰值时间 t_p，超调量 σ_p 及过渡过程时间 t_s 的定义，由式(3.25)分别求得二阶系统具有闭环实数零点时的欠阻尼单位阶跃响应的各项性能指标为

$$t_r=\frac{\pi-\varphi-\theta}{\omega_d}\tag{3.26}$$

$$t_p=\frac{\pi-\varphi}{\omega_d}\tag{3.27}$$

$$\sigma_p=\frac{1}{\zeta}\sqrt{\zeta^2-2\gamma\zeta^2+\gamma^2}\cdot e^{-\frac{\zeta(\pi-\varphi)}{\sqrt{1-\zeta^2}}}\times100\%\tag{3.28}$$

$$t_s=\frac{3+\ln\frac{L}{z}}{\zeta\omega_n}\quad(\Delta=0.05)\tag{3.29}$$

$$t_s=\frac{4+\ln\frac{L}{z}}{\zeta\omega_n}\quad(\Delta=0.02)\tag{3.30}$$

其中

$$L=\sqrt{(z-\zeta\omega_n)^2+(\omega_n\sqrt{1-\zeta^2})^2},\quad \gamma=\frac{\zeta\omega_n}{z} \tag{3.31}$$

闭环负实零点的主要作用在于加速二阶系统的响应过程，在响应过程的起始段这种加速作用尤为明显，但同时也削弱了系统的阻尼比。当 $z=(2\sim5)\zeta\omega_n$ 时，闭环负实零点对二阶系统阶跃响应的加速作用表现得比较明显，而超调量的增加又不过分大，是闭环负实零点的合理取值范围。

3.4 高阶系统的时域分析

在这一节中，我们将首先讨论一个具有特定形式的三阶系统的单位阶跃响应，然后介绍具有一般形式的高阶系统的时域分析。

3.4.1 三阶系统的单位阶跃响应

下面以在 s 平面左半部具有一对共轭复数极点 $s_{1,2}=-\zeta\omega_n\pm j\omega_n\sqrt{1-\zeta^2}(0<\zeta<1)$ 和一个实极点 $s_3=-p$ 的分布模式为例，来分析三阶系统的单位阶跃响应。这时，三阶系统的传递函数为

$$\frac{C(s)}{R(s)}=\frac{\omega_n^2 p}{(s+p)(s^2+2\zeta\omega_n s+\omega_n^2)}\quad (p>0)$$

其单位阶跃响应 $c(t)$ 的拉氏变换为

$$C(s)=\frac{\omega_n^2 p}{(s+p)(s^2+2\zeta\omega_n s+\omega_n^2)}\cdot\frac{1}{s}$$

将上式分解成部分分式的形式，即

$$C(s)=\frac{1}{s}+\frac{A}{s+p}+\frac{B}{s+\zeta\omega_n-j\omega_n\sqrt{1-\zeta^2}}+\frac{C}{s+\zeta\omega_n+j\omega_n\sqrt{1-\zeta^2}}$$

通过留数法求系数，得

$$A=\frac{-\omega_n^2}{p^2-2\zeta\omega_n p+\omega_n^2}$$

$$B=\frac{\dfrac{p}{2}(2\zeta\omega_n-p)-j\dfrac{p}{2\sqrt{1-\zeta^2}}(2\zeta^2\omega_n-\zeta p-\omega_n)}{(2\zeta^2\omega_n-\zeta p-\omega_n)^2+(2\zeta\omega_n-p)^2(1-\zeta^2)}$$

$$C=\bar{B}$$

其中，$\bar{B}$ 为复数 B 的共轭复数。

对上式取拉氏逆变换，得

$$c(t)=1+Ae^{-pt}+2\mathrm{Re}\,B\cdot e^{-\zeta\omega_n t}\cos\omega_d t-2\mathrm{Im}\,B\cdot e^{-\zeta\omega_n t}\sin\omega_d t\quad (t\geqslant 0) \tag{3.32}$$

其中

$$A=-\frac{1}{\beta\zeta^2(\beta-2)+1}$$

$$\mathrm{Re}\,B = -\frac{\beta\zeta^2(\beta-2)}{2[\beta\zeta^2(\beta-2)+1]}$$

$$\mathrm{Im}\,B = \frac{\beta\zeta[\zeta^2(\beta-2)+1]}{2[\beta\zeta^2(\beta-2)+1]\sqrt{1-\zeta^2}}$$

$$\beta = \frac{p}{\zeta\omega_n}$$

在式(3.32)中,因为

$$\beta\zeta^2(\beta-2)+1 = \zeta^2(\beta-1)^2+(1-\zeta^2)>0$$

所以 e^{-pt}项的系数A 总为负,又因为 $p>0$,故 Ae^{-pt}是衰减的。

下面讨论闭环极点与闭环零点对系统响应的影响。

1. 闭环极点对系统响应的影响

(1) $\beta>1$,即$\frac{p}{\zeta\omega_n}>1$,亦即 $p>\zeta\omega_n$。

其极点在 s 平面上的分布及其单位阶跃响应分别如图 3.9(a)、(b)所示。其中曲线①是原标准二阶系统的阶跃响应,②是增加 s_3 以后三阶系统的阶跃响应。比较曲线①、②可知,本三阶系统的单位阶跃响应类同原标准二阶系统的阶跃响应,但最大超调下降,即阻尼性变好;过渡过程时间增加,即快速性变差。

(2) $\beta\to\infty$,即$\frac{p}{\zeta\omega_n}\to\infty$。

其极点在 s 平面上的分布如图 3.9(c)所示。其单位阶跃响应如图 3.9(b)曲线①。可见,与原标准二阶系统的单位阶跃响应相同,s_3 在整个响应中不起作用。

(3) $\beta<1$,即$\frac{p}{\zeta\omega_n}<1$。

其极点在 s 平面的分布及其单位阶跃响应分别如图 3.9(d)、(e)所示。由图 3.9(e)可见,本系统当前情况下的单位阶跃响应类同一阶系统,s_3 在整个响应中起到了主要作用。

(4) $\beta\ll 1$,即$\frac{p}{\zeta\omega_n}\ll 1$。

其极点在 s 平面上的分布及其单位阶跃响应分别如图 3.9(f)、(g)所示。可见,本系统的单位阶跃响应完全与一阶系统相同。

2. 闭环零点对系统响应的影响

控制系统的传递函数可以表示为

$$\frac{C(s)}{R(s)} = \frac{b_m s^m + b_{m-1}s^{m-1}+\cdots+b_1 s+b_0}{a_n s^n + a_{n-1}s^{n-1}+\cdots+a_1 s+a_0} = \frac{k\cdot\prod_{i=1}^{m}(s-z_i)}{\prod_{j=1}^{n}(s-p_j)} \quad (n\geqslant m)$$

其中,$z_i(i=1,2,\cdots,m)$,$p_j(j=1,2,\cdots,n)$,k 分别是闭环系统的零点、极点、增益。

单位阶跃输入的瞬态响应为

$$C(s) = k\cdot\frac{\prod_{i=1}^{m}(s-z_i)}{s\prod_{j=1}^{n}(s-p_j)}$$

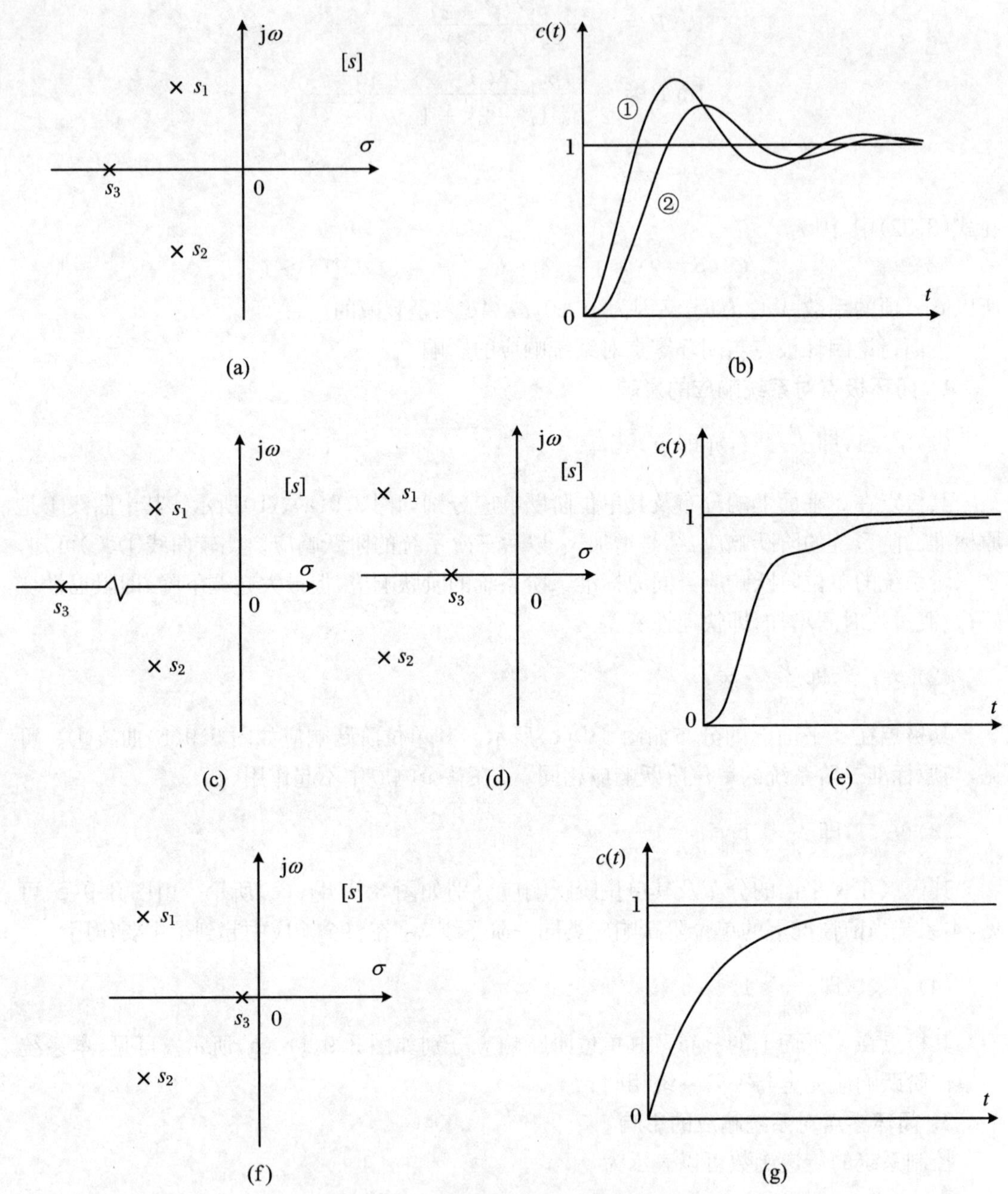

图 3.9　极点分布及单位阶跃响应

拉氏逆变换,得

$$c(t) = A_0 + \sum_{j=1}^{n} A_j e^{p_j t}$$

其中,$A_0, A_j(j=1,2,\cdots,n)$分别是 $C(s)$在原点和闭环极点处的留数,即

$$\begin{aligned} A_0 &= [C(s)s]\big|_{s=0} = \left[\frac{C(s)}{R(s)}\right]\bigg|_{s=0} \\ A_j &= [C(s)(s-p_j)]\big|_{s=p_j} \end{aligned} \tag{3.33}$$

分析式(3.33)可知,$c(t)$曲线的形状不仅取决于各瞬态分量的类型,而且还和各瞬态分

量的系数 A_0，A_j 有关，而 A_0，A_j 取决于$C(s)$的零、极点的分布。如前所述，各瞬态响应由于极点 p_j 所处的位置不同而不同：有的与欠阻尼二阶系统类似，有的与其相同；有的与一阶系统类似，有的与其相同。但曲线的形状却是由零、极点共同决定的，有的振荡上升，有的基本看不出振荡来，即和纯二阶、一阶系统一样了。总之，通过以上分析可得出如下结论：① 三阶系统的响应由阻尼正弦曲线与指数曲线组成；② 系统响应类型由闭环极点决定；③ 系统响应曲线的形状由极点和零点共同决定。

3.4.2　高阶系统的响应分析

1. 闭环主导极点

在闭环极点中，一些极点靠近虚轴，而它们附近又没有闭环零点。这些极点对系统阶跃响应起主导作用，因为这些极点对应瞬态响应中衰减较慢的项。这些对瞬态特性具有主导作用的闭环极点，称为闭环主导极点。

下面从定量关系上说明忽略由非主导极点决定的响应分量对高阶系统响应特性的影响条件。

当 $\zeta=0.4$，$\Delta=0.02$ 时，上升时间与调节时间之比为

$$\frac{t_r}{t_s}=\frac{\dfrac{\pi-\arctan\left(\dfrac{\sqrt{1-\zeta^2}}{\zeta}\right)}{\omega_d}}{\dfrac{4}{\zeta\omega_n}}=21.6\%$$

非主导极点的调节时间 t_{sn}与主导极点的调节时间 t_s 之比为

$$\frac{t_{sn}}{t_s}=\frac{4/(n\zeta\omega_n)}{4/(\zeta\omega_n)}=20\%\quad(n=5)$$

上式表明，当$|\mathrm{Re}\ s_3|\geqslant 5\ |\mathrm{Re}\ s_1|$，且取 $\zeta=0.4$ 时，极点 s_3 对应的响应分量在极点 s_1，s_2 对应的响应分量达到上升时间 t_r 之前已基本衰减完毕，如图3.10所示。

因此，极点 s_3 对应的响应分量，对三阶系统只影响到由0到 t_r 一段的响应形状，而对整个系统的 t_r，t_p，t_s，σ_p，N 均无影响，故 s_3 对系统响应的影响可忽略。由此得出如下结论：若某极点比其他孤立极点远离虚轴5倍以上时，则它对瞬态响应的影响可以忽略不计。

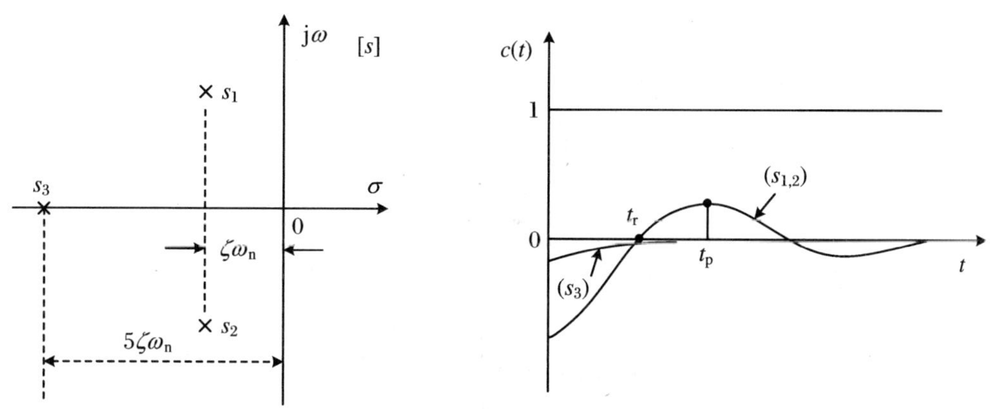

图3.10　高阶系统的闭环极点分布及构成高阶系统单位阶跃响应的各分量

2. 闭环偶极子

s 平面上相距很近的一对极点与零点，其对系统动态性能的影响可忽略不计，把这一对零极点称为偶极子。

经验表明，如果一对零极点的距离是它们至其他极点或零点距离的 1/10 以下，则这对零极点便可称为偶极子，其对系统瞬态响应的影响可忽略不计。

3. 高阶系统

选取离虚轴最近的一个或几个极点，作为主导极点，忽略偶极子及比主导极点距离虚轴远 5 倍以上的极点，这样在设计中遇到的具有实际意义的高阶系统一般可简化为具有 1～2 个闭环极点或 2～3 个闭环极点的简化系统，对于一、二、三阶系统我们都有了分析的方法。一般高阶系统，常常可简化为具有一对共轭复数极点的情况，这样便可用熟知的二阶系统分析方法来分析与设计。

3.5 线性系统的稳定性

在线性控制系统中，最重要的问题是稳定性问题。因为系统只有稳定，才能正常工作。因此，稳定性是控制系统正常工作的首要条件，也是控制系统的重要性能。分析控制系统的稳定性，并提出确保系统稳定的条件，是自动控制理论的基本任务之一。

3.5.1 稳定性的定义

设线性定常系统处于某一平衡状态，此系统在干扰作用下离开了原来的平衡状态，那么，在干扰作用消失后，若系统能回到原来的平衡状态，则称该系统为稳定的，否则称该系统是不稳定的。

可见，稳定性是系统在去掉扰动以后，自身具有的一种恢复能力，所以是系统的一种固有特性，这种特性只取决于系统的结构参数，而与初始条件及外作用无关。

3.5.2 稳定的条件

设系统的传递函数为

$$\frac{C(s)}{R(s)} = k\,\frac{\prod_{i=1}^{m}(s-z_i)}{\prod_{j=1}^{n}(s-p_j)} \quad (n \geqslant m)$$

若 $r(t)=\delta(t)$，即 $L[r(t)]=1$，则

$$C(s) = k\,\frac{\prod_{i=1}^{m}(s-z_i)}{\prod_{j=1}^{n}(s-p_j)}$$

写成部分分式形式为

$$C(s)=\frac{A_1}{s-p_1}+\frac{A_2}{s-p_2}+\cdots+\frac{A_n}{s-p_n}=\sum_{j=1}^{n}\frac{A_j}{s-p_j} \tag{3.34}$$

其中

$$A_j=C(s)(s-p_j)\big|_{s=p_j}$$

对式(3.34)进行拉氏逆变换，得

$$c(t)=\sum_{j=1}^{n}A_j e^{p_j t}$$

根据稳定的定义，系统加了单位脉冲以后，系统输出 $c(t)$ 随时间增加而衰减并趋于零。为使上式在当 $t\to\infty$ 时，$c(t)\to 0$，则必有 p_j 具有负实部。这就是系统稳定的充要条件，用文字表述为：系统的所有特征根都具有负实部，或所有闭环极点均位于 s 平面的左半平面，否则系统就不稳定。

因此，为判定一个系统稳定与否必须求其特征根，通常对于较高阶的系统，求特征根并非容易的事。下面介绍的代数判据，就是利用特征方程的各项系数，直接判断其特征根是否具有负实部，或是否都位于 s 平面的左半部，以确定系统是否稳定。

3.5.3　劳斯(Routh)稳定判据

设系统特征方程的一般形式为

$$a_n s^n+a_{n-1}s^{n-1}+\cdots+a_1 s+a_0=0 \tag{3.35}$$

系统稳定的必要条件是：特征方程的所有系数均大于零。这句话包括两个方面：① 不缺项；② 系数同号。它是系统稳定的必要条件，也就是说，只能用来判断系统的不稳定，而不能用来判断稳定。

式(3.35)的系数阵列称为劳斯阵列表，即

s^n	a_n	a_{n-2}	a_{n-4}	a_{n-6}	$\cdots$
s^{n-1}	a_{n-1}	a_{n-3}	a_{n-5}	a_{n-7}	$\cdots$
s^{n-2}	b_1	b_2	b_3	b_4	$\cdots$
s^{n-3}	c_1	c_2	c_3	c_4	$\cdots$
$\vdots$	$\vdots$	$\vdots$	$\vdots$	$\vdots$	
s^2	e_1	e_2			
s^1	f_1				
s^0	g_1				

其中

$$b_1=\frac{a_{n-1}a_{n-2}-a_n a_{n-3}}{a_{n-1}};\quad b_2=\frac{a_{n-1}a_{n-4}-a_n a_{n-5}}{a_{n-1}}$$

$$b_3=\frac{a_{n-1}a_{n-6}-a_n a_{n-7}}{a_{n-1}};\quad c_1=\frac{b_1 a_{n-3}-a_{n-1}b_2}{b_1}$$

$$c_2=\frac{b_1 a_{n-5}-a_{n-1}b_3}{b_1};\quad c_3=\frac{b_1 a_{n-7}-a_{n-1}b_4}{b_1}$$

$$\vdots \qquad\qquad \vdots$$

线性系统稳定的充要条件是：劳斯阵列表中第一列所有项系数均大于零，系数变号次数

为极点在 s 右半平面的个数。

例 3.3 设线性控制系统的特征方程为 $s^4+2s^3+3s^2+4s+5=0$,试用劳斯判据判断系统的稳定性。

解 劳斯阵列表为

$$
\begin{array}{c|ccc}
s^4 & 1 & 3 & 5 \\
s^3 & 2 & 4 & 0 \\
\hline
s^2 & 1 & 5 & 0 \\
s^1 & -6 & 0 & \\
s^0 & 5 & &
\end{array}
$$

可见,劳斯阵列表第一列系数不全大于零,所以系统不稳定;劳斯阵列表中第一列系数符号改变两次,因此系统有两个根处于 s 平面的右半平面。

不用解方程,用劳斯阵列表即可判断线性系统的稳定性,这是劳斯判据的优点。但是,它不能给出系统的品质指标,这是劳斯判据的不足。

需要指出的是,应用劳斯稳定判据分析线性系统的稳定性时,有时会遇到下列两种特殊情况。

(1) 在劳斯阵列表中,如果某一行中的第一列项等于零,而其余各项不为零或不全为零,那么,可以用一个无穷小的正数 ε 来代替为零的第一列项,并且据此可以计算出劳斯阵列表中的其余各项,然后看阵列表中的第一列系数,全大于零稳定,否则不稳定。

例 3.4 设线性系统的特征方程为 $s^4+3s^3+s^2+3s+1=0$,试应用劳斯稳定判据分析该系统的稳定性。

解 劳斯阵列表为

$$
\begin{array}{c|ccc}
s^4 & 1 & 1 & 1 \\
s^3 & 3 & 3 & \\
\hline
s^2 & 0\leftarrow\varepsilon & 1 & \\
s^1 & 3-\dfrac{3}{\varepsilon} & & \\
s^0 & 1 & &
\end{array}
$$

此表中第三行的第一个元素 0 由无穷小正数 ε 替换。因为 ε 很小,所以 $3-3/\varepsilon<0$,第一列变号两次,故有两个根在 s 右半平面,系统不稳定。

(2) 在劳斯阵列表中,如果某一导出行中的所有系数都等于零,则表明在 s 平面内存在一些大小相等、位置径向相反的根,即存在两个大小相等、符号相反的实根和(或)两个共轭纯虚根,或者实部符号相异、虚部数值相同的共轭复根。在这种情况下,利用全零行的上一行的系数,可组成一个辅助多项式,并用这个多项式方程导数的系数取代全零行。然后,继续计算劳斯阵列表中其余各项,最后用劳斯判据加以判断。

例 3.5 设线性系统的特征方程为 $s^5+2s^4+24s^3+48s^2-25s-50=0$,试应用劳斯判据判断系统的稳定性。

解 劳斯阵列表为

s^5	1	24	-25
s^4	2	48	-50
s^3	0	0	

s^3 行中各项系数全都等于零,表明有两对如上所述的根存在。于是辅助多项式由 s^4 行中的系数构成,即辅助多项式 $p(s)$ 为

$$p(s) = 2s^4 + 48s^2 - 50$$

这两对根通过解辅助多项式方程 $p(s)=0$ 可以得到。求 $p(s)$ 对 s 的导数,得

$$\frac{\mathrm{d}p(s)}{\mathrm{d}s} = 8s^3 + 96s$$

全零行 s^3 的系数可用 8 和 96 代替。于是劳斯阵列表变为

s^5	1	24	-25
s^4	2	48	-50
s^3	8	96	
s^2	24	-50	
s^1	112.7		
s^0	-50		

可见,在新阵列表的第一列中,有一次符号变化,根据劳斯判据知,该系统是不稳定的。

解辅助方程

$$2s^4 + 48s^2 - 50 = 0$$

$$(s^2 - 1)(s^2 + 25) = 0$$

得

$$s_{1,2} = \pm 1, \quad s_{3,4} = \pm \mathrm{j}5$$

这两对根是原特征方程根的一部分。事实上,原方程可以写成下列因式乘积的形式:

$$(s + 1)(s - 1)(s + \mathrm{j}5)(s - \mathrm{j}5)(s + 2) = 0$$

可见,原方程有一个带正实部的根。实质上,利用劳斯判据判稳的必要条件,很容易就能判断出这个系统是不稳定的,因为系统特征方程的系数不同号。

劳斯稳定判据在线性系统分析中的应用,是有一定局限性的,这主要是因为判据不能指出如何改善控制系统的性能。但是,它可以确定一个或两个系统参数的变化对系统稳定性的影响。下面我们将考虑如何确定参数值的范围而使系统稳定的问题。

例 3.6　设线性系统如图 3.11 所示。试确定使系统稳定的 k 值范围。

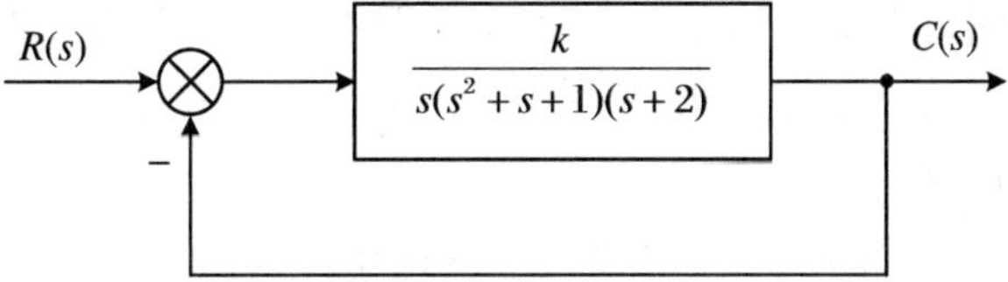

图 3.11　线性系统方框图

解　系统的闭环传递函数为

$$\frac{C(s)}{R(s)} = \frac{k}{s(s^2 + s + 1)(s + 2) + k}$$

闭环特征方程为

$$s^4+3s^3+3s^2+2s+k=0$$

劳斯阵列表为

$$\begin{array}{c|ccc} s^4 & 1 & 3 & k \\ s^3 & 3 & 2 & 0 \\ \hline s^2 & \dfrac{7}{3} & k & \\ s^1 & 2-\dfrac{9k}{7} & & \\ s^0 & k & & \end{array}$$

为了使系统稳定，劳斯阵列表第一列中所有的元素都必须为正值。因此

$$\begin{cases} 2-\dfrac{9k}{7}>0 \\ k>0 \end{cases}$$

解得

$$0<k<\frac{14}{9}$$

当 $k=14/9$ 时，系统变为振荡的，并且从数学观点来看，振荡过程是保持等幅的。

3.6 反馈系统的误差

控制系统在输入信号作用下，其输出信号中将含有两个分量。其中一个分量是暂态分量，它反映控制系统的动态性能，是控制系统的重要特性之一。对于稳定的系统，暂态分量随着时间的推移将趋于零。另一个分量称为稳态分量，它反映控制系统跟踪输入信号或抑制扰动信号的能力和准确度，是控制系统的另一个重要特性。对于稳定的系统来说，稳定性能的优劣一般是根据系统响应某些典型输入信号的稳态误差来评价的。

3.6.1 误差

控制系统的方框图可表示成如图 3.12 所示。图中 $C_r(s)$ 为期望的输出量，$C(s)$ 为实际的输出量；$\varepsilon(s)$ 称为偏差，且 $\varepsilon(s)=R(s)-Y(s)$；$C_r(s)=\mu(s)R(s)$，其中 $\mu(s)$ 称为系统变换算子，且 $\mu(s)=1/H(s)$。

系统的期望被控量与实际被控量之差，称为系统的误差，记作 $e(t)$，即

$$e(t)=c_r(t)-c(t)$$

还有另一种定义形式，当单位反馈时，则系统的参考输入量与实际输出量之差，定义为系统的误差，即当 $H(s)=1$ 时，有

$$e(t)=r(t)-c(t)$$

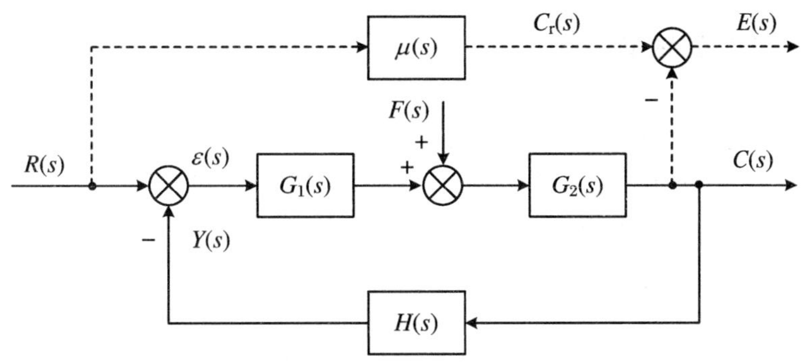

图3.12　控制系统的方框图

3.6.2　稳态误差与动态误差

若 $H(s)=1$，则单位阶跃输入下系统误差的响应曲线如图3.13所示。

由图3.13可见，$e(t)$曲线和$c(t)$曲线一样，也含有两个分量，即暂态分量和稳态分量。误差信号的稳态分量称为系统的稳态误差，记作 $e_{ss}(t)$；其暂态分量称为系统的动态误差，记作 $e_{ts}(t)$。我们有

$$e(t) = e_{ts}(t) + e_{ss}(t) \tag{3.36}$$

对于稳定的系统来说，$e(t)$曲线是收敛的，因此有

$$\lim_{t\to\infty} e_{ts}(t) = 0$$

这是因为暂态分量是由闭环传递函数的极点 $p_j(j=1,2,\cdots,n)$对应的 $e^{-p_j t}$ 各项组成的。为使系统稳定，必须保证 $\mathrm{Re}[p_j]<0$，从而使 $e^{-p_j t}$ 各项随时间的增加而趋于零，因此误差信号的过渡过程分量即暂态分量 $e_{ts}(t)$在 $t\geqslant t_s$ 时，其影响基本消失。换言之，系统的误差在 $t\geqslant t_s$ 时就近似等于系统的稳态误差 $e_{ss}(t)$，该分量与设定控制输入的极点有关。由于稳态分量是长期存在于系统中的，因此在设计自动控制系统时，首先要保证其稳态误差小于指定的数值。很多控制系统的性能指标中，对稳定误差 $e_{ss}(t)$允许的最大值均有严格要求。

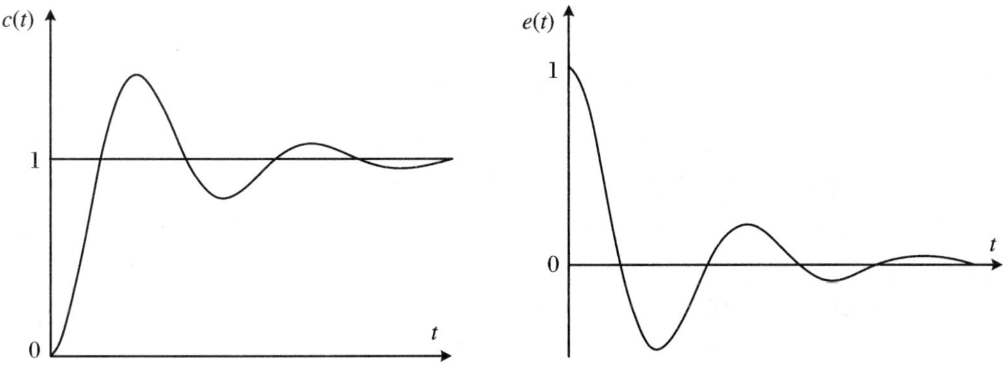

图3.13　$c(t)$和$e(t)$响应曲线

3.6.3 误差与偏差

由图 3.13 及前文可得

$$E(s) = C_r(s) - C(s) = \mu(s)R(s) - C(s) \tag{3.37}$$

$$\varepsilon(s) = R(s) - Y(s) \tag{3.38}$$

$$Y(s) = C(s)H(s) \tag{3.39}$$

$$\mu(s) = \frac{1}{H(s)} \tag{3.40}$$

将式(3.40)代入式(3.37),得

$$E(s) = \frac{1}{H(s)}R(s) - C(s) \tag{3.41}$$

将式(3.39)代入式(3.38),得

$$\varepsilon(s) = R(s) - H(s)C(s)$$

进一步整理,得

$$\frac{\varepsilon(s)}{H(s)} = \frac{1}{H(s)}R(s) - C(s) \tag{3.42}$$

比较式(3.41)、式(3.42),得

$$E(s) = \frac{\varepsilon(s)}{H(s)}$$

即

$$\varepsilon(s) = H(s)E(s)$$

对于单位反馈 $H(s)=1$,则

$$\varepsilon(s) = E(s) \tag{3.43}$$

以上推导说明,只有单位反馈的时候,误差与偏差才是相等的,其他情况并不相等。

3.7 反馈系统的稳态误差计算

我们知道,在某一输入函数作用下的线性控制系统的运动,可以用线性常系数微分方程的解来描述,方程的解包括通解和特解。当系统进入稳定状态后,表明系统过渡过程的通解已经减小到可以忽略的程度,方程这时就剩下描述系统稳态运动的特解,即此特解表示了在某一输入函数作用下系统实际的稳态输出值。显然,稳态误差可以用输入函数与此系统微分方程特解的相应关系来表示。为此,求稳态误差需求解微分方程。大家已经知道,用拉氏变换求解微分方程简单、容易。也就是说,在求稳态误差时,理想的数学工具是拉氏变换。

3.7.1 稳态误差的计算

1. 稳态误差的一般计算公式

在图 3.12 中,若 $F(s)=0$,误差信号的拉氏变换与输入信号的拉氏变换之比,称为误差

信号 $e(t)$对于输入信号 $r(t)$的闭环传递函数，记作 $\Phi_e(s)$，即

$$\Phi_e(s) = \frac{E(s)}{R(s)}$$

若 $R(s)=0$，误差信号的拉氏变换与扰动信号的拉氏变换之比，称为误差信号 $e(t)$对于扰动信号 $f(t)$的闭环传递函数，记作 $\Phi_{ef}(s)$，即

$$\Phi_{ef}(s) = \frac{E(s)}{F(s)}$$

若输入信号 $r(t)$和扰动信号 $f(t)$同时作用于系统，其输出信号的拉氏变换为

$$C(s) = \Phi(s)R(s) + \Phi_f(s)F(s) = \frac{G(s)}{1+G(s)H(s)}R(s) + \frac{G_2(s)}{1+G(s)H(s)}F(s)$$

其中，$G(s)=G_1(s)G_2(s)$，$\mu(s)=1/H(s)$。将上式代入 $E(s)=\mu(s)R(s)-C(s)$中，得

$$\begin{aligned} E(s) &= \mu(s)R(s) - \frac{G(s)}{1+G(s)H(s)}R(s) - \frac{G_2(s)}{1+G(s)H(s)}F(s) \\ &= \left[\mu(s) - \frac{G(s)}{1+G(s)H(s)}\right]R(s) - \frac{G_2(s)}{1+G(s)H(s)}F(s) \end{aligned} \tag{3.44}$$

当 $F(s)=0$ 时，上式变为

$$\frac{E(s)}{R(s)} = \mu(s) - \frac{G(s)}{1+G(s)H(s)} = \Phi_e(s)$$

当 $R(s)=0$ 时，上式变为

$$\frac{E(s)}{F(s)} = -\frac{G_2(s)}{1+G(s)H(s)} = \Phi_{ef}(s)$$

因此，式(3.44)可写为

$$E(s) = \Phi_e(s)R(s) + \Phi_{ef}(s)F(s) \tag{3.45}$$

由式(3.45)我们可以初步得出一个重要结论：系统的稳态误差取决于外加输入信号的特性和系统本身结构参数两个方面。

若 $H(s)=1$，则

$$\Phi_e(s) = 1 - \frac{G(s)}{1+G(s)} = \frac{1}{1+G(s)} = \Phi_\varepsilon(s)$$

已知 $\Phi_e(s)$，$\Phi_{ef}(s)$，当输入信号 $r(t)$和扰动信号 $f(t)$给定时，对式(3.45)进行拉氏逆变换，即可求出系统的误差信号。

设输入信号：$r(t)=r_0+r_1t+\frac{1}{2!}r_2t^2+\cdots+\frac{1}{L!}r_Lt^L$；

扰动信号：$f(t)=f_0+f_1t+\frac{1}{2!}f_2t^2+\cdots+\frac{1}{k!}f_kt^k$。

当输入信号单独作用于系统时，由拉氏变换法求得稳态误差为

$$\begin{aligned} e_{rss}(t) &= \sum_{i=0}^{L}\frac{1}{i!}\frac{\mathrm{d}^i}{\mathrm{d}s^i}\left[\Phi_e(s)\frac{r_0s^L+r_1s^{L-1}+\cdots+r_{L-1}s+r_L}{s^{L+1}}\cdot s^{L+1}\right]\Bigg|_{s=0} \\ &= = \sum_{i=0}^{L}\frac{1}{i!}\Phi_e^{(i)}(0)r^{(i)}(t) \end{aligned} \tag{3.46}$$

同理，当扰动信号单独作用于系统时，$f(t)$对应的稳态误差为

$$e_{fss}(t) = \sum_{i=0}^{k}\frac{1}{i!}\Phi_{ef}^{(i)}(0)f^{(i)}(t) \tag{3.47}$$

当输入信号 $r(t)$和扰动信号 $f(t)$同时作用于系统时，其稳态误差为

$$e_{ss}(t)=e_{rss}(t)+e_{fss}(t)=\sum_{i=0}^{L}\frac{1}{i!}\Phi_e^{(i)}(0)r^{(i)}(t)+\sum_{i=0}^{k}\frac{1}{i!}\Phi_{ef}^{(i)}(0)f^{(i)}(t) \quad (3.48)$$

例 3.7 设有随动系统,其方框图如图 3.14 所示。已知该系统的输入信号与扰动信号分别为 $r(t)=t, f(t)=-1$,试计算该系统的稳态误差。

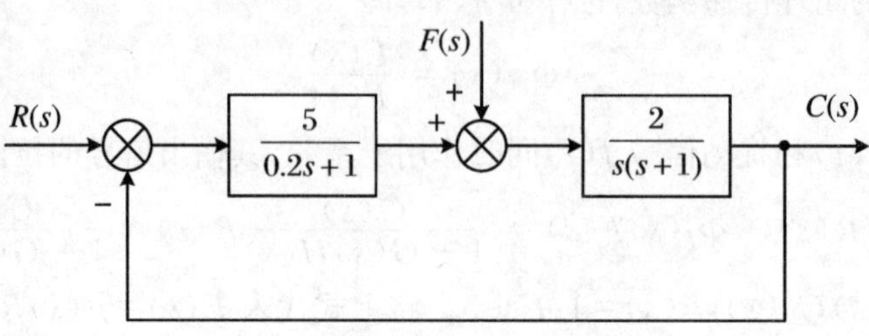

图 3.14 随动系统方框图

解 由于

$$e_{ss}(t)=\sum_{i=0}^{L}\frac{1}{i!}\Phi_e^{(i)}(0)r^{(i)}(t)+\sum_{i=0}^{k}\frac{1}{i!}\Phi_{ef}^{(i)}(0)f^{(i)}(t)$$

由已知 $r(t)=t$,知 $L=1$;$f(t)=-1, k=0$。因此

$$\begin{aligned}e_{ss}(t)&=\sum_{i=0}^{1}\frac{1}{i!}\Phi_e^{(i)}(0)r^{(i)}(t)+\Phi_{ef}(0)f(t)\\&=\Phi_e(0)r(t)+\Phi_e^{(1)}(0)r^{(1)}(t)+\Phi_{ef}(0)f(t)\end{aligned}$$

又因为 $H(s)=1$,则

$$\Phi_e(s)=\Phi_\varepsilon(s)=\frac{1}{1+G(s)}=\frac{1}{1+\dfrac{2}{s(s+1)}\cdot\dfrac{5}{0.2s+1}}=\frac{s(s+1)(0.2s+1)}{s(s+1)(0.2s+1)+10}$$

$$\Phi_e(0)=0$$

$$\Phi_e^{(1)}(0)=\frac{\mathrm{d}}{\mathrm{d}s}\left[\frac{s(s+1)(0.2s+1)}{s(s+1)(0.2s+1)+10}\right]\bigg|_{s=0}=0.1$$

因为

$$\begin{aligned}\Phi_{ef}(s)&=\frac{-G_2(s)}{1+G(s)H(s)}=\frac{-\dfrac{2}{s(s+1)}}{1+\dfrac{10}{s(s+1)(0.2s+1)}}\\&=-\frac{2(0.2s+1)}{s(s+1)(0.2s+1)+10}\end{aligned}$$

所以

$$\Phi_{ef}(0)=-0.2$$

因此

$$e_{ss}(t)=0\times r(t)+0.1\times r^{(1)}(t)+(-0.2)\times f(t)=0.1+0.2=0.3$$

2. 利用终值定理求稳态误差

当 $sE(s)$ 的极点全部在 s 平面左半部时,可应用终值定理计算在时间 t 趋于无穷时的稳态误差值 $e_{ss}(\infty)$,即

$$e_{ss}(\infty)=\lim_{t\to\infty}e_{ss}(t)=\lim_{s\to 0}sE(s) \quad (3.49)$$

应该指出,上式给出的是时间趋于无穷时的稳态误差值,它不可能描述 t_s 附近系统的

误差随时间 t 的变化规律,因此用终值定理求稳态误差具有一定的局限性。但是,此法不需要求各阶导数,用起来比较方便。需要注意的是,利用式(3.49)求取稳态误差的条件是 $sE(s)$ 应在 s 右半平面及虚轴上(原点除外)解析,即 $sE(s)$ 的全部极点须位于 s 左半平面。

例 3.8　设有随动系统,其方框图如图 3.15 所示。求当输入信号为 $r(t)=2t$ 时系统的稳态误差。

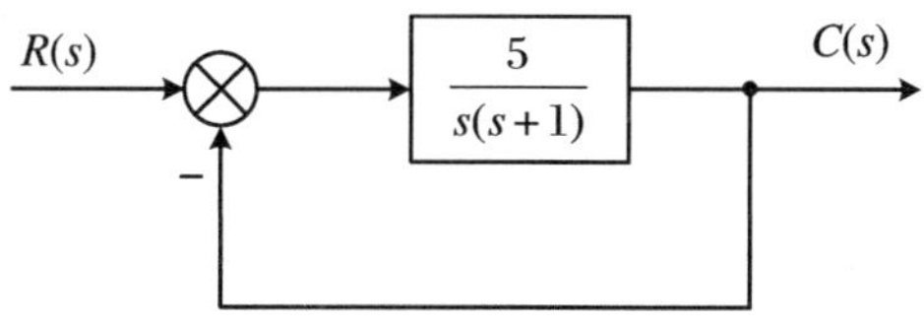

图 3.15　随动系统方框图

解　从方框图知单位反馈系统的误差传递函数为

$$\Phi_e(s)=\Phi_\varepsilon(s)=\frac{1}{1+G(s)}=\frac{1}{1+\dfrac{5}{s(s+1)}}=\frac{s(s+1)}{s(s+1)+5}$$

由 $r(t)=2t$,得

$$R(s)=\frac{2}{s^2}$$

所以

$$E(s)=\Phi_e(s)R(s)=\frac{s(s+1)}{s(s+1)+5}\cdot\frac{2}{s^2}=\frac{2(s+1)}{s^2(s+1)+5s}$$

$$sE(s)=\frac{2(s+1)}{s(s+1)+5}$$

其极点为

$$s_{1,2}=\frac{-1\pm \mathrm{j}\sqrt{19}}{2}$$

在 s 平面的左半部,可用终值定理求系统的稳态误差,即

$$e_{ss}(\infty)=\lim_{s\to 0}sE(s)=\lim_{s\to 0}\frac{2(s+1)}{s(s+1)+5}=0.4$$

例 3.9　设有一阶系统,其方框图如图 3.16 所示。试计算系统响应输入信号 $r(t)=\sin\omega t$ 的稳态误差。

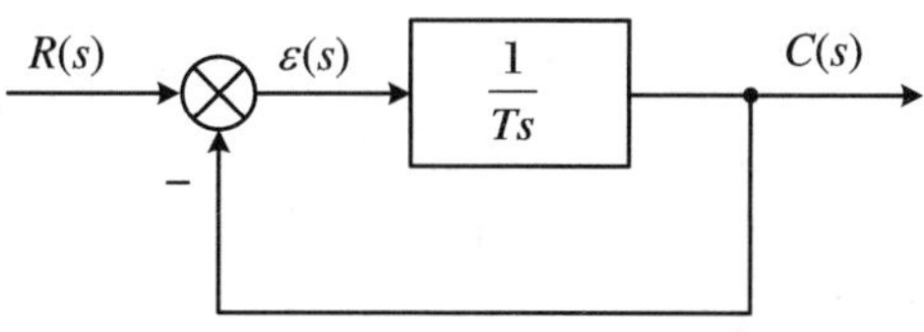

图 3.16　一阶系统方框图

解　从方框图知单位反馈系统的误差传递函数为

$$\Phi_e(s)=\Phi_\varepsilon(s)=\frac{1}{1+G(s)}=\frac{1}{1+\dfrac{1}{Ts}}=\frac{Ts}{Ts+1}$$

由 $r(t)=\sin\omega t$,得

$$R(s)=\frac{\omega}{s^2+\omega^2}$$

$$sE(s)=\frac{Ts^2}{Ts+1}\cdot\frac{\omega}{s^2+\omega^2}$$

其极点为 $s_1=-\frac{1}{T}, s_2=\mathrm{j}\omega, s_3=-\mathrm{j}\omega$。

可见，$sE(s)$的极点不完全分布在 s 平面的左半部，所以不能用终值定理求本系统的稳态误差。因此

$$\begin{aligned}e_{ss}(t)&=\sum_{i=0}^{L}\frac{1}{i!}\Phi_e^{(i)}(0)r^{(i)}(t)\\&=\Phi_e(0)r(t)+\Phi_e^{(1)}(0)r^{(1)}(t)+\frac{1}{2!}\Phi_e^{(2)}(0)r^{(2)}(t)+\cdots\\&=T\omega\cos\omega t+T^2\omega^2\sin\omega t+\cdots\end{aligned}$$

3.7.2 误差系数

1. 误差系数的基本概念

当系统输入信号和扰动信号分别是

$$r(t)=r_0+r_1t+\frac{1}{2!}r_2t^2+\cdots+\frac{1}{L!}r_Lt^L$$

$$f(t)=f_0+f_1t+\frac{1}{2!}f_2t^2+\cdots+\frac{1}{k!}f_kt^k$$

时，稳态误差 $e_{ss}(t)$为

$$e_{ss}(t)=\sum_{i=0}^{L}\frac{1}{i!}\Phi_e^{(i)}(0)r^{(i)}(t)+\sum_{i=0}^{k}\frac{1}{i!}\Phi_{ef}^{(i)}(0)f^{(i)}(t)$$

在上式中，若记

$$c_i=\Phi_e^{(i)}(0)\quad(i=0,1,2,\cdots,L)$$
$$c_{fi}=\Phi_{ef}^{(i)}(0)\quad(i=0,1,2,\cdots,k)$$

则得到

$$e_{ss}(t)=\sum_{i=0}^{L}\frac{1}{i!}c_ir^{(i)}(t)+\sum_{i=0}^{k}\frac{1}{i!}c_{fi}f^{(i)}(t)\tag{3.50}$$

式中，c_i 和 c_{fi}定义为控制系统的误差系数。当已知控制系统的误差传递函数 $\Phi_e(s)$和 $\Phi_{ef}(s)$时，误差系数 c_i 和 c_{fi}按上述定义将很容易求得。可见，根据求得的误差系数 c_i 和 c_{fi}，以及给定的输入信号 $r(t)$和 $f(t)$，应用式(3.50)计算控制系统的稳态误差是很方便的。

上述方法叫直接求误差系数的方法，还有一些间接求误差系数的方法。

2. 求误差系数的三种方法

(1) 用开环传递函数比较系数法求误差系数

设系统方框图如图 3.17 所示。

其开环传递函数 $G(s)$具有如下有理分式的形式，即

$$G(s)=\frac{B_ms^m+B_{m-1}s^{m-1}+\cdots+B_2s^2+B_1s+B_0}{A_ns^n+A_{n-1}s^{n-1}+\cdots+A_2s^2+A_1s+A_0}$$

因为系统是单位反馈，则 $\Phi_e(s)=\Phi_e(s)$，得

$$
\begin{aligned}
\Phi_e(s) &= \frac{1}{1+G(s)} \\
&= \frac{A_n s^n + A_{n-1}s^{n-1} + \cdots + A_2 s^2 + A_1 s + A_0}{A_n s^n + A_{n-1}s^{n-1} + \cdots + A_2 s^2 + A_1 s + A_0 + B_m s^m + B_{m-1}s^{m-1} + \cdots + B_2 s^2 + B_1 s + B_0} \\
&= \frac{A_n s^n + A_{n-1}s^{n-1} + \cdots + A_2 s^2 + A_1 s + A_0}{a_n s^n + a_{n-1}s^{n-1} + \cdots + a_2 s^2 + a_1 s + a_0}
\end{aligned} \tag{3.51}
$$

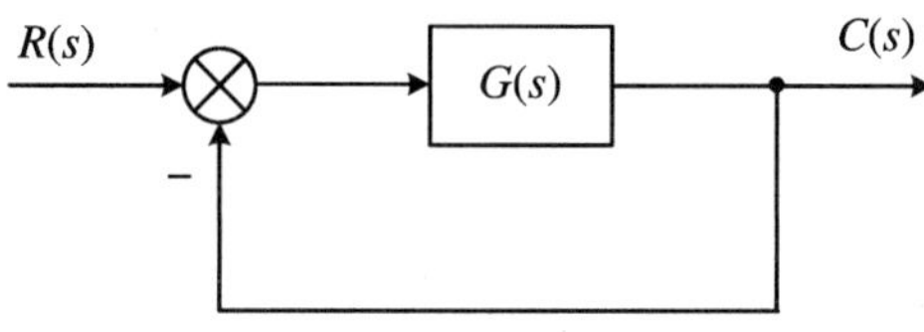

图3.17　系统方框图

将上式在 $s=0$ 的邻域内展开成泰勒级数，即

$$
\Phi_e(s) = \Phi_e(0) + \Phi_e^{(1)}(0)s + \frac{1}{2!}\Phi_e^{(2)}(0)s^2 + \cdots + \frac{1}{L!}\Phi_e^{(L)}(0)s^L + \cdots
$$

从而得

$$
\frac{A_n s^n + A_{n-1}s^{n-1} + \cdots + A_2 s^2 + A_1 s + A_0}{a_n s^n + a_{n-1}s^{n-1} + \cdots + a_2 s^2 + a_1 s + a_0} = \Phi_e(0) + \Phi_e^{(1)}(0)s + \cdots + \frac{1}{L!}\Phi_e^{(L)}(0)s^L + \cdots
$$

即

$$
\begin{aligned}
& A_n s^n + A_{n-1}s^{n-1} + \cdots + A_2 s^2 + A_1 s + A_0 \\
&= a_0\Phi_e(0) + a_0\Phi_e^{(1)}(0)s + a_0\frac{1}{2!}\Phi_e^{(2)}(0)s^2 + \cdots + a_1\Phi_e(0)s + a_1\Phi_e^{(1)}(0)s^2 \\
&\quad + \cdots + a_2\Phi_e(0)s^2 + \cdots \\
&= a_0\Phi_e(0) + [a_0\Phi_e^{(1)}(0) + a_1\Phi_e(0)]s \\
&\quad + \left[a_0\frac{1}{2!}\Phi_e^{(2)}(0) + a_1\Phi_e^{(1)}(0) + a_2\Phi_e(0)\right]s^2 + \cdots
\end{aligned}
$$

等式两边同次幂的系数相等，得

$$
\begin{aligned}
& A_0 = a_0\Phi_e(0), \quad \Phi_e(0) = \frac{A_0}{a_0} \\
& A_1 = a_0\Phi_e^{(1)}(0) + a_1\Phi_e(0), \quad \Phi_e^{(1)}(0) = \frac{1}{a_0}\left(A_1 - a_1\frac{A_0}{a_0}\right) \\
& A_2 = a_0\frac{1}{2!}\Phi_e^{(2)}(0) + a_1\Phi_e^{(1)}(0) + a_2\Phi_e(0) \\
& \frac{1}{2!}\Phi_e^{(2)}(0) = \frac{1}{a_0}\left[\left(A_2 - a_2\frac{A_0}{a_0}\right) - \frac{a_1}{a_0}\left(A_1 - a_1\frac{A_0}{a_0}\right)\right] \\
& \cdots
\end{aligned}
$$

整理得

$$
\begin{cases}
c_0 = \Phi_e(0) = \dfrac{A_0}{a_0} \\
c_1 = \Phi_e^{(1)}(0) = \dfrac{1}{a_0}\left(A_1 - a_1\dfrac{A_0}{a_0}\right) \\
\dfrac{1}{2!}c_2 = \dfrac{1}{2!}\Phi_e^{(2)}(0) = \dfrac{1}{a_0}\left[\left(A_2 - a_2\dfrac{A_0}{a_0}\right) - \dfrac{a_1}{a_0}\left(A_1 - a_1\dfrac{A_0}{a_0}\right)\right] \\
\cdots
\end{cases} \tag{3.52}
$$

同理,可求得

$$\begin{cases} c_{f0} = \Phi_{ef}(0) = -\dfrac{\widetilde{A}_0}{a_0} \\ c_{f1} = \Phi_{ef}^{(1)}(0) = -\dfrac{1}{a_0}\left(\widetilde{A}_1 - a_1\dfrac{\widetilde{A}_0}{a_0}\right) \\ \dfrac{1}{2!}c_{f2} = \dfrac{1}{2!}\Phi_{ef}^{(2)}(0) = -\dfrac{1}{a_0}\left[\left(\widetilde{A}_2 - a_2\dfrac{\widetilde{A}_0}{a_0}\right) - \dfrac{a_1}{a_0}\left(\widetilde{A}_1 - a_1\dfrac{\widetilde{A}_0}{a_0}\right)\right] \\ \cdots \end{cases} \tag{3.53}$$

其中

$$\Phi_{ef}(s) = \frac{\widetilde{A}_n s^n + \widetilde{A}_{n-1}s^{n-1} + \cdots + \widetilde{A}_2 s^2 + \widetilde{A}_1 s + \widetilde{A}_0}{a_n s^n + a_{n-1}s^{n-1} + \cdots + a_2 s^2 + a_1 s + a_0}$$

例 3.10 设控制系统方框图如图 3.18 所示,输入信号 $r(t) = r_0 + r_1 t + \frac{1}{2}r_2 t^2$。试求系统的稳态误差 $e_{ss}(t)$。

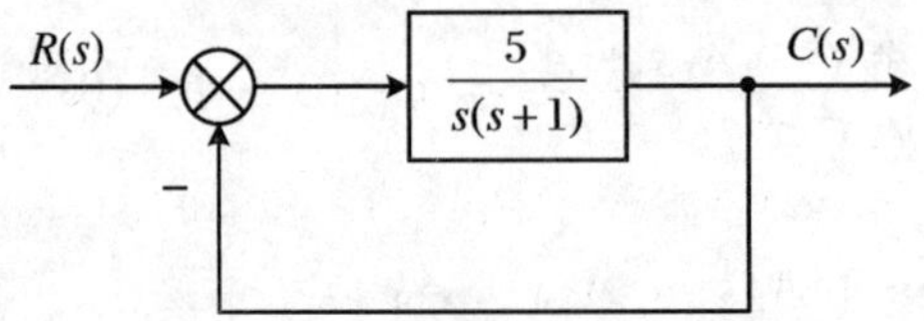

图 3.18 控制系统方框图

解 因为单位反馈,有

$$\Phi_e(s) = \Phi_\varepsilon(s) = \frac{1}{1+G(s)} = \frac{s^2+s}{s^2+s+5}$$

将上式与式(3.51)比较,得

$$A_0 = 0,\quad A_1 = 1,\quad A_2 = 1$$
$$a_0 = 5,\quad a_1 = 1,\quad a_2 = 1$$

根据式(3.52),求得

$$c_0 = \Phi_e(0) = \frac{A_0}{a_0} = 0$$

$$c_1 = \Phi_e^{(1)}(0) = \frac{1}{a_0}\left(A_1 - a_1\frac{A_0}{a_0}\right) = \frac{1}{5}$$

$$\frac{1}{2!}c_2 = \frac{1}{2!}\Phi_e^{(2)}(0) = \frac{1}{a_0}\left[\left(A_2 - a_2\frac{A_0}{a_0}\right) - \frac{a_1}{a_0}\left(A_1 - a_1\frac{A_0}{a_0}\right)\right] = \frac{4}{25}$$

所以

$$\begin{aligned} e_{ss}(t) &= \sum_{i=0}^{2}\frac{1}{i!}c_i r^{(i)}(t) = c_0 r(t) + c_1 r^{(1)}(t) + \frac{1}{2!}c_2 r^{(2)}(t) = \frac{1}{5}(r_1 + r_2 t) + \frac{4}{25}r_2 \\ &= 0.2(r_1 + r_2 t) + 0.16 r_2 \end{aligned}$$

(2) 用长除法求误差系数

将误差传递函数 $\Phi_e(s)$的分子、分母排成 s 的升幂级数,然后用分母多项式去除分子多项式。

例 3.11 调速系统如图 3.19 所示。已知:$k_1 = 10, k_2 = 2, \alpha = 4, k_C = 0.05\ \mathrm{V/(r \cdot min^{-1})}$。

求 $r(t)=1(t)$ 时系统的稳态误差。

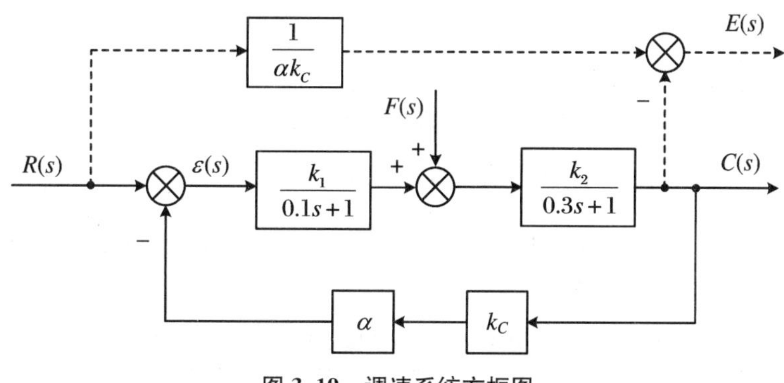

图 3.19　调速系统方框图

解

$$\Phi_\varepsilon(s)=\frac{\varepsilon(s)}{R(s)}=\frac{1}{1+G_1(s)G_2(s)H(s)}$$

代入数据,得

$$\Phi_\varepsilon(s)=\frac{1}{1+4\times 0.05\times\dfrac{10}{0.1s+1}\times\dfrac{2}{0.3s+1}}=\frac{1+0.4s+0.03s^2}{5+0.4s+0.03s^2}$$

作长除法

$$0.2+0.064s-0.00032s^2$$

$$5+0.4s+0.03s^2 \,\overline{)\,1+0.4s+0.03s^2}$$

$$1+0.08s+0.006s^2$$

$$0.32s+0.024s^2$$

$$0.32s+0.0256s^2+0.00192s^3$$

$$-0.0016s^2-0.00192s^3$$

$$-0.0016s^2-0.000128s^3-0.0000096s^4$$

$$-0.001792s^3+0.0000096s^4$$

因此

$$\frac{\varepsilon(s)}{R(s)}=0.2+0.064s-0.00032s^2-\cdots$$

于是

$$\varepsilon(s)=0.2R(s)+0.064sR(s)-0.00032s^2R(s)-\cdots$$

$$E(s)=\frac{1}{H(s)}\varepsilon(s)$$

$$E(s)=0.2\frac{1}{H(s)}R(s)+0.064\frac{1}{H(s)}sR(s)-0.00032\frac{1}{H(s)}s^2R(s)-\cdots$$

而 $H(s)=\alpha k_C=0.2$,所以

$$E(s)=R(s)+0.32sR(s)-0.0016s^2R(s)-\cdots$$

$$e(t)=r(t)+0.32\dot{r}(t)-0.0016\ddot{r}(t)-\cdots$$

因为

$$r(t)=1(t),\quad \dot{r}(t)=\ddot{r}(t)=\cdots=0$$

所以

$$e_{ss}(t)=1\ \mathrm{r/min}$$

(3) 用查表法求误差系数

将系统的开环传递函数写成适于查表的一般形式,即

$$G(s)=\frac{k}{s^{v}}\cdot\frac{1+\beta_1 s+\beta_2 s^2+\cdots+\beta_m s^m}{1+\alpha_1 s+\alpha_2 s^2+\cdots+\alpha_n s^n} \tag{3.54}$$

通过表3.2查得 $v=0,1,2$ 对应的单位反馈系统响应输入信号的部分误差系数 $c_0\sim c_3$ 以后,代入式(3.50)即可求得稳态误差。

表3.2 误差系数计算表

v	误差系数	误差系数计算表
0	c_0	$\frac{1}{1+k}$
	c_1	$\frac{(\alpha_1-\beta_1)k}{(1+k)^2}$
	c_2	$2\frac{(\alpha_2-\beta_2)k}{(1+k)^2}+2\frac{\alpha_1(\beta_1-\alpha_1)k}{(1+k)^3}+2\frac{\beta_1(\beta_1-\alpha_1)k^2}{(1+k)^3}$
	c_3	$6k\frac{(\alpha_3-\beta_3)}{(1+k)^2}-6k\frac{[2\alpha_1\alpha_2-2k\beta_1\beta_2+(k-1)(\alpha_2\beta_1-\alpha_1\beta_2)]}{(1+k)^3}+\frac{6k(\alpha_1-\beta_1)(\alpha_1+k\beta_1)^2}{(1+k)^4}$
1	c_0	0
	c_1	$\frac{1}{k}$
	c_2	$2\frac{\alpha_1-\beta_1}{k}-\frac{2}{k^2}$
	c_3	$\frac{6}{k^3}+12\frac{\beta_1-\alpha_1}{k^2}+6\frac{\alpha_2-\beta_2}{k}+6\frac{\beta_1(\beta_1-\alpha_1)}{k}$
2	c_0	0
	c_1	0
	c_2	$\frac{2}{k}$
	c_3	$6\frac{\alpha_1-\beta_1}{k}$

例3.12 设单位反馈控制系统的开环传递函数为 $G(s)=\dfrac{100}{s(0.1s+1)}$,试求当输入信号 $r(t)=1+2t+2t^2$ 时,系统的稳态误差。

解 将 $G(s)$ 写成标准形式,即

$$G(s)=\frac{100}{s}\cdot\frac{1}{1+0.1s}$$

对照式(3.54),得

$$k=100,\quad v=1,\quad \alpha_1=0.1,\quad \alpha_2=0,\quad \beta_1=\beta_2=0$$

查表3.2得 $c_0=0, c_1=\frac{1}{k}=0.01, c_2=2\frac{\alpha_1-\beta_1}{k}-\frac{2}{k^2}$，将 c_0, c_1, c_2 代入式(3.52)，得

$$\begin{aligned}e_{ss}(t) &= \sum_{i=0}^{2}\frac{1}{i!}c_i r^{(i)}(t)\\&= c_0 r(t)+c_1 r^{(1)}(t)+c_2\frac{r^{(2)}(t)}{2}\\&= 0+0.01(2+2t)+\frac{2\times 0.0018}{2}\\&= 0.0218+0.02t\end{aligned}$$

需要说明的是：① 查表法只适用于由输入信号引起的稳态误差；② 如果不是单位反馈，而反馈传递函数 $H(s)=$ 常数，可以先查表，求得单位反馈的系数 $c_0', c_1', \cdots$，再用这些系数除以反馈系数，从而得到误差系数 c_i，即 $c_i=\frac{1}{H}c_i'$；③ 如果反馈系数不是常数，则可通过方框图简化成为单位反馈的形式，再查表得 $c_0 \sim c_3$。注意这时的输入信号已变为 $R'(s)=\frac{R(s)}{H(s)}$。

3.7.3 消除反馈系统稳态误差的措施

1. 提高系统无差度的方式

反馈系统方框图如图3.20所示，其开环传递函数 $G(s)H(s)=G_1(s)G_2(s)H(s)$。不失一般性，$G(s)H(s)=\frac{M(s)}{s^v N(s)}$，其中 $M(s), N(s), H(s)$ 都不含 $s=0$ 的因子。

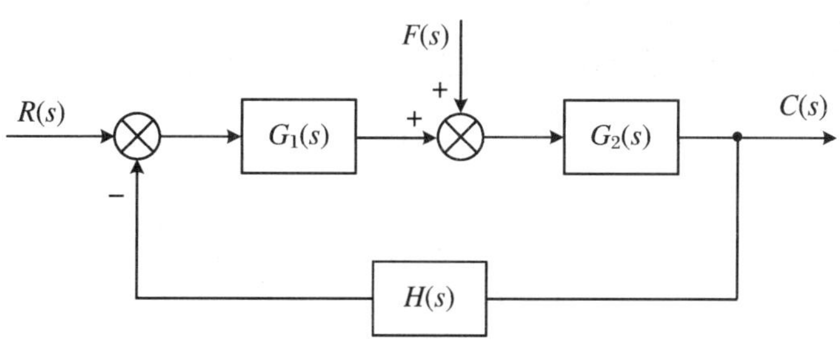

图3.20 反馈系统方框图

这时，系统响应输入信号 $r(t)$ 的误差传递函数为

$$\begin{aligned}\Phi_e(s) &= \mu(s)-\frac{G(s)}{1+G(s)H(s)}=\frac{1}{H(s)}-\frac{G(s)}{1+G(s)H(s)}\\&= \frac{1}{H(s)[1+G(s)H(s)]}=\frac{1}{H(s)\left[1+\frac{M(s)}{s^v N(s)}\right]}\\&= \frac{1}{H(s)}\cdot\frac{s^v N(s)}{s^v N(s)+M(s)}\end{aligned}$$

由于 $\Phi_e(s)$ 的分子项为含有 s^v 的因式项，故同时有

$$\Phi_e^{(i)}(0)=0 \quad (i=0,1,\cdots,v-1)$$

$$c_i=\Phi_e^{(i)}(0)=0 \quad (i=0,1,\cdots,v-1)$$

如果输入信号 $r(t)=\sum_{i=0}^{v-1}\frac{1}{i!}r_i t^i$，代入公式，得

$$e_{ss}(t)=\sum_{i=0}^{v-1}\frac{1}{i!}\Phi_e^{(i)}(0)r^{(i)}(t)=0$$

将开环传递函数 $G(s)$ 含有 v 个串联积分环节的控制系统，称为 v 阶无差系统，开环传递函数具有的积分环节数 v 称为无差度。

结合图 3.20，讨论一下积分环节放置的位置与 v 的关系。设 $G_1(s)=\frac{M_1(s)}{s^v N_1(s)}$，$G_2(s)=\frac{M_2(s)}{N_2(s)}$，式中 $M_1(s)$，$N_1(s)$，$M_2(s)$，$N_2(s)$ 都不含 $s=0$ 的因子。由图 3.20，得

$$\Phi_e(s)=\mu(s)-\frac{G_1(s)G_2(s)}{1+G_1(s)G_2(s)H(s)}=\frac{1}{H(s)}\cdot\frac{1}{1+\frac{M_1(s)}{s^v N_1(s)}\frac{M_2(s)}{N_2(s)}H(s)}$$

$$=\frac{1}{H(s)}\cdot\frac{s^v N_1(s)N_2(s)}{s^v N_1(s)N_2(s)+M_1(s)M_2(s)H(s)}$$

则

$$c_i=\Phi_e^{(i)}(0)=0\quad(i=0,1,\cdots,v-1)$$

所以

$$e_{ss}(t)=\sum_{i=0}^{v-1}\frac{1}{i!}\Phi_e^{(i)}(0)r^{(i)}(t)=0$$

对于扰动信号来说，这时系统响应扰动信号 $f(t)$ 的误差传递函数为

$$\Phi_{ef}(s)=-\frac{G_2(s)H(s)}{1+G_1(s)G_2(s)H(s)}=-\frac{s^v N_1(s)M_2(s)H(s)}{s^v N_1(s)N_2(s)+M_1(s)M_2(s)H(s)}$$

因此，对于扰动信号 $f(t)$ 也是 v 阶无差系统。

若把 v_1 个积分环节集中在 $G_1(s)$ 上，把 $v-v_1$ 个积分环节集中在 $G_2(s)$ 上，即

$$G_1(s)=\frac{M_1(s)}{s^{v_1}N_1(s)},\quad G_2(s)=\frac{M_2(s)}{s^{v-v_1}N_2(s)}$$

则

$$\Phi_e(s)=\mu(s)-\frac{G_1(s)G_2(s)}{1+G_1(s)G_2(s)H(s)}$$

$$=\frac{1}{H(s)}\cdot\frac{s^v N_1(s)N_2(s)}{s^v N_1(s)N_2(s)+M_1(s)M_2(s)H(s)}$$

因此，对于输入信号 $r(t)$ 仍是 v 阶无差系统。系统响应扰动信号 $f(t)$ 的误差传递函数为

$$\Phi_{ef}(s)=-\frac{G_2(s)H(s)}{1+G_1(s)G_2(s)H(s)}=-\frac{s^{v_1}N_1(s)M_2(s)H(s)}{s^v N_1(s)N_2(s)+M_1(s)M_2(s)H(s)}$$

因此，对于扰动信号 $f(t)$ 是 v_1 阶无差系统。

综上所述，得出如下结论：无差度 v 对输入信号来说是表示其前向通道中含有串联积分环节的数目；对扰动信号来说是表示其反馈通道中含有串联积分环节的数目。

强调几点：① 上述结论说明，当涉及系统的无差度时，应指明系统响应的是何种信号；② 系统的稳态误差，由系统本身结构、输入系统的信号性质和信号的作用位置所决定；③ 从减少稳态误差 $e_{ss}(t)$ 的角度来看，似乎希望开环传递函数所串联的积分环节数目越多越好，尤其希望在扰动信号作用之前、偏差信号之后的环节中含有较多的串联积分环节，因为这些

串联积分环节同时表征了输入信号 $r(t)$ 和扰动信号 $f(t)$ 的无差度。但从系统的动态特性来看，增加串联积分环节数目，其后果是降低了系统的稳定性，甚至会造成系统的不稳定。因此，一般控制系统的无差度 v 不超过 3。

减少系统稳态误差的另一个有效途径是增大系统的开环增益。

2. 提高系统开环增益的方式

设控制系统的开环传递函数为

$$G(s)=\frac{M(s)}{s^{v}N(s)}=\frac{k(\tau_1 s+1)(\tau_2 s+1)(\tau_3 s+1)(\tau_m s+1)}{s^{v}(T_1 s+1)(T_2 s+1)(T_3 s+1)\cdots(T_n s+1)}\quad (n\geqslant m)$$

其中，k 为与系统增益有关的参变量，称为系统参数 k。

若 $M(s)$ 及 $N(s)$ 均不含 $s=0$ 的因子，则定义 $k=\lim\limits_{s\to 0}s^{v}G(s)$ 为系统的开环增益，又称为开环放大系数。

当 $v=0$ 时

$$k=\lim_{s\to 0}\frac{M(s)}{N(s)}=k_{\mathrm{p}} \tag{3.55}$$

称为开环位置增益，或开环位置放大系数。

当 $v=1$ 时

$$k=\lim_{s\to 0}s\frac{M(s)}{sN(s)}=k_{\mathrm{v}} \tag{3.56}$$

称为开环速度增益，或开环速度放大系数。

当 $v=2$ 时

$$k=\lim_{s\to 0}s^{2}\frac{M(s)}{s^{2}N(s)}=k_{\mathrm{a}} \tag{3.57}$$

称为开环加速度增益，或开环加速度放大系数。

3. 三种典型信号作用下的稳态误差分析

设有一单位反馈系统如图 3.21 所示。

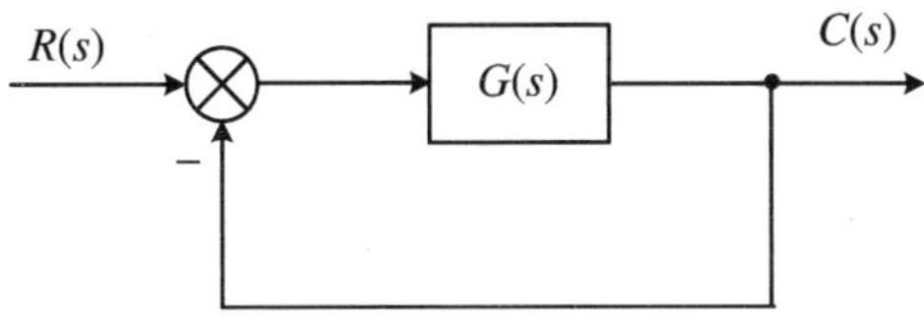

图 3.21　控制系统

(1) 当 $r(t)=1(t)$ 时，由终值定理得

$$\begin{aligned}e_{\mathrm{ss}}(\infty)&=\lim_{s\to 0}sE(s)=\lim_{s\to 0}s\Phi_e(s)R(s)\\&=\lim_{s\to 0}s\cdot\frac{1}{1+G(s)}\cdot\frac{1}{s}\\&=\frac{1}{1+\lim\limits_{s\to 0}G(s)}\end{aligned} \tag{3.58}$$

讨论　① 对于 0 型系统，即

$$G(s)=\frac{k(\tau_1 s+1)(\tau_2 s+1)(\tau_3 s+1)(\tau_m s+1)}{(T_1 s+1)(T_2 s+1)(T_3 s+1)\cdots(T_n s+1)}\quad (n\geqslant m)$$

由于 $v=0$，则

$$\lim_{s\to 0} G(s) = k_p = \lim_{s\to 0}\frac{k(\tau_1 s+1)(\tau_2 s+1)(\tau_3 s+1)(\tau_m s+1)}{(T_1 s+1)(T_2 s+1)(T_3 s+1)\cdots(T_n s+1)} = k \tag{3.59}$$

因此,将式(3.59)代入式(3.58),得0型系统由单位阶跃信号引起的误差为

$$e_{ss}(\infty) = \frac{1}{1+k_p} = \frac{1}{1+k}$$

② 对于Ⅰ型或Ⅰ型以上的系统,即

$$G(s) = \frac{k(\tau_1 s+1)(\tau_2 s+1)(\tau_3 s+1)\cdots(\tau_m s+1)}{s^v(T_1 s+1)(T_2 s+1)(T_3 s+1)\cdots(T_n s+1)} \quad (v \geqslant 1)$$

由于

$$\lim_{s\to 0} G(s) = \infty \tag{3.60}$$

将式(3.60)代入式(3.58),得

$$e_{ss}(\infty) = \frac{1}{1+\infty} = 0$$

因此,在阶跃信号作用下,Ⅰ型或Ⅰ型以上的系统的稳态误差为零。

(2) 当 $r(t)=t$ 时,由终值定理得

$$e_{ss}(\infty) = \lim_{s\to 0} sE(s) = \lim_{s\to 0} s\Phi_e(s)R(s) = \lim_{s\to 0} s\cdot\frac{1}{1+G(s)}\cdot\frac{1}{s^2} = \frac{1}{\lim\limits_{s\to 0} sG(s)}$$

讨论 ① 对于0型系统,即

$$G(s) = \frac{k(\tau_1 s+1)(\tau_2 s+1)(\tau_3 s+1)\cdots(\tau_m s+1)}{(T_1 s+1)(T_2 s+1)(T_3 s+1)\cdots(T_n s+1)} \quad (n \geqslant m)$$

由于 $v=0$,则

$$\lim_{s\to 0} sG(s) = 0$$

所以

$$e_{ss}(\infty) = \frac{1}{\lim\limits_{s\to 0} sG(s)} = \infty$$

② 对于Ⅰ型系统,因为

$$\lim_{s\to 0} sG(s) = k_v = \lim_{s\to 0} s\cdot\frac{k(\tau_1 s+1)(\tau_2 s+1)(\tau_3 s+1)\cdots(\tau_m s+1)}{s(T_1 s+1)(T_2 s+1)(T_3 s+1)\cdots(T_n s+1)} = k$$

所以

$$e_{ss}(\infty) = \frac{1}{k_v} = \frac{1}{k}$$

③ 对于Ⅱ型或Ⅱ型以上的系统,因为

$$\lim_{s\to 0} sG(s) = \lim_{s\to 0} s\cdot\frac{k(\tau_1 s+1)(\tau_2 s+1)(\tau_3 s+1)\cdots(\tau_m s+1)}{s^v(T_1 s+1)(T_2 s+1)(T_3 s+1)\cdots(T_n s+1)} = \infty \quad (v \geqslant 2)$$

所以

$$e_{ss}(\infty) = \frac{1}{\infty} = 0$$

因此,在斜坡信号作用下,Ⅱ型以上系统的稳态误差均为零。

(3) 当 $r(t)=\frac{1}{2}t^2$ 时,由终值定理得

$$e_{ss}(\infty) = \lim_{s\to 0} sE(s) = \lim_{s\to 0} s\Phi_e(s)R(s) = \lim_{s\to 0} s\cdot\frac{1}{1+G(s)}\cdot\frac{1}{s^3} = \frac{1}{\lim\limits_{s\to 0} s^2 G(s)}$$

讨论　① 对于0型或Ⅰ型系统,即

$$G(s)=\frac{k(\tau_1 s+1)(\tau_2 s+1)(\tau_3 s+1)\cdots(\tau_m s+1)}{s^v(T_1 s+1)(T_2 s+1)(T_3 s+1)\cdots(T_n s+1)}\quad(v\leqslant 1,n\geqslant m)$$

由于 $v\leqslant 1$,则

$$\lim_{s\to 0}s^2G(s)=0$$

因此

$$e_{ss}(\infty)=\frac{1}{0}=\infty$$

② 对于Ⅱ型系统,因为

$$\lim_{s\to 0}s^2G(s)=k_a=\lim_{s\to 0}s^2\cdot\frac{k(\tau_1 s+1)(\tau_2 s+1)(\tau_3 s+1)\cdots(\tau_m s+1)}{s^2(T_1 s+1)(T_2 s+1)(T_3 s+1)\cdots(T_n s+1)}=k\quad(v=2)$$

所以

$$e_{ss}(\infty)=\frac{1}{\lim\limits_{s\to 0}s^2G(s)}=\frac{1}{k_a}=\frac{1}{k}$$

③ 对于Ⅲ型或Ⅲ型以上的系统,因为

$$\lim_{s\to 0}s^2G(s)=\lim_{s\to 0}s^2\cdot\frac{k(\tau_1 s+1)(\tau_2 s+1)(\tau_3 s+1)\cdots(\tau_m s+1)}{s^v(T_1 s+1)(T_2 s+1)(T_3 s+1)\cdots(T_n s+1)}=\infty\quad(v\geqslant 3)$$

所以

$$e_{ss}(\infty)=\frac{1}{\lim\limits_{s\to 0}s^2G(s)}=\frac{1}{\infty}=0$$

因此,在加速度信号作用下,Ⅲ型以上系统的稳态误差为零。

综上所述,对于单位反馈的系统,当 $t\to\infty$ 时,稳态误差、输入信号的形式、开环增益及无差度的关系列于表3.3。

表3.3　输入信号作用下的稳态误差

$r(t)$ / $e_{ss}(\infty)$ / v	$R\cdot 1(t)$	Rt	$\frac{1}{2}Rt^2$
0	$\frac{R}{1+k_p}$	∞	∞
1	0	$\frac{R}{k_v}$	∞
2	0	0	$\frac{R}{k_a}$

由表可见:

(1) 0型系统在 $t\to\infty$ 时,不能跟踪斜坡信号和加速度信号;Ⅰ型系统在 $t\to\infty$ 时,不能跟踪加速度信号。

(2) 提高开环增益或增加系统的无差度都可以减少或消除稳态误差。表3.3只适用于求单位反馈系统在 $t\to\infty$ 时的稳态误差与输入信号形式和开环增益及无差度之间的关系,但不能给出时间 t 的表达式,这是表3.3的局限性所在,也是该表是由终值定理导出的必然结果。

例3.13　设有三个单位反馈控制系统,分别是:

(1) 开环传递函数为 $G(s)=\dfrac{9}{(0.1s+1)(0.5s+1)}$,试求开环位置增益 k_{p} 及 $r(t)=1(t)$时的稳态误差。

(2) 开环传递函数为 $G(s)=\dfrac{2}{s(s+1)(0.5s+1)}$,试求开环速度增益 k_{v} 及 $r(t)=5t$ 时的稳态误差。

(3) 开环传递函数为 $G(s)=\dfrac{8(0.5s+2)}{s^2(0.1s+1)}$,试求开环加速度增益 k_{a} 及 $r(t)=\dfrac{1}{2}t^2$ 时的稳态误差。

解 (1) 由 k_{p} 的定义得

$$k_{\mathrm{p}}=\lim_{s\to 0}G(s)=\lim_{s\to 0}\frac{9}{(0.1s+1)(0.5s+1)}=9$$

当 $r(t)=1(t)$时,由表 3.3 得

$$e_{\mathrm{ss}}(\infty)=\frac{1}{1+k_{\mathrm{p}}}=0.1$$

(2) 由 k_{v} 的定义得

$$k_{\mathrm{v}}=\lim_{s\to 0}sG(s)=\lim_{s\to 0}s\,\frac{2}{s(s+1)(0.5s+1)}=2$$

当 $r(t)=5t$ 时,由表 3.3 得

$$e_{\mathrm{ss}}(\infty)=\frac{5}{k_{\mathrm{v}}}=2.5$$

(3) 由 k_{a} 的定义得

$$k_{\mathrm{a}}=\lim_{s\to 0}s^2G(s)=\lim_{s\to 0}s^2\,\frac{8(0.5s+2)}{s^2(0.1s+1)}=16$$

当 $r(t)=\dfrac{1}{2}t^2$ 时,由表 3.3 得

$$e_{\mathrm{ss}}(\infty)=\frac{1}{k_{\mathrm{a}}}=0.0625$$

3.8 复合控制的误差分析

反馈系统通过引入顺馈控制而实现复合控制,在控制系统中得到越来越广泛的应用。

3.8.1 复合控制的基本概念

根据前面的分析,减小控制系统的稳态误差有两种方法:一种是提高系统的无差度 v;一种是提高系统的开环增益 k。但是,这两种方法都将影响系统的稳定性,降低系统的动态性能,甚至当 v 和 k 超过一定限度时,还可能使系统不稳定。采取适当的校正措施,可以保证在一定控制精度的前提下,满足系统动态性能的要求。但若对控制精度要求过高,同时又要使系统具有良好的动态性能,这就使按一般偏差控制的反馈控制难以完成任务。矛盾推

动着事物向前发展，人们在反馈系统中引进了顺馈控制构成复合控制，较好地解决了这方面的问题。

复合控制是由两个通道组成的：一个是由原反馈回路组成的主通道，是按闭环控制的；一个是由顺馈装置组成的顺馈通道，是按开环控制的。其系统方框图如图3.22所示。其中$G_2(s)$为被控制对象的传递函数，$G_c(s)$为用以提高系统动态性能而串入的校正环节的传递函数，$G_f(s)$为由扰动信号$f(t)$直接传输到系统输出$C(s)$的传递函数，$G_r(s)$为顺馈通道的传递函数。

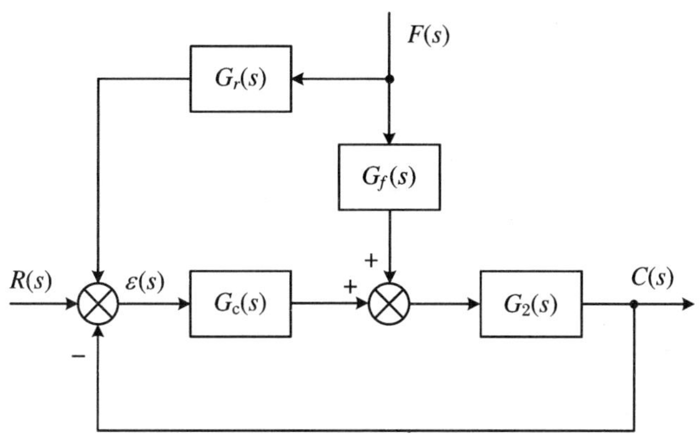

图3.22　复合控制系统方框图

在反馈控制的基础上，引进按开环控制的信号称为顺馈控制信号，这种控制方式称为顺馈控制。产生顺馈控制信号的设备叫顺馈装置。引进顺馈控制信号的通道称为顺馈控制通道。在控制系统中，这种既通过偏差信号，又通过顺馈控制信号对被控制信号进行控制的形式，称为复合控制。

3.8.2　顺馈补偿

顺馈补偿分为按输入信号补偿和按扰动信号补偿两种形式。

1. 按输入信号补偿

按输入信号补偿的系统结构图如图3.23所示。

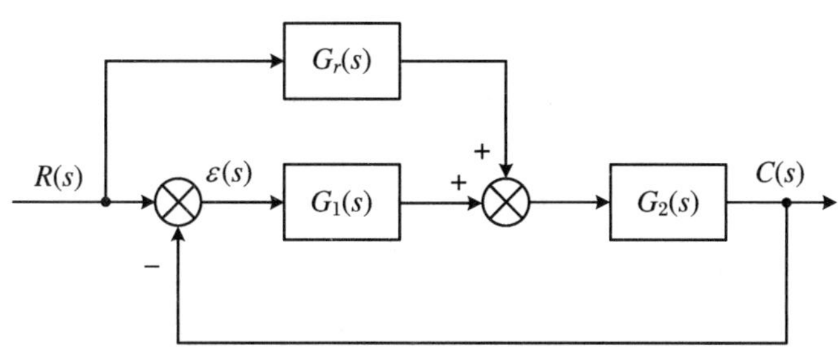

图3.23　按输入信号补偿系统

图中$G_1(s)G_2(s)=G(s)$为已知闭环控制系统的开环传递函数。$G_r(s)$为待求的顺馈装置的传递函数。由图3.23得

$$C(s)=\varepsilon(s)G_1(s)G_2(s)+R(s)G_r(s)G_2(s)$$

$$= [R(s)-C(s)]G_1(s)G_2(s)+R(s)G_r(s)G_2(s) \tag{3.61}$$

进一步整理得

$$C(s)=\frac{G_1(s)G_2(s)+G_r(s)G_2(s)}{1+G_1(s)G_2(s)}R(s)$$

由上式写出复合控制系统的等效传递函数 $\Phi_{eq}(s) \triangleq \dfrac{C(s)}{R(s)}$：

$$\Phi_{eq}(s)=\frac{C(s)}{R(s)}=\frac{G_1(s)G_2(s)+G_r(s)G_2(s)}{1+G_1(s)G_2(s)} \tag{3.62}$$

由式(3.61)并结合图 3.23 可得

$$\frac{\varepsilon(s)}{R(s)}=\frac{R(s)-C(s)}{R(s)}=1-\frac{C(s)}{R(s)}=\frac{1-G_r(s)G_2(s)}{1+G_1(s)G_2(s)}$$

因为系统为单位反馈，$E(s)=\varepsilon(s)$，则

$$\frac{E(s)}{R(s)}=\frac{1-G_r(s)G_2(s)}{1+G_1(s)G_2(s)}$$

定义

$$\Phi_{eeq}(s)=\frac{E(s)}{R(s)}=\frac{1-G_r(s)G_2(s)}{1+G_1(s)G_2(s)} \tag{3.63}$$

$\Phi_{eeq}(s)$称为复合控制系统响应输入信号 $r(t)$的等效误差传递函数。

若取

$$G_r(s)=\frac{1}{G_2(s)} \tag{3.64}$$

则 $\Phi_{eeq}(s)=0$。这意味着由输入信号 $r(t)$所引起的稳态误差为零。这样，系统对输入信号引起的误差做到了全补偿，对输入信号可以做到无误差，即图 3.23 所示复合控制系统对输入信号 $r(t)$在整个响应过程中实现完全复现。

因为 $H(s)=1$，则

$$\begin{aligned}1-\Phi_{eq}(s)&=1-\frac{G_1(s)G_2(s)+G_r(s)G_2(s)}{1+G_1(s)G_2(s)}\\&=\frac{1-G_r(s)G_2(s)}{1+G_1(s)G_2(s)}=\Phi_{eeq}(s)\end{aligned}$$

即

$$1-\Phi_{eq}(s)=\Phi_{eeq}(s) \tag{3.65}$$

为了便于分析，令

$$\begin{aligned}G_{eq}(s)&=\frac{\Phi_{eq}(s)}{1-\Phi_{eq}(s)}=\frac{\Phi_{eq}(s)}{\Phi_{eeq}(s)}\\&=\frac{\dfrac{G_1(s)G_2(s)+G_r(s)G_2(s)}{1+G_1(s)G_2(s)}}{\dfrac{1-G_r(s)G_2(s)}{1+G_1(s)G_2(s)}}\\&=\frac{G_1(s)G_2(s)+G_r(s)G_2(s)}{1-G_r(s)G_2(s)}\end{aligned} \tag{3.66}$$

称为复合控制系统的等效开环传递函数。

由此得出结论：按输入信号全补偿的实质是，由于顺馈装置的存在，相当于在系统中增加一个输入信号 $G_r(s)R(s)$。当 $G_r(s)=1/G_2(s)$时，顺馈信号所产生的误差与原输入信

号产生的误差大小相等而符号相反,从而使总的误差为零。因此,我们把式(3.64)称为对输入信号误差的全补偿条件。

2. 按干扰补偿

若扰动信号可测,则应用顺馈补偿扰动信号对系统的影响,将是一种有效的方法,其典型方框图如图3.24所示。

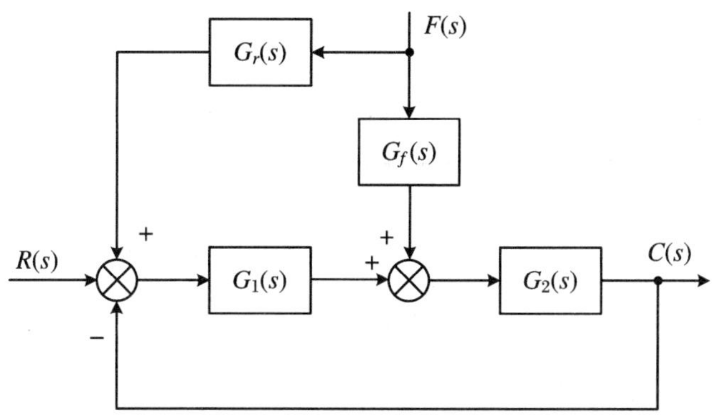

图3.24　按扰动信号补偿系统

当 $r(t)=0$ 时

$$C(s) = [G_f(s) + G_r(s)G_1(s)]G_2(s)F(s) - G_1(s)G_2(s)C(s)$$

变换上式,得

$$[1 + G_1(s)G_2(s)]C(s) = [G_f(s) + G_r(s)G_1(s)]G_2(s)F(s)$$

如果选择 $G_r(s)$,使

$$G_f(s) + G_r(s)G_1(s) = 0$$

即

$$G_r(s) = -\frac{G_f(s)}{G_1(s)} \tag{3.67}$$

则 $C(s)=0$,即完全消除扰动信号 $F(s)$ 对系统输出的影响。由此得出结论:按干扰顺馈补偿的实质是,在可测扰动信号的不利影响产生之前,通过补偿通道对它进行补偿,来抵消扰动信号 $F(s)$ 对输出信号 $C(s)$ 的影响,实现对扰动信号的全补偿。因此,我们把式(3.67)称为对扰动信号误差的全补偿条件。

应指出的是:(1) 上述两种补偿极易出现补偿传递函数的分子多项式的阶数高于其分母多项式的阶数,在物理上难以实现,一般都取近似补偿。(2) 为使顺馈通道传递函数具有较简单的形式,通常希望将顺馈控制信号加在靠近系统输出端的部位上(这是针对按输入信号补偿而言的,因为按输入信号的全补偿条件是 $G_r(s)=1/G_2(s)$)。但是这将要求顺馈控制信号具有较大的功率,从而需要加强顺馈通道的功率放大能力。显然,这同样会使顺馈通道的结构变得复杂。因此,统筹考虑,一般多将顺馈控制信号加在系统中信号综合放大器的输入端。

因为顺馈补偿属于开环控制,所以要求补偿装置的参数具有较高的稳定性。这样,构成的复合控制系统才能具有较高的稳定性。

3.8.3 复合控制的误差及稳定性分析

为了便于分析,复合控制系统的构成如图 3.25 所示,其中 $G_1(s)=1$,这意味着顺馈信号与偏差信号同时加到信号综合放大器的输入端。

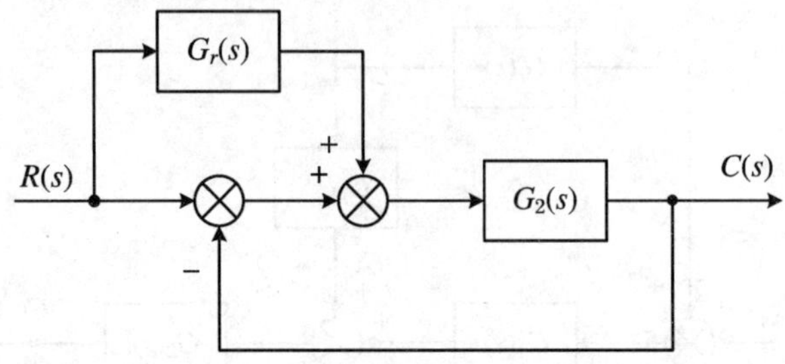

图 3.25 复合控制系统方框图

设未加顺馈通道时系统的开环传递函数为

$$G_2(s) = \frac{k_v}{s(a_n s^n + a_{n-1} s^{n-1} + \cdots + a_1 s + 1)} \tag{3.68}$$

则闭环传递函数为

$$\Phi(s) = \frac{G_2(s)}{1 + G_2(s)} = \frac{k_v}{s(a_n s^n + a_{n-1} s^{n-1} + \cdots + a_1 s + 1) + k_v} \tag{3.69}$$

(1) 取输入信号的一阶导数作为顺馈控制信号,即取

$$G_r(s) = \lambda_1 s$$

式中,λ_1 为常系数,表明顺馈控制信号的强度。由图 3.23 可得复合控制系统的等效闭环传递函数为

$$\Phi_{eq}(s) = \frac{G_1(s)G_2(s) + G_r(s)G_2(s)}{1 + G_1(s)G_2(s)}$$

取 $G_1(s)=1$,可得

$$\Phi_{eq}(s) = \frac{G_2(s)[1 + G_r(s)]}{1 + G_2(s)} \tag{3.70}$$

代入 $G_r(s)$,得图 3.25 所示复合控制系统的等效闭环传递函数为

$$\Phi_{eq}(s) = \frac{k_v(1 + \lambda_1 s)}{s(a_n s^n + a_{n-1} s^{n-1} + \cdots + a_1 s + 1) + k_v}$$

且其响应控制信号 $r(t)$ 的等效误差传递函数为

$$\Phi_{eeq}(s) = 1 - \Phi_{eq}(s) = \frac{s(a_n s^n + a_{n-1} s^{n-1} + \cdots + a_1 s) + (1 - k_v\lambda_1)s}{s(a_n s^n + a_{n-1} s^{n-1} + \cdots + a_1 s + 1) + k_v}$$

若 $\lambda_1 = 1/k_v$,则

$$\Phi_{eeq}(s) = \frac{s^2(a_n s^{n-1} + \cdots + a_2 s + a_1)}{s(a_n s^n + a_{n-1} s^{n-1} + \cdots + a_1 s + 1) + k_v}$$

进而得

$$\Phi_{eq}(s) = 1 - \Phi_{eeq}(s) = \frac{s + k_v}{s(a_n s^n + a_{n-1} s^{n-1} + \cdots + a_1 s + 1) + k_v} \tag{3.71}$$

由式(3.71)得图3.25所示复合系统的等效开环传递函数为

$$G_{eq}(s)=\frac{\Phi_{eq}(s)}{1-\Phi_{eq}(s)}=\frac{s+k_v}{s^2(a_ns^{n-1}+a_{n-1}s^{n-2}+\cdots+a_2s+a_1)} \tag{3.72}$$

比较式(3.68)和式(3.72)可见,引进顺馈控制装置的传递函数为 $G_r(s)=\lambda_1 s$,且 $\lambda_1=1/k_v$ 时,控制系统的无差度由1提高到2。

(2) 取输入信号的一阶、二阶导数作为顺馈控制信号,即

$$G_r(s)=\lambda_1 s+\lambda_2 s^2$$

则由式(3.70)得

$$\Phi_{eq}(s)=\frac{k_v(1+\lambda_1 s+\lambda_2 s^2)}{s(a_ns^n+a_{n-1}s^{n-1}+\cdots+a_1s+1)+k_v} \tag{3.73}$$

$$\Phi_{eeq}(s)=1-\Phi_{eq}(s)=\frac{s(a_ns^n+a_{n-1}s^{n-1}+\cdots+a_2s^2)+s(1-k_v\lambda_1)+s^2(a_1-k_v\lambda_2)}{s(a_ns^n+a_{n-1}s^{n-1}+\cdots+a_1s+1)+k_v} \tag{3.74}$$

若

$$\lambda_1=\frac{1}{k_v},\quad \lambda_2=\frac{a_1}{k_v}$$

则

$$\Phi_{eeq}(s)=\frac{s(a_ns^n+a_{n-1}s^{n-1}+\cdots+a_2s^2)}{s(a_ns^n+a_{n-1}s^{n-1}+\cdots+a_1s+1)+k_v}$$

$$\Phi_{eq}(s)=1-\Phi_{eeq}(s)=\frac{s(a_1s+1)+k_v}{s(a_ns^n+a_{n-1}s^{n-1}+\cdots+a_1s+1)+k_v} \tag{3.75}$$

由式(3.75)得图3.25所示复合系统的等效开环传递函数为

$$G_{eq}(s)=\frac{\Phi_{eq}(s)}{1-\Phi_{eq}(s)}=\frac{s(a_1s+1)+k_v}{s^3(a_ns^{n-2}+a_{n-1}s^{n-3}+\cdots+a_2)} \tag{3.76}$$

比较式(3.65)和式(3.73)可见,引进顺馈装置的传递函数 $G_r(s)=\lambda_1 s+\lambda_2 s^2$,且 $\lambda_1=1/k_v$,$\lambda_2=a_1/k_v$ 时,控制系统的无差度由1提高到3。

复合控制的特点归纳如下。

(1) 要求干扰可测。

(2) 全补偿条件:

对于输入信号,$G_r(s)=\dfrac{1}{G_2(s)}$;

对于扰动信号,$G_r(s)=-\dfrac{G_f(s)}{G_1(s)}$。

注意　对应相应的方框图。

(3) 要求补偿装置在物理上可实现,并力求简便,一般采取近似补偿,加在综合放大器的输入端。

(4) 可用低放大倍数获得高精度的系统。

(5) 对顺馈通道上的元件要求比较高。

(6) 比较式(3.69)、式(3.71)、式(3.73)可见,控制系统的稳定性与是否加顺馈通道无关。

从上述分析可以看出，复合控制很好地解决了一般反馈控制系统中提高控制精度和确保系统稳定性之间的矛盾。因此，复合控制是一种很有发展前途的控制形式。它的控制实质是：用开环减小稳态误差，用闭环保证动态性能，特征方程不变，稳定性不变。

3.9 基于 MATLAB 的控制系统时域分析

利用 MATLAB 控制系统工具箱中所提供的求取连续系统的单位阶跃响应函数step()、单位冲激响应函数 impulse()、任意输入信号下的响应函数 lsim()等函数，可方便地求出系统在某信号作用下的响应。同时，该工具箱还提供了求取离散系统的单位阶跃响应函数 dstep()、单位冲激响应函数 dimpulse()、任意输入信号下的响应函数 dlsim()等函数。本节将介绍如何利用这些函数进行控制系统的时域分析。

3.9.1 利用 MATLAB 绘制控制系统在各种输入下的响应曲线

例 3.14 已知二阶系统传递函数为

$$G(s) = \frac{\omega_n^2}{s^2 + 2\zeta\omega_n s + \omega_n^2}$$

假设 $\omega_n = 1$，试在同一张纸上绘制出当阻尼比 ζ 分别为 0,0.1,0.3,0.5,0.7,1.0,2.0 时系统的单位阶跃响应曲线。

解 根据题目要求，用 MATLAB 函数实现的程序代码如下：

```
clear
t=0:0.01:10;
zeta=[0,0.1,0.3,0.5,0.7,1.0,2.0];
for i=1:length(zeta)
    num=1;
    den=[1,2*zeta(i),1];
    y=step(num,den,t);
    hold on
    plot(t,y,t,ones(length(t),1),'k-');
end
axis([0 10 0 2.2]);
title('Plot of Unit Step Response Curves with \omega_n=1 and \zeta=0,0.1,0.3,
0.5,0.7,1,2', 'Position',[5 2.22],'FontSize',8);
xlabel('Time(s)','Position',[4.8,-0.15],'FontSize',8);
ylabel('Response','Position',[-0.25,1],'FontSize',8);
text(3.5,2.0,'\zeta=0', 'FontSize',8);
text(3.0,1.77,'\zeta=0.1', 'FontSize',8);
```

```
text(3.0,1.42,'\zeta=0.3', 'FontSize',8);
text(3.0,1.2,'\zeta=0.5', 'FontSize',8);
text(3.5,1.08,'\zeta=0.7', 'FontSize',8);
text(3.0,0.75,'\zeta=1', 'FontSize',8);
text(3.0,0.48,'\zeta=2', 'FontSize',8);
box on;
```

该程序运行得到图3.26。

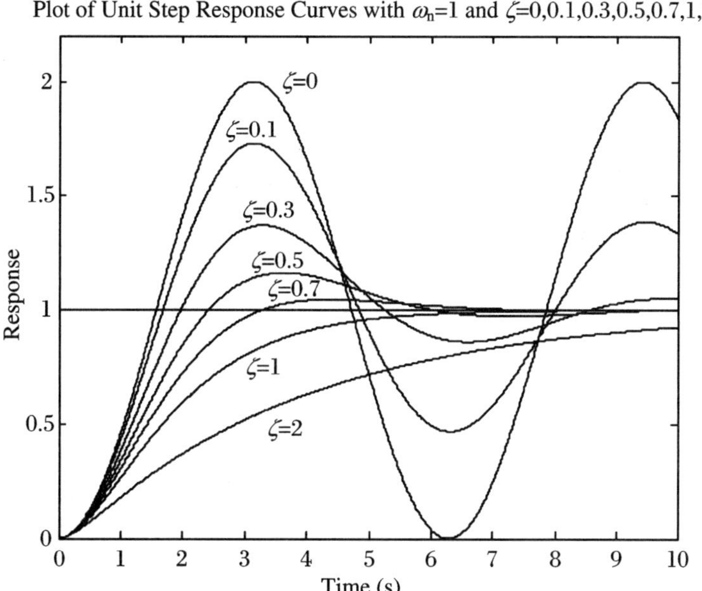

图3.26 二阶系统阻尼比变化时的阶跃响应曲线簇

3.9.2 利用MATLAB求出系统阶跃响应的动态性能指标

例3.15 已知某二阶系统的开环传递函数为

$$G(s) = \frac{1.25}{s^2 + s}$$

试计算系统的性能指标。

解 根据题目要求,用MATLAB函数编写的程序代码如下:

```
clear
num=1.25;
den=[1 1 0];
sys=tf(num,den);                 %建立系统的开环传递函数模型
sys=feedback(sys,1);             %建立系统的闭环传递函数模型
[y,t]=step(sys);                 %求出该系统的单位阶跃响应
ytr=find(y>=1);
rise_time=t(ytr(1));             %计算上升时间
```

```
[ymax,tp] = max(y);
peak_time = t(tp);                              %计算峰值时间
max_overshoot = ymax - 1;                       %计算超调量
s = length(t);
while y(s)>0.98&y(s)<1.02
    s = s - 1
end
settling_time = t(s + 1);                           %计算调节时间
plot(t,y,'k',t,ones(length(t),1),'k-');           %绘制响应曲线
axis([0 10 0 1.4]);
title('Plot of Unit Step Response Curves', 'Position',[5 2.22],'FontSize',8);
xlabel('Time(s)','Position',[4.8, - 0.15],'FontSize',8);
ylabel('Response','Position',[ - 0.25,1],'FontSize',8);
```

运行该程序得到以下结果,如图 3.27 所示。

```
rise_time = 2.1184
peak_time = 3.1315
max_overshoot = 0.2079
settling_time = 7.5525
```

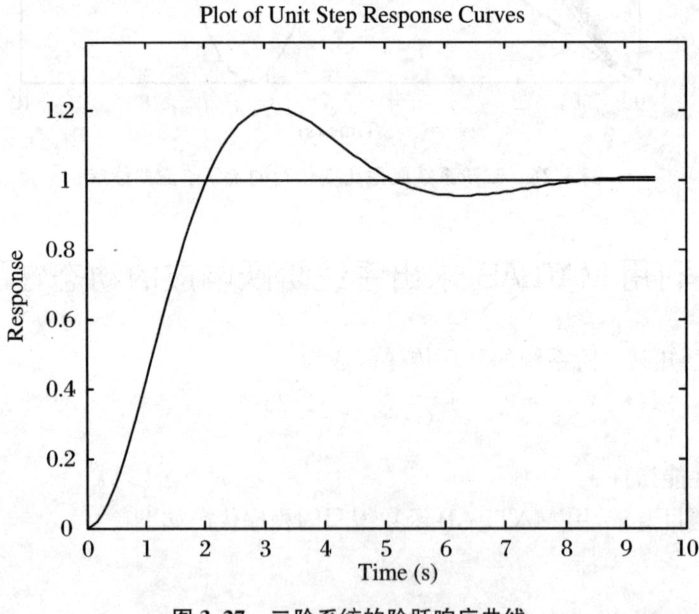

图 3.27　二阶系统的阶跃响应曲线

3.9.3　利用 MATLAB 分析系统的稳定性

只要求出控制系统的闭环特征方程的根并判断其所有的根的实部是否都小于零,便可确定系统是否稳定,这在 MATLAB 中可用函数 roots()实现。

例 3.16　设某控制系统的闭环特征方程为

$$s^3 + 41.5s^2 + 517s + 2.3 \times 10^4 = 0$$

试判断该系统是否稳定。

解　根据题目要求，用 MATLAB 函数编写的程序代码如下：

```
clear
den = [1 41.5 517 2.3 * 10^4];
sys_roots = roots(den)
rootp_num = length(find(sys_roots>0));
if(rootp_num = = 0)
sprintf('该系统是稳定的');
else
sprintf('该系统是不稳定的,有%d 个非负根',rootp_num);
end;
```

运行结果：

```
sys_roots =
  - 42.1728
    0.3364  + 23.3508i
    0.3364  - 23.3508i
rootp_num = 2
ans = 该系统是不稳定的,有 2 个非负根
```

小　　结

本章讨论了如何根据系统的时间响应去分析系统的暂态和稳态性能及稳定性。

时域分析法是通过直接求解系统在典型初始状态和典型外作用下的时间响应，分析系统的控制性能。通常用单位阶跃响应的超调量、调节时间和稳态误差等性能指标来评价系统性能的优劣。一阶、二阶系统的时间响应可由解析方法求得。其表示系统结构与参数关系的解析式是定量分析系统性能的重要基础和依据。对高阶系统的分析主要是在一定条件下通过引入主导极点的概念，将高阶系统简化成为低阶系统来加以分析和研究的。

稳定性是系统能正常工作的首要条件，也是系统自身的一种固有特性。线性系统稳定的充分必要条件是：系统闭环传递函数的极点全部位于 s 平面的左半部。对于判别稳定性的代数判据，本章主要介绍了劳斯判据。

系统的稳态误差表征的是系统最终可能达到的控制精度。它不仅与系统的结构参数有关，还与输入信号的形式以及作用在系统的位置有关。系统类型、稳态误差系数都是反映系统控制精度的指标。

习　题

3.1　某系统结构图如图 3.28 所示，要求调节时间 $t_s \leqslant 0.1$ s，试确定系统反馈系数 k_t 的值。

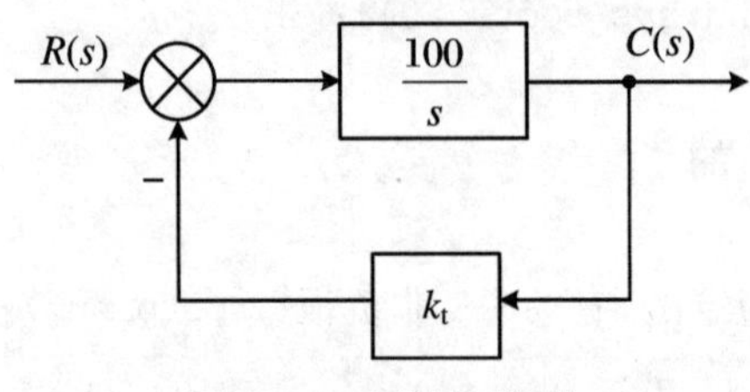

图 3.28　系统结构图

3.2　设温度计为一惯性环节，把温度计放入被测物体内，要求在 1 min 时显示出稳态值的 98%，求此温度计的时间常数。

3.3　某系统在输入信号 $r(t)=1+t$ 作用下，测得输出响应为

$$c(t) = t + 0.9 - 0.9\mathrm{e}^{-10t}$$

已知初始条件为零，试求系统的传递函数。

3.4　已知振荡系统具有下列形式的传递函数，并假设已知阻尼振荡的记录如图 3.29 所示。根据记录图，确定阻尼比 ζ，并求单位阶跃函数作用下的响应。

$$\Phi(s) = \frac{\omega_n^2}{s^2 + 2\zeta\omega_n s + \omega_n^2}$$

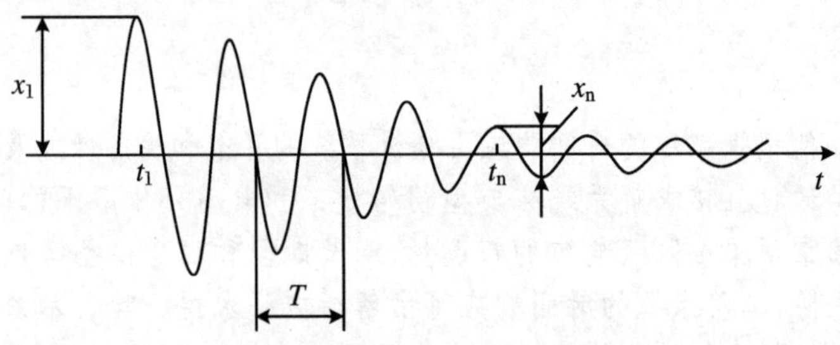

图 3.29　阻尼振荡的记录曲线

3.5　电子心脏起搏器心律控制系统结构图如图 3.30 所示，其中模仿心脏的传递函数相当于一纯积分环节。

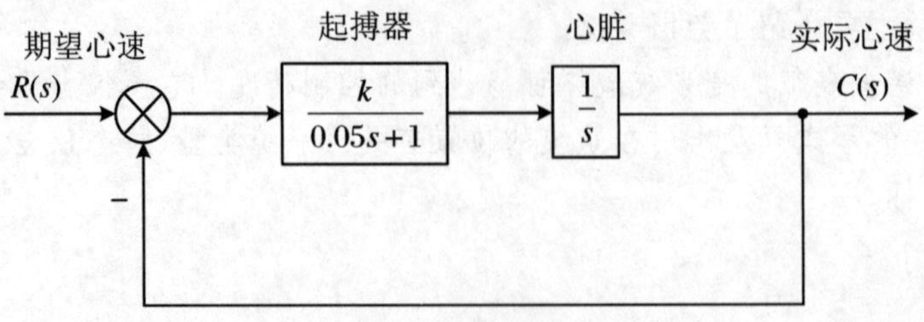

图 3.30　电子心律起搏器系统

(1) 若 $\xi=0.5$ 对应最佳响应,则起搏器增益 k 应取多大?

(2) 若期望心速为 60 次/min,并突然接通起搏器,则 1 s 后实际心速为多少?瞬时最大心速为多少?

3.6 机器人控制系统结构图如图 3.31 所示。试确定参数 k_1,k_2 的值,使系统阶跃响应的峰值时间 $t_p=0.5\ \text{s}$ 且超调量 $\sigma=2\%$。

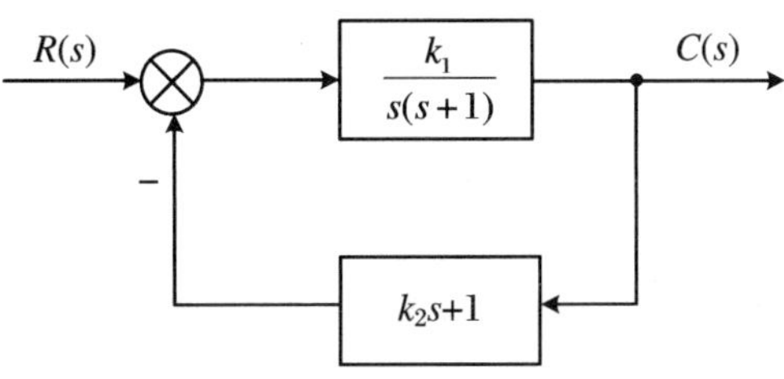

图 3.31 机器人控制系统

3.7 设有二阶系统,其方框图如图 3.32(a)所示。图中符号"+""−"分别表示取正反馈与负反馈,"0"表示无反馈;k_1 与 k_2 为常数增益,且 $k_1,k_2>0$。图(b)~(f)中所示为该系统中可能出现的单位阶跃响应曲线。试确定与每种单位阶跃响应相对应的主反馈及内反馈的极性,并说明理由。

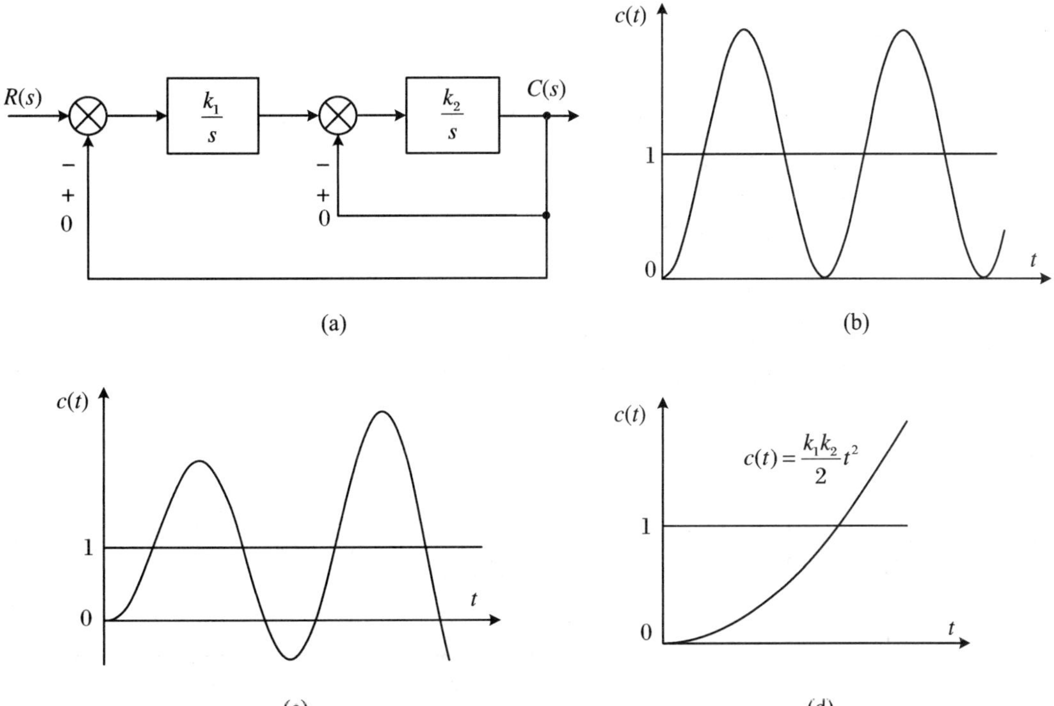

图 3.32 二阶系统方框图与单位阶跃响应曲线

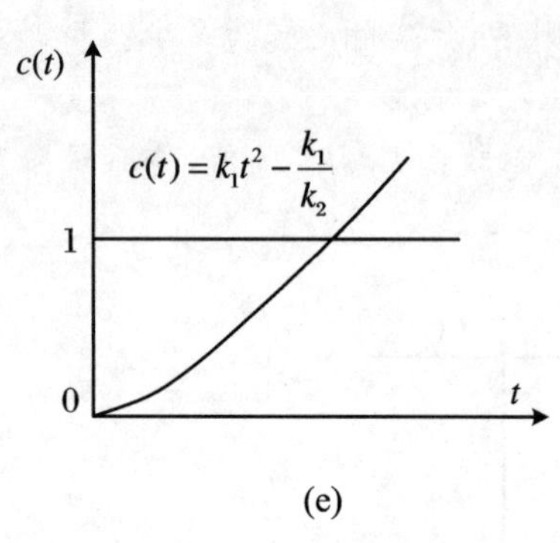

(e)

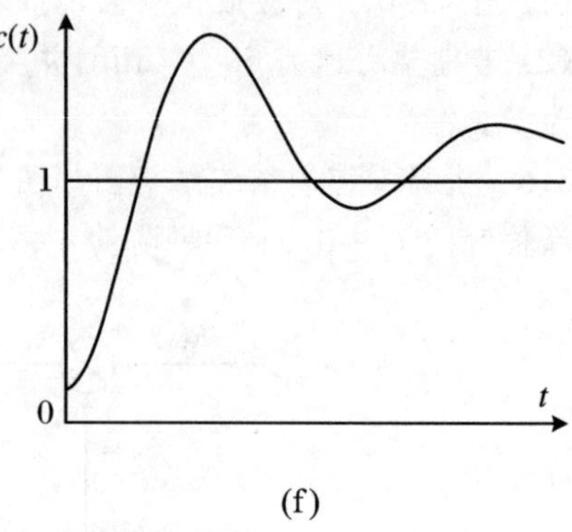

(f)

图 3.32　二阶系统方框图与单位阶跃响应曲线(续)

3.8　设二阶系统在单位阶跃函数作用下的输出特性为

$$e(t) = 10[1 - 1.25e^{-1.2t}\sin(1.6t + 53.1^\circ)]$$

试求系统的超调量 σ_p、峰值时间 t_p 与过渡过程时间 t_s。

3.9　假设一个系统的单位阶跃响应为

$$c(t) = 1 + 0.2e^{-60t} - 1.2e^{-10t}$$

(1) 试求该系统的闭环传递函数 $C(s)/R(s)$。

(2) 试确定阻尼比 ζ 与无阻尼自振频率 ω_n。

3.10　对典型二阶随动系统,闭环传递函数为

$$\frac{C(s)}{R(s)} = \frac{\omega_n^2}{s^2 + 2\zeta\omega_n s + \omega_n^2}$$

(1) 试求 $\zeta=0.1,\omega_n=5$;$\zeta=0.1,\omega_n=10$;$\zeta=0.1,\omega_n=1$ 时系统单位阶跃响应 $c(t)$及超调量 σ_p、过渡过程时间 t_s。

(2) 试求 $\zeta=0.5,\omega_n=5$ 时系统的单位阶跃响应及超调量 σ_p、过渡过程时间 t_s。

(3) 讨论系统参数 ζ,ω_n 与过渡过程的关系。

3.11　一个调速系统的方框图如图 3.33 所示。

图中,u_g——电动机的电枢电压;$M_{fz}(s)$——系统的干扰力矩;T_a——电磁时间常数。

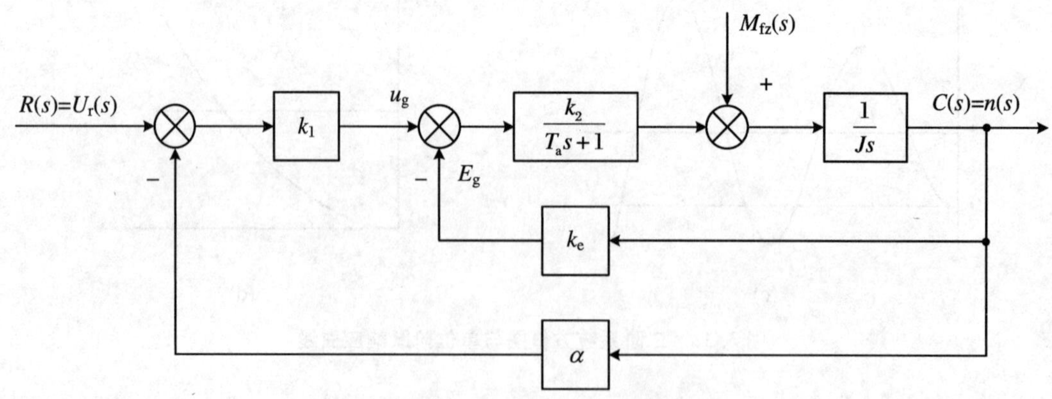

图 3.33　调速系统的方框图

(1) 试求输出信号(转速 $n(t)$)对输入电压信号的闭环传递函数。

(2) 若$\dfrac{k_2(k_1\alpha+k_e)}{J}=5$，$T_a=0.5\ \text{s}$，$J=0.8\ \text{g}\cdot\text{cm}\cdot\text{s}^2$。试求 $M_{fz}(s)=1(t)$时系统的过渡过程，并计算超调量 σ_p 与过渡过程时间 t_s。

3.12　已知某系统的单位阶跃响应为

$$c(t)=1+e^{-t}-e^{-2t}\quad(t\geqslant 0)$$

试求取系统的传递函数。

3.13　引入速度负反馈的随动系统如图3.34所示。

(1) 画出系统方框图，求系统开环传递函数。

(2) 求闭环传递函数，确定阻尼比和无阻尼自振频率。

(3) 分析速度反馈的引入对系统性能指标的影响。

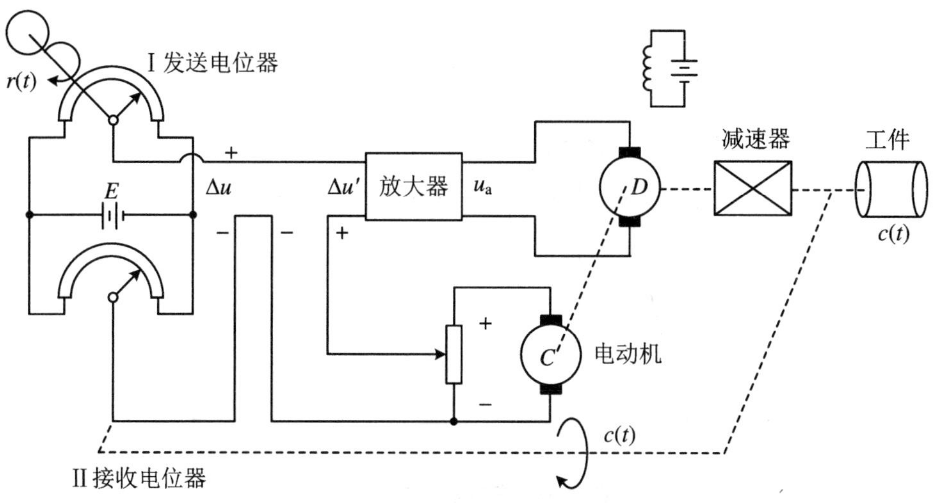

图3.34　随动系统

3.14　设某单位负反馈系统的开环传递函数为

$$G(s)=\frac{k}{s(\tau s+1)}$$

试计算当超调量在5%～30%范围内变化时，参数 k 与 τ 乘积的取值范围；分析当系统阻尼比 $\zeta=0.707$ 时，参数 k 与 τ 的关系。

3.15　设某控制系统的方框图如图3.35所示。试确定当系统单位阶跃响应的超调量 $\sigma_p\leqslant 30\%$，调节时间 $t_s=1.8\ \text{s}(\Delta=2\%)$时参数 k 与 τ 的值。

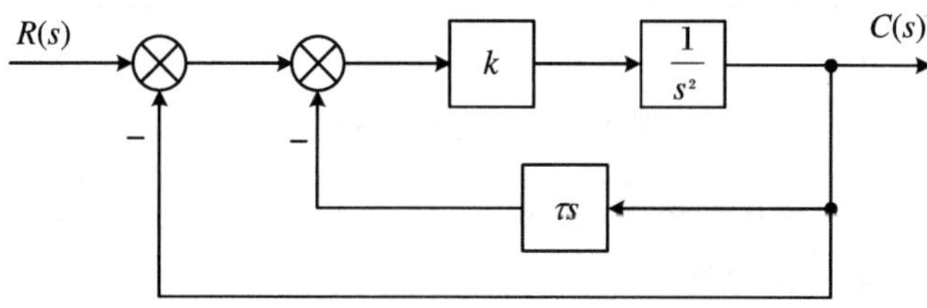

图3.35　控制系统方框图

3.16　设某控制系统的方框图如图3.36所示。试求当 $a=0$ 时的系统参数 ζ 及 ω_n；如果要求 $\zeta=0.7$，试确定 a 的值。

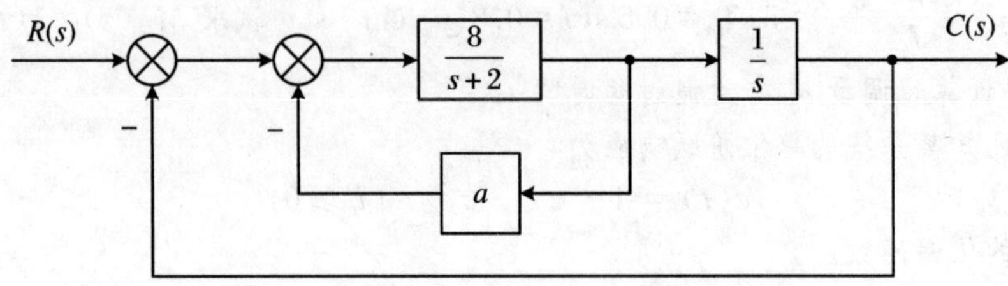

图 3.36 控制系统方框图

3.17 一个开环传递函数为

$$G(s)=\frac{k}{s(\tau s+1)}$$

的单位负反馈系统,其单位阶跃响应曲线如图 3.37 所示。试确定参数 k 与 τ 的值。

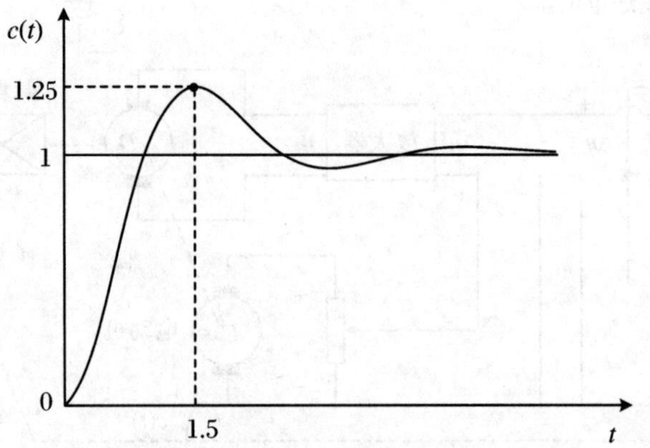

图 3.37 单位阶跃响应曲线

3.18 设有两个控制系统,其方框图分别如图 3.38(a)、(b)所示。试计算两个系统各自的超调量、峰值时间及调节时间,并进行比较。

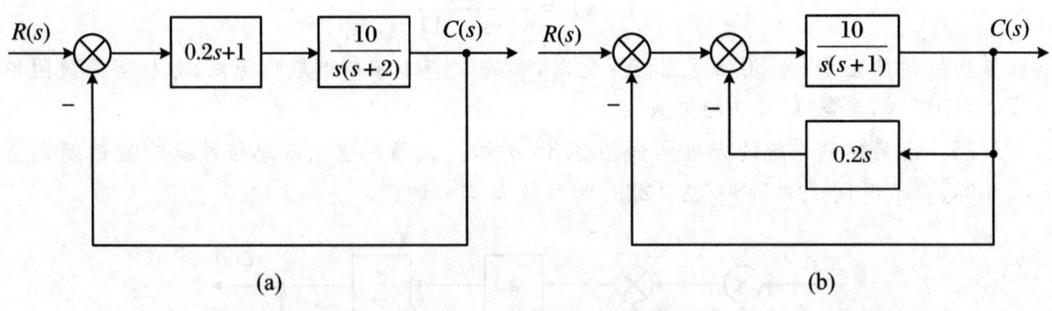

图 3.38 控制系统方框图

3.19 设控制系统方框图如图 3.39 所示。若系统以 $\omega_n=2$ rad/s 的频率做等幅振荡,试确定振荡时的参数 k 与 a 的值。

3.20 单位反馈系统的开环传递函数为 $G(s)=\dfrac{1}{s(0.5s+1)(0.2s+1)}$。

(1) 确定其闭环主导极点。

(2) 确定由闭环主导极点所决定的 ζ,ω_n 值。

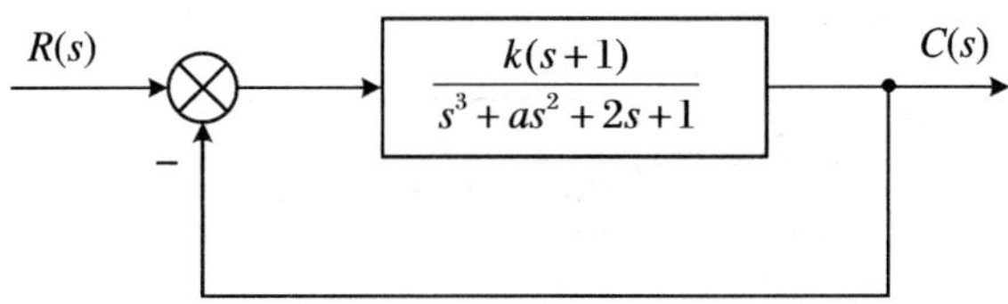

图 3.39　控制系统方框图

3.21　设有一控制系统，它的闭环极点和闭环零点位于 s 平面上平行于 $j\omega$ 轴的一条直线上，如图 3.40 所示。试证明这个系统的脉冲响应为一衰减的余弦函数。

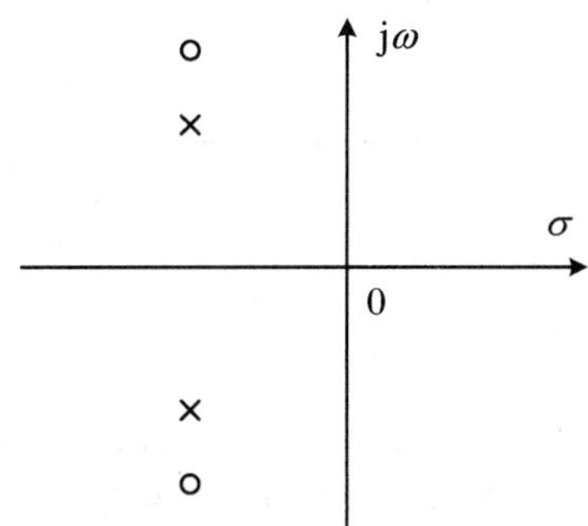

图 3.40　零极点分布图

3.22　系统的特征方程为

$$s^4 + 2s^3 + s^2 + 4s + 2 = 0$$

试用劳斯稳定判据确定系统的稳定性。

3.23　设单位反馈系统的开环传递函数为

$$G(s) = \frac{k}{s(s+1)(s+2)}$$

试用劳斯判据确定欲使系统稳定 k 的取值范围。

3.24　设控制系统的特征方程式为

$$s^3 + 2s^2 + s + 2 = 0$$

试用劳斯判据判别系统的稳定性。

3.25　试确定图 3.41 所示系统的参数 k 的稳定域。

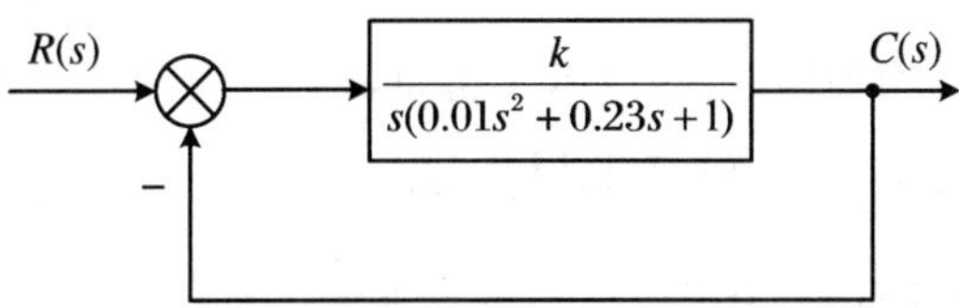

图 3.41　控制系统方框图

3.26　设某控制系统方框图如图 3.42 所示，要求闭环系统的特征根全部位于 $s=-1$ 垂线的左侧，试确定参数 k 的取值范围。

3.27　设某控制系统的开环传递函数为

$$G(s)H(s) = \frac{k(s+1)}{s(\tau s+1)(2s+1)}$$

试确定能使系统稳定的参数 k,τ 的值。

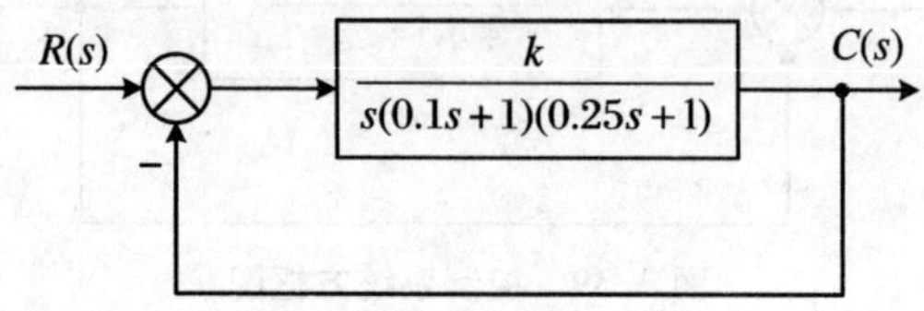

图 3.42 控制系统方框图

3.28 已知某控制系统的方框图如图 3.43 所示。试应用劳斯判据确定能使系统稳定的反馈参数 τ 的取值范围。

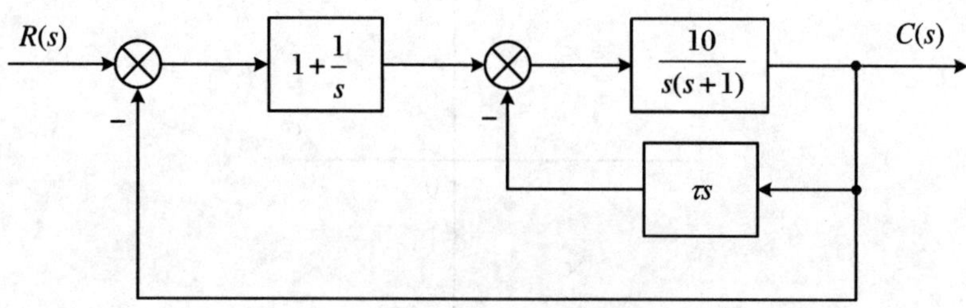

图 3.43 控制系统方框图

3.29 已知一单位反馈系统的开环传递函数为

$$G(s)H(s)=\frac{k(s+1)}{s(Ts+1)(2s+1)}$$

试确定能使系统稳定的参数 k,T 的值。

3.30 温度计系统如图 3.44 所示，现在用温度计测量容器内水的温度，发现 1 min 时间才能指示出实际水温 98% 的数值。如果给容器加热，使水温以 100 ℃/min 的速度线性变化，问温度计的稳态指标误差有多大？

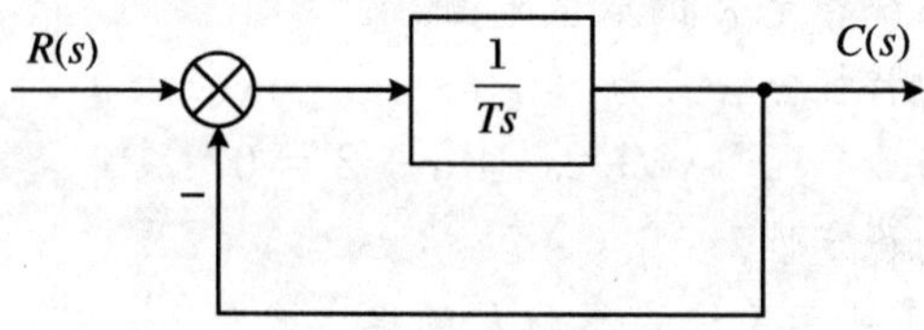

图 3.44 温度计系统

3.31 控制系统方框图如图 3.45 所示。已知：

$$G_1(s)=\frac{k(\tau s+1)}{s},\quad G_2(s)=\frac{1}{s(Ts+1)}$$

其中，$k=3.61\ \mathrm{s}^{-1}$，$\tau=0.1\ \mathrm{s}$，$T=0.01\ \mathrm{s}$。试确定系统对输入信号 $r(t)$ 而言的无差度及误差系数，并求

(1) $r(t)=2\cdot 1(t)$；

(2) $r(t)=2+4t$；

(3) $r(t)=2+4t+6t^2$

时系统的稳态误差。

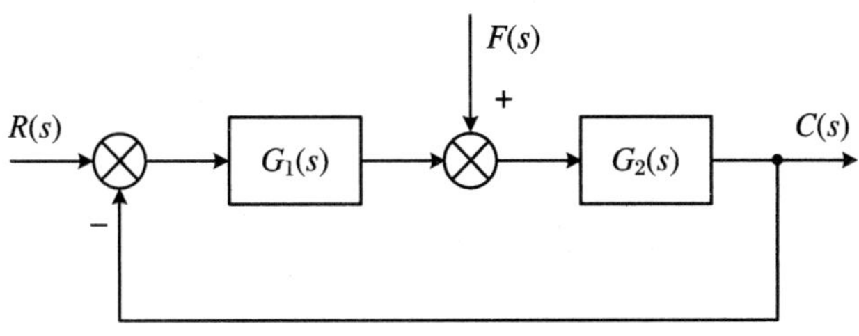

图 3.45　控制系统方框图

3.32　对于如习题 3.31 所示的系统，试确定系统对扰动信号 $f(t)$ 而言的误差系数及无差度，并求

(1) $f(t)=2\cdot 1(t)$；

(2) $f(t)=2+4t$

时系统的稳态误差。

3.33　图 3.46 所示为一随动系统的方框图，试求取

(1) $r(t)=4\cdot 1(t)$；

(2) $r(t)=6t$；

(3) $r(t)=3t^2$；

(4) $r(t)=4+6t+3t^2$

时系统的稳态误差。

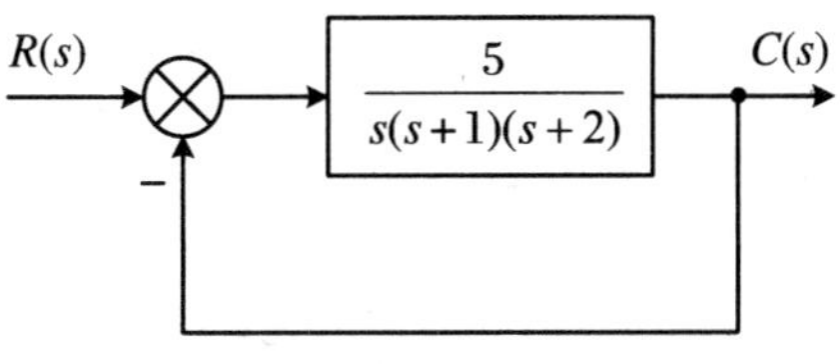

图 3.46　随动系统方框图

3.34　已知系统的开环传递函数为

$$G(s)=\frac{1}{s(s^2+3s+19)}$$

求当 $r(t)=1(t)$ 时该单位反馈系统的稳态误差。

3.35　已知单位反馈系统的开环传递函数为

$$G(s)=\frac{k}{s(0.3s+1)(0.6s+1)}$$

求当输入 $r(t)=2t$ 时的稳态误差。

3.36　已知单位反馈系统的开环传递函数为

$$G(s)=\frac{11}{s^2(s^2+3s+350)}$$

求当输入 $r(t)=\frac{1}{2}t^2$ 时的稳态误差。

3.37　无差液面控制系统方框图如图 3.47 所示。图中，$k_1=0.4\ \text{V/cm}$，$k_2=100$，$k_3=2830\ \text{V}\cdot\text{s}$，$k_4=0.449\ \text{s}\cdot\text{cm}$，试求：

(1) $r(t)=1(t)$，$f(t)=1(t)$ 时的稳态误差；

(2) $r(t)=1(t)$，$f(t)=t$ 时的稳态误差。

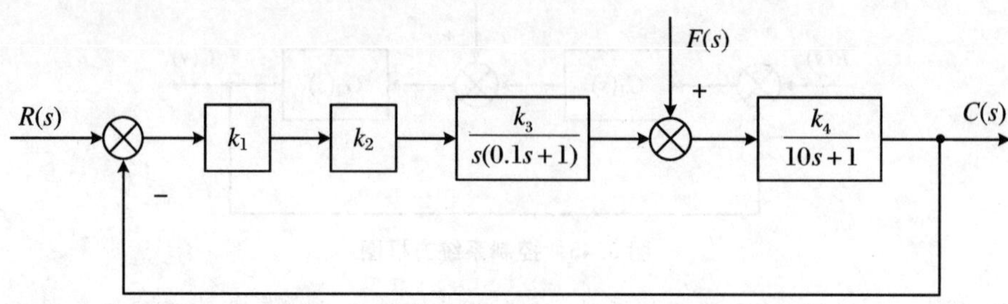

图 3.47 无差液面控制系统方框图

3.38 设单位反馈的控制系统的开环传递函数为 $G(s)=\dfrac{100}{s(0.1s+1)}$，试求当输入信号 $r(t)=\sin 5t$ 时，系统的稳态误差。

3.39 图 3.48(a)、(b)所示为闭环控制系统和开环控制系统。在开环系统中，把放大倍数调到 $k_c=\dfrac{1}{k}$，于是开环系统的传递函数是 $G_0(s)=k_c\dfrac{k}{Ts+1}=\dfrac{1}{k}\cdot\dfrac{k}{Ts+1}=\dfrac{1}{Ts+1}$。在闭环控制系统中，控制器的放大倍数 k_p 取得使 $k_p\cdot k\gg 1$。试比较这两个系统在单位阶跃输入信号下的稳态误差。

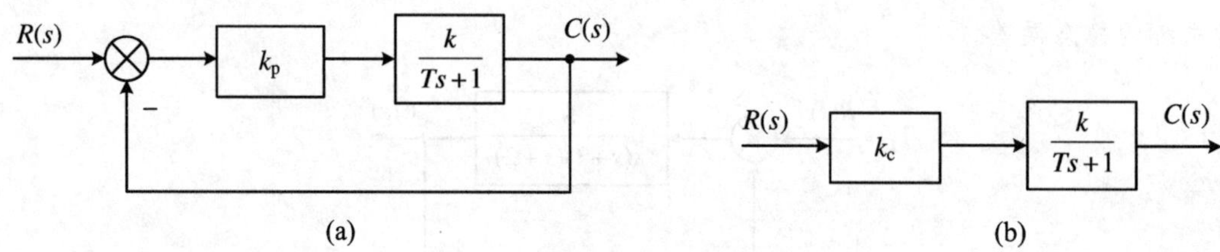

图 3.48 闭环系统和开环系统

3.40 试鉴定如图 3.49 所示系统对输入信号 $r(t)$ 和扰动信号 $f(t)$ 分别是几型系统。

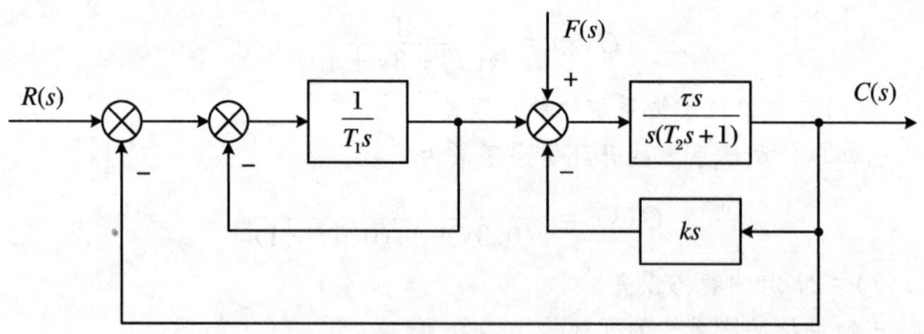

图 3.49 控制系统方框图

3.41 控制系统如图 3.50 所示。图中 $G_f(s)$ 为补偿器的传递函数。试确定使干扰 $f(t)$ 对输出 $c(t)$ 无影响的 $G_f(s)$。

3.42 设某复合控制系统如图 3.51 所示。在输入信号 $r(t)=\dfrac{t^2}{2}$ 的作用下，要求系统的稳态误差为零，试确定顺馈参数 a，b 之值。

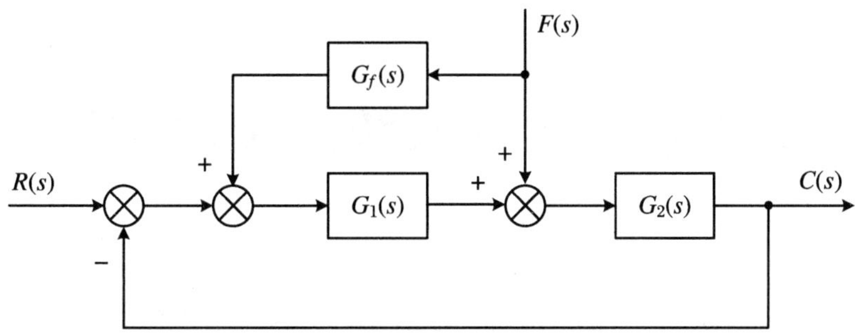

图3.50　控制系统方框图

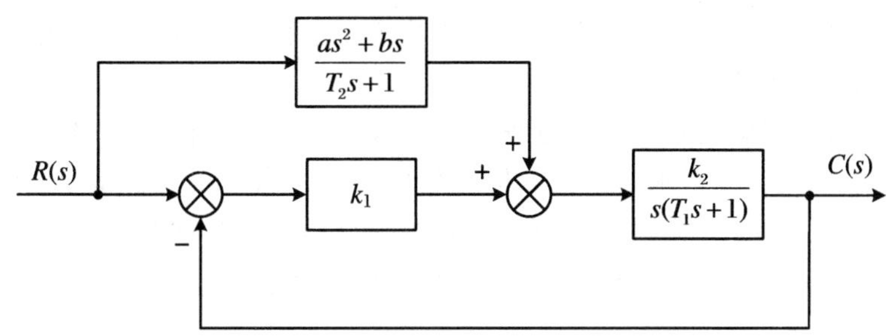

图3.51　复合控制系统

3.43　设有一复合控制系统，如图3.52所示。已知

$$G_1(s)=\frac{k_1}{T_1s+1},\quad G_2(s)=\frac{k_2}{s(T_2s+1)}$$

试确定使系统无差度提高2和3的补偿方案及参数。

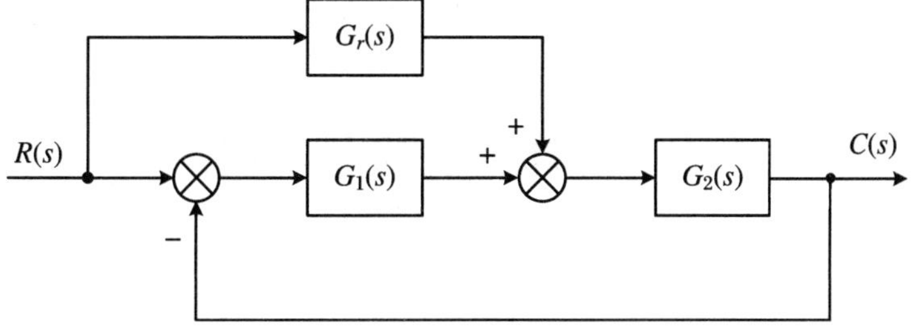

图3.52　复合控制系统

第 4 章　线性系统的根轨迹法

在时域分析中已经看到，一方面，闭环控制系统的稳定性由闭环极点决定，其暂态性能也与闭环极点的分布密切相关。因此，确定控制系统的闭环极点在 s 平面上的位置就很重要。另一方面，在分析或设计系统时，经常有参数在一定范围内变化，参数的变化往往引起闭环极点的变化，因此，有必要研究当某一个或几个参量在一定范围内变化时，闭环极点的位置如何变化以及对系统的性能有何影响。

系统的闭环极点也就是系统特征方程的根。求解三阶以上特征方程的根比较复杂，工作量大，一般需要借助计算机求解。然而即便借助计算机求出了特征根，也还存在问题，因为一旦系统某一参数发生变化，特征方程的根往往也跟着变化，这时又必须重新计算，同时还不能直观地看出特征根的变化趋势。因此对于高阶系统的求根来说，解析法就显得很不方便。

1948 年，埃文斯在《控制系统的图解分析》一文中提出了求解系统特征方程式的根的图解方法——根轨迹法。它的主要内容是：当系统的某一参数变化时，根据已知的开环传递函数的零点和极点，利用几条简单的规则，绘制出闭环系统特征根的轨迹。根轨迹法是分析和设计线性定常控制系统的一种近似的图解方法。它虽不像时域分析法那样精确，但使用起来十分方便，因此在工程实践中获得了广泛应用。本章内容包括根轨迹法的基本概念、根轨迹绘制的基本法则、广义根轨迹的绘制以及 MATLAB 在根轨迹分析法中的应用。

4.1　根轨迹法的基本概念

4.1.1　根轨迹的概念

所谓根轨迹，就是当控制系统的某一参数由零变化到无穷大时，对应的闭环系统的特征根（闭环极点）在 s 平面上形成的轨迹。下面结合图 4.1 所示的单位负反馈控制系统，介绍根轨迹的基本概念。

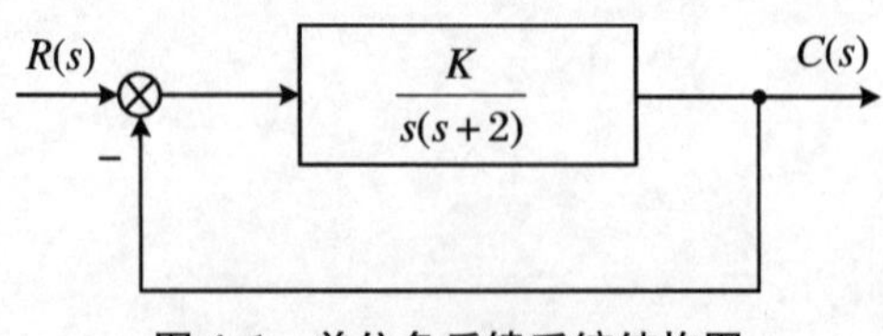

图 4.1　单位负反馈系统结构图

系统的开环传递函数为

$$G(s) = \frac{K}{s(s+2)}$$

它有两个开环极点：$p_1=0$，$p_2=-2$。

其闭环传递函数为

$$\Phi(s) = \frac{C(s)}{R(s)} = \frac{K}{s^2+2s+K}$$

故系统闭环特征方程为

$$s^2+2s+K=0$$

解得闭环极点为

$$s_1 = -1+\sqrt{1-K}, \quad s_2 = -1-\sqrt{1-K}$$

当 $K=0$ 时，$s_1=0$，$s_2=-2$。

当 $0<K<1$ 时，s_1，s_2 为两个不相等的负实根，且 $-2<s_2<s_1<0$。

当 $K=1$ 时，$s_1=s_2=-1$。

当 $K>1$ 时，$s_1=-1+\mathrm{j}\sqrt{K-1}$，$s_2=-1-\mathrm{j}\sqrt{K-1}$，$s_1$，$s_2$ 为一对共轭复根，其实部为常数值 -1，虚部随着 K 增大而增大。

可见当 K 从零变化到无穷时，闭环极点 s_1，s_2 也在不停地变化。将 s_1，s_2 的值都标注在 s 平面上，形成两条光滑连续的轨线，即系统根轨迹，如图 4.2 所示，根轨迹上的箭头表示随着 K 值的增加，根轨迹的走向。

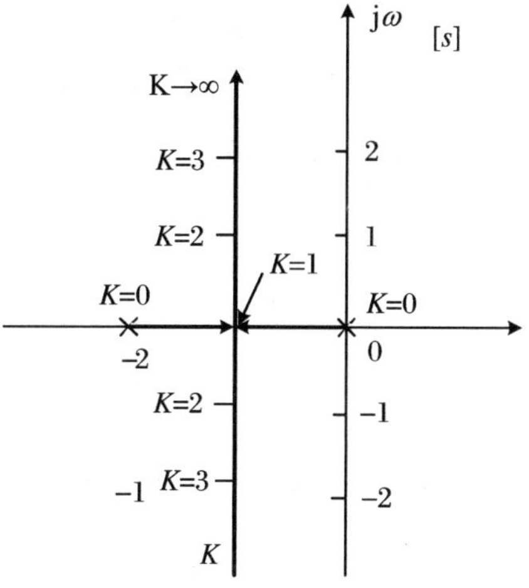

图 4.2　$\Phi(s)$ 的根轨迹

由图 4.2 可见：

(1) 此二阶系统的根轨迹有两条，$K=0$ 时分别从开环极点 $p_1=0$ 和 $p_2=-2$ 出发。

(2) 当 K 从 0 向 1 增大时，两个根沿着相反的方向朝着点$(-1,\mathrm{j}0)$移动，这时 s_1 和 s_2 都位于负实轴上，系统处于过阻尼状态。

(3) 当 K 增加到 $K=1$ 时，s_1 和 s_2 会合于 $s_1=s_2=-1$，系统处于临界阻尼状态。

(4) K 继续增大到 $K>1$ 时，s_1 和 s_2 离开实轴，变为共轭复数根，其实部保持为常数 -1，虚部随着 K 的增大而增大，系统处于欠阻尼状态。系统的阶跃响应是衰减振荡的，K 值越大，阻尼比越小，且振荡频率越高，但由于 s_1 和 s_2 的负实部为常数不变，系统的调节时间变化不大。

4.1.2　根轨迹与系统的性能

如何利用根轨迹来分析系统的稳、准、快等性能呢？下面以图 4.2 为例说明。

1. 稳定性

由图 4.2 可见，根轨迹始终都处于 s 平面左半部，即对于任意的 $K>0$，闭环系统均稳定。对于某些高阶系统，根轨迹有可能越过虚轴进入 s 右半平面，此时根轨迹与虚轴交点处

的 K 值,为 K 的临界值。

2. 稳态性能

由图 4.2 可见,开环系统在坐标原点有一个极点,故系统为Ⅰ型系统,静态速度误差系数为 $K_v=\frac{K}{2}$。当 $r(t)=1(t)$时,$e_{ss}=0$;当 $r(t)=t$ 时,$e_{ss}=\frac{1}{K_v}=\frac{2}{K}$;当 $r(t)=\frac{1}{2}t^2$ 时,$e_{ss}=\infty$。如果对系统的稳态误差有要求,则由根轨迹图可以确定闭环极点位置的容许范围。例如,要求系统在输入 $r(t)=t$ 时,稳态误差 $e_{ss}\leqslant 0.5$,即

$$e_{ss}=\frac{1}{K_v}=\frac{1}{K}\leqslant 0.5$$

故 $K\geqslant 2$。

3. 动态性能

由图 4.2 可见,当 $0<K<1$ 时,闭环极点为互不相等的两个负实根,系统处于过阻尼状态,单位阶跃响应为单调上升曲线。当 $K=1$ 时,闭环极点为两个相等的负实根,系统处于临界阻尼状态,单位阶跃响应仍为单调上升曲线,但上升速度比 $0<K<1$ 的情况快。当 $K>1$ 时,闭环极点为一对共轭复数根,系统处于欠阻尼状态,单位阶跃响应为欠阻尼振荡过程,且随着 K 增大:

(1) 阻尼角 β 增大,因而阻尼比 ζ 减小;

(2) 特征根与实轴的距离增大;

(3) 特征根与虚轴的距离保持不变。

故随着 K 增大,最大超调量增加,峰值时间 $t_p=\frac{\pi}{\omega_d}$减小,上升时间 $t_r=\frac{\pi-\beta}{\omega_d}$减小,调节时间 $t_s\approx\frac{3}{\zeta\omega_n}$基本不变。

上述二阶系统特征方程的根是直接对特征方程求解得到的,但对高阶系统的特征方程直接求解往往十分困难,因此实际上通常采用图解的方法绘制根轨迹图。

4.1.3 根轨迹方程

所谓根轨迹方程,是指用来绘制反馈系统根轨迹的方程。

根轨迹是系统的闭环极点的集合,故必满足系统的特征方程。考虑图 4.3 所示的反馈控制系统,假设系统的开环传递函数为

$$G(s)H(s)=K^*\frac{\prod_{j=1}^{m}(s-z_j)}{\prod_{i=1}^{n}(s-p_i)} \tag{4.1}$$

式中,K^* 从零变化到无穷,称为系统的根轨迹增益;$p_i(i=1,2,\cdots,n)$,$z_j(j=1,2,\cdots,m)$已知,分别为系统的开环极点和开环零点。闭环系统的特征方程为

$$1+G(s)H(s)=0 \tag{4.2}$$

式(4.1)所示开环传递函数为零极点标准形式,具有下列特征:

(1) 参变量 K^* 必须是 $G(s)H(s)$分子连乘因子中的一个独立因子;

(2) $G(s)H(s)$必须通过零、极点来表示;

(3) 构成 $G(s)H(s)$ 分子和分母的每个因子中 s 项的系数必为 1。

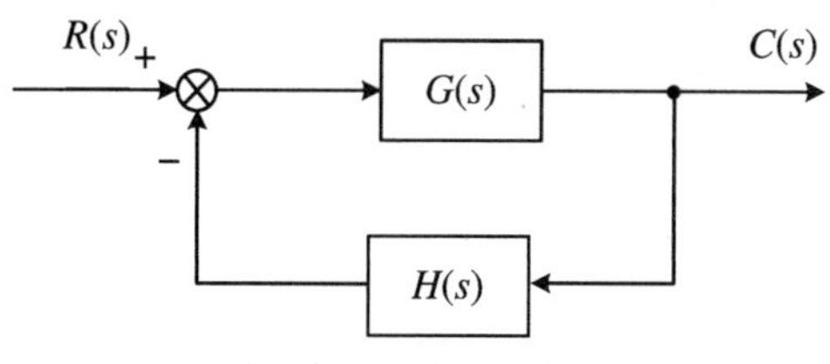

图 4.3　反馈控制系统

将式(4.1)代入式(4.2),得

$$1 + K^* \frac{\prod_{j=1}^{m}(s - z_j)}{\prod_{i=1}^{n}(s - p_i)} = 0 \tag{4.3}$$

或写成

$$K^* \frac{\prod_{j=1}^{m}(s - z_j)}{\prod_{i=1}^{n}(s - p_i)} = -1 \tag{4.4}$$

式(4.4)就称为根轨迹方程。实际上,根轨迹方程(4.4)是一个向量方程,直接使用很不方便。考虑到

$$\left| K^* \frac{\prod_{j=1}^{m}(s - z_j)}{\prod_{i=1}^{n}(s - p_i)} \right| = K^* \frac{\prod_{j=1}^{m}|s - z_j|}{\prod_{i=1}^{n}|s - p_i|}$$

$$\angle K^* \frac{\prod_{j=1}^{m}(s - z_j)}{\prod_{i=1}^{n}(s - p_i)} = \sum_{j=1}^{m}\angle(s - z_j) - \sum_{i=1}^{n}\angle(s - p_i)$$

$$-1 = 1 \cdot e^{j(2k+1)\pi} \quad (k = 0, \pm 1, \pm 2, \cdots)$$

因此,根轨迹方程(4.4)等价于

$$\sum_{j=1}^{m}\angle(s - z_j) - \sum_{i=1}^{n}\angle(s - p_i) = (2k + 1)\pi \quad (k = 0, \pm 1, \pm 2, \cdots) \tag{4.5}$$

且

$$K^* = \frac{\prod_{i=1}^{n}|s - p_i|}{\prod_{j=1}^{m}|s - z_j|} \tag{4.6}$$

方程(4.5)和方程(4.6)是根轨迹上的点应该同时满足的两个条件,其中方程(4.5)称为相角条件,方程(4.6)称为模值条件。根据这两个条件,可以完全确定 s 平面上的根轨迹和根轨迹上对应的 K^* 值。应当指出,相角条件是确定根轨迹的充要条件,也就是说,根轨迹上的点都满足相角条件;反之,满足相角条件的点都在根轨迹上。因此,绘制根轨迹时,只需使

用相角条件,而当需要确定根轨迹上某点对应的 K^* 值时,才使用模值条件。

特别地,若系统开环传递函数没有零点,即

$$G(s)H(s) = \frac{K^*}{\prod_{i=1}^{n}(s - p_i)} \tag{4.7}$$

容易推出根轨迹的相角条件和模值条件分别为

$$\sum_{i=1}^{n} \angle(s - p_j) = (2k+1)\pi \quad (k = 0, \pm 1, \pm 2, \cdots) \tag{4.8}$$

$$K^* = \prod_{i=1}^{n} |s - p_i| \tag{4.9}$$

4.2 根轨迹绘制的基本法则

本节讨论绘制概略根轨迹的基本法则。绘制系统的根轨迹,首先写出系统的特征方程:

$$1 + G(s)H(s) = 0$$

然后将方程中的开环传递函数写成零极点增益形式,则特征方程可以等价为

$$1 + K^* \frac{(s - z_1)(s - z_2)\cdots(s - z_m)}{(s - p_1)(s - p_2)\cdots(s - p_n)} = 0 \tag{4.10}$$

式(4.10)为绘制根轨迹的标准形式。下面给出绘制根轨迹的一般规则。

法则 1(根轨迹的分支数、连续性和对称性) 根轨迹的分支数与开环有限零点数 m 和有限极点数 n 中的较大者相等,它们是连续的并且对称于实轴。

证明 按定义,根轨迹是开环系统某一参数从零变化到无穷时,闭环特征方程的根在 s 平面上走过的轨迹,因此根轨迹的分支数就是闭环特征方程根的个数。由特征方程(4.10)可见,闭环特征方程根的数目等于 m 和 n 中的较大者,所以根轨迹的分支数必与开环有限零、极点数目中的较大者相等。在实际系统中,有 $m \leqslant n$,因此根轨迹的分支数等于开环极点的个数 n。

由于闭环特征方程的某些系数是根轨迹增益 K^* 的函数,当 K^* 从零到无穷大连续变化时,闭环特征方程的这些与 K^* 有关的系数也随之连续变化,因此特征方程的根也必然连续变化,故根轨迹具有连续性。

根轨迹是闭环特征根的集合,而闭环特征根或是实数或是共轭复数,因此根轨迹必然对称于实轴。

法则 2(根轨迹的起点和终点) 根轨迹起始于系统的开环极点,终止于系统的开环零点,若开环零点数 m 小于开环极点数 n,则有 $n-m$ 条分支终止于无穷远处。

证明 根轨迹的起点是指根轨迹增益 $K^*=0$ 对应的根轨迹点,而终点则是指 K^* 趋向于无穷大时的根轨迹点。由根轨迹方程(4.4)可得

$$\prod_{i=1}^{n}(s - p_i) + K^* \prod_{j=1}^{m}(s - z_j) = 0 \tag{4.11}$$

可见,当 $K^*=0$ 时,有

$$s = p_i \quad (i = 1, 2, \cdots, n)$$

说明 $K^*=0$ 时，闭环特征方程的根就是开环传递函数 $G(s)H(s)$ 的极点，所以根轨迹必起始于系统的开环极点。式(4.11)可写为

$$\frac{1}{K^*}\prod_{i=1}^{n}(s-p_i)+\prod_{j=1}^{m}(s-z_j)=0 \tag{4.12}$$

当 $K^*=\infty$ 时，可得

$$s=z_j \quad (j=1,2,\cdots,m)$$

即根轨迹终止于开环零点。

在实际系统中，开环零点的个数 m 不超过开环极点的个数 n，即 $m\leqslant n$。此时有 $n-m$ 条分支终止于无穷远处。的确，当 $s\to\infty$ 时，方程(4.6)的模值关系可表示为

$$K^*=\lim_{s\to\infty}\frac{\prod_{i=1}^{n}|s-p_i|}{\prod_{j=1}^{m}|s-z_j|}=\lim_{s\to\infty}|s|^{n-m}\to\infty \quad (n>m)$$

有时，称有限数值的零点为有限零点，称无穷远处的零点为无限零点。在把无穷远处看作无限零点的意义下，开环零点数和开环极点数相等。

法则3(实轴上的根轨迹)　*若实轴上某一区间段的右侧开环零、极点数目之和为奇数，则该实轴段为根轨迹。*

证明　这个结论可用相角条件验证。设系统的开环零、极点分布如图4.4所示，已知有五个开环极点 p_1,p_2,p_3,p_4,p_5 和两个开环零点 z_1,z_2，其中 p_3 和 p_4 为共轭复极点，其余为实极点与实零点。在被考察的实轴区间取一个实验点 s_i，则 s_i 应满足相角条件：

$$\sum_{i=1}^{m}\angle(s_i-z_i)-\sum_{j=1}^{n}\angle(s_i-p_j)=\pm(2k+1)\pi \quad (k=0,1,2,\cdots)$$

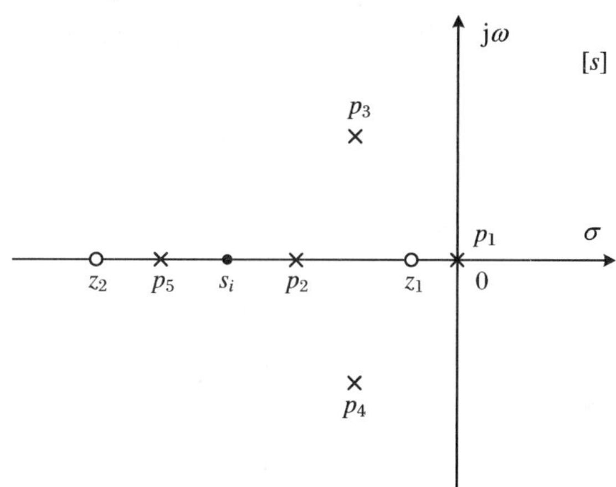

图4.4　系统的开环零、极点分布

显而易见，实轴上 s_i 左侧的零极点 z_2 和 p_5 对 s_i 构成的相角为零，s_i 右侧的零极点 p_1,p_2,z_1 对 s_i 构成的相角皆为 π。而共轭复数极点 p_3 和 p_4 对 s_i 构成的相角之和为 2π，所以共轭复数极点或共轭复数零点与 s_i 构成的角度不影响相角条件的满足与否。因此，s_i 点是否满足相角条件仅由 s_i 右侧的零、极点个数决定。设实验点 s_i 右侧有 N_z 个开环零点和 N_p 个开环极点，则当且仅当 N_z-N_p 为奇数时，

$$\sum_{i=1}^{m}\angle(s_i-z_i)-\sum_{j=1}^{n}\angle(s_i-p_j)=N_z\pi-N_p\pi=(N_z-N_p)\pi=(2k+1)\pi$$

此时 s_i 满足相角条件,为根轨迹上的点。而 $N_z - N_p$ 为奇数等价于 $N_z + N_p$ 为奇数。因此,实轴上的根轨迹只能是那些在其右侧的开环实极点与开环实零点的总数为奇数的线段。

下面举例说明以上几条法则的应用。

例 4.1 已知系统的开环传递函数为 $G(s)H(s)=\dfrac{K^*}{s(s+1)(s+2)}$,试绘制系统实轴上的根轨迹。

解 (1) 开环传函分子分母的阶次分别为 $m=0,n=3$,由法则 1 可知,根轨迹有三条分支,它们是连续的,且对称于实轴。

(2) 由法则 2 可知,根轨迹的三条分支分别从三个开环极点 $p_1=0,p_2=-1,p_3=-2$ 出发,终止于无穷远处。

(3) 由法则 3 可知,实轴上区间段 $(-\infty,-2]$ 和 $[-1,0]$ 是根轨迹,如图 4.5 所示。

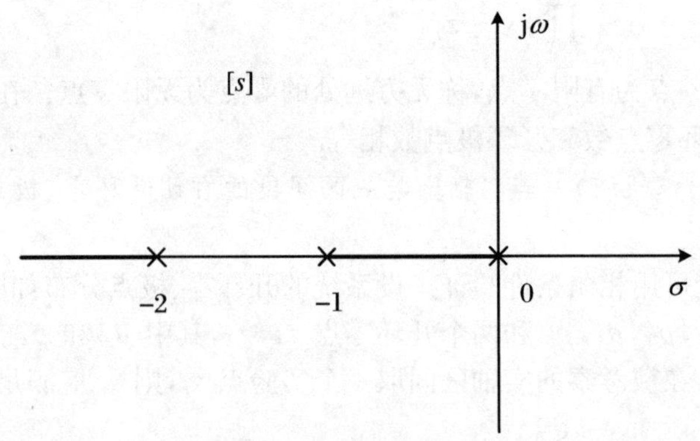

图 4.5 例 4.1 实轴上根轨迹图

由法则 2 可知,当开环有限极点数目 n 大于有限零点数目 m 时,有 $n-m$ 条根轨迹分支趋向于无穷远处。这些分支沿着什么方向趋向于无穷远呢?是正实轴,负实轴,正虚轴,负虚轴,还是与正实轴呈某一角度?这就需要研究根轨迹的渐近线。

法则 4(根轨迹的渐近线) 当开环有限极点数目 n 大于有限零点数目 m 时,有 $n-m$ 条根轨迹分支沿着 $n-m$ 条渐近线趋向于无穷远处,渐近线与实轴的交点坐标为

$$\sigma_a = \frac{\sum_{i=1}^{n} p_i - \sum_{j=1}^{m} z_j}{n-m} \tag{4.13}$$

渐近线与正实轴方向的夹角为

$$\varphi_a = \frac{(2k+1)\pi}{n-m} \quad (k = 0, \pm 1, \pm 2, \cdots) \tag{4.14}$$

例 4.2 确定例 4.1 的渐近线。

解 由法则 4 可知,根轨迹有 $n-m=3$ 条渐近线,渐近线与实轴的交点坐标为

$$\sigma_a = \frac{\sum_{i=1}^{n} p_i - \sum_{j=1}^{m} z_j}{n-m} = \frac{0+(-1)+(-2)}{3-0} = -1$$

渐近线与实轴的夹角为

$$\varphi_a = \frac{(2k+1)\pi}{n-m} = \pm\frac{\pi}{3}, \pi \quad (k = 0, -1, 1)$$

渐近线如图 4.6 所示。

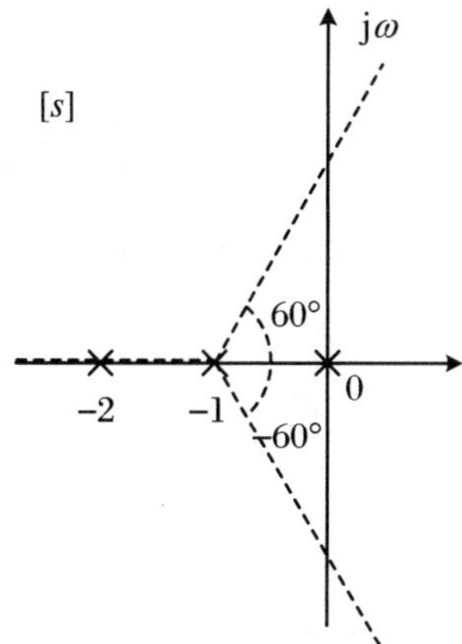

图 4.6　例 4.2 根轨迹渐近线

法则 5(根轨迹的分离点)　两条或两条以上根轨迹分支在 s 平面上相遇又立即分开的点,称为根轨迹的分离点,分离点的坐标可由方程

$$\frac{\mathrm{d}K^*}{\mathrm{d}s} = 0 \tag{4.15}$$

或

$$\sum_{i=1}^{n} \frac{1}{s - p_i} = \sum_{j=1}^{m} \frac{1}{s - z_j} \tag{4.16}$$

求出,式中,z_j 和 p_i 分别为系统的开环零点和开环极点。

证明　记 $A(s) = \prod_{i=1}^{n}(s - p_i)$,$B(s) = \prod_{j=1}^{m}(s - z_j)$,则闭环特征方程可表示为

$$f(s) = A(s) + K^* B(s) = 0 \tag{4.17}$$

由分离点的定义知,分离点为闭环特征方程的重根,因此,在分离点处有

$$\frac{\mathrm{d}f(s)}{\mathrm{d}s} = 0 \tag{4.18}$$

即

$$\frac{\mathrm{d}f(s)}{\mathrm{d}s} = \dot{A}(s) + K^* \dot{B}(s) = 0$$

得

$$K^* = -\frac{\dot{A}(s)}{\dot{B}(s)} \tag{4.19}$$

将式(4.19)代入式(4.17),得

$$f(s) = A(s) - \frac{\dot{A}(s)}{\dot{B}(s)} B(s) = 0$$

即

$$A(s)\dot{B}(s) - \dot{A}(s)B(s) = 0 \tag{4.20}$$

方程(4.20)的解即闭环特征方程的重根。而从方程(4.17)我们得到

$$K^* = -\frac{A(s)}{B(s)}$$

因此

$$\frac{\mathrm{d}K^*}{\mathrm{d}s} = -\frac{\dot{A}(s)B(s) - A(s)\dot{B}(s)}{B^2(s)} \tag{4.21}$$

如果令$\frac{\mathrm{d}K^*}{\mathrm{d}s} = 0$,则所得方程与方程(4.20)相同。因此,根轨迹的分离点可以从

$$\frac{\mathrm{d}K^*}{\mathrm{d}s} = 0 \tag{4.22}$$

的根中求出来。

另一方面,式(4.20)可写为

$$\frac{\dot{A}(s)}{A(s)} = \frac{\dot{B}(s)}{B(s)}$$

即

$$\frac{\mathrm{d}\ln A(s)}{\mathrm{d}s} = \frac{\mathrm{d}\ln B(s)}{\mathrm{d}s}$$

将 $A(s) = \prod_{i=1}^{n}(s - p_i)$,$B(s) = \prod_{j=1}^{m}(s - z_j)$ 代入上式,得

$$\sum_{i=1}^{n}\frac{\mathrm{d}\ln(s - p_i)}{\mathrm{d}s} = \sum_{j=1}^{m}\frac{\mathrm{d}\ln(s - z_j)}{\mathrm{d}s}$$

即

$$\sum_{i=1}^{n}\frac{1}{s - p_i} = \sum_{j=1}^{m}\frac{1}{s - z_j} \tag{4.23}$$

也就是说,根轨迹的分离点也可以从式(4.23)求出。证毕。

因为根轨迹对称于实轴,所以根轨迹的分离点或是实数或是共轭复数。常见的根轨迹分离点是位于实轴上的两条根轨迹分支的分离点。

值得指出的是,分离点的条件只是必要条件,而不是充分条件。也就是说,所有的分离点必须满足式(4.15)或式(4.16),但满足式(4.15)或式(4.16)的解不一定都是分离点。若式(4.15)或式(4.16)的解在根轨迹上,则该解是分离点。反之,若式(4.15)或式(4.16)的解不在根轨迹上,则该解不是分离点,应该舍去。

那如何判断式(4.15)或式(4.16)的解是否在根轨迹上呢?可以判断该解是否满足相角条件,这个方法略显烦琐。实际上,若求得的解是实数,则可以通过判断该点是否在实轴的根轨迹区间段内;若解是一对共轭复数 $s = s_1$ 和$s = s_2$,则可以将 $s = s_1$ 代入特征方程(4.3)求出对应的根轨迹增益 K^*。若 K^* 为正实数,则 $s = s_1$ 和 $s = s_2$ 为分离点;若 K^* 为负实数或复数,则 $s = s_1$ 和 $s = s_2$ 不是分离点。

注 (1) 如果实轴上两个相邻的开环极点之间是根轨迹,则在这两个开环极点之间至少存在一个分离点。

(2) 如果实轴上的两个相邻的开环零点(其中一个可以是无限零点)之间是根轨迹,则在这两个开环零点之间也至少存在一个分离点。

(3) 若实轴上的根轨迹位于开环极点和开环零点(可以是有限零点,也可以是无限零点)之间,则要么既不存在分离点,又不存在会合点,要么既存在分离点,又存在会合点。

例 4.3　计算例 4.1 中分离点的坐标及对应的根轨迹增益。

解　首先计算分离点的坐标。

方法一　利用公式$\dfrac{dK^*}{ds}=0$。

系统的特征方程为

$$1+G(s)=1+\frac{K^*}{s(s+1)(s+2)}=0$$

由此可得

$$K^*=-s(s+1)(s+2)$$

由法则 5,令$\dfrac{dK^*}{ds}=0$,得

$$\frac{dK^*}{ds}=-(3s^2+6s+2)=0$$

解得 $s_1=-0.423, s_2=-1.577$。

方法二　利用公式 $\sum\limits_{i=1}^{n}\dfrac{1}{s-p_i}=\sum\limits_{j=1}^{m}\dfrac{1}{s-z_j}$。

$$\frac{1}{s}+\frac{1}{s+1}+\frac{1}{s+2}=0$$

通分并去分母,得

$$(s+1)(s+2)+s(s+2)+s(s+1)=0$$

整理得

$$3s^2+6s+2=0$$

解得 $s_1=-0.423, s_2=-1.577$。

因为分离点必位于根轨迹上,又由例 4.1 可知,实轴上区间段$(-\infty,-2]$和$[-1,0]$是根轨迹。因此 $s_1=-0.423$ 是分离点,$s_2=-1.577$ 不在根轨迹上,不是分离点。

现在计算分离点 $s_1=-0.423$ 对应的根轨迹增益。由模值条件得

$$\begin{aligned}K_1^*&=|s_1|\cdot|s_1+1|\cdot|s_1+2|\\&=0.423\times0.577\times1.577\\&=0.385\end{aligned}$$

法则 6(根轨迹与虚轴的交点)　根轨迹与虚轴交点处的坐标与根轨迹增益 K^* 值可由劳斯判据确定,也可令 $s=j\omega$ 代入特征方程求解。

注　当根轨迹与虚轴相交时,说明系统闭环特征方程含有一对共轭纯虚根 $s_{1,2}=\pm j\omega$,系统处于临界稳定状态。因此,将 $s=j\omega$ 代入特征方程中,得

$$1+G(j\omega)H(j\omega)=0$$

即

$$G(j\omega)H(j\omega)=-1$$

因此,有

$$\begin{cases}\mathrm{Re}[G(j\omega)H(j\omega)]=-1\\\mathrm{Im}[G(j\omega)H(j\omega)]=0\end{cases}\tag{4.24}$$

式(4.24)包含两个方程,可求出两个未知数:角频率 ω 与根轨迹增益K^*。

例 4.4　计算例 4.1 中根轨迹与虚轴的交点,并绘制完整的根轨迹。

解 *方法一* 令 $s=\mathrm{j}\omega$ 代入特征方程。

系统的特征方程为

$$1+\frac{K^*}{s(s+1)(s+2)}=0$$

或

$$s(s+1)(s+2)+K^*=0$$

整理得

$$s^3+3s^2+2s+K^*=0 \tag{1}$$

令 $s=\mathrm{j}\omega$ 代入式(1),得

$$K^*-3\omega^2+\mathrm{j}(2\omega-\omega^3)=0$$

令$\begin{cases}K^*-3\omega^2=0\\2\omega-\omega^3=0\end{cases}$,解得 $\omega=\pm\sqrt{2}$,$K^*=6$($\omega=0$,$K^*=0$ 为根轨迹起点,舍去)。

方法二 劳斯判据。

由系统特征方程(1)列劳斯阵列表如下:

s^3	1	2
s^2	3	K^*
s^1	$(6-K^*)/3$	
s^0	K^*	

为保证闭环系统有纯虚根,劳斯阵列表应存在全零行,令$(6-K^*)/3=0$,得 $K^*=6$,辅助方程为

$$3s^2+K^*=0$$

即 $3s^2+6=0$,解得 $s_{1,2}=\pm\mathrm{j}\sqrt{2}$。

综合例 4.1～例 4.4,绘制系统的根轨迹如图 4.7 所示。

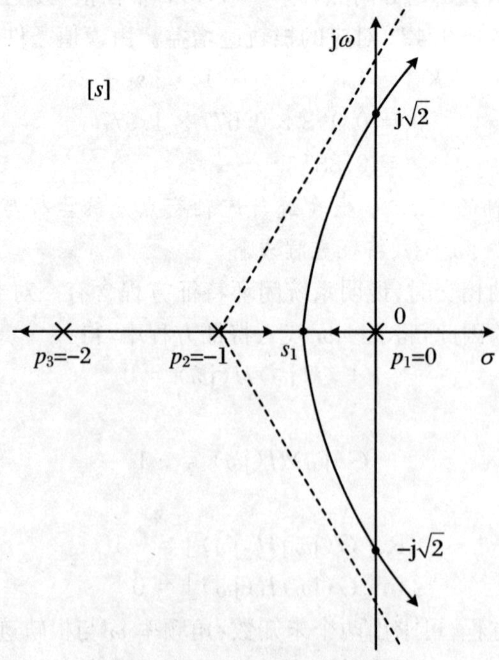

图 4.7 例 4.1 系统的根轨迹

由图可见，在根轨迹的三条分支中，一条从 $p_3 = -2$ 出发，随着 K^* 的增加，沿着负实轴趋向无穷远处。另外两条分支分别从开环极点 $p_1 = 0$ 和 $p_2 = -1$ 出发，沿着负实轴向着分离点 s_1 移动。当 $K^* = 0.385$ 时，这两条分支会合于 s_1 点。这时，系统处于临界阻尼状态。当 K^* 继续增大时，这两条分支离开负实轴分别趋近 $+60^\circ$ 和 -60° 的渐近线，向无穷远处延伸。当 $0.385 < K^* < 6$ 时，系统处于欠阻尼状态，出现衰减振荡。而当 $K^* > 6$ 时，根轨迹穿过虚轴，进入 s 平面的右半部，系统不稳定。

法则7(根轨迹的起始角和终止角)　根轨迹离开开环复数极点处的切线与正实轴的夹角，称为根轨迹的起始角，以 θ_{p_i} 表示；根轨迹进入开环复数零点处的切线与正实轴的夹角，称为根轨迹的终止角，以 φ_{z_i} 表示。起始角和终止角按如下关系式求出：

$$\theta_{p_i} = \pm 180^\circ + \sum_{j=1}^{m} \angle(p_i - z_j) - \sum_{j=1, j\neq i}^{n} \angle(p_i - p_j) \tag{4.25}$$

$$\varphi_{z_i} = \pm 180^\circ + \sum_{j=1}^{n} \angle(z_i - p_j) - \sum_{j=1, j\neq i}^{m} \angle(z_i - z_j) \tag{4.26}$$

说明　法则7是根据相角条件得到的。下面以图4.8为例说明。在图4.8根轨迹线上靠近 p_1 点取一点 s_1，则点 s_1 应满足如下相角条件：

$$\angle(s_1 - z_1) + \angle(s_1 - z_2) - \angle(s_1 - p_1) - \angle(s_1 - p_2) = \pm(2k+1)\pi$$

使 s_1 点与开环极点 p_1 无限靠近，则 $\angle(s_1 - p_1)$ 趋近于 θ_{p_1}，上式可写为

$$\theta_{p_1} = \pm(2k+1)\pi + \angle(p_1 - z_1) + \angle(p_1 - z_2) - \angle(p_1 - p_2)$$

为简便起见，取 $k=0$，得

$$\theta_{p_1} = \pm 180^\circ + \angle(p_1 - z_1) + \angle(p_1 - z_2) - \angle(p_1 - p_2)$$

推广可得，在一般情况下计算复数极点出射角的关系式为式(4.25)。同理，一般情况下，计算复数零点入射角的关系式为式(4.26)。

注　由对称性可知，根轨迹在共轭复数极点(零点)处的起始角(终止角)互为相反数。

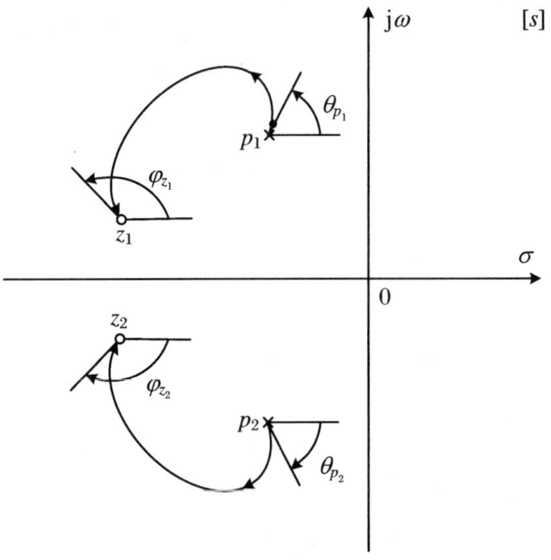

图4.8　出射角与入射角

法则8(闭环极点的和)　当 $n - m \geqslant 2$ 时

$$\sum_{i=1}^{n} s_i = \sum_{i=1}^{n} p_i \tag{4.27}$$

式中，s_i 为闭环极点，p_i 为开环极点。

证明 系统的闭环特征方程(4.3)可表示为

$$\prod_{i=1}^{n}(s-p_i)+K^*\prod_{j=1}^{m}(s-z_j)=s^n+a_{n-1}s^{n-1}+\cdots+a_1s+a_0$$
$$=\prod_{i=1}^{n}(s-s_i)=s^n+\left(-\sum_{i=1}^{n}s_i\right)s^{n-1}+\cdots+\prod_{i=1}^{n}(-s_i)$$
$$=0$$

在 $n-m\geqslant2$ 的条件下，s^{n-1} 项系数 $a_{n-1}=\sum_{i=1}^{n}(-p_i)$，故有式(4.27)成立。

注 式(4.27)表明，当开环极点确定且 $n-m\geqslant2$ 时，系统的闭环极点的和是一个不变的常数，即当 K^* 增大时，若某些根轨迹分支在 s 平面上向左移动，则另一部分根轨迹分支必向右移动。

法则 9(闭环极点的和与积) 设闭环控制系统的特征方程为

$$1+G(s)H(s)=s^n+a_{n-1}s^{n-1}+\cdots+a_1s+a_0=0$$

假设它的根为 $p_1,p_2,p_3,\cdots,p_n$，则

$$s^n+a_{n-1}s^{n-1}+\cdots+a_1s+a_0=(s-p_1)(s-p_2)(s-p_3)\cdots(s-p_n)$$

根据代数方程根与系数间的关系，可得

$$\sum_{j=1}^{n}p_j=-a_{n-1} \tag{4.28}$$

$$\prod_{j=1}^{n}(-p_j)=a_0 \tag{4.29}$$

根据以上两式所示关系，在已知某些简单控制系统部分闭环极点的情况下，易于确定其余极点在 s 平面上的位置分布，还可计算出与系统闭环极点对应的参变量 K^* 的数值。由此，得出绘制根轨迹的法则 9：闭环极点的和与积分别按式(4.28)和式(4.29)计算。

根据以上介绍的九条法则，不难绘制出系统的概略根轨迹。为了便于查阅，所有绘制法则统一归纳在表 4.1 中。

表 4.1 根轨迹图绘制法则

序号	内 容	法 则
1	根轨迹的分支数、连续性和对称性	根轨迹的分支数等于开环极点数 $n(n>m)$ 或开环零点数 $m(n<m)$，根轨迹对称于实轴且是连续的
2	根轨迹的起点和终点	根轨迹起始于开环极点(包括无限极点)，终止于开环零点(包括无限零点)
3	实轴上的根轨迹	若实轴上某一区间段的右侧开环零、极点数目之和为奇数，则该实轴段为根轨迹
4	根轨迹的渐近线	$n-m$ 条渐近线与实轴的交点坐标以及与正实轴的夹角为 $\sigma_a=\dfrac{\sum_{i=1}^{n}p_i-\sum_{j=1}^{m}z_j}{n-m}$ $\varphi_a=\dfrac{(2k+1)\pi}{n-m}\quad(k=0,\pm1,\pm2,\cdots)$

续表

序号	内　　容	法　　则
5	根轨迹的分离点和分离角	分离点坐标满足方程 $\frac{\mathrm{d}K^*}{\mathrm{d}s}=0$　或　$\sum_{j=1}^{m}\frac{1}{d-z_j}=\sum_{i=1}^{n}\frac{1}{d-p_i}$
6	根轨迹与虚轴的交点	以 $s=\mathrm{j}\omega$ 代入特征方程求解或者利用劳斯判据确定
7	根轨迹的起始角和终止角	起始角：$\theta_{p_i}=\pm 180^\circ+\sum_{j=1}^{m}\angle(p_i-z_j)-\sum_{j=1,j\neq i}^{n}\angle(p_i-p_j)$ 终止角：$\varphi_{z_i}=\pm 180^\circ+\sum_{j=1}^{n}\angle(z_i-p_j)-\sum_{j=1,j\neq i}^{m}\angle(z_i-z_j)$
8	根之和	$\sum_{i=1}^{n}s_i=\sum_{i=1}^{n}p_i$
9	根的和与积	$\sum_{j=1}^{n}p_j=-a_{n-1}$，　$\prod_{j=1}^{n}(-p_j)=a_0$

例 4.5　已知系统的开环传递函数为 $G(s)=\frac{K^*(s+3)}{(s+1)(s^2+4s+5)}$，要求绘制系统的根轨迹图。

解　此系统的开环极点为 $p_1=-1$，$p_{2,3}=-2\pm\mathrm{j}1$，开环零点为 $z_1=-3$。开环零、极点分布图如图 4.9 所示。

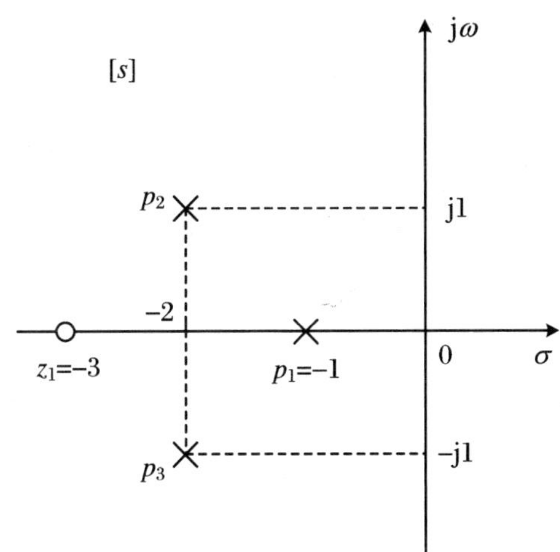

图 4.9　系统开环零、极点分布图

(1) 因为 $n=3$，$m=1$，根轨迹有三条分支，分别起始于开环极点 $p_1=-1$，$p_{2,3}=-2\pm\mathrm{j}1$，一条分支终止于开环零点 $z_1=-3$，两条分支终止于无穷远处。

(2) 实轴上的根轨迹：实轴段[-3，-1]为根轨迹。

(3) 渐近线：根轨迹有 $n-m=2$ 条渐近线，其与实轴的交点为

$$\sigma_a = \frac{\sum_{i=1}^{n} p_i - \sum_{j=1}^{m} z_j}{n-m} = \frac{-1+(-2+j1)+(-2-j1)-(-3)}{2} = -1$$

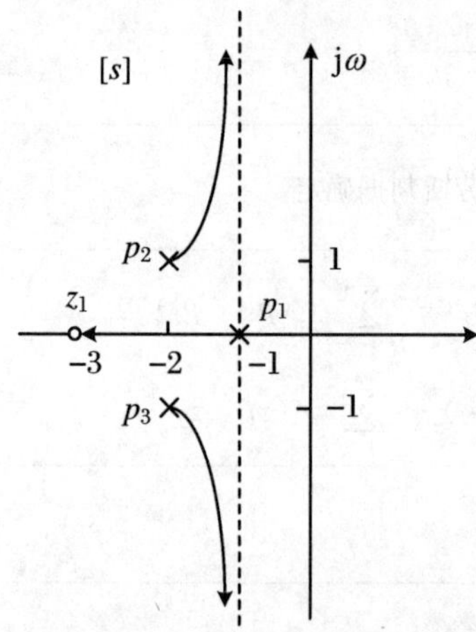

图 4.10　例 4.5 根轨迹图

与正实轴的夹角为

$$\varphi_a = \frac{(2k+1)\pi}{n-m} = \pm\frac{\pi}{2} \quad (k=0,-1)$$

(4) 分离点:分离点的坐标 d 满足方程

$$\frac{1}{d+1} + \frac{1}{d+2-j} + \frac{1}{d+2+j} = \frac{1}{d+3}$$

由凑试法可求得实根 $d=-3.84$,由于该点不在$[-3,-1]$区间,故不存在分离点。

(5) 起始角:对于复数极点 $p_2=-2+j1$,根轨迹的起始角为

$$\begin{aligned}\theta_{p_2} &= 180^\circ + \angle(p_2-z_1) - \angle(p_2-p_1) - \angle(p_2-p_3)\\ &= 180^\circ + 45^\circ - 135^\circ - 90^\circ = 0^\circ\end{aligned}$$

由根轨迹的对称性可直接得出 $\theta_{p_3} = -\theta_{p_2} = 0^\circ$。

至此,即可绘出大致根轨迹如图 4.10 所示。由图可知,根轨迹与虚轴没有交点。

例 4.6　设单位反馈控制系统的开环传递函数为

$$G(s) = \frac{K^*}{s(s+4)(s^2+4s+20)}$$

试绘制系统的概略根轨迹。

解　系统的零、极点分布图如图 4.11 所示。

(1) 根轨迹共有四条分支,分别起始于开环极点 $p_1=0, p_2=-4, p_{3,4}=-2\pm j4$,终止于无穷远处。

(2) 实轴上的根轨迹:实轴上$[-4,0]$段为根轨迹。

(3) 渐近线:根轨迹有 $n-m=4$ 条渐近线,渐近线与实轴的交点坐标为

$$\begin{aligned}\sigma_a &= \frac{\sum_{i=1}^{n} p_i - \sum_{j=1}^{m} z_j}{n-m}\\ &= \frac{0+(-4)+(-2+j4)+(-2-j4)}{4} = -2\end{aligned}$$

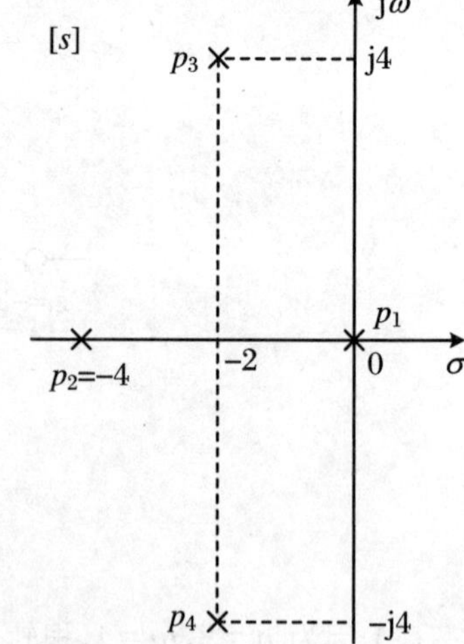

图 4.11　例 4.6 零、极点分布图

渐近线与正实轴的夹角为

$$\varphi_a = \frac{(2k+1)\pi}{n-m} = \pm\frac{\pi}{4}, \pm\frac{3\pi}{4} \quad (k=0,\pm1,-2)$$

(4) 分离点:分离点满足方程

$$\frac{1}{d} + \frac{1}{d+4} + \frac{1}{d+2+j4} + \frac{1}{d+2-j4} = 0$$

通分并整理得

$$4(d+2)(d^2+4d+10) = 0$$

解得 $d_1=-2, d_{2,3}=-2\pm j2.45$。

再求分离点处所对应的根轨迹增益。系统的闭环特征方程为

$$1+\frac{K^*}{s(s+4)(s^2+4s+20)}=0$$

或写成

$$s(s+4)(s^2+4s+20)+K^*=0$$

整理得

$$s^4+8s^3+36s^2+80s+K^*=0 \tag{1}$$

将 $s=d_1=-2, s=d_2=-2+j2.45$ 代入式(1)，求得 $K_1^*=64, K_2^*=100$。

(5) 起始角：

$$\begin{aligned}\theta_{p_3} &= 180^\circ-\angle(p_3-p_1)+\angle(p_3-p_2)+\angle(p_3-p_4)\\ &= 180^\circ-135^\circ-45^\circ-90^\circ=-90^\circ\end{aligned}$$

由根轨迹的对称性可知 $\theta_{p_4}=-\theta_{p_3}=90^\circ$。

(6) 根轨迹与虚轴的交点：用两种方法来确定根轨迹与虚轴的交点。

方法一　将 $s=j\omega$ 代入系统的闭环特征方程(1)，得

$$(\omega^4-36\omega^2+K^*)+j(-8\omega^3+80\omega)=0$$

令

$$\begin{cases}\omega^4-36\omega^2+K^*=0\\ -8\omega^3+80\omega=0\end{cases}$$

解得 $\omega=\pm\sqrt{10}$（$\omega=0$ 对应根轨迹的起点，应舍去），$K^*=260$。

方法二　由系统的闭环特征方程(1)，列劳斯阵列表如下：

s^4	1	36	K^*
s^3	8	80	
s^2	26	K^*	
s^1	$80-\frac{4K^*}{13}$		
s^0	K^*		

由于系统出现一对对称纯虚根，因此劳斯阵列表的 s^1 行必为全零行，而 s^2 行构成辅助方程。所以，令

$$80-\frac{4K^*}{13}=0$$

解得 $K^*=260$，辅助方程为

$$26s^2+260=0$$

解得 $s_1=j\sqrt{10}, s_2=-j\sqrt{10}$。

至此，可绘出大致根轨迹如图 4.12 所示。

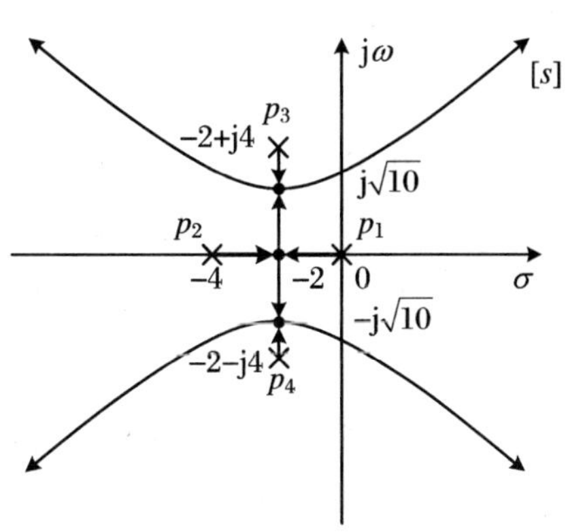

图 4.12　例 4.6 系统根轨迹

例 4.7　已知系统的开环传递函数为

$$G(s)H(s)=\frac{K^*}{s(s+2.73)(s^2+2s+2)}$$

试绘制系统根轨迹。

解 (1) 由于 $n=4, m=0$，根轨迹有四个分支，它们连续且对称于实轴。

(2) 当 $K^*=0$ 时，根轨迹的四个分支起始于四个开环极点，即 $p_1=0, p_2=-2.73$，$p_3=-1+\mathrm{j}, p_4=-1-\mathrm{j}$；当 $K^* \to \infty$ 时，它们均延伸向无穷远。

(3) 实轴上属于根轨迹的线段为 $[-2.73, 0]$。

(4) 渐近线：由于 $n-m=4$，渐近线共有四条。渐近线与实轴的交点坐标为

$$\sigma_a = \frac{\sum_{i=1}^{n} p_i - \sum_{j=1}^{m} z_j}{n-m} = \frac{0+(-2.73)+(-1+\mathrm{j}1)+(-1-\mathrm{j}1)}{4} = -1.18$$

渐近线与正实轴的夹角为

$$\varphi_a = \frac{(2k+1)\pi}{n-m} = \pm\frac{\pi}{4}, \pm\frac{3\pi}{4} \quad (k=0, \pm 1, -2)$$

(5) 分离点：令

$$\frac{\mathrm{d}K^*}{\mathrm{d}s} = \frac{\mathrm{d}}{\mathrm{d}s}[-s(s+2.73)(s^2+2s+2)] = 0$$

即

$$s^3 + 14.19s^2 + 14.92s + 5.46 = 0$$

用凑试法求得分离点 $d=-2.05$。

(6) 出射角：

$$\begin{aligned}\theta_{p_3} &= 180^\circ - \angle(p_3-p_1) - \angle(p_3-p_2) - \angle(p_3-p_4) \\ &= 180^\circ - 135^\circ - 30^\circ - 90^\circ = -75^\circ\end{aligned}$$

由根轨迹的对称性可直接得出 $\theta_{p_4}=75^\circ$。

(7) 根轨迹与虚轴的交点：系统的特征方程为

$$s(s+2.73)(s^2+2s+2)+K^* = 0$$

整理得

$$s^4 + 4.73s^3 + 7.46s^2 + 5.46s + K^* = 0$$

将 $s=\mathrm{j}\omega$ 代入上式，得

$$\omega^4 - \mathrm{j}4.73\omega^3 - 7.46\omega^2 + \mathrm{j}5.46\omega + K^* = 0$$

从而得出实部方程和虚部方程分别为

$$\omega^4 - 7.46\omega^2 + K^* = 0$$
$$-4.73\omega^3 + 5.46\omega = 0$$

解虚部方程和实部方程得

$$\omega = 0(\text{舍去}) \quad 或 \quad \omega = \pm 1.07; \quad K^* = 7.26$$

(8) 根之和：

$$\sum_{i=1}^{4} s_i = \sum_{i=1}^{4} p_i = -4.73$$

至此，可绘出大致根轨迹如图 4.13 所示。可见从开环极点 p_1, p_2 出发的根轨迹分支向左移动，从开环极点 p_3, p_4 出发的根轨迹分支向右移动。

例 4.8 已知单位负反馈系统的开环传递函数为

$$G(s) = \frac{K^*(s+4)}{s(s+2)}$$

试绘制闭环系统的根轨迹，并确定使系统处于欠阻尼状态的开环增益范围。

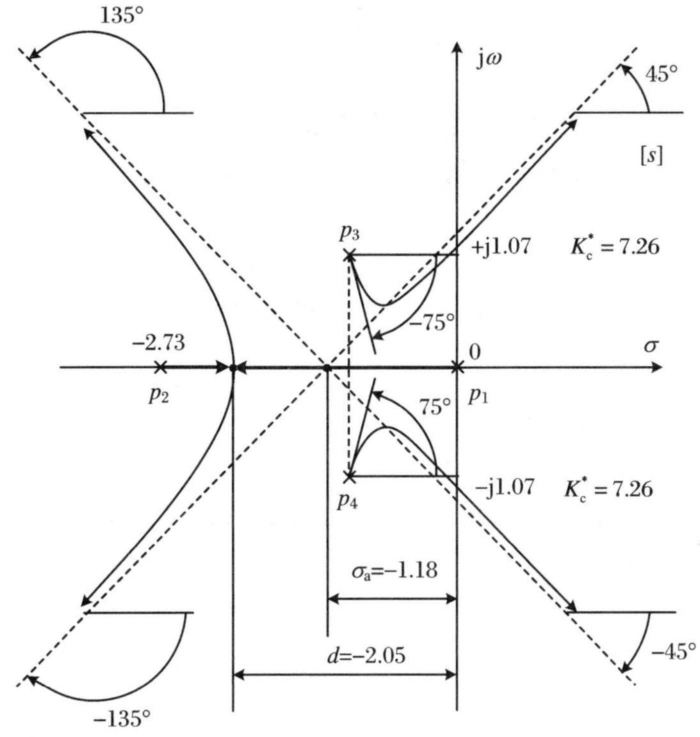

图 4.13　例 4.7 根轨迹图

解　(1) 系统根轨迹有两条分支，分别起始于开环极点 $p_1 = 0, p_2 = -1$，终止于开环零点 $z_1 = -2$ 和无穷远处。

(2) 实轴上的根轨迹：实轴段 $(-\infty, -2)$ 和 $[-1, 0]$ 为根轨迹。

(3) 分离点：

$$\frac{1}{d} + \frac{1}{d+1} = \frac{1}{d+2}$$

解得 $d_1 = -0.586, d_2 = -3.414$。$d_1, d_2$ 都在根轨迹上，都是分离点。d_1, d_2 所对应的根轨迹增益分别为

$$K_1^* = \frac{|d_1||d_1+1|}{|d_1+2|} = \frac{0.586 \times 0.414}{1.414} = 0.1716$$

$$K_2^* = \frac{|d_2||d_2+1|}{|d_2+2|} = \frac{3.414 \times 2.414}{1.414} = 5.8284$$

综上，根轨迹如图 4.14 所示。不难证明，复平面上的根轨迹为圆。

当 $K_1^* < K^* < K_2^*$ 时，系统处于欠阻尼状态，即 $0 < \zeta < 1$，系统具有一对共轭复根。又因为开环增益 $K = 2K^*$，所以使系统处于欠阻尼状态的开环增益范围为

$$2K_1^* < K < 2K_2^*$$

即 $0.3432 < K < 11.6568$。

结束本节前，我们在图 4.15 中展示了几种常见的开环零、极点分布及相应的根轨迹，供绘制概略根轨迹时参考。同时，运用 MATLAB 可获得系统准确的根轨迹图，以及根轨迹上特定点的根轨迹增益，具体使用方法在本章第 4.4 节进行说明。

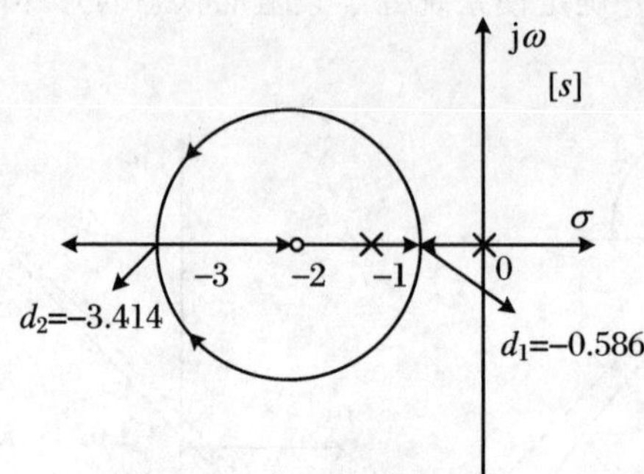

图 4.14　例 4.8 根轨迹图

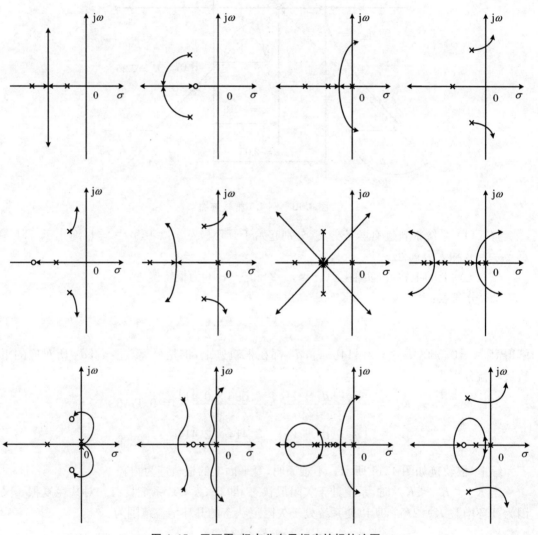

图 4.15　开环零、极点分布及相应的根轨迹图

4.3　广义根轨迹

4.3.1　参数根轨迹

根轨迹法提出的初衷是确定当系统的开环根轨迹增益由零变化到无穷大时，系统的闭环特征根的轨迹。然而，利用根轨迹法也可以确定系统的其他参数变化时系统闭环特征根的轨迹。我们称以开环根轨迹增益 K^* 为可变参数的根轨迹为常规根轨迹，以非开环根轨迹增益为可变参数的根轨迹为参数根轨迹。

绘制参数根轨迹的法则与绘制常规根轨迹的法则完全相同。只要在绘制参数根轨迹之前，引入等效单位反馈系统和等效传递函数的概念，将变化的参数化至开环根轨迹增益的位置，即可按照常规根轨迹的绘制法则来绘制参数根轨迹。

系统的特征方程可表示为

$$s^n + a_{n-1}s^{n-1} + \cdots + a_1 s + a_0 = 0 \tag{4.30}$$

其中，$a_i(i\neq 1)$为常数，a_1 为从零到无穷大变化的参数。为了研究 a_1 对系统的影响，可以等效地研究根轨迹方程

$$1 + \frac{a_1 s}{s^n + a_{n-1}s^{n-1} + \cdots + a_2 s^2 + a_0} = 0 \tag{4.31}$$

记

$$G'(s) = \frac{a_1 s}{s^n + a_{n-1}s^{n-1} + \cdots + a_2 s^2 + a_0} \tag{4.32}$$

则 $G'(s)$称为系统的等效开环传递函数。

若变化的参数 α 不只对应一项或不是一个独立的系数，则必须对它进行合并或者分离。例如，设系统的特征方程为 $s^3+(3+\alpha)s^2+3\alpha s+6=0$。将与 α 有关的项合并、分离，可得 $s^3+3s^2+6+\alpha(s^2+3s)=0$。方程两边同时除以与 α 无关的项 s^3+3s^2+6，则等效的根轨迹方程为

$$1 + \frac{\alpha(s^2+3s)}{s^3+3s^2+6} = 0$$

故等效开环传递函数为

$$G'(s) = \frac{\alpha s(s+3)}{s^3+3s^2+6}$$

例 4.9　单位反馈系统开环传递函数 $G(s)=\dfrac{(s+a)/4}{s^2(s+1)}$。当 $a=0\to\infty$ 变化，试绘制闭环根轨迹；当 $\zeta=1$ 时，$\Phi(s)$等于多少？

解　(1) 系统的闭环特征方程为

$$D(s) = s^3 + s^2 + \frac{1}{4}s + \frac{1}{4}a = 0$$

或写为

$$1+\frac{a/4}{s^3+s^2+s/4}=0$$

则“等效开环传递函数”为

$$G'(s)=\frac{a/4}{s^3+s^2+s/4}=\frac{a/4}{s(s+0.5)^2}$$

① 根轨迹有 3 条分支,分别起始于开环极点 $p_1=0,p_2=p_3=-0.5$,终止于无穷远处。

② 实轴上的根轨迹:实轴上区间段$(-\infty,0]$为根轨迹。

③ 渐近线:$\sigma_a=\frac{p_1+p_2+p_3}{3}=-\frac{1}{3},\varphi_a=\pm 60^\circ,180^\circ$。

④ 分离点:$\frac{1}{d}+\frac{2}{d+0.5}=0$,整理得 $3d+0.5=0$,解得 $d=-\frac{1}{6}$。分离点处对应的增益为 $a_d=4|d||d+0.5|^2=\frac{2}{27}$。

⑤ 与虚轴交点:令$\begin{cases}\mathrm{Re}[D(\mathrm{j}\omega)]=-\omega^2+a/4=0\\ \mathrm{Im}[D(\mathrm{j}\omega)]=-\omega^3+\omega/4=0\end{cases}$,解得 $\begin{cases}\omega=1/2\\ a=1\end{cases}$。

综上所述,系统的根轨迹如图 4.16 所示。

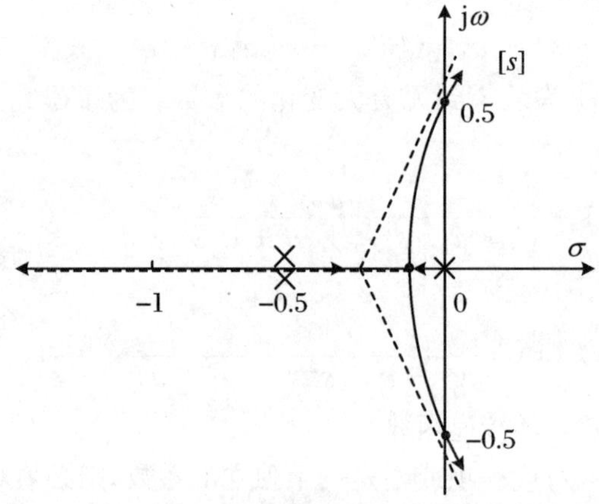

图 4.16　例 4.9 系统根轨迹图(−0.5 是重极点)

(2) $\zeta=1$ 对应于分离点 $d=-1/6,a_d=2/27$,系统的开环传递函数为

$$G(s)=\frac{(s+a)/4}{s^2(s+1)}=\frac{(s+2/27)/4}{s^2(s+1)}$$

系统的闭环传递函数为

$$\Phi(s)=\frac{G(s)}{1+G(s)}=\frac{(s+2/27)/4}{(s+1/6)^2(s+2/3)}$$

4.3.2　零度根轨迹

如果所研究的控制系统为非最小相位系统,则有时不能采用常规根轨迹的绘制法则来绘制根轨迹,而是要绘制零度根轨迹。我们知道,绘制常规根轨迹的时候,相角需遵循 $180^\circ+2k\pi$ 的条件。与常规根轨迹不同,零度根轨迹的相角需遵循 $0^\circ+2k\pi$ 的条件。什么样的系统要绘制零度根轨迹呢?零度根轨迹的来源有两个方面:一是控制系统中包含正反

馈内回路；二是非最小相位系统中包含 s 最高次幂的系数为负的因子。前者是由于某种性能指标的要求，使得在复杂的控制系统设计中，必须包含正反馈回路；后者是由于被控制对象，如飞机、导弹的本身特性所产生的，或者是在系统结构图变换过程中所产生的。

零度根轨迹的绘制方法，与常规根轨迹的绘制方法略有不同。以正反馈系统为例，设某个控制系统如图 4.17 所示，其中内回路采用正反馈，系统通常由外回路加以稳定。

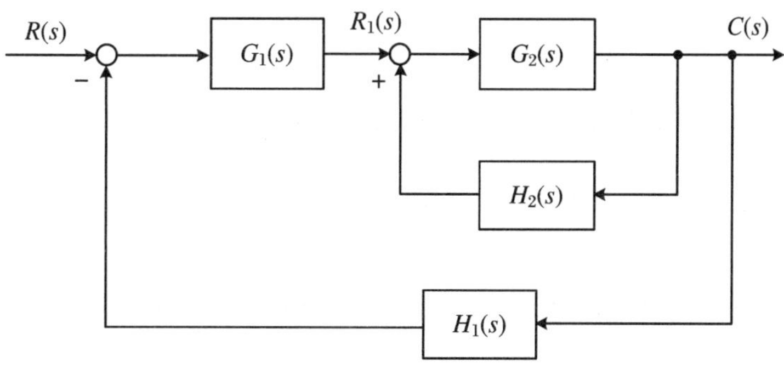

图 4.17　复杂控制系统

为了分析整个控制系统的性能，首先要确定内回路的零、极点。用根轨迹法确定内回路的零、极点，就相当于绘制正反馈系统的根轨迹。在图 4.17 中，正反馈内回路的闭环传递函数为

$$\frac{C(s)}{R_1(s)} = \frac{G_2(s)}{1 - G_2(s)H_2(s)}$$

于是，得到正反馈系统的根轨迹方程：

$$G_2(s)H_2(s) = 1 \tag{4.33}$$

设

$$G_2(s)H_2(s) = K^* \frac{\prod_{j=1}^{m}(s - z_j)}{\prod_{i=1}^{n}(s - p_i)}$$

则式(4.33)等价于以下两个条件：

$$\sum_{j=1}^{m}\angle(s - z_j) - \sum_{i=1}^{n}\angle(s - p_i) = 0^\circ + 2k\pi \quad (k = 0, \pm 1, \pm 2, \cdots) \tag{4.34}$$

$$K^* = \frac{\prod_{i=1}^{n}|s - p_i|}{\prod_{j=1}^{m}|s - z_j|} \tag{4.35}$$

式(4.34)称为零度根轨迹的相角条件，式(4.35)称为零度根轨迹的模值条件。

将式(4.34)和式(4.35)与常规根轨迹条件式(4.5)和式(4.6)相比较可见，它们的模值条件完全相同，仅相角条件有所改变。因此，常规根轨迹的绘制法则，原则上可以应用于零度根轨迹的绘制，但在与相角有关的一些法则中，需作适当调整。

与常规根轨迹相比，绘制零度根轨迹时应调整的法则有如下三条。

法则 3（实轴上的根轨迹）　若实轴上某一区间段的右侧开环零、极点数目之和为偶数，则该实轴段为根轨迹。

法则 4(根轨迹的渐近线) 渐近线与实轴的交点坐标不变,与实轴的夹角变为

$$\varphi_a = \frac{2k\pi}{n-m} \quad (k = 0, \pm 1, \pm 2, \cdots)$$

法则 7(根轨迹的起始角和终止角) 根轨迹的起始角为其他零、极点到所求起始角复数极点的各向量相角之差,即

$$\theta_{p_i} = \pm 2k\pi + \sum_{j=1}^{m} \angle(p_i - z_j) - \sum_{j=1, j\neq i}^{n} \angle(p_i - p_j) \quad (k = 0, \pm 1, \pm 2, \cdots) \tag{4.36}$$

终止角等于其他零、极点到所求终止角复数零点的各向量相角之差的负值,即

$$\varphi_{z_i} = \pm 2k\pi + \sum_{j=1}^{n} \angle(z_i - p_j) - \sum_{j=1, j\neq i}^{m} \angle(z_i - z_j) \quad (k = 0, \pm 1, \pm 2, \cdots) \tag{4.37}$$

除了以上三条法则以外,其他法则不变。为了使用方便,表 4.2 列出了零度根轨迹图的绘制法则。

表 4.2 零度根轨迹图绘制法则

序号	内 容	法 则
1	根轨迹的起点和终点	根轨迹起始于系统的开环极点,终止于开环零点
2	根轨迹的分支数、连续性和对称性	根轨迹的分支数等于开环极点数或开环零点数,根轨迹对称于实轴且是连续的
3	实轴上的根轨迹	若实轴上某一区间段的右侧开环零、极点数目之和为偶数,则该实轴段为根轨迹
4	根轨迹的渐近线	$n-m$ 条渐近线与实轴的交角和交点为 $\varphi_a = \frac{2k\pi}{n-m} \quad (k=0, \pm 1, \pm 2, \cdots)$ $\sigma_a = \frac{\sum_{i=1}^{n} p_i - \sum_{j=1}^{m} z_j}{n-m}$
5	根轨迹的分离点	两条或两条以上根轨迹分支在 s 平面上相遇又立即分开的点,称为根轨迹的分离点,其分离点坐标满足 $\sum_{j=1}^{m} \frac{1}{d-z_j} = \sum_{i=1}^{n} \frac{1}{d-p_i}$
6	根轨迹与虚轴的交点	若根轨迹与虚轴相交,则交点上的 K^* 值和 ω 值可以用劳斯判据确定,也可使虚轴上的点 $s = \mathrm{j}\omega$ 满足特征(根轨迹)方程,然后由实部和虚部为零可求得交点处 K^* 和 ω
7	根轨迹的起始角和终止角	起始角:$\theta_{p_i} = \pm 2k\pi + \sum_{j=1}^{m} \angle(p_i - z_j) - \sum_{j=1, j\neq i}^{n} \angle(p_i - p_j)$ 终止角:$\varphi_{z_i} = \pm 2k\pi + \sum_{j=1}^{n} \angle(z_i - p_j) - \sum_{j=1, j\neq i}^{m} \angle(z_i - z_j)$

续表

序号	内　　容	法　　则
8	根之和	$\sum_{i=1}^{n} s_i = \sum_{i=1}^{n} p_i$
9	根的和与积	$\sum_{j=1}^{n} p_j = -a_{n-1}$，$\prod_{j=1}^{n}(-p_j) = a_0$

例 4.10　已知正反馈系统的开环传递函数为

$$G(s) = \frac{K^*(s+2)}{(s+3)(s^2+2s+2)}, \quad H(s) = 1$$

试绘制系统的根轨迹图。

解　本例根轨迹的绘制可分为如下几步：

① 在复平面上画出开环极点 $p_1=-1+\mathrm{j}, p_2=-1-\mathrm{j}, p_3=-3$ 以及开环零点 $z_1=-2$。当 K^* 从零到无穷变化时，根轨迹起始于开环极点，终止于开环零点。

② 确定实轴上的根轨迹。在实轴上，根轨迹存在于区间段 $[-2,+\infty)$ 和 $(-\infty,-3]$。

③ 确定根轨迹的渐近线。对于本例，有 $n-m=2$ 条根轨迹趋于无穷，其交角

$$\varphi_{\mathrm{a}} = \frac{2k\pi}{3-1} = 0°, 180° \quad (k=0,1)$$

渐近线与实轴的交点坐标为

$$\sigma_{\mathrm{a}} = \frac{\sum_{i=1}^{n} p_i - \sum_{j=1}^{m} z_j}{n-m} = \frac{(-1+\mathrm{j})+(-1-\mathrm{j})+(-3)-(-2)}{3-1} = -1.5$$

④ 确定分离点和分离角。由方程

$$\frac{1}{d+2} = \frac{1}{d+3} + \frac{1}{d+1-\mathrm{j}} + \frac{1}{d+1+\mathrm{j}}$$

整理得

$$2d^3 + 11d^2 + 20d + 10 = 0$$

解得 $d_1=-0.8, d_{2,3}=-2.349\pm\mathrm{j}0.845$。将 $d_1=-0.8$ 和 $d_2=-2.349+\mathrm{j}0.845$ 代入闭环特征方程

$$(s+3)(s^2+2s+2) - K^*(s+2) = 0$$

求得对应的根轨迹增益分别为

$$K_1^* = 1.907, \quad K_2^* = -1.078 - \mathrm{j}3.457$$

由于 K_2^* 为复数(根轨迹增益应为正实数)，因此 d_2 不是分离点。由对称性知，d_3 也不是分离点。故取 $d=-0.8$。

⑤ 确定起始角。对于复数极点 $p_1=-1+\mathrm{j}$，根轨迹的起始角为

$$\theta_{p_1} = \angle(p_1-z_1) - \angle(p_1-p_2) - \angle(p_1-p_3) = 45° - 90° - 26.6° = -71.6°$$

根据对称性，根轨迹从极点 p_2 的起始角 $\theta_{p_2}=71.6°$。整个系统的概略零度根轨迹如图 4.18 所示。

⑥ 确定临界开环增益。由图 4.18 可知，坐标原点对应的根轨迹增益为临界值，可由模值条件求出：

$$K^* = \frac{|0-(-1+\mathrm{j})|\cdot|0-(-1-\mathrm{j})|\cdot|0-(-3)|}{|0-(-2)|} = 3$$

由于 $K=\frac{K^*}{3}$，因此临近开环增益 $K=1$，所以为了使该正反馈系统稳定，开环增益应小于 1。

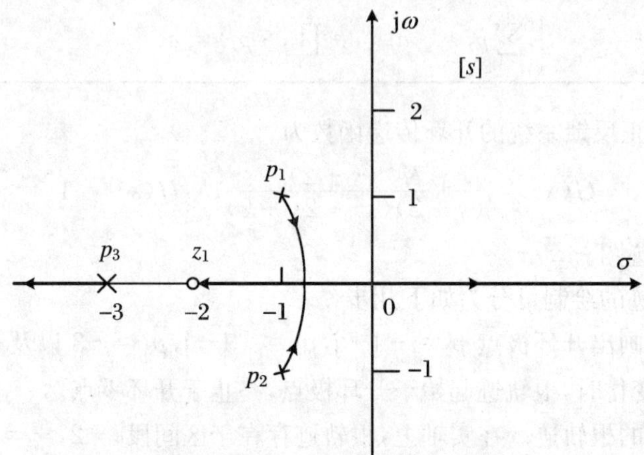

图 4.18　系统概略根轨迹

4.4　基于 MATLAB 的系统根轨迹分析

用 MATLAB 控制系统工具箱中的根轨迹分析函数可以方便地绘制系统的常规根轨迹、参数根轨迹，包括高阶系统、多回路系统。通过读取根轨迹上的开环增益等信息，可以直观地分析控制系统在开环增益改变、系统中某个或某几个参数改变时，系统稳定性、暂态性能和稳态性能的变化。本节讨论用 MATLAB 绘制系统的根轨迹，并从根轨迹上寻找相关信息。

4.4.1　根轨迹的绘制

考虑系统的闭环特征方程为

$$1+\frac{k(s+z_1)(s+z_2)\cdots(s+z_m)}{(s+p_1)(s+p_2)\cdots(s+p_n)} = 0$$

记开环传递函数的分子、分母多项式分别为

$$\begin{aligned}\mathrm{num} &= (s+z_1)(s+z_2)\cdots(s+z_m)\\ &= s^m+(z_1+z_2+\cdots+z_m)s^{m-1}+z_1z_2\cdots z_m\\ \mathrm{den} &= (s+p_1)(s+p_2)\cdots(s+p_n)\\ &= s^n+(p_1+p_2+\cdots+p_n)s^{n-1}+\cdots+p_1p_2\cdots p_n\end{aligned}$$

需要指出，分子分母多项式 num 和 den 都应按照 s 的降幂排列。绘制根轨迹的 MATLAB 命令如下。

```
rlocus(num,den)
```

例 4.11　控制系统如图 4.19 所示，要求绘制系统的根轨迹，并将横坐标和纵坐标限制在以下范围内：

$$-6 \leqslant x \leqslant 6, \quad -6 \leqslant y \leqslant 6$$

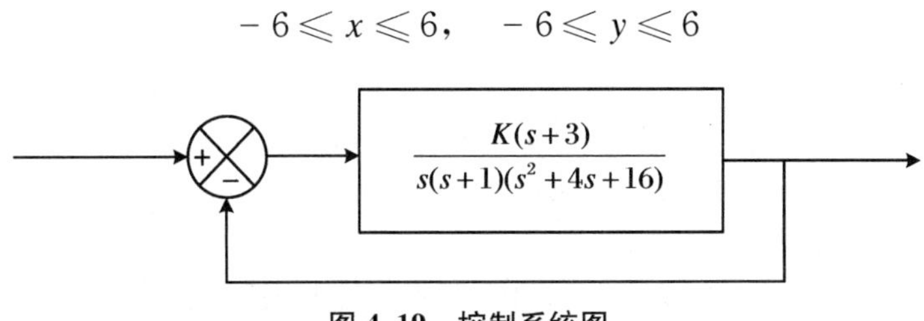

图 4.19　控制系统图

解　系统的开环传递函数为几个因子乘积的形式，使用命令 conv()可以求出分母多项式的系数。

```
a=[1 1 0];
b=[1 4 16];
den=conv(a,b)
den=
   1    5    20    16    0
```

MATLAB 程序见 MATLAB Program 4-1，绘制的根轨迹如图 4.20 所示。

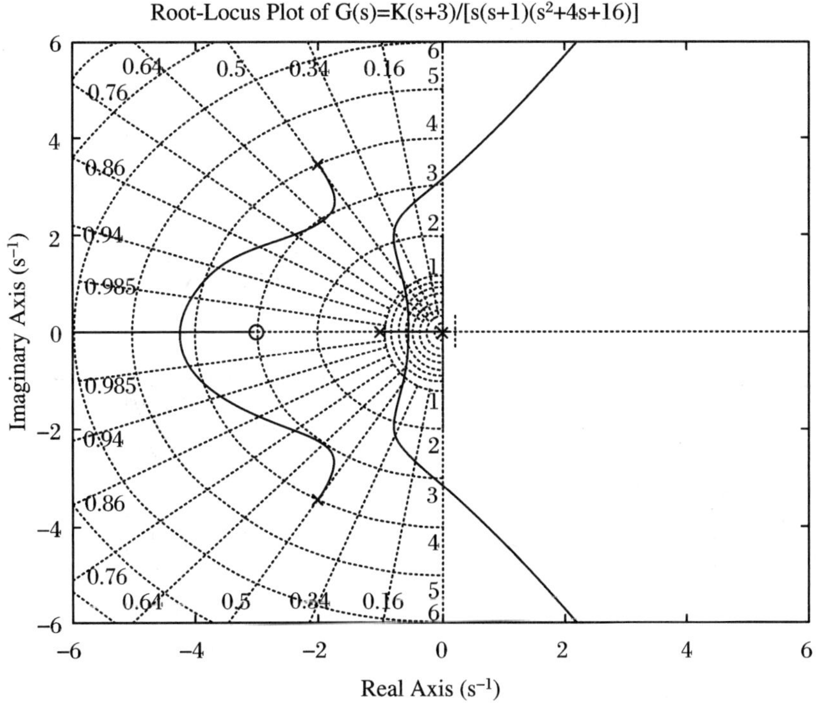

图 4.20　例 4.11 的根轨迹

```
MATLAB Program 4-1
%-------------Root-Locus Plot----------------
num=[1 3];
a=[1 1 0];
b=[1 4 16];
den=conv(a,b);          %计算分母多项式的系数
rlocus(num,den)         %绘制根轨迹
v=[-6 6 -6 6];
axis(v);                %设置坐标轴 x 轴和 y 轴的限制范围
sgrid                   %在 s 平面中用虚线画出阻尼比和自然振荡角频率栅格
title('Root-Locus Plot of G(s)=K(s+3)/[s(s+1)(s^2+4s+16)]')
```

4.4.2 等 ζ 线与等 ω_n 圆

在复平面中,一对共轭复数极点的阻尼比可表示为

$$\zeta = \cos\phi$$

式中,ϕ 称为阻尼角,定义为复数极点与坐标原点的连线与负实轴所形成的夹角。如图 4.21 所示,阻尼比相等意味着阻尼角相等。因此,等 ζ 线为通过坐标原点的射线,如图 4.22 所示。例如,$\zeta=0.5$ 的共轭复数极点位于与负实轴成 $\pm 60^\circ$ 的射线上。若共轭复数极点具有正实部,则系统不稳定,响应的阻尼比为负。

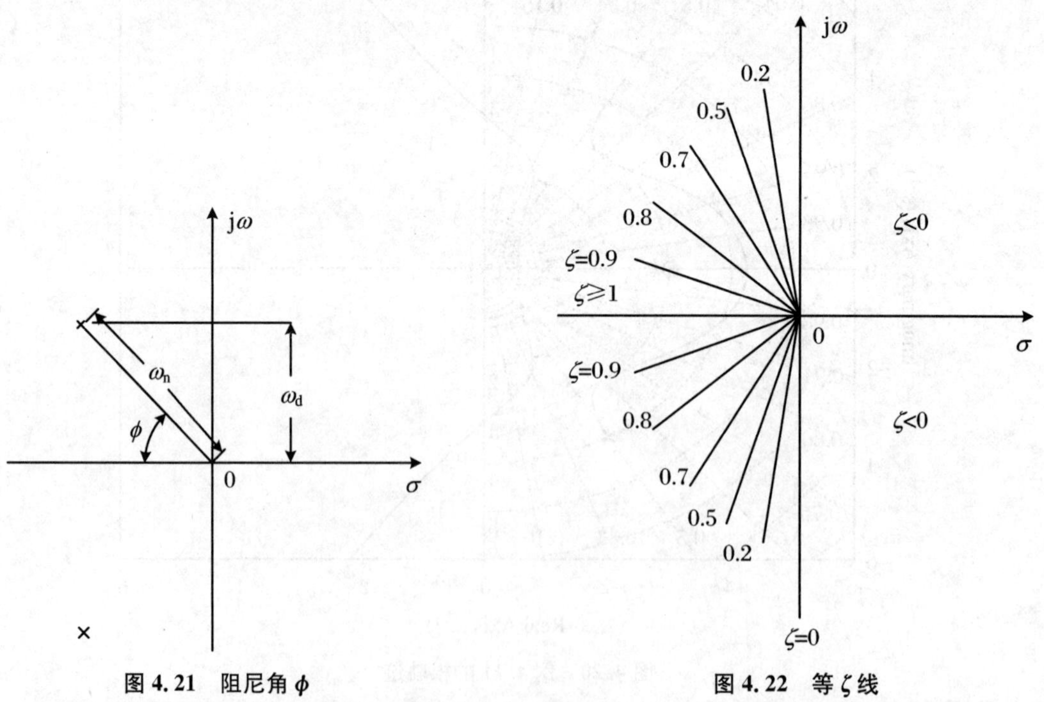

图 4.21　阻尼角 ϕ　　　　图 4.22　等 ζ 线

阻尼比决定了极点的角位置,而极点与坐标原点的距离由无阻尼自然振荡角频率 ω_n 决定。等 ω_n 线是圆。

在图 4.22 中,命令 sgrid()绘制了等 ζ 线与等 ω_n 圆,其中等 ζ 线分别对应 $\phi=0°,10°,20°,\cdots,90°$。

若只想绘制某些特殊的等 ζ 线和等 ω_n 圆,可使用以下命令实现。

```
sgrid([0.5,0.707],[0.5,1,2])    %绘制 ζ=0.5,0.707,ωn=0.5,1,2 的栅格
sgrid([0.5,0.707],[])    %绘制 ζ=0.5,0.707 的栅格,缺省所有等 ωn 圆
sgrid([],[0.5,1,2])    %绘制 ωn=0.5,1,2 的栅格,缺省所有的等 ζ 线
```

根轨迹的绘制也可以使用以下命令实现:r = rlocus(num,den),Plot(r,'o')或 Plot(r,'x')

以上命令中,根轨迹的每一个闭环极点都用"○"或"×"标示。

例 4.12　单位反馈系统的开环传递函数为

$$G(s)=\frac{K}{s(s+0.5)(s^2+0.6s+10)}$$

绘制系统的根轨迹。

解　MATLAB 命令见 MATLAB Program 4-2,绘制的根轨迹如图 4.23 所示。

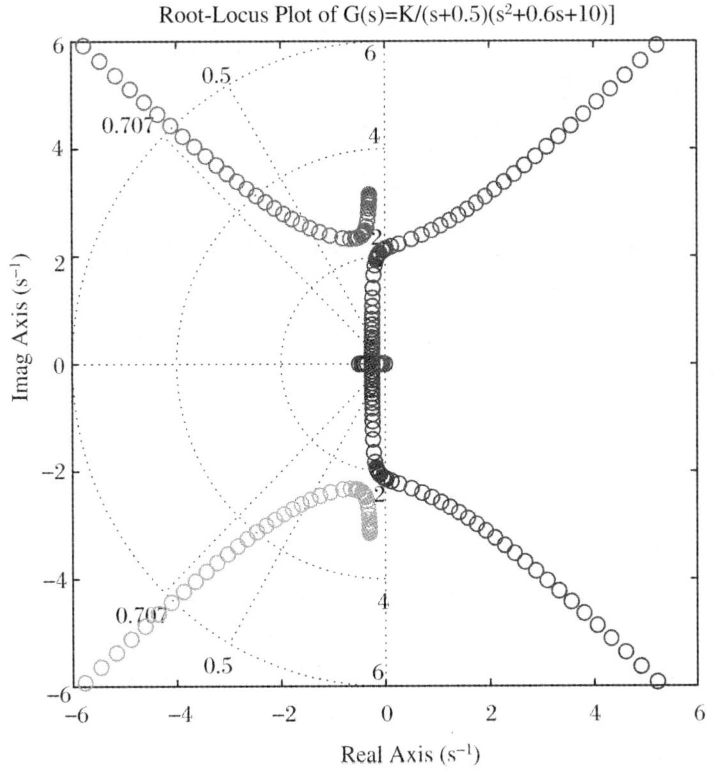

图 4.23　例 4.12 的根轨迹

```
MATLAB Program 4-2
%------------Root-Locus Plot-----------------
num = 1;
den = conv([1 0.5 0],[1 0.6 10]);
r = rlocus(num,den);
plot(r,'o')                      %绘制根轨迹
v = [-6 6 -6 6];axis(v)          %设置横坐标和纵坐标的范围
axis square                      %将坐标轴设置为正方形
sgrid([0.5,0.707],[2,4,6])       %绘制ζ = 0.5,0.707,ωn = 2,4,6 的栅格
title('Root-Locus Plot of G(s) = K/[s(s + 0.5)(s^2 + 0.6s + 10)]')
xlabel('Real Axis')
ylabel('Imag Axis')
```

由图 4.23 可见，在根轨迹的某些部分，记号“○”分布密集，而在另一些部分则分布稀疏，这是因为 MATLAB 计算的步长并不是均匀的。

例 4.13　设反馈系统的开环传递函数为

$$G(s)H(s) = \frac{K_1}{s(s+1)(s+\alpha)}$$

试绘制系统以 α 为参变量的根轨迹。

解　绘制参数根轨迹的等效开环传递函数为

$$\frac{\alpha s(s+1)}{s^2(s+1)+K_1}$$

给定 $K_1=1,3,5$，得到根轨迹如图 4.24 所示，MATLAB 命令见 MATLAB Program 4-3。

```
MATLAB Program 4-3
%------------Root-Locus Plot--------------
K1 = [1 3 5];
for i = 1:3
num = [1 1 0];
den = [1 1 0 K1(i)]
rlocus(num,den)
hold on              %在同一坐标中绘制多条根轨迹
end
title('Root-Locus Plot of G(s) = \alpha s(s + 1)/[s^2(s + 1) + K_1]')
gtext('K1 = 1')
gtext('K1 = 3')
gtext('K1 = 5')
```

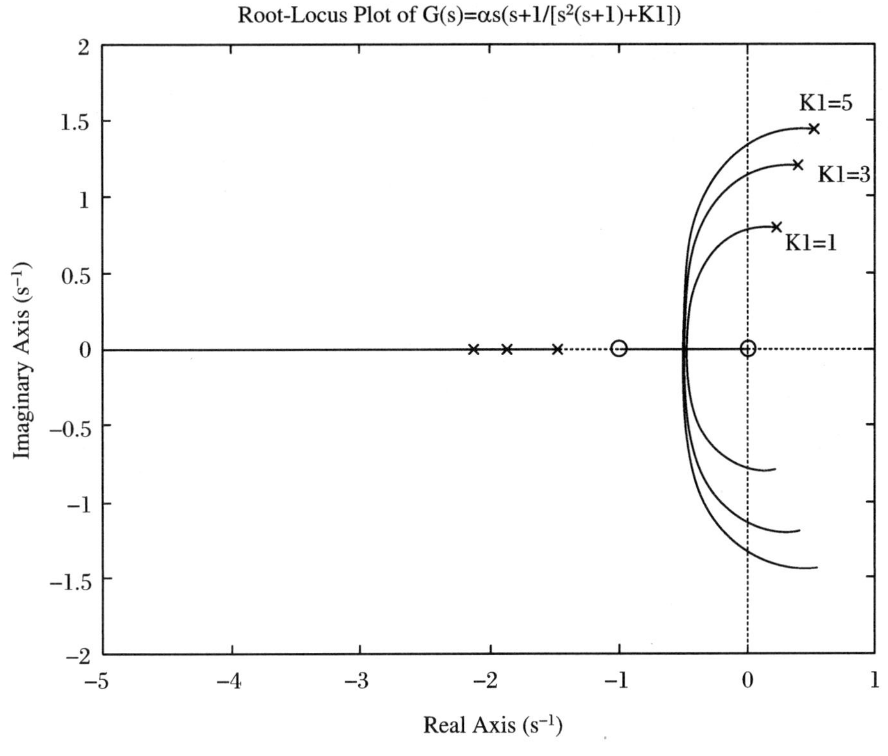

图 4.24 例 4.13 系统根轨迹

4.4.3 线性系统的根轨迹分析

例 4.14 非最小相位系统如图 4.25 所示，绘制系统的根轨迹。确定系统阻尼比 $\zeta=0.707$ 时系统闭环极点的位置，并分析系统的性能。

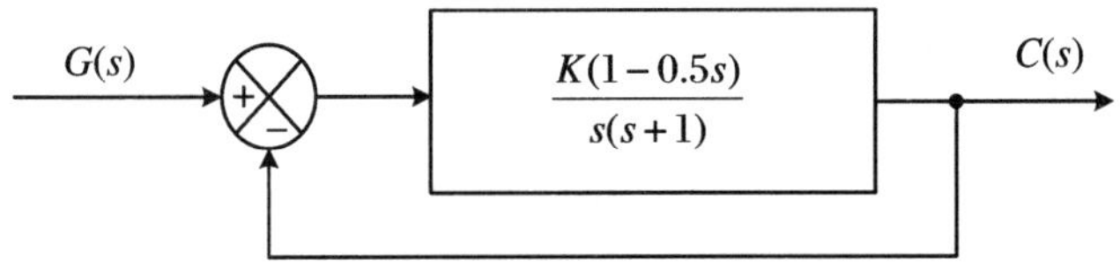

图 4.25 非最小相位系统

解 MATLAB 命令见 MATLAB Program 4-4，绘制的根轨迹如图 4.26 所示。

```
MATLAB Program 4-4
%------------ Root-Locus Plot -----------------
num = [-0.5 1];
den = [1 1 0];
rlocus(num,den)
title('Root-Locus Plot of G(s) = K(1-0.5s)/[s(s+1)]')
sgrid([0.707],[2])
v = [-2 5 -3 3];axis(v);
```

```
axis equal                     %设置纵横坐标等比例尺
[K1,r1] = rlocfind(num,den)
[K2,r2] = rlocfind(num,den)
[K3,r3] = rlocfind(num,den)
[K4,r4] = rlocfind(num,den)   %显示可移动光标处的开环增益和对应的极点
```

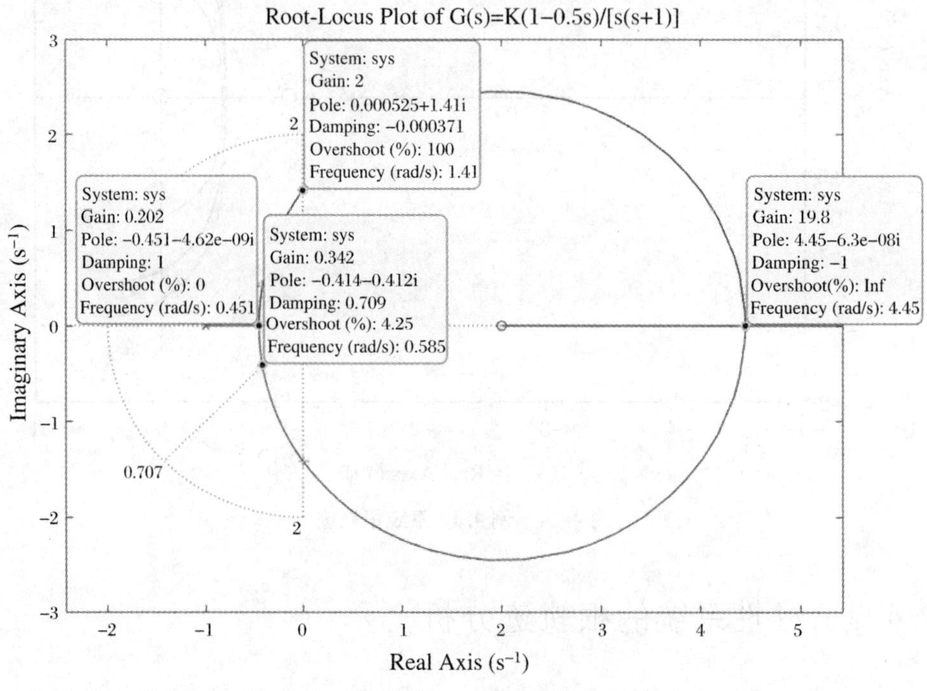

图 4.26　例 4.14 的根轨迹

利用鼠标将十字光标分别对准根轨迹的分离点、根轨迹与虚轴的交点，以及根轨迹与等阻尼比线 $\zeta=0.707$ 的交点，单击交点可得各点所对应的根轨迹增益、极点坐标、阻尼比、最大超调量和自然振荡角频率，见表 4.3。

表 4.3　各点对应的参数

序号	开环增益	闭环极点	阻尼比	最大超调量	自然振荡角频率(rad/s)
1	0.202	$p_1=-0.451$	1	0	0.451
2	19.8	$p_1=4.45$	−1	∞	4.45
3	0.342	$p_{1,2}=-0.414\pm0.412\mathrm{i}$	0.709	4.25%	0.585
4	2	$p_{1,2}=\pm1.41\mathrm{i}$	0	100%	1.41

由根轨迹图可知，当 $0<K<2$ 时系统稳定，当 $K>2$ 时系统不稳定。当 $0<K<0.202$ 时，系统处于过阻尼状态，$0.202<K<2$ 时，系统处于欠阻尼状态。当闭环系统的阻尼比 $\zeta=0.707$ 时，最大超调量为 4.25%。

例 4.15　系统的开环传递函数为

$$G(s)H(s) = \frac{K_1(s+\alpha)}{s(s^2+2s+2)}$$

试讨论系统的稳定性和参量 α 的关系，并由此确定使系统稳定的 K_1 值的范围。

解　绘制 $\alpha=2$ 和 $\alpha=6$ 时的常规根轨迹，分别如图 4.27、图 4.28 所示。

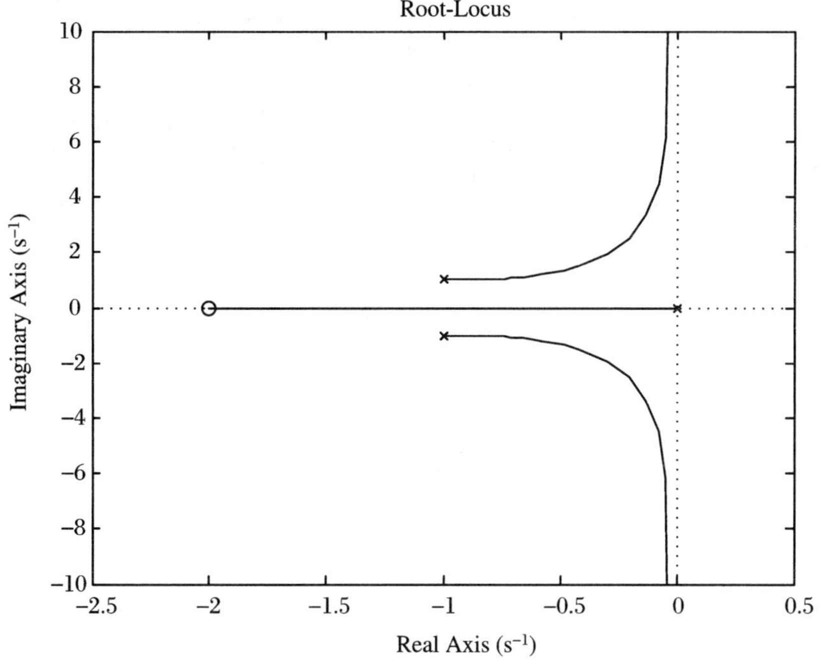

图 4.27　系统 α=2 时的根轨迹

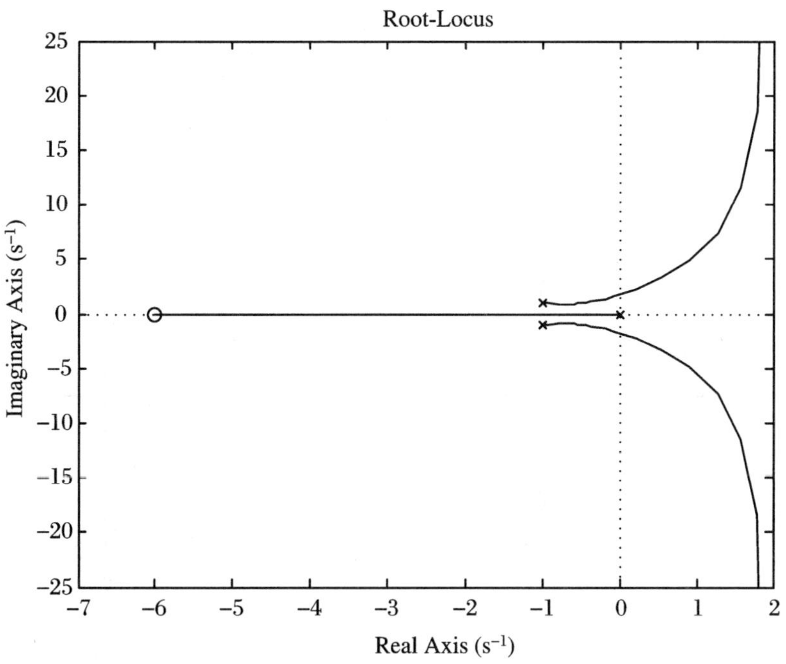

图 4.28　系统 α=6 时的根轨迹

由图可知,取 $\alpha=2$ 时,使系统稳定的 K_1 值范围为 $K_1>0$。可以确定 $\alpha=6$ 时系统稳定的临界增益 $K_{1c}=1$。可以看出,零点位置的不同对改善系统稳定性的效果不同。若零点远离虚轴,取零点 $z=-6$,改善稳定性的效果就不明显。实际上,增加开环传递函数的零、极点对根轨迹有很大的影响。

4.4.4 增加开环零、极点对根轨迹的影响

增加开环传递函数的极点会将根轨迹向右推,从而降低系统的相对稳定性,也减慢系统的响应速度。反之,增加开环传递函数的零点会将根轨迹向左推,从而提高系统的相对稳定性并加快系统的响应速度。图 4.29 阐明了增加一个极点和增加两个极点对单极点系统根轨迹的影响。图 4.30 阐明了增加零点对系统根轨迹的影响。

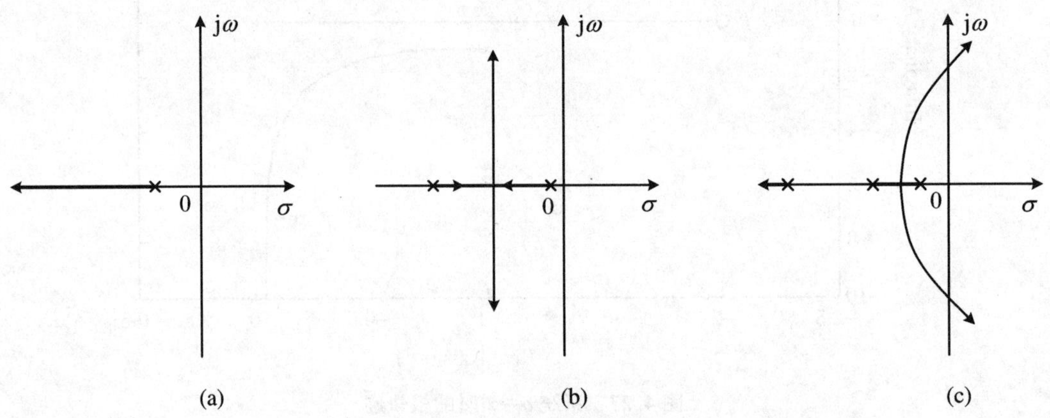

图 4.29　增加开环极点对根轨迹的影响

由图 4.30(a)可见,系统只在一定的增益范围内稳定,当增益超过临界值,根轨迹进入 s 右半平面时,系统将变得不稳定。图 4.30(b),(c),(d)表明,当给系统增加一个开环零点时,系统根轨迹向左弯曲,对任意增益值都稳定,并且增加的零点越靠近虚轴,对根轨迹的影响越大。

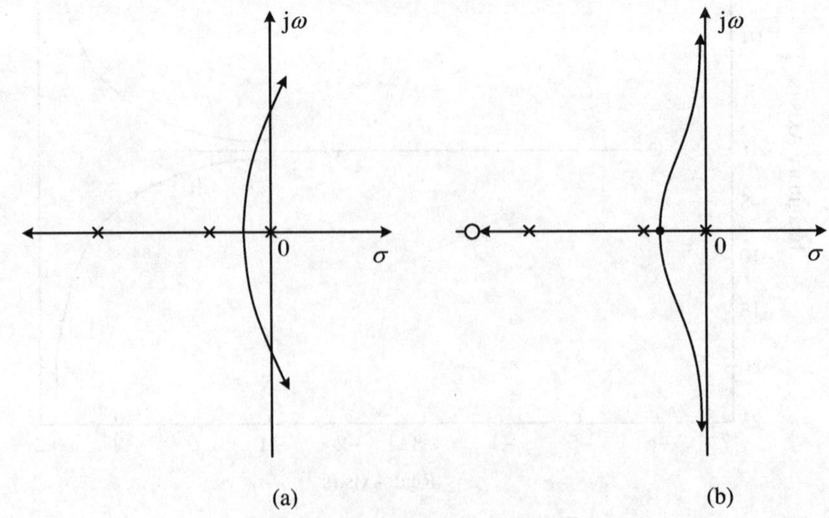

图 4.30　增加开环零点对根轨迹的影响

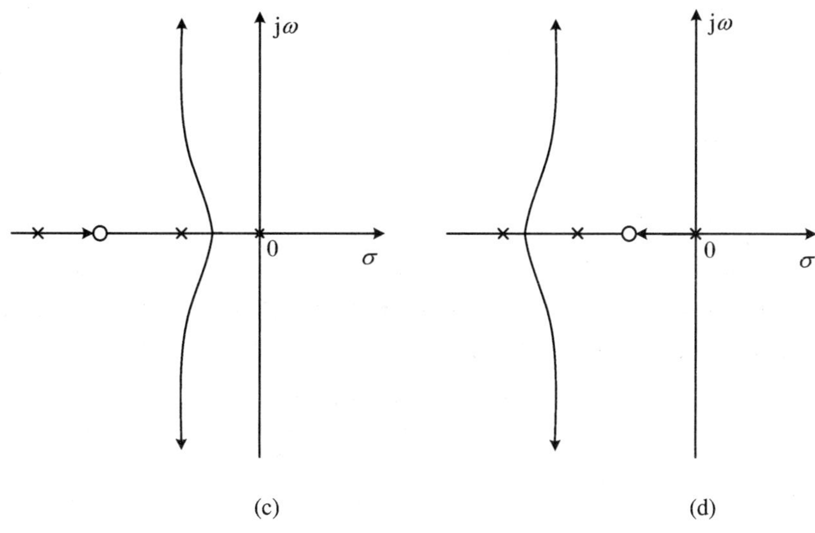

图 4.30　增加开环零点对根轨迹的影响(续)

例 4.16　单位负反馈控制系统的开环传递函数为

$$G(s) = \frac{K^*(s+3)}{(s+1)(s^2+2s)}$$

绘制系统的根轨迹,并据根轨迹判定系统的稳定性。

解　MATLAB 命令见 MATLAB Program 4-5,绘制的根轨迹如图 4.31 所示。

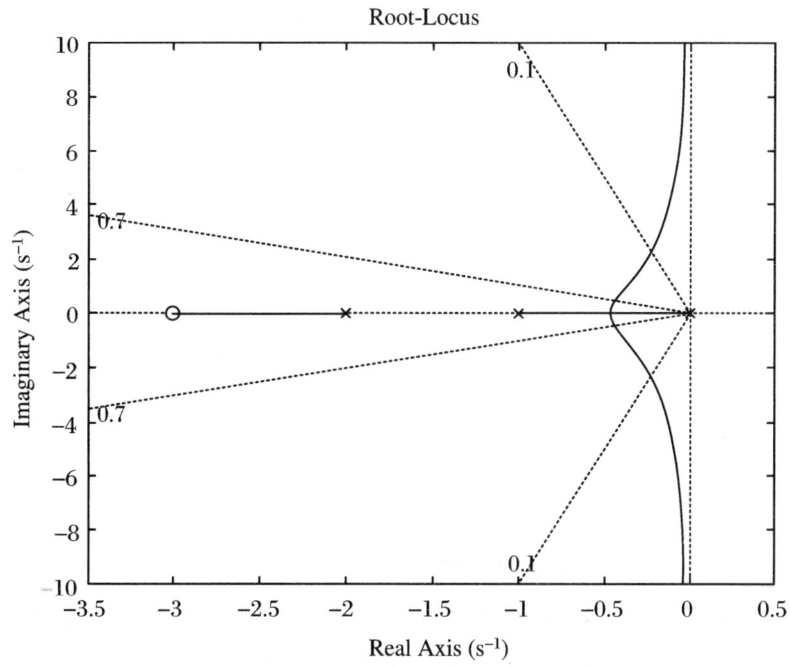

图 4.31　例 4.16 的根轨迹

```
MATLAB Program 4-5
%-------------Root-Locus Plot-----------------
num=[1 3];
den=[1 3 2 0];
rlocus(num,den)
sgrid([0.7 0.1],[])
```

由图4.31可知，对于任意的$K^*>0$，根轨迹均位于s左半平面，系统都是稳定的。下面分析不同阻尼比时系统的时域性能。用鼠标在根轨迹上选取根轨迹与等阻尼线$\zeta=1$，$\zeta=0.7$，$\zeta=0.1$的交点，可得到各点参数，如图4.32所示。各参数列于表4.4中。

表4.4 特殊点的参数

序号	阻尼比 ζ	根轨迹增益 K^*	最大超调量
1	1	0.151	0
2	0.7	0.285	4.62%
3	0.1	4.52	72.9%

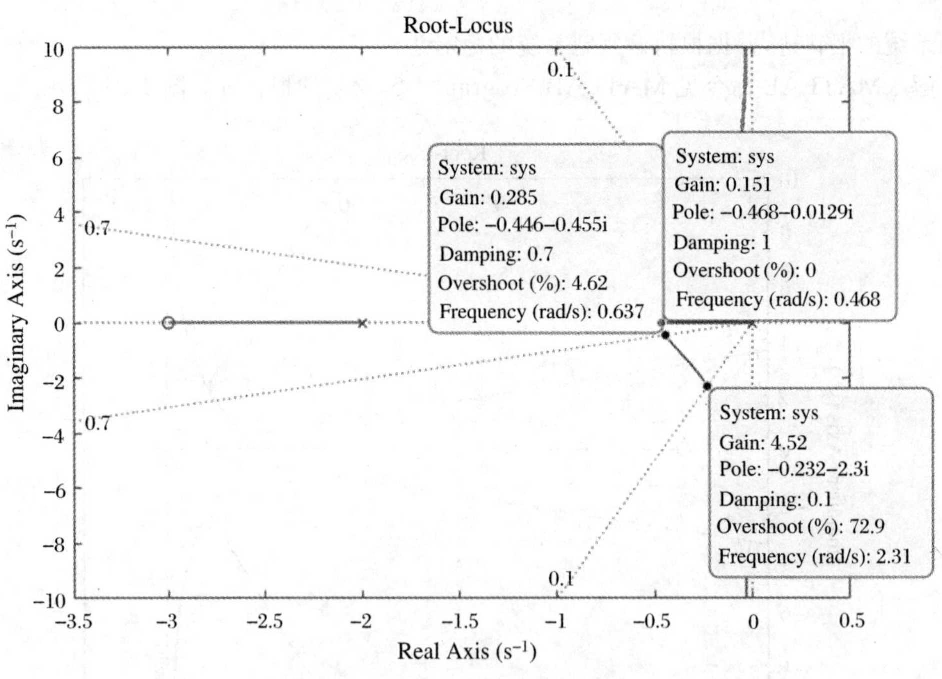

图4.32 根轨迹上特殊点的参数图

利用所得的根轨迹增益，可绘制不同阻尼比对应的单位阶跃响应曲线（图4.33、图4.34、图4.35），MATLAB程序见MATLAB Program 4-6。

```
MATLAB Program 4-6
%------------Root-Locus Plot---------------
num=[1 3];
den=[1 3 2 0];
figure(1)    %新开一个图形窗口
Kg=0.151;
G0=feedback(tf(Kg*num,den),1);
step(G0)
title('Step Response for \zeta=1')
figure(2)    %新开一个图形窗口
Kg=0.285;
G1=feedback(tf(Kg*num,den),1);
step(G1)
title('Step Response for \zeta=0.7')
figure(3)
Kg=4.52;
G2=feedback(tf(Kg*num,den),1);
step(G2)
title('Step Response for \zeta=0.1')
```

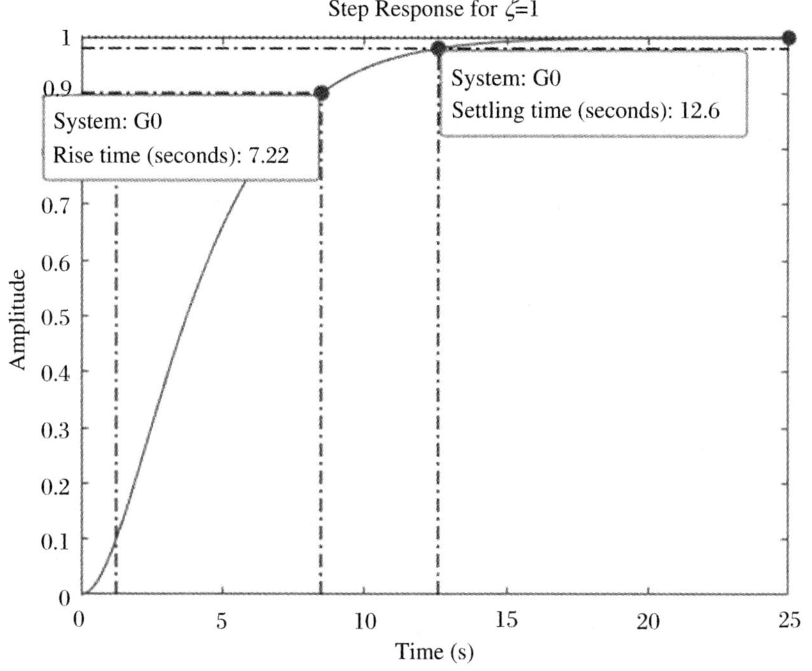

图 4.33　$\zeta=1$ 时系统单位阶跃响应

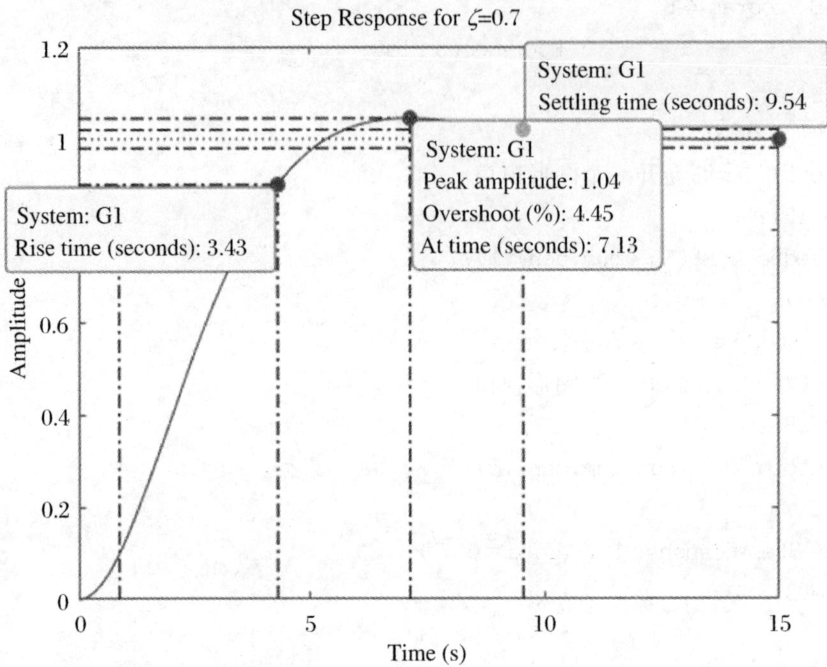

图 4.34　$\zeta=0.7$ 时系统单位阶跃响应

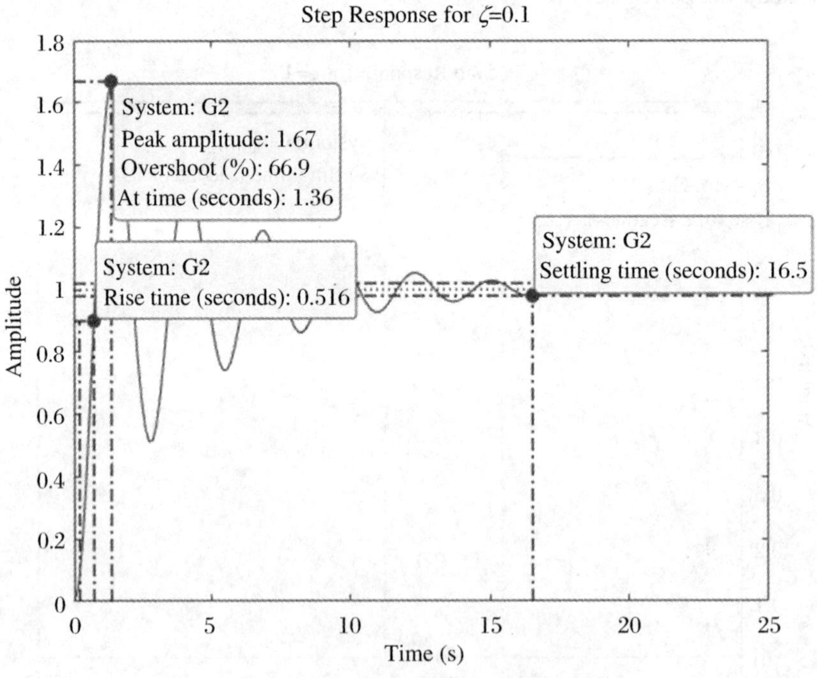

图 4.35　$\zeta=0.1$ 时系统单位阶跃响应

由系统的单位阶跃响应曲线可得到系统的时域性能指标，如表 4.5 所示。比较表 4.4 和表 4.5 发现，由根轨迹和单位阶跃响应曲线得到的最大超调量存在一定的误差。当 $\zeta=0.1$ 时，根轨迹给出的超调量 $\sigma=72.9\%$ 更接近标准二阶系统最大超调量的公式计算结果，即将原系统看作主导极点为0.232±2.3i的二阶系统。

表4.5　不同阻尼比系统的时域性能指标

序号	阻尼比	上升时间	峰值时间	调节时间	最大超调量
1	1	7.22	—	12.6	0
2	0.7	3.43	7.13	9.54	4.45%
3	0.1	0.516	1.36	16.5	66.9%

小　　结

控制系统的性能与系统闭环传递函数的极点、零点在 s 平面上的分布位置有密切关系。本章介绍了在系统开环传递函数的极点、零点已知的条件下确定闭环极点的根轨迹法，并分析了系统参量变化时对闭环极点位置的影响，其内容主要是：

(1) 系统参量变化时，闭环极点在 s 平面上运动的轨迹称为根轨迹。一般而言，可变参量可以选择任何参量。在实际中最常见的是以系统开环增益为变量的根轨迹，称为常规根轨迹。以其他系统参量作为可变参量绘制的根轨迹称为参数根轨迹。

(2) 当系统开环传递函数极点、零点可知，根据相角条件和幅值条件，可以推证出表4.1所列的绘制常规根轨迹的基本法则。利用这些基本法则能比较简便地绘制出根轨迹的大致形状，并可进一步分析开环增益变化对系统闭环极点位置及动态性能的影响。

(3) 在绘制除开环增益外，以系统其他参量为可变参量的参数根轨迹时，应注意把特征方程化为与常规根轨迹特征方程类似的形式，使所选可变参量处于原来开环增益的位置上，即位于等效开环传递函数的分子中。这时，对于常规根轨迹得到的相位条件、幅值条件和基本法则都依然适用。

(4) 当系统中存在局部正反馈回路时，特征方程和相角条件都出现了变化。这时需要对与相角条件有关的法则进行相应的修改，按照零度根轨迹的法则绘制正反馈回路的根轨迹图。

(5) 借助MATLAB绘制系统的根轨迹，具有方便、精确的优点。只有掌握了根轨迹法，才能灵活运用MATLAB的相应功能。

(6) 用根轨迹确定闭环系统的极点和零点在 s 平面上的位置后，可由此分析系统的性能。

习　　题

4.1　什么是根轨迹？s 平面上的任意点在根轨迹上应满足什么条件？

4.2　什么是根轨迹的分离点和汇合点？

4.3 已知开环零、极点分布如图 4.36 所示，试概略绘出相应的闭环根轨迹图。

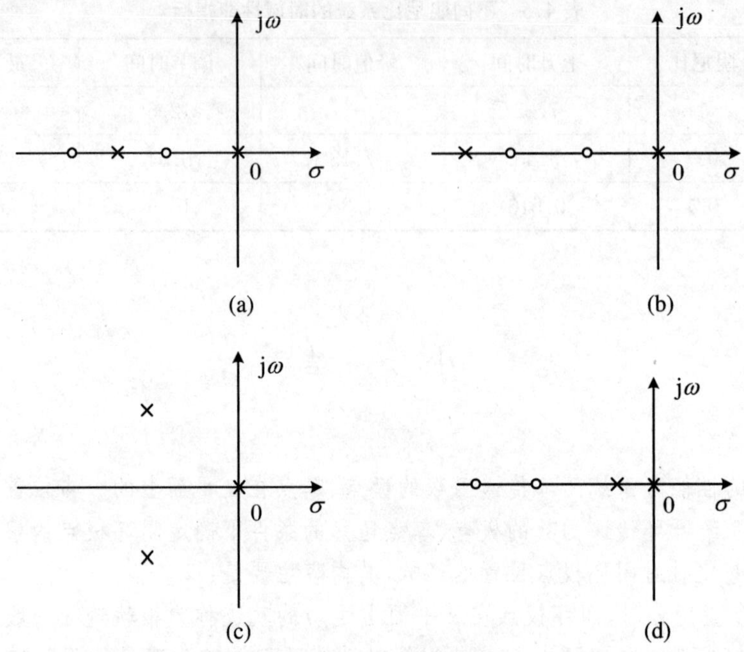

图 4.36 开环零、极点分布

4.4 设单位反馈系统开环传递函数如下，试概略绘出相应的闭环根轨迹图。

(1) $G(s)=\dfrac{K}{s(0.2s+1)(0.5s+1)}$；

(2) $G(s)=\dfrac{K^*(s+5)}{s(s+2)(s+3)}$；

(3) $G(s)=\dfrac{K(s+1)}{s(s-3)}$；

(4) $G(s)=\dfrac{K^*(s+2)}{s^2+2s+5}$；

(5) $G(s)=\dfrac{K}{s(s+1)(s+2)(s+5)}$。

4.5 设单位反馈系统的开环传递函数为 $G(s)=\dfrac{K^*(s+2)}{s(s+1)}$。试从数学上证明：复数根轨迹部分是以$(-2,\mathrm{j}0)$为圆心、以$\sqrt{2}$为半径的一个圆。

4.6 设反馈控制系统中，

$$G(s)=\frac{K^*}{s^2(s+2)(s+5)},\quad H(s)=1$$

(1) 试概略绘制系统的根轨迹图，并判断闭环系统的稳定性。

(2) 若改变反馈通道传递函数，使 $H(s)=2s+1$，试判断 $H(s)$改变后的系统稳定性，研究由于 $H(s)$改变所产生的效应。

4.7 设控制系统开环传递函数为

$$G(s)=\frac{K^*(s+1)}{s^2(s+2)(s+4)}$$

试分别绘制正反馈系统和负反馈系统的根轨迹图,并指出它们的稳定情况有何不同。

4.8　设单位反馈系统开环传递函数如下,试概略绘出相应的闭环根轨迹图,并求出系统稳定的 k 的范围。

$$G(s)H(s) = \frac{k(1-0.5s)}{s(0.25s+1)}$$

4.9　已知某正反馈系统的开环传递函数

$$G(s)H(s) = \frac{k}{(s+1)^2(s+4)^2}$$

试绘制该系统的根轨迹图。

4.10　已知某正反馈系统的开环传递函数

$$G(s)H(s) = \frac{k}{(2s+1)(3s-2)(s+4)^2}$$

试绘制该系统的根轨迹图。

4.11　设单位反馈控制系统的开环传递函数为 $G(s)=\dfrac{s+2}{s(s+1)(s+2)+k}$,试绘制参数 k 从零到无穷大时系统的根轨迹。

4.12　已知系统开环传递函数

$$G(s)H(s) = \frac{10}{s(s+a)}$$

试绘制以 a 为参变量的根轨迹图。

4.13　已知系统开环传递函数

$$G(s)H(s) = \frac{1000(Ts+1)}{s(0.1s+1)(0.001s+1)}$$

试用 MATLAB 绘制以 T 为参变量的根轨迹图。

4.14　单位负反馈控制系统的开环传递函数为

$$G(s) = \frac{K^*(s+2)}{(s+1)(s^2+3s)}$$

试用 MATLAB 绘制系统的根轨迹,并据根轨迹判定系统的稳定性。

第 5 章　线性系统的频域分析

在第 3 章中，已介绍了控制系统的时域分析法。诚然，系统的动态性能用时域响应来描述最为直观与逼真。但是，对于较复杂的系统来说，这种办法是麻烦的。因此，希望使用一种不必实际求解微分方程就有可能预示系统性能的方法，而这种方法又能方便地指出应如何调整系统来满足性能的技术条件。但在许多情况下，系统的微分方程很难做到这一点。即使方程已经解出，而若响应不满足技术要求，也是难以对系统作出调整的。

在控制系统设计中，有一种方法不但克服了上述局限而且已变得成熟，即分析系统传递函数的稳态正弦响应，这种方法称为频域分析法。它借助作图法就可以指出系统究竟应该如何改进。

频域分析法还有几个特点使它有利于系统设计，它可以用来估计影响系统性能的频率范围，例如用来考虑控制系统可能遇到的噪声干扰问题。因此，分析频率响应能为系统排除噪声干扰，从而改善系统性能，设计出一个通频带。

频域分析法的另一个优点是可以用实验方法确定响应，其效果和解析法一样。这在难于用微分方程来描绘系统部件的地方是尤其重要的。

5.1　频率特性的一般概念

5.1.1　线性定常系统对正弦输入的响应

如图 5.1 所示，设线性定常系统的输入、输出信号分别为 $x(t)$ 与 $y(t)$，其拉氏变换为 $X(s)$ 与 $Y(s)$。

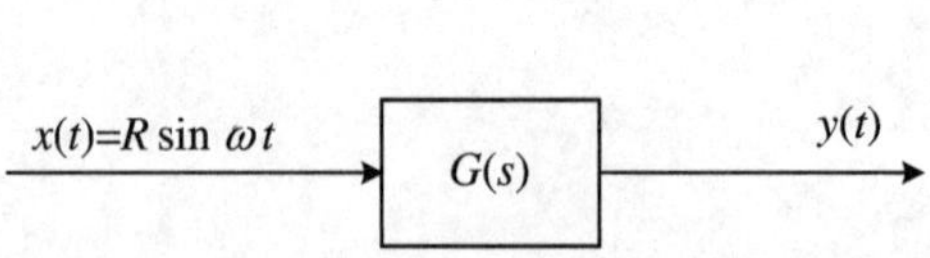

$x(t)=R\sin\omega t$ → $G(s)$ → $y(t)$

图 5.1　$y(t)$ 和 $x(t)$ 的关系

设系统是稳定的，初始条件为零，则系统的传递函数为

$$G(s)=\frac{Y(s)}{X(s)}$$

传递函数 $G(s)$ 在一般情况下可写成如下形式：

$$G(s)=\frac{B(s)}{A(s)}=\frac{B(s)}{(s-s_1)(s-s_2)\cdots(s-s_n)}$$

式中

$$A(s)=a_ns^n+a_{n-1}s^{n-1}+\cdots+a_1s+a_0=(s-s_1)(s-s_2)\cdots(s-s_n)$$

$$B(s)=b_ms^m+b_{m-1}s^{m-1}+\cdots+b_1s+b_0$$

对于稳定系统来说,极点 $s_1,\cdots,s_n$ 都具有负实部。

系统输出信号的拉氏变换为

$$Y(s)=\frac{B(s)}{(s-s_1)(s-s_2)\cdots(s-s_n)}\cdot X(s)$$

设输入信号为正弦信号,即

$$x(t)=R\sin\omega t$$

其拉氏变换为

$$X(s)=\frac{R\omega}{s^2+\omega^2}=\frac{R\omega}{(s+\mathrm{j}\omega)(s-\mathrm{j}\omega)}$$

则

$$Y(s)=\frac{R\omega}{(s+\mathrm{j}\omega)(s-\mathrm{j}\omega)}\cdot\frac{B(s)}{(s-s_1)(s-s_2)\cdots(s-s_n)}$$

将上式写成部分分式形式:

$$Y(s)=\frac{a_1}{s-s_1}+\frac{a_2}{s-s_2}+\cdots+\frac{a_n}{s-s_n}+\frac{b}{s_1+\mathrm{j}\omega}+\frac{\bar{b}}{s-\mathrm{j}\omega}$$

式中,$a_1,a_2,\cdots,a_n,b,\bar{b}$ 都是待定常数。在零初始条件下,对上式进行拉氏逆变换,得到系统对正弦输入信号 $R\sin\omega t$ 的响应为

$$y(t)=a_1\mathrm{e}^{s_1t}+a_2\mathrm{e}^{s_2t}+\cdots+a_n\mathrm{e}^{s_nt}+b\mathrm{e}^{-\mathrm{j}\omega t}+\bar{b}\mathrm{e}^{\mathrm{j}\omega t}$$

对于稳定的系统,其闭环极点都具有负实部,当 $t\to\infty$ 时,输出的暂态分量衰减为零。因此,不管系统属于哪种形式,其对正弦信号的稳态响应 $y_{ss}(t)$ 为

$$y_{ss}(t)=b\mathrm{e}^{-\mathrm{j}\omega t}+\bar{b}\mathrm{e}^{\mathrm{j}\omega t}$$

用留数法求系统参数 $b,\bar{b}$,则

$$b=\mathrm{Res}[Y(s),-\mathrm{j}\omega]=\lim_{s\to-\mathrm{j}\omega}[(s+\mathrm{j}\omega)Y(s)]=-\frac{R}{2\mathrm{j}}G(-\mathrm{j}\omega)$$

同理可求出

$$\bar{b}=\frac{R}{2\mathrm{j}}G(\mathrm{j}\omega)$$

因为 $G(\mathrm{j}\omega)$ 与 $G(-\mathrm{j}\omega)$ 为复数,所以可用各自的模及幅角表示为

$$G(\mathrm{j}\omega)=|G(\mathrm{j}\omega)|\mathrm{e}^{\mathrm{j}\angle G(\mathrm{j}\omega)}$$

$$G(-\mathrm{j}\omega)=|G(-\mathrm{j}\omega)|\mathrm{e}^{\mathrm{j}\angle G(-\mathrm{j}\omega)}$$

$G(\mathrm{j}\omega)$ 和 $G(-\mathrm{j}\omega)$ 是一对共轭复数,其模相等、幅角相反,故有

$$G(-\mathrm{j}\omega)=|G(\mathrm{j}\omega)|\mathrm{e}^{-\mathrm{j}\angle G(\mathrm{j}\omega)}$$

则

$$b=-\frac{R}{2\mathrm{j}}|G(\mathrm{j}\omega)|\mathrm{e}^{-\mathrm{j}\angle G(\mathrm{j}\omega)}$$

$$\bar{b}=\frac{R}{2\mathrm{j}}|G(\mathrm{j}\omega)|\mathrm{e}^{\mathrm{j}\angle G(\mathrm{j}\omega)}$$

因此

$$y_{ss}(t) = be^{-j\omega t} + \bar{b}e^{j\omega t}$$

写为

$$\begin{aligned} y_{ss}(t) &= -\frac{R}{2j} \mid G(j\omega) \mid e^{-j\angle G(j\omega)}e^{-j\omega t} + \frac{R}{2j} \mid G(j\omega) \mid e^{j\angle G(j\omega)}e^{j\omega t} \\ &= \frac{R}{2j} \mid G(j\omega) \mid \{e^{j[\omega t+\angle G(j\omega)]} - e^{-j[\omega t+\angle G(j\omega)]}\} \\ &= R \mid G(j\omega) \mid \sin(\omega t + \angle G(j\omega)) \end{aligned}$$

令

$$Y = R \mid G(j\omega) \mid, \quad \varphi = \angle G(j\omega)$$

则上式可写为

$$y_{ss}(t) = Y\sin(\omega t + \varphi) \tag{5.1}$$

其中，$Y=R|G(j\omega)|$表示稳态响应 $y_{ss}(t)$的幅值；$\varphi=\angle G(j\omega)$表示稳态响应 $y_{ss}(t)$相对正弦输入 $x(t)$的相移。

综上分析，可得出如下结论：

(1) 稳态输出也是与输入信号频率相同的正弦信号。

(2) 稳态输出信号的幅值为 $Y=R|G(j\omega)|$，得

$$\mid G(j\omega) \mid = \frac{Y}{R}$$

称为系统的幅频特性。

(3) 稳态输出相对正弦输入的相移为

$$\varphi = \angle G(j\omega)$$

称为系统的相频特性，$\varphi<0$ 称为相位滞后，$\varphi>0$ 称为相位超前。

在线性定常系统中，系统或元部件的正弦输入信号为 $x(t)$，当频率由 0 变化到 ∞ 时，则其输出量的稳态分量的复数形式与输入量的复数形式之比，称为频率特性，记为

$$G(j\omega) = \mid G(j\omega) \mid e^{j\angle G(j\omega)} \tag{5.2}$$

5.1.2 频率特性的求法

1. 实验法

对实验的线性定常系统输入正弦信号，不断改变输入信号的角频率，并得到对应的一系列输出的稳态振幅和相角，分别将它们与相应的输入正弦信号幅值相比，相位相减，便得频率特性。从定义可以看出，幅频特性和相频特性合在一起即为系统或元部件的频率特性。

实验原理图如下：

(1) 观察双线示波器波形，其接线图如图 5.2 所示。

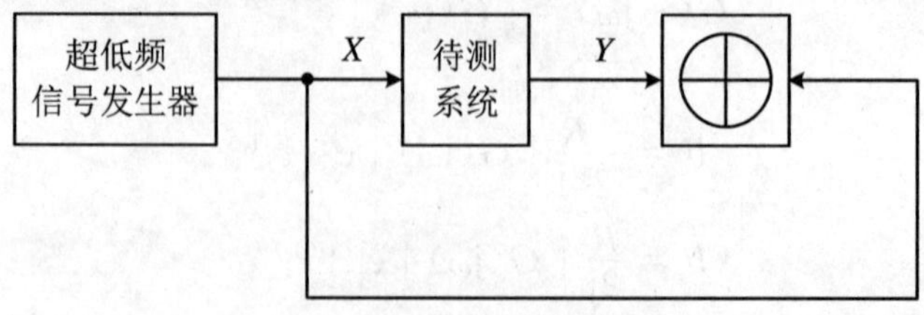

图 5.2　双线示波器接线图

具体做法是：将 X，Y 点接到双线长余辉示波器上，示波器上的图形如图 5.3 所示。改变信号发生器的频率，测出相应的幅值和相移 θ。画出幅频特性和相频特性，便可得待测系统的频率特性。问题是幅值可以测得较准确，但相移量测准不容易。

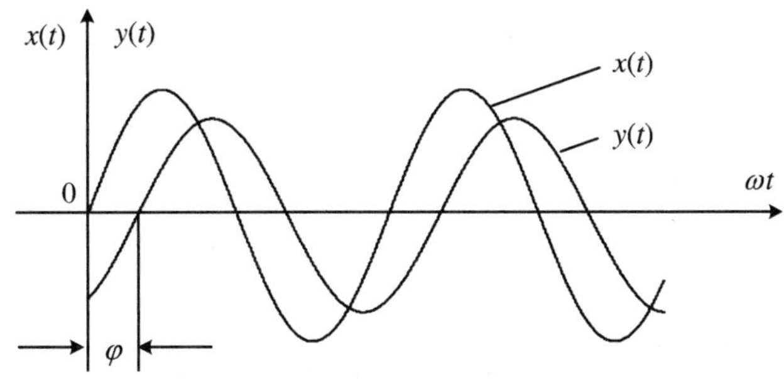

图 5.3　双线示波器波形图

(2) 观察李沙育图形，其接线图如图 5.4 所示。

具体做法是：调节移相器使示波器上出现两条平行的曲线，这时移相器所表示的角度，即在该频率下的待测系统的相位移。改变信号发生器的频率，分别按上述方法测量出相位移，做成表或画成曲线，便可得到相频特性。上述实验法的优点是简单而又准确。

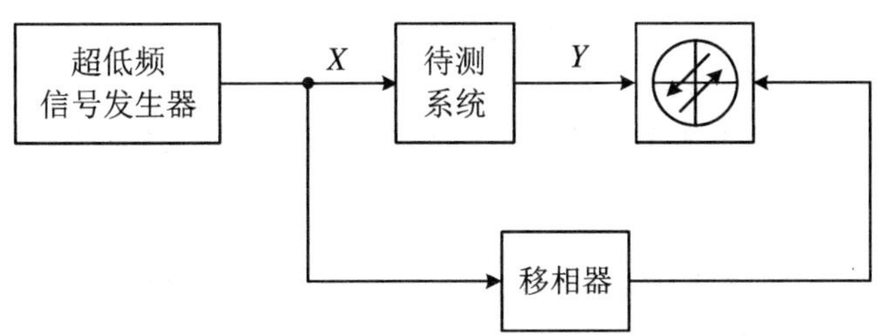

图 5.4　观察李沙育图形的接线图

2. 解析法

求出系统或元部件的传递函数后，以 $\mathrm{j}\omega$ 代替 s 便可，即

$$G(\mathrm{j}\omega) = G(s)\big|_{s=\mathrm{j}\omega}$$

5.1.3　频率特性的物理意义

(1) 是系统对正弦输入的稳态响应。

(2) 是输出与输入的稳态复数之比。

(3) 对于非周期信号，可借助于傅里叶展开。

5.1.4　频率特性的几何表示

频率特性有三种常用的几何表示法：

(1) 对数频率特性曲线，即伯德(Bode)图。

(2) 幅相频率特性曲线，即奈奎斯特(Nyquist)图。

(3) 对数幅相频率特性曲线，即尼柯尔斯(Nichols)图。

例 5.1 设系统的传递函数为 $G(s)=\dfrac{1}{\tau s+1}$，试应用解析法求取其频率响应并画出大致的图形。

解 因为

$$G(s)=\frac{1}{\tau s+1}$$

所以

$$G(\mathrm{j}\omega)=G(s)\big|_{s=\mathrm{j}\omega}=\frac{1}{\mathrm{j}\tau\omega+1}$$

则幅频特性为

$$|G(\mathrm{j}\omega)|=\left|\frac{1}{\mathrm{j}\tau\omega+1}\right|=\frac{1}{\sqrt{1+(\omega\tau)^2}} \tag{1}$$

相频特性为

$$\angle G(\mathrm{j}\omega)=\angle\frac{1}{\mathrm{j}\tau\omega+1}=-\arctan\omega\tau \tag{2}$$

从式(1)看到，当角频率由 0 变化到∞时，幅频特性$|G(\mathrm{j}\omega)|$将随 ω 的变化由 1 变到 0，并在 $\omega=1/\tau$ 时得到$\left|G\left(\mathrm{j}\dfrac{1}{\tau}\right)\right|=\dfrac{1}{\sqrt{2}}=0.707$。

由式(2)看到，当角频率由 0 变到∞时，相频特性 $\varphi=\angle G(\mathrm{j}\omega)$将随 ω 的变化由 0°变到 $-90°$，并在 $\omega=1/\tau$ 时得到相移$\angle G(\mathrm{j}\omega)|_{\omega=\frac{1}{\tau}}=-45°$。

将幅频特性与相频特性画在复平面$[G(\mathrm{j}\omega)]$上，便得到该系统的大致几何图形，如图 5.5 所示。

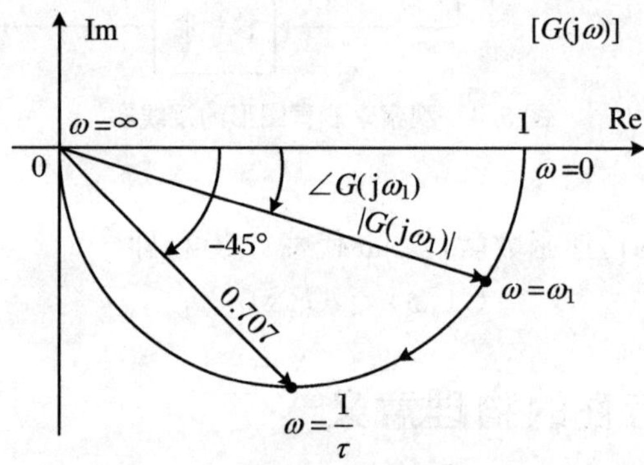

图 5.5 惯性环节的频率响应

5.2 系统的开环幅相频率特性图

5.2.1 幅相频率特性图的基本概念

在复平面上，当 ω 由 0～∞变化时，向量 $G(\mathrm{j}\omega)H(\mathrm{j}\omega)$端点的轨迹称为幅相频率特性

图，即奈奎斯特图，通常又称为极坐标图，简称奈氏图。

奈氏图的优点是它可以在一张图上描绘出整个频域的频率响应。不足之处是不能明显地表示出开环传递函数中每个单独因子的作用。

5.2.2　典型环节的幅相频率特性

$G(s)$一般具有如下的形式：

$$G(s)=\frac{k(b_m s^m+b_{m-1}s^{m-1}+\cdots+b_1 s+1)}{a_n s^n+a_{n-1}s^{n-1}+\cdots+a_1 s+1}$$

$$=\frac{k\prod_{j=1}^{l}(\tau_j s+1)\prod_{j=1}^{\frac{1}{2}(m-l)}(\tau_j^2 s^2+2\zeta_j\tau_j s+1)}{s^v\prod_{i=1}^{k}(T_i s+1)\prod_{i=1}^{\frac{1}{2}(n-v-k)}(T_i^2 s^2+2\zeta_i T_i s+1)}$$

$$=k\cdot\frac{1}{s^v}\frac{1}{\prod_{i=1}^{k}(T_i s+1)}\prod_{i=1}^{\frac{1}{2}(n-v-k)}\frac{1}{T_i^2 s^2+2\zeta_i T_i s+1}$$

$$\cdot\prod_{j=1}^{l}(\tau_j s+1)\prod_{j=1}^{\frac{1}{2}(m-l)}(\tau_j^2 s^2+2\zeta_j\tau_j s+1)\tag{5.3}$$

式(5.3)描述由一系列具有不同传递函数的环节串联组成开环系统的特性。式中，① 传递函数等于常数 k 的环节，称为放大环节或比例环节；② 传递函数等于$\frac{1}{T_i s+1}$的环节，称为惯性环节或惰性环节；③ 传递函数等于 $\tau_j s+1$ 的环节，称为一阶微分环节或比例加微分环节；④ 传递函数等于$\frac{1}{T_i^2 s^2+2\zeta_i T_i s+1}$的环节，称为振荡环节；⑤ 传递函数等于 $\tau_j^2 s^2+2\zeta_j\tau_j s+1$ 的环节，称为二阶微分环节或二阶比例微分环节。由于线性系统的开环传递函数一般由上述各类环节构成，故通常称上述各类环节为组成线性系统的典型环节。

要用频域分析法研究系统或部件的运动特性，首先要作出系统或部件的频率特性图。显然，熟悉各典型环节的作图及其图形特点是很重要的。下面分别说明典型环节的幅相频率特性曲线的绘制方法及其特点。

1. 比例环节

比例环节的传递函数为

$$G_1(s)=k$$

通过传递函数由解析法求其频率特性为

$$G_1(\mathrm{j}\omega)=k\tag{5.4}$$

从而得幅频特性及相频特性为

$$|G_1(\mathrm{j}\omega)|=k\tag{5.5}$$

$$\varphi_1=\angle|G_1(\mathrm{j}\omega)|=0^\circ\tag{5.6}$$

可见，比例环节的幅相频率特性与相频特性都是与角频率 ω 无关的常量，如图5.6所示。

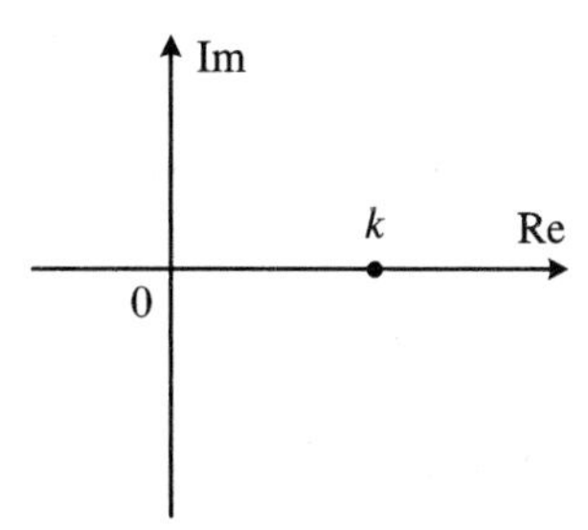

图5.6　比例环节的幅相频率特性图

2. 积分环节和微分环节

积分环节的传递函数为

$$G_2(s) = \frac{1}{s}$$

通过传递函数由解析法求得积分环节的频率特性为

$$G_2(\mathrm{j}\omega) = \frac{1}{\mathrm{j}\omega} = \frac{1}{\omega}\mathrm{e}^{-\mathrm{j}\frac{\pi}{2}} \tag{5.7}$$

从而得幅频特性及相频特性为

$$|G_2(\mathrm{j}\omega)| = \frac{1}{\omega} \tag{5.8}$$

$$\varphi_2 = \angle|G_2(\mathrm{j}\omega)| = -\frac{\pi}{2} \tag{5.9}$$

可见,当频率 ω 由零变化到无穷大时,其幅值由无穷大衰减到零,即与 ω 成反比;而其相频特性与频率取值无关,等于常值 -90°。因此,其幅相频率特性图为负虚轴,如图 5.7(a)所示。

微分环节的传递函数为

$$G_3(s) = s$$

通过传递函数由解析法求得微分环节的频率特性为

$$G_3(\mathrm{j}\omega) = \mathrm{j}\omega = \omega\mathrm{e}^{\mathrm{j}\frac{\pi}{2}} \tag{5.10}$$

从而得幅频特性及相频特性为

$$|G_3(\mathrm{j}\omega)| = \omega \tag{5.11}$$

$$\varphi_3 = \angle G_3(\mathrm{j}\omega) = \frac{\pi}{2} \tag{5.12}$$

可见,当频率 ω 由零变化到无穷大时,微分环节的幅值由零增加到无穷大;而其相频特性与频率 ω 取值无关,等于常值 90°。因此,其幅相频率特性图为正虚轴,如图 5.7(b)所示。

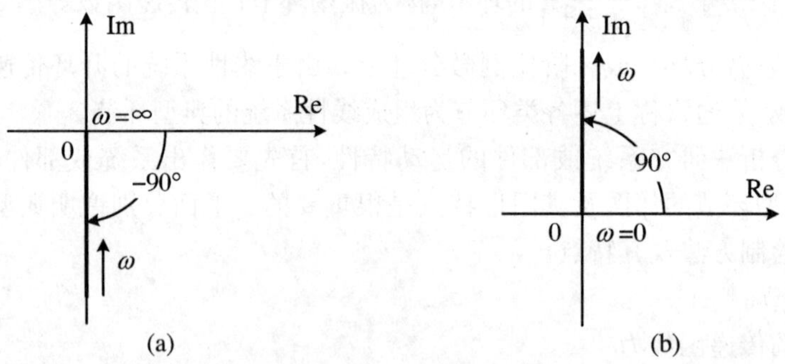

图 5.7 积分和微分环节幅相频率特性图

3. 惯性环节和一阶微分环节

惯性环节的传递函数为

$$G_4(s) = \frac{1}{Ts+1}$$

其频率特性为

$$G_4(\mathrm{j}\omega) = \frac{1}{T\mathrm{j}\omega+1} = \frac{1}{\sqrt{1+(T\omega)^2}}\mathrm{e}^{\mathrm{j}(-\arctan\omega T)} \tag{5.13}$$

从而得幅频特性及相频特性为

$$|G_4(\mathrm{j}\omega)| = \frac{1}{\sqrt{1+\omega^2 T^2}} \tag{5.14}$$

$$\varphi_4 = \angle G_4(\mathrm{j}\omega) = -\arctan \omega T \tag{5.15}$$

可见,当 ω 由零变化到无穷大时,惯性环节的幅频特性由 1 衰减到 0,在 $\omega=1/T$ 处,其值为$\frac{1}{\sqrt{2}}$;相频特性由 0°变到 −90°,在 $\omega=1/T$ 处,其值为 −45°。惯性环节的频率特性如前例 5.1 所示。可以证明其幅相频特性轨迹为一个圆,圆心为(0.5,j0),半径为 0.5。

一阶微分环节的传递函数为

$$G_5(s) = \tau s + 1$$

其频率特性为

$$G_5(\mathrm{j}\omega) = \tau \mathrm{j}\omega + 1 = \sqrt{1+\tau^2\omega^2}\,\mathrm{e}^{\mathrm{j}\arctan \omega\tau} \tag{5.16}$$

从而得幅频特性及相频特性为

$$|G_5(\mathrm{j}\omega)| = \sqrt{1+\tau^2\omega^2} \tag{5.17}$$

$$\varphi_5 = \angle G_5(\mathrm{j}\omega) = \arctan \omega\tau \tag{5.18}$$

可见,当 ω 由零变化到无穷大时,一阶微分环节的相频特性由 0°变到 90°;幅频特性由 1 变到∞。一阶微分环节的频率特性如图 5.8 所示。

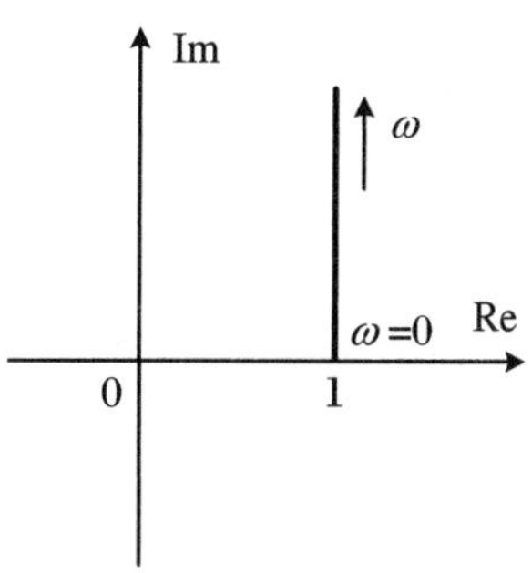

图 5.8　一阶微分环节的幅相频率特性图

4. 振荡环节和二阶微分环节

振荡环节的传递函数为

$$G_6(s) = \frac{1}{T^2 s^2 + 2\zeta T s + 1}$$

式中,T 表示振荡环节的时间常数;ζ 表示振荡环节的阻尼比。其频率特性为

$$\begin{aligned} G_6(\mathrm{j}\omega) &= \frac{1}{1 - T^2\omega^2 + \mathrm{j}2T\zeta\omega} \\ &= \frac{1}{\sqrt{(1-T^2\omega^2)^2 + (2T\zeta\omega)^2}}\mathrm{e}^{-\mathrm{j}\arctan\frac{2T\zeta\omega}{1-T^2\omega^2}} \end{aligned} \tag{5.19}$$

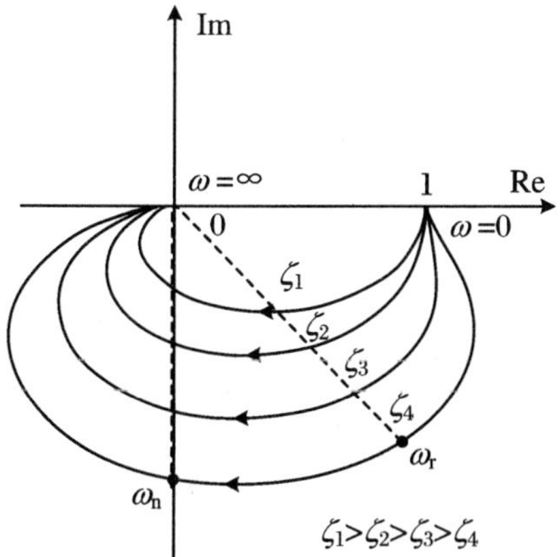

图 5.9　振荡环节的幅相频率特性图

从而得幅频特性及相频特性为

$$|G_6(\mathrm{j}\omega)| = \frac{1}{\sqrt{(1-T^2\omega^2)^2 + (2T\zeta\omega)^2}} \tag{5.20}$$

$$\varphi_6 = \angle G_6(\mathrm{j}\omega) = -\arctan\frac{2T\zeta\omega}{1-T^2\omega^2} \tag{5.21}$$

可见,当 ω 由零变化到无穷大时,振荡环节的幅相频率特性从 $1\angle 0°$ 开始到 $0\angle -180°$ 结束。因此,$G_6(\mathrm{j}\omega)$的高频部分与负实轴相切,其幅相频率特性图如图 5.9 所示。

对图形解释如下:① 幅相频率特性图的准确形式与阻尼比 ζ 有关。但是无论对欠阻尼系统还是对过阻尼系统,其图形大致相同。② 在 $\omega=\omega_n$ 时,其幅值 $|G_6(\mathrm{j}\omega)| = \frac{1}{2\zeta}$,相角 $\varphi=-90°$,所以 $G_6(\mathrm{j}\omega)$的轨迹与

虚轴的交点频率就是无阻尼自振角频率 ω_n。③ 在幅相频率特性图上，距原点最远的频率点对应于谐振频率 ω_r，这时 $|G_6(j\omega)|$ 的峰值可用谐振频率 ω_r 处向量的模求得。换言之，已给振荡环节的幅相频率特性图，怎样来确定谐振频率 ω_r 和谐振峰值 M_r 呢？用圆规作已知幅相频率特性图的外切圆，得到的切点为谐振频率 ω_r，该点到坐标原点的距离为谐振峰值。④ 对于过阻尼的情况，即 $\zeta>1$，$G_6(j\omega)$ 的幅相频率特性图近似为半圆。这是由于过阻尼一个根比另一个根大很多，对于 ζ 足够大，以致大的一个根对系统引起的影响足够小，此时系统与一阶系统类似，其幅相频率特性图接近半圆。

二阶比例微分环节的传递函数为

$$G_7(s) = \tau^2 s^2 + 2\zeta\tau s + 1$$

其频率特性为

$$\begin{aligned} G_7(j\omega) &= 1 - \tau^2\omega^2 + j2\zeta\tau\omega \\ &= \sqrt{(1-\tau^2\omega^2)^2 + (2\tau\zeta\omega)^2}\, e^{j\arctan\frac{2\tau\zeta\omega}{1-\tau^2\omega^2}} \end{aligned} \tag{5.22}$$

从而得幅频特性及相频特性为

$$|G_7(j\omega)| = \sqrt{(1-\tau^2\omega^2)^2 + (2\tau\zeta\omega)^2} \tag{5.23}$$

$$\varphi_7 = \angle G_7(j\omega) = \arctan\frac{2\tau\zeta\omega}{1-\tau^2\omega^2} \tag{5.24}$$

可见，当 ω 由零变化到无穷大时，二阶微分环节的幅频特性由 1 变到 ∞；相频特性由 0° 变到 180°。因此，其幅相频率特性如图 5.10 所示。

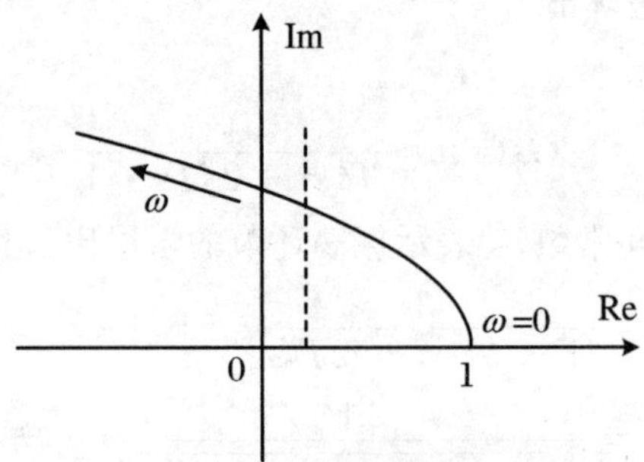

图 5.10　二阶微分环节的幅相频率特性图

5. 不稳定环节

不稳定环节的传递函数为

$$G_8(s) = \frac{1}{\tau s - 1}$$

式中，τ 为不稳定环节的时间常数。其频率特性为

$$G_8(j\omega) = \frac{1}{\tau j\omega - 1} = \frac{1}{\sqrt{1+\tau^2\omega^2}} e^{j(-180^\circ + \arctan\tau\omega)} \tag{5.25}$$

从而得幅频特性及相频特性为

$$|G_8(j\omega)| = \frac{1}{\sqrt{1+\tau^2\omega^2}} \tag{5.26}$$

$$\varphi_8 = -180^\circ + \arctan\omega\tau \tag{5.27}$$

可见，当 ω 由零变化到无穷大时，不稳定环节与惯性环节具有相似的幅频特性，相频特性由 -180° 变化到 -90°。其幅相频率特性如图 5.11 所示。

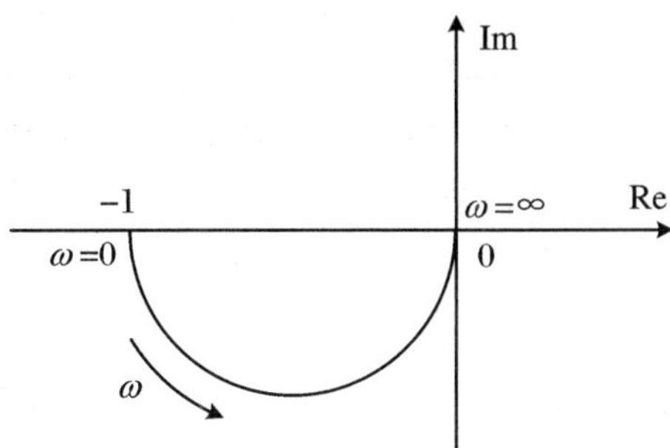

图 5.11　不稳定环节的幅相频率特性图

6. 滞后环节

滞后环节的传递函数为

$$G_9(s) = e^{-\tau s}$$

其频率特性为

$$G_9(j\omega) = e^{-j\tau\omega} \tag{5.28}$$

从而得幅频特性及相频特性为

$$|G_9(s)| = 1 \tag{5.29}$$

$$\varphi_9 = \angle G_9(j\omega) = -\tau\omega(\text{rad}) = -57.3\tau\omega(^\circ) \tag{5.30}$$

可见，当 ω 由零变化到无穷大时，滞后环节的幅频特性恒等于 1；幅相频特性是一个以坐标原点为中心、以 1 为半径的圆。因此，其幅相频特性如图 5.12 所示。

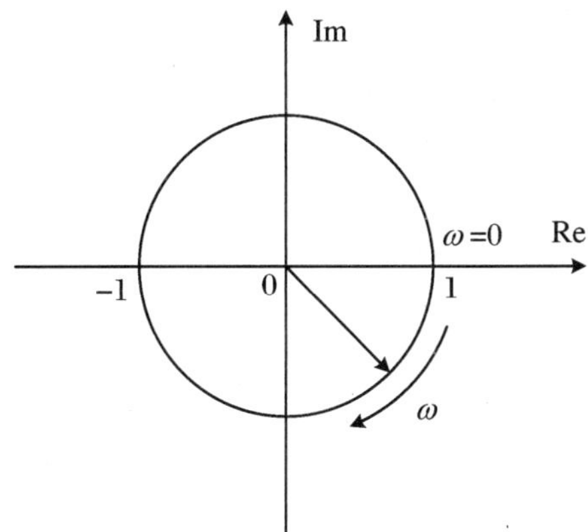

图 5.12　滞后环节的幅相频率特性

5.2.3　幅相频率特性图的大致形状

下面讨论一下幅相频率特性图的大致形状，这对于绘制开环系统的幅相频率特性图是很有用的。

设 v 型系统的开环频率特性为

$$G(j\omega) = \frac{k\prod_{j=1}^{m}(1 + j\omega\tau_j)}{(j\omega)^v\prod_{i=1}^{n-v}(1 + j\omega T_i)}$$

$$= \frac{b_m(j\omega)^m + b_{m-1}(j\omega)^{m-1} + \cdots + b_1(j\omega) + b_0}{a_n(j\omega)^n + a_{n-1}(j\omega)^{n-1} + \cdots + a_1(j\omega) + a_0} \quad (n > m)$$

下面分 0 型、Ⅰ型、Ⅱ型系统讨论它们开环幅相频率特性图的大致形状。

1. 0 型系统的开环幅相频率特性图

$v=0$，即 0 型系统，其频率特性为

$$G(j\omega) = \frac{k\prod_{j=1}^{m}(1+j\omega\tau_j)}{\prod_{i=1}^{n}(1+j\omega T_i)} \quad (n > m)$$

在 $\omega=0$ 处有

$$\lim_{\omega\to 0} G(j\omega) = \lim_{\omega\to 0}\frac{k(1+j\omega\tau_1)(1+j\omega\tau_2)\cdots}{(1+j\omega T_1)(1+j\omega T_2)\cdots} = k e^{j0}$$

在 $\omega\to\infty$ 处有

$$\lim_{\omega\to\infty} G(j\omega) = \frac{k\prod_{j=1}^{m}\tau_j}{\prod_{i=1}^{n}T_i}(j\omega)^{m-n} = 0e^{-j(n-m)\frac{\pi}{2}}$$

可见，幅相频率特性图的起始点（对应于 $\omega=0$，即低频时）在正实轴上的有限值处。幅相频率特性图的终点（对应于 $\omega\to\infty$，即高频时）在原点处，并且曲线与某坐标轴相切。

2. Ⅰ型系统的开环幅相频率特性图

$v=1$，即Ⅰ型系统，其频率特性为

$$G(j\omega) = \frac{k\prod_{j=1}^{m}(1+j\omega\tau_j)}{j\omega\prod_{i=1}^{n-1}(1+j\omega T_i)} \quad (n > m)$$

在 $\omega=0$ 处有

$$\lim_{\omega\to 0} G(j\omega) = \lim_{\omega\to 0}\frac{k(1+j\omega\tau_1)(1+j\omega\tau_2)\cdots}{j\omega(1+j\omega T_1)(1+j\omega T_2)\cdots} = \lim_{\omega\to 0}\frac{k}{\omega}e^{-j\frac{\pi}{2}}$$

在 $\omega\to\infty$ 处有

$$\lim_{\omega\to\infty} G(j\omega) = \lim_{\omega\to\infty}\frac{k\prod_{j=1}^{m}\tau_j}{\prod_{i=1}^{n-1}T_i}(j\omega)^{m-n} = 0e^{-j(n-m)\frac{\pi}{2}}$$

可见，幅相频率特性图的起始点（对应于 $\omega=0$，即低频时）在无穷远处，幅相频率特性图的渐近线是平行于负虚轴的直线。幅相频率特性的终点（对应于 $\omega\to\infty$，即高频时）处幅值为零，幅相频率特性图以角度为 $-(n-m)\frac{\pi}{2}$ 收敛于原点，并且曲线与某坐标轴相切。

3. Ⅱ型系统的开环幅相频率特性图

$v=2$，即Ⅱ型系统，其频率特性为

$$G(\mathrm{j}\omega) = \frac{k\prod_{j=1}^{m}(1+\mathrm{j}\omega\tau_j)}{(\mathrm{j}\omega)^2\prod_{i=1}^{n-2}(1+\mathrm{j}\omega T_i)} \quad (n > m)$$

在 $\omega = 0$ 处有

$$\lim_{\omega\to 0} G(\mathrm{j}\omega) = \frac{k}{\omega^2}\mathrm{e}^{-\mathrm{j}\pi}$$

在 $\omega\to\infty$ 处有

$$\lim_{\omega\to\infty} G(\mathrm{j}\omega) = 0\mathrm{e}^{-\mathrm{j}(n-m)\frac{\pi}{2}}$$

可见，幅相频率特性图的起始点（对应于 $\omega = 0$，即低频时）的幅值为无穷大，相角为 -180°，幅相频率特性图的渐近线是平行于负实轴的直线。幅相频率特性的终点（对应于 $\omega\to\infty$，即高频时）处幅值为零，且曲线相切于某坐标轴。

图 5.13(a)所示为 0 型、Ⅰ型和Ⅱ型低频段幅相频率特性图的大致形状。从图上可以看出，如果分母多项式的阶次高于分子多项式的阶次，那么 $G(\mathrm{j}\omega)$的轨迹将以顺时针方向收敛于原点。在 $\omega\to\infty$ 处，其相轨迹与某坐标轴相切，如图 5.13(b)所示。

当 $G(\mathrm{j}\omega)$的分母多项式阶次与分子多项式阶次相同时，则幅相频率特性图起始于实轴上某一有限远点，终止于实轴上有限远点。

注意：任何复杂的幅相频率特性曲线形状都是由分子项的动态特性引起的，即由传递函数中分子项的时间常数引起的。在分析控制系统时，在感兴趣的频率范围内，必须精确地确定$G(\mathrm{j}\omega)$的幅相频率特性图。

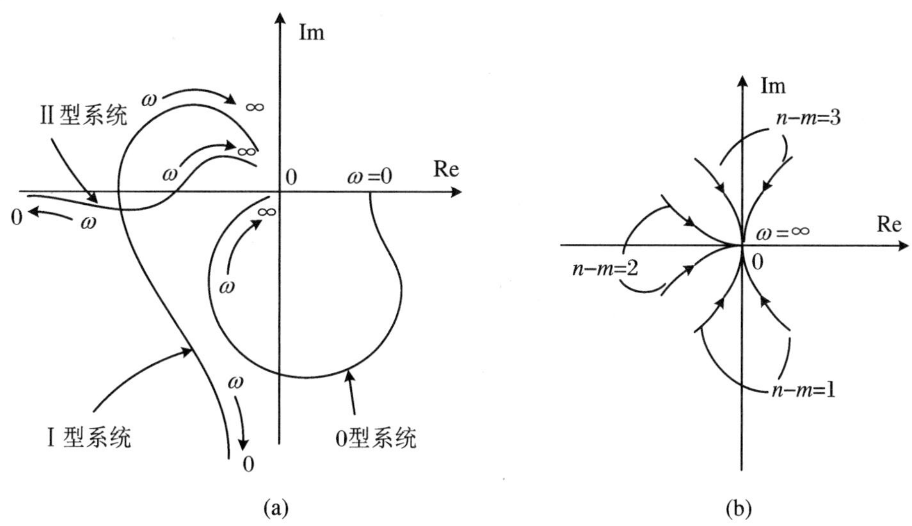

图 5.13　幅相频率特性图的低、高频段的大致形状

5.2.4　幅相频率特性的画法

(1) 描点法。

① 制表格(如表 5.1 所示)。

② 在复平面上找到相应的点，用平滑曲线连起来。

表 5.1　幅相表

ω	ω_1	ω_2	…
$\lvert G(\mathrm{j}\omega)\rvert$	$\lvert G(\mathrm{j}\omega_1)\rvert$	$\lvert G(\mathrm{j}\omega_2)\rvert$	…
$\angle G(\mathrm{j}\omega)$	$\angle G(\mathrm{j}\omega_1)$	$\angle G(\mathrm{j}\omega_2)$	…

(2) 分别计算 $G(\mathrm{j}\omega)$的实部和虚部，在复平面上找到相应的点，用平滑曲线连起来。

(3) 找出几个特殊点绘制大致图形。

$$\begin{array}{lll} \omega = 0_+ & \lvert G(\mathrm{j}\omega)\rvert_{\omega=0_+} & \angle G(\mathrm{j}\omega)\,\lvert_{\omega=0_+} \\ \omega = \omega_c & \lvert G(\mathrm{j}\omega_c)\rvert = 1 & \angle G(\mathrm{j}\omega_c) \\ \omega = \omega_g & \lvert G(\mathrm{j}\omega_g)\rvert & \angle G(\mathrm{j}\omega_g) = -\pi \\ \omega = +\infty & \lvert G(\mathrm{j}\omega)\rvert_{\omega=+\infty} & \angle G(\mathrm{j}\omega)\,\lvert_{\omega=+\infty} \end{array}$$

若存在渐近线，找出渐近线，绘出幅相频率特性图。如果需要另半部分，可利用镜像原理，作出 ω 由零变化到负无穷的幅相频率特性图。

例 5.2　设开环系统的传递函数为 $G(s)=\dfrac{k}{s(\tau s+1)}$，试绘制该系统的开环幅相频率特性图。

解　由解析法求开环系统频率特性为

$$G(\mathrm{j}\omega) = k\,\frac{1}{\mathrm{j}\omega}\,\frac{1}{\mathrm{j}\omega\tau+1}$$

从而得幅频特性及相频特性为

$$\lvert G(\mathrm{j}\omega)\rvert = k\,\frac{1}{\omega}\,\frac{1}{\sqrt{\tau^2\omega^2+1}} = \frac{k}{\omega\sqrt{1+\tau^2\omega^2}} \tag{1}$$

$$\angle G(\mathrm{j}\omega) = (-90^\circ) + (-\arctan\omega\tau) = -90^\circ - \arctan\omega\tau \tag{2}$$

根据式(1)及式(2)，可知该系统的低频部分为

$$\lim_{\omega\to 0} G(\mathrm{j}\omega) = \infty\angle -90^\circ \tag{3}$$

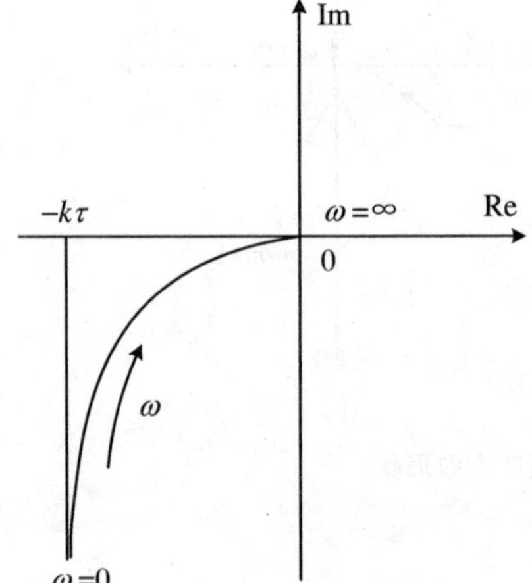

图 5.14　幅相频率特性图

高频部分为

$$\lim_{\omega\to\infty} G(\mathrm{j}\omega) = 0\angle -180^\circ \tag{4}$$

因为

$$G(\mathrm{j}\omega) = k\,\frac{1}{\mathrm{j}\omega}\,\frac{1}{\mathrm{j}\omega\tau+1} = \frac{-k\tau}{1+\tau^2\omega^2} - \mathrm{j}\,\frac{k}{\omega(1+\tau^2\omega^2)}$$

所以

$$\lim_{\omega\to 0}\mathrm{Re}[G(\mathrm{j}\omega)] = \left.\frac{-k\tau}{1+\tau^2\omega^2}\right|_{\omega=0} = -k\tau$$

$$\lim_{\omega\to 0}\mathrm{Im}[G(\mathrm{j}\omega)] = \left.\frac{-k}{\omega(1+\tau^2\omega^2)}\right|_{\omega=0} = -\infty$$

根据渐近线的定义知：该系统的渐近线在实轴上的交点坐标是$(-k\tau,0)$。综上可得该系统的幅相频率特性如图 5.14 所示。

5.3　对数频率特性

5.3.1　对数频率特性——伯德图

1. 基本概念

对数坐标图或伯德图由两张图组成：一张为幅频特性图，另一张为相频特性图。这两张图是按频率的对数分度来绘制的。

$G(\mathrm{j}\omega)$的对数幅值的表达式为 $20\lg|G(\mathrm{j}\omega)|$，其中对数是以 10 为底的，表达式中采用的单位——分贝，通常用“dB”来表示。在对数表达中，对数幅值曲线是画在半对数坐标纸上的，频率采用对数分度，而幅值或角度则采用线性分度。

采用对数坐标图的主要优点如下：首先，它可将幅值的相乘转化为幅值的相加。其次，由于这种方法是建立在渐近线的基础上的，因此绘制近似的对数幅值曲线，可以采用简便的方法。如果只需要频率响应特性的粗略信息，那么以渐近线来近似表示也就足够了。需强调的是，有的系统这样做是允许的。如果需要精确的曲线，那么在上述渐近线的基础上进行修正也是比较简单的。最后，既可以展宽视野，便于研究细微部分，又可以画出系统的低频、中频、高频特性，便于统筹全局。

另外，若将频率响应数据绘制在对数坐标图上，那么用实验方法来确定传递函数是很简便的。

2. 典型环节的对数频率特性

(1) 比例环节

比例环节的传递函数为常数 k，其特点是输出能够无滞后、无失真地复现输入信号。

比例环节的频率特性为

$$G(\mathrm{j}\omega) = k$$

显然，它与频率无关，相应的对数幅频特性和相频特性为

$$\begin{cases} L(\omega) = 20\lg k \\ \varphi(\omega) = 0^\circ \end{cases} \tag{5.31}$$

其伯德图如图 5.15 所示。

(2) 积分环节

积分环节的传递函数为$\dfrac{1}{s}$，其频率特性为

$$G(\mathrm{j}\omega) = \frac{1}{\mathrm{j}\omega} = \frac{1}{\omega}\mathrm{e}^{-\mathrm{j}90^\circ}$$

其相应的对数幅频特性和相频特性为

$$\begin{cases} L(\omega) = -20\lg\omega \\ \varphi(\omega) = -90^\circ \end{cases} \tag{5.32}$$

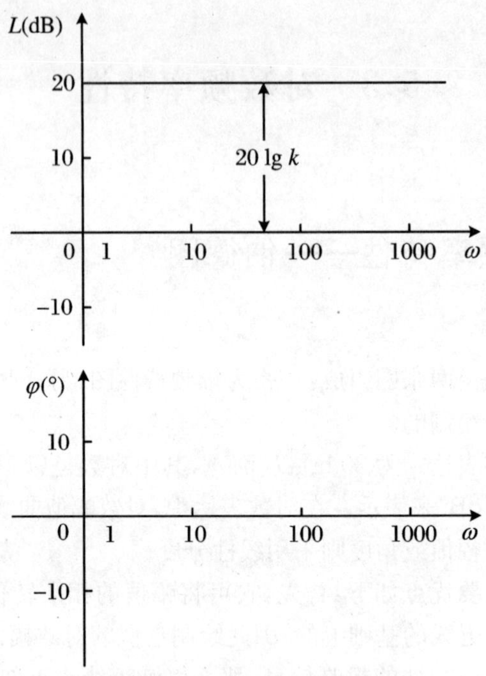

图 5.15　比例环节的伯德图

其伯德图如图 5.16 所示。由图可见,其对数幅频特性为一条斜率为 $-20\ \mathrm{dB/dec}$ 的直线,此线通过 $L(\omega)=0,\omega=1$ 的点。相频特性是一条平行于横坐标的直线,其纵坐标为 -90°。

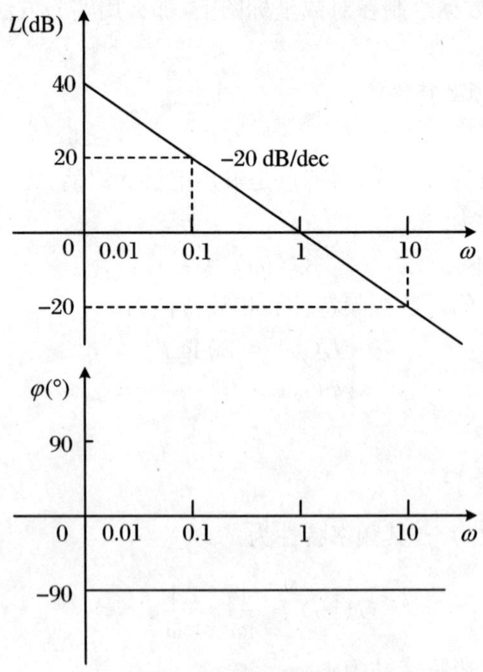

图 5.16　积分环节的伯德图

(3) 惯性环节

惯性环节的传递函数为$\dfrac{1}{Ts+1}$,其频率特性为

$$G(\mathrm{j}\omega)=\frac{1}{T\mathrm{j}\omega+1}=\frac{1}{\sqrt{1+(T\omega)^2}}\mathrm{e}^{-\mathrm{j}\arctan T\omega}$$

其相应的对数幅频特性和相频特性为

$$\begin{cases}L(\omega)=20\lg\dfrac{1}{\sqrt{1+(T\omega)^2}}=-20\lg\sqrt{1+(T\omega)^2}\\ \varphi(\omega)=-\arctan T\omega\end{cases}\tag{5.33}$$

低频时,$\omega\ll\dfrac{1}{T}$,即 $\omega T\ll1$,则

$$-20\lg\sqrt{1+(T\omega)^2}=-20\lg1=0\ \mathrm{dB}$$

因此,惯性环节的对数幅频特性,在低频段为 0 dB 的一条直线(渐近线)。高频时,$\omega\gg\dfrac{1}{T}$即 $\omega T\gg1$,则

$$-20\lg\sqrt{1+(T\omega)^2}=-20\lg\omega T$$

若 $\omega=\omega_1$,则 $L_1=-20\lg\omega_1T$;若 $\omega=\omega_2=10\omega_1$,则 $L_2=-20\lg\omega_2T=-20-20\lg\omega_1T$。得 $L_2-L_1=-20$(dB/dec),因此,惯性环节的对数幅频特性曲线,在高频段为一条 −20 dB/dec 的斜线(渐近线)。当 $\omega=1/T$ 时,$L=20\lg1=0$(dB)。所以,上述两条渐近线的交点在 $\omega=1/T$ 处,称为转折频率或交接频率,记为 ω_n。

最大误差发生在 $\omega=1/T$ 处,即

$$\begin{aligned}L_\mathrm{p}(\omega)&=-20\lg\sqrt{1+(T\omega)^2}\Big|_{\omega=\frac{1}{T}}\\&=-20\lg\sqrt{2}=-3\ \mathrm{dB}\end{aligned}$$

在 $T\omega=0.1\sim10$ 区间的误差见表 5.2。必要时可根据表 5.2 对渐近线进行修正,得精确幅频特性如图 5.17 所示。

表 5.2　惯性环节渐近幅频特性修正表

ωT	0.1	0.4	0.5	1.0	2.0	2.5	10
误差(dB)	−0.04	−0.65	−1.0	−3.01	−1	−0.65	−0.04

注意:在 $\omega=0.1\dfrac{1}{T}$及$\omega=10\dfrac{1}{T}$处精确特性与渐近特性之间的误差都是 −0.04 dB,而在频率 $\omega<0.1\dfrac{1}{T}$和$\omega>10\dfrac{1}{T}$处的频段误差将变小。因此,对数渐近幅频特性如图 5.17 所示,只要分别在低于和高于其转折频率的一个十倍频程范围内进行修正就足够了。

为了绘制对数相频特性,只需计算若干点,列成相移计算表,如表 5.3 所示。按表在半对数坐标系上找点,然后用平滑曲线将其连接,有时也可以采用模板绘制。

表 5.3　惯性环节相移计算表

ωT	0.1	0.25	0.4	0.5	1.0	2.0	2.5	4.0	10
φ	−5.7°	−14.1°	−21.8°	−26.6°	−45°	−63.4°	−68.2°	−75.9°	−84.3°

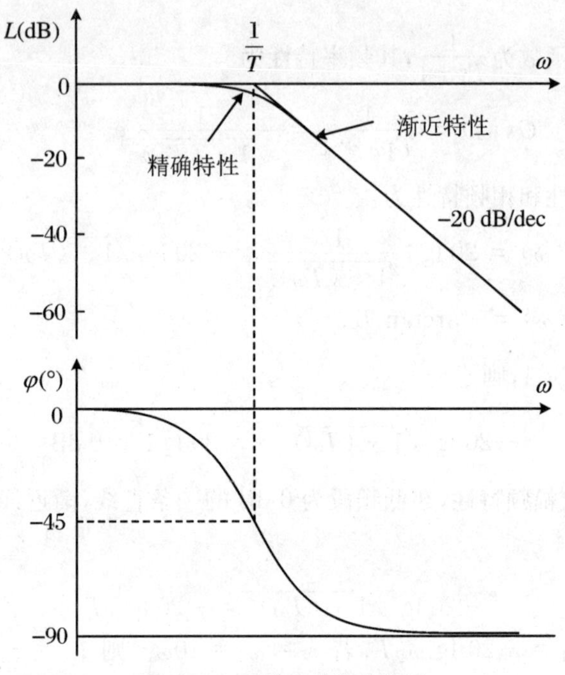

图 5.17　惯性环节的伯德图

至此，可以绘出惯性环节的对数幅频特性和相频特性如图 5.17 所示。由图可见，惯性环节的幅频特性随着角频率的增加而衰减，呈低通滤波特性，而相频特性呈滞后特性，即输出信号的相位滞后于输入信号的相位，角频率愈高，则相角滞后愈大，最大滞后角趋向 -90°。

例 5.3　当 $k=10$ 时，大致作出 $G(s)=\dfrac{k}{s(s+1)(s+5)}$ 控制系统的开环对数频率特性。

解　① 把开环传递函数化为典型环节相乘的形式。

$$G(s)=\frac{10}{s(s+1)(s+5)}=\frac{2}{s(s+1)\left(\frac{1}{5}s+1\right)}$$

② 找出每一个典型环节频率特性的交接频率与斜率。

第一个惯性环节的交接频率是 1，第二个是 5，其频率大于交接频率时，斜率都为 -20 dB/dec。

③ 因为本题是要求大致画出系统的开环频率特性，所以对数频率特性不必修正。

④ 作出每一个环节的对数幅频特性，一般先作出比例环节的 $20\lg k/5=6$ dB，再作积分环节，然后按交接频率由小到大作出每个惯性环节的频率特性，最后相加即得整个系统的频率特性。

⑤ 作出每一个环节的相频特性，然后叠加起来。

本题的对数频率特性曲线如图 5.18 所示。

相频特性也可以直接作相移计算表，在坐标平面上找到相应点，然后用平滑曲线将其连接。本例的相移计算表如表 5.4 所示。

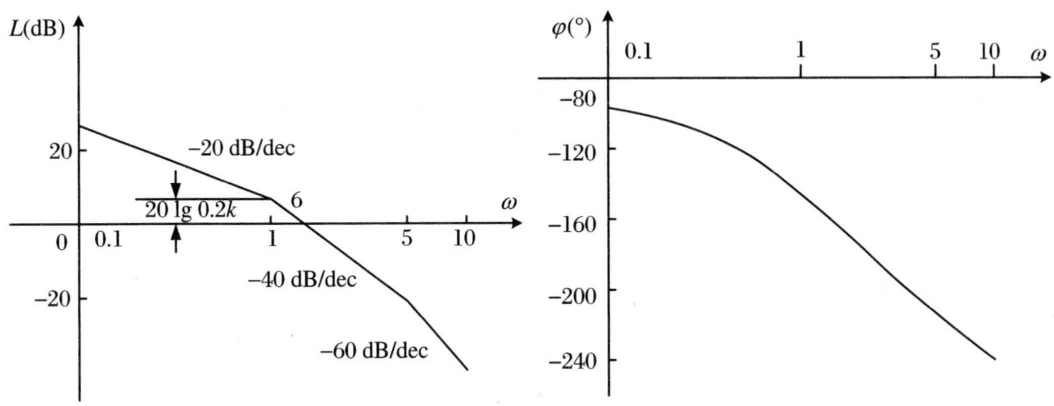

图 5.18　对数频率特性曲线

表 5.4　相移计算表

ω	0.1	0.2	0.5	1.0	2.0	2.5	5.0	10	50
$\varphi_1(\omega)$	$-90°$	$-90°$	$-90°$	$-90°$	$-90°$	$-90°$	$-90°$	$-90°$	$-90°$
$\varphi_2(\omega)$	$-5.7°$	$-11.3°$	$-26.6°$	$-45°$	$-63.4°$	$-68.2°$	$-78.7°$	$-84.3°$	$-88.9°$
$\varphi_3(\omega)$	$-1.1°$	$-2.3°$	$-5.7°$	$-11.3°$	$-21.8°$	$-26.6°$	$-45°$	$-63.4°$	$-84.3°$
$\varphi(\omega)$	$-96.8°$	$-103.6°$	$-122.3°$	$-146.3°$	$-175.2°$	$-184.8°$	$-213.7°$	$-237.7°$	$-263.2°$

(4) 振荡环节

振荡环节的传递函数 $G(s)=\dfrac{1}{T^2s^2+2\zeta Ts+1}$，其频率特性为

$$G(\mathrm{j}\omega)=\frac{1}{T^2(\mathrm{j}\omega)^2+2\zeta T(\mathrm{j}\omega)+1}=\frac{1}{\sqrt{(1-T^2\omega^2)^2+(2T\zeta\omega)^2}}\mathrm{e}^{-\mathrm{j}\arctan\frac{2T\zeta\omega}{1-T^2\omega^2}}$$

其相应的对数幅频特性和相频特性为

$$\begin{cases}L(\omega)=20\lg\dfrac{1}{\sqrt{(1-T^2\omega^2)^2+(2T\zeta\omega)^2}}=-20\lg\sqrt{(1-T^2\omega^2)^2+(2T\zeta\omega)^2}\\[2ex]\varphi(\omega)=-\arctan\dfrac{2T\zeta\omega}{1-T^2\omega^2}\end{cases}\tag{5.34}$$

低频时，$\omega\ll\dfrac{1}{T}$，$L(\omega)=0$ dB；高频时，$\omega\gg\dfrac{1}{T}$，$L(\omega)=-40\lg T\omega$。由此可见，低频渐近线是一条 0 dB 的水平线，而高频渐近线是一条斜率为 −40 dB/dec 的直线。这两条线相交处的频率为 $1/T$，为振荡环节的交接频率，用符号 ω_n 表示。

最大误差发生在 $\omega=\dfrac{1}{T}$ 处，即

$$L_p(\omega)=-20\lg\sqrt{(1-T^2\omega^2)^2+(2T\zeta\omega)^2}\Big|_{\omega=\frac{1}{T}}=-20\lg 2\zeta$$

由此可见，幅频特性与渐近线之间存在一定的误差，其值取决于阻尼比 ζ 的值，阻尼比愈小，则误差愈大。当 $0<\zeta<0.707$ 时，在对数幅频特性上出现峰值，该峰值称为谐振峰值，记为 M_r。该点所对应的频率称为谐振频率，记为 ω_r。根据求极值的条件得

$$\omega_r=\frac{1}{T}\sqrt{1-2\zeta^2}=\omega_n\sqrt{1-2\zeta^2}\tag{5.35}$$

相应的谐振峰值为

$$M_r = |G(j\omega_r)| = \frac{1}{2\zeta\sqrt{1-\zeta^2}} \tag{5.36}$$

振荡环节的相频特性由 $\varphi(\omega) = -\arctan\dfrac{2T\zeta\omega}{1-T^2\omega^2}$绘制。

至此,可以作出振荡环节的对数频率特性图,如图 5.19 所示。这里给出用来修正渐近幅频特性的修正曲线,如图 5.20 所示。

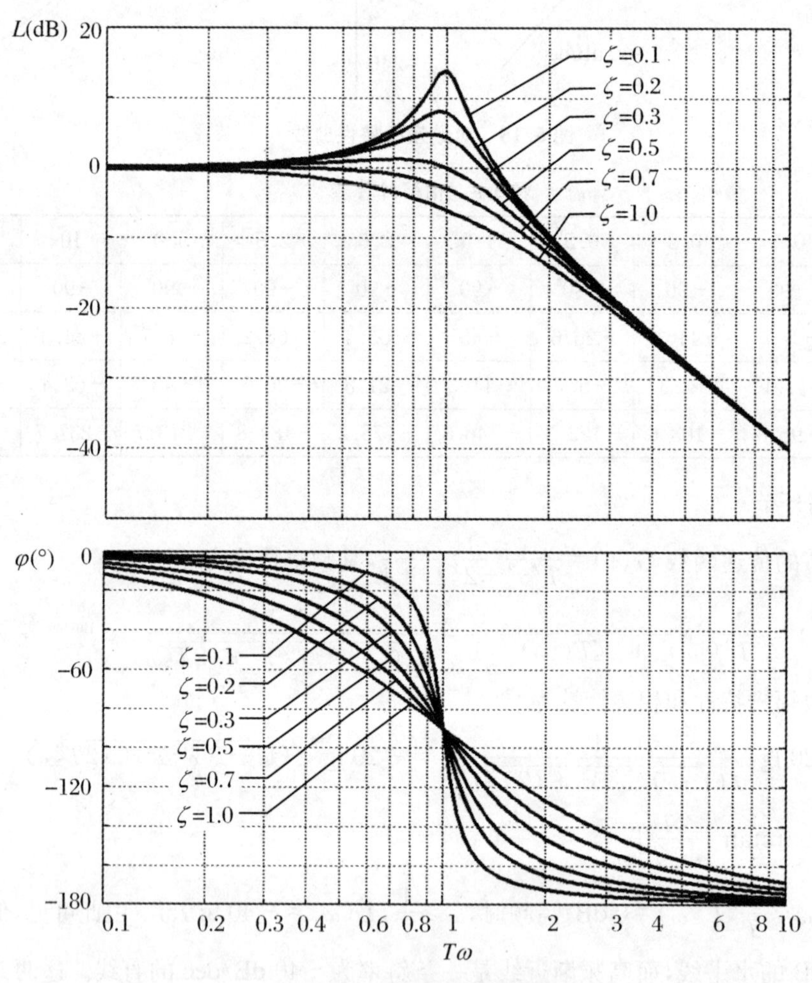

图 5.19　振荡环节的伯德图

应该指出,振荡环节渐近幅频特性的修正宽度与惯性环节一样,即 $0.1(1/T)\sim10(1/T)$ 的两个十倍频程。

(5) 不稳定环节

从式(5.25)可见,不稳定环节 $1/(Ts-1)$与惯性环节 $1/(Ts+1)$具有相同的幅频特性 $\dfrac{1}{\sqrt{1+T^2\omega^2}}$。因此,其对数幅频特性与惯性环节的对数幅频特性相同。

根据式(5.27)绘制出不稳定环节的相频特性图,如图 5.21 所示。图中的虚线为惯性环节的相频特性。从图中看出,不稳定环节随角频率 ω 由零变化到无穷大所产生的相移范围

是 $-180^\circ \sim -90^\circ$。

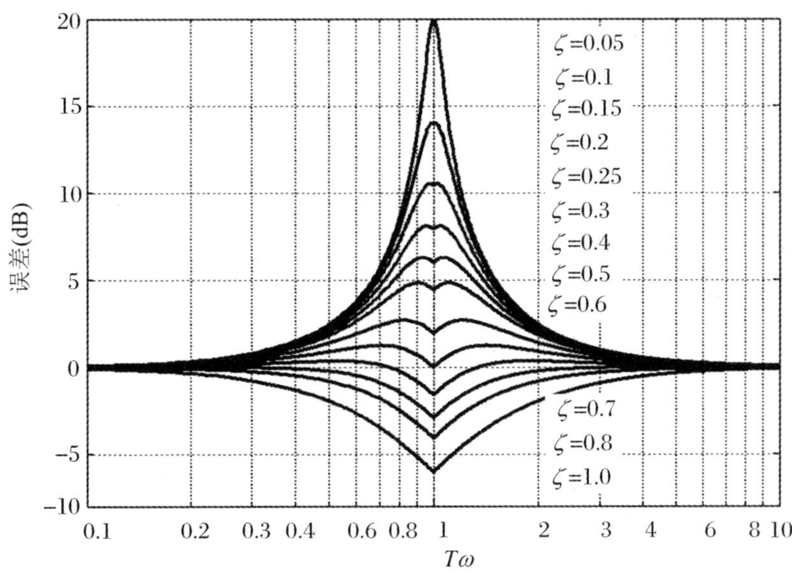

图 5.20　振荡环节的误差修正曲线

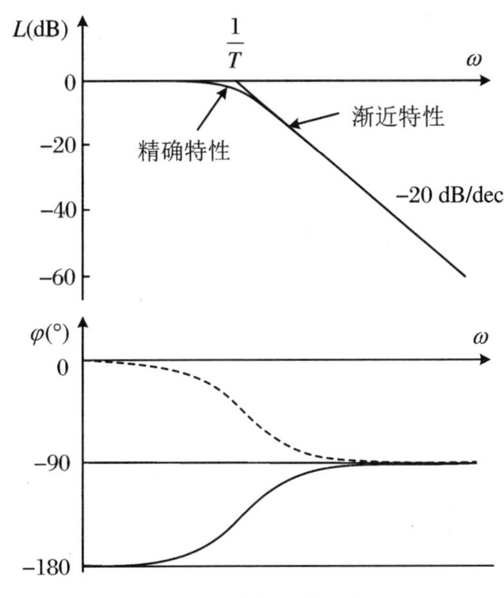

图 5.21　不稳定环节的伯德图

(6) 滞后环节

滞后环节 $e^{-\tau s}$ 的幅频特性为常量 1,相频特性为 $-\tau\omega$ rad,其相应的对数幅频特性和相频特性为

$$\begin{cases} L(\omega) = 0 \\ \varphi(\omega) = -\tau\omega(\text{rad}) \end{cases} \tag{5.37}$$

由上式可见,滞后环节的对数幅频特性恒为 0 dB;当滞后常数 τ 确定时,相频特性与角频率 ω 成正比。

至此，可绘制出滞后环节的伯德图如图 5.22 所示。

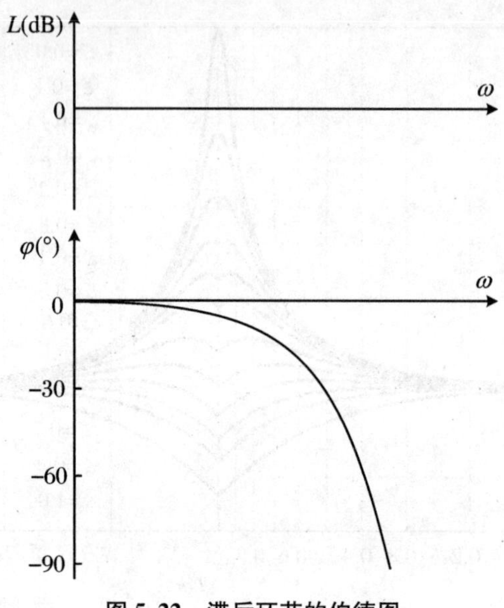

图 5.22 滞后环节的伯德图

(7) 其余典型环节的对数频率特性

积分环节的对数幅频特性沿 0 dB 线一翻转就是微分环节的对数幅频特性曲线；积分环节的相频特性沿 0°线一翻转就是微分环节的相频特性曲线。如图 5.23 所示。

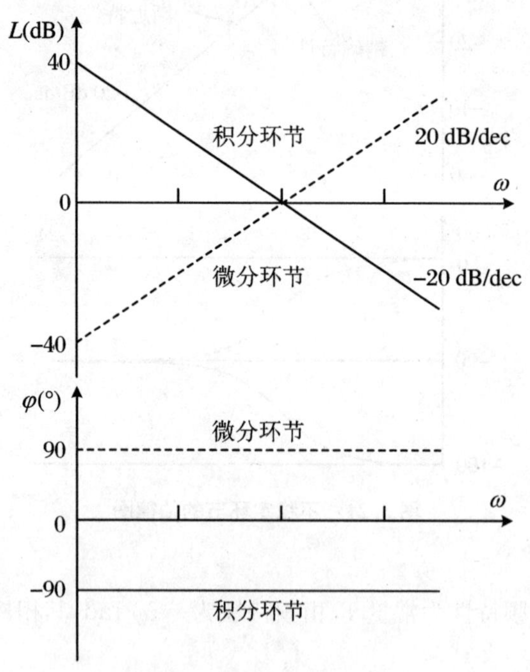

图 5.23 微分环节的伯德图

振荡环节的对数幅频特性沿 0 dB 线一翻转就是二阶比例微分环节的对数幅频特性曲线；振荡环节的相频特性沿 0°线一翻转就是二阶比例微分环节的相频特性曲线。如图 5.24

所示。

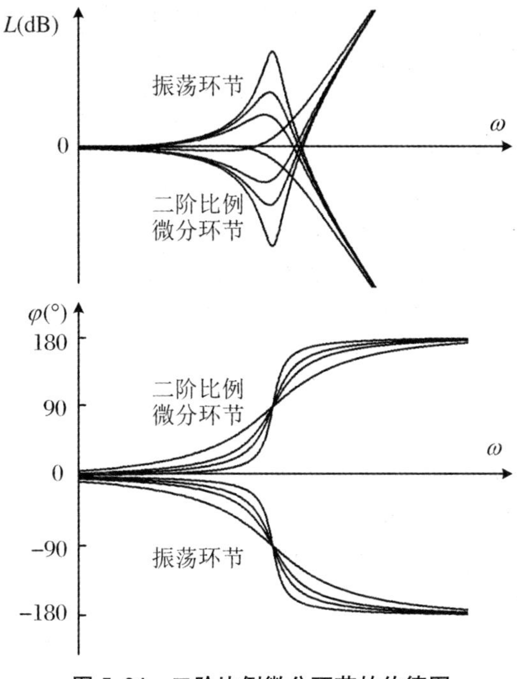

图 5.24　二阶比例微分环节的伯德图

惯性环节的对数幅频特性沿 0 dB 线一翻转就是一阶比例微分环节的对数幅频特性曲线；惯性环节的相频特性沿 0°线一翻转就是一阶比例微分环节的相频特性曲线。如图 5.25 所示。

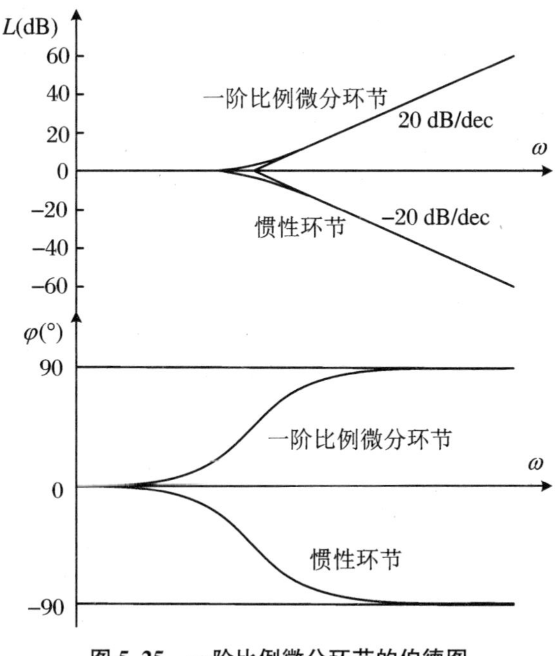

图 5.25　一阶比例微分环节的伯德图

通过数学知识，很容易得出上述结论。

3．绘制对数频率特性的基本步骤

（1）将系统的开环传递函数化为典型环节的连乘积形式。

（2）求出每一个典型环节对数频率特性的交接频率与斜率。

（3）在 $\omega = 1$ 处作 $20\lg k$，在此基础上作积分环节的频率特性，然后按转折频率由小至大依次作出其他环节的频率特性。

（4）进行必要的修正。

说明 在绘制伯德图时，一般惯性环节无特殊说明不需要修正，而振荡环节需要修正。

（5）分别作出每个典型环节的相频特性，然后叠加；或者先作对数相移计算表，然后在半对数坐标纸上找到相应点，再用平滑曲线连接而成。

例 5.4 设某控制系统的开环传递函数为

$$G(s) = \frac{10(s+3)}{s(s+2)(s^2+s+2)}$$

试绘制该系统的伯德图。

解 （1）绘制对数幅频特性曲线。

① 把传递函数化为典型环节连乘积的形式：

$$G(s) = \frac{7.5\left(\frac{1}{3}s+1\right)}{s\left(\frac{1}{2}s+1\right)\left[\left(\frac{1}{\sqrt{2}}s\right)^2 + 2\times 0.35\times\frac{1}{\sqrt{2}}s+1\right]}$$

② 求出每一个典型环节频率特性的交接频率与斜率。

积分环节：无交接频率，斜率 -20 dB/dec。

振荡环节：交接频率 $\omega_{n2} = \sqrt{2}$，交接频率后的渐近线斜率为 -40 dB/dec。

惯性环节：交接频率 $\omega_{n3} = 2$，交接频率后的渐近线斜率为 -20 dB/dec。

一阶微分环节：交接频率 $\omega_{n4} = 3$，交接频率后的渐近线斜率为 $+20$ dB/dec。

③ 在半对数坐标纸上，在 $\omega = 1$ 处作 $20\lg k = 17.5$ dB。其次，过 17.5 dB 处作一斜率为 -20 dB/dec 的斜线。该直线到 $\omega = 1.414$ 处，直线斜率由 -20 dB/dec 变为 -60 dB/dec；到 $\omega = 2$ 处，直线斜率由 -60 dB/dec 变为 -80 dB/dec；到 $\omega = 3$ 处，直线斜率由 -80 dB/dec 变为 -60 dB/dec。控制系统的对数幅频特性如图 5.26 曲线①所示。

（2）绘制相频特性曲线。

① 制相移计算表（表 5.5）。

表 5.5 相移计算表

ω	0.1	0.2	0.5	1.0	2.5	5.0	10
$\varphi_1(\omega)$	1.91°	3.81°	9.46°	18.43°	39.81°	59.04°	73.3°
$\varphi_2(\omega)$	−90°	−90°	−90°	−90°	−90°	−90°	−90°
$\varphi_3(\omega)$	−2.86°	−5.71°	−14.04°	−26.57°	−51.34°	−68.2°	−78.69°
$\varphi_4(\omega)$	−2.85°	−5.77°	−15.79°	−44.71°	−149.77°	−167.85°	−174.23°
$\varphi(\omega)$	−93.80°	−97.67°	−110.37°	−142.85°	−251.3°	−267.01°	−269.67°

② 在半对数坐标系上，找到相应点，然后用平滑曲线连接，得到控制系统的相频特性，如图 5.26 曲线②所示。

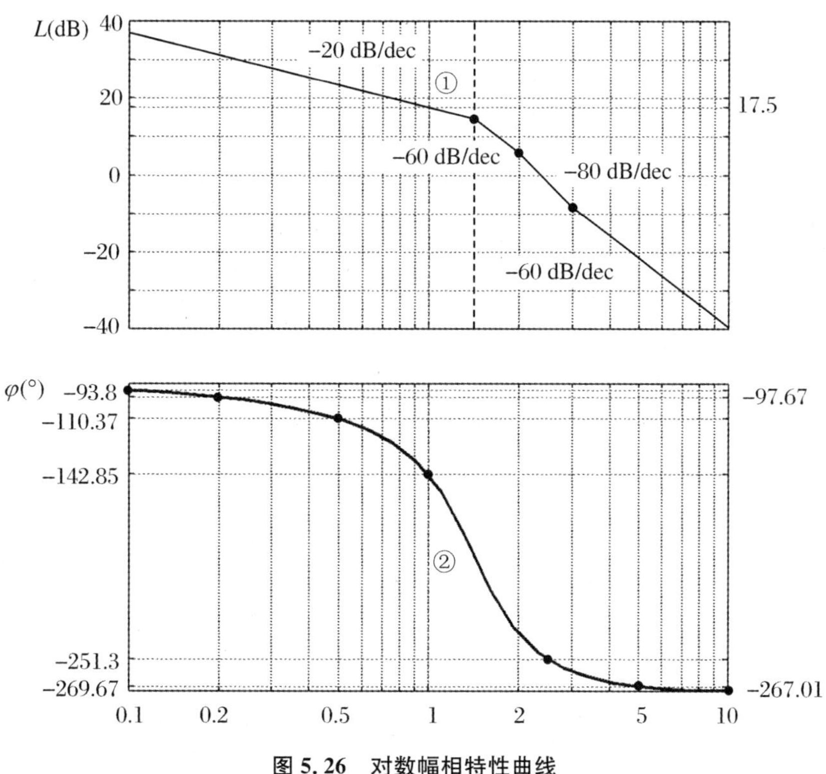

图 5.26　对数幅相特性曲线

5.3.2　对数幅相图——尼柯尔斯图

描述频率响应的另一种图示法是对数幅相图。对数幅相图采用直角坐标系，其中取幅频特性 $|G(\mathrm{j}\omega)|$ 的对数 $20\lg|G(\mathrm{j}\omega)|$ 为纵坐标，单位为分贝，线性分度；取相频特性 $\varphi(\omega)$ 为横坐标，单位为度，线性分度。对数幅相图是以频率 ω 作为参量的。对数幅相图又称为尼柯尔斯图。

在伯德图上，$G(\mathrm{j}\omega)$ 的频率响应特性是在半对数坐标系上用两个分开的曲线，即对数幅频曲线和相频曲线表示的。在绘制尼柯尔斯图时，通常先绘制伯德图，然后再由其上截取 $\omega=\omega_i$ 的数据，即 $20\lg|G(\mathrm{j}\omega_i)|$ 和 $\angle G(\mathrm{j}\omega_i)$ $(i=1,2,3,\cdots)$，并根据这些数据绘制尼柯尔斯图上的特性曲线。注意：在对数幅相图上，改变 $G(\mathrm{j}\omega)$ 的增益只能使曲线向上（当增益增大时）或向下（当增益减小时）移动，而曲线的形状保持不变。

对数幅相图的优点是能够较快地确定闭环系统的相对稳定性，并且可以比较容易地解决系统的校正问题。

振荡环节的伯德图和尼柯尔斯图如图 5.27(a)、(b)所示。

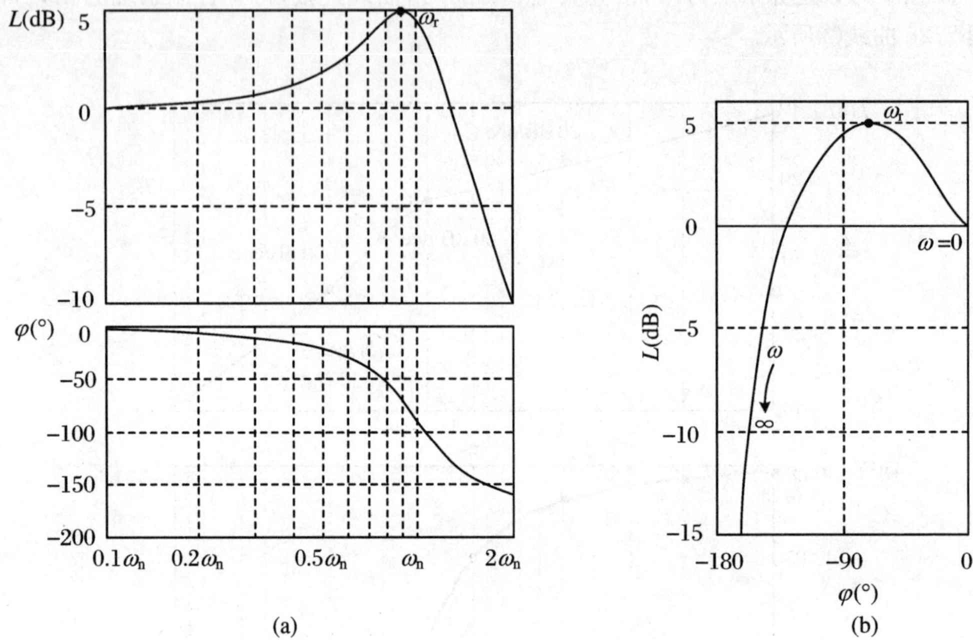

图 5.27　振荡环节的伯德图和尼柯尔斯图

5.4　开环系统与闭环系统的频率响应

5.4.1　开环系统的频率响应

1. 基本概念

系统对正弦输入的稳态响应称为频率响应。开环系统对正弦输入的稳态响应称为开环系统的频率响应;闭环系统对正弦输入的稳态响应称为闭环系统的频率响应。在 s 右半平面上没有极点和零点的传递函数称为最小相位传递函数;反之,在 s 右半平面具有极点或零点的传递函数称为非最小相位传递函数。具有最小相位传递函数的系统称为最小相位系统;具有非最小相位传递函数的系统称为非最小相位系统。

2. 最小相位系统和非最小相位系统

在具有相同幅值特性的一些系统中,最小相位系统的相角变化范围是最小的。

设最小相位系统和非最小相位系统的传递函数分别为

$$G_1(s) = \frac{1+\tau s}{1+Ts},\quad G_2(s) = \frac{1-\tau s}{1+Ts}\quad (0<\tau<T)$$

上述两系统的零、极点分布如图 5.28(a)、(b)所示。其频率特性分别为

$$G_1(\mathrm{j}\omega) = \sqrt{\frac{1+\tau^2\omega^2}{1+T^2\omega^2}}\mathrm{e}^{\mathrm{j}(\arctan\tau\omega-\arctan T\omega)} \tag{5.38}$$

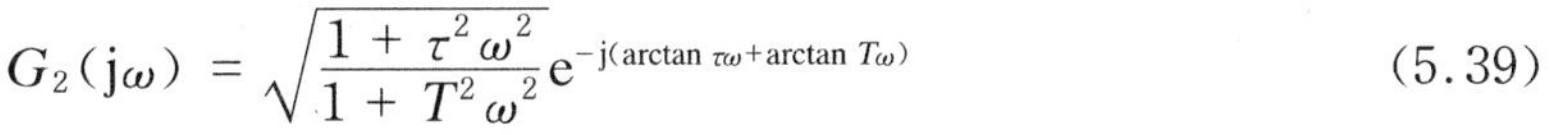

$$G_2(\mathrm{j}\omega) = \sqrt{\frac{1 + \tau^2\omega^2}{1 + T^2\omega^2}}\mathrm{e}^{-\mathrm{j}(\arctan\tau\omega + \arctan T\omega)} \tag{5.39}$$

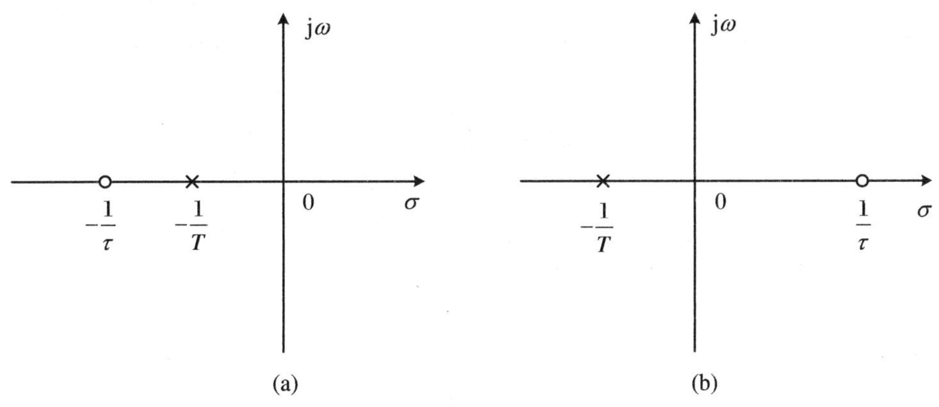

图 5.28　零、极点分布图

通过比较式(5.38)和式(5.39)知，它们的幅频特性是相同的，它们的相频特性是不同的。显然，非最小相位系统的相角变化范围大于最小相位系统的相角变化范围。它们的相频特性曲线如图 5.29 所示。

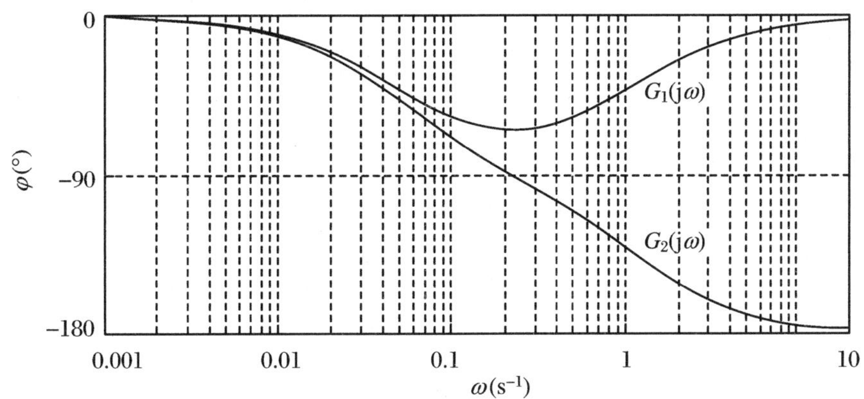

图 5.29　相频特性曲线

最小相位系统 $G_1(\mathrm{j}\omega)$的相角变化范围不超过 90°，而非最小相位系统 $G_2(\mathrm{j}\omega)$的相角变化范围是 180°，即随 ω 从零增大到无穷，相角由 0°变化到 -180°。

非最小相位情况可由两种不同的状况产生。一种为系统内包含一个或多个非最小相位的元件，这是比较简单的情况；而另一种可能发生在小回路是不稳定的情况中。

对于一个最小相位系统而言，相角在 $\omega \to \infty$ 时变为 $-90°(N-M)$，其中 M 和 N 分别表示传递函数中分子、分母多项式的次数。对于非最小相位系统而言，当 $\omega \to \infty$ 时的相角不等于 $-90°(N-M)$。二者之中的任一系统，其对数幅值曲线当 $\omega \to \infty$ 时的斜率都等于 $-20(N-M)$dB/dec。所以为了确定是不是最小相位系统，既需要检查对数幅值曲线高频渐近线的斜率，也需要检查在 $\omega = \infty$ 时的相角。如果 $\omega \to \infty$ 时，对数幅值曲线的斜率为 $-20(N-M)$dB/dec 且当 $\omega = \infty$ 时的相角等于 $-90°(N-M)$，那么系统就是最小相位系统；否则，为非最小相位系统。

含有传递延迟元件的系统是典型的非最小相位系统，而传递延迟本身又是一个非常广泛的现象。在生产过程中，大多数工业对象的输出端与输入端有不同程度的纯滞后时间，这个纯滞后时间称为传递延迟。如果在控制系统中，某元件的输出较输入有一个纯滞后时间，那么这个元件称为传递延迟元件（比如齿轮等），这个传递延迟元件的相应传递函数，称为传递延迟环节或滞后环节。控制对象的纯滞后时间 τ 对系统的性能极为不利，它使系统的稳定性降低，过渡过程特性变坏。当对象的纯滞后时间 τ 与对象的惯性时间常数 T 之比等于或大于 0.5 时，即 $\tau/T \geqslant 0.5$ 时，采用常规的 PID 控制很难获得良好的控制性能。因此，需要采用特殊的算法，如大林算法或纯滞后补偿 Smith 预估器等。

传递延迟环节，即滞后环节的传递函数为

$$G(s) = \mathrm{e}^{-\tau s}$$

其频率特性为

$$G(\mathrm{j}\omega) = \mathrm{e}^{-\mathrm{j}\omega\tau}$$

其幅频特性等于 1，即

$$|G(\mathrm{j}\omega)| = 1$$

所以传递延迟环节即滞后环节的对数幅频特性等于 0 dB。滞后环节的相角为

$$\varphi(\omega) = \angle G(\mathrm{j}\omega) = -\omega\tau(\mathrm{rad}) = -57.3\omega\tau(^\circ)$$

例 5.5 设某具有传递延迟环节的非最小相位系统的开环传递函数为

$$G(s) = \frac{\mathrm{e}^{-\tau s}}{Ts+1}$$

试绘制开环系统的频率响应图（$T=1\ \mathrm{s}, \tau=0.5\ \mathrm{s}$）。

解 其频率响应为

$$G(\mathrm{j}\omega) = \mathrm{e}^{-\mathrm{j}\omega\tau}\frac{1}{1+\mathrm{j}\omega T}$$

对数幅频特性为

$$20\lg|G(\mathrm{j}\omega)| = -20\lg\sqrt{1+T^2\omega^2}$$

相频特性为

$$\angle G(\mathrm{j}\omega) = -57.3\omega\tau - \arctan\omega T$$

当 $T=1\ \mathrm{s}, \tau=0.5\ \mathrm{s}$ 时，其伯德图如图 5.30 所示。

3. 由开环频率响应确定系统的数学模型

由系统或元部件的传递函数可以求取系统或元部件的频率特性。工程上常利用对数频率特性，使幅值乘、除的运算转化为幅值加、减的运算。典型环节的对数幅频特性用渐近线来表示非常方便。相频特性曲线又具有奇对称性质，再考虑到曲线的平移和互为镜像特点，相频特性也容易绘制。这样，知道了传递函数，就可以非常方便地求取频率响应了；反过来根据频率响应，即根据幅频特性与相频特性，也可以求取传递函数，即可找到系统或元部件的数学模型。这是因为频率响应本身就是特定情况下的传递函数，二者本质上是一致的。而对于最小相位系统，因为在其幅频特性与相频特性之间存在唯一对应关系，所以最小相位系统的传递函数由幅频特性或相频特性二者之一便可确定。一般说来，根据对数频率特性的幅频特性来确定最小相位系统的传递函数是非常方便的。而对于非最小相位系统，由于在其幅频特性与相频特性之间的关系是非唯一的，必须由二者一起来确定传递函数。

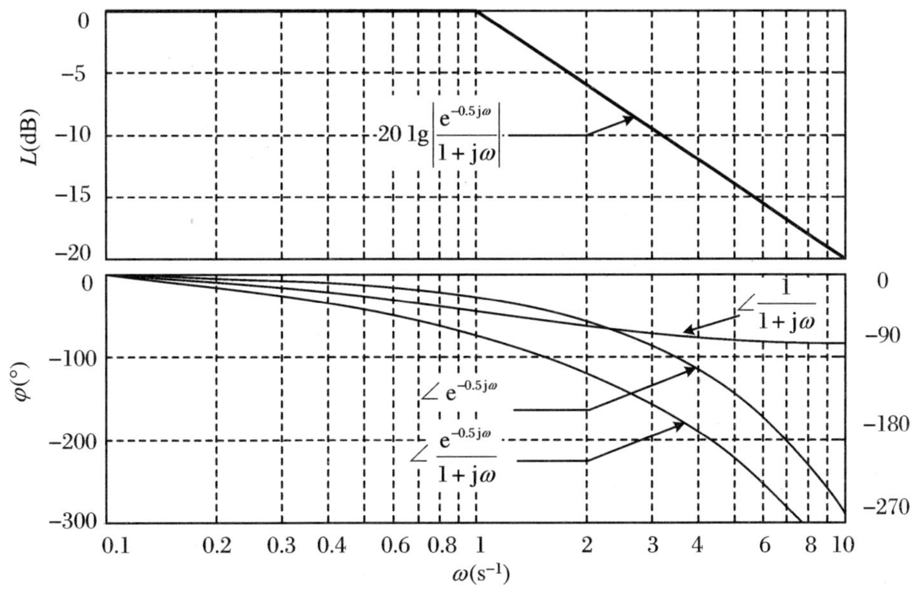

图 5.30　$T = 1$ s，$\tau = 0.5$ s 时的伯德图

例 5.6　已知最小相位开环系统的幅频特性如图 5.31 所示。图中的虚线特性为修正后的精确特性。试根据该幅频特性确定系统的开环传递函数。

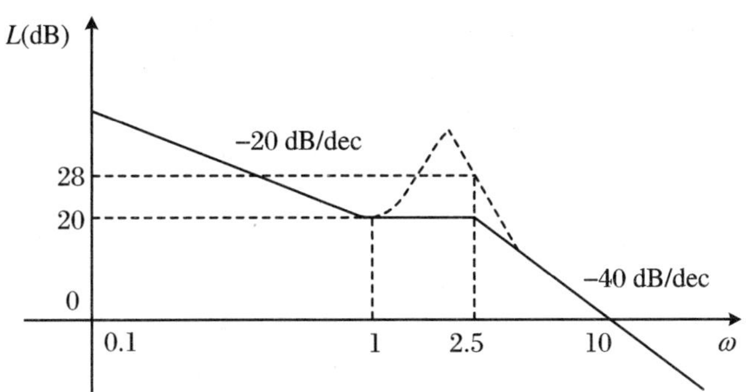

图 5.31　最小相位系统的幅频特性

解　(1) 从图中可见，在角频率 $\omega = 1$ rad/s 之前的频段上，幅频特性的斜率恒为 -20 dB/dec，这是积分环节幅频特性的特征。

(2) 从积分环节在 $\omega = 1$ 处的对数幅值为 20 dB，可确定开环增益 k_v，即

$$20\lg\left|\frac{k_v}{j\omega}\right|\Bigg|_{\omega=1} = 20\lg k_v = 20 \text{ dB}$$

得

$$k_v = 10$$

(3) 在 $\omega = 1 \sim 2.5$ rad/s 频段上，幅频特性的斜率由原来的 -20 dB/dec 变为 0 dB/dec，这意味着 $\omega \geqslant 1$ rad/s 时，幅频特性的增量为 20 dB/dec，从而说明该系统的传递函数还包含以 $\omega = 1$ rad/s 为转折频率的一阶微分环节 $s + 1$。

(4) 根据具有斜率为 0 dB/dec 的平行线延续到 $\omega = 2.5$ rad/s，此后在 $\omega = 2.5 \sim \infty$ 频段上幅频特性的斜率一直是 -40 dB/dec，再考虑到 $\omega = 2.5$ rad/s 处经修正给出的精确特性，

可见这部分特性代表的是转折频率为 2.5 rad/s 的振荡环节$\dfrac{1}{\left(\dfrac{1}{2.5}\right)^2 s^2+2\times\dfrac{1}{2.5}\zeta s+1}$，其阻尼比由 $\omega=2.5$ rad/s 处的纵坐标值 $28-20=8(\text{dB})=20\lg\dfrac{1}{2\zeta}$求得：

$$\zeta = 0.2$$

(5) 通过上面分析，可得出给定最小相位系统的开环传递函数为

$$G(s)=\frac{10(s+1)}{s\left[\left(\dfrac{1}{2.5}\right)^2 s^2+2\times 0.2\times\left(\dfrac{1}{2.5}\right)s+1\right]}$$

$$=\frac{10(s+1)}{s(0.16s^2+0.16s+1)}$$

例 5.7 根据实验数据绘制的开环系统伯德图如图 5.32 所示。试由图中给出的幅频特性与相频特性实验曲线确定系统的传递函数。

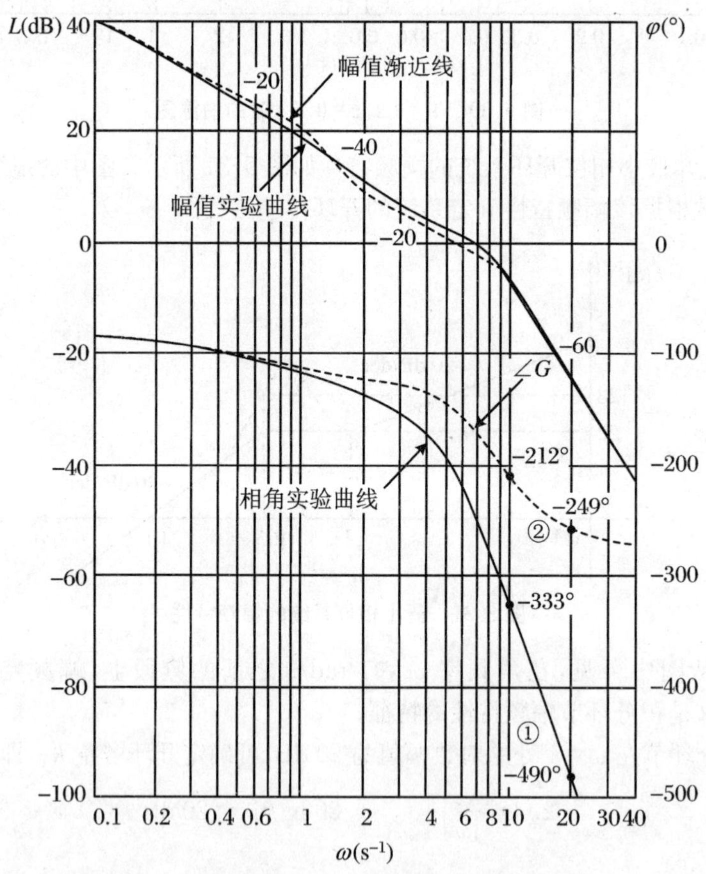

图 5.32 根据实验数据绘制的开环系统的伯德图

解 (1) 用渐近线逼近幅频特性的实验曲线，渐近线的斜率规定为 ± 20 dB/dec 的倍数，得到如图 5.32 所示的渐近线幅频特性，其在各频段上的斜率分别为 − 20，− 40，− 20，− 60(dB/dec)。

(2) 从图中渐近线幅频特性可见，在 $\omega\leqslant 1$ 的频段上，幅频特性的斜率为 − 20 dB/dec，这是积分环节幅频特性的特征。

(3) 从积分环节在 $\omega=1$ 处的对数幅值为 20 dB,可确定开环增益 k_v,即

$$20\lg\left|\frac{k_v}{j\omega}\right|\Bigg|_{\omega=1}=20\lg k_v=20\ \text{dB}$$

得

$$k_v=10$$

(4) 从图中渐近线幅频特性上,在 $\omega=1\sim2$ rad/s 频段上,幅频特性的斜率为 −40 dB/dec,这意味着在 $\omega=1$ rad/s 时,幅频特性的斜率由原来的 −20 dB/dec 变为 −40 dB/dec,从而说明开环系统的传递函数还包含以 $\omega=1$ rad/s 为转折频率的惯性环节 $\frac{1}{s+1}$。

(5) 从图中渐近线幅频特性上,在 $\omega=2\sim8$ rad/s 频段上,幅频特性的斜率为 −20 dB/dec,这意味着在 $\omega=2$ rad/s 时,幅频特性的斜率由原来的 −40 dB/dec 变为 −20 dB/dec,幅频特性的增量为 +20 dB/dec,从而说明开环系统的传递函数还含有以 $\omega=2$ rad/s 为转折频率的一阶微分环节 $\frac{1}{2}s+1$。

(6) 从图中可见,$\omega=8\sim\infty$ 频段上幅频特性的斜率一直为 −60 dB/dec,再考虑实验的原有曲线,可知这部分幅频特性代表的是转折频率为 8 rad/s 的振荡环节。由此,知 $\omega_n=8$ rad/s。查实验曲线知谐振频率 $\omega_r=6$ rad/s,由 $\omega_r=\omega_n\sqrt{1-2\zeta^2}$,求得 $\zeta=0.47$。因此,振荡环节传递函数为

$$\frac{1}{\left(\frac{1}{8}\right)^2 s^2+2\times0.47\times\left(\frac{1}{8}\right)s+1}=\frac{1}{0.0156s^2+0.1175s+1}$$

根据上述分析,按最小相位系统所求得的传递函数为

$$G(s)=\frac{10(0.5s+1)}{s(s+1)(0.0156s^2+0.1175s+1)}$$

(7) 由求得的传递函数 $G(s)$ 计算最小相位系统频率响应 $G(j\omega)$ 的相频特性 $\angle G(j\omega)$,即

$$\angle G(j\omega)=-90^\circ+\arctan 0.5\omega-\arctan\omega-\arctan\frac{0.1175\omega}{1-0.0156\omega^2}\tag{1}$$

代入 ω 值得图中曲线如虚线所示。图中虚线与实线两条相频特性不吻合,说明该系统为非最小相位系统。

(8) 从图中实线相频特性可以看出,随着角频率 ω 的增大,给定系统的滞后相移增加很快,而且随 $\omega\to\infty$ 而趋于无穷,该曲线是包含滞后环节的相频特性曲线。

(9) 确定滞后环节的滞后时间 τ:

任取角频率 $\omega=\omega_1$,由

$$\angle[G(j\omega_1)e^{-j\tau\omega_1}]=\angle G(j\omega_1)-57.3\tau\omega_1$$

得

$$\tau=\frac{\angle G(j\omega_1)e^{-j\tau\omega_1}-\angle G(j\omega_1)}{-57.3\omega_1}\tag{2}$$

式中,$\angle G(j\omega_1)e^{-j\tau\omega_1}$ 是当 $\omega=\omega_1$ 时相频特性的实验数据,如图中曲线①所示;$\angle G(j\omega_1)$ 是式(1)所示相频特性当 $\omega=\omega_1$ 时的相移。

例如,取 $\omega=10$ rad/s,从图中曲线①查得 $\angle G(j10)e^{-j\omega\tau}=-333^\circ$,从图中曲线②查得 $\angle G(j10)=-212^\circ$,代入式(2)得

$$\tau = \frac{-333^\circ - (-212^\circ)}{-57.3 \times 10} = 0.21\ \text{s}$$

再取 $\omega = 20\ \text{rad/s}$,从图中曲线①查得$\angle G(\text{j}20)\text{e}^{-\text{j}\omega\tau} = -490^\circ$,从图中曲线②查得$\angle G(\text{j}20) = -249^\circ$,代入式(2)得

$$\tau = \frac{-490^\circ - (-249^\circ)}{-57.3 \times 20} = 0.21\ \text{s}$$

因此,给定的滞后环节的滞后时间为 $\tau = 0.21\ \text{s}$。

(10) 综上分析计算,求得给定非最小相位系统的开环传递函数为

$$G(s) = \frac{10(0.5s+1)\text{e}^{-0.21s}}{s(s+1)(0.0156s^2+0.1175s+1)}$$

上述方法是通过频率响应来建立数学模型,此法很重要,在工程上广为应用。

5.4.2 闭环系统的频率响应

1. 单位反馈系统的闭环频率响应

对于一个稳定的闭环系统,其频率响应可以很容易地由它的开环频率响应求得。

设单位反馈系统的方框图如图 5.33(a)所示。其闭环传递函数为

$$\frac{C(s)}{R(s)} = \frac{G(s)}{1+G(s)}$$

其频率特性为

$$\frac{C(\text{j}\omega)}{R(\text{j}\omega)} = \frac{G(\text{j}\omega)}{1+G(\text{j}\omega)}$$

在图 5.33(b)的奈奎斯特图上,向量$\overrightarrow{OA}$的长度为$|G(\text{j}\omega_1)|$,向量$\overrightarrow{OA}$的幅角为$\angle G(\text{j}\omega_1) = \varphi(\omega_1)$。点 $Q(-1,\text{j}0)$到点 A 的向量用$\overrightarrow{QA}$表示,则$\overrightarrow{QA}$的长度为$|1+G(\text{j}\omega_1)|$。因此,$\overrightarrow{OA}$与$\overrightarrow{QA}$之比就表示闭环频率响应,即

$$\frac{\overrightarrow{OA}}{\overrightarrow{QA}} = \frac{G(\text{j}\omega_1)}{1+G(\text{j}\omega_1)} = \frac{C(\text{j}\omega_1)}{R(\text{j}\omega_1)}$$

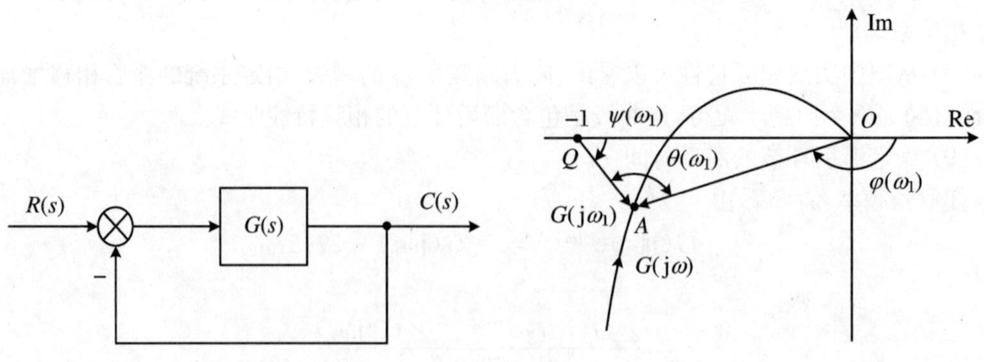

图 5.33　由开环频率响应确定闭环频率响应

在 $\omega = \omega_1$ 处,闭环传递函数的幅值就是$\overrightarrow{OA}$与$\overrightarrow{QA}$大小的比值,闭环传递函数的相角就是$\overrightarrow{OA}$与$\overrightarrow{QA}$的夹角,用 $\theta = \varphi - \psi$ 表示。当测量出不同频率处向量的大小和相角后,就可以

求出闭环频率响应曲线。

设闭环频率响应的幅值为 M，相角为 θ，这时闭环频率响应为

$$\frac{C(\mathrm{j}\omega)}{R(\mathrm{j}\omega)} = M\mathrm{e}^{\mathrm{j}\theta}$$

求出等幅值轨迹（即等 M 圆图）和等相角轨迹（即等 N 圆图），由奈奎斯特图来确定闭环频率响应时，应用这些轨迹是很方便的。

2. 等 M 圆图(等幅值轨迹)

为了求等幅值轨迹，首先应注意的是 $G(\mathrm{j}\omega)$为一复数，它可写成

$$G(\mathrm{j}\omega) = U + \mathrm{j}V$$

式中，U，V 分别是$G(\mathrm{j}\omega)$的实部与虚部，是实数。由于

$$M = \frac{|\overrightarrow{OA}|}{|\overrightarrow{QA}|} = \frac{|U + \mathrm{j}V|}{|1 + U + \mathrm{j}V|}$$

得

$$M^2 = \frac{U^2 + V^2}{(1 + U)^2 + V^2}$$

因此，有

$$U^2(1 - M^2) - 2M^2U - M^2 + (1 - M^2)V^2 = 0 \tag{5.40}$$

如果 $M=1$，那么方程(5.40)可写成 $U=-\frac{1}{2}$，这是一条通过点$\left(-\frac{1}{2},\mathrm{j}0\right)$且平行于 V 轴(即虚轴)的直线。

如果 $M\neq1$，那么方程(5.40)可写成

$$U^2 + \frac{2M^2}{M^2 - 1}U + \frac{M^2}{M^2 - 1} + V^2 = 0$$

在上式两端同时加上$\frac{M^4}{(M^2-1)^2}$项时，就可以得到

$$\left(U + \frac{M^2}{M^2 - 1}\right)^2 + V^2 = \left(\frac{M}{M^2 - 1}\right)^2 \tag{5.41}$$

式(5.41)就是圆心为$\left(-\frac{M^2}{M^2-1},\mathrm{j}0\right)$、半径为$\left|\frac{M}{M^2-1}\right|$的圆方程。

在 $G(\mathrm{j}\omega)$平面上，等 M 轨迹是一簇圆，对于给定的 M 值，很容易算出它的圆心和半径。例如，对于 $M=1.3$，圆心坐标 $U=\frac{-1.3^2}{1.3^2-1}=-2.45$，$V=0$，即圆心为$(-2.45,\mathrm{j}0)$，半径为$\frac{M}{M^2-1}=\frac{1.3}{1.69-1}=1.88$。这样给出不同的 M 值，便可得到如图 5.34 所示的一簇圆。

由图可见，$M>1$ 时，M 圆的半径随着M 值的增大而减小，位于负实轴上的圆心不断向$(-1,\mathrm{j}0)$点靠近。$M=\infty$时，$U_0=-1$，$V_0=0$，最后收敛于$(-1,\mathrm{j}0)$点。当 $M=1$ 时，它是一条平行于 V 轴(即虚轴)的直线，其与 U 轴交点可由式(5.40)求得：

$$-2U - 1 = 0 \tag{5.42}$$

由式(5.42)解得 $U=-\frac{1}{2}$，V 为任意值，即一条平行于 V 轴的直线。当 $M<1$ 时，随着 M 值的减少，M 圆的半径也越来越小，其位于正实轴上的圆心不断向坐标原点靠近。当 $M=0$ 时，半径 $r_0=0$，圆心横坐标 $U_0=0$，最后收敛于原点。

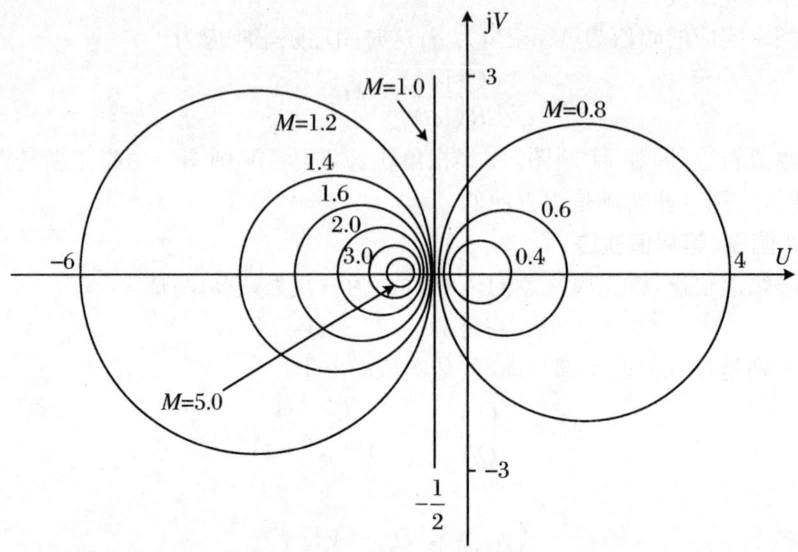

图 5.34　等 M 圆图

通过等 M 圆确定单位反馈系统的闭环幅频特性 $A(\omega)$ 时，需将其开环频率响应曲线 $G(\mathrm{j}\omega)$ 按与 M 圆相同的比例尺绘制在透明纸上，然后将 $G(\mathrm{j}\omega)$ 曲线与 M 圆曲线重叠在一起，求取 $G(\mathrm{j}\omega)$ 曲线与等 M 圆曲线上交点的 M 值与 ω 值。这样，就得到 $M(\omega)$，即闭环幅频特性曲线 $A(\omega)$。而且还可以在平面 $[G(\mathrm{j}\omega)]$ 上方便地看出，当开环频率响应 $G(\mathrm{j}\omega)$ 随系统参数的改变在形状上产生某种变化时，闭环幅频特性 $A(\omega)$ 因此而出现的变化趋势。

从向量作图法可以看到，平面 $[G(\mathrm{j}\omega)]$ 上的点坐标一旦确定，便得到唯一的夹角 θ。下面基于与绘制等 M 圆图的相同概念，说明用以确定闭环相频特性 $\theta(\omega)$ 的等 θ 轨迹的绘制问题。

3. 等 N 圆(等相角轨迹)

设单位反馈系统的开环频率响应 $G(\mathrm{j}\omega)$ 在平面 $[G(\mathrm{j}\omega)]$ 上各点的坐标为 $U+\mathrm{j}V$，即

$$G(\mathrm{j}\omega) = U + \mathrm{j}V$$

则闭环频率特性的相角可表示为

$$\angle\frac{C(\mathrm{j}\omega)}{R(\mathrm{j}\omega)} = \theta(\omega) = \angle\left(\frac{U+\mathrm{j}V}{1+U+\mathrm{j}V}\right)$$

即

$$\theta = \arctan\frac{V}{U} - \arctan\frac{V}{1+U}$$

记 $\tan\theta = N$，由上式得出

$$\left(U+\frac{1}{2}\right)^2 + \left(V-\frac{1}{2N}\right)^2 = \frac{1}{4} + \left(\frac{1}{2N}\right)^2 \tag{5.43}$$

当 N 为常数时，上式为一个圆的方程，圆心位于 $U_0 = -\frac{1}{2}$，$V_0 = \frac{1}{2N}$，半径为 $r_0 = \frac{1}{2N}\cdot(N^2+1)^{\frac{1}{2}}$。给出不同的 N 值，可以画出一簇等 N 圆，如图 5.35 所示。由于不管 N 值的大小如何，当 $U=V=0$ 且 $U=-1, V=0$ 时，方程(5.43)总成立。所以，每个圆都是通过原点和 $(-1,\mathrm{j}0)$ 点的。

利用等 M 圆图和等 N 圆图，可以根据开环幅相频率特性与各圆的交点，求得各交点处

频率所对应的 M 值或 N 值，从而绘出闭环频率特性。

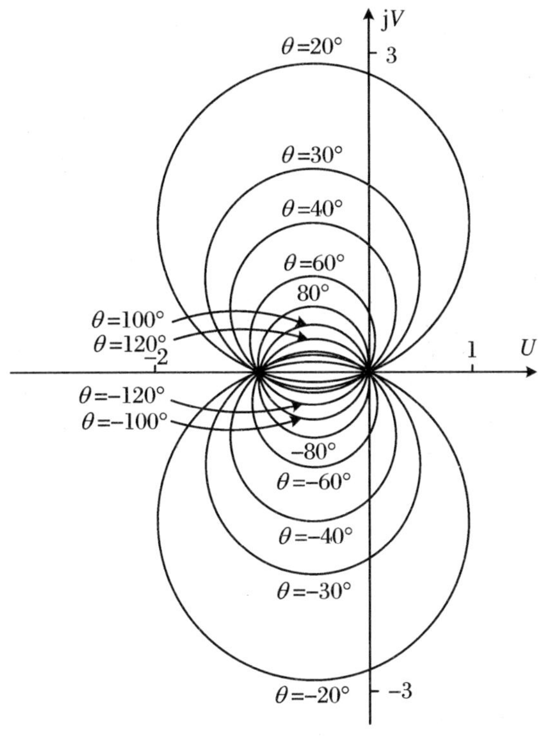

图 5.35　等 N 圆图

例 5.8　设某单位反馈系统的开环频率响应 $G(\mathrm{j}\omega)$ 为

$$G(\mathrm{j}\omega)=\frac{3}{\mathrm{j}\omega(1+\mathrm{j}0.05\omega)(1+\mathrm{j}0.2\omega)}$$

试通过查等 M 圆图和等 N 圆图，分别求取闭环幅频特性 $A(\omega)$ 与闭环相频特性 $\theta(\omega)$。

解　需将已知的开环频率响应曲线 $G(\mathrm{j}\omega)$ 按与等 M 圆及等 N 圆相同的比例尺绘制在透明纸上，然后分别将 $G(\mathrm{j}\omega)$ 曲线与等 M 圆及等 N 圆曲线重叠在一起，求取 $G(\mathrm{j}\omega)$ 曲线与等 M 圆曲线上交点的 M 值与 ω 值，求取 $G(\mathrm{j}\omega)$ 曲线与等 N 圆曲线上交点的 N 值与 ω 值。这样，就得到闭环幅频特性曲线 $M(\omega)$ 和闭环相频特性曲线 $\theta(\omega)$，即得到闭环响应曲线，如图 5.36 所示。

由于绘制开环频率特性比较简便，因此，往往有时希望根据系统的开环对数频率特性去求闭环频率特性。尼柯尔斯把等 M 圆图和等 N 圆图移植到对数幅相图上，构成了所谓的尼柯尔斯图线。

4. 尼柯尔斯图线

设系统的开环频率特性为

$$G(\mathrm{j}\omega)=B(\omega)\mathrm{e}^{\mathrm{j}\varphi(\omega)}$$

则单位反馈系统的闭环频率特性为

$$\frac{G(\mathrm{j}\omega)}{1+G(\mathrm{j}\omega)}=M(\omega)\mathrm{e}^{\mathrm{j}\theta(\omega)}=\frac{B(\omega)\mathrm{e}^{\mathrm{j}\varphi(\omega)}}{1+B(\omega)\mathrm{e}^{\mathrm{j}\varphi(\omega)}}\tag{5.44}$$

得

$$M(\omega)\mathrm{e}^{\mathrm{j}(\theta-\varphi)}+M(\omega)B(\omega)\mathrm{e}^{\mathrm{j}\theta}=B(\omega)$$

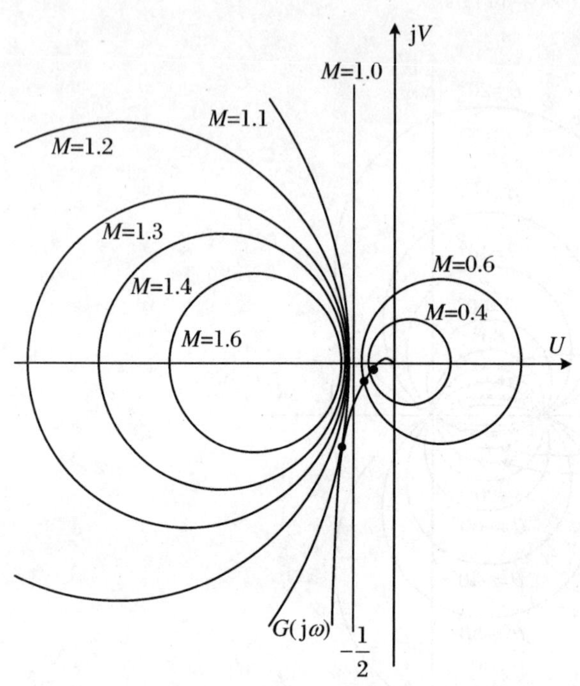

(a) 叠加在等M圆图上的G(jω)曲线

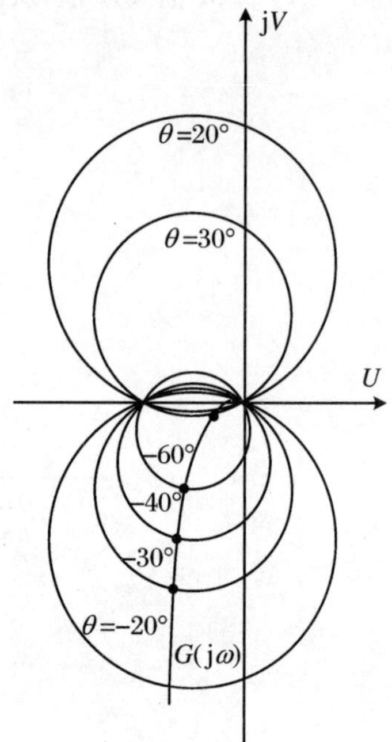

(b) 叠加在等N圆图上的G(jω)曲线

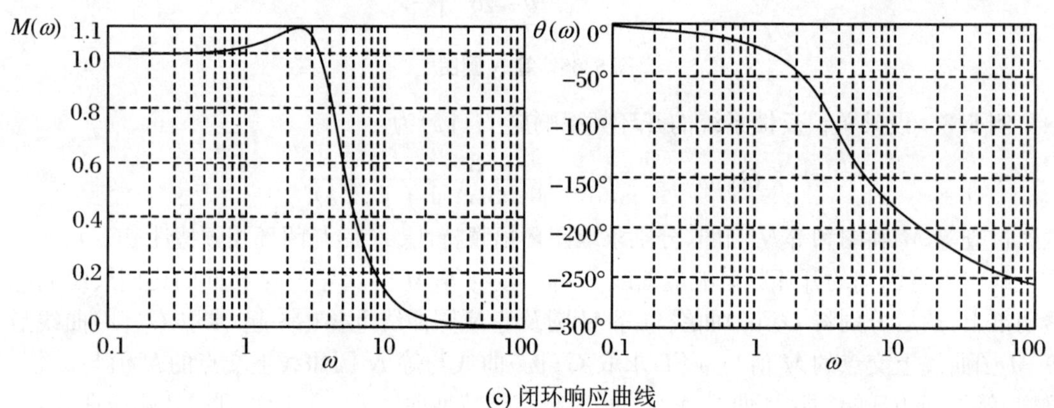

(c) 闭环响应曲线

图 5.36　闭环频率响应

根据欧拉公式将上式中的指数项展开，得

$$M(\omega)\cos(\theta-\varphi)+\mathrm{j}M(\omega)\sin(\theta-\varphi)+M(\omega)B(\omega)\cos\theta+\mathrm{j}M(\omega)B(\omega)\sin\theta=B(\omega)$$

上式两边的实部和虚部分别相等，有

$$\sin(\theta-\varphi)+B(\omega)\sin\theta=0$$

即

$$B(\omega)=\frac{\sin(\theta-\varphi)}{-\sin\theta}=\frac{\sin(\varphi-\theta)}{\sin\theta}$$

或

$$L(\omega)=20\lg B(\omega)=20\lg\frac{\sin(\varphi-\theta)}{\sin\theta} \tag{5.45}$$

如令上式中的 θ 为常数，就可以得到 $L(\omega)$ 和 $\varphi(\omega)$ 之间的方程。给定不同的 θ 值，就可以

得到一组等 θ 曲线，称为等 θ 轨迹，如图 5.37 曲线①所示。

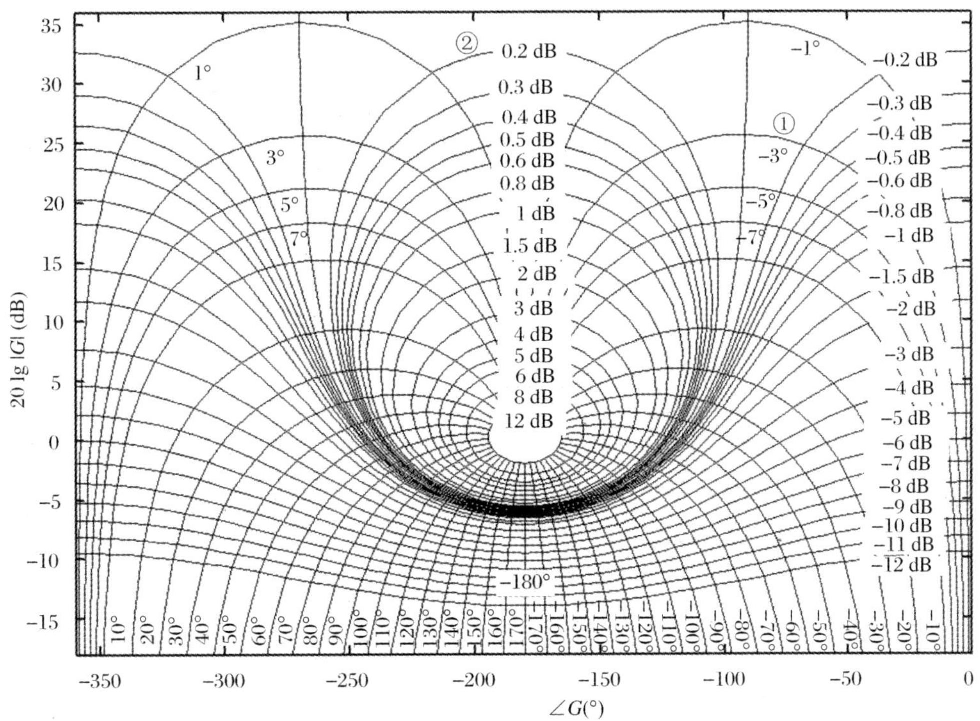

图 5.37　尼柯尔斯图线

式(5.44)可改写为

$$Me^{j\theta} = \left[\frac{e^{-j\varphi}}{B} + 1\right]^{-1} = \left[\frac{\cos\varphi}{B} - j\frac{\sin\varphi}{B} + 1\right]^{-1}$$

由上式可得

$$|M| = \left[\left(1 + \frac{1}{B^2} + \frac{2\cos\varphi}{B}\right)^{\frac{1}{2}}\right]^{-1}$$

或

$$M^{-2} = 1 + \frac{1}{B^2} + \frac{2\cos\varphi}{B}$$

上式可改成

$$\frac{1 - M^2}{M^2} = \frac{1 + 2B\cos\varphi}{B^2}$$

或

$$B^2 - 2B\frac{M^2}{1 - M^2}\cos\varphi - \frac{M^2}{1 - M^2} = 0$$

求解上列方程可得

$$B_{1,2} = \frac{\cos\varphi \pm \sqrt{\cos^2\varphi + M^{-2} - 1}}{M^{-2} - 1}$$

于是

$$20\lg B(\omega) = L(\omega) = 20\lg\frac{\cos\varphi(\omega) \pm \sqrt{\cos^2\varphi(\omega) + M^{-2} - 1}}{M^{-2} - 1} \tag{5.46}$$

如果令 M 为常数，φ 为变量，依次计算每一 φ 值对应的 $L(\omega)$ 值，就可得到一条等 M 曲线。设定不同的 M 值，就可以求得一组等 M 曲线，如图 5.37 曲线②所示。将等 M 线和等 θ 线组合在对数幅相图上，就构成图 5.37 的尼柯尔斯图线。

尼柯尔斯图线的作用在于根据单位反馈系统的开环伯德图求取其闭环伯德图。在确定闭环伯德图的过程中，对于 $|G(\mathrm{j}\omega)|\gg 1$ 的情况，有

$$Me^{\mathrm{j}\theta} = \frac{|G(\mathrm{j}\omega)|e^{\mathrm{j}\angle G(\mathrm{j}\omega)}}{1+|G(\mathrm{j}\omega)|e^{\mathrm{j}\angle G(\mathrm{j}\omega)}} \doteq 1$$

这说明在伯德图的低频区上，闭环伯德图的幅频特性近似为 0 dB，而相频特性近似为 0°。对于 $|G(\mathrm{j}\omega)|\ll 1$ 的情况，有

$$Me^{\mathrm{j}\theta} = \frac{|G(\mathrm{j}\omega)|e^{\mathrm{j}\angle G(\mathrm{j}\omega)}}{1+|G(\mathrm{j}\omega)|e^{\mathrm{j}\angle G(\mathrm{j}\omega)}} \doteq |G(\mathrm{j}\omega)|e^{\mathrm{j}\angle G(\mathrm{j}\omega)}$$

这意味着在伯德图的高频区上，闭环与开环频率响应近似。因此，应用尼柯尔斯图线时，在其纵坐标上考虑（−30～30 dB）这一范围已足够。另外，从图 5.37 可见，尼柯尔斯图线上的等 M 轨迹线与等 θ 轨迹线均与 $\angle G(\mathrm{j}\omega) = -180°$ 线对称。注意：对称的等 M 轨迹线上，$20\lg M$ 的绝对值与符号均相同，而对称的等 θ 轨迹线上，θ 的绝对值相同，但符号相反。

例 5.9 设单位反馈系统的开环频率响应为

$$G(\mathrm{j}\omega) = \frac{1}{\mathrm{j}\omega(1+\mathrm{j}0.5\omega)(1+\mathrm{j}\omega)}$$

试应用尼柯尔斯图线求取闭环伯德图。

解 在尼柯尔斯图线上作出给定系统的 $G(\mathrm{j}\omega)$ 的频率响应曲线，如图 5.38 所示。确定该尼柯尔斯图与等 M 轨迹线及等 θ 轨迹的交点。并由这些交点求出给定系统的闭环伯德图，如图 5.39 所示。

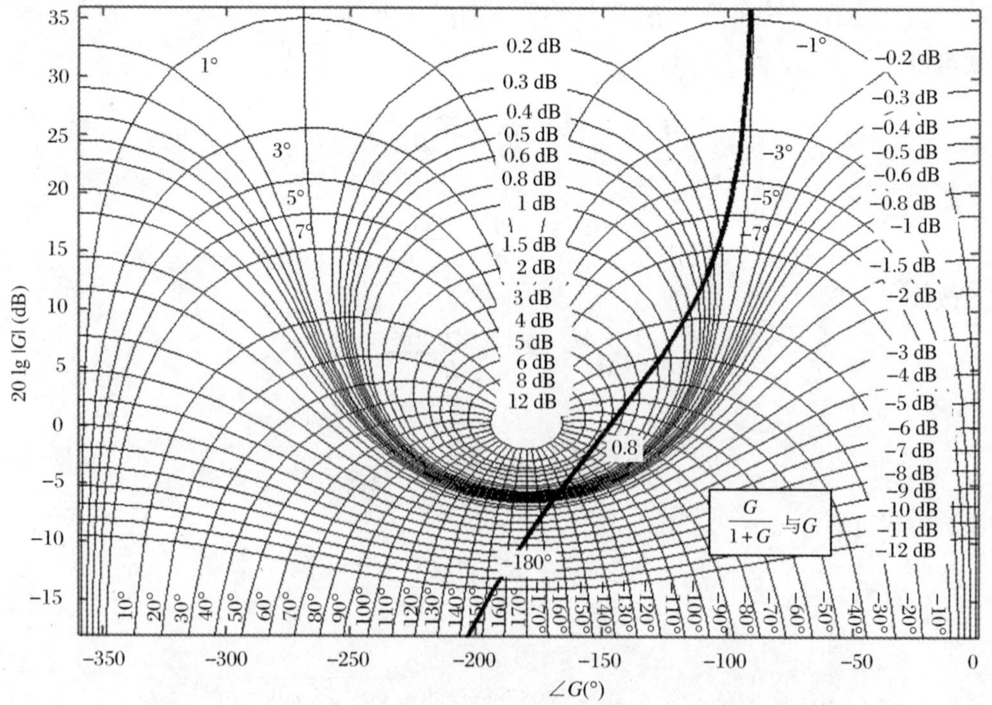

图 5.38　应用尼柯尔斯图中的图线求取单位反馈系统的闭环伯德图

从图 5.38 中看到，开环尼柯尔斯图中的幅相特性曲线与 $20\lg M=5$ dB 的等 M 轨迹线相切，切点处的角频率为 0.8 rad/s。这说明闭环伯德图的幅频特性将出现谐振峰值，其参数是 $M_r=1.78$，$\omega_r=0.8$ rad/s，如图 5.39 所示。

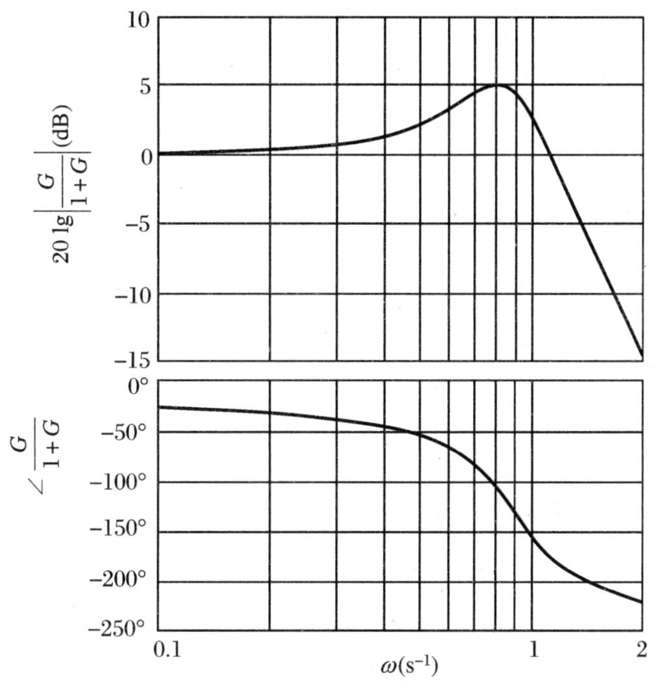

图 5.39　单位反馈系统的闭环伯德图

利用尼柯尔斯图可以比较方便地调整系统增益而得到希望的 M_r 值。例如，要求为 2 dB 时，只需将开环幅相频率特性平行下移，直到与 M 为 2 dB 的等 M 圆相切时为止。从图中可查出开环幅相频率特性移动的值，从而算出 k 的大小。

5．非单位反馈系统的闭环频率响应

设非单位反馈系统的方框图如图 5.40(a)所示。其闭环传递函数为

$$\frac{C(s)}{R(s)}=\frac{G(s)}{1+G(s)H(s)}$$

其闭环频率响应为

$$\frac{C(\mathrm{j}\omega)}{R(\mathrm{j}\omega)}=\frac{G(\mathrm{j}\omega)}{1+G(\mathrm{j}\omega)H(\mathrm{j}\omega)}=\frac{1}{H(\mathrm{j}\omega)}\cdot\frac{G(\mathrm{j}\omega)H(\mathrm{j}\omega)}{1+G(\mathrm{j}\omega)H(\mathrm{j}\omega)}\tag{5.47}$$

其等效方框图如图 5.40(b)所示。

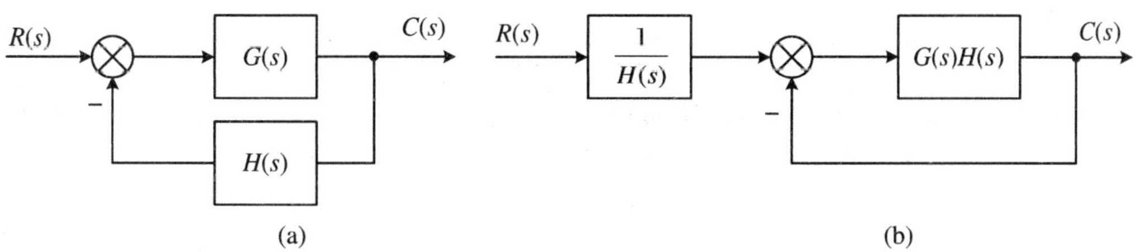

图 5.40　非单位反馈系统方框图

从式(5.47)可以看出,应用尼柯尔斯图线求取非单位反馈系统频率响应的步骤是:

第一步,应用尼柯尔斯图线求取等效单位反馈系统$\frac{G(\mathrm{j}\omega)H(\mathrm{j}\omega)}{1+G(\mathrm{j}\omega)H(\mathrm{j}\omega)}$的伯德图,其中包括闭环幅频特性$20\lg\left|\frac{G(\mathrm{j}\omega)H(\mathrm{j}\omega)}{1+G(\mathrm{j}\omega)H(\mathrm{j}\omega)}\right|$及闭环相频特性$\angle\frac{G(\mathrm{j}\omega)H(\mathrm{j}\omega)}{1+G(\mathrm{j}\omega)H(\mathrm{j}\omega)}$。

第二步,根据式(5.47),可由

$$20\lg\left|\frac{C(\mathrm{j}\omega)}{R(\mathrm{j}\omega)}\right| = 20\lg\left|\frac{G(\mathrm{j}\omega)H(\mathrm{j}\omega)}{1+G(\mathrm{j}\omega)H(\mathrm{j}\omega)}\right| - 20\lg|H(\mathrm{j}\omega)|$$

求取非单位反馈系统的幅频特性$20\lg\left|\frac{C(\mathrm{j}\omega)}{R(\mathrm{j}\omega)}\right|$,以及由

$$\angle\frac{C(\mathrm{j}\omega)}{R(\mathrm{j}\omega)} = \angle\frac{G(\mathrm{j}\omega)H(\mathrm{j}\omega)}{1+G(\mathrm{j}\omega)H(\mathrm{j}\omega)} - \angle H(\mathrm{j}\omega)$$

求取非单位反馈系统的相频特性$\angle\frac{C(\mathrm{j}\omega)}{R(\mathrm{j}\omega)}$。

第三步,合成$20\lg\left|\frac{C(\mathrm{j}\omega)}{R(\mathrm{j}\omega)}\right|$和$\angle\frac{C(\mathrm{j}\omega)}{R(\mathrm{j}\omega)}$。

例 5.10 设单位反馈系统的开环频率特性 $G(\mathrm{j}\omega)$为

$$G(\mathrm{j}\omega) = \frac{300}{\mathrm{j}\omega(\mathrm{j}\omega+20)(\mathrm{j}\omega+5)}$$

试应用等 M 圆法求取对应的闭环幅频特性$M(\omega)$。

解 在给定的 ω 值上分别计算出开环幅频特性$|G(\mathrm{j}\omega)|$和相频特性$\angle G(\mathrm{j}\omega)$值,列入表 5.6 中。

表 5.6 频率特性取值表

ω	0.5	1.0	2.0	3.0	4.0	5.0	10	20	30
$\lvert G(\mathrm{j}\omega)\rvert$	5.87	2.94	1.39	0.85	0.57	0.41	0.12	0.026	−0.009
$\angle G(\mathrm{j}\omega)$	−97.5°	−104.2°	−117.5°	−129.5°	−140°	−149.6°	−186°	−211°	−226.9°

将 $G(\mathrm{j}\omega)$曲线绘制在与等 M 圆具有相同比例尺的透明纸上,再将绘有 $G(\mathrm{j}\omega)$曲线的透明纸置于等 M 圆上,如图 5.41 所示。由 $G(\mathrm{j}\omega)$曲线与等 M 圆簇的交点处标注的数据获得对应的 $M=\left|\frac{C(\mathrm{j}\omega)}{R(\mathrm{j}\omega)}\right|$及 ω 值,将所得数据记入表 5.7 中。

表 5.7 闭环幅频特性取值表

ω	0	0.5	1.0	2.0	3.0	4.0	5.0	6.0	8.0	10
M	1.00	1.01	1.03	1.08	1.06	0.86	0.60	0.42	0.23	0.14

横坐标 ω 以对数分度,纵坐标 $M(\omega)$闭环幅频特性以线性分度。在这样的坐标平面上找出对应点用平滑曲线连接起来,即得闭环幅频特性,如图 5.42 所示。

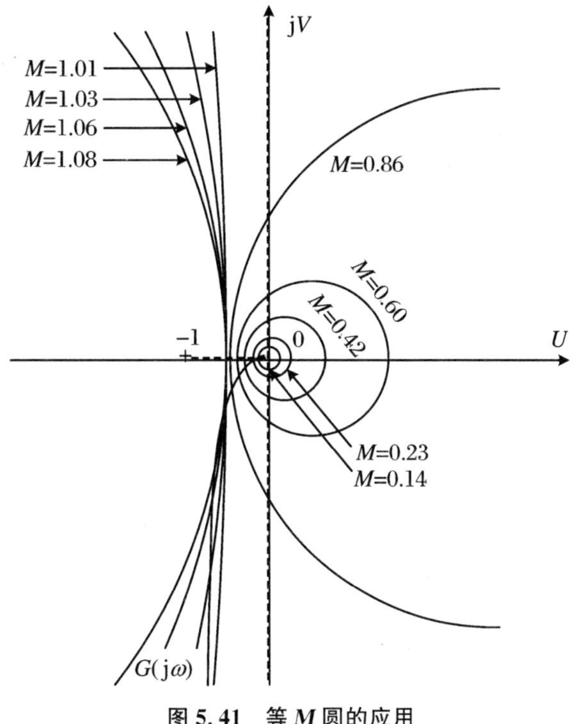

图 5.41　等 M 圆的应用

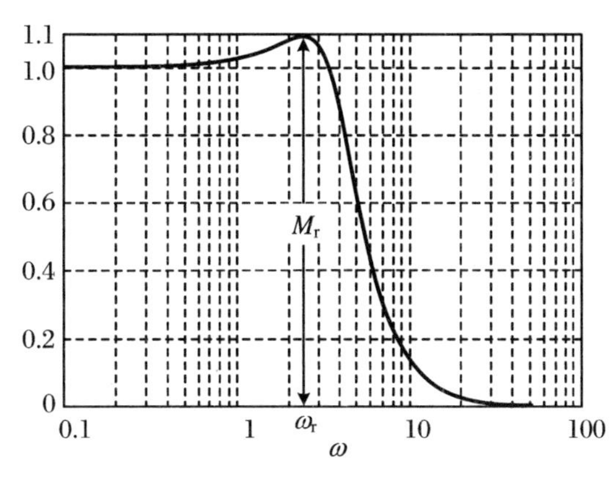

图 5.42　幅频特性曲线

5.5　奈奎斯特稳定判据及其应用

在第 3 章中已经指出，闭环控制系统稳定的充分必要条件是，其特征方程的所有根都具有负实部，即都位于 s 平面的左半部。

前文重点介绍了判断系统稳定的方法——劳斯判据，它是一种代数判据。代数判据法是根据特征方程根和系数的关系来判断系统的稳定性。根轨迹法是根据特征方程的根随系统参量变化的轨迹来判断系统的稳定性。

本节介绍另一种重要并且实用的方法——奈奎斯特稳定判据。这种方法可以根据系统的开环频率特性来判断闭环系统的稳定性，并能确定系统的相对稳定性。

5.5.1 奈奎斯特稳定判据

奈奎斯特稳定判据简称奈氏判据。如果闭环系统的特征根全部在 s 平面的左半部，那么该闭环系统是稳定的。怎样将开环传递函数与闭环传递函数联系起来，这是奈氏判据首先要解决的问题。

1. 对 $1+G(s)H(s)$ 的分析

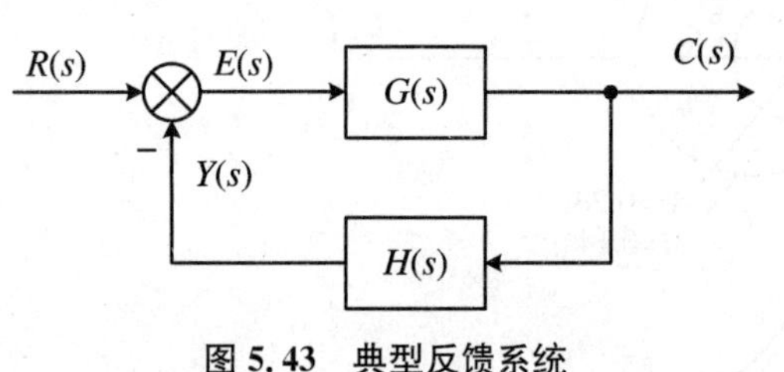

图 5.43 典型反馈系统

设典型反馈系统的方框图如图 5.43 所示。其中

$$G(s)=\frac{M_1(s)}{N_1(s)}$$

$$H(s)=\frac{M_2(s)}{N_2(s)}$$

系统的开环传递函数为

$$\frac{Y(s)}{E(s)}=G(s)H(s)=\frac{M_1(s)M_2(s)}{N_1(s)N_2(s)} \tag{5.48}$$

系统的闭环传递函数为

$$\Phi(s)=\frac{C(s)}{R(s)}=\frac{G(s)}{1+G(s)H(s)}=\frac{M_1(s)N_2(s)}{N_1(s)N_2(s)+M_1(s)M_2(s)} \tag{5.49}$$

引入辅助函数 $F(s)$，即

$$\begin{aligned}F(s)&=1+G(s)H(s)=1+\frac{M_1(s)}{N_1(s)}\cdot\frac{M_2(s)}{N_2(s)}\\&=\frac{N_1(s)N_2(s)+M_1(s)M_2(s)}{N_1(s)N_2(s)}\end{aligned} \tag{5.50}$$

比较式(5.48)、式(5.49)、式(5.50)三式可得出如下结论：(1) 辅助函数 $F(s)=1+G(s)H(s)$ 的极点与开环传递函数的极点相同，而零点则与闭环传递函数的极点相同。根据系统稳定的充要条件，系统特征方程的根，即闭环传递函数的极点必须具有负实部。又因为辅助函数 $F(s)=1+G(s)H(s)$ 的零点与闭环传递函数的极点相同，所以闭环系统稳定的充要条件为辅助函数 $F(s)$ 的诸零点具有负实部，即在 s 平面的左半部。(2) 如果开环传递函数的极点有若干个处于 s 平面的右侧，此时系统在开环状态下为不稳定的。然而，若辅助函数 $F(s)$ 诸极点有若干个处于 s 平面的右侧，而辅助函数的诸零点均在 s 平面的左侧，则系统在闭环状态下仍为稳定。也就是说，系统在开环状态下不稳定，闭环后可能稳定。

奈奎斯特稳定判据的数学基础是幅角定理，下面作简单介绍。

2. 幅角定理

设对于 s 平面上除了有限奇点之外的任一点 s，复变函数 $F(s)$ 为解析函数，那么，对于 s 平面上的每一点，在 $F(s)$ 平面上必定有一个对应的映射点。因此，如果在 s 平面画一条封闭曲线，并使其不通过 $F(s)$ 的任一奇点，则在 $F(s)$ 平面上必有一条对应的映射曲线。若在 s 平面上的封闭曲线是沿着顺时针方向运动的，则在 $F(s)$ 平面上的映射曲线的运动方向可能是顺时针的，也可能是逆时针的，这取决于 $F(s)$ 函数的特性。

对于点的映射可验证如下。例如,由开环传递函数

$$G(s)H(s) = \frac{1}{s(s+1)}$$

构成的辅助函数

$$F(s) = 1 + \frac{1}{s(s+1)} = \frac{\left(s+\frac{1}{2}-\mathrm{j}\frac{\sqrt{3}}{2}\right)\left(s+\frac{1}{2}+\mathrm{j}\frac{\sqrt{3}}{2}\right)}{s(s+1)}$$

对于 s 平面上的点 $s=1+\mathrm{j}2$,在$[F(s)]$平面上的映射点为

$$F(s)\big|_{s=1+\mathrm{j}2} = \left.\frac{\left(s+\frac{1}{2}-\mathrm{j}\frac{\sqrt{3}}{2}\right)\left(s+\frac{1}{2}+\mathrm{j}\frac{\sqrt{3}}{2}\right)}{s(s+1)}\right|_{s=1+\mathrm{j}2} = 0.95-\mathrm{j}0.15$$

这样,若在 s 平面上任取一封闭曲线 v_s,只要它不经过 $F(s)$的任一极点或零点,则在$[F(s)]$平面上就会映射出相应的连续封闭轨线 v_F,如图 5.44 所示。

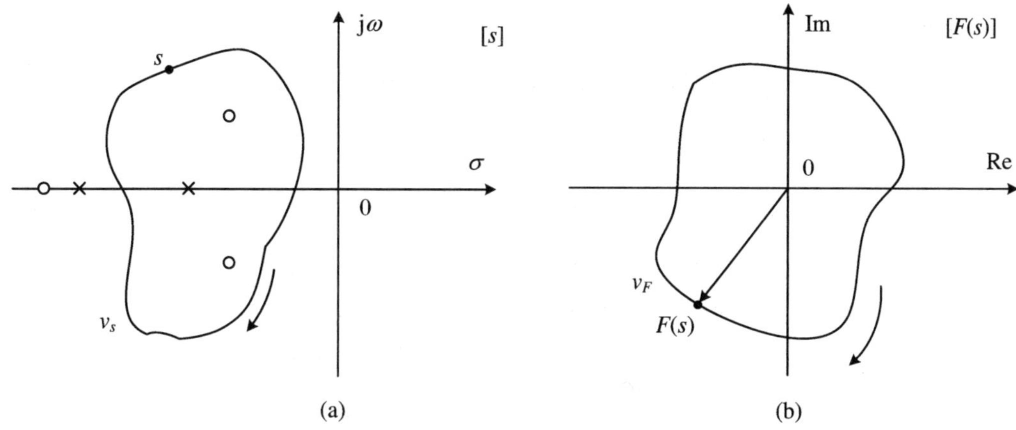

图 5.44　s 平面到$[F(s)]$平面的映射

幅角定理　设 $F(s)$是复变量 s 的多项式之比,除在 s 平面的有限个奇点外,为解析函数。又设 P 为$F(s)$的极点数目,Z 为$F(s)$的零点数目,其中包括重极点与重零点数目,且$F(s)$的全部极点与零点均分布在 s 平面上的封闭轨迹 v_s 内,而 v_s 不通过$F(s)$的任何极点或零点。在这种情况下,当点 s 以顺时针方向沿 v_s 运动时,v_s 在$[F(s)]$平面上的映射按顺时针方向包围原点的次数为

$$N = Z - P \tag{5.51}$$

证明　假设 $F(s)$有 k_1 重零点$(-z_1)$,k_2 重零点$(-z_2)$,…;m_1 重极点$(-p_1)$,m_2 重极点$(-p_2)$,…,则

$$F(s) = \frac{(s+z_1)^{k_1}(s+z_2)^{k_2}\cdots}{(s+p_1)^{m_1}(s+p_2)^{m_2}\cdots}X(s)$$

其中,$X(s)$在 s 平面的封闭轨线 v_s 上及其内均解析,零点 $z_1,z_2,\cdots$及极点 $p_1,p_2,\cdots$均分布在 v_s 之内。这样,对函数 $F(s)$有

$$\frac{\dot{F}(s)}{F(s)} = \left(\frac{k_1}{s+z_1}+\frac{k_2}{s+z_2}+\cdots\right)-\left(\frac{m_1}{s+p_1}+\frac{m_2}{s+p_2}+\cdots\right)+\frac{\dot{X}(s)}{X(s)} \tag{5.52}$$

则

$$\oint \frac{\dot{F}(s)}{F(s)}\mathrm{d}s = \oint \frac{k_1}{s+z_1}\mathrm{d}s + \oint \frac{k_2}{s+z_2}\mathrm{d}s + \cdots + \oint \frac{\dot{X}(s)}{X(s)}\mathrm{d}s - \oint \frac{m_1}{s+p_1}\mathrm{d}s - \oint \frac{m_2}{s+p_2}\mathrm{d}s - \cdots \tag{5.53}$$

据微分性质有$\dfrac{\dot{X}(s)}{X(s)}=[\ln X(s)]'$，而 $X(s)$在 s 平面的封闭轨线 v_s 上及其内均解析，则其基本运算也解析，据柯西定理$\oint_{v_s}[\ln X(s)]'\mathrm{d}s = 0$，即

$$\oint \frac{\dot{X}(s)}{X(s)}\mathrm{d}s = 0$$

式(5.53)变为

$$\oint \frac{\dot{F}(s)}{F(s)}\mathrm{d}s = \oint \frac{k_1}{s+z_1}\mathrm{d}s + \oint \frac{k_2}{s+z_2}\mathrm{d}s + \cdots - \left[\oint \frac{m_1}{s+p_1}\mathrm{d}s + \oint \frac{m_2}{s+p_2}\mathrm{d}s + \cdots\right] \tag{5.54}$$

据留数定理有

$$\oint \frac{k_i}{s+z_i}\mathrm{d}s = -2\pi \mathrm{j} k_i,\quad \oint \frac{m_i}{s+p_i}\mathrm{d}s = -2\pi \mathrm{j} m_i$$

则

$$\oint \frac{\dot{F}(s)}{F(s)}\mathrm{d}s = -2\pi\mathrm{j}[(k_1+k_2+\cdots)-(m_1+m_2+\cdots)] = -2\pi\mathrm{j}(Z-P) \tag{5.55}$$

式中，$Z=k_1+k_2+\cdots$为 s 平面上被封闭曲线 v_s 包围的函数$F(s)$的全部零点数；$P=m_1+m_2+\cdots$为 s 平面上被封闭曲线 v_s 包围的函数$F(s)$的全部极点数。

因为函数 $F(s)$是一个复变函数，所以可以通过复数的模及幅角表示为

$$F(s) = |F(s)|\, \mathrm{e}^{\mathrm{j}\angle F(s)}$$

将上式取自然对数得

$$\ln F(s) = \ln|F(s)| + \mathrm{j}\angle F(s)$$

又由于

$$\frac{\dot{F}(s)}{F(s)} = [\ln F(s)]' = \frac{\mathrm{d}}{\mathrm{d}s}\ln|F(s)| + \mathrm{j}\frac{\mathrm{d}}{\mathrm{d}s}\angle F(s)$$

对上式沿$[F(s)]$平面上的封闭曲线 v_F 按顺时针方向取积分，则有

$$\oint \frac{\dot{F}(s)}{F(s)}\mathrm{d}s = \oint \mathrm{d}\ln|F(s)| + \mathrm{j}\oint \mathrm{d}\angle F(s)$$

由于在封闭曲线的起点和终点上 $\ln|F(s)|$具有相同的量值，所以积分$\oint \mathrm{d}\ln|F(s)|$等于零，故得

$$\oint \frac{\dot{F}(s)}{F(s)}\mathrm{d}s = \mathrm{j}\oint \mathrm{d}\angle F(s) = \mathrm{j}(\theta_2-\theta_1) \tag{5.56}$$

比较式(5.55)、式(5.56)得

$$\theta_2-\theta_1 = -2\pi(Z-P) \tag{5.57}$$

又由于 N 是封闭曲线 v_F 按顺时针方向包围原点的次数，所以有

$$\theta_2-\theta_1 = -2\pi N \tag{5.58}$$

比较式(5.57)、式(5.58)得

$$N = Z - P \tag{5.59}$$

至此,幅角定理证毕。

注意　若 $N>0$,则可理解为封闭轨线 v_F 按顺时针方向包围原点 N 次;若 $N=0$,则说明 v_F 不包围原点;若 $N<0$,则可理解为封闭轨迹 v_F 按逆时针方向包围原点 N 次。

3. 奈氏判据

(1) s 平面虚轴上无开环极点的情况

为了判断闭环系统的稳定性,需要检验辅助函数 $F(s)$是否具有位于 s 平面右半部的零点。为此可以选择一条包围整个 s 平面右半部的按顺时针方向运动的封闭曲线,通常称为奈奎斯特轨线,简称奈氏轨线,如图 5.45 所示。

奈氏轨线 v_s 由两部分组成:一部分是沿着虚轴由下向上移动的直线 C_1,在此线段上 $s=\mathrm{j}\omega$,ω 由 $-\infty$ 变到 $+\infty$;另一部分是半径为无穷大的半圆 C_2。如此定义的封闭曲线肯定包围了 $F(s)$位于 s 平面右半部的所有零点和极点。

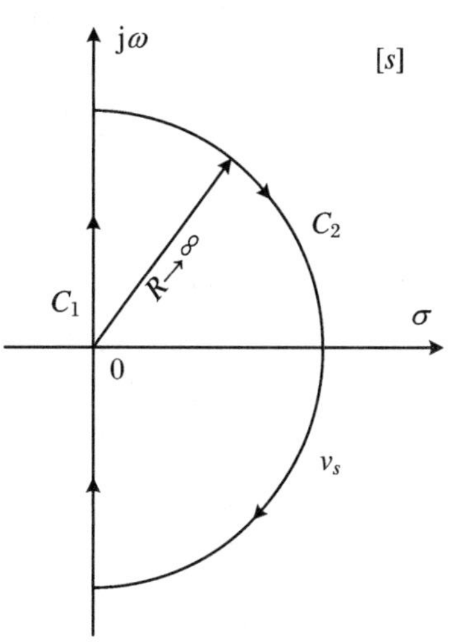

图 5.45　奈氏轨线

设复变函数 $F(s)$在 s 平面的右半部有 Z 个零点和 P 个极点。根据映射定理,当 s 沿着 s 平面上的奈氏轨线移动一周时,在 $F(s)$平面上的映射曲线 $v_F=1+G(s)H(s)$ 将按逆时针方向围绕坐标原点旋转 $N=P-Z$ 周。

由于闭环系统稳定的充要条件是 $F(s)$在 s 平面右半部无零点,即 $Z=0$。因此可得以下的稳定判据:如果 s 平面上,s 沿着奈氏轨线顺时针方向移动一周时,在 $F(s)$ 平面上的映射曲线 v_F 围绕坐标原点按逆时针方向旋转 $N=P$ 周,则系统是稳定的。

根据所设辅助函数 $F(s)$,有

$$G(s)H(s) = F(s) - 1$$

这意味着 $F(s)$的映射曲线 v_F 围绕原点运动的情况,相当于 $G(s)H(s)$的封闭曲线 v_{GH} 围绕着$(-1,\mathrm{j}0)$点的运动情况,如图 5.46 所示。

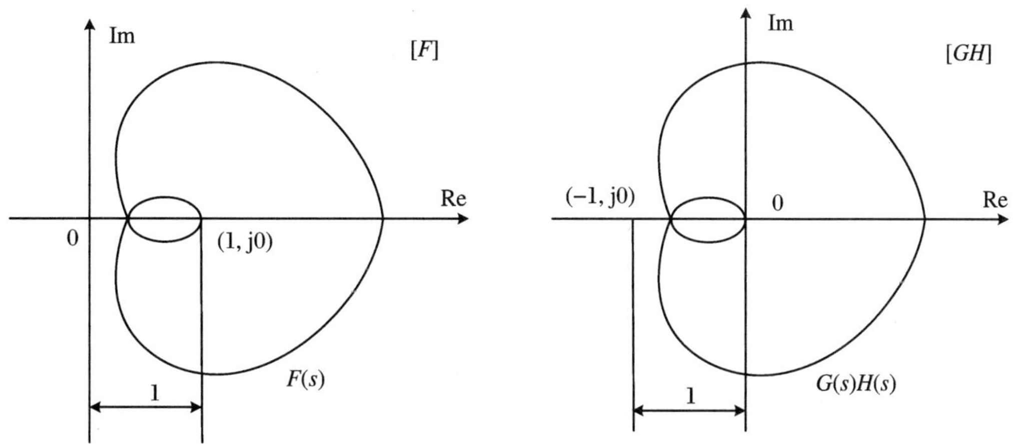

图 5.46　[*GH*]平面与[*F*]平面

绘制映射曲线 v_{GH} 的方法是:令 $s=\mathrm{j}\omega$ 代入 $G(s)H(s)$,得到开环频率特性 $G(\mathrm{j}\omega)H(\mathrm{j}\omega)$ 上的点,然后用平滑曲线连接,即可得到映射曲线。至于映射曲线上对应于 $s=\lim\limits_{R\to\infty}R\mathrm{e}^{\mathrm{j}\theta}$ 的部分,由于在实际物理系统中 $n\geqslant m$,当 $n>m$ 时 $G(s)H(s)$ 趋近于零,$n=m$ 时 $G(s)H(s)$ 为实常数,因此只要绘制出 ω 从 $-\infty$ 变到 $+\infty$ 的开环频率特性,就构成了完整的映射曲线 v_{GH}。

综上所述,可将奈氏判据叙述如下:闭环系统稳定的充要条件是当 ω 由 $-\infty$ 变到 $+\infty$ 时,系统的开环频率特性 $G(\mathrm{j}\omega)H(\mathrm{j}\omega)$ 按逆时针方向包围 $(-1,\mathrm{j}0)$ 点 P 周,P 为位于 s 平面右半部的开环极点数目;否则,系统不稳定。

上述奈氏判据又称为奈氏判据的第一种形式。

显然,若开环系统稳定,即位于 s 平面右半部的开环极点数 $P=0$,则闭环系统稳定的充要条件是系统的开环频率特性 $G(\mathrm{j}\omega)H(\mathrm{j}\omega)$ 不包围 $(-1,\mathrm{j}0)$ 点。

(2) 原点处有开环极点的情况

原点处有开环极点的情况通常出现在系统中有串联积分环节的时候,即在 s 平面的坐标原点有开环极点。这时不能直接应用图 5.45 所示的奈氏轨线,因为映射定理要求此轨线不经过 $F(s)$ 的奇点。

为了在这种情况下应用奈氏判据,可以选择图 5.47 所示的奈氏轨线。其作法是:基于图 5.45 所示的奈氏轨线,在 s 平面右半部增补一个以原点为圆心、$r\to0$ 为半径的半圆,构成轨线第三段 C_2。因为对轨线 v_s 的修正而回避掉的面积,当 $r\to0$ 时,也将趋于零,所以函数 $F(s)$ 在 s 平面右半部的全部零点与极点都将包围在修正轨线 v_s 之内,这和虚轴不含开环极点的情况相同。

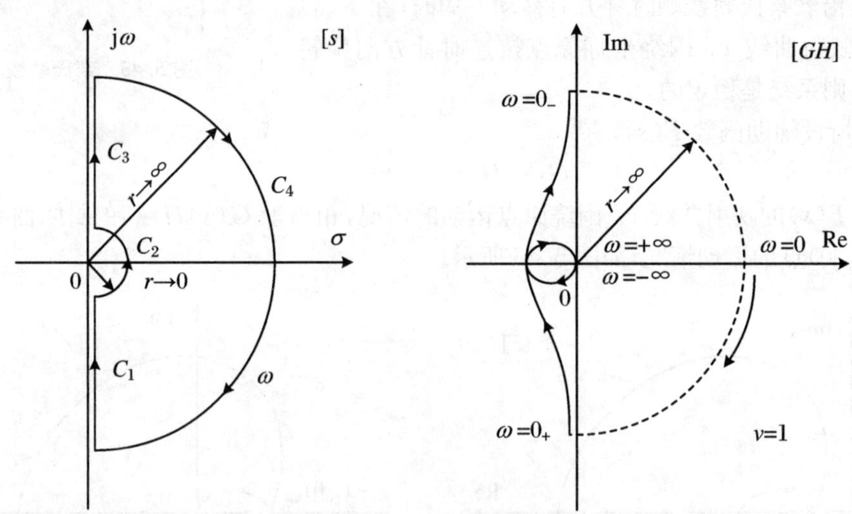

图 5.47 修正的奈氏轨线

当点 s 沿着 C_2 移动时,有

$$s=\lim_{r\to0}r\mathrm{e}^{\mathrm{j}\theta}$$

当 ω 从 0_- 沿小半圆 C_2 变到 0_+ 时,θ 按逆时针方向旋转 π,$G(s)H(s)$ 在其平面上的映射为

$$G(s)H(s)\Big|_{s=\lim\limits_{r\to 0} re^{j\theta}} = k\left.\frac{\prod\limits_{i=1}^{m}(\tau_i s+1)}{s^{v}\prod\limits_{j=1}^{n-v}(T_j s+1)}\right|_{s=\lim\limits_{r\to 0} re^{j\theta}} = \left.\frac{k}{r^{v}}\right|_{r\to 0} e^{-jv\theta} = \infty e^{-jv\theta}$$

式中，v 为系统中串联的积分环节数目。

由以上分析可知，当 s 沿着小半圆 C_2 从 $\omega=0_-$ 变化到 $\omega=0_+$ 时，θ 角从 $-\pi/2$ 经 0 变化到 $\pi/2$，这时 $G(s)H(s)$ 平面上的映射曲线将沿着半径为无穷大的圆弧顺时针转过 $v\pi$ rad。

通过上述分析，不难得出以下结论。

① 奈氏轨线对称于[GH]平面的实轴。

② 当已知的开环频率特性 $G(j\omega)H(j\omega)$ 通过 $(-1,j0)$ 点时，与此对应的闭环系统处于临界稳定状态。设开环频率特性 $G(j\omega)H(j\omega)$ 在 $\omega=\omega_c$ 时通过 $(-1,j0)$ 点，这时得到如下临界条件：

$$\begin{cases}|G(j\omega_c)H(j\omega_c)|=1\\ \angle G(j\omega_c)H(j\omega_c)=-\pi\end{cases}\tag{5.60}$$

③ v_F 包围原点圈数 N 的计算如下。

根据半闭合曲线 v_{GH} 可获得 v_F 包围原点圈数 N。设 N_+ 为 v_{GH} 正穿越(从上向下穿越)$(-1,j0)$ 左侧的次数，N_- 为 v_{GH} 负穿越(从下向上穿越)$(-1,j0)$ 左侧的次数，则在图 5.48 中，虚线为按系统型次 v 补作的圆弧，点 A，B 为奈氏曲线与负实轴的交点，按穿越负实轴上 $(-\infty,-1)$ 线段的方向，分别有：

在图(a)中，A 点位于 $(-1,j0)$ 左侧，v_{GH} 从下向上穿越，为一次负穿越，故有 $N_-=1$，$N_+=0$，$N=2(0-1)=-2$(v_F 顺时针包围原点两圈)。

在图(b)中，A 点位于 $(-1,j0)$ 点的右侧，$N_+=N_-=0$，故有 $N=0$。

在图(c)中，A，B 点均位于 $(-1,j0)$ 点左侧，而在 A 点处 v_{GH} 从下向上穿越，为一次负穿越，B 点处则 v_{GH} 从上向下穿越，为一次正穿越，故有 $N_+=N_-=1$，$N=2(1-1)=0$。

在图(d)中，A，B 点均位于 $(-1,j0)$ 点左侧，在 A 点处 v_{GH} 从下向上穿越，为一次负穿越，B 点处则 v_{GH} 从上向下运动至实轴并停止，为半次正穿越，故有 $N_-=1$，$N_+=\frac{1}{2}$，$N=2\left(\frac{1}{2}-1\right)=-1$($v_F$ 顺时针包围原点一圈)。

在图(e)中，A，B 点均位于 $(-1,j0)$ 点左侧，A 点对应 $\omega=0$，随 ω 增大，v_{GH} 离开负实轴，为半次负穿越，而 B 点处为一次负穿越，故有 $N_-=\frac{3}{2}$，$N_+=0$，$N=2\left(0-\frac{3}{2}\right)=-3$($v_F$ 顺时针包围原点三圈)。

v_F 包围原点的圈数 N 等于 v_{GH} 包围 $(-1,j0)$ 点的圈数。计算 N 的过程中应注意正确判断 v_{GH} 穿越 $(-1,j0)$ 点左侧负实轴的方向、半次穿越和虚线圆弧产生的穿越次数。

综上所述，奈氏判据判稳时可能发生的情况为：

① $G(j\omega)H(j\omega)$ 不包围 $(-1,j0)$ 点，若 $P=0$，则系统稳定；否则，闭环系统不稳定。

② 逆时针包围 $(-1,j0)$ 点 N 次，若 $P=N$，则系统稳定；否则，闭环系统不稳定。

③ 顺时针包围 $(-1,j0)$ 点，闭环系统不稳定。

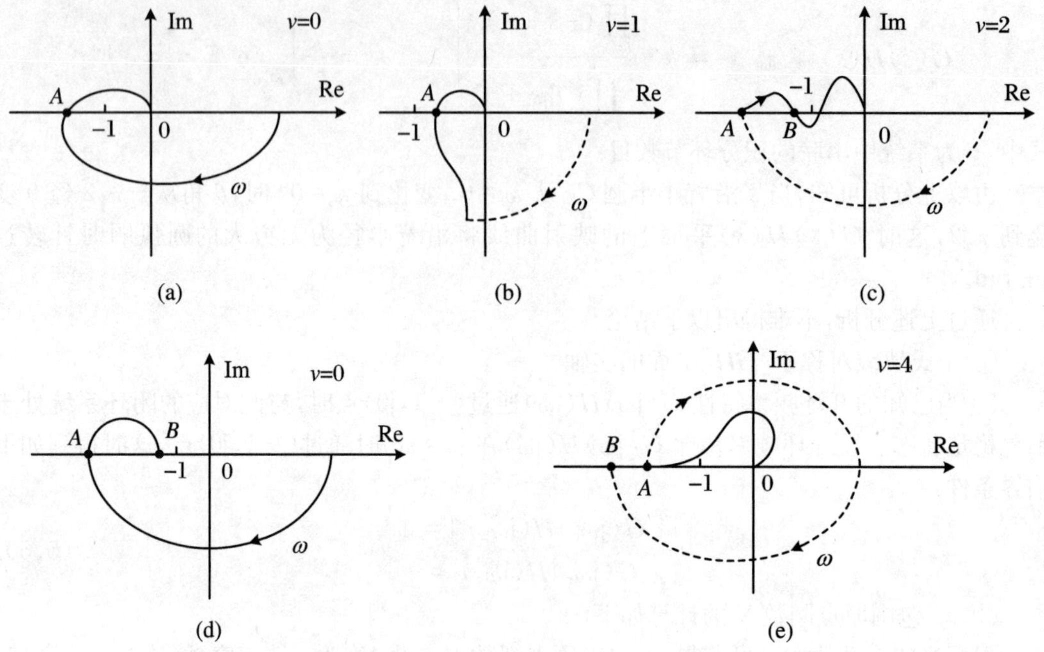

图 5.48　奈氏曲线

例 5.11　开环系统的传递函数为

$$G(s)H(s) = \frac{20}{(10s+1)(2s+1)(0.2s+1)}$$

试应用奈奎斯特稳定判据分析各闭环系统的稳定性。

解

$$G(s)H(s) = \frac{20}{(10s+1)(2s+1)(0.2s+1)} = \frac{20}{4s^3 + 22.4s^2 + 12.2s + 1}$$

则

$$G(\mathrm{j}\omega)H(\mathrm{j}\omega) = \frac{20}{1 - 22.4\omega^2 + \mathrm{j}(12.2\omega - 4\omega^3)}$$

当 $\omega = 0$ 时，$G(\mathrm{j}0)H(\mathrm{j}0) = 20\mathrm{e}^{-\mathrm{j}0}$；

当 $\omega = 0.1$ 时，$G(\mathrm{j}0.1)H(\mathrm{j}0.1) = 14\mathrm{e}^{-\mathrm{j}57.3^\circ}$；

当 $\omega = 0.3$ 时，$G(\mathrm{j}0.3)H(\mathrm{j}0.3) = 5.4\mathrm{e}^{-\mathrm{j}107^\circ}$；

当 $\omega = 1$ 时，$G(\mathrm{j}1)H(\mathrm{j}1) = 0.87\mathrm{e}^{-\mathrm{j}159^\circ}$；

当 $\omega = \infty$ 时，$G(\mathrm{j}\infty)H(\mathrm{j}\infty) = 0\mathrm{e}^{-\mathrm{j}270^\circ}$。

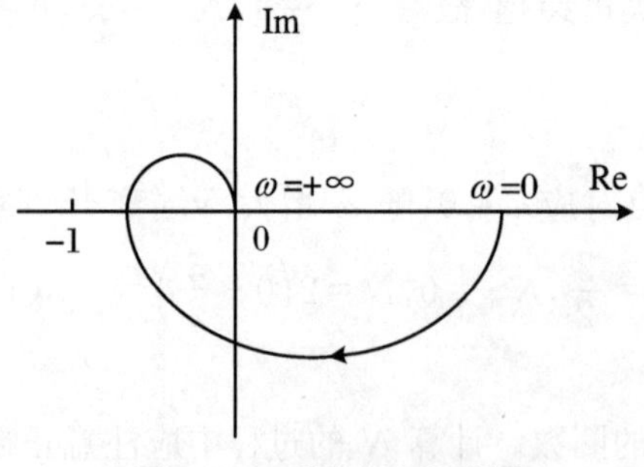

图 5.49　系统奈奎斯特图

根据标出的各点，画出奈奎斯特图，如图 5.49 所示。由题知 $P = 0$，而从奈奎斯特图知，不包围 $(-1,\mathrm{j}0)$ 点，据奈氏判据得系统稳定。

5.5.2　对数奈氏判据

1．在[GH]平面上，正负穿越次数与稳定性的关系

根据正负穿越可得奈氏判据的另一种形式，即闭环系统稳定的充要条件是：当角频率 ω 由 0 变化到 $+\infty$ 时，开环频率特性 $G(\mathrm{j}\omega)H(\mathrm{j}\omega)$ 正、负穿越[GH]平面负实轴上$(-1,-\infty)$段的次数差为 $P/2$，这里 P 是开环传递函数极点中处于 s 平面右半部的数目；否则，闭环系统不稳定。

上述奈氏判据又称为奈氏判据的第二种形式。

2．开环频率特性在极坐标系中表示和在对数坐标系中表示的关系

$|G(\mathrm{j}\omega)H(\mathrm{j}\omega)|=1$ 的单位圆与对数频率特性的 0 dB 线相对应；[GH]平面上的负实轴与对数相频特性的 $-\pi$ 线相对应；[GH]平面上单位圆以外的区域与对数频率特性 0 dB 线以上的区域相对应；[GH]平面上单位圆以内的区域与对数频率特性 0 dB 线以下的区域相对应；[GH]平面上发生对负实轴上$(-1,-\infty)$段的正负穿越与对数频率特性的正负穿越相对应。所谓对数频率特性的正负穿越是指在幅值 $20\lg|G(\mathrm{j}\omega)H(\mathrm{j}\omega)|\geqslant 0$ dB 的区域内，当角频率 ω 增加时，相频特性曲线中 $\varphi(\omega)$ 从下向上穿越 $-\pi$ 线是正穿越，相频特性 $\varphi(\omega)$ 从上向下穿越 $-\pi$ 线是负穿越，对数频率的正负穿越如图 5.50 所示，对应关系见表 5.8。

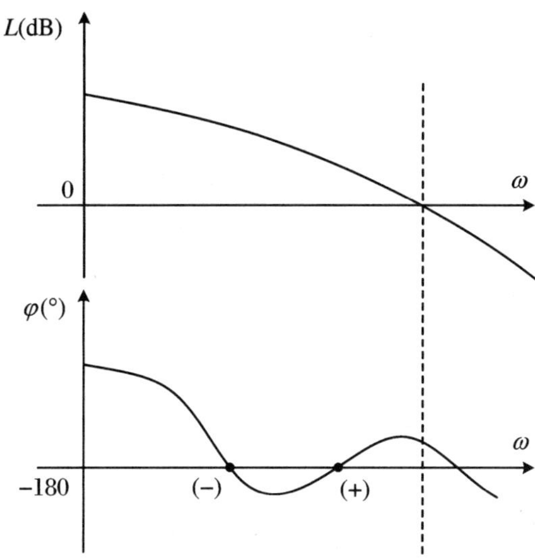

图 5.50　伯德图上的正、负穿越

表 5.8　极坐标与伯德图对应转换表

项　目	极　坐　标	伯　德　图
单位圆	单位圆上 单位圆外 单位圆内	0 dB 线 0 dB 线以上部分 0 dB 线以下部分
正穿越	由上至下 在$(-1,-\infty)$段	由下至上在 $L>0$ dB 频率段内穿越 $-\pi$ 线
负穿越	由下至上 在$(-1,-\infty)$段	由上至下在 $L>0$ dB 频率段内穿越 $-\pi$ 线

由上述对应关系，可将奈氏判据用开环频率特性在对数坐标系中对应的正、负穿越来表示，即闭环系统稳定的充要条件是：在开环对数幅频特性 $20\lg|G(j\omega)H(j\omega)|$ 不为负值的所有频段内，对数相频特性 $\varphi(\omega)$ 与 $-\pi$ 线的正穿越与负穿越次数差为 $P/2$，这里 P 是开环传递函数位于 s 平面右半部的极点数目；否则，闭环系统不稳定。

上述奈氏判据又称为奈氏判据的第三种形式。

3. 根据尼柯尔斯图应用奈氏判据分析闭环系统的稳定性

根据尼柯尔斯图，应用奈氏判据分析系统稳定性的步骤是：首先将开环频率响应的伯德图改画在尼柯尔斯图上，然后在尼柯尔斯图的 0 dB 线上部考察幅相特性对 $-\pi$ 相移线的正负穿越次数差及 P 值，应用奈氏判据分析闭环系统的稳定性。这种情况下的奈氏判据表述如下：闭环系统稳定的充要条件是，在尼柯尔斯图 0 dB 线上方，开环频率响应的幅相特性对 $-\pi$ 相移线的正、负穿越次数差应等于 $P/2$，其中 P 为 s 平面右半部含有的开环传递函数极点的数目；否则，闭环系统不稳定（图 5.51）。

上述奈氏判据又称为奈氏判据的第四种形式。

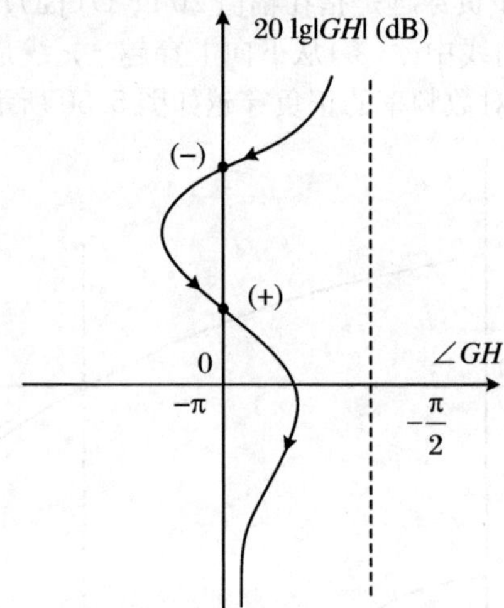

图 5.51 根据尼柯尔斯图分析闭环系统的稳定性

5.5.3 应用奈氏判据分析闭环系统稳定性举例

例 5.12 已知系统的开环传递函数为

$$G(s)H(s) = \frac{k}{s^2(Ts+1)}$$

试用奈氏判据判断闭环系统的稳定性。

解 *方法一* 绘制系统开环幅相频率特性，如图 5.52 所示。可见，开环幅相频率特性曲线顺时针包围$(-1, j0)$点，据奈氏判据的第一种形式，可知闭环系统是不稳定的。

方法二 绘制系统开环对数频率特性曲线，如图 5.53 所示，开环传递函数中有两个积分环节，有 -180° 相角储备，在相频特性曲线上增补 -180° 相角，如虚线所示。在 $L(\omega)>0$ 的所有频率范围内，相频特性曲线穿越 $-\pi$ 线 $N_-=1, N_+=0$，已知 $P=0$，因此，$N=N_+-$

$N_- \neq \frac{P}{2}$，据奈氏判据的第三种形式，可知闭环系统不稳定。

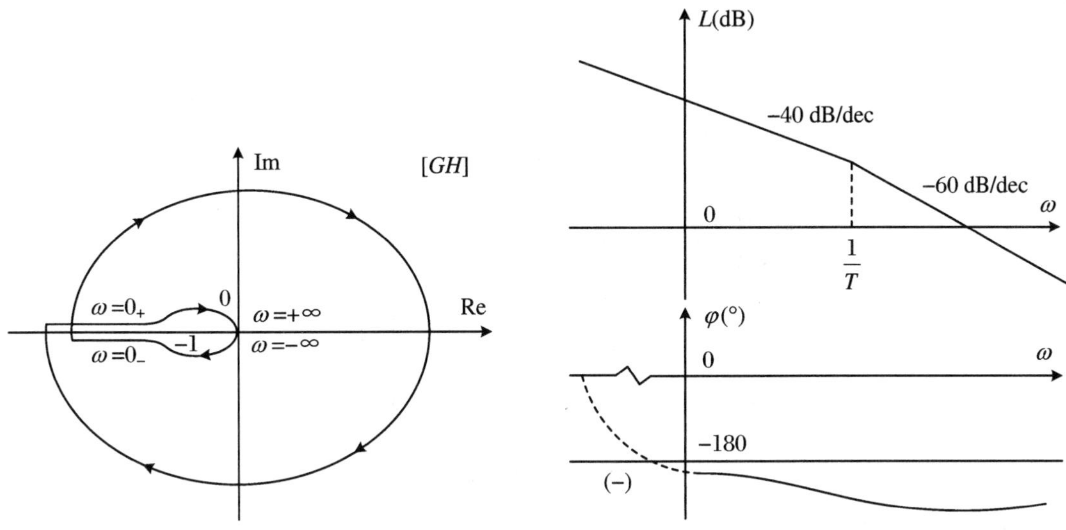

图 5.52　系统开环幅相频率特性曲线　　　图 5.53　系统开环对数频率特性曲线

例 5.13　已知系统在开环状态下稳定，系统的尼柯尔斯图如图 5.51 所示。试用奈氏判据判断闭环系统的稳定性。

解　在尼柯尔斯图上，由于开环频率响应的幅相特性在 0 dB 线上方对 $-\pi$ 相移线的正、负穿越次数相等，即正、负穿越次数差等于零，已知 $P=0$，即 $N=N_+-N_-=\frac{P}{2}$，据奈氏判据的第四种形式，可知闭环系统是稳定的。

例 5.14　系统如图 5.54 所示。试确定 k 值为何值时系统稳定。

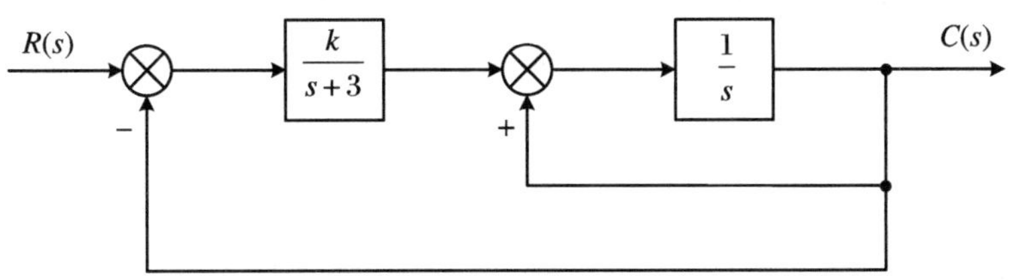

图 5.54　系统方框图

解　由系统方框图得系统的开环传递函数为

$$G(s) = \frac{k}{(s+3)(s-1)}$$

$G(s)$在右半平面有一个极点，即 $P=1$，如果奈氏曲线逆时针包围$(-1,\mathrm{j}0)$点一次，则系统是稳定的。

$$\begin{aligned} G(\mathrm{j}\omega) &= \frac{k}{(\mathrm{j}\omega+3)(\mathrm{j}\omega-1)} \\ &= -\frac{k(3+\omega^2)+\mathrm{j}2k\omega}{(3+\omega^2)^2+4\omega^2} \\ &= X(\omega)+\mathrm{j}Y(\omega) \end{aligned}$$

当 $\omega=0$ 时，$X(0)=-k/3$，$Y(0)=0$，其他与实轴虚轴均无交点。

画出奈氏图如图 5.55 所示。为使奈氏曲线逆时针包围$(-1,\mathrm{j}0)$点，必须有 $k>3$，闭环系统稳定。

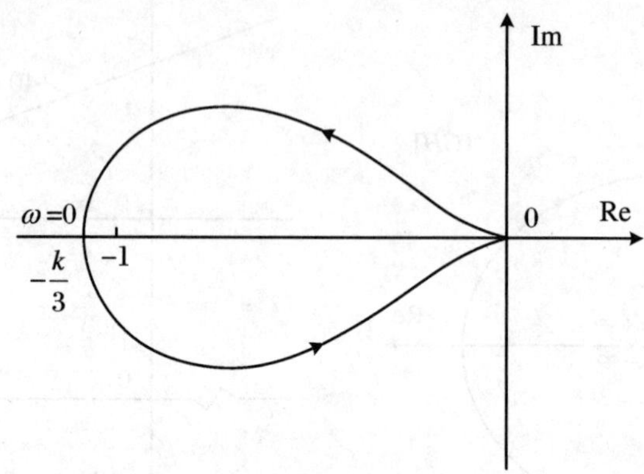

图 5.55　奈氏图

例 5.15　设控制系统的开环传递函数为

$$G(s)=\frac{k\mathrm{e}^{-0.8s}}{s+1}$$

用奈氏判据，确定系统稳定的临界开环增益。

解　对于该系统，开环频率特性为

$$G(\mathrm{j}\omega)=\frac{k\mathrm{e}^{-0.8\mathrm{j}\omega}}{\mathrm{j}\omega+1}=\frac{k(\cos 0.8\omega-\mathrm{j}\sin 0.8\omega)(1-\mathrm{j}\omega)}{1+\omega^2}$$

$$=\frac{k}{1+\omega^2}[(\cos 0.8\omega-\omega\sin 0.8\omega)-\mathrm{j}(\sin 0.8\omega+\omega\cos 0.8\omega)]$$

已知 $P=0$，因此为使其稳定，$G(\mathrm{j}\omega)$曲线不应包围$(-1,\mathrm{j}0)$点，这时只要求出 $G(\mathrm{j}\omega)$曲线与负实轴的交点就能决定 k。令 $G(\mathrm{j}\omega)$的虚部为零，即 $\sin 0.8\omega+\omega\cos 0.8\omega=0$。解方程，求 ω 的最小正值，得 $\omega=2.45$，则

$$G(\mathrm{j}2.45)=\frac{k}{1+(2.45)^2}(\cos 1.96-2.45\sin 1.96)=-0.378k$$

考虑到 $G(\mathrm{j}\omega)$曲线在穿过$(-1,\mathrm{j}0)$点时，系统恰好处于临界稳定状态，即令 $G(\mathrm{j}2.45)=-1$ 而求得 k。因此 $0.378k=1$，即 $k=2.65$。所以为使闭环系统稳定，必须使 $k<2.65$。

5.6　控制系统的相对稳定性

为使系统能很好地工作，不但要求系统稳定，而且要有一定的稳定裕度，即要求控制系统具有适当的相对稳定性。

5.6.1 相对稳定性的基本概念

在控制系统稳定的基础上，进一步表征其稳定程度高低的概念，称为控制系统的相对稳定性。控制系统的相对稳定性通常是以幅值裕度和相角裕度的形式表示的。

开环频率响应 $G(j\omega)H(j\omega)$ 与奈奎斯特图的单位圆相交处的角频率 ω_c 称为控制系统开环频率响应的剪切频率。于是对于 ω_c，有

$$|G(j\omega_c)H(j\omega_c)| = 1 \quad (0 < \omega_c < +\infty)$$

而在伯德图和尼柯尔斯图上，则有

$$20\lg|G(j\omega_c)H(j\omega_c)| = 0\ \text{dB} \quad (0 < \omega_c < +\infty)$$

在控制系统的剪切频率 ω_c 上，使闭环系统具有临界稳定状态、开环频率响应的相移 $\angle G(j\omega)H(j\omega)$ 所需附加的相移量，称为控制系统的相角裕度，记作 $\gamma(\omega_c)$，简记为 γ。因此，有

$$\begin{aligned}\gamma = \gamma(\omega_c) &= \angle G(j\omega_c)H(j\omega_c) - (-180^\circ)\\ &= 180^\circ + \angle G(j\omega_c)H(j\omega_c)\end{aligned} \tag{5.61}$$

开环频率响应 $G(j\omega)H(j\omega)$ 与奈奎斯特图上负实轴交点所对应的频率值，称为相位交界频率，记为 ω_g。于是对于 ω_g，有

$$\angle G(j\omega_g)H(j\omega_g) = -\pi$$

在控制系统的相位交界频率 ω_g 上，开环幅频特性 $|G(j\omega_g)H(j\omega_g)|$ 的倒数，称为控制系统的幅值裕度，记作 k_g。有

$$k_g = \frac{1}{|G(j\omega_g)H(j\omega_g)|} \tag{5.62}$$

如果以分贝为单位来表示幅值裕度，则有

$$20\lg k_g = -20\lg|G(j\omega_g)H(j\omega_g)|\ \text{dB} \tag{5.63}$$

对于最小相位系统，闭环系统稳定的充要条件是：$\gamma>0$，$k_g(\text{dB})>0$。

上述结论又称为奈氏判据的第五种形式。

有了以上奈氏判据的五种形式及相关的数学知识，我们便可证明奈氏判据的第六种形式——奈氏判据左手定则。奈氏判据左手定则的内容如下：将左手平伸，拇指和其余四指在手掌平面内垂直且指尖向上，对于最小相位系统，将左手放在系统开环频率特性即将包围 $(-1,j0)$ 点的最里层上，且四指指尖与系统开环频率特性的方向相同，若手背朝向 $(-1,j0)$ 点，则该闭环系统稳定，否则闭环系统不稳定。

值得提及的是，奈氏判据的第五种形式和第六种形式仅适用于最小相位系统，其他四种形式适用于一般情况。

极坐标图、对数坐标图、对数幅相图的相角裕度和幅值裕度，分别由图5.56(a)、(b)、(c)、(d)、(e)、(f)给出。严格地讲，应当同时给出相角裕度和幅值裕度，才能确定系统的相对稳定性。但是，对于无零点的二阶系统和只要求粗略估计过渡过程性能指标的高阶系统，只用相角裕度就可以了。

保持适当的稳定裕度，可以预防系统中元件性能变化而可能带来的不利影响。为了得到较满意的暂态响应，一般相角裕度应当在30°至60°之间，而幅值裕度应大于6 dB。

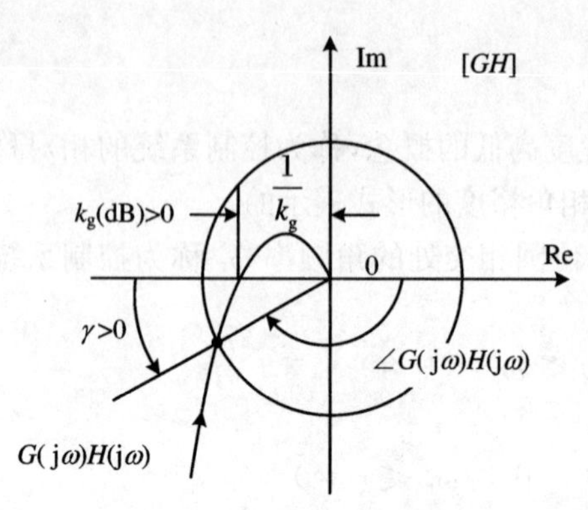

(a) 稳定系统(正幅值裕度,正相角裕度)

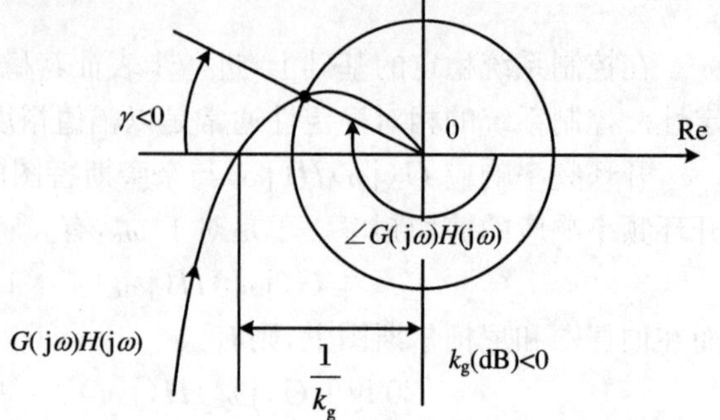

(b) 不稳定系统(负幅值裕度,负相角裕度)

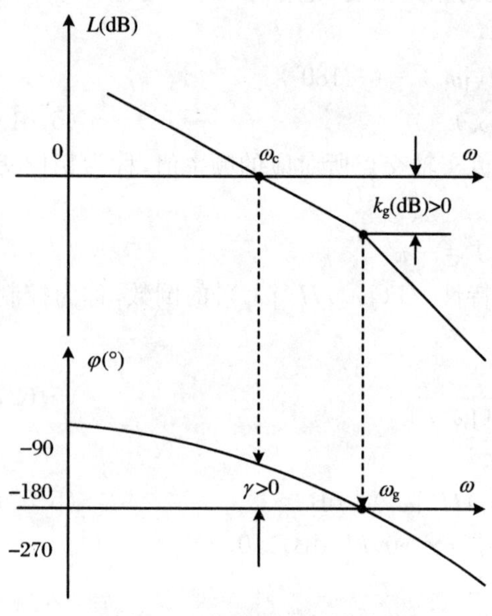

(c) 稳定系统(正幅值裕度,正相角裕度)

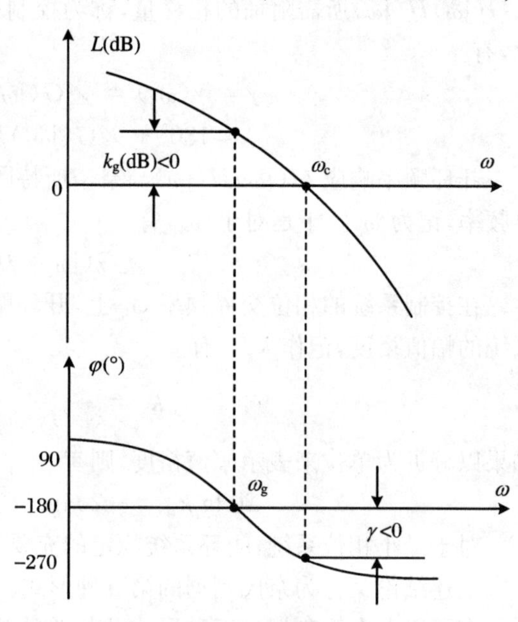

(d) 不稳定系统(负幅值裕度,负相角裕度)

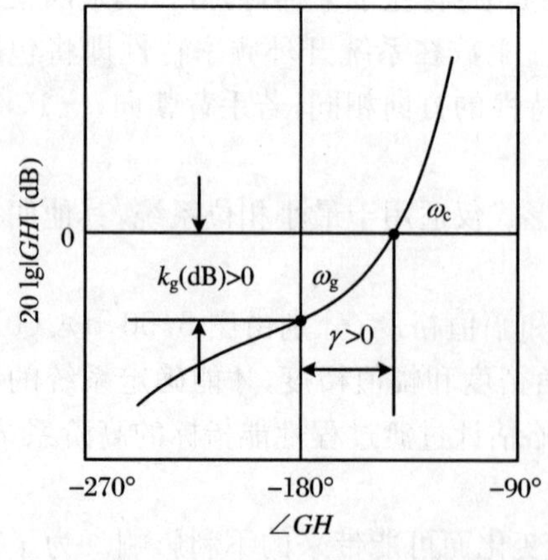

(e) 稳定系统(正幅值裕度,正相角裕度)

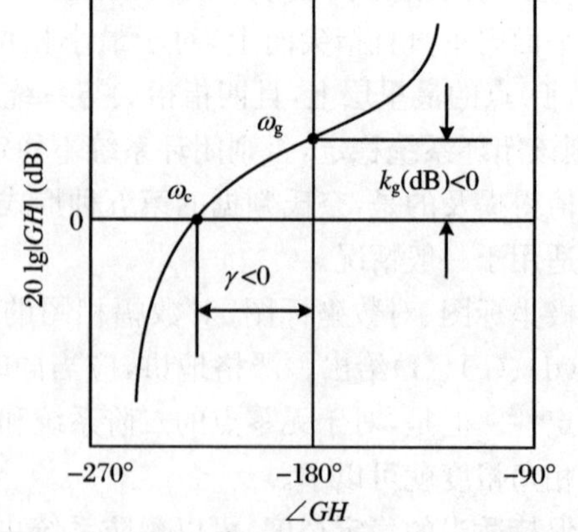

(f) 不稳定系统(负幅值裕度,负相角裕度)

图 5.56 相角裕度与幅值裕度

5.6.2　系统的相对稳定性分析举例

例 5.16　设单位负反馈系统的开环传递函数为

$$G(s)=\frac{10}{s(s+1)(s+10)}$$

试确定系统的幅值裕度和相角裕度。

解　由已知开环传递函数,求得开环频率响应为

$$G(\mathrm{j}\omega)=\frac{10}{\mathrm{j}\omega(\mathrm{j}\omega+1)(\mathrm{j}\omega+10)}$$

可求得开环幅频特性为

$$|G(\mathrm{j}\omega)|=\frac{10}{\omega\sqrt{(10-\omega^2)^2+121\omega^2}}$$

根据剪切频率定义,有

$$\frac{10}{\omega_c\sqrt{(10-\omega_c^2)^2+121\omega_c^2}}=1$$

解得

$$\omega_c=0.784\ \mathrm{rad/s}$$

根据相角裕度的定义,有

$$\begin{aligned}\gamma&=180^\circ+\angle G(\mathrm{j}\omega_c)\\&=180^\circ+(-90^\circ-\arctan 0.784-\arctan 0.0784)\\&=180^\circ-133^\circ=47^\circ\end{aligned}$$

根据相位交界频率的定义,有

$$\angle G(\mathrm{j}\omega_g)H(\mathrm{j}\omega_g)=-\pi$$

得

$$-90^\circ-\arctan\omega_g-\arctan\frac{1}{10}\omega_g=-180^\circ$$

即

$$\omega_g=\sqrt{10}\ \mathrm{rad/s}$$

则

$$|G(\mathrm{j}\omega_g)H(\mathrm{j}\omega_g)|=\left|\frac{10}{\sqrt{10}\sqrt{(\sqrt{10})^2+1}\sqrt{(\sqrt{10})^2+10^2}}\right|=\frac{1}{11}$$

根据幅值裕度的定义,有

$$k_g=\frac{1}{|G(\mathrm{j}\omega_g)H(\mathrm{j}\omega_g)|}=11$$

$$20\lg k_g=20\lg 11=20.8\ \mathrm{dB}$$

例 5.17　设二阶系统具有下列开环传递函数

$$G(s)H(s)=\frac{\omega_n^2}{s(s+2\zeta\omega_n)}$$

试求取其相角裕度 γ 与阻尼比 ζ 的关系式。

解　由给定的开环传递函数 $G(s)H(s)$,可求得二阶系统的开环频率响应为

$$G(\mathrm{j}\omega)H(\mathrm{j}\omega)=\frac{\omega_{\mathrm{n}}^{2}}{\mathrm{j}\omega(\mathrm{j}\omega+2\zeta\omega_{\mathrm{n}})}$$

可分别求得开环幅频特性及相频特性为

$$|G(\mathrm{j}\omega)H(\mathrm{j}\omega)|=\frac{\omega_{\mathrm{n}}^{2}}{\omega\sqrt{\omega^{2}+(2\zeta\omega_{\mathrm{n}})^{2}}}$$

$$\angle G(\mathrm{j}\omega)H(\mathrm{j}\omega)=-90^{\circ}-\arctan\frac{\omega}{2\zeta\omega_{\mathrm{n}}}$$

根据剪切频率定义，有

$$\frac{\omega_{\mathrm{n}}^{2}}{\omega_{\mathrm{c}}\sqrt{\omega_{\mathrm{c}}^{2}+(2\zeta\omega_{\mathrm{n}})^{2}}}=1$$

解出

$$\omega_{\mathrm{c}}=\omega_{\mathrm{n}}\sqrt{\sqrt{1+4\zeta^{2}}-2\zeta^{2}}$$

则

$$\angle G(\mathrm{j}\omega_{\mathrm{c}})H(\mathrm{j}\omega_{\mathrm{c}})=-90^{\circ}-\arctan\frac{\sqrt{\sqrt{1+4\zeta^{4}}-2\zeta^{2}}}{2\zeta}$$

根据相角裕度的定义，得

$$\begin{aligned}\gamma&=180^{\circ}+\angle G(\mathrm{j}\omega_{\mathrm{c}})H(\mathrm{j}\omega_{\mathrm{c}})\\&=90^{\circ}-\arctan\frac{\sqrt{\sqrt{1+4\zeta^{4}}-2\zeta^{2}}}{2\zeta}\\&=\arctan\frac{2\zeta}{\sqrt{\sqrt{1+4\zeta^{4}}-2\zeta^{2}}}\end{aligned}\tag{1}$$

例 5.18 设某非最小相位系统的开环传递函数为

$$G(s)H(s)=\frac{k(\tau s+1)}{s(Ts-1)}$$

试根据相角裕度和幅值裕度的概念分析该系统的相对稳定性。

解 应用劳斯稳定判据分析给定非最小相位系统的稳定性可知，$k\tau>1$ 是该系统稳定的充要条件。$k\tau>1$ 时，给定系统开环频率响应的奈奎斯特图如图 5.57 所示。

根据开环幅频特性 $G(\mathrm{j}\omega)H(\mathrm{j}\omega)$，由剪切频率定义，解出给定系统开环频率响应的剪切频率

$$\omega_{\mathrm{c}}=\frac{\sqrt{(k^{2}\tau^{2}-1)+\sqrt{(k^{2}\tau^{2}-1)^{2}+4T^{2}k^{2}}}}{\sqrt{2}T}\quad(k\tau>1)$$

根据开环相频特性

$$\angle G(\mathrm{j}\omega)H(\mathrm{j}\omega)=-90^{\circ}-(180^{\circ}-\arctan T\omega)+\arctan\tau\omega$$

由

$$\angle G(\mathrm{j}\omega_{\mathrm{g}})H(\mathrm{j}\omega_{\mathrm{g}})=-180^{\circ}$$

解出角频率 $\omega_{\mathrm{g}}=\dfrac{1}{\sqrt{\tau T}}$ rad/s，并求得 $\omega=\omega_{\mathrm{g}}$ 时的幅频特性值 $|G(\mathrm{j}\omega_{\mathrm{g}})H(\mathrm{j}\omega_{\mathrm{g}})|=k\tau>1$。

从奈奎斯特图看出，为满足系统稳定的充要条件，$k\tau>1$，即 $k_{\mathrm{g}}=\dfrac{1}{k\tau}<1$，$20\lg k_{\mathrm{g}}<0$ dB，$\gamma>0$，即为使系统稳定，其相角裕度必为正，幅值裕度必为负。

应用奈氏判据的第一种形式，会得出相同的结论。

可见，分析非最小相位系统的相对稳定性时，必须同时应用相角裕度和幅值裕度。

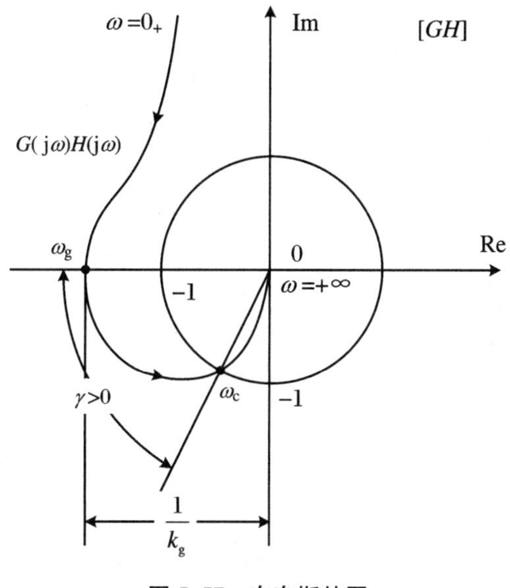

图 5.57　奈奎斯特图

5.7　频域指标与时域指标间的关系

第 3 章介绍的五个时域性能指标，在当前的系统分析和设计中占有越来越重要的位置。而在最初的系统设计中，频域法应用得非常广泛。因此，需要进一步探讨频域指标与时域指标间的关系。

5.7.1　闭环幅频特性与时域稳态误差之间的关系

控制系统的频域响应容易得到，那么如何根据频率响应找到时域响应呢？在理论上，可通过傅里叶变换得到，即

$$c(t)=\frac{1}{2\pi}\int_{-\infty}^{+\infty}C(\mathrm{j}\omega)\mathrm{e}^{\mathrm{j}\omega t}\mathrm{d}\omega$$

在一般情况下，这种变换比较烦琐。工程上通常希望把描述频域响应的一些特征量和时域响应的一些特征量联系起来，从而找到频域性能指标和时域性能指标的关系，这无疑给分析与设计控制系统带来了便利。

1. 闭环幅频特性的特征值

如前文所述，可以通过一定方法(如等 M 圆法)找到闭环幅值 M 和角频率 ω 的函数关系。如果横坐标频率 ω 采用对数分度，纵坐标闭环幅值 $A(\omega)$ 采用线性分度，在这样的坐标平面上找出对应的点用圆滑曲线连起来，即得到闭环幅频特性，如图 5.58 所示。

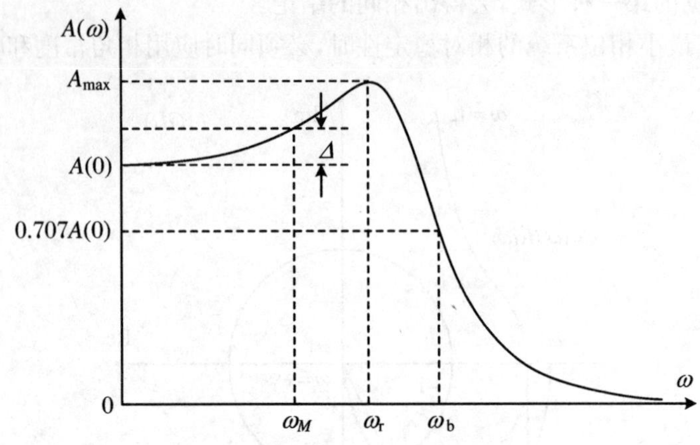

图 5.58　典型闭环幅频特性

(1) $A(0)$——闭环幅频特性的零频值,即

$$A(0) = A(\omega)\big|_{\omega=0} = \left|\frac{C(\mathrm{j}\omega)}{R(\mathrm{j}\omega)}\right|_{\omega=0}$$

(2) ω_M——由给定精度决定的频率值,或由输入信号带宽决定的频率值。

(3) M_{r}——相对谐振峰值,定义为 $M_{\mathrm{r}} = \dfrac{A_{\max}}{A(0)}$。

(4) ω_{r}——谐振频率,即相对闭环幅频特性峰值 $A_{\max}$的角频率。

(5) ω_{b}——截止频率,即$\dfrac{1}{\sqrt{2}}A(0)$对应的频率值。通常定义 $0\sim\omega_{\mathrm{b}}$ 为控制系统的带宽或通频带。

以上就是闭环幅频特性的五个特征值。

2. $A(0)$与 v 之间的关系

设控制系统的闭环传递函数为

$$\frac{C(s)}{R(s)} = \frac{G(s)}{1 + G(s)H(s)}$$

式中,$C(s)$表示闭环控制系统输出信号的拉氏变换;$R(s)$表示闭环控制系统输入信号的拉氏变换;$G(s) = \dfrac{kG_1(s)}{s^v}$表示闭环控制系统前向通道的传递函数,其中 k 为前向通道的增益,v 为前向通道含有的串联积分环节数目,并且定义$G_1(s)\big|_{s=0} = 1$;$H(s) = k_{\mathrm{n}}H_1(s)$表示反馈通道的传递函数,其中 k_{n} 为反馈通道的增益,并且定义$H_1(s)\big|_{s=0} = 1$。

将 $s = \mathrm{j}\omega$ 代入$\dfrac{C(s)}{R(s)} = \dfrac{G(s)}{1 + G(s)H(s)}$,得闭环幅频特性为

$$A(\omega) = \left|\frac{G(\mathrm{j}\omega)}{1 + G(\mathrm{j}\omega)H(\mathrm{j}\omega)}\right| = \left|\frac{k\dfrac{1}{(\mathrm{j}\omega)^v}G_1(\mathrm{j}\omega)}{1 + \dfrac{k}{(\mathrm{j}\omega)^v}G_1(\mathrm{j}\omega)k_nH_1(\mathrm{j}\omega)}\right|$$

$$= \left|\frac{kG_1(\mathrm{j}\omega)}{(\mathrm{j}\omega)^v + kk_nG_1(\mathrm{j}\omega)H_1(\mathrm{j}\omega)}\right|$$

得

$$A(0)=\frac{1}{k_n}\quad (v\geqslant 1)$$

$$A(0)=\frac{k}{1+kk_n}\quad (v=0)$$

对于单位反馈系统，即 $H(s)=1$，有

$$A(0)=1\quad (v\geqslant 1) \tag{5.64}$$

$$A(0)=\frac{k}{1+k}<1\quad (v=0) \tag{5.65}$$

式(5.65)表明，0 型单位反馈系统的闭环幅频特性的零频值随开环增益 k 的增大而接近 1。又由于单位反馈系统的误差系数 $c_0=1-A(0)$，$A(0)$越接近 1，0 型单位反馈系统响应单位阶跃信号的稳态误差便越小。式(5.64)表明，若给定单位反馈系统的闭环幅频特性零频值等于 1，则可断定该系统的型别为Ⅰ型以上。因此，$A(0)$可作为衡量控制系统响应单位阶跃控制信号的稳态准确度的频域指标。

3. 复现带宽与系统响应控制信号准确度间的关系

设控制系统输入信号 $r(t)$的频谱 $R(\mathrm{j}\omega)$具有图 5.59(b)所示的特性，即

$$|R(\mathrm{j}\omega)|=0\quad (\omega\geqslant\omega_H)$$

$$\frac{C(\mathrm{j}\omega)}{R(\mathrm{j}\omega)}=1-\Delta_1(\mathrm{j}\omega)\quad (\omega<\omega_H)$$

式中，$|\Delta_1(\mathrm{j}\omega)|\leqslant\Delta$，参看图 5.59(a)，其中 Δ 代表系统的控制精度。

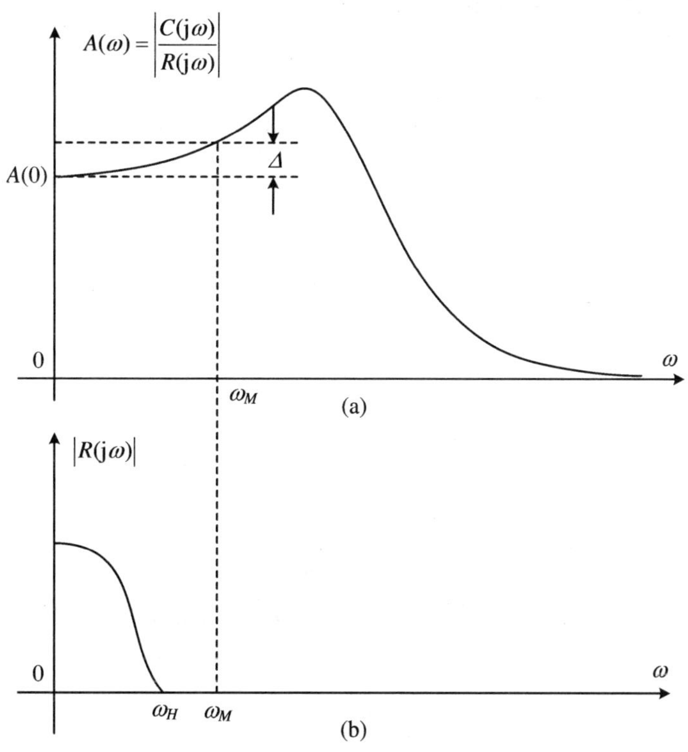

图 5.59　复现带宽与复现准确度

基于上列假设，单位反馈系统复现输入信号 $r(t)$的误差信号 $e(t)$为

$$e(t)=r(t)-c(t)=\frac{1}{2\pi}\int_{-\infty}^{+\infty}[R(\mathrm{j}\omega)-C(\mathrm{j}\omega)]\mathrm{e}^{\mathrm{j}\omega t}\mathrm{d}\omega$$

$$= \frac{1}{2\pi}\int_{-\infty}^{+\infty}\{R(j\omega) - [R(j\omega) - R(j\omega)\Delta_1(j\omega)]\}e^{j\omega t}d\omega$$

$$= \frac{1}{2\pi}\int_{-\omega_H}^{+\omega_H}R(j\omega)\Delta_1(j\omega)e^{j\omega t}d\omega$$

$$\leqslant \frac{\Delta}{2\pi}\int_{-\omega_H}^{+\omega_H}R(j\omega)e^{j\omega t}d\omega = \Delta \cdot r(t) \tag{5.66}$$

式(5.66)说明，在单位反馈系统中，对具有图5.59(b)所示频谱的低频输入信号 $r(t)$ 的复现误差 $e(t)$ 近似与 $r(t)$ 成正比。根据输入信号的带宽 $0 \sim \omega_H$ 确定系统的角频率 ω_M，若 ω_M 在闭环幅频特性上求得的 Δ 值越小，则由式(5.66)知 $\Delta \cdot r(t)$ 越小，$e(t)$ 越小，说明单位反馈系统复现低频输入信号的准确度越高；反过来说，根据允许的静差 Δ 在闭环幅频特性上确定 ω_M，若 ω_M 越大，则意味着单位反馈系统以规定的准确度复现输入信号的带宽越宽。从而使作为频域指标的复现带宽与作为时域指标的复现准确度联系起来，并基于这种联系可根据任意形式的输入信号频谱对控制系统的复现特性进行研究。

这样，我们以闭环幅频特性为桥梁，将频域指标的零频值及复现带宽与时域指标的稳态误差及静态指标联系起来。

5.7.2 频域动态性能指标与时域动态指标的关系

1. 相对谐振峰值 M_r 与时域振荡指标的关系

二阶系统闭环传递函数的标准式为

$$\Phi(s) = \frac{C(s)}{R(s)} = \frac{\omega_n^2}{s^2 + 2\zeta\omega_n s + \omega_n^2}$$

其闭环频率特性为

$$\varphi(j\omega) = \frac{\omega_n^2}{(j\omega)^2 + 2\zeta\omega_n j\omega + \omega_n^2} = \frac{1}{1 - \left(\frac{\omega}{\omega_n}\right)^2 + j2\zeta\frac{\omega}{\omega_n}} = M(\omega)e^{j\theta(\omega)}$$

式中

$$M(\omega) = \frac{1}{\sqrt{\left[1 - \left(\frac{\omega}{\omega_n}\right)^2\right]^2 + \left(2\zeta\frac{\omega}{\omega_n}\right)^2}} \tag{5.67}$$

$$\theta(\omega) = -\arctan\frac{2\zeta\frac{\omega}{\omega_n}}{1 - \left(\frac{\omega}{\omega_n}\right)^2} \tag{5.68}$$

如果 $M(\omega)$ 在某一频率下存在极大值 M_r，则 M_r 称为闭环谐振峰值，而 ω_r 称为闭环谐振频率。由

$$\left.\frac{dM(\omega)}{d\omega}\right|_{\omega=\omega_r} = 0$$

得

$$\omega_r = \omega_n\sqrt{1 - 2\zeta^2} \quad \left(\zeta \leqslant \frac{1}{\sqrt{2}}\right) \tag{5.69}$$

则

$$M_r = \frac{1}{2\zeta\sqrt{1-\zeta^2}} \quad \left(\zeta \leqslant \frac{1}{\sqrt{2}}\right) \tag{5.70}$$

或写成

$$\zeta = \sqrt{\frac{1-\sqrt{1-\frac{1}{M_r^2}}}{2}} \quad (M_r \geqslant 1) \tag{5.71}$$

二阶系统超调量的计算公式为

$$\sigma_p = e^{-\frac{\zeta\pi}{\sqrt{1-\zeta^2}}} \times 100\%$$

将式(5.71)代入上式,得

$$\begin{aligned}\sigma_p &= \exp\left(-\pi\sqrt{\frac{M_r-\sqrt{M_r^2-1}}{M_r+\sqrt{M_r^2-1}}}\right)\times 100\% \\ &= \exp\left(-\pi\sqrt{\frac{1-\sqrt{1-\frac{1}{M_r^2}}}{1+\sqrt{1-\frac{1}{M_r^2}}}}\right)\times 100\% \quad (M_r \geqslant 1)\end{aligned}$$

上式以曲线表示,如图 5.60 所示。

由图 5.60 可以看出,对于二阶系统来说,$M_r = 1.2 \sim 1.5$ 时对应 $\sigma_p = 20 \sim 30\%$。在这种情况下,二阶系统具有满意的时域指标。然而,当 $M_r > 2$ 时,对应的超调量可高达 40%以上。

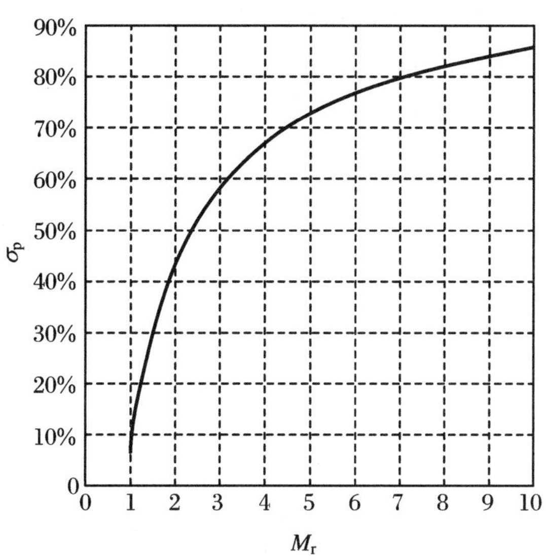

图 5.60　二阶系统 σ_p-M_r 曲线

2. 谐振频率及系统带宽与时域指标间的关系

对于二阶系统来说,谐振频率 ω_r 与无阻尼自振频率 ω_n 及阻尼比 ζ 的关系为

$$\omega_r = \omega_n\sqrt{1-2\zeta^2}$$

当 $\Delta = 0.05$,$0 < \zeta < 0.9$ 时,有

$$t_s = \frac{3}{\zeta\omega_n} = \frac{3\sqrt{1-2\zeta^2}}{\zeta\omega_r}$$

或

$$\omega_r = \frac{3\sqrt{1-2\zeta^2}}{\zeta t_s}$$

不加推导地给出在任意 Δ 的情况下，有

$$\omega_r = \frac{1}{\zeta t_s}\sqrt{1-2\zeta^2}\ln\frac{1}{\Delta\sqrt{1-\zeta^2}} \tag{5.72}$$

对于典型二阶系统，由截止频率定义可得

$$\left|\frac{\omega_n^2}{(j\omega)^2+2\zeta\omega_n(j\omega)+\omega_n^2}\right|_{\omega=\omega_b} = 0.707$$

解得

$$\omega_b = \omega_n\sqrt{(1-2\zeta^2)+\sqrt{2-4\zeta^2+4\zeta^4}}$$

当 $\Delta=0.05, 0<\zeta<0.9$ 时，则 $\omega_n=\dfrac{3}{\zeta t_s}$ 代入上式，得

$$\omega_b = \frac{3}{\zeta t_s}\cdot\sqrt{(1-2\zeta^2)+\sqrt{2-4\zeta^2+4\zeta^4}}$$

不加推导，给出任意情况下的 ω_b 为

$$\omega_b = \frac{1}{\zeta t_s}\cdot\sqrt{(1-2\zeta^2)+\sqrt{2-4\zeta^2+4\zeta^4}}\cdot\ln\frac{1}{\Delta\sqrt{1-\zeta^2}} \tag{5.73}$$

从式(5.73)可以看出，当阻尼比给定以后，系统的截止频率与 t_s 成反比关系，或者说，控制系统的带宽越宽则复现输入信号的快速性越好。这说明带宽表征了控制系统的反应速度。实际设计时，用 ω_b 不太方便，往往用开环剪切频率 ω_c。

3. 开环剪切频率与时域指标的关系

典型二阶系统所对应的开环传递函数为

$$G(s)H(s) = \frac{\omega_n^2}{s(s+2\zeta\omega_n)}$$

则由剪切频率定义，得

$$\left|\frac{\omega_n^2}{(j\omega_c)^2+2\zeta\omega_n(j\omega_c)}\right| = 1$$

解得

$$\omega_c = \frac{3}{\zeta t_s}\sqrt{\sqrt{1+4\zeta^4}-2\zeta^2}\quad(\Delta\leqslant 0.05)$$

一般情况为

$$\omega_c = \frac{1}{\zeta t_s}\sqrt{\sqrt{1+4\zeta^4}-2\zeta^2}\cdot\ln\frac{1}{\Delta\sqrt{1-\zeta^2}} \tag{5.74}$$

或写为

$$t_s = \frac{1}{\zeta\omega_c}\sqrt{\sqrt{1+4\zeta^4}-2\zeta^2}\cdot\ln\frac{1}{\Delta\sqrt{1-\zeta^2}} \tag{5.75}$$

由系统带宽和时域指标的关系可得

$$t_s = \frac{1}{\zeta\omega_b}\sqrt{(1-2\zeta^2)+\sqrt{2-4\zeta^2+4\zeta^4}}\cdot\ln\frac{1}{\Delta\sqrt{1-\zeta^2}} \tag{5.76}$$

从而有

$$\frac{1}{\zeta\omega_c}\sqrt{\sqrt{1+4\zeta^4}-2\zeta^2} = \frac{1}{\zeta\omega_b}\sqrt{(1-2\zeta^2)+\sqrt{2-4\zeta^2+4\zeta^4}}$$

得

$$\omega_c = \frac{\sqrt{\sqrt{1+4\zeta^4}-2\zeta^2}}{\sqrt{(1-2\zeta^2)+\sqrt{2-4\zeta^2+4\zeta^4}}}\omega_b \tag{5.77}$$

上式把闭环带宽 ω_b 和开环剪切频率 ω_c 联系在一起：

$$\zeta = 0.4,\quad \omega_b = 1.55\omega_c$$

$$\zeta = 0.707,\quad \omega_b = 1.6\omega_c$$

由上面分析可知，在闭环频率特性上，ω_b 反映了实际系统的快速性，ω_c 与 ω_b 又有上述关系，所以在开环对数频率特性上可用 ω_c 反映系统的快速性。

在这里需要指出的是，在一般情况下，为提高控制系统的快速性，要求系统有较宽的带宽，但从抑制噪声的角度来看，系统的带宽又不宜过宽。在设计中，应根据系统的实际情况，对这两个矛盾方面予以折中考虑。

4. 高阶系统的经验公式

$$\sigma_p = 0.16 + 0.4(M_r - 1)$$

$$t_s = \frac{k\pi}{\omega_c}$$

$$k = 2 + 1.5(M_r - 1) + 2.5(M_r - 1)^2 M_r = \frac{1}{\sin\gamma}$$

$$h = \frac{M_r + 1}{M_r - 1}$$

$$\omega_2 = \frac{2}{h+1}\omega_c$$

$$\omega_3 = \frac{2h}{h+1}\omega_c$$

系统开环模型的中频段表示于图 5.61，其中 $h = \frac{T_2}{T_3} = \frac{\omega_3}{\omega_2}$，即中间段的宽度。通过后续

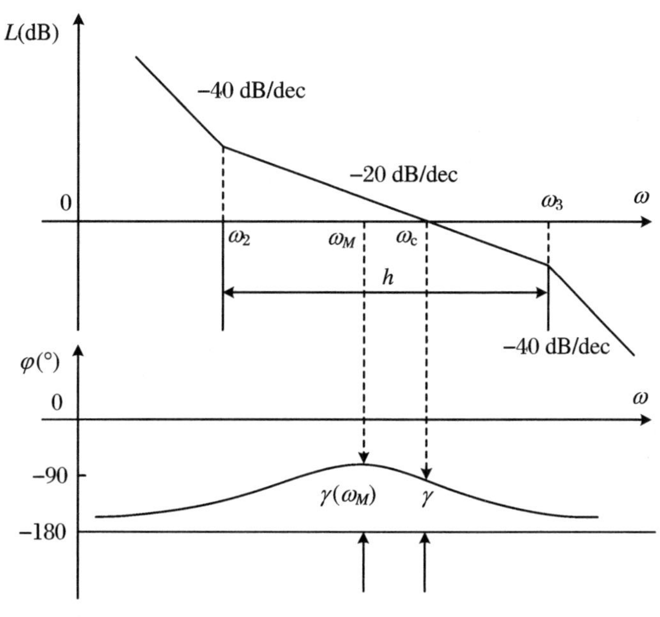

图 5.61　系统开环模型的中频段特性

课程的学习，我们会明白：为使一个高阶系统稳定，穿过横轴的开环幅频特性的斜率必为 -20 dB/dec；为使系统有一定程度的相对稳定性，h 必有一定宽度。

小　结

频域分析法是一种常用的图解分析法，其特点是可以根据系统的开环频率特性去判断闭环系统的性能，并能较方便地分析系统参量对时域响应的影响，从而指出改善系统性能的途径。与时域分析法、根轨迹分析法相比，频域分析法的主要优势在于频率特性可以通过实验来测取。另外，如果系统设计中需要考虑对干扰噪声的抑制能力问题，则采用频域分析法更加直接、方便。因此，频域分析法是经典控制理论的核心内容之一。

本章需要重点掌握的内容如下。

(1) 频率特性的定义：线性系统(或部件)在正弦输入作用下的稳态输出与输入的复数比。频率特性可用幅频、相频特性来表征，幅频、相频特性具有明确的物理含义，应熟练掌握。

(2) 频域法是一种作图分析方法，奈奎斯特图、伯德图的绘制是频域分析法的基本内容，应熟练掌握。

(3) 根据最小相位系统的对数幅频特性写出相应的传递函数，既是频率特性绘制的逆问题，又是通过实验方法求取数学模型的重要步骤，也是要求熟练掌握的重要内容。

(4) 奈氏判据是根据系统的开环频率特性判定系统闭环稳定性的重要判据，它与劳斯稳定判据具有同样重要的应用意义。奈氏判据不仅能够方便地判定一个系统的稳定与否，更为有用的是，能够从图形上直观地看出参数变化对系统性能的影响，揭示改善系统性能的信息。应熟练应用奈氏判据对系统进行稳定性分析。

(5) 考虑到系统参数变化和外界干扰对系统稳定性的影响，要求系统不仅能稳定工作，而且要有足够的稳定裕度。在频率特性中，稳定裕度通常用相角裕度 γ 和幅值裕度 k_g 来表示，应熟练掌握 γ 和 k_g 的求取问题。

(6) 根据频域参数 γ, k_g, ω_c 及 ω_r, ω_n, M_r 分析系统的时域性能指标 σ_p, t_s, t_r 等，是频率特性分析方法的归结点。应熟练掌握频域参数与时域性能指标之间的定性关系，并掌握二阶系统的定量关系。

本章主要讨论了频率特性的作图问题，以及如何根据开环频率特性分析系统闭环性能的问题。需要指出的是，也可以根据系统的闭环频率特性分析系统性能。闭环频率特性可用等 M 圆图、等 N 圆图以及尼柯尔斯图线来绘制，但由于作图比较复杂，实际上较少采用。因此本章用较少篇幅讨论如何根据等 M 圆图、等 N 圆图以及尼柯尔斯图绘制闭环频率特性的问题，感兴趣的读者可参阅相关参考文献进行了解。

习　　题

5.1　已知传递函数 $G(s)=\dfrac{k}{\tau s+1}$，求：

(1) 频率特性 $G(\mathrm{j}\omega)$；

(2) $G(\mathrm{j}\omega)$的实部和虚部；

(3) $|G(\mathrm{j}\omega)|$；

(4) $\angle G(\mathrm{j}\omega)$。

5.2　已知 $G(s)=\dfrac{k}{(T_1s+1)(T_2s+1)}$，求：

(1) 频率特性 $G(\mathrm{j}\omega)$；

(2) $G(\mathrm{j}\omega)$的实部和虚部；

(3) $|G(\mathrm{j}\omega)|$；

(4) $\angle G(\mathrm{j}\omega)$。

5.3　设系统的传递函数为$\dfrac{k}{\tau s+1}$，其中时间常数 $\tau=0.5\ \mathrm{s}$，比例系数 $k=10$，求在频率为 $f=1\ \mathrm{Hz}$，幅值为 $R=10$ 的正弦输入信号作用下，系统的稳态输出 $c_{\mathrm{s}}(t)$的幅值与相位。

5.4　已知 $G(s)=\dfrac{Ts}{\tau s+1}$，作极坐标图。

5.5　已知 $G(s)=\mathrm{e}^{-\tau s}$，作极坐标图。

5.6　已知 $G(s)=\dfrac{k(T_2s+1)}{(T_1s+1)}(T_1<T_2)$，作极坐标图。

5.7　已知 $G(s)=\dfrac{\omega_{\mathrm{n}}^2}{s^2+2\zeta\omega_{\mathrm{n}}s+\omega_{\mathrm{n}}^2}$，试绘制幅相频率特性图和对数频率特性，其中，$0<\zeta<1$。

5.8　已知系统的开环传递函数 $G(s)=\dfrac{1}{s(0.02s+1)}$，试绘制系统开环幅相特性和对数频率特性。

5.9　已知系统的开环传递函数 $G(s)=\dfrac{100}{s^2+s+100}$，试绘制对数频率特性和尼柯尔斯图。

5.10　已知系统的开环传递函数 $G(s)=\dfrac{500}{s(s^2+s+100)}$，试绘制对数频率特性并求稳定裕度。

5.11　已知系统的开环传递函数 $G(s)=\dfrac{10}{s(s+1)(s+10)}$，求幅值裕度和相角裕度。

5.12　已知系统的开环传递函数 $G(s)=\dfrac{0.8(50s+1)}{s(500s+1)(5s+1)(s+1)}$，求稳定裕度。

5.13　已知系统的开环传递函数 $G(s)=\dfrac{k}{(7s+1)(3s+1)(s+1)}$，求幅值裕度为 20 dB

时的 k 值。

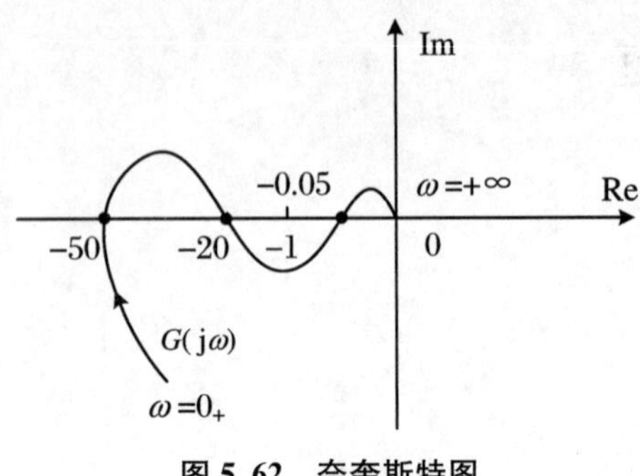

图 5.62 奈奎斯特图

5.14 单位反馈系统的开环传递函数为 $G(s)=\dfrac{k}{s(0.1s+1)(0.01s+1)}$，问 $M_r\leqslant 1.5$ 时 k 值是多少？稳定裕度为多少？

5.15 已知某负反馈系统的奈奎斯特图如图 5.62 所示。设开环增益 $k=500$ 且在 s 平面右半部开环极点数 $P=0$。试确定：k 位于哪两个数值之间时系统稳定；k 小于何值时系统不稳定。

5.16 开环传递函数 $G(s)=u+\dfrac{1}{s^{v}}$，试用奈氏判据判断稳定性。

5.17 如图 5.63 所示的奈氏曲线中，判别哪些是稳定的，哪些是不稳定的。

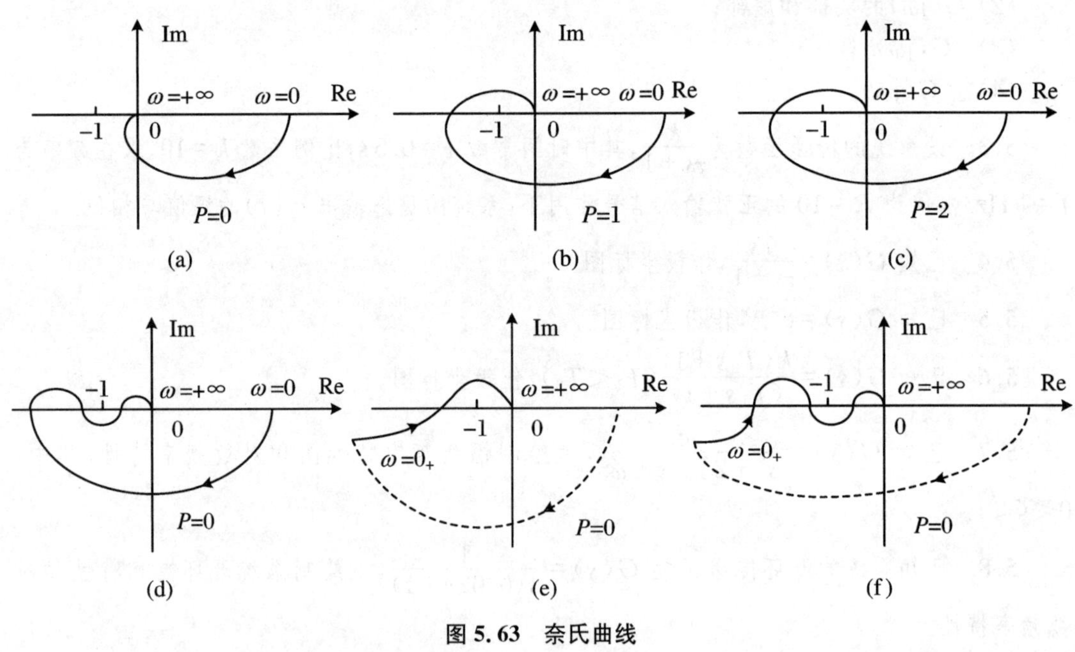

图 5.63 奈氏曲线

5.18 开环传递函数 $G(s)=\dfrac{k}{s-1}$，试用奈氏判据判稳。

5.19 开环传递函数 $G(s)=\dfrac{E}{s^2+As+B}$，试用奈氏判据判稳。

5.20 开环传递函数 $G(s)=\dfrac{k}{s(T_1s+1)(T_2s+1)}$，试用奈氏判据判稳。

5.21 若开环传递函数 $G(s)=\dfrac{k}{(0.1s+1)(0.5s+1)(s+1)}$，则 k 为何值时闭环系统稳定？

5.22 若开环传递函数为 $\dfrac{k(2s+1)}{s^2(s+1)}(k>0)$，试分析其稳定性。

5.23　已知单位负反馈系统的开环传递函数 $G(s)=\dfrac{100}{s(Ts+1)}$，试计算当系统的相角裕度 $\gamma=36^{\circ}$ 时的 T 值和系统闭环幅频特性的谐振峰值 M_r。

5.24　已知最小相位开环系统的渐近对数幅频特性如图 5.64 所示。试计算系统在 $r(t)=t^2/2$ 作用下的稳态误差和相角裕度。

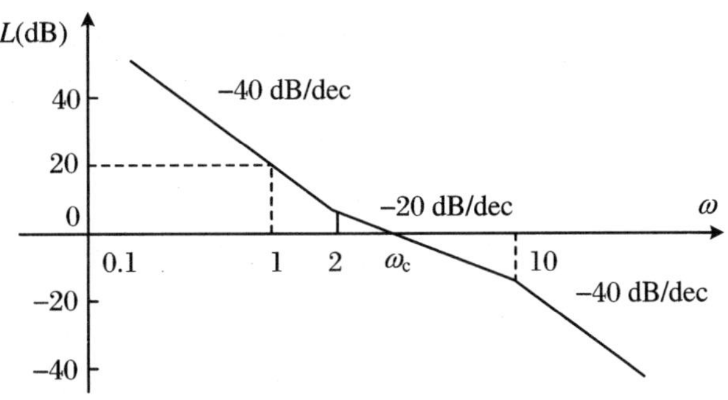

图 5.64　开环系统的渐近对数幅频特性

5.25　已知最小相位开环系统的渐近对数幅频特性如图 5.65 所示。试写出系统的开环传递函数。绘制相应的相频特性图并判断其闭环系统是否稳定。

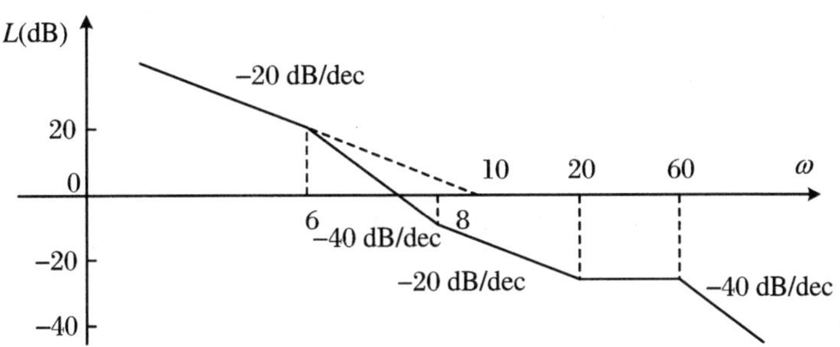

图 5.65　开环系统的渐近对数幅频特性

5.26　实验测得最小相位系统开环对数幅频特性的渐近线如图 5.66 所示（虚线表示实际曲线），试确定系统的开环传递函数，求出系统的相角裕度，并说明系统的稳定性。

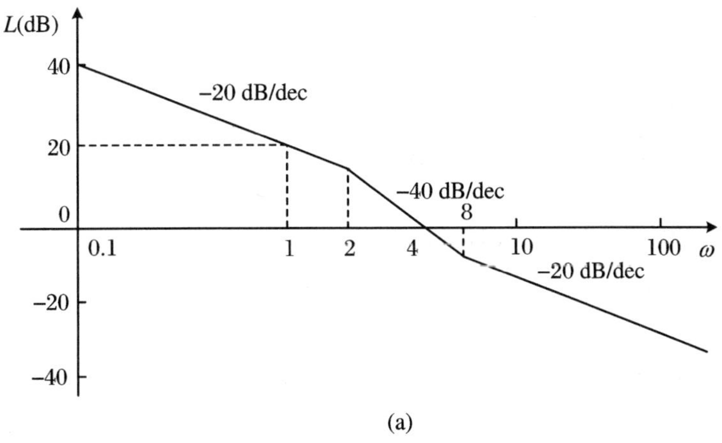

图 5.66　最小相位系统开环对数幅频特性

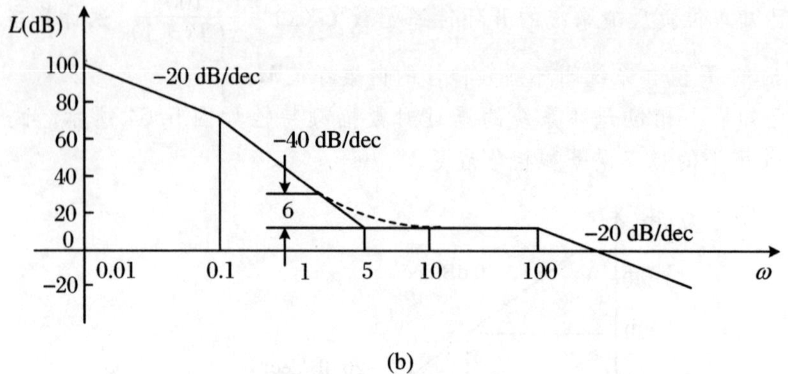

图 5.66　最小相位系统开环对数幅频特性(续)

5.27　已知最小相位系统开环对数幅频特性的渐近线如图 5.67 所示(虚线表示实际曲线),试求取该系统的开环传递函数,求出系统的相角裕度,并说明系统的稳定性。

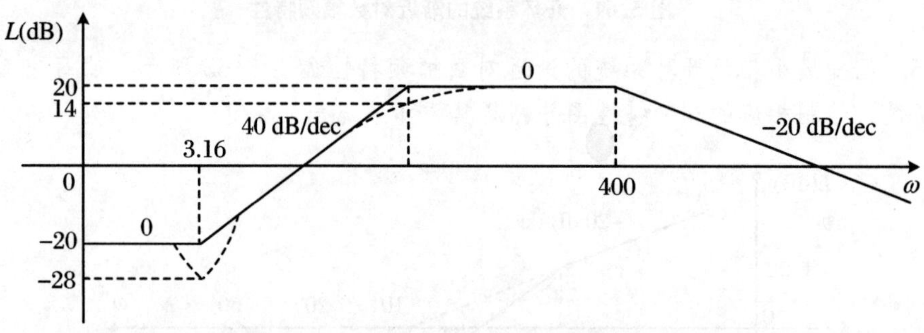

图 5.67　最小相位系统开环对数幅频特性

5.28　设单位负反馈系统的开环传递函数为 $G(s)=\dfrac{k}{s(0.01s+1)(0.1s+1)}$。

(1) 画出当 $k=1$ 和 $k=3$ 时系统的伯德图,求出相位交界频率 ω_g。

(2) 求出当 $k=1$ 和 $k=3$ 时系统的稳定裕度,说明系统是否稳定。

(3) 求出使系统临界稳定的 k 值。

5.29　设单位负反馈系统的开环传递函数为 $G(s)=\dfrac{k\mathrm{e}^{-0.1s}}{s(s+1)(0.1s+1)}$,试绘制其对数频率特性,并确定:

(1) 使系统临界稳定的 k 值;

(2) 使剪切频率 $\omega_c=5\ \mathrm{s}^{-1}$ 时的 k 值;

(3) 使系统相角裕度 $\gamma=60^\circ$ 时的 k 值;

(4) 使系统幅值裕度 $k_g=20$ dB 时的 k 值。

5.30　根据图 5.68 所示的系统方框图绘制系统的伯德图,并求使系统稳定的 k 值范围。

5.31　已知单位负反馈系统的开环传递函数为 $G(s)=\dfrac{k\mathrm{e}^{-0.2s}}{s(0.1s+1)(s+2)}$,试用伯德图或尼柯尔斯图线确定:

(1) 使系统幅值裕度等于 10 dB 时的 k 值;

(2) 使系统相角裕度等于 60°时的 k 值；

(3) 使系统谐振峰值 M_r 等于 1 dB 时的 k 值以及相应的 ω_r 和 ω_b；

(4) 使系统带宽 $\omega_c = 1.5\ \mathrm{s}^{-1}$ 时的 k 值。

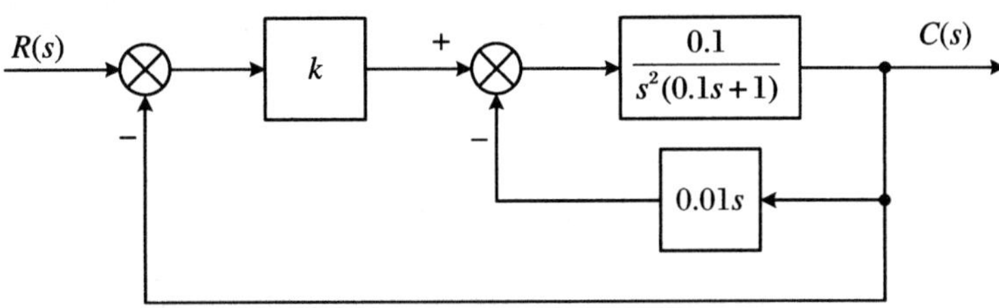

图 5.68　系统方框图

5.32　用奈奎斯特判据判断上题系统是否稳定：如果稳定，求当输入信号为 $r(t)=1(t)$和 $r(t)=t$ 时系统的稳态误差；试分析开环增益再增大多少倍(或减小为原来的几分之几)，系统处于临界稳定状态。

5.33　已知最小相位系统伯德图的渐近幅频特性如图 5.69 所示。试计算系统的相角裕度和幅值裕度。

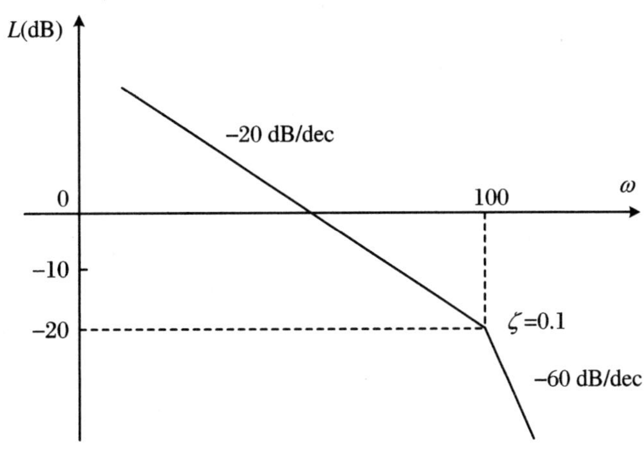

图 5.69　最小相位系统渐近幅频特性

5.34　设单位负反馈系统的开环传递函数为 $G(s)=\dfrac{7}{s(0.087s+1)}$，试应用频率响应计算系统的单位阶跃响应指标 σ_p 与 t_s。

5.35　设单位负反馈系统的开环传递函数为 $G(s)=\dfrac{48(s+1)}{s(8s+1)(0.05s+1)}$。

(1) 计算系统的剪切频率 ω_c 及相角裕度 γ。

(2) 应用经验公式估算系统的性能指标 M_r，σ_p，t_s。

第 6 章　控制系统的综合与校正

如前所述，自动控制系统一般由控制器及被控制对象所组成。当明确了被控制对象后，就可根据给定的技术、经济等指标来确定控制方案，进而选择传感器、放大器和执行机构等来构成控制系统的基本部分，这些基本部分称为系统的不可变部分。当由系统不可变部分组成的控制系统不能满足性能指标的设计要求时，在已选定的系统不可变部分基础上，还需要增加必要的元件，使重新组合起来的控制系统能全面满足设计要求的性能指标，这就是控制系统设计中的综合与校正问题。

6.1　概　　述

6.1.1　几个基本概念

在前面几章里，我们讨论了控制系统的各种工程分析方法。通过这些方法，我们能够在系统结构和参数已知的条件下，计算出它的性能，我们把这类问题称为系统的分析。但是，在工程实际中，性能指标往往是事先给定的，要求组成一个系统并选择适当的参数，以满足这些要求，这类问题叫作系统的综合。系统的综合又可以解释为：通过附加校正装置，使系统达到性能指标要求。所谓性能指标，是指为设计某一控制系统提出的具体要求。为了使系统的控制性能满足设计要求而有目的地增添的元件，称为系统的校正元件。这些校正元件的总体称为校正装置。

在工程实践中常用的校正装置有两种主要形式：串联校正装置和反馈（并联）校正装置。与系统不可变部分相串联的校正装置称为串联校正装置，如图 6.1 所示。从某一固定元件引出反馈信号，构成局部反馈回路，并在局部反馈回路内设置校正装置，这种形式称为反馈校正或并联校正，如图 6.2 所示。图 6.1 和图 6.2 中，$G(s)$，$G_1(s)$，$G_2(s)$为系统的不可变部分的传递函数，$G_c(s)$代表校正装置的传递函数。

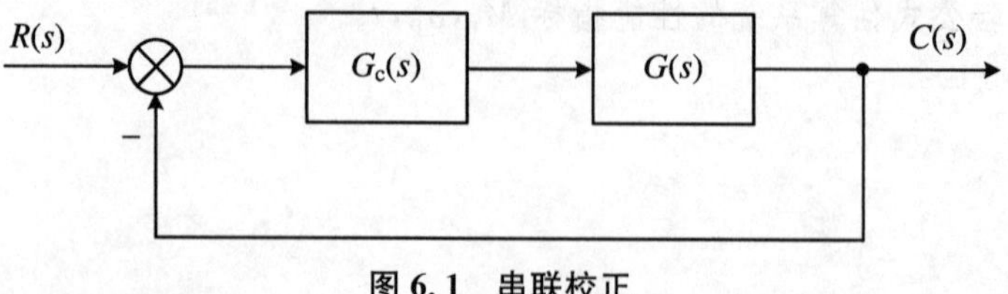

图 6.1　串联校正

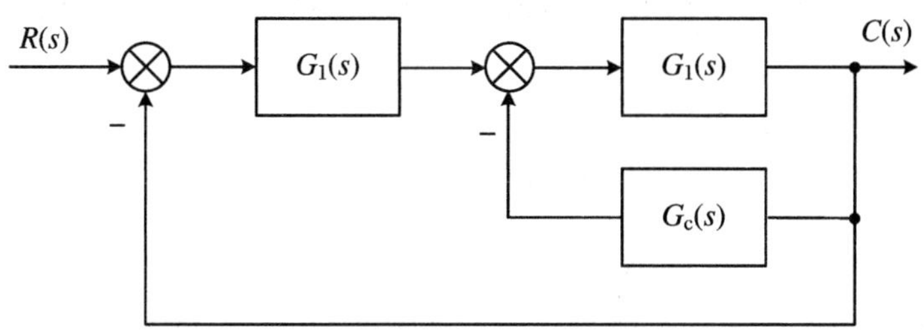

图 6.2　并联校正

6.1.2　输入信号与控制系统带宽

前已提及，为了提高控制系统准确跟踪任意输入信号的能力，在设计控制系统时，就必须使其具有较大的带宽；但从抑制噪声的角度来看，却不希望系统的带宽过大。此外，为使控制系统具有较好的相对稳定性，往往不希望系统对数幅频特性在剪切频率 ω_c 处的斜率接近 −40 dB/dec 或更负；但从要求系统具有较强的在噪声中辨识信号的能力来考虑，却又希望 ω_c 处的斜率更负。如何合理选择系统的带宽，将是本小节讨论的主要内容。

设控制系统的输入信号 $r(t)$ 的频率响应 $R(\mathrm{j}\omega)$ 具有如下特性：当 $\omega \geqslant \omega_M$ 时，$|R(\mathrm{j}\omega)|=0$，如图 6.3 所示。通常称 $0\sim\omega_M$ 为输入信号 $r(t)$ 的带宽，由于输入信号多为低频信号，因此输入信号的带宽较窄。在闭环幅频特性上，幅值等于 $\frac{1}{\sqrt{2}}A(0)$ 的频率 ω_b 称为系统的截止频率，对应的频率范围 $0\sim\omega_b$ 称为系统的带宽，如图 6.4 所示。

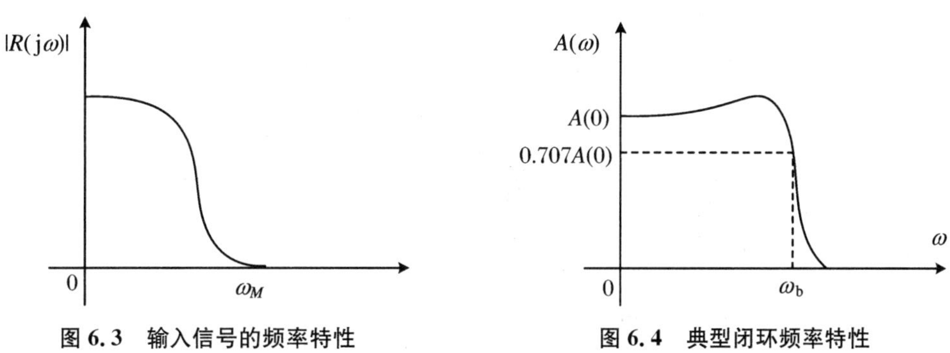

图 6.3　输入信号的频率特性　　图 6.4　典型闭环频率特性

如图 6.5 所示，$M\cdot\omega_M\leqslant\omega_b\leqslant\omega_1$ 是为了保证系统既能准确复现输入信号，又具有较好的相对稳定性的条件，其中倍数 M 由允许的复现误差来决定。一般说来，一个设计良好的控制系统，除具有 45°相角裕度外，对扰动信号还应具有充分的抑制能力。对于图 6.5 所示的扰动信号 $f(t)$ 集中起作用的带宽 $\omega_1\sim\omega_2$ 刚好处于输入信号带宽之外，因此控制系统既能准确复现输入信号，又能完全抑制扰动信号 $f(t)$，这是最理想的情况。

如图 6.6 所示，输入信号与扰动信号有部分重叠，这时由于 $\omega_b\doteq\omega_M$，控制系统能基本做到复现输入信号，但是引入了部分干扰，且不具有满意的相对稳定性。在这种情况下，可以在结构上想办法。

如图 6.7 所示，扰动信号与输入信号相接近，且 $\omega_b>\omega_2$，这说明闭环系统既能准确复现输入信号，又能保证具有一定的相对稳定性，但对于扰动信号却无能为力。此时，只能根据实际情况适当安排。可以在结构上改进，把扰动信号消除或抑制在一定的范围内，实在做不到时应折中考虑。

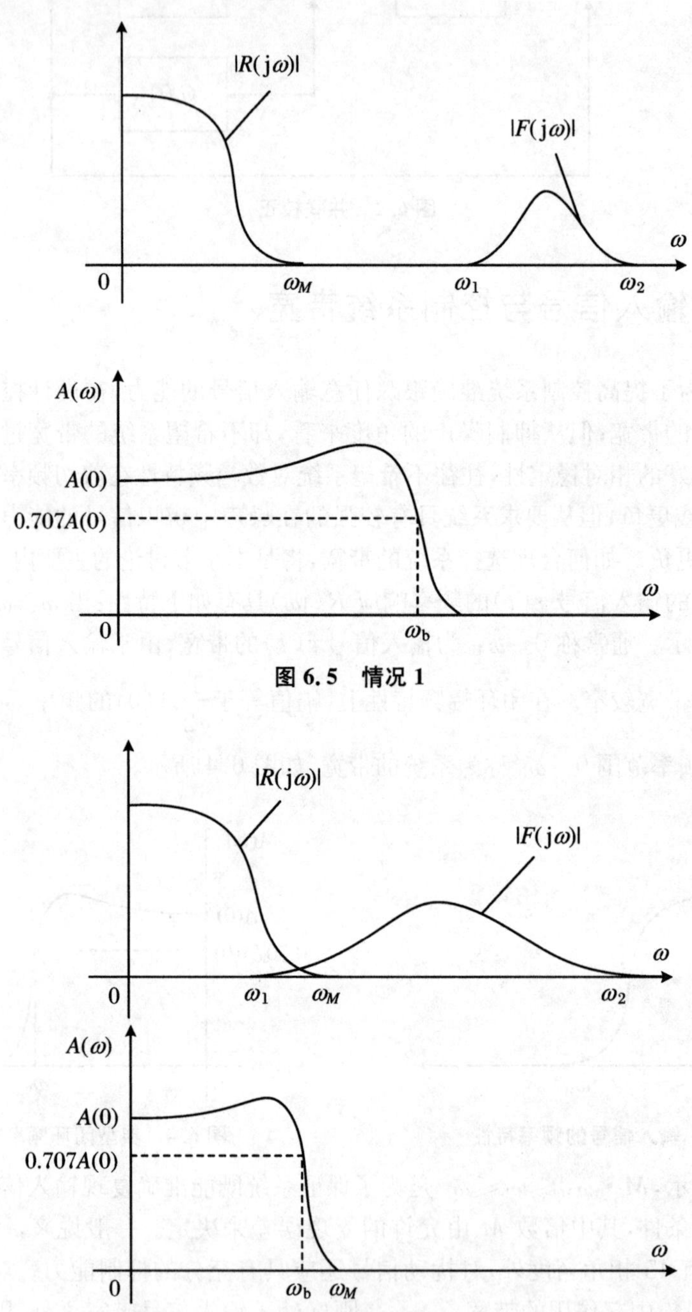

图 6.5　情况 1

图 6.6　情况 2

6.1.3　基本控制规律分析

在确定校正装置的形式时，应先了解校正装置所需提供的控制规律，以便选择相应的元件。通常采用比例、微分、积分等基本控制规律，或者采用它们的某些组合，如比例-微分、比

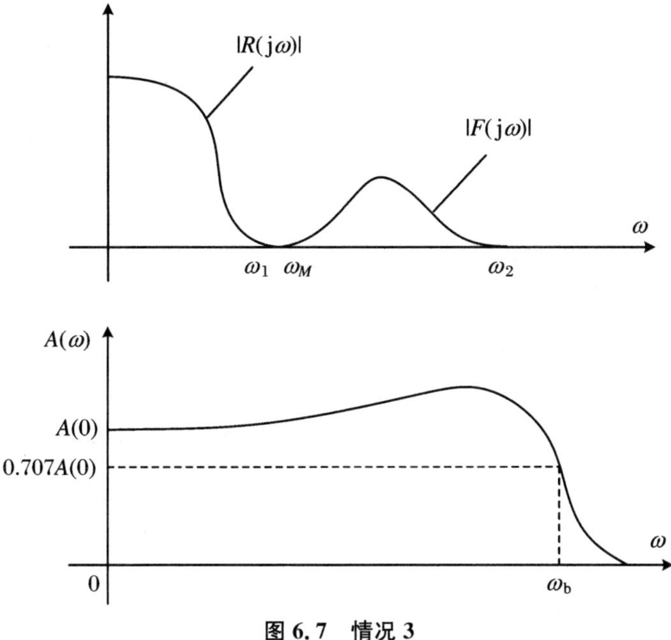

图 6.7　情况 3

例-积分、比例-积分-微分等，以实现对被控对象的有效控制。

1. 比例(P)控制规律

具有比例控制规律的控制器称为比例控制器，又叫 P 控制器，其方框图如图 6.8 所示。因为比例控制器的输出信号 $m(t)$能成比例地反映其输入信号 $e(t)$，所以其运动方程为

$$m(t) = k_p e(t) \tag{6.1}$$

式中，k_p 为比例系数，或称为 P 控制器的增益。

比例控制器的实质是具有可调增益的放大器，其作用是：增大控制器的增益，可使系统稳态性能提高，但相对稳定性下降，甚至可能造成系统不稳定。因此，在系统校正设计中，很少单独采用比例控制器。

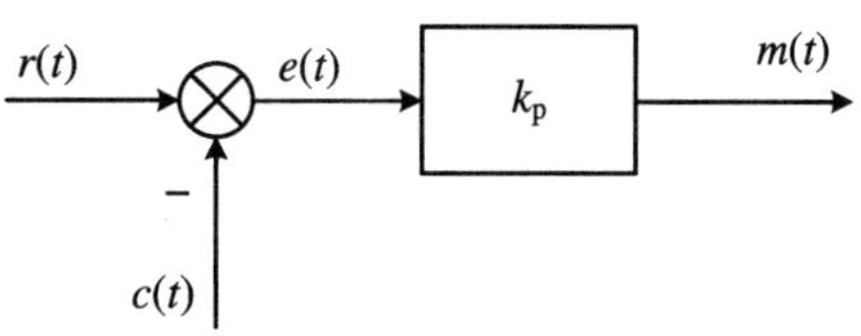

图 6.8　P 控制器方框图

2. 积分(I)控制规律

具有积分控制规律的控制器称为积分控制器，又称为 I 控制器。I 控制器的输出信号 $m(t)$能成比例地反映其输入信号 $e(t)$的积分，即

$$m(t) = \frac{1}{T_i}\int_0^t e(t)\mathrm{d}t = k_i\int_0^t e(t)\mathrm{d}t \tag{6.2}$$

其中，$T_i = \dfrac{1}{k_i}$称为积分时间常数，k_i 为可调的比例系数。

积分控制规律的作用是：提高系统的型别(无差度)，因此有利于提高系统的稳态性能，但对系统的相对稳定性不利。因此，控制系统的校正设计中，通常不宜采用单一的积分控制器。

3. 比例-微分(PD)控制规律

具有比例加微分控制规律的控制器称为比例-微分控制器，又称为 PD 控制器，其输出信号 $m(t)$与其输入信号 $e(t)$的关系为

$$m(t) = k_p e(t) + k_p\tau_d\frac{\mathrm{d}e(t)}{\mathrm{d}t} \tag{6.3}$$

其中，k_p 为比例系数，τ_d 为微分时间常数。PD 控制器的方框图如图 6.9 所示。

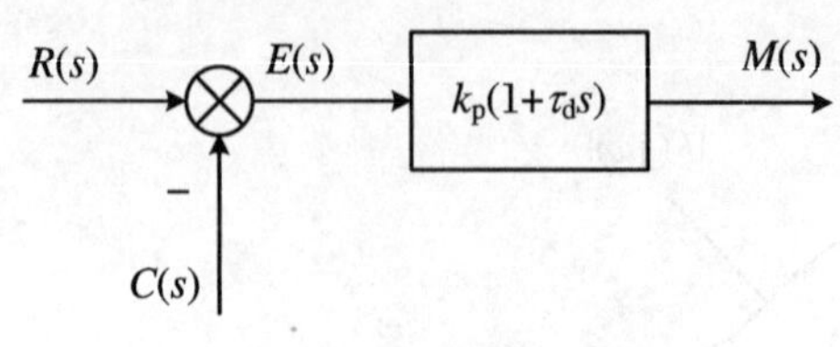

图 6.9　PD 控制器方框图

PD 控制规律的作用是：提高系统的动态性能，同时也有利于提高系统的稳态性能。k_p 的作用是使稳态性能提高，但相对稳定性下降。而微分控制器能反映输入信号的变化趋势，故在输入信号的量值变得较大之前，就能敏锐感知其变化趋势，具有预见性，因此可为系统引进一个有效的早期修正信号，以增加系统的阻尼程度，从而改善系统的稳定性。前已提及，增加一个微分环节，其相移可提高 90°，从而使系统的相对稳定性大幅度提高。就 PD 控制规律的数学表达式而言，相对稳定性是否提高由其参数决定，但从设计的角度来说，加入 PD 控制器可使系统的相对稳定性有较大幅度的提高。

例 6.1　设具有 PD 控制器的控制系统如图 6.10 所示，试分析比例-微分控制规律对该系统性能的影响。

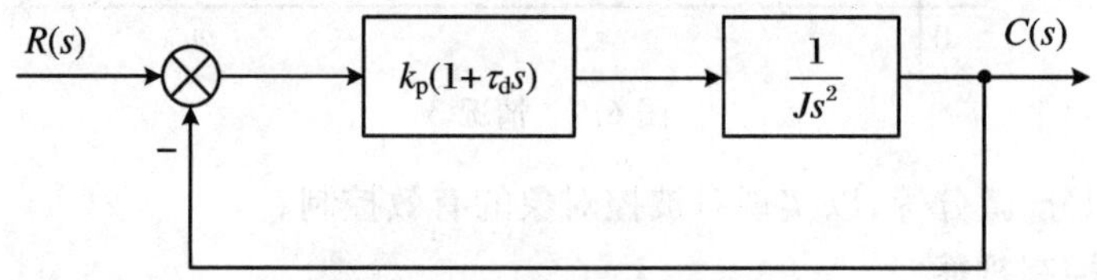

图 6.10　控制系统方框图

解　无 PD 控制器时，给定系统的特征方程为

$$Js^2 + 1 = 0$$

从特征方程看出，该系统的阻尼比等于零，其输出信号 $c(t)$ 具有不衰减的等幅振荡形式，系统处于理论上的临界稳定状态，实际上是不稳定状态。

加入 PD 控制器后，求出给定系统的特征方程为

$$Js^2 + k_p\tau_d s + k_p = 0$$

这时的阻尼比为

$$\zeta = \frac{\tau_d}{2\sqrt{\dfrac{J}{k_p}}} = \frac{\tau_d\sqrt{k_p}}{2\sqrt{J}} > 0 \quad (J, k_p, \tau_d \text{ 为正数})$$

因此闭环系统是稳定的。这是因为 PD 控制器的加入提高了给定系统的阻尼程度，使特征方程 s 项的系数由零提高到大于零，而给定系统的阻尼程度，可通过 PD 控制器的参数 k_p 和 τ_d 来调整。

微分环节对输入的高频信号反应特别敏感，而噪声等干扰大多数是高频信号，因此容易堵塞放大器，对控制不利。另外，微分环节只对动态输入信号有反应，而对无变化或变化极其缓慢的输入信号，控制器的输出为零，相当于开路，因此微分控制器不能单独使用。

4. 比例-积分(PI)控制规律

具有比例加积分控制规律的控制器，称为比例-积分控制器，又称为 PI 控制器，其方框图如图 6.11 所示。PI 控制器的输出信号 $m(t)$ 能同时成比例地反映其输入信号 $e(t)$ 和它的积分，即

$$m(t) = k_p e(t) + \frac{k_p}{T_i}\int_0^t e(t)\mathrm{d}t \tag{6.4}$$

其中，k_p 为比例系数，T_i 称为积分时间常数，二者都是可调参数。

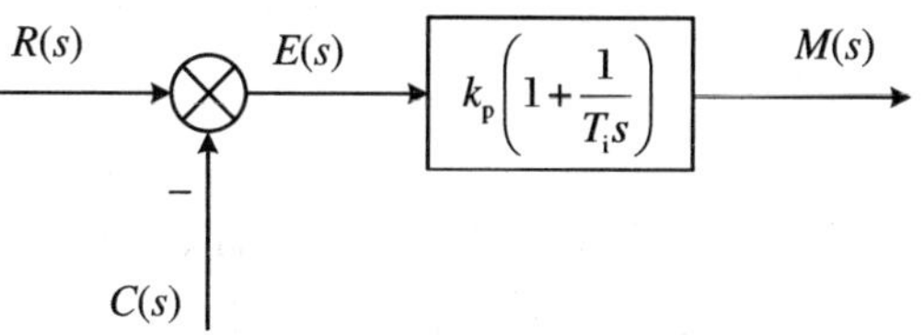

图 6.11　PI 控制器方框图

PI 控制器的作用是：在保证系统稳定的基础上，提高系统的无差度，从而使其稳态性能得以改善。这是因为 PI 控制器相当于在系统中增加了一个位于原点的开环极点，也增加了一个位于 s 平面左半平面的开环零点。位于原点的极点可以提高系统的型别，减小系统的稳态误差，从而改善稳态性能；而负实零点用来减小系统的阻尼度，从而减小 PI 控制器极点对系统稳定性和动态过程产生的不利影响。

例 6.2　设如图 6.12 所示的某单位负反馈系统不可变部分的传递函数为

$$G_0(s) = \frac{k_0}{s(Ts+1)}$$

试分析 PI 控制器对改善给定系统稳态性能的作用。

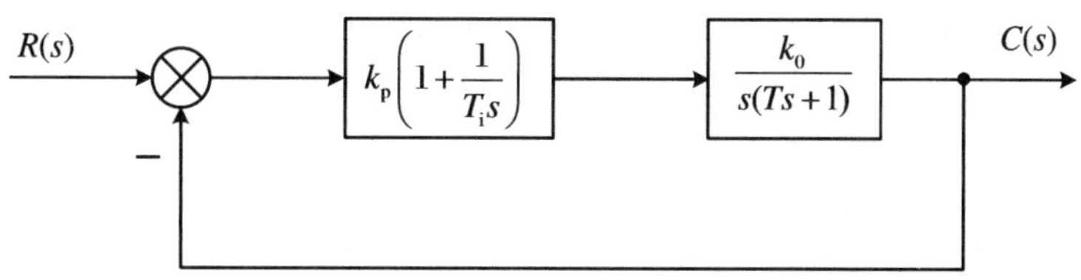

图 6.12　控制系统方框图

解　从方框图 6.12 看到，采用比例加积分控制作用前，系统的开环传递函数为

$$G_0(s) = \frac{k_0}{s(Ts+1)}$$

这时系统的无差度为 1。当系统采用 PI 控制作用后，系统的开环传递函数为

$$G(s) = \frac{k_0 k_p(T_i s+1)}{T_i s^2(Ts+1)}$$

系统的无差度由 1 提高到 2。由无差度的理论知，无差度的提高，可使系统的稳态性能得以改善。设系统的输入信号 $r(t) = Rt$，无 PI 控制器时，系统的稳态误差为

$$e_{ss} = \lim_{s\to 0} sE(s) = \lim_{s\to 0} s\Phi_e(s)R(s) = \lim_{s\to 0} s\frac{1}{1+G_0(s)}R(s)$$

$$= \lim_{s\to 0} s\frac{1}{1+\frac{k_0}{s(Ts+1)}}\cdot\frac{R}{s^2} = \frac{R}{k_0} = \text{常量}$$

加入 PI 控制器后，系统的稳态误差为

$$e_{ss} = \lim_{s\to 0} s\Phi_e(s)R(s) = \lim_{s\to 0} s\frac{1}{1+\frac{k_0 k_p(T_i s+1)}{T_i s^2(Ts+1)}}\cdot\frac{R}{s^2}$$

$$= \lim_{s\to 0} s\frac{T_i s^2(Ts+1)}{T_i s^2(Ts+1)+k_0 k_p(T_i s+1)}\cdot\frac{R}{s^2} = 0$$

上式表明，在无差度为 1 的系统中，采用 PI 控制器后，可以消除速度信号作用下系统的

稳态误差。因此，PI 控制器可以改善系统的稳态性能。

采用 PI 控制器后，控制系统的特征方程为

$$T_i s^2(Ts+1)+k_0k_p(T_is+1)=0$$

展开为

$$T_iTs^3+T_is^2+k_0k_pT_is+k_0k_p=0$$

式中，T, T_i, k_p, k_0 皆为正数，所以在上列特征方程中，自变量 s 的各次幂的系数也将全部大于零，满足系统稳定的必要条件。可见，只要合理选择上述各参数，采用 PI 控制器的给定 Ⅰ 型系统完全可以做到既能保证闭环稳定性，又能提高稳态控制质量。

5. 比例-积分-微分(PID)控制规律

由比例、积分、微分基本规律组合起来的控制器，称为比例-积分-微分控制器，简称为 PID 控制器，其方框图如图 6.13 所示。这种组合具有三种单独控制规律各自的特点，其输出信号 $m(t)$ 与输入信号 $e(t)$ 之间的关系为

$$m(t)=k_pe(t)+\frac{k_p}{T_i}\int_0^t e(t)\mathrm{d}t+k_p\tau_d\frac{\mathrm{d}e(t)}{\mathrm{d}t} \tag{6.5}$$

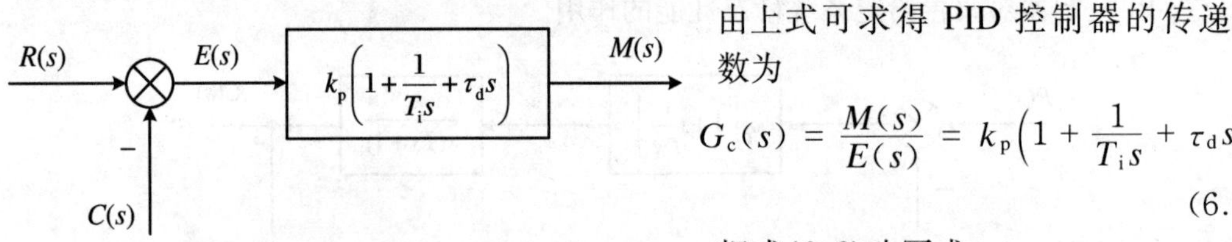

图 6.13 PID 控制器方框图

由上式可求得 PID 控制器的传递函数为

$$G_c(s)=\frac{M(s)}{E(s)}=k_p\left(1+\frac{1}{T_is}+\tau_ds\right) \tag{6.6}$$

把式(6.6)改写成

$$G_c(s)=\frac{k_p}{T_i}\cdot\frac{T_i\tau_ds^2+T_is+1}{s}$$

当 $\frac{4\tau_d}{T_i}<1$ 时，上式又可写成

$$G_c(s)\doteq\frac{k_p}{T_i}\cdot\frac{(\tau_ds+1)(T_is+1)}{s} \tag{6.7}$$

由式(6.7)可以看出，PID 控制器可使系统的无差度增加。因此，可以提高系统的稳态性能。另外，它还提供两个负实数零点，这可提高相角裕度，进而提高系统的相对稳定性。如前所述，γ 增加，使 M_r 下降，从而使 t_s 下降，提高了系统的快速性。也就是说，如果合理选择 PID 控制器的参数，那么既可以提高系统的稳态性能，又可以提高系统的动态性能。因此，在要求较高的场合中多采用 PID 控制器。

6.2 超前校正

6.2.1 超前校正及超前校正元件的特性

PD 控制器的运动方程为

$$m(t)=k_pe(t)+k_p\tau_d\frac{\mathrm{d}e(t)}{\mathrm{d}t}$$

设其输入信号 $e(t)$按正弦规律变化,即

$$e(t) = \varepsilon_m \sin \omega t$$

式中,ε_m 为正弦信号的振幅,ω 为其变化的角频率。则 PD 控制器的输出 $m(t)$的变化规律为

$$\begin{aligned} m(t) &= k_p \varepsilon_m \sin \omega t + k_p \tau_d \frac{\mathrm{d}\varepsilon_m \sin \omega t}{\mathrm{d}t} \\ &= k_p \varepsilon_m (\sin \omega t + \tau_d \omega \cos \omega t) \\ &= k_p \varepsilon_m \sqrt{1 + (\tau_d \omega)^2} \sin(\omega t + \arctan \tau_d \omega) \end{aligned} \tag{6.8}$$

上式说明:(1) PD 控制器对正弦输入信号的稳态响应仍为同频率的正弦信号;(2) 输出的正弦信号将在相位上超前于输入信号一个角度,其超前相角 $\arctan \tau_d \omega$ 是微分时间常数 τ_d 和角频率 ω 的函数,其最大超前相角为 $\pi/2$。可见,PD 控制器是具有超前特性的元件,所以称之为超前校正装置。

在控制系统中,当使用具有相位超前特性的控制器作为系统特性校正装置时,这种校正形式称为超前校正。在实际应用中,常常采用带惯性的 PD 控制器作为超前校正元件,它的传递函数为

$$G_c(s) = \frac{1 + \tau s}{1 + Ts} \quad (\tau > T) \tag{6.9}$$

它可以通过无源网络或有源网络来实现。考虑有源校正网络具有调整灵活方便、信号放大倍数不衰减、信号综合方便等优点,故现在大多采用有源校正网络。例如,具有惯性的 PD 控制器的有源网络如图 6.14(a)所示,其传递函数为

$$G_c(s) = -\frac{k_c(1 + \tau s)}{1 + Ts} \quad (\tau > T) \tag{6.10}$$

式中

$$k_c = \frac{R_2 + R_3}{R_1}$$

$$\tau = \left(\frac{R_2 R_3}{R_2 + R_3} + R_4\right) C$$

$$T = R_4 C, \quad R_0 = R_1$$

该有源网络的频率特性 $20 \lg |G_c(\mathrm{j}\omega)|$ 如图 6.14(b)所示。

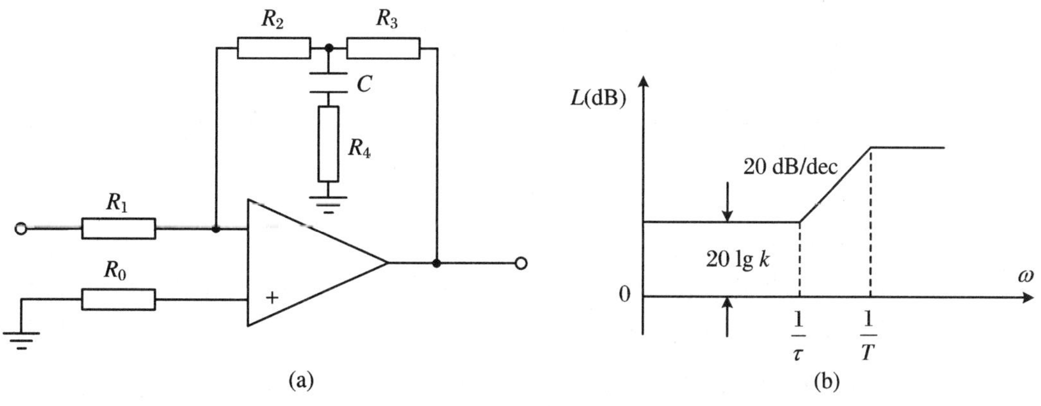

图 6.14　有惯性的 PD 控制器电路图及其幅频特性

由式(6.9)可得超前校正元件的频率特性为

$$G_c(j\omega)=\frac{1+j\tau\omega}{1+jT\omega}\quad(\tau>T)$$

令 $\tau=\alpha T$,得

$$G_c(j\omega)=\frac{1+j\alpha T\omega}{1+jT\omega}\quad(\alpha>1)$$

其伯德图如图 6.15 所示,其相频特性为

$$\angle G_c(j\omega)=\varphi(\omega)=\arctan\alpha T\omega-\arctan T\omega$$

即

$$\varphi(\omega)=\arctan\frac{\alpha T\omega-T\omega}{1+\alpha T^2\omega^2}\tag{6.11}$$

由式(6.11)可看出:相频特性 $\varphi(\omega)$除了是角频率 ω 的函数外,还与比值 $\alpha=\tau/T$ 有关。对于不同 α 值的相频特性如图 6.16 所示。

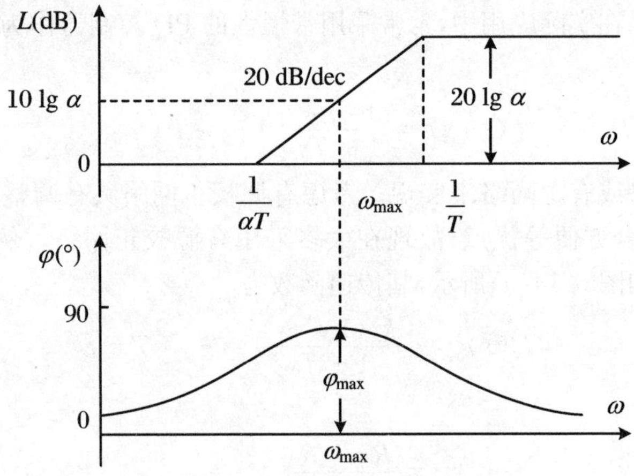

图 6.15 带惯性的 PD 控制器的伯德图

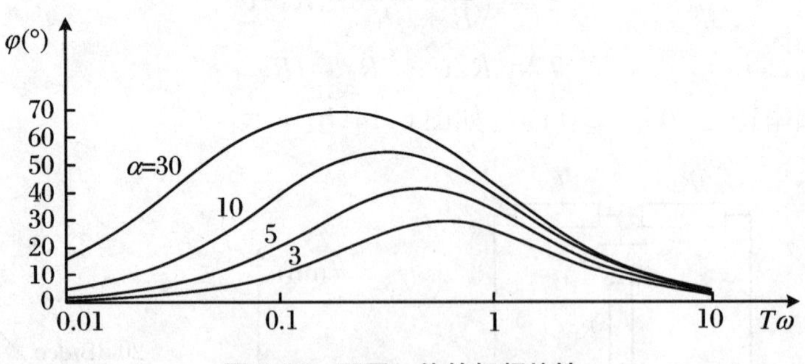

图 6.16 不同 α 值的相频特性

从图 6.15 可以看出:在最大超前角频率 ω_{max}处,具有最大超前角 φ_{max},且 ω_{max}正好处于频率 $1/(\alpha T)$和 $1/T$ 的几何中心。从图 6.16 可以看到:在 ω 值由 0 变化到 $+\infty$时,相频特性$\varphi(\omega)$由 0 经最大值 φ_{max}再度趋向于零;α 值越大,最大值 φ_{max}越大,出现 φ_{max}的角频率 ω_{max}就越小。根据式(6.11),由$\frac{d\varphi(\omega)}{d\omega}=0$,可求得相频特性 $\varphi(\omega)$的最大值 φ_{max}及出现 φ_{max}时的角频率 ω_{max}分别为

$$\omega_{max} = \frac{1}{\sqrt{\alpha}T} \tag{6.12}$$

及

$$\varphi_{max} = \arctan\frac{\alpha - 1}{2\sqrt{\alpha}} = \arcsin\frac{\alpha - 1}{\alpha + 1} \tag{6.13}$$

由上式求 α 取不同值时的 φ_{max}，记录于表 6.1，作出如图 6.17 所示的 φ_{max}-α 曲线。

表 6.1　φ_{max}-α 数值表

α	3	5	8	10	15	20	30	40	50	100	…	∞
φ_{max}	30°	41.8°	51°	55°	61°	64.8°	69.3°	72°	74°	78.6°	…	90°

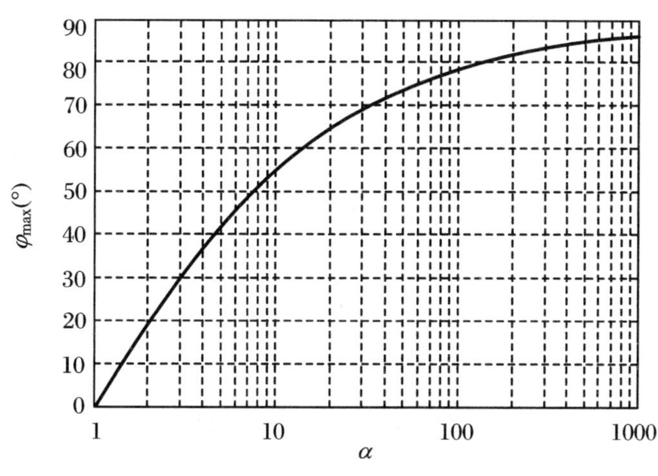

图 6.17　φ_{max}-α 曲线

从表 6.1 或 φ_{max}-α 曲线可以看到：当 α 值较小时，由于最大超前相移 φ_{max} 较小，故超前校正作用不大；当 α 的取值介于 5 和 20 之间时，φ_{max} 增加较快，其值 φ_{max} 为 42°～65°，也较大，从而超前作用显著，这也是在确定超前校正参数时较常采用 $5 \leqslant \alpha \leqslant 20$ 的依据；当取 $\alpha >$ 20 时，φ_{max} 随 α 值增加变化较小，故 $\alpha > 20$ 的方案极少采用。

将 $\omega_{max} = \dfrac{1}{\sqrt{\alpha}T}$ 代入带惯性的 PD 控制器的幅频特性 $20\lg|G_c(j\omega)|$，得

$$20\lg|G_c(j\omega)| = 20\lg\frac{\sqrt{1+(\alpha T\omega)^2}}{\sqrt{1+(T\omega)^2}}\Bigg|_{\omega=\frac{1}{\sqrt{\alpha}T}} = 20\lg\frac{\sqrt{1+\alpha}}{\sqrt{1+\dfrac{1}{\alpha}}} = 10\lg\alpha \tag{6.14}$$

6.2.2　超前校正举例

用频域法进行超前校正的步骤一般如下：

(1) 根据稳态误差要求，确定控制系统的型别和开环增益 k。

(2) 利用已知的开环增益，计算待校正系统的频率响应 ω_{c0}，γ_0，k_{g0}。

(3) 根据要求的剪切频率 ω_c 与相角裕度 γ，由式(6.15)计算超前校正装置应当提供的最大超前相角 φ_{max}。

$$\varphi_{max} = \gamma - (180^{\circ} + \angle G_0(j\omega_c)) + \Delta\gamma \tag{6.15}$$

式中，$\Delta\gamma$ 是为了保证要求的 γ 所追加的超前相角。这是因为采用超前校正后的 ω_c 应在校正前 ω_{c0} 的右边，考虑相位滞后，相频特性变得更负，所以需追加一定的超前相位 $\Delta\gamma$。另外，此种校正适用于剪切频率 ω_c 处相频特性变化缓慢的情况，一般取 $\Delta\gamma = 5^{\circ} \sim 15^{\circ}$。

(4) 由最大的超前相角 φ_{max}，利用式(6.13)确定校正装置的参数 α。此时，要保证

$$\alpha \geqslant \frac{1 + \sin\gamma}{1 - \sin\gamma} \tag{6.16}$$

(5) 由 φ_{max}，α 确定 ω_c。

为了充分发挥超前校正装置的相角超前特性，希望 φ_{max} 对应的角频率与校正后系统的剪切频率重合，即

$$\omega_{max} = \omega_c$$

以保证系统的响应速度。显然，$\omega_{max} = \omega_c$ 成立的条件是

$$-20\lg|G_0(j\omega_{max})| = 20\lg|G_c(j\omega_{max})| = 10\lg\alpha \tag{6.17}$$

由上式求出 ω_{max}，如果 ω_{max} 等于或近似等于要求的 ω_c，则取 $\omega_{max} = \omega_c$ 进行下一步计算。如果 ω_{max} 与要求的 ω_c 相差较大，那么必须先按 $\omega_{max} = \omega_c$ 的要求，由式(6.17)求出 α，然后根据式(6.13)计算相应的最大超前相角 φ_{max}，最后由式(6.15)验算相角裕度 γ 是否满足要求。

(6) 由 α，ω_{max} 根据式(6.12)确定 T。

(7) 验算已校正的系统是否全面满足性能指标的要求，如果不满足要求就要按照上述步骤重新设计，直到已校正系统满足全部性能指标为止。在验算时，如果 γ 不满足指标要求，可重选 ω_{max} 值，一般使 $\omega_{max}(=\omega_c)$ 值增大，然后重复以上计算步骤。

注意 (1) 如果给定的频域指标为闭环幅频特性的相对谐振峰值 M_r、谐振频率 ω_r 或截止频率 ω_b，则先由公式

$$\gamma \doteq \arcsin(1/M_r) \tag{6.18}$$

$$\omega_c = \sqrt{\frac{\sqrt{3M_r^2 - 2M_r\sqrt{M_r^2 - 1} - 1} - M_r + \sqrt{M_r^2 - 1}}{\sqrt{M_r^2 - 1}}}\,\omega_r \tag{6.19}$$

$$\omega_c = \sqrt{\frac{\sqrt{3M_r^2 - 2M_r\sqrt{M_r^2 - 1} - 1} - M_r + \sqrt{M_r^2 - 1}}{\sqrt{M_r^2 - 1} + \sqrt{2M_r^2 - 1}}}\,\omega_b \tag{6.20}$$

进行转换，再根据转换后的指标按照上面的步骤进行设计。

(2) 如果是以时域指标 σ_p，t_s 给定的，应用频率响应法进行超前校正设计时，首先需要用经验公式

$$\sigma_p = 0.16 + 0.4(M_r - 1) \tag{6.21}$$

$$k = 2 + 1.5(M_r - 1) + 2.5(M_r - 1)^2 \tag{6.22}$$

$$\omega_c = \frac{k\pi}{t_s} \tag{6.23}$$

转换成频域指标 γ，ω_c，然后按照上述设计步骤进行设计。

这两点对后面的其他校正方法也适用。

当完成了校正装置的设计后，就要进行系统的实际调试工作，或者通过计算机仿真以检查系统的时间响应特性。

例 6.3 设某控制系统不可变部分的开环传递函数为

$$G_0(s) = \frac{k_c}{s(0.5s+1)}$$

要求系统具有以下性能指标：

(1) 开环增益 $k_c = 20\ s^{-1}$；

(2) 相角裕度 $\gamma \geqslant 50^\circ$；

(3) 幅值裕度 $k_g \geqslant 10$ dB；

(4) 剪切频率 $\omega_c \geqslant 10$ rad/s。

试确定串联超前校正装置的参数。

解 (1) 根据稳态误差要求，取 $k_c = 20\ s^{-1}$。

(2) 计算考虑开环增益的未校正系统的频率响应 $\omega_{c0}, \gamma_0, k_{g0}$。

由

$$20\lg\frac{20}{\omega_{c0}\sqrt{(0.5\omega_{c0})^2+1}} = 0$$

得

$$\omega_{c0} = 6.2\ \text{rad/s}$$

所以

$$\angle G_0(j\omega_{c0}) = -162.1^\circ$$

于是有

$$\gamma_0 = 180^\circ + \angle G_0(j\omega_{c0}) = 17.9^\circ$$

因为二阶系统的幅值裕度必为 $+\infty$ dB，所以该指标满足要求。但是剪切频率与相角裕度均低于性能指标的要求，因此采用超前校正是合适的。

(3) 计算串联超前校正装置必须提供的最大超前相角。

取 $\Delta\gamma = 11.9^\circ$，由式(6.15)得

$$\begin{aligned}\varphi_{max} &= \gamma - (180^\circ + \angle G_0(j\omega_c)) + \Delta\gamma \\ &= 50^\circ - 17.9^\circ + 11.9^\circ = 44^\circ\end{aligned}$$

(4) 由 φ_{max} 确定校正装置的参数 α。

由式(6.13)得

$$\frac{\alpha-1}{\alpha+1} = \sin 44^\circ = 0.69$$

解得

$$\alpha = 5.6$$

而由式(6.16)有

$$\alpha \geqslant \frac{1+\sin\gamma}{1-\sin\gamma} = \frac{1+\sin 50^\circ}{1-\sin 50^\circ} = 7.5$$

考虑到 $\alpha = 5 \sim 20$ 校正效果显著的特点，取 $\alpha = 8$。

(5) 由 φ_{max}, α 确定 ω_c。

根据式(6.17)有

$$\begin{aligned}20\lg|G_0(j\omega_{max})| &= 20\lg\frac{20}{\omega_{max}\sqrt{(0.5\omega_{max})^2+1}} \\ &= -10\lg 8 = -9\ \text{dB}\end{aligned}$$

解得

$$\omega_{\max} = 10.54\ \text{rad/s}$$

由于 $\omega_{\max}$ 近似等于要求的 ω_c，因此取 $\omega_c = \omega_{\max} = 10\ \text{rad/s}$。

(6) 由 $\alpha, \omega_{\max}$ 确定 T。

由式(6.12)得

$$T = \frac{1}{\omega_{\max}\sqrt{\alpha}} = \frac{1}{10\sqrt{8}} = 0.0354$$

所以

$$\alpha T = 8 \times 0.0354 = 0.2832$$

则

$$G_c(s) = \frac{1+\alpha Ts}{1+Ts} = \frac{1+0.2832s}{1+0.0354s}$$

(7) 验算已校正系统的性能指标。

由前几步的计算可求出校正后系统的开环传递函数为

$$G(s) = G_0(s)G_c(s) = \frac{20}{s(0.5s+1)} \cdot \frac{0.2832s+1}{0.0354s+1}$$

显然，已校正系统的剪切频率 $\omega_c = 10\ \text{rad/s}$，于是校正后的相角裕度为

$$\begin{aligned}\gamma &= 180^\circ + \angle G(j\omega_c) \\ &= 180^\circ - 90^\circ - \arctan 0.5\omega_c - \arctan 0.0354\omega_c + \arctan 0.2832\omega_c \\ &= 90^\circ - \arctan 5 - \arctan 0.354 + \arctan 2.832 = 62.4^\circ > 50^\circ\end{aligned}$$

因为当 $\omega \to \infty$ 时，$\angle G(j\omega) \to 180^\circ$，故 $k_g(\text{dB}) \to \infty$。计算到此，已全部满足性能指标的要求，故串联超前校正是成功的。

当然，也可以通过画伯德图的方法进行校正。在控制系统中一种应用较广泛的高级编程语言——MATLAB，可以帮助我们完成一些控制系统的校正功能。在此，我们以例 6.3 为例，利用 MATLAB 进行仿真，来检验设计过程的有效性。整个超前校正的 MATLAB 程序参见附录Ⅳ中的程序 1。

解题步骤：

(1) 求解未校正系统的频率响应，绘制其伯德图，并对照性能指标进行分析。

在 MATLAB 的 Editor 窗口下编辑以下代码：

```
clear;   %清除内存变量
num = 20;
den = conv([1,0],[0.5,1]);
%绘制未校正系统的伯德图
figure(1)
bode(num,den);
grid;
%计算未校正系统的频率响应
[Gm0,Pm0,Wg0,Wc0] = margin(num,den);
disp(' margin of old system:');
Kg0 = 20 * log10(Gm0);
Pm0,Wg0,Wc0;
% Kg0,Pm0,Wg0,Wc0 分别为未校正系统的幅值裕度、相角裕度、相位交接频率、剪切频率
```

运行程序后得到未校正系统的伯德图如图6.18所示。

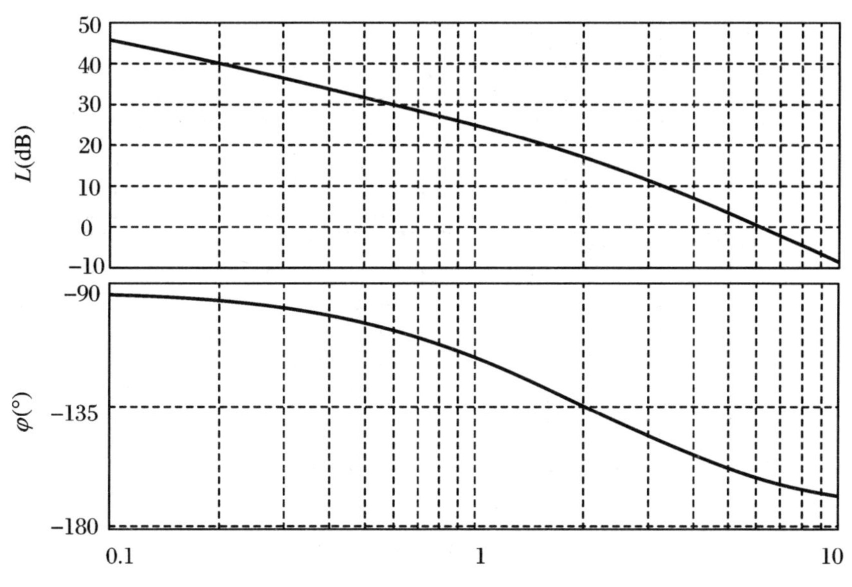

图6.18　未校正系统的伯德图

未校正系统的频率响应为：Kg0 = Inf，Pm0 = 17.9642，Wg0 = Inf，Wc0 = 6.1685。

由上面的运行结果可看出，相角裕度与剪切频率均不满足题意，故需要校正。为提高系统的相角裕度，宜采用超前校正装置。

(2) 验算已校正系统的性能指标。

在MATLAB的Editor窗口下继续编辑以下代码：

```
num1 = conv(num,[0.2832,1]);
den1 = conv(den,[0.0354,1]);
%绘制已校正系统的伯德图
figure(2)
bode(num1,den1);
grid;
%计算已校正系统的频率响应
[Gm,Pm,Wg,Wc] = margin(num1,den1);
disp('margin of new system:');
Kg = 20 * log10(Gm);
Pm,Wg,Wc;
% Kg,Pm,Wg,Wc分别为已校正系统的幅值裕度、相角裕度、相位交接频率、剪切频率
```

运行程序后得到已校正系统的伯德图如图6.19所示，已校正系统的频率响应为：Kg = Inf，Pm = 61.3219，Wg = Inf，Wc = 10.9224。

从以上运行结果可以看出，要求的性能指标全部得到满足，验证了超前校正可以在一定的频率区域内提供相角超前量的说法。

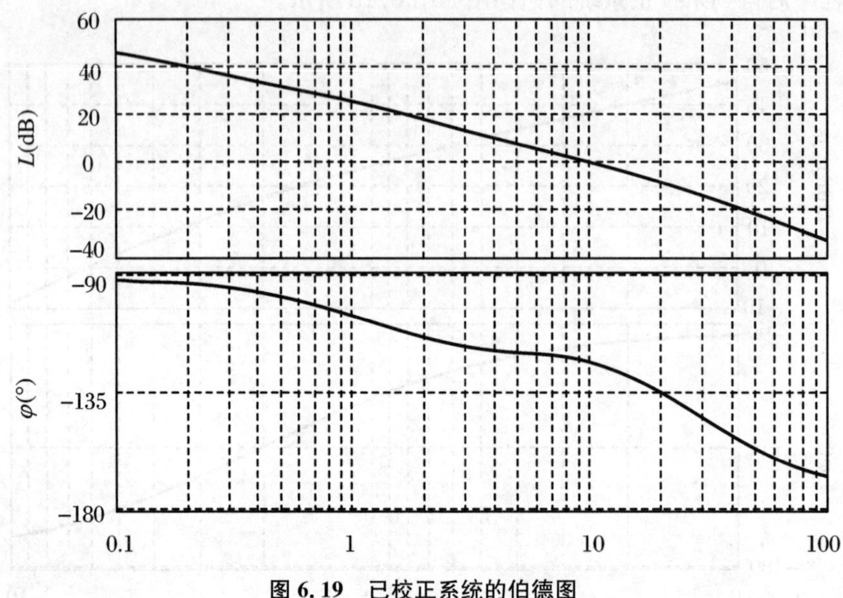

图 6.19　已校正系统的伯德图

6.2.3　超前校正小结

超前校正的优点有：

(1) 利用超前校正可以提高系统的相对稳定性。这是因为加入一个相位超前相角可以使相角裕度增大，从而提高相对稳定性。

(2) 超前校正可以提高系统的响应速度。这是因为 γ 增加，使 M_r 下降，从而使 t_s 减小，即系统的响应速度加快。

(3) 超前校正可以提高系统的稳定性。采用 PD 控制器，其微分作用相当于增大系统的阻尼比，系统的稳定性提高。另外，从相角裕度的增加方面考虑也可得出同样的结论。

超前校正的不足有：

如果待校正的频率特性 $G_0(j\omega)$（即系统的不可变部分）在剪切频率 ω_{c0} 附近，相频特性负斜率较大或相角很负，则应用单级的串联超前校正很难奏效。这是因为校正后剪切频率后移，$\angle G_0(j\omega)$ 在 $\omega=\omega_{c0}$ 附近负斜率很大，于是在新的剪切频率上很难得到足够的相角裕度，如果要满足相角裕度要求，就必须采用很大的 α 值，但 α 值过大校正作用也就不明显了，而且也会造成已校正系统带宽过大，从而使系统抑制噪声的能力下降。如果校正前相频特性在 ω_{c0} 处角度很负也不行，这是因为单级超前校正能提供的最大相角是 $\frac{\pi}{2}$。在此情况下，可考虑采用滞后、多级串联等校正方案。

6.3 滞后校正

6.3.1 滞后校正及滞后校正元件的特性

如前所述，PI 控制器的运动方程为

$$m(t) = k_p e(t) + \frac{k_p}{T_i}\int_0^t e(t)\mathrm{d}t$$

则其传递函数为

$$\frac{M(s)}{E(s)} = k_p \frac{T_i s + 1}{T_i s}$$

从 PI 控制器的传递函数容易看出，其分子提供的相位超前角度小于分母提供的相位滞后角度，其总的相位是滞后的。因此，PI 控制器是具有滞后特性的元件，又称为滞后校正装置。从其传递函数表达式得知，PI 控制器可将系统型别提高 1，从而提高其稳态控制质量。

在控制系统中，当采用具有相位滞后特性的控制器作为系统的校正装置时，这种校正形式称为滞后校正。在实际应用中，如果未校正系统的型别已基本满足要求，则可以采用近似 PI 控制器实现串联滞后校正，其传递函数为

$$G_c(s) = \frac{1+\beta Ts}{1+Ts}\quad (\beta < 1) \tag{6.24}$$

近似 PI 控制器的有源网络可采用如图 6.20 所示的方框图来实现。

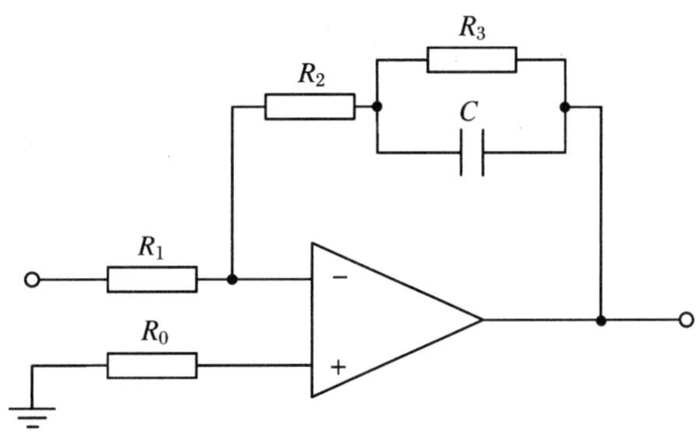

图 6.20　PI 控制器的电路图

由图 6.20 很容易求得其传递函数为

$$G_c(s) = -k_c \frac{1+\beta Ts}{1+Ts}\quad (\beta < 1) \tag{6.25}$$

其中

$$T = R_3 C,\quad \beta = \frac{R_2}{R_2 + R_3}$$

$$k_c = \frac{R_2 + R_3}{R_1},\quad R_0 = R_1$$

由式(6.24)得到滞后校正元件的频率特性为

$$G_c(\mathrm{j}\omega) = \frac{1 + \mathrm{j}\beta T\omega}{1 + \mathrm{j}T\omega}$$

根据上式绘制的伯德图如图 6.21 所示。其相频特性为

$$\angle G_c(\mathrm{j}\omega) = \arctan \beta T\omega - \arctan T\omega$$

与超前校正类似,最大滞后角 $\varphi_{\max}$ 发生在最大滞后角频率 $\omega_{\max}$ 处,且 $\omega_{\max}$ 正好是 $1/T$ 与 $1/(\beta T)$ 的几何中心。由 $\frac{\mathrm{d}\angle G_c(\mathrm{j}\omega)}{\mathrm{d}\omega} = 0$ 分别求得

$$\omega_{\max} = \frac{1}{\sqrt{\beta}T} \tag{6.26}$$

$$\varphi_{\max} = \arcsin \frac{1 - \beta}{1 + \beta} \tag{6.27}$$

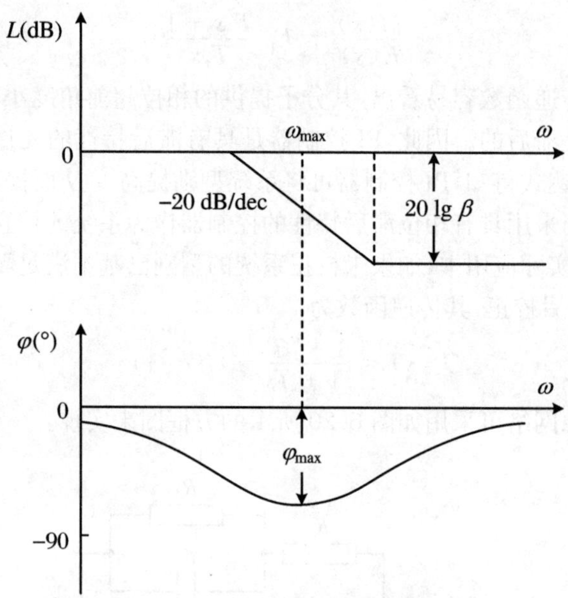

图 6.21 PI 控制器的伯德图

6.3.2 滞后校正举例

滞后校正的步骤一般如下:

(1) 根据稳态误差要求,确定控制系统的型别和开环增益 k。

(2) 利用已知的开环增益,计算待校正系统的频率响应 $\omega_{c0}, \gamma_0, k_{g0}$。

(3) 判断未校正系统在动态特性方面是否满足性能指标的要求。

如果上一步求出的 $\omega_{c0} \gg \omega_c$,则由公式

$$\gamma(\omega_c) = 180^\circ + \angle G_0(\mathrm{j}\omega_c) \tag{6.28}$$

计算未校正系统在要求的剪切频率 ω_c 处的相角裕度 $\gamma(\omega_c)$。若 $\gamma(\omega_c)$ 大于或略大于要求的相角裕度 γ,则未校正系统在动态特性方面已满足性能指标的要求,采用串联滞后校正就能全面满足性能指标的要求。

(4) 根据对相角裕度的要求,确定剪切频率 ω_c。

如果未校正系统不能满足相角裕度和幅值裕度指标的要求,就应在未校正的相频特性上找到这样一个频率 ω_c,对应的 ω_c 相角等于必要的相角裕度。这里所说的必要的相角裕度等于性能指标要求的相角裕度再加上 $\Delta\gamma$ 的相角增量。追加 $\Delta\gamma$ 的目的是补偿串联滞后校正网络在剪切频率 ω_c 上产生的相角滞后。至于究竟需留多大的相角增量,这要根据给定的相角裕度 γ 和幅值裕度 k_g(dB)的要求,以及系统不可变部分的相频特性在 $\omega=\omega_c$ 附近的平均下降斜率的大小等因素而定,一般为 $\Delta\gamma=5^\circ\sim12^\circ$。于是,可由公式

$$\angle G_0(\mathrm{j}\omega_c)=\gamma+\Delta\gamma-180^\circ \tag{6.29}$$

来确定 ω_c。

(5) 根据下述关系确定滞后校正装置的参数 β 和 T:

$$20\lg|G_0(\mathrm{j}\omega_c)|+20\lg\beta=0 \tag{6.30}$$

$$\frac{1}{\beta T}=\left(\frac{1}{10}\sim\frac{1}{5}\right)\omega_c \tag{6.31}$$

式(6.30)成立的原因是显然的,因为如果要保证已校正系统的剪切频率为前一步所选的 ω_c 值,就必须使滞后校正装置的衰减量在数值上等于未校正系统在新剪切频率 ω_c 处的对数幅频值。而式(6.31)的目的是:使串联滞后校正装置对系统的相角裕度的影响较小(一般限制在 $-5^\circ\sim-12^\circ$)。

如果由式(6.31)求得的 T 过大而难以实现,则可适当增大式(6.31)中的系数。

(6) 验算已校正系统的性能指标。

例 6.4　设某控制系统不可变部分的开环传递函数为

$$G_0(s)=\frac{k}{s(s+1)(0.5s+1)}$$

要求系统具有如下性能指标:

(1) 开环增益 $k=5\ \mathrm{s}^{-1}$;

(2) 相角裕度 $\gamma\geqslant40^\circ$;

(3) 幅值裕度 $k_g\geqslant10$ dB;

(4) 剪切频率 $\omega_c\geqslant0.4$ rad/s。

试确定串联滞后校正装置的参数。

解　(1) 计算考虑开环增益的未校正系统的频率响应 $\omega_{c0},\gamma_0,k_{g0}$。

由

$$20\lg\frac{5}{\omega_{c0}\sqrt{\omega_{c0}^2+1}\sqrt{(0.5\omega_{c0})^2+1}}=0$$

解得

$$\omega_{c0}=1.8\ \mathrm{rad/s}$$

则

$$\angle G_0(\mathrm{j}\omega_{c0})=-90^\circ-\arctan\omega_{c0}-\arctan0.5\omega_{c0}=-192.9^\circ$$

得

$$\gamma_0=180^\circ+\angle G_0(\mathrm{j}\omega_{c0})=-12.9^\circ$$

根据相位交界频率的定义,有

$$\angle G_0(\mathrm{j}\omega_{g0})=-\pi$$

解得

$$\omega_{g0} = \sqrt{2}\ \text{rad/s}$$

则

$$k_{g0} = -20\lg \frac{5}{\omega_{g0}\sqrt{\omega_{g0}^2+1}\cdot\sqrt{(0.5\omega_{g0})^2+1}}\bigg|_{\omega_{g0}=\sqrt{2}} = -4.4\ \text{dB}$$

因为

$$\gamma(\omega_{c0}) = -12.9^\circ < 40^\circ,\quad k_{g0} = -4.4\ \text{dB} < 10\ \text{dB}$$

均不满足要求，故需校正，且因

$$\angle G_0(\mathrm{j}\omega_{c0}) = -192.9^\circ$$

相角负得较厉害，故宜采用相位滞后校正。

(2) 计算未校正系统在要求的剪切频率 ω_c 处的相角裕度 $\gamma(\omega_c)$。

由式(6.28)有

$$\begin{aligned}\gamma(\omega_c) &= 180^\circ + \angle G_0(\mathrm{j}\omega_c)\\ &= 180^\circ - 90^\circ - \arctan 0.4 - \arctan 0.2\\ &= 56.9^\circ > 40^\circ\end{aligned}$$

由于 $\gamma(\omega_c)$大于给定性能指标的要求，因此采用滞后校正是可行的。

(3) 依据对相角裕度的要求，确定剪切频率 ω_c。

本例留 12°的相角增量，由式(6.29)有

$$\angle G_0(\mathrm{j}\omega_c) = \gamma + \Delta\gamma - 180^\circ = 40^\circ + 12^\circ - 180^\circ = -128^\circ$$

则

$$-90^\circ - \arctan\omega_c - \arctan 0.5\omega_c = -128^\circ$$

解得

$$\omega_c = 0.46\ \text{rad/s}$$

(4) 由 ω_c 确定 β。

由式(6.30)有

$$\begin{aligned}20\lg\beta &= -20\lg|G_0(\mathrm{j}\omega_c)|\\ &= -20\lg\frac{5}{0.46\sqrt{0.46^2+1}\sqrt{(0.5\times0.46)^2+1}}\\ &= -19.7\ \text{dB}\end{aligned}$$

解得

$$\beta = 0.1$$

(5) 由 β 确定 T。

根据式(6.31)，本例取

$$\frac{1}{\beta T} = \frac{1}{5}\omega_c = \frac{1}{5}\times 0.46 = 0.092$$

则滞后校正装置的传递函数为

$$G_c(s) = \frac{1+\beta Ts}{1+Ts} = \frac{1+11s}{1+110s}$$

(6) 验算已校正系统的性能指标。

初步确定出串联滞后校正参数后，便可根据校正后的开环对数幅频特性和相频特性对

校正后系统的控制性能指标按要求进行全面的验算。校正后系统的开环传递函数为

$$G(s)=G_0(s)G_c(s)=\frac{5}{s(s+1)(0.5s+1)}\cdot\frac{11s+1}{110s+1}$$

其相频特性为

$$\begin{aligned}\angle G(j\omega_c)&=\arctan 11\omega_c-90^\circ-\arctan\omega_c-\arctan 0.5\omega_c-\arctan 110\omega_c\\&=78.8^\circ-90^\circ-24.7^\circ-13^\circ-88.9^\circ\\&=-137.8^\circ\end{aligned}$$

则

$$\gamma=180^\circ-137.8^\circ=42.2^\circ>40^\circ$$

根据相位交界频率的定义，有

$$\angle G(j\omega_g)=-\pi$$

解得

$$\omega_g=1.32\ \mathrm{rad/s}$$

因此

$$\begin{aligned}k_{g0}&=-20\lg\frac{5\sqrt{(11\times1.32)^2+1}}{1.32\sqrt{1.32^2+1}\sqrt{(0.5\times1.32)^2+1}\sqrt{(110\times1.32)^2+1}}\\&=14.5\ \mathrm{dB}>10\ \mathrm{dB}\end{aligned}$$

从计算结果可以看出，已校正系统全部满足性能指标要求，故确定串联滞后校正参数的过程是成功的。

当然，也可以通过画伯德图并结合计算进行校正。对于本例的计算机仿真验证，请参见附录Ⅳ中的程序2。

6.3.3　滞后校正小结

滞后校正的特点有：

(1) 串联滞后校正的作用主要在于提高系统的开环放大倍数，从而改善系统的稳态性能，而对系统原有的动态性能不产生显著的影响。因此，串联滞后校正主要用在未校正系统的动态性能已经满足性能指标要求，而只需增加开环放大倍数就可以提高控制精度的一些系统中。

(2) 从对数幅频特性曲线来看，串联滞后校正网络本质上是一种低通滤波器。因此，经过滞后校正后的系统对低频信号具有较强的放大能力，这样便可降低系统的稳态误差，但对于高频信号，系统表现出显著的衰减特性。应指出的是，串联滞后校正是利用它对高频信号的衰减特性，而不是利用其相角滞后特性，因此应加在原系统的低频段。在这一点上，串联滞后校正相对串联超前校正来说，具有完全不同的概念。

(3) 串联滞后校正使系统的带宽变窄，因而对高频信号具有明显的衰减特性，但降低了系统的快速性。也就是说，应用串联滞后校正，一方面提高了系统动态过程的平稳性，另一方面降低了系统的快速性，但系统带宽变窄，提高了抑制扰动信号的能力。

(4) 串联滞后校正装置是近似的PI调节器，存在积分效应，使得串联滞后校正的相对稳定性下降。为了克服这一点，串联滞后校正参数 T 应选得足够大，以使近似的PI调节器在剪切频率处造成的相角滞后控制在5°～12°。但 T 不能选得太大，以避免难实现。

(5) 在对幅度大的信号具有饱和或限幅特性的控制系统中采用串联滞后校正时，可能产生条件稳定现象，这是在确定串联滞后校正参数时应注意的一个问题。

(6) 不适合串联超前校正的控制系统，可考虑采用滞后校正。但这绝不意味着，凡是串联超前校正不能奏效的系统，采用串联滞后校正便一定会成功。事实上，的确存在这样一些系统，它们既不能单独通过串联超前校正，也不能单独通过串联滞后校正来满足所提出的性能指标。在这种情况下，可考虑兼用串联滞后校正和串联超前校正或采用其他校正方式。

6.4 滞后-超前校正

6.4.1 滞后-超前校正及滞后-超前校正元件的特性

从图 6.13 所示的 PID 控制器的方框图可以看到：第一项是比例环节，主要为了保证系统稳态精度；第二项是积分环节，主要为了增加一个无差度，提高系统稳态性能，但积分环节的加入使相位滞后 90°，可见 PID 具有滞后特性；第三项是微分环节，主要是增加系统的阻尼比，提高系统稳定性，又由于微分作用使相位超前，提高了系统的相对稳定性和响应速度，可见 PID 又具有超前特性。因此，PID 可以作为一种滞后-超前元件。在控制系统中，当采用具有相位滞后-超前特性的控制器作为系统的一种校正装置时，这种校正形式便称为滞后-超前校正。

在实际应用中，一般采用近似 PID 的形式，它的传递函数为

$$G_c(s) = \frac{\alpha T_1 s + 1}{T_1 s + 1} \cdot \frac{\beta T_2 s + 1}{T_2 s + 1} \quad (\alpha > 1, \beta < 1) \tag{6.32}$$

近似 PID 控制器的有源网络，可采用如图 6.22 所示电路实现。传递函数为

$$G_c(s) = -k\frac{\alpha T_1 s + 1}{T_1 s + 1} \cdot \frac{\beta T_2 s + 1}{T_2 s + 1} \tag{6.33}$$

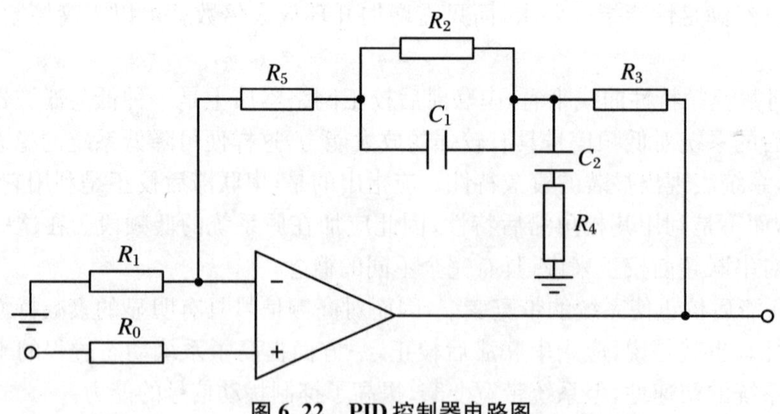

图 6.22 PID 控制器电路图

式中

$$k=\frac{R_2+R_1}{R_1},\quad \alpha T_1=(R_3+R_4)C_2$$

$$\beta T_2=\frac{R_1R_2}{R_1+R_2}C_1,\quad T_1=R_4C_2,T_2=R_2C_1$$

这里

$$R_0=R_1,\quad R_3=R_5,\quad R_1\gg R_3$$

由式(6.32)知,近似 PID 控制器的频率特性为

$$G_c(j\omega)=\frac{j\alpha T_1\omega+1}{jT_1\omega+1}\cdot\frac{j\beta T_2\omega+1}{jT_2\omega+1}\quad(\alpha>1,\beta<1)\tag{6.34}$$

其伯德图如图 6.23 所示。

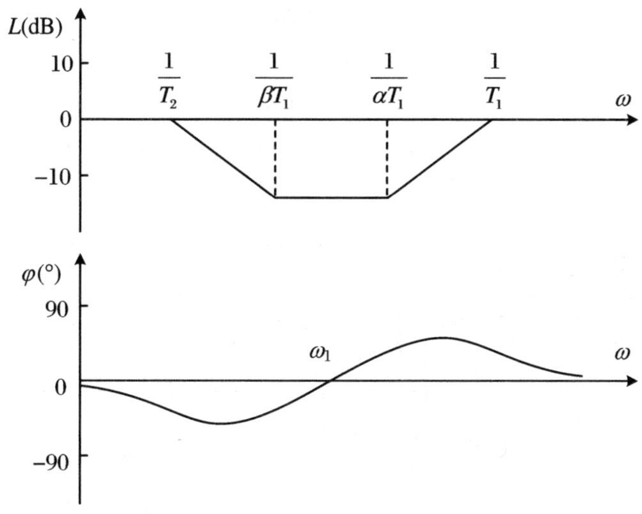

图 6.23　PID 控制器伯德图

从近似 PID 控制的伯德图中可以看到滞后-超前校正具有如下特性:

(1) 在 $0\sim\omega_1$ 频段上,该元件具有滞后校正特性;在 $\omega_1\sim\infty$ 频段上,该元件具有超前校正特性。

(2) 相位滞后-超前校正元件的最大幅值为

$$L_{max}=20\lg\beta\tag{6.35}$$

6.4.2　滞后-超前校正举例

滞后-超前校正的步骤一般如下:

(1) 根据稳态误差要求,确定控制系统的型别和开环增益 k。

(2) 利用已知的开环增益,绘制未校正系统的对数幅频特性,求出其频率响应 ω_{c0},γ_0,k_{g0}。

(3) 根据响应速度的要求,选择系统的剪切频率 ω_{c0}。

(4) 确定滞后校正参数。

(5) 确定超前校正参数。

(6) 校核已校正系统的各项性能指标。

例 6.5 设某控制系统不可变部分的开环传递函数为

$$G_0(s) = \frac{k}{s(s+1)(0.5s+1)}$$

要求系统具有如下性能指标：

(1) 开环增益 $k = 10\ \mathrm{s}^{-1}$；

(2) 相角裕度 $\gamma \geqslant 50^\circ$；

(3) 幅值裕度 $k_g \geqslant 10\ \mathrm{dB}$。

试确定串联滞后-超前校正装置的参数。

解 (1) 画出考虑开环增益的未校正系统的频率特性，确定 $\omega_{c0}, \gamma_0, k_{g0}$。

考虑开环增益后的未校正系统的伯德图如图 6.24 中的曲线①和①′所示。由图得

$$\omega_{c0} = 2.4\ \mathrm{rad/s}$$
$$\gamma_0 = -28^\circ < 50^\circ$$
$$\omega_{g0} = 1.4\ \mathrm{rad/s}$$
$$k_{g0} = -10.5\ \mathrm{dB}$$

因为 $\gamma_0 = -28^\circ < 50^\circ$，不满足性能指标要求，故需校正。

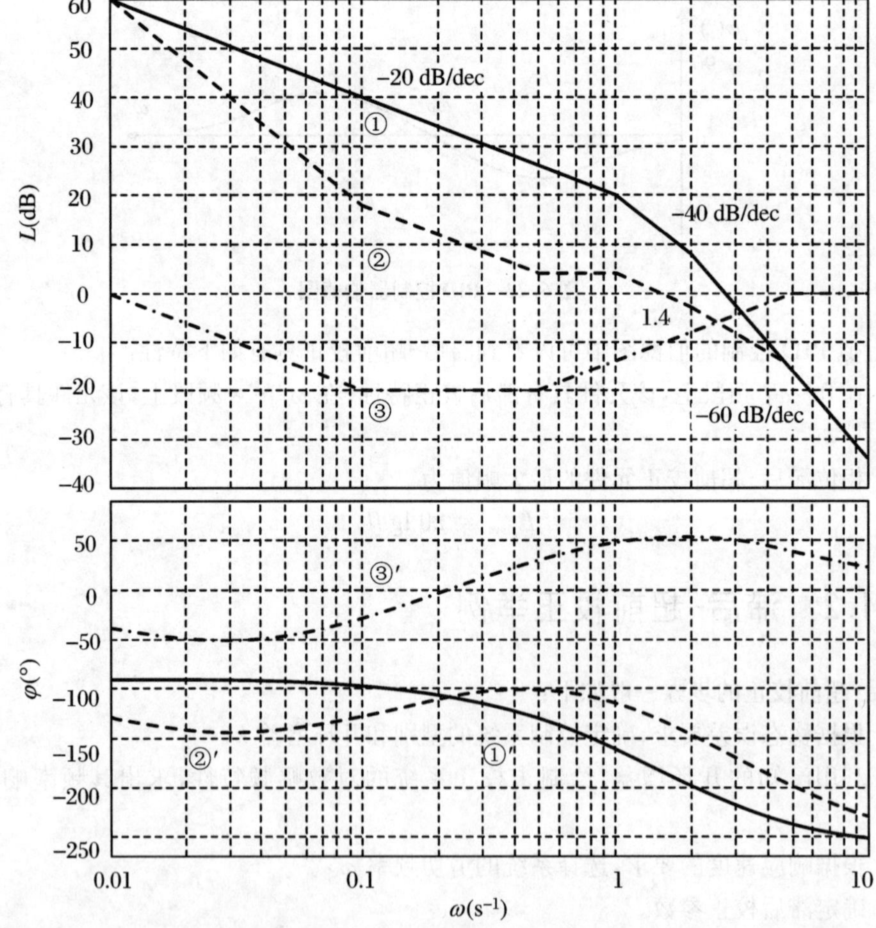

图 6.24 例 6.5 系统校正前后的伯德图

（2）确定 ω_c。

若 ω_c 取值过大，则要补偿的超前相角过大，实现困难；若 ω_c 取值过小，则对系统响应的快速性不利，对完全复现输入信号也可能不利。当系统对 ω_c 无特殊要求时，一般可选 ω_c 与 ω_{g0} 相等，由(1)知 $\omega_{g0}=1.4\ \mathrm{rad/s}$，故初选 $\omega_{c0}=1.4\ \mathrm{rad/s}$。

（3）确定滞后校正参数。

为使滞后校正部分对系统的相角裕度影响较小，可选 $\frac{1}{\beta T}=\left(\frac{1}{15}\sim\frac{1}{5}\right)\omega_c$，本例题选系数为 $\frac{1}{14}$，则有

$$\frac{1}{\beta T_2}=0.1,\quad \beta T_2=10$$

由工程经验，一般选 $\beta=0.1$，则可得 $T_2=100$。

所以，滞后校正的传递函数为

$$G_{c1}(s)=\frac{\beta T_2 s+1}{T_2 s+1}=\frac{10s+1}{100s+1}$$

（4）确定超前校正参数。

因为在 ω_c 处有

$$20\lg|G_0(\mathrm{j}\omega_c)G_c(\mathrm{j}\omega_c)|=0$$

则

$$20\lg|G_c(\mathrm{j}\omega_c)|=-20\lg|G_0(\mathrm{j}\omega_c)|=-11\ \mathrm{dB}$$

又因为滞后-超前校正的最大幅值为

$$L_{\max}=20\lg\beta=20\lg 0.1=-20\ \mathrm{dB}$$

过横坐标为 ω_c、纵坐标为 -11 dB 的点，作 $+20$ dB/dec 直线与 0 dB 线及与 0 dB 线平行的 $L_{\max}$ 线分别相交为

$$\begin{cases}\dfrac{1}{\alpha T_1}=0.5\ \Rightarrow\ \alpha T_1=2\\[2ex]\dfrac{1}{T_1}=5\ \Rightarrow\ T_1=0.2\end{cases}$$

或通过解析法，有

$$\begin{cases}20\left(\lg\dfrac{1}{\alpha T_1}-\lg\omega_c\right)=-20-(-11)=-9\\[2ex]20\left(\lg\omega_c-\lg\dfrac{1}{T_1}\right)=-11-0=-11\end{cases}$$

解得

$$\begin{cases}\dfrac{1}{\alpha T_1}=0.5\\[2ex]\dfrac{1}{T_1}=5\end{cases}$$

所以，超前校正的传递函数为

$$G_{c2}(s)=\frac{\alpha T_1 s+1}{T_1 s+1}=\frac{2s+1}{0.2s+1}$$

（5）校核。

串联滞后-超前校正元件的传递函数为

$$G_c(s)=G_{c1}(s)G_{c2}(s)=\frac{\beta T_2 s+1}{T_2 s+1}\cdot\frac{\alpha T_1 s+1}{T_1 s+1}=\frac{10s+1}{100s+1}\cdot\frac{2s+1}{0.2s+1}$$

因此,校正后系统的开环传递函数为

$$G(s)=G_0(s)G_c(s)=\frac{10}{s(s+1)(0.5s+1)}\cdot\frac{10s+1}{100s+1}\cdot\frac{2s+1}{0.2s+1}$$

校正后系统的相频特性为

$$\angle G(j\omega)=\arctan 10\omega+\arctan 2\omega-90^\circ-\arctan\omega-\arctan 0.5\omega-\arctan 100\omega-\arctan 0.2\omega$$

校正后系统的频率特性如图 6.24 中的曲线②和②′所示,结合计算得

$$\omega_c=1.4\ \text{rad/s},\quad \gamma=180^\circ-129.1^\circ=50.9^\circ>50^\circ$$

$$\omega_g=3.6\ \text{rad/s},\quad k_g=14\ \text{dB}>10\ \text{dB}$$

从校正后系统的开环传递函数可以看出,校正后系统的开环增益已满足性能指标要求。到此,通过校正,系统已全部满足性能指标要求,故确定滞后-超前校正参数过程是成功的。本例的计算机仿真程序见附录Ⅳ中的程序 3。

6.4.3 滞后-超前校正小结

滞后-超前校正的特点有:

(1) 滞后-超前校正在校正过程中是各有分工的。滞后校正主要用来校正系统的低频段,用来增大未校正系统的开环增益,以便提高系统的稳态控制精度。而超前校正主要在于改变未校正系统中频段的形状,以便提高系统的动态特性。

(2) 滞后-超前校正具有互补性。滞后校正部分和超前校正部分既发挥了各自的长处,又用对方的长处弥补了自己的短处。例如,超前校正部分可以提高系统的快速性,恰好可弥补滞后校正部分使系统反应速度降低的不利影响。

(3) 上述各校正部分能发挥各自长处的关键是参数的选取。若参数选择适当,那么滞后-超前校正既可以提高系统的动态性能,又可以提高系统的稳态性能。这也是其经久不衰的原因。

6.5 希望对数频率特性

6.5.1 几个基本概念

所谓"希望特性",是指满足给定性能指标的系统开环渐近幅频特性 $20\lg|G(j\omega)|$。由于这种特性只通过幅频特性来表示,而不考虑相频特性,因此希望特性的概念仅适用于最小相位系统。

开环对数幅频特性 +30 dB 到 −15 dB 的范围称为中频段。当然,这种提法也不是绝对

的。典型系统的对数幅频特性，如图6.25所示。按上述定义，就可以将开环对数幅频特性分成三个区域：小于 ω_1 的区域称为低频段；$\omega_1 \sim \omega_4$ 之间的区域称为中频段；大于 ω_4 的区域称为高频段。这三个区域各有其特点：低频段主要反映系统的稳态性能，其增益要选得足够大，以保证稳态精度的要求；中频段主要反映系统的动态性能，中频段一般应以 -20 dB/dec 的斜率穿越 0 dB 线，并保持一定的宽度以保证合适的相角裕度和幅值裕度，从而使系统得到良好的动态性能；高频段主要反映系统抑制噪声的能力及小参数的影响，高频段的增益要尽可能小，以便使系统的噪声影响降至最低程度。

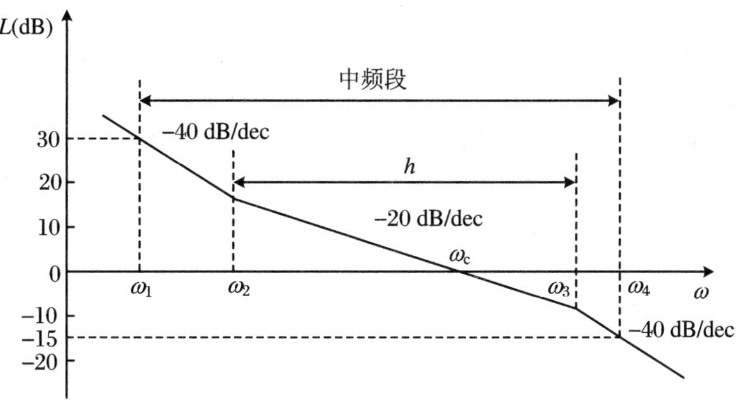

图6.25　典型的对数幅频特性

由于动态性能主要反映在中频段的形状上，因此按希望特性校正时，中频段的形状就显得非常重要了。希望特性中频段的形状一般选为：穿越 0 dB 线的斜率为 -20 dB/dec 的直线频段，称为中间频段，用 h 来表示，其大小为 $h=\frac{\omega_3}{\omega_2}$。与中间频段两侧毗邻的直线斜率为 -40 dB/dec。

在用希望特性进行校正的过程中，经常用到的几个相互转化公式如下：

$$\sigma_p = 0.16 + 0.4(M_r - 1)$$

$$\omega_c = k\pi/t_s$$

$$k = 2 + 1.5(M_r - 1) + 2.5(M_r - 1)^2$$

$$h = (M_r + 1)/(M_r - 1)$$

$$\omega_2 = \frac{2}{h+1}\omega_c$$

$$\omega_3 = \frac{2h}{h+1}\omega_c$$

$$\gamma = \arcsin(1/M_r)$$

6.5.2　希望特性校正举例

希望特性校正的步骤一般如下：

(1) 根据对系统型别及稳态误差的要求，确定系统的型别和开环增益 k。

(2) 绘制考虑开环增益后未校正系统的幅频特性曲线①。

(3) 根据动态性能指标的要求，由经验公式计算剪切频率 ω_c(应比实际计算值取得大一些以留下设计余地)、相角裕度 γ(应该留几度的余地)、中间频段宽度 h 以及中频区的上下限交接频率 ω_3,ω_2。h,ω_2,ω_3 的实际取值按照下述不等式确定:

$$h \geqslant \frac{1+\sin\gamma}{1-\sin\gamma} \tag{6.36}$$

$$\omega_2 < \frac{2}{h+1}\omega_c \tag{6.37}$$

$$\omega_3 > \frac{2h}{h+1}\omega_c \tag{6.38}$$

(4) 绘制系统的希望特性曲线②。

a. 根据已经确定的型别和开环增益 k 绘制希望特性的低频特性。

b. 根据对系统响应速度及阻尼比的要求,通过希望的剪切频率 ω_c、相角裕度 γ、中间频段宽度 h 以及中频区的上下限交接频率 ω_3,ω_2,绘制希望特性的中频区特性,为了保证系统具有足够的相角裕度,一般取中间频段的斜率为 -20 dB/dec。

c. 绘制希望特性的低、中频区特性间的过渡特性,其斜率一般为 -40 dB/dec。

d. 根据对系统幅值裕度 k_g(dB)及抑制高频干扰的要求,绘制希望特性的高频段,为了使得校正装置比较简单而便于实现,一般要求希望特性的高频特性与系统不可变部分的高频特性重合或斜率一致。

(5) 由曲线②减去①得到曲线③,曲线③就是串联校正装置的对数幅频特性,由此求其传递函数。

(6) 验证校正后的系统是否完全满足所提出的性能指标,如果不完全满足要求,则需要按照上述步骤进行重新设计。

例 6.6 设某控制系统不可变部分的传递函数为

$$G_0(s) = \frac{k}{s(0.9s+1)(0.007s+1)}$$

要求设计串联校正装置使系统满足性能指标:

(1) 误差系数 $c_0=0$ 且 $c_1=\frac{1}{1000}$ s;

(2) 单位阶跃响应最大超调量 $\sigma_p \leqslant 30\%$;

(3) 调节时间 $t_s \leqslant 0.25$ s。

解 (1) 确定系统的型别和开环增益 k。

根据给定性能指标要求,从 $c_0=0$ 及 $c_1=\frac{1}{1000}$ s,求得校正系统型别 $v=1$ 及开环增益 $k_v=\frac{1}{c_1}=1000\ \text{s}^{-1}$。

(2) 绘制考虑开环增益的未校正系统的对数幅频特性,如图 6.26 中曲线①所示。

(3) 由"经验公式"计算 $\omega_c,\gamma,h,\omega_2,\omega_3$。

由经验近似公式

$$\sigma_p = 0.16 + 0.4(M_r - 1)$$

得 $0.3=0.16+0.4(M_r-1)$,即 $M_r=1.35$。

由 $k=2+1.5(M_r-1)+2.5(M_r-1)^2$,得 $k=2+1.5\times0.35+2.5\times0.35^2=2.83$,取 $t_s=0.25$ s。

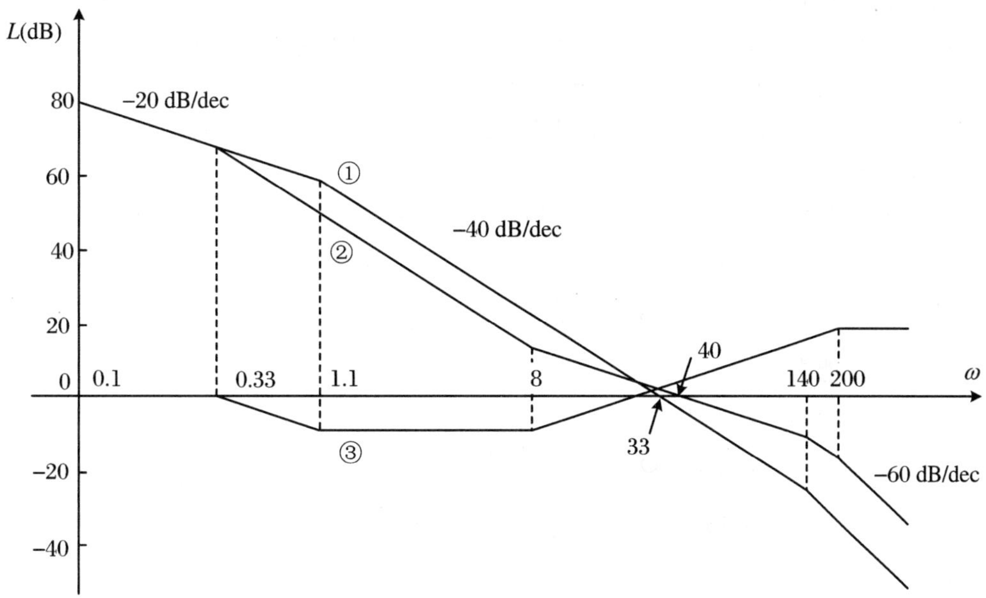

图 6.26　校正前后系统的对数幅频特性

由 $\omega_c=\dfrac{k\pi}{t_s}$,得 $\omega_c=\dfrac{2.83\times3.14}{0.25}=35.5\ \text{rad/s}$,取 $\omega_c=40\ \text{rad/s}$(为留有一定余地)。

由 $h=\dfrac{M_r+1}{M_r-1}$,得 $h=\dfrac{1.35+1}{1.35-1}=6.7$。另外

$$\gamma = \arcsin\left(\frac{1}{M_r}\right) = \arcsin\left(\frac{1}{1.35}\right) = 47.8^\circ$$

为留有余地,取 $\gamma=50^\circ$。

由式(6.36),有 $h\geqslant\dfrac{1+\sin\gamma}{1-\sin\gamma}=7.5$。因此,取 $h=8$。

由 $\omega_2=\dfrac{2}{h+1}\omega_c$,得 $\omega_2=\dfrac{2}{8+1}\times40=8.9\ \text{rad/s}$,考虑到式(6.37),取 $\omega_2=8\ \text{rad/s}$。

由 $\omega_3=\dfrac{2h}{h+1}\omega_c$,得 $\omega_3=\dfrac{2\times8}{8+1}\times40=71.1\ \text{rad/s}$,考虑式(6.38),以及为了使校正装置容易实现,取 $\omega_3=\dfrac{1}{0.007}=140\ \text{rad/s}$。

(4) 绘制系统的希望对数幅频特性。

首先,由动态误差系数可知,希望的低频段斜率应该为 -20 dB/dec,又由系统不可变部分的传递函数可看出,未校正系统已满足型别 $v=1$ 的要求,因此让希望特性的低频段与系统不可变部分的低频段重合。

其次,在图 6.26 上,过 $\omega_c=40$ rad/s 作斜率为 -20 dB/dec 的直线,其上下限角频率为 $\omega_3=140$ rad/s,$\omega_2=8$ rad/s,这就是希望特性的中频段。

再次,在图 6.26 上,找出过 $\omega_2=8$ rad/s 垂直横轴的直线与中频段的交点,过该点作斜率为 -40 dB/dec 的直线,交低频段于 $\omega_1=0.33$ rad/s,从而完成低、中频段的过渡特性。

考虑到小参数的影响和抑制高频干扰,选取 $\omega_4=200$ rad/s(一般由经验来定)。在图 6.26 上,找出过 $\omega_3=140$ rad/s 垂直于横轴的直线与中频段的交点,过该点作斜率为

$-40\ \text{dB/dec}$ 的直线，其上限角频率为 $\omega_4 = 200\ \text{rad/s}$，从而完成中、高频段的过渡特性。

最后，在图 6.26 上，找出高频段与过 $\omega_4 = 200\ \text{rad/s}$ 垂直横轴的直线的交点，过该点作斜率为 $-60\ \text{dB/dec}$ 的直线，其下限角频率为 $\omega_4 = 200\ \text{rad/s}$，从而完成希望特性的高频段。

图 6.26 中曲线②是绘制完成的希望特性曲线。

(5) 确定校正环节的对数幅频特性。

由于是串联校正，将曲线②与曲线①相减，便得到校正环节的对数幅频特性曲线③，由曲线③很容易求出校正装置的传递函数为

$$G_c(s) = \frac{(0.9s+1)(0.125s+1)}{(3s+1)(0.005s+1)}$$

(6) 验算性能指标。

校正后系统的传递函数为

$$G(s) = G_0(s)G_c(s) = \frac{1000}{s(0.9s+1)(0.007s+1)} \cdot \frac{(0.9s+1)(0.125s+1)}{(3s+1)(0.005s+1)}$$

从校正后系统的开环传递函数 $G(s)$ 看出，校正后系统的误差系数 c_0，c_1 及开环增益均已满足给定性能指标的要求。

由 $h = \frac{\omega_3}{\omega_2} = \frac{140}{8} = 17.5$，得 $M_r = \frac{h+1}{h-1} = 1.12$，则

$$\sigma_p = 0.16 + 0.4(M_r - 1) = 20.8\% < 30\%$$

满足给定性能指标的要求。

因为 $\omega_c = 40\ \text{rad/s}$，所以

$$k = 2 + 1.5(M_r - 1) + 2.5(M_r - 1)^2 = 2.22$$

则

$$t_s = \frac{k\pi}{\omega_c} = \frac{2.22 \times 3.14}{40} = 0.17\ \text{s} < 0.25\ \text{s}$$

满足给定性能指标的要求。

由上述验算结果可见，系统通过校正已完全满足性能指标要求，故校正是成功的。

6.5.3 希望特性校正小结

希望特性校正的优点有：

(1) 希望特性校正的闭环幅频特性的频宽是最优的。

(2) 希望特性校正只用系统的开环渐近幅频特性，所以该法简便易行。

希望特性校正的不足有：

只适用于最小相位系统。（但由于工程上的系统大多是最小相位系统，因此此法在工程上有着广泛的应用，故此不足并不明显。）

6.6 反 馈 校 正

在工程实践中，除了串联校正外，反馈校正也是广泛采用的校正形式。在控制系统中采

用反馈校正，实质上是充分利用反馈的特点，通过改变未校正系统的结构以及参量，达到改善系统性能的目的。

6.6.1　反馈作用的特点

1．比例负反馈可以减弱它所包围环节的性能，从而扩展该环节的带宽

如图 6.27 所示，被比例负反馈 k_n 包围的惯性环节，其闭环传递函数为

$$\frac{C(s)}{R(s)}=\frac{\dfrac{k}{Ts+1}}{1+k_n\dfrac{k}{Ts+1}}=\frac{k}{Ts+1+k\cdot k_n}$$

或写成

$$\frac{C(s)}{R(s)}=\frac{k'}{T's+1}$$

其中

$$k'=\frac{k}{1+k\cdot k_n},\quad T'=\frac{T}{1+k\cdot k_n}$$

可见，惯性环节采用比例负反馈后等效环节仍为惯性环节，其时间常数将减小（$T'<T$），即惯性将减弱，且比例负反馈越强，反馈后的时间常数 T'将越小。惯性的减弱，使过渡过程时间 t_s 缩短，从而使响应速度加快。同时还可以看到，放大倍数降低为原先的 $1/(1+k\cdot k_n)$，这可通过可调放大器进行补偿。

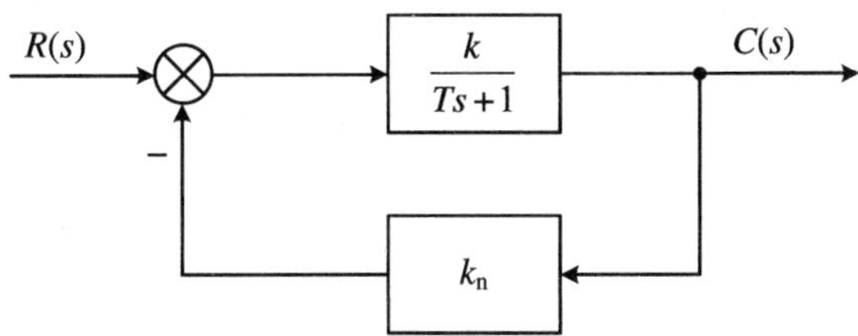

图 6.27　具有比例负反馈的系统方框图

总之，采用比例负反馈来减弱系统中较大的惯性，从而使系统的动态性能得到改善，这是在控制系统设计中较常用的有效方法。

2．负反馈可以减弱参数变化对系统性能的影响

如图 6.28(a)所示的开环系统，假设由于参数的变化，系统传递函数 $G(s)$的变化量为 $\Delta G(s)$，相应的输出变化量为 $\Delta C(s)$，这时开环系统的输出为

$$C(s)+\Delta C(s)=[G(s)+\Delta G(s)]R(s)$$

因为

$$C(s)=G(s)R(s)$$

则有

$$\Delta C(s)=\Delta G(s)R(s) \tag{6.39}$$

式(6.39)表明，对于开环系统，参数变化对系统输出的影响 $\Delta C(s)$与传递函数的变化 $\Delta G(s)$成正比。而对于如图 6.28(b)所示的闭环系统，如果也发生上述参数变化，则闭环系统的输出为

$$C(s)+\Delta C(s)=\frac{G(s)+\Delta G(s)}{1+G(s)+\Delta G(s)}R(s)$$

通常

$$|G(s)|\gg|\Delta G(s)|$$

于是有

$$\Delta C(s)\doteq\frac{\Delta G(s)}{1+G(s)}R(s) \tag{6.40}$$

式(6.40)表明，因参数变化，闭环系统输出的变化只是开环系统的$\frac{1}{1+G(s)}$。由于在许多实际系统中，$|1+G(s)|\gg 1$，因此负反馈能够大大地减弱参数变化对系统性能的影响。

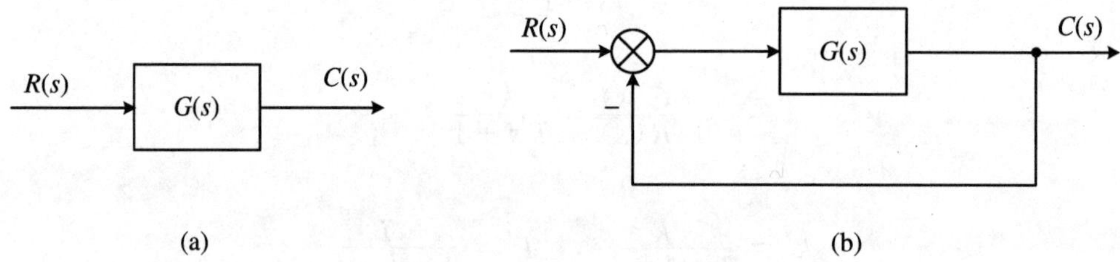

图 6.28　开环和闭环系统方框图

3. 负反馈可以消除系统不可变部分中不希望有的特性

设某多环控制系统如图 6.29 所示，前向通道中环节 $G_2(s)$的存在影响了系统的性能，这是我们不希望的，但它是不可变的部分。在这种情况下，采用局部负反馈 $H_2(s)$，将 $G_2(s)$包围起来，就可抑制其不良影响。该系统内反馈回路的传递函数为

$$\frac{Y(s)}{X(s)}=\frac{G_2(s)}{1+G_2(s)H_2(s)} \tag{6.41}$$

通过适当选择反馈通道的传递函数 $H_2(s)$（在感兴趣的频段里），使

$$|G_2(s)H_2(s)|\gg 1$$

则式(6.41)可表示为

$$\frac{Y(s)}{X(s)}\doteq\frac{1}{H_2(s)} \tag{6.42}$$

式(6.42)表明，如果不可变部分中的特性 $G_2(s)$是不希望的，则可通过适当地选择反馈通道的传递函数 $H_2(s)$，用其倒数$\frac{1}{H_2(s)}$代替原来的 $G_2(s)$，并使之具有需要的特性。

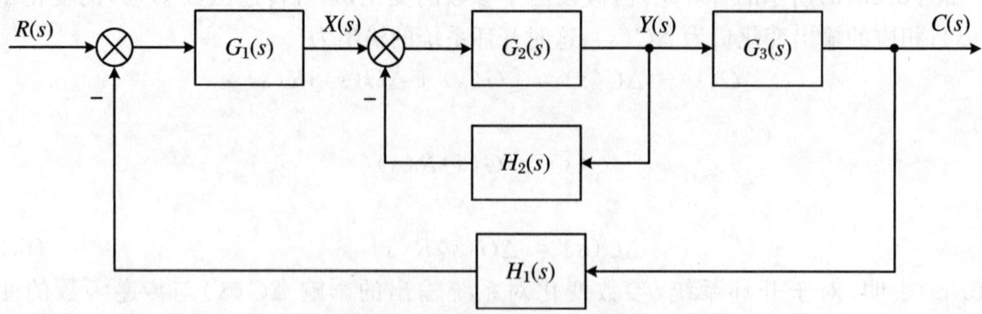

图 6.29　多环控制系统方框图

负反馈的上述特点在系统设计中是很有意义的，因为一般来说，前向通道中系统不可变部分的特性，包括被控制对象的特性在内，其参数稳定性及性能大多与对象自身的因素有关，通常较难控制。而反馈通道 $H_2(s)$ 的特性是由设计者确定的，其参数稳定性及性能取决于所选用的元件。因此，反馈通道所使用的元件如能恰当选择，就可保证控制系统特性的稳定以及达到所要求的性能指标。

4. 负反馈可以削弱非线性影响

严格来说，实际系统都具有一定的非线性，而非线性的影响相当于系统参数发生了变化。例如，系统由线性工作区进入饱和工作区，相当于增益的变化。如前所述，负反馈可以减弱参数变化对系统性能的影响，所以负反馈一般能削弱非线性特性对系统性能的影响。

5. 负反馈校正的系统低速平稳

因为负反馈的作用是不断纠正输出与输入之间的偏差，使得系统即使工作在低速状态下也较平稳，这对于小功率随动系统来说是非常重要的。

6. 正反馈可以提高反馈回路的增益

如图 6.30 所示的系统，设前向通路由放大环节组成，其增益为 k，采用正反馈，反馈系数为 k_h，则闭环增益为

$$\frac{k}{1-k\cdot k_\mathrm{h}}$$

从上式看出，若取

$$k_\mathrm{h}\doteq\frac{1}{k}$$

则闭环增益将远大于前向通路的增益，这是正反馈所具有的重要特性之一。所以，有些航天系统的飞行器及部分机床等为了增加前向通道的增益而采用局部正反馈。

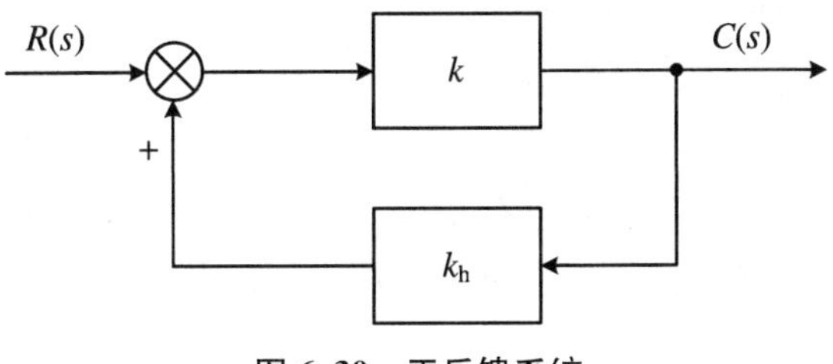

图 6.30　正反馈系统

6.6.2　反馈校正的简化方框图

前文提及附加串联校正装置，可以改变系统的开环频率特性，从而改变系统的性能，这是一种基本的校正方法。同样，通过附加局部反馈校正，也可以改变系统的性能，它是另一种基本的校正方法，称为反馈校正，也称为并联校正。

在图 6.31 中，环节 $G_1(s)$，$G_2(s)$ 是系统的不可变部分，我们在环节 $G_2(s)$ 的反馈通路上，引入一个反馈校正装置 $H(s)$。这样，由 $G_2(s)$ 和 $H(s)$ 组成的回路，通常称为小回路或局部闭环，而外面的反馈回路，称为大回路或主要闭环。

考察一下引入反馈校正装置后系统特性的变化。由图 6.31 可求出局部闭环的传递函数为

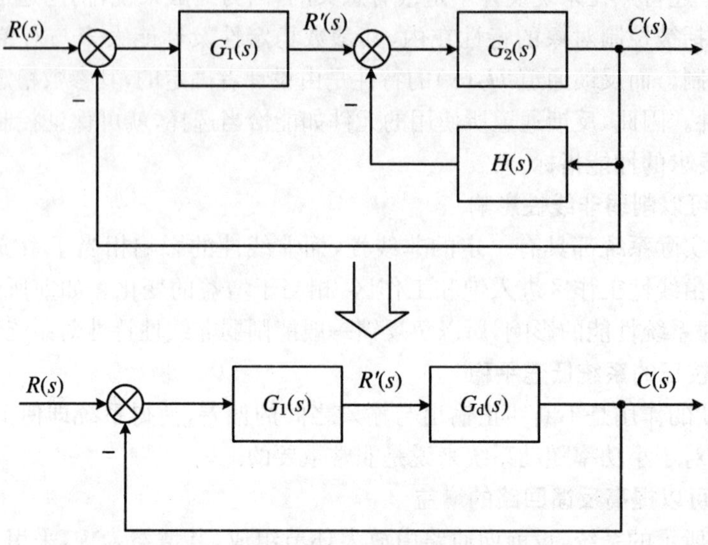

图 6.31 反馈校正及其简化方框图

$$G_{\mathrm{d}}(s)=\frac{C(s)}{R'(s)}=\frac{G_2(s)}{1+G_2(s)H(s)}=\frac{G_2(s)}{1+G_{\mathrm{k}}(s)} \tag{6.43}$$

式中，$G_{\mathrm{k}}(s)$为小回路的开环传递函数。如果局部闭环本身是稳定的，则当$|G_{\mathrm{k}}(s)|\gg 1$时

$$G_{\mathrm{d}}(s)=\frac{1}{H(s)} \tag{6.44}$$

当$|G_{\mathrm{k}}(s)|\ll 1$时

$$G_{\mathrm{d}}(s)=G_2(s) \tag{6.45}$$

从式(6.44)、式(6.45)可以看出：当$|G_{\mathrm{k}}(s)|\ll 1$时，局部闭环可视为开路，它的传递函数近似等于前向通路的固有传递函数 $G_2(s)$；而当$|G_{\mathrm{k}}(s)|\gg 1$时，局部闭环的传递函数几乎与固有特性 $G_2(s)$无关，仅取决于反馈通路环节 $H(s)$的倒数。这说明通过选择 $H(s)$，就能在一定的频率范围内改变系统的原有特性。以上就是反馈校正装置的基本作用，而式(6.44)、式(6.45)是分析反馈校正的主要依据，实际应用时取$|G_{\mathrm{k}}(s)|>1$或$|G_{\mathrm{k}}(s)|<1$。

6.6.3 反馈校正举例

反馈校正的步骤一般如下：

(1) 根据对系统型别及稳态误差的要求，确定系统的型别和开环增益 k。

(2) 绘制考虑开环增益后未校正系统的幅频特性曲线①。

(3) 根据给定性能指标要求，绘制希望特性曲线②。

(4) 由曲线①减去曲线②得到曲线③，曲线③就是 $G_k(s)=G_0(s)H(s)$的对数幅频特性。

(5) 在 $20\lg|G_0(\mathrm{j}\omega)H(\mathrm{j}\omega)|>0$ dB 的频率范围内取特性曲线②的镜像(即关于 0 dB 线对称)得到曲线④，曲线④就是反馈环节的幅频特性，并由此求出其传递函数。

(6) 验证校正后的系统是否完全满足所提出的性能指标，如果不完全满足要求，则需要按照上述步骤进行重新设计。

例 6.7　设某控制系统不可变部分的传递函数为

$$G_0(s) = \frac{k_v}{s(0.5s+1)(0.01s+1)}$$

要求设计串联校正装置使系统具有如下性能指标：

(1) 误差系数 $c_0=0$ 且 $c_1=\frac{1}{200}$ s；

(2) 单位阶跃响应最大超调量 $\sigma_p \leqslant 30\%$；

(3) 调节时间 $t_s \leqslant 0.7$ s。

解　(1) 确定系统的型别和开环增益 k_v。

根据给定性能指标要求，从 $c_0=0$ 及 $c_1=\frac{1}{200}$ s，求得要求的系统型别 $v=1$ 及开环增益 $k_v=\frac{1}{c_1}=200\ \mathrm{s}^{-1}$。

(2) 绘制考虑开环增益的未校正系统的对数幅频特性，如图 6.32 中的曲线①所示。

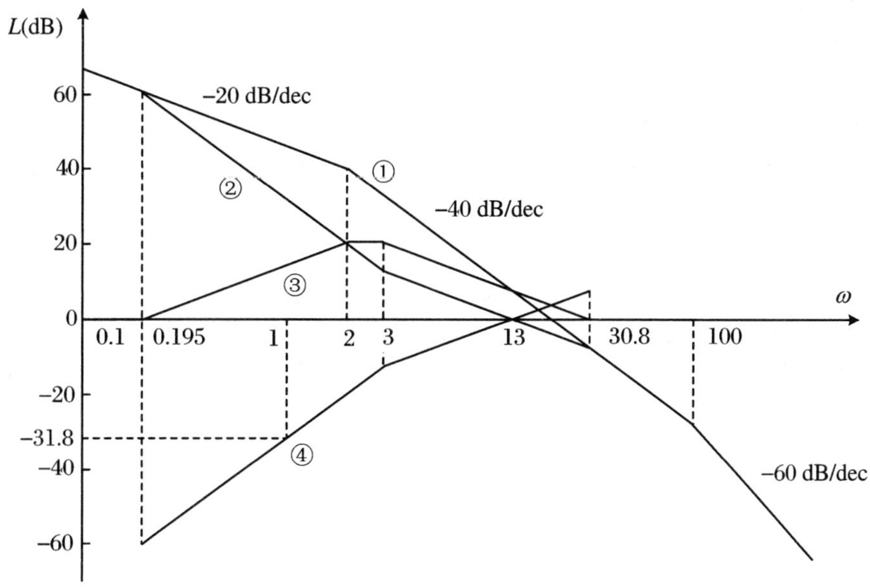

图 6.32　系统校正前后的对数幅频特性

(3) 由经验公式计算 $\omega_c, \gamma, h, \omega_2, \omega_3$。

由 $\sigma_p=0.16+0.4(M_r-1)$，得 $0.3=0.16+0.4(M_r-1)$，即 $M_r=1.35$。所以

$$\gamma = \arcsin\left(\frac{1}{M_r}\right) = \arcsin\left(\frac{1}{1.35}\right) = 47.8^\circ$$

为留有适当的余地，取 $\gamma=49^\circ$。

由 $k=2+1.5(M_r-1)+2.5(M_r-1)^2$，得 $k=2+1.5\times0.35+2.5\times0.35^2=2.83$，取 $t_s=0.7$ s。

由 $\omega_c=\frac{k\pi}{t_s}$，得 $\omega_c=\frac{2.83\times3.14}{0.7}=12.69$ rad/s，取 $\omega_c=13$ rad/s。

由 $h=\frac{M_r+1}{M_r-1}$，得 $h=\frac{1.35+1}{1.35-1}=6.7$，取

$$h = 7.2 \quad \left(满足\ h \geqslant \frac{1+\sin\gamma}{1-\sin\gamma} = \frac{1+\sin 49^\circ}{1-\sin 49^\circ} = 7.2\ 的要求\right)$$

由 $\omega_2 = \frac{2}{h+1}\omega_c$，得 $\omega_2 = \frac{2}{7.2+1} \times 13 = 3.17\ \text{rad/s}$，取

$$\omega_2 = 3\ \text{rad/s} \quad \left(满足\ \omega_2 < \frac{2}{h+1}\omega_c\right)$$

由 $\omega_3 = \frac{2h}{h+1}\omega_c$，得 $\omega_3 = \frac{2 \times 7.2}{7.2+1} \times 13 = 22.8\ \text{rad/s}$，$\omega_3$ 的实际取值见下面分析。

(4) 按照所选取的参数绘制希望特性。

中频段：考虑到未校正系统幅频特性的特点，过 $\omega_c = 13\ \text{rad/s}$，作斜率为 $-20\ \text{dB/dec}$ 的直线，使其与未校正系统幅频特性相交，取交点频率为 $\omega_3 = 30.8\ \text{rad/s}$，中频段的下限角频率为 $\omega_2 = 3\ \text{rad/s}$。

低频段：让希望特性的低频段与未校正系统幅频特性的低频段重合，并找出过 $\omega_2 = 3\ \text{rad/s}$ 垂直横轴的直线与中频段的交点，过该点作斜率为 $-40\ \text{dB/dec}$ 的直线，交低频段于 $\omega_1 = 0.195\ \text{rad/s}$。

高频段：由于未校正系统幅频特性的高频段已具有良好的抑制噪声能力，因此可使希望特性的高频段与未校正系统的高频段相同。

这样便得到如图 6.32 中曲线②所示的希望特性。

(5) 由特性曲线①减去特性曲线②得到特性曲线③，曲线③就是 $G_k(s) = G_0(s)H(s)$ 的对数幅频特性。

(6) 从图 6.32 中的曲线③可看出，$20\lg|G_0(j\omega)H(j\omega)| > 0\ \text{dB}$ 的范围为

$$0.195\ \text{rad/s} \leqslant \omega \leqslant 30.8\ \text{rad/s}$$

在该频率范围内取特性曲线②的镜像，得到特性曲线④，即 $H(s)$ 所对应的幅频特性曲线，与其对应的传递函数为

$$H(s) = \frac{k_a s^2}{T_a s + 1}$$

从图中得出当 $\omega = 1\ \text{rad/s}$ 时，曲线④对应的幅值为 $-31.8\ \text{dB}$，所以 $k_a = 10^{-\frac{31.8}{20}} \doteq 0.03$，$T_a = \frac{1}{3} \doteq 0.33$。因此

$$H(s) = \frac{k_a s^2}{T_a s + 1} = \frac{0.03 s^2}{0.33 s + 1}$$

(7) 验证性能指标的要求。

由特性曲线②可得到校正后系统的传递函数为

$$G(s) = \frac{200(0.33s+1)}{s(5s+1)(0.033s+1)(0.01s+1)}$$

由于近似条件能够基本满足，故可直接用经验公式验算。

由 $h = \frac{\omega_3}{\omega_2} = \frac{30.8}{3} \doteq 10$，得 $M_r = \frac{h+1}{h-1} = 1.22$，则

$$\sigma_p = 0.16 + 0.4(M_r - 1) = 24.8\% < 30\%$$

满足给定性能指标的要求。

由于

$$\omega_c = 13\ \text{rad/s}$$

$$k = 2 + 1.5(M_r - 1) + 2.5(M_r - 1)^2 = 2.45$$

则

$$t_s = \frac{k\pi}{\omega_c} = \frac{2.45 \times 3.14}{13} = 0.6\ \text{s} < 0.7\ \text{s}$$

满足给定性能指标的要求。

由上述验算结果可见，已校正系统全面满足给定性能要求，故校正是成功的。另外，

$$\gamma = 180^\circ + \arctan 0.33\omega_c - 90^\circ - \arctan 5\omega_c - \arctan 0.033\omega_c - \arctan 0.01\omega_c = 47^\circ$$

由以上数据可见，给定系统通过反馈校正，已经完全满足给定性能指标的要求，且相角裕度达到工程上 $\gamma = 45^\circ \sim 60^\circ$ 的要求，故校正是成功的。

6.6.4 反馈环节的实现

前文叙述的校正网络都是有源网络，在由旧元件向新元件过渡的过程中，有些旧元件仍保留着。为了弥补这方面的知识，下面就谈一下用无源网络实现反馈校正环节的方法。

1. 反馈环节电路图

在控制系统中，常用直流测速发电机作为反馈元件。在直流测速发电机的输出信号端加一个微分网络，即可实现本例的速度微分反馈，反馈环节电路图如图 6.33 所示。

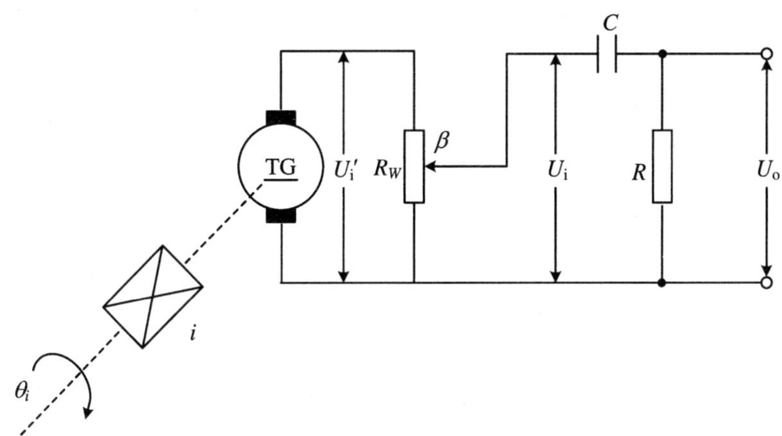

图 6.33　反馈环节电路图

2. 反馈校正传递函数的推导

由图 6.33 有

$$\frac{U_o(s)}{U_i(s)} = \frac{R}{R + \frac{1}{sC}} = \frac{sRC}{1 + sRC}$$

而 $U_i(s) = \beta U_i'(s)$，$U_i'(s) = k_c\Omega(s) = k_c is\theta_i(s)$，所以 $U_i(s) = \beta k_c is\theta_i(s)$，则

$$\frac{U_o(s)}{\theta_i(s)} = \frac{U_o(s)}{U_i(s)} \cdot \frac{U_i(s)}{\theta_i(s)} = \frac{s^2 RC\beta k_c i}{sRC + 1}$$

令 $T_a = RC$，$k_a = \beta k_c iT_a$，则

$$\frac{U_o(s)}{\theta_i(s)} = \frac{U_o(s)}{U_i(s)} \cdot \frac{U_i(s)}{\theta_i(s)} = \frac{k_a s^2}{T_a s + 1} \tag{6.46}$$

3. 反馈环节实际参数的求取

比较式(6.46)和下式:

$$H(s) = \frac{k_a s^2}{T_a s + 1} = \frac{0.03 s^2}{0.33 s + 1}$$

有

$$RC = T_a = 0.33, \quad k_a = \beta k_c i T_a = 0.03$$

取 $C = 2\ \mu\text{F}$,则

$$R = \frac{0.33}{2 \times 10^{-6}} = 165\ \text{k}\Omega$$

取 $i = 30, k_c = 10\ \text{V}/(1000\ \text{r} \cdot \text{min}^{-1}) = 0.01\ \text{V}/(\text{r} \cdot \text{min}^{-1})$,则

$$\beta = \frac{k_a}{i k_c T_a} = \frac{0.03}{30 \times 0.01 \times 0.33} = 0.3$$

如果选取 R_W 为 10 kΩ 的电位器,将电位器调到 3 kΩ 即可。

6.6.5 小结

1. 串联和反馈校正装置的比较

串联校正的优点:使用方便,成本较低。串联校正的缺点:系统中元件参数不稳定时会影响它的作用效果。因而在使用串联校正装置时,通常要对系统元件的稳定性提出较高的要求。

反馈校正的优点:能削弱元部件的不稳定对整个系统的影响,故应用反馈校正装置时,对于系统中各元件的稳定性要求较低。反馈校正的缺点:反馈校正装置常由一些昂贵而庞大的部件构成,如测速发电机、陀螺等。

2. 校正中的作图法和解析法

作图法是指在校正过程中,应用计算结合绘图来确定校正参数的方法。优点:通过该法确定的校正环节结构比较简单,易于实现。缺点:对于经验不足的设计者或当问题较复杂时,用时较长。

解析法是指在校正过程中,单纯用计算来确定校正参数。优点:直接、准确,如用计算机,校正过程用的时间短。缺点:有时可能使所确定的校正环节实现起来较困难。

6.7 根轨迹法校正

当性能指标给定为时域特征量时,用根轨迹法对系统进行综合则比较方便。由于系统的动态性能取决于它的闭环零、极点在 s 平面上的分布,因此根轨迹校正的特点就是如何选择控制器的零、极点,促使系统的根轨迹朝有利于提高系统性能的方向变化,从而满足设计要求。

我们知道,除了标准二阶系统的性能指标和系统参数之间具有明确的解析式外,其他系统是没有的,这给系统的综合带来了一定的困难。对于高阶系统,只能找出其一对主导复数极点,把它近似成标准二阶系统,在留有余量的情况下作为设计的依据。因此,可以把对系

统性能指标的要求转化为对系统希望主导极点在 s 平面上分布的要求。

根轨迹法校正就是迫使被校正系统的根轨迹通过希望的主导极点。具体步骤是：首先，按照性能指标对超调量的要求，由公式 $\sigma_p = e^{-\frac{\zeta}{\sqrt{1-\zeta^2}}\pi} \times 100\%$ 找出相应的阻尼比 ζ，再根据允许的调节时间，由式 $t_s = \frac{4}{\zeta\omega_n}$ ($\Delta = 0.02$)或 $t_s = \frac{3}{\zeta\omega_n}$ ($\Delta = 0.05$)找 $\zeta\omega_n$，即确定极点的实部，这样就确定了希望主导极点在 s 平面上的分布区域，如图6.34所示的阴影区。由上面的分析可以看出，在 s 左半平面内，主导极点离虚轴越远，则超调量越小，过渡过程越快，即动态性能越好。但对于实际的物理系统，并不是主导极点离虚轴越远越好。一方面，由于系统的快速响应是靠增大误差信号对系统实行强激而获得的，过分的强激会使系统的元部件饱和，出现非线性，甚至使元部件遭受损坏。另一方面，系统反应迅速说明系统的频带宽，而过宽的频带也会降低系统的信噪比。所以我们通常将希望主导极点设置在容许区内、距虚轴不太远的地方。这种方法对于标准二阶系统(无闭环零点的二阶振荡系统)是准确的，而对于具有一对主导复极点的高阶系统是近似的，因为在高阶系统中还有非主导极点和闭环零点。因此根据实践经验，对于高阶系统，在初步确定希望主导极点时，要充分考虑到非主导极点和闭环零点对系统性能的影响。一般来说，如果非主导极点比闭环零点更接近虚轴，则应在调节时间上留有余量。相反，如果闭环非主导极点比闭环零点更远离虚轴，则应在超调量上留有余量。

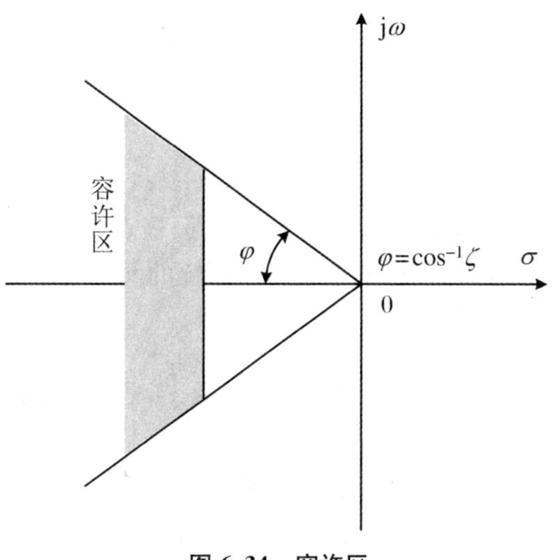

图6.34　容许区

下面具体介绍采用根轨迹的校正方法。

6.7.1　串联超前校正

已知超前校正网络的传递函数为

$$G_c(s) = \frac{\alpha Ts + 1}{Ts + 1} \quad (\alpha > 1)$$

其零、极点为 $Z_c = -\frac{1}{\alpha T}, P_c = -\frac{1}{T}$。把它串联到广义对象 $G_0(s)$ 上，对未校正系统的根轨迹产生如下影响：

(1) 渐近线向左移动有助于改善系统的动态性能；

(2) 改变根轨迹的分布，把超前校正装置的零、极点分布得合适，有助于改善系统的动态性能。

根据系统的动态性能指标 σ_p 和 t_s，计算出无零点二阶系统的阻尼比 ζ 和无阻尼自振角频率 ω_n，于是闭环希望极点为

$$s_{d1,2} = -\zeta\omega_n \pm j\omega_n\sqrt{1-\zeta^2}$$

一般情况下，以开环增益参数 k 为变量的未校正系统的根轨迹不通过闭环希望极点，即

$$\angle G_0(s_d) \neq \pm 180^\circ$$

设计一个超前校正网络 $G_c(s)$，使校正后系统根轨迹通过闭环希望极点，于是

$$\angle G_0(s_d) + \angle G_c(s_d) = \pm 180^\circ$$

或

$$\angle G_c(s_d) = \theta = \pm 180^\circ - \angle G_0(s_d)$$

可见，只要把超前校正装置的零、极点布置得适当，就可以提供上述方程给出的角度 θ。

例 6.8 已知单位反馈系统的前向通道的传递函数为

$$G_0(s) = \frac{k}{s(s+2)}$$

试设计一超前校正装置，使系统具有如下性能指标：阻尼比 $\zeta = 0.5$；无阻尼自振角频率 $\omega_n = 4$ rad/s；开环速度增益 $k_v = 5\ \mathrm{s}^{-1}$。

解 (1) 根据性能指标要求，确定希望闭环主导极点。

由给定的阻尼比 ζ 和无阻尼自振角频率 ω_n，确定闭环希望主导极点为

$$s_{1,2} = -\zeta\omega_n \pm j\omega_n\sqrt{1-\zeta^2}$$
$$= -2 \pm j2\sqrt{3}$$

s_1, s_2 示于图 6.35 中（分别以 S_1, S_2 表示），图中 $\cos\theta = 0.5$，$\theta = 60^\circ$。

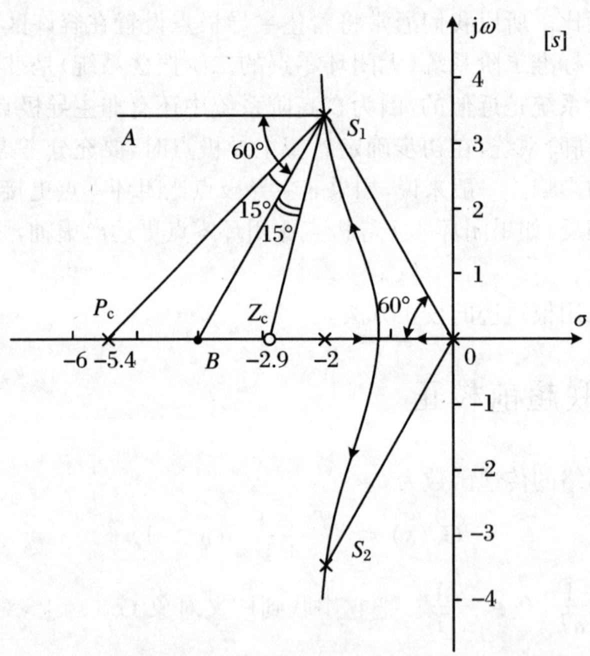

图 6.35 系统的超前校正的根轨迹

(2) 确定超前校正装置应提供的相角。

为使闭环希望主导极点 s_1 位于根轨迹上，s_1 点应满足相角条件，即

$$\angle G_0(s_1) + \angle G_c(s_1) = \pm 180^\circ + i360^\circ \quad (i = 0,1,2,\cdots)$$

由此求得超前校正装置应提供的超前相角为

$$\varphi = \angle G_c(s_1) = \pm 180^\circ + i360^\circ - \angle G_0(s_1) \quad (i = 0,1,2,\cdots)$$

$$= -180^\circ - (-120^\circ - 90^\circ)$$
$$= 30^\circ$$

(3) 确定超前校正装置的零、极点 Z_c，P_c 的图解方法。

如图 6.35 所示，过已确定的闭环主导极点 S_1 作水平线 S_1A，作$\angle OS_1A$ 的角平分线 S_1B，在直线 S_1B 两侧各作夹角为$\frac{\varphi}{2}$的两条直线 S_1P_c 和 S_1Z_c，交负实轴的 P_c 点和 Z_c 点便是超前校正装置的极点和零点。从图 6.35 中得：$P_c = -5.4$，$Z_c = -2.9$。于是得超前校正装置的传递函数为

$$G_c(s) = \frac{s + 2.9}{s + 5.4}$$

校正后系统的开环传递函数为

$$G(s) = \frac{k(s + 2.9)}{s(s + 2)(s + 5.4)}$$

(4) 确定校正后系统的开环速度增益。

校正后系统的根轨迹如图 6.35 所示。根据绘制根轨迹的幅值条件有

$$\frac{k \mid s_1 + 2.9 \mid}{\mid s_1 \mid \cdot \mid s_1 + 2 \mid \cdot \mid s_1 + 5.4 \mid} = 1$$

解得

$$k = 18.7$$

于是，开环速度增益为

$$k_v = \lim_{s \to 0} sG_0(s)G_c(s) = 5.01\ \mathrm{s}^{-1}$$

(5) 确定第三个闭环极点。

校正后系统的两个闭环极点为 $s_{1,2} = -2 \pm \mathrm{j}2\sqrt{3}$，第三个闭环极点可根据绘制根轨迹法则 9(闭环极点的和与特征方程系数的关系)来求取，系统的特征方程为

$$s^3 + 7.4s^2 + 29.5s + 54.2 = (s - s_1)(s - s_2)(s - s_3) = 0$$

所以

$$s_1 + s_2 + s_3 = (-2 + \mathrm{j}2\sqrt{3}) + (-2 - \mathrm{j}2\sqrt{3}) + s_3 = -7.4$$

解得

$$s_3 = -3.4$$

上述校正方法使我们能够将闭环主导极点置于复平面上希望极点的位置上。第三个极点 P_3 与增加的零点 $Z_c = -2.9$ 靠得很近，因此这个极点对系统动态响应的影响相当小，所以我们可以断定，上述设计是满足要求的。

如果 θ 角度很大或原系统具有多个接近原点的开环实数极点，又或具有离虚轴较近的开环复数极点，则均不宜采用单极超前网络进行校正。

6.7.2　串联滞后校正

当系统的动态响应性能满足要求，但稳态精度较差时，可以利用串联滞后校正以增大系统的开环增益。

已知滞后校正网络的传递函数为

$$G_c(s)=\frac{\beta Ts+1}{Ts+1}\quad(\beta<1)$$

其零、极点为 $Z_c=-\frac{1}{\beta T}$，$P_c=-\frac{1}{T}$。为了不影响或不明显影响系统的动态性能，校正后系统根轨迹的主要分支仍通过(或接近)闭环希望极点。为了改善系统的稳态性能，其开环增益应根据需要有明显增加。

为了避免根轨迹的显著变化，滞后网络产生的滞后相角应当限制在不大的角度范围内，比如说在5°范围内。为此，使滞后网络的极点和零点紧靠在一起，并且使它们靠近 s 平面的原点。这样，已校正系统的闭环极点将与它们的原有位置略有偏离，因而系统的动态特性将基本上保持不变。

显然，如果使滞后校正网络的极点和零点彼此靠得很近，滞后校正网络的零、极点对主导极点产生的影响可限制相角在5°左右。经校正后，系统允许的开环增益可提高到 $\frac{1}{\beta}=\frac{Z_c}{P_c}$ 倍。

例 6.9 已知单位反馈系统的前向通道传递函数为

$$G_0(s)=\frac{k}{s(s+1)(s+4)}$$

试设计一滞后校正装置，使系统具有如下性能指标：阻尼比 $\zeta=0.5$；调节时间 $t_s=12\ \mathrm{s}$；开环速度增益 $k_v\geqslant 5\ \mathrm{s}^{-1}$。

解 (1) 作出未校正系统的根轨迹，如图6.36中实线所示。

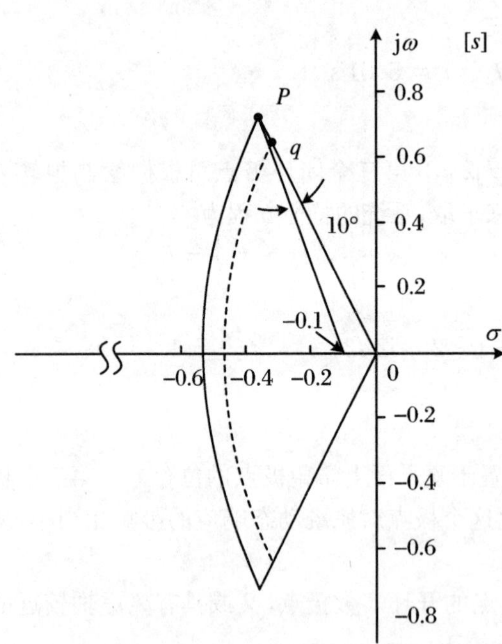

图 6.36 串联滞后校正系统的根轨迹

(2) 由给定的动态性能指标和第3章给出的近似计算公式，可求出无阻尼自振角频率为

$$\omega_n=\frac{4}{\zeta t_s}=\frac{4}{0.5\times 10}=0.8\ \mathrm{rad/s}\quad(\Delta=0.02)$$

考虑校正后根轨迹稍偏离原有位置，故留有余量，t_s 取 10 s。由 ω_n 及 ζ 可确定希望主导极点 P 的位置，即

$$s_{d1,2}=-\zeta\omega_n\pm j\omega_n\sqrt{1-\zeta^2}=-0.4\pm j0.7$$

(3) 由 P 点到原点及 $(-1,j0)$，$(-4,j0)$ 点的距离，可求得未校正系统在 P 点的参变量 k 的增益为

$$k_{P_0}=0.8\times 0.9\times 3.7=2.66$$

未校正系统在 P 点的开环增益为

$$k_{v0}=\frac{k_{v0}}{1\times 4}=\frac{2.66}{1\times 4}=0.665$$

显然不满足要求，采用串联滞后校正，并取

$$\frac{1}{\beta}=\frac{k_v}{k_{v0}}=\frac{5}{0.665}=7.5$$

$\beta=0.13$，取 $\beta=0.1$，以便留有余地。

(4) 从 P 点作射线,使其与 PO 的夹角为 10°,此线与负实轴的交点为 $Z_c=-0.1$,此即校正网络零点的坐标位置。校正网络极点的坐标是

$$P_c=\beta Z_c=-0.01$$

校正网络的传递函数则为

$$G_c(s)=\frac{s-Z_c}{s-P_c}=\frac{10(10s+1)}{100s+1}$$

(5) 校正后系统的开环传递函数为

$$G(s)=\frac{k(s+0.1)}{s(s+1)(s+4)(s+0.01)}$$

对应的根轨迹如图6.36中虚线所示。由图可知,若保持 $\zeta=0.5$ 不变,则主导极点的位置略有变化,即由 P 点变到 q 点。相应的参变量 k 的增益变为 $k_{q0}=2.2$,开环增益变为

$$k_{v0}=\frac{k_{q0}\prod_{j=1}^{m}(-Z_j)}{\prod_{i=2}^{n}(-P_i)}=\frac{2.2\times0.1}{4\times0.01}=5.5\ \text{s}^{-1}$$

满足要求。

校正后 ω_n 从0.8减到0.7,则

$$t_s=\frac{4}{\zeta\omega_n}=\frac{4}{0.5\times0.7}=11.43\ \text{s}<12\ \text{s}\quad(\Delta=0.02)$$

满足要求。

应当指出,采用串联滞后校正,只能使根轨迹右移,而不会左移。因此,校正后系统可能具有的最小调节时间被校正前系统的调节时间所限制,它们都不应该大于指标中所要求的调节时间 t_s,若这一条件不满足,则不能单独采用串联滞后校正。

6.7.3 串联滞后-超前校正

从上述分析可以看出,超前校正主要用来改善系统的动态性能,滞后校正主要用来改善系统的稳态性能而使原系统的动态性能几乎不变。当系统的动态性能和稳态性能均不满足要求时,通常要采用滞后-超前校正。

滞后-超前校正网络的传递函数为

$$G_c(s)=G_{c1}(s)G_{c2}(s)=\frac{\beta T_1s+1}{T_1s+1}\cdot\frac{\alpha T_2s+1}{T_2s+1}\quad(\beta<1,\alpha>1)$$

其中,$T_1>T_2$。$G_{c2}(s)$产生超前相角 θ_2,使根轨迹向左弯曲,用以改善系统的动态性能;$G_{c1}(s)$产生滞后相角 θ_1,使根轨迹向右弯曲,用以改善系统的稳态性能。为了减小 $G_{c1}(s)$ 对根轨迹的不利影响,Z_{c1} 和 P_{c1} 应近似为一对偶极子,并且靠近原点;通常要求 $\theta_1<30^\circ$。

滞后-超前校正的步骤是:先设计超前部分 $G_{c2}(s)$,当 Z_{c2} 和 P_{c2} 确定以后,就可以求出希望主导极点处的参变量 k 和开环增益,即求出为了满足稳态性能而对 β 值的要求,然后根据 β 值来设计滞后部分 $G_{c1}(s)$。

例6.10 设一控制系统方框图如图6.37所示。其前向通道传递函数为

$$G_0(s)=\frac{k}{s(s+1)(s+7)}$$

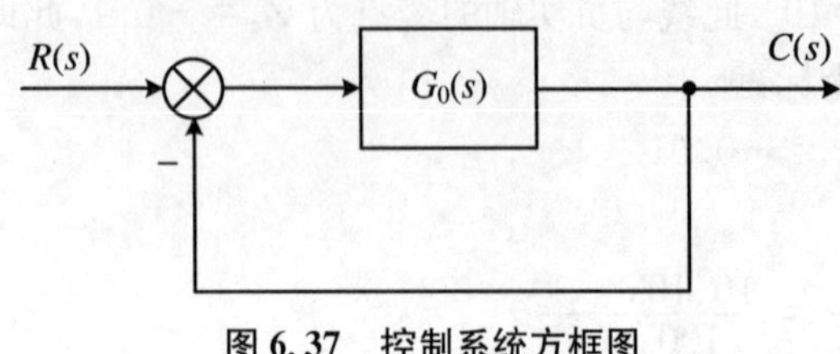

图 6.37　控制系统方框图

试设计一滞后-超前校正装置，使系统具有如下性能指标：阻尼比 $\zeta=0.5$；无阻尼自振角频率 $\omega_n=2\ \text{rad/s}$；开环速度增益 $k_v\geqslant 5\ \text{s}^{-1}$。

解　(1) 确定超前校正部分 $G_{c2}(s)$。

按所给的动态性能指标可得知希望闭环主导极点为

$$s_{d1,2}=-\zeta\omega_n\pm j\omega_n\sqrt{1-\zeta^2}=-1\pm j1.73$$

取

$$P=-1+j1.73$$

由前述知识可求得超前校正应提供的超前角为

$$\begin{aligned}\theta_2&=-180^\circ-\angle\frac{k}{s(s+1)(s+7)}\bigg|_{s=-1+j1.73}\\&=-180^\circ-(-226^\circ)\\&=46^\circ\end{aligned}$$

校正前，系统的一个开环极点位于$(-1,j0)$点，若令 $Z_{c2}=-1$，则可以对消这一开环极点，这样有利于系统的动态性能。连接 PZ_{c2}，作$\angle Z_{c2}PP_{c2}=46^\circ$，这样得到与负实轴的交点 $P_{c2}=-3$，故

$$G_{c2}(s)=\frac{s+1}{s+3}$$

(2) 确定 β。

超前校正后系统的开环传递函数变为

$$G_0(s)G_{c2}(s)=\frac{k}{s(s+3)(s+7)}$$

求出分离点为

$$a=-1.33$$

其根轨迹如图 6.38 所示。P 点对应的参变量 k 的增益 $k_P=33$，开环放大倍数为

$$k_{v2}=\frac{k_P}{3\times 7}=1.57$$

与给定的指标相比，滞后校正部分应使开环放大倍数增加的倍数为

$$\frac{1}{\beta}=\frac{k_v}{k_{v2}}=\frac{5}{1.57}=3.18$$

为留有余地，取$\frac{1}{\beta}=4$。

(3) 确定滞后校正部分 $G_{c1}(s)$。

过 P 点作一条与 PO 夹角等于 10° 的射线，与负实轴交于 $Z_{c1}=-0.24$，有

$$P_{c1}=\beta Z_{c1}=-0.06$$

所以

$$G_{c1}(s)=\frac{s+0.24}{s+0.06}$$

校正后系统的开环传递函数为

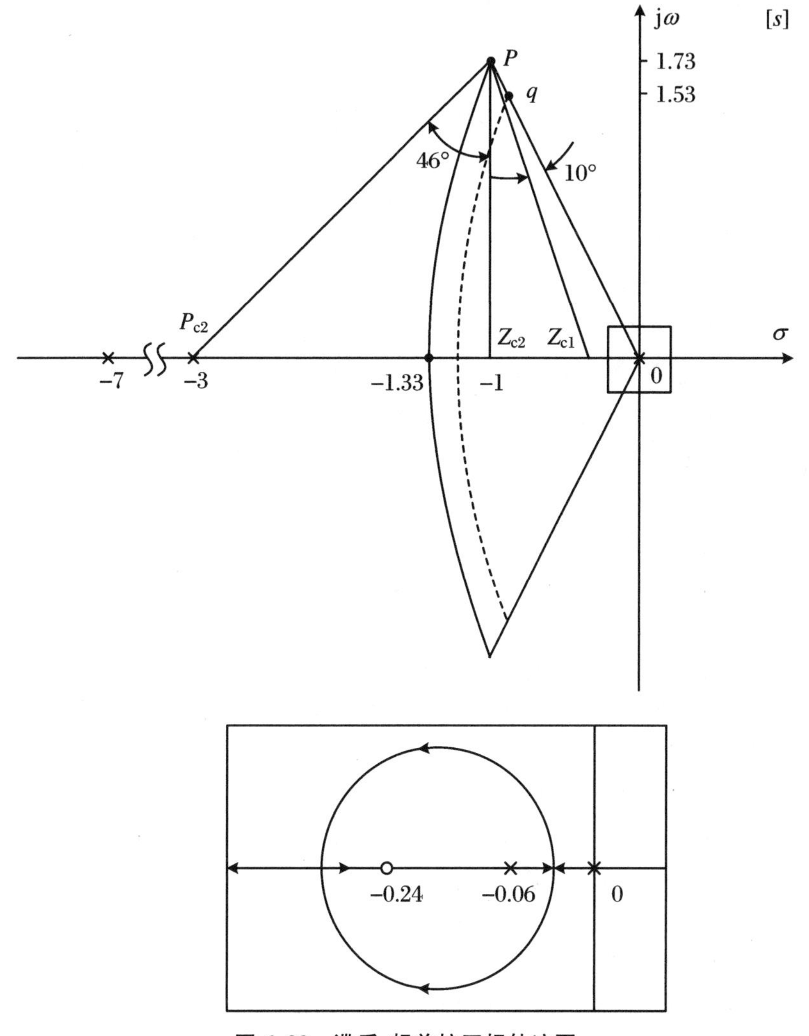

图 6.38　滞后-超前校正根轨迹图

$$G(s) = \frac{k(s+0.24)}{s(s+0.06)(s+3)(s+7)}$$

(4) 绘制校正后系统的根轨迹。

校正后系统的根轨迹图如图 6.38 所示。图中虚线为根轨迹的主要分支,它与等阻尼 ζ 的交点为

$$q = -0.88 + \mathrm{j}1.53$$

校正后,在 q 点的参变量增益为 $k = 30.47$。于是校正后系统的开环放大倍数为

$$k_{\mathrm{v}} = \frac{30.47 \times 0.24}{0.06 \times 3 \times 7} = 5.8\ \mathrm{s}^{-1}$$

满足性能指标要求。

设计局部反馈校正装置使用根轨迹法比较麻烦,远不及用频域分析法那样简便有效,因为要绘制多次参变量根轨迹,故不再介绍。

对于比较复杂或性能指标要求较高的系统,单独采用串联校正或反馈校正都不能满足系统的设计要求,因此对这类系统要同时采用串联校正和反馈校正。关于串联校正和反馈校正,在前面已进行了详细讨论,加之课程设计中还有这方面的实例,故不赘述。

小　结

为了改善控制系统的性能,常需对控制系统进行校正。本章阐述了系统的基本控制规律及校正的原理和方法,其主要内容如下。

(1) 线性系统的基本控制规律有比例控制、微分控制和积分控制。应用这些基本的控制规律组合构成校正装置,附加在系统中,可以对系统进行校正,从而改善系统的性能。

(2) 无论用何种方法去设计校正装置,都表现为修改描述系统运动规律的数学模型的过程,利用根轨迹法设计校正装置实质上是实现系统的极点配置,利用频域分析法设计校正装置则是实现系统滤波特性的匹配。

(3) 根据校正装置在系统中的位置划分,有串联校正和反馈校正(并联校正);根据校正装置的构成元件划分,有无源校正和有源校正;根据校正装置的特性划分,有超前校正和滞后校正。

(4) 串联校正装置(特别是有源校正装置)设计比较简单,也容易实现,应用广泛。但在某些情况下,当必须改造未校正系统的某一部分特性方能满足性能指标要求时,应采用反馈校正。

(5) 由于运算放大器性能高(输入阻抗及增益极高,输出阻抗极低)且价格低廉,用它做成的校正装置性能优越,故串联校正几乎全部采用有源校正装置。反馈校正的信号是从高功率点(相应地,输出阻抗低)传向低功率点(相应地,输入阻抗高),往往采用无源校正装置。

(6) 超前校正装置具有相位超前和高通滤波器特性,能提供微分控制功能去改善系统的暂态性能,但同时又使系统对噪声敏感;滞后校正装置具有相位滞后和低通滤波器特性,能提供积分控制功能去改善系统的稳态性能并抑制噪声的影响,但系统的带宽受到限制,减缓了响应的速度。所以,在带宽容许的情况下,采用滞后校正能有效地改善系统的性能。

(7) 本章主要介绍用频域分析法设计系统校正装置及设计的依据和过程,并用精练的实例说明如何简化数学模型和确定预期特性。

(8) MATLAB 是一个对控制系统进行理论分析与综合设计的极为有用的工具。利用 MATLAB 控制系统工具箱,能方便、直观地分析和比较线性系统校正前、校正后的频域和时域特性。应掌握并熟练运用 MATLAB 对系统进行综合校正。

习　题

6.1　已知单位反馈系统的开环传递函数为

$$G(s)=\frac{200}{s(0.1s+1)}$$

试设计串联超前校正环节,使系统的相角裕度不小于 45°,剪切频率不低于 50 rad/s。

6.2　已知单位反馈系统的开环传递函数为

$$G(s)=\frac{k}{s(s/100+1)}$$

试设计串联超前校正环节，使系统的开环速度增益 $k_v \geqslant 100\ \mathrm{s}^{-1}$，相角裕度 $\gamma \geqslant 50^\circ$。

6.3　已知单火炮指挥仪随动系统方框图如图6.39所示，其开环传递函数为

$$G(s)=\frac{k}{s(0.2s+1)(0.5s+1)}$$

系统最大输出速度为 2 rad/min，输出位置的允许误差小于 2°。

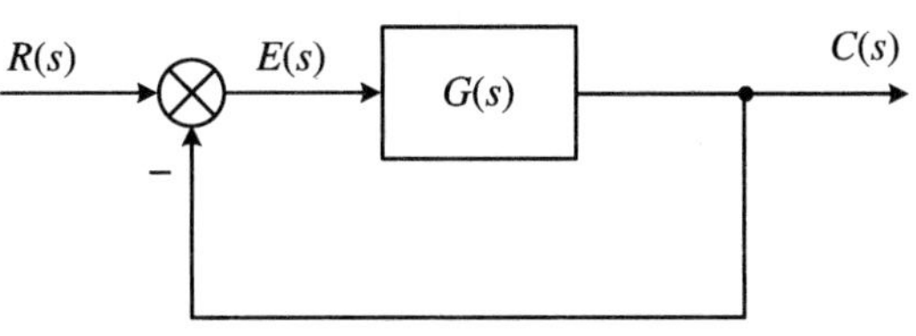

图6.39　单火炮指挥仪随动系统方框图

(1) 确定满足上述指标的最小 k 值，计算该 k 值下的相角裕度和幅值裕度。

(2) 在前向通道中串联超前校正环节 $G_c(s)=\frac{0.4s+1}{0.8s+1}$，计算校正后系统的相角裕度和幅值裕度，并说明超前校正对系统动态性能的影响。

6.4　阿波罗2号飞船的姿态控制系统方框图如图6.40所示。已知惯量 $J=0.25\ \mathrm{kg\cdot m^2}$，试确定串联超前校正环节 $G_c(s)$ 的参数，使系统的相位交接频率为 6 rad/s，相角裕度为 60°。

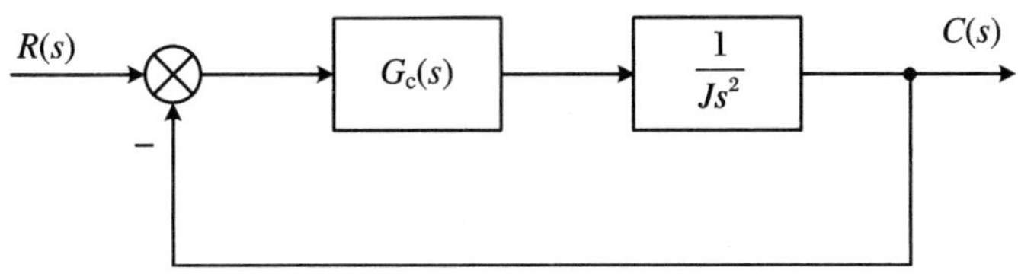

图6.40　姿态控制系统方框图

6.5　已知单位反馈系统的开环传递函数为

$$G(s)=\frac{15(s+1)}{s^2(0.1s+1)}$$

要求闭环主导极点具有的阻尼比等于0.75，试确定串联超前校正环节 $G_c(s)$ 的参数。

6.6　已知单位反馈系统的开环传递函数为

$$G(s)=\frac{k}{s(0.05s+1)(0.2s+1)}$$

试确定串联超前校正环节 $G_c(s)$，使校正后系统开环增益不小于 $12\ \mathrm{s}^{-1}$，最大超调量小于30%，调节时间小于3 s。

6.7　已知单位反馈系统的开环传递函数为

$$G(s)=\frac{4}{s(2s+1)}$$

试确定串联滞后校正环节 $G_c(s)$，使系统的相角裕度 $\gamma \geqslant 40^\circ$，并保持原有的开环增益不变。

6.8　已知单位反馈系统的开环传递函数为

$$G(s)=\frac{k}{s(0.5s+1)}$$

试确定串联滞后校正环节 $G_c(s)$，使系统的速度误差系数为 $20\ \mathrm{s}^{-1}$，相角裕度不小于 45°，幅

值裕度不小于 10 dB。

6.9 已知单位反馈系统的开环传递函数为

$$G(s)=\frac{k}{s(s+1)(0.2s+1)}$$

试确定串联滞后校正环节 $G_c(s)$，使系统的开环增益 $k_v=8\ s^{-1}$，相角裕度不小于 40°。

6.10 设控制系统方框图如图 6.41 所示。要求系统的相对谐振峰值 $M_r=1.3$，试确定前置放大器的增益 k，以及要求 $M_r=1.3$ 且开环增益 $k_v\geqslant 4\ s^{-1}$，试确定串联滞后校正环节的参数。

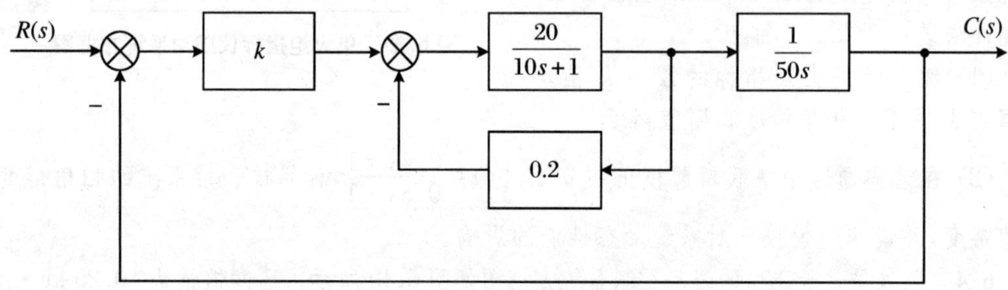

图 6.41 控制系统方框图

6.11 设单位反馈系统的开环传递函数为

$$G(s)=\frac{k}{s(0.04s+1)}$$

要求系统响应匀速信号的稳态误差 $e_{ss}\leqslant 1\%$ 且相角裕度 $\gamma\geqslant 45^\circ$，试确定串联滞后校正环节的参数。

6.12 设某单位反馈系统的开环传递函数为

$$G(s)=\frac{k}{s(0.5s+1)(s+1)}$$

要求系统的开环速度增益 $k_v\geqslant 5\ s^{-1}$ 且相角裕度 $\gamma\geqslant 38^\circ$，试确定串联滞后校正环节的传递函数。

6.13 设某单位反馈系统的开环传递函数为

$$G(s)=\frac{k}{s(0.5s+1)(0.1s+1)(0.25s+1)}$$

要求系统的开环速度增益 $k_v\geqslant 12\ s^{-1}$，最大超调量 $\sigma_p\leqslant 30\%$，调节时间 $t_s<3\ s(\Delta=5\%)$，试确定串联滞后校正环节的传递函数。

6.14 已知某随动系统方框图如图 6.42 所示，其中 $T_m=0.8\ s$，$T_L=0.005\ s$，试确定串联滞后-超前校正环节的传递函数 $G_c(s)$，使系统满足以下性能指标：

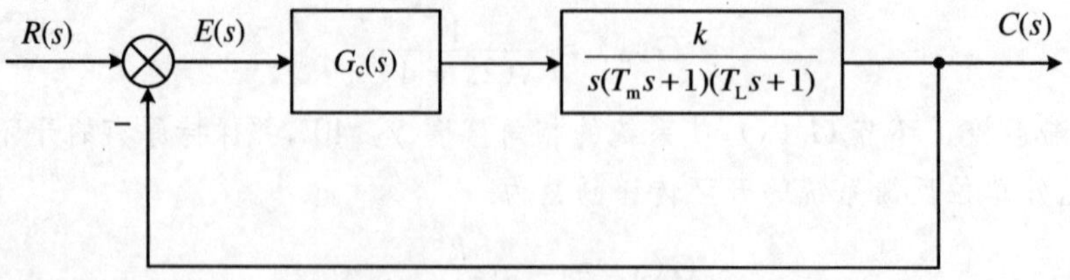

图 6.42 随动系统方框图

(1) 动态速度误差系数 $c_1 \geqslant 0.001\ \mathrm{s}$，动态加速度误差系数 $c_2 \geqslant 250\ \mathrm{s}^2$；

(2) 最大超调量 $\sigma_p \leqslant 30\%$；

(3) 调节时间 $t_s \leqslant 0.25\ \mathrm{s}(\Delta = 5\%)$。

6.15　已知单位反馈系统的开环传递函数为

$$G(s) = \frac{k}{s(0.1s + 1)(0.2s + 1)}$$

试确定串联滞后-超前校正环节的传递函数，使系统满足以下要求：

(1) 系统开环增益 $k_v \geqslant 30\ \mathrm{s}^{-1}$；

(2) 系统相角裕度 $\gamma \geqslant 45^\circ$；

(3) 系统截止频率 $\omega_b = 12\ \mathrm{rad/s}$。

6.16　若上题中要求：

(1) 系统响应匀速信号 $r(t) = t$ 的稳态误差 $e_{ss} = 0.01$；

(2) 系统的相角裕度 $\gamma \geqslant 40^\circ$。

试确定串联滞后-超前校正环节的传递函数。

6.17　已知单位反馈系统的开环传递函数为

$$G(s) = \frac{k}{s(s + 8)(s + 14)(s + 20)}$$

试确定串联滞后-超前校正环节的传递函数，使系统满足以下要求：

(1) 最大超调量 $\sigma_p \leqslant 5\%$；

(2) 从10%到90%的上升时间 $t_r \leqslant 0.15\ \mathrm{s}$；

(3) 稳态位置误差系数 $c_0 \geqslant 6$。

6.18　在采用直流他励电动机的角控制系统中，已知电枢电阻 $R_a = 2\ \Omega$，电机及负载的机电时间常数 $T = 10\ \mathrm{s}$，齿轮比 $i = 1:50$，系统方框图如图6.43所示。试确定串联滞后-超前校正环节的传递函数，使系统满足以下要求：

(1) $k_v \geqslant 4\ \mathrm{s}^{-1}$；

(2) $M_r = 1.3$。

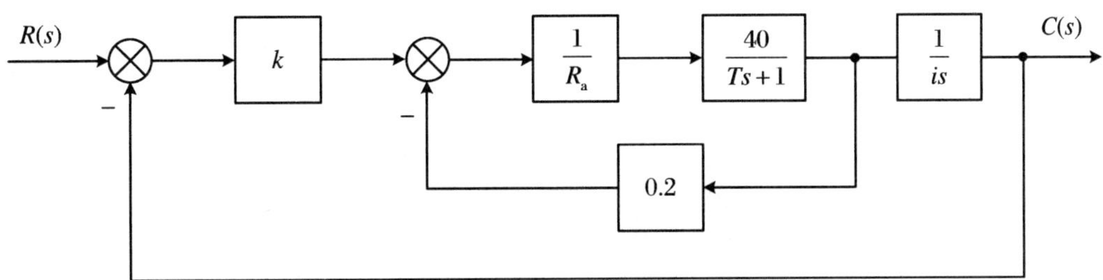

图6.43　直流他励电动机的角控制系统方框图

6.19　已知单位反馈系统的开环传递函数为

$$G(s) = \frac{10}{s(s + 1)}$$

试确定串联滞后-超前校正环节的传递函数，使系统满足以下要求：

(1) $\zeta = 0.7$；

(2) $t_s = 1.4\ \mathrm{s}(\Delta = 5\%)$；

(3) 速度误差系数 $c_1 = 2\ \mathrm{s}$。

6.20 图 6.44 给出一个随动系统，如果要求在最大输出速度 180°/s 下，允许稳态误差不超过 1°，并要求相角裕量 $\gamma \geqslant 45°$，剪切频率 $\omega_c = 3.5\ \mathrm{rad/s}$，试设计校正装置。

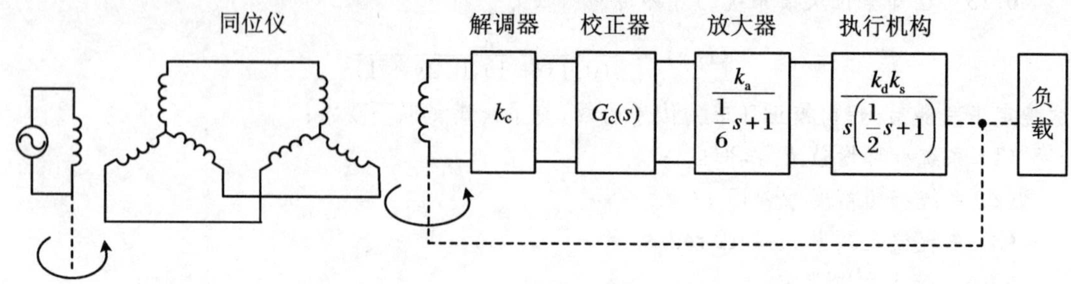

图 6.44 随动系统方框图

6.21 已知控制系统的方框图如图 6.45 所示。要求：

(1) 系统响应匀速输入 $\Omega_i = 110\ \mathrm{rad/s}$ 时的稳态误差 $e_{ss} = 0.25$；

(2) 系统相角裕度 $\gamma = 55°$。

试确定反馈校正参数 T 及 b。

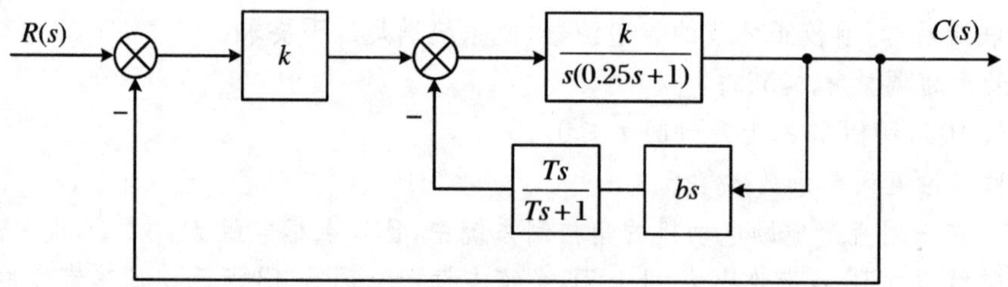

图 6.45 控制系统方框图

6.22 已知控制系统方框图如图 6.46 所示。要求：

(1) $k_v \geqslant 200\ \mathrm{s}^{-1}$；

(2) $\sigma_p \leqslant 30\%$；

(3) $t_s \leqslant 0.35\ \mathrm{s}(\Delta = 5\%)$。

试确定反馈环节的传递函数。

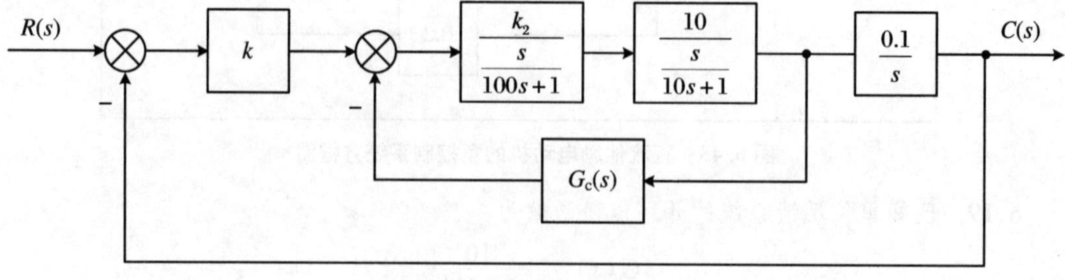

图 6.46 控制系统方框图

6.23 设某系统方框图如图 6.47 所示，要求系统能够满足下列性能指标：

(1) 闭环极点的阻尼比等于 0.5；

(2) $t_s \leqslant 2\ \mathrm{s}$；

(3) $k_v \geqslant 50\ \mathrm{s}^{-1}$；

(4) $0.4 < k_n < 1$。

试确定反馈环节的参数 k_n。

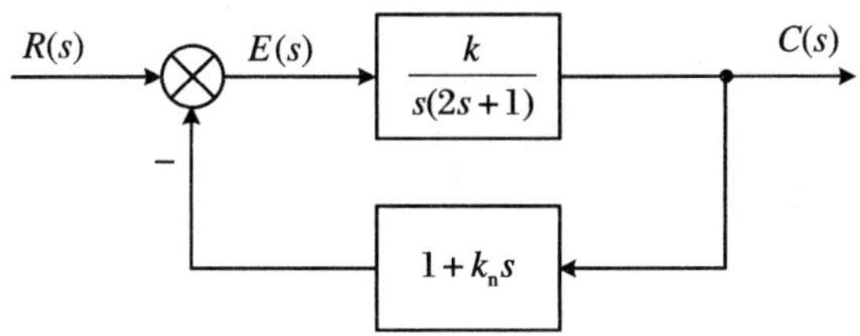

图 6.47　控制系统方框图

6.24　已知控制系统方框图如图 6.48 所示。要求：

(1) 动态速度误差系数 $c_1 \geqslant 0.001\ \mathrm{s}$；

(2) 动态加速度误差系数 $c_2 \geqslant 250\ \mathrm{s}^2$；

(3) $\sigma_p \leqslant 30\%$；

(4) $t_s \leqslant 0.25\ \mathrm{s}(\Delta = 5\%)$。

试确定反馈环节的参数 k_c。

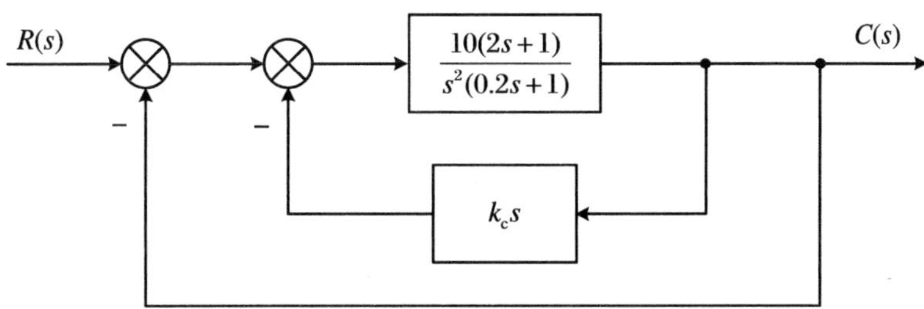

图 6.48　控制系统方框图

6.25　已知控制系统方框图如图 6.49 所示。要求：

(1) $\zeta = 0.7$；

(2) $t_s = 1.4\ \mathrm{s}(\Delta = 5\%)$；

(3) $k_v = 2\ \mathrm{s}^{-1}$。

试利用根轨迹法，确定超前校正环节的传递函数。

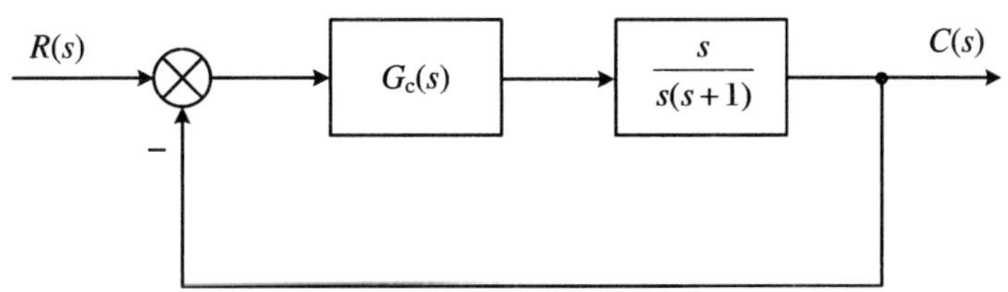

图 6.49　控制系统方框图

6.26　已知单位反馈系统的开环传递函数为

$$G(s) = \frac{k}{s(s+1)(s+2)(s+3)}$$

为使系统闭环主导极点的阻尼比 $\zeta = 0.5$，试确定 k 值。

6.27 已知单位负反馈系统方框图如图 6.50 所示。要求：

(1) $\zeta=0.5$；

(2) $\omega_n=10\ \text{rad/s}$。

试利用根轨迹法确定 k,T_1,T_2。

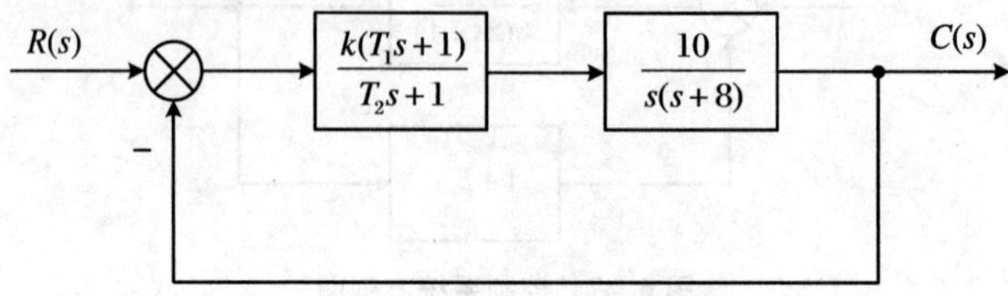

图 6.50 单位反负馈系统方框图

第 7 章　非线性控制系统分析

在前面各章中，我们详细讨论了线性定常控制系统的分析和设计问题。事实上，实际的自动控制系统，严格地说均不属于线性系统，而用线性方法来研究实际控制系统往往只是近似的。当实际的系统接近于线性系统或者在某一范围内及某一限定条件下可以视为线性系统时，用线性方法研究控制系统是很有实际价值和意义的。

但是，对于非线性程度比较严重，且系统工作范围较大的非线性系统，线性化是不可能的，这些非线性系统称为“本质非线性”。具有本质非线性的系统，必须按照非线性系统的理论来分析、研究。对非线性控制系统的研究，已取得一些明显的进展。主要的分析方法有：相平面法、李雅普诺夫法和描述函数法等。这些方法都已经被广泛用来解决实际的非线性系统问题。但是它们都有一定的局限性，都不能成为分析非线性系统的通用方法。非线性控制系统理论目前仍处于发展阶段，远非完善，很多问题都还有待研究解决，领域十分宽广。非线性控制理论作为很有前途的控制理论，将成为 21 世纪控制理论的主旋律，为人类社会提供更先进的控制系统，使自动化水平有更大的飞越。

本章非线性系统的研究，主要内容是稳定性、自激振荡和利用非线性改善系统性能。常用的方法有相平面法、描述函数法和计算机仿真等。

7.1　非线性控制系统一般分析

凡是输入和输出信号的静特性不是按线性规律变化的环节，均称为非线性静特性环节。构成系统的环节中有一个或一个以上的非线性静特性时，即称此系统为非线性系统。

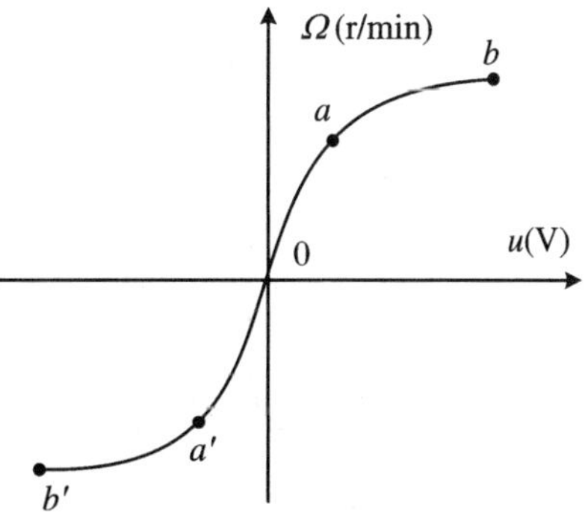

图 7.1　伺服电机的控制特性

图 7.1 所示的伺服电机的控制特性就是非线性系统中的一例。图中 u 为伺服电机的控制电压，单位为 V；Ω 为伺服电机输出轴的角速度，单位为 r/min。如果工作范围取在 aa' 段，该伺服电机的控制特性就可当作线性关系来对待；如果工作在 bb' 段，其静特性有明显的非线性，则其控制特性就不能再作为线性关系来处理。否则，就不能反映系统的实际情况。所以，研究非线性工作状态下系统的工作特点和分析方法是很有必要的。

一般地，非线性系统的数学模型可以表示为

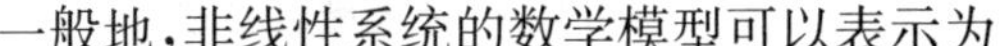

$$f\left(t,\frac{\mathrm{d}^n c}{\mathrm{d}t^n},\frac{\mathrm{d}^{n-1} c}{\mathrm{d}t^{n-1}},\cdots,\frac{\mathrm{d}c}{\mathrm{d}t},c\right)=g\left(t,\frac{\mathrm{d}^m r}{\mathrm{d}t^m},\frac{\mathrm{d}^{m-1} r}{\mathrm{d}t^{m-1}},\cdots,\frac{\mathrm{d}r}{\mathrm{d}t},r\right)$$

其中，$f(\cdot)$和$g(\cdot)$为非线性函数。

7.1.1 典型的非线性特性

在实际系统中常见的非线性特性有饱和、不灵敏区、间隙和继电器特性等。下面从物理概念出发，对上述非线性特性进行定性的分析和简单说明。虽然这种方式不够严谨，但所得结论对工程实践具有一定的参考价值。

1. 饱和特性

许多元件都具有饱和特性，在铁磁元件及各种放大器中都存在。饱和非线性的静特性如图7.2所示，图中$e(t)$为非线性元件的输入信号，$x(t)$为非线性元件的输出信号，其数学表达式为

$$x(t)=\begin{cases}ke(t) & (|e(t)|\leqslant a)\\ ka\,\mathrm{sgn}\,e(t) & (|e(t)|>a)\end{cases}\tag{7.1}$$

$$\mathrm{sgn}\,e(t)=\begin{cases}+1 & (e(t)>0)\\ -1 & (e(t)<0)\end{cases}$$

式中，a为线性宽度；k为线性区斜率。当输入信号较小时($|e(t)|\leqslant a$)，输出与输入是线性关系；当输入信号大于一定数值时($|e(t)|>a$)，输出将保持不变，出现所谓的饱和现象。饱和现象的出现，使系统在大信号作用之下的等效增益降低，使系统的稳态性能、快速性等变差，深度饱和情况下，甚至使系统丧失控制作用。但饱和非线性并非只给系统带来不利影响，有些系统有目的地利用饱和特性作信号限幅，如限制功率、电压、电流、行程等，以保证系统或元部件能在额定和安全情况下运行。

2. 不灵敏区特性

不灵敏区又称死区，常见于一些测量元件、变换部件和各种放大器。作为执行元件的电动机，由于轴上有静摩擦，故加给电枢的电压必须达到某一数值，即所谓空载启动电压，电机才能开始转动。这个空载启动电压就是电动机的不灵敏区。不灵敏区非线性的静特性如图7.3所示。其数学表达式为

$$x(t)=\begin{cases}0 & (|e(t)|\leqslant a)\\ k[e(t)-a\,\mathrm{sgn}\,e(t)] & (|e(t)|>a)\end{cases}\tag{7.2}$$

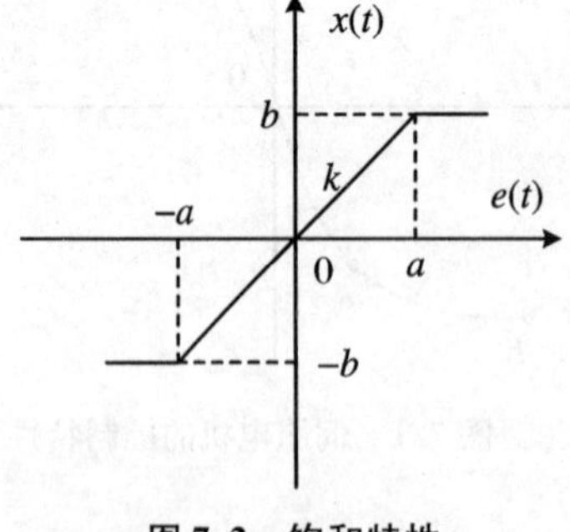

图7.2 饱和特性

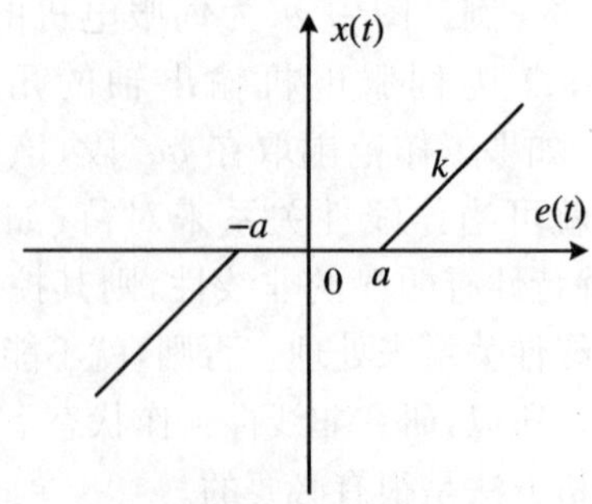

图7.3 不灵敏区特性

当输入信号较小时($|e(t)|\leqslant a$)，元件或环节无输出；当输入信号大于一定数值时

$(|e(t)|>a)$，输出与输入是线性关系。控制系统中存在不灵敏区特性，将会产生静态误差，影响控制系统精度。其中，测量之中的不灵敏区最应引起重视。此外，控制系统的干摩擦特性将造成系统运行不平滑，甚至抖动，致使随动系统在低速下不能准确跟踪。

3. 间隙特性

在机械传动中，由于加工精度的限制及运动部件相互配合的需要，总会有一些间隙存在。例如齿轮传动，为了保证传动灵活，不发生卡死现象，是必须容许有少量间隙存在的，但间隙量不应过大。另外，铁磁元件中磁滞现象也是一种间隙特性。间隙非线性的静特性如图 7.4 所示，其数学表达式为

$$x(t)=\begin{cases}k[e(t)-\varepsilon\operatorname{sgn}e(t)] & (\dot{x}\neq 0)\\ b\operatorname{sgn}e(t) & (\dot{x}=0)\end{cases}\tag{7.3}$$

可见，2ε 为间隙宽度，k 为间隙特性斜率。间隙特性具有这样的特点：当输入 $e(t)=0$ 时，输出 $x(t)$也等于零；只要输入 $e(t)$大于空程 $\pm\varepsilon$ 之后，输出就与输入一直维持线性关系；当输入信号 $e(t)$开始反向时，仍然保持原来输出的最大值；直到输入信号 $e(t)$克服了 2 倍的空程 2ε 后，输出 $x(t)$才开始反向；然后输出与输入仍然保持线性关系。可见，间隙特性的最大特点就是输入反向时，需要克服 2 倍空程后输出才开始反向。

控制系统中有间隙特性存在时，将使系统输出信号在相位上产生滞后，从而使系统的稳定裕度减小，动态特性变差。间隙特性的存在往往是系统产生自持振荡的主要原因。

4. 继电器特性

继电器非线性的静特性的一般情况如图 7.5 所示。其数学表达式为

$$x(t)=\begin{cases}0 & (-ma<e(t)<a,\dot{e}(t)>0)\\ 0 & (-a<e(t)<ma,\dot{e}(t)<0)\\ b\operatorname{sgn}e(t) & (|e(t)|\geqslant a)\\ b & (e(t)\geqslant ma,\dot{e}(t)<0)\\ -b & (e(t)\leqslant -ma,\dot{e}(t)>0)\end{cases}\tag{7.4}$$

式中，a 为继电器吸上电压；ma 为继电器释放电压；b 为饱和输出。

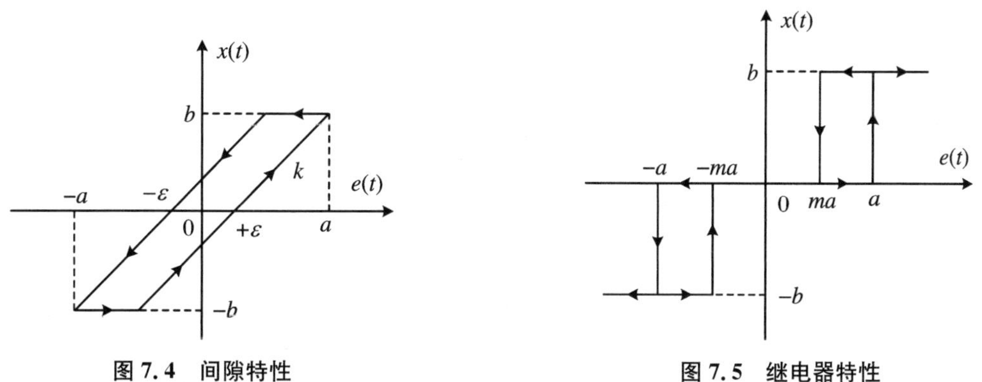

图 7.4　间隙特性　　　　图 7.5　继电器特性

由于继电器吸上电压与释放电压一般不等，因此其特性中包含了不灵敏区、饱和及滞环。如果继电器吸上电压和释放电压均为零值切换，其静特性如图 7.6(a)所示，称为理想继电器特性；如果吸上电压和释放电压相等，其静特性如图 7.6(b)所示，称为具有不灵敏区的单值继电器特性；如果正向释放电压等于反向吸上电压且反向释放电压等于正向吸上电压，

其静特性如图 7.6(c)所示,称为仅含滞环的继电器特性。

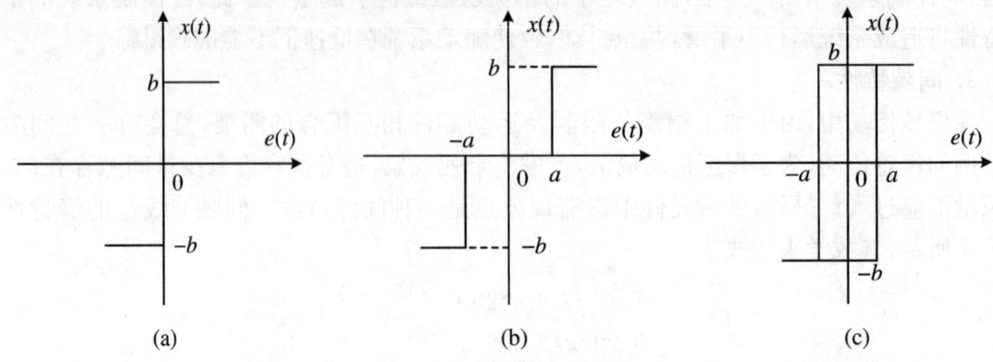

图 7.6　几种特殊继电器

由于继电器在控制系统中常常用来作为改善系统性能的切换元件,因此继电器特性在非线性系统分析中占有重要位置。

上述是按物理性能及非线性的形状划分的。如从非线性环节的输入与输出之间的关系划分,非线性特性又可分为单值函数与多值函数。例如,饱和特性、不灵敏区特性及理想继电器特性都属于单值函数,其余典型非线性特性均属于多值函数。

在这里应该指出,上述几种典型的非线性特性是不能应用小偏差线性化的概念将其线性化的,故称这类非线性为本质非线性,而那些可以进行小偏差线性化的非线性特性称为非本质非线性。在本章里,我们重点讨论本质非线性的特点及分析方法。

7.1.2　非线性控制系统的特点

1. 稳定性往往和初始条件有关

按照平衡状态的定义,在无外作用且系统输出的各阶导数等于零时,系统处于平衡状态。显然,对于线性系统,只有一个平衡状态 $x=0$,线性系统的稳定性即该平衡状态的稳定性,而且只由系统本身的结构及参量决定,与外作用和初始状态无关。然而,非线性系统的稳定性不仅取决于系统本身的结构和参量,还与系统的初始状态有关。

对于非线性系统,问题则变得较复杂。首先,系统可能存在多个平衡状态。考虑下述非线性一阶系统,其微分方程是

$$\dot{x} = x^2 - x = x(x-1) \tag{7.5}$$

令 $\dot{x}=0$,可知该系统存在两个平衡点 $x=0$ 和 $x=1$。设 x_0 表示以上系统的初始状态,由式(7.5)得

$$\frac{\mathrm{d}x}{x(x-1)} = \mathrm{d}t \tag{7.6}$$

对式(7.6)积分,得

$$x(t) = \frac{x_0\mathrm{e}^{-t}}{1 - x_0 + x_0\mathrm{e}^{-t}} \tag{7.7}$$

非线性系统的时间响应随初始条件而变。当 $x_0>1$, $t<\ln\dfrac{x_0}{x_0-1}$ 时,随 t 增大,$x(t)$为无穷大;当 $x_0<1$ 时,$x(t)$递减并趋于 0。不同初始条件下的时间响应曲线如图 7.7 所示。

考虑上述平衡状态受小扰动影响，故平衡状态 $x=1$ 是不稳定的，因为稍有偏离，系统不能恢复到原平衡状态，而平衡状态 $x=0$ 在一定范围的扰动下（$x_0<1$）是稳定的。

由上例可见，非线性系统可能存在多个平衡状态，各平衡状态可能是稳定的，也可能是不稳定的，初始条件不同，运动的稳定性亦不同。更重要的是，平衡状态不仅与系统的结构和参数有关，而且与系统的初始条件有直接的关系。

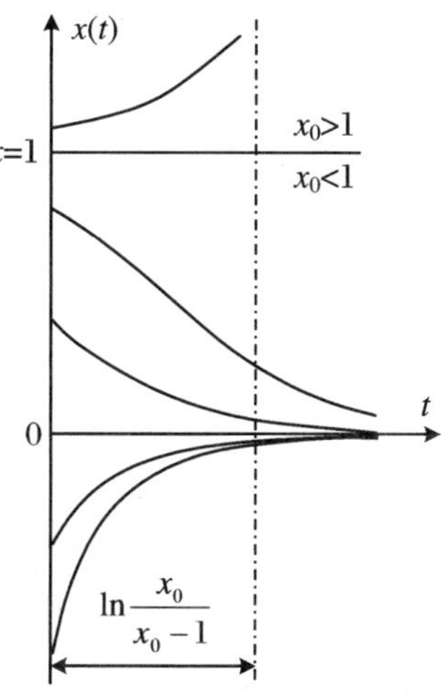

图 7.7　非线性一阶系统响应曲线

2. 可能存在自持振荡现象

所谓自持振荡，是指无外界周期变化信号的作用时，系统内产生的具有固定振幅和频率的稳定的周期运动，又称自持振荡，简称自振。这是非线性系统独有的现象。线性定常系统只有在临界稳定的情况下才能产生周期运动。系统的参数发生微小的变化，都会使系统极点向左或向右偏移，响应趋于发散和收敛。考虑如下系统，设初始条件 $x(0)=x_0,\dot{x}(0)=\dot{x}_0$，系统的自由运动方程为

$$\ddot{x}+\omega_n^2 x=0 \tag{7.8}$$

用拉普拉斯变换法求解该微分方程得

$$X(s)=\frac{sx_0+\dot{x}_0}{s^2+\omega_n^2} \tag{7.9}$$

系统自由运动：

$$x(t)=\sqrt{x_0^2+\left(\frac{\dot{x}_0}{\omega_n}\right)^2}\sin\left(\omega_n t+\arctan\frac{\omega_n x_0}{\dot{x}_0}\right)=A\sin(\omega_n t+\varphi) \tag{7.10}$$

其中，振幅 A 和相角 φ 依赖于初始条件。此外，根据线性叠加原理，在系统运动过程中，一旦外扰动使系统输出 $x(t)$ 或 $\dot{x}(t)$ 发生偏离，则 A 和 φ 都将随之改变，因而上述周期运动将不能维持，所以线性系统在无外界周期变化信号作用时具有的周期运动不是自持振荡。

考虑范德波尔(van der Pol)方程：

$$\ddot{x}+\mu(x^2-1)\dot{x}+x=0\quad(\mu>0) \tag{7.11}$$

这是一个著名的微分方程，当 μ 取不同数值时，描述具有非线性阻尼的非线性二阶系统。图 7.8(a)、(b)分别给出了 $\mu=0.6$ 时，非线性系统在不同初始条件下的状态响应曲线和相轨迹曲线。图 7.8(a)中粗实线对应的起始状态为 $x=3$，细实线对应的起始状态为 $x=2$，虚线对应的起始状态为 $x=1$。图 7.8(b)给出的相轨迹曲线将在相平面法中详细讨论。从图 7.8 可以看出，无论起始条件如何，经过一段时间后，系统都会收敛于幅值为 2 的等幅振荡。在学习后面的描述函数法后，可求出此系统的振幅和频率。

自激振荡一方面会造成机械的磨损、控制误差的增加，另一方面，通过在系统中引入小幅度的高频“颤振”，可以起到“动力润滑”的作用，有利于减少或消除间隙、死区及摩擦等因素的影响。有关自激振荡的研究是非线性系统分析的重要内容。

3. 不能用纯频域分析法分析和综合校正系统

在线性系统中，输入为正弦函数时，稳态输出也是频率相同的正弦函数，二者仅在幅值和相位上有所不同，因而可以用频域分析法分析和综合校正系统。但对于非线性系统，如输

入为正弦函数,其输出通常是包含一定数量的高次谐波的非正弦函数。非线性系统有时可能出现跳跃谐振、倍频振荡和分频振荡等现象,所以不能用纯频域分析法分析和综合校正系统。

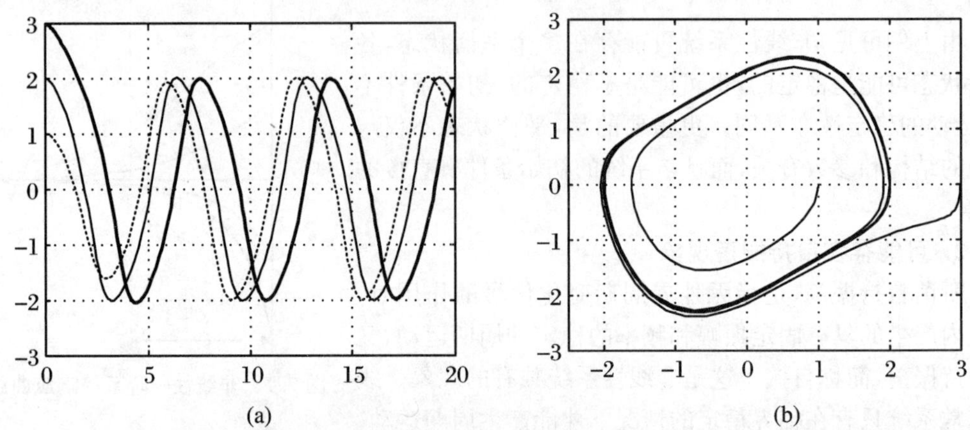

图 7.8　非线性系统的状态响应曲线和相轨迹曲线

4. 非线性系统不适用叠加原理

在线性系统中,若干个信号作用于系统上,我们可以分别求单独信号作用的响应,然后再叠加就可以求出总的响应。这给分析综合线性系统带来了很大方便。而非线性系统需要用非线性常微分方程或更复杂的非线性微分方程来描述,故不能应用叠加原理。

除此之外,对于比较复杂的非线性系统,在一定条件下还会产生突变、分岔、混沌等现象。

7.1.3　非线性系统的分析与设计方法

不可否认,计算机技术是分析非线性系统的有力工具。借助于计算机,利用数值分析的方法,可以方便地求取系统的时域响应。MATLAB 及其集成的 Simulink 系统就是很好的仿真平台。但是,仅有计算机是远远不够的。在设计系统时,要有明确的思路和正确的方向。首先,需要根据工艺和技术指标的要求,确定系统的结构;其次,要合理整定系统参数,使各项性能指标得到优化。因此,需要相对简便、直观的方法,能够看出系统结构与参数变化对系统性能的影响,从而为结构与参数的调整提供正确的方向。在此基础上,再结合计算机仿真,对系统参数进行优化选择。目前,工程上常用的近似方法有小偏差线性化法、分段线性化法、描述函数法、相平面法及反馈线性化法等。本章将重点介绍相平面法和描述函数法,并对基于 Simulink 的非线性系统分析作简要介绍。

1. 相平面法

相平面法是时域分析法在非线性系统中的推广应用,是基于时域的一种图解分析方法。它利用二阶系统的状态方程,绘制由状态变量构成的相平面中的相轨迹,由此对系统的时间响应进行判断,所得结果比较精确和全面。但对于高于二阶的系统,需要讨论变量空间中的曲面结构,从而大大增加了工程使用的难度。故相平面只适用于一阶、二阶的系统。

2. 描述函数法

描述函数法基于频域的等效线性化的图解分析方法,是线性理论中频域分析法的一种推广。它通过谐波线性化,将非线性特性近似表示为复变增益环节,利用线性系统频域分析法中的稳定判据,分析非线性系统的稳定性和自激振荡。它适用于任何阶次的非线性程度较低的非线性系统。要求线性部分具有良好的低通滤波特性。核心是计算非线性特性的描述函数和它的负倒特性。因所得结果比较符合实际,故得到了广泛的应用。

7.2　相平面法

相平面法由庞加莱(J. H. Poincaré)于 1885 年首先提出。该方法通过图解法将一阶和二阶系统的运动过程转化为位置和速度平面上的相轨迹,从而比较直观、准确地反映系统的稳定性、平衡状态和稳态精度,以及初始条件及参数对系统运动的影响。相轨迹的绘制方法步骤简单、计算量小,特别适用于分析常见非线性特性和一阶、二阶线性环节组合而成的非线性系统。在介绍相平面分析前,应首先讨论一下相平面的基本概念、相轨迹的一些共同特性,然后再讨论怎样用解析法和图解法绘制相平面图。

7.2.1　相平面的基本概念

考虑可用下列常微分方程描述二阶时不变系统:

$$\ddot{x} + f(x,\dot{x}) = 0 \tag{7.12}$$

其中,$f(x,\dot{x})$是 $x(t)$和 $\dot{x}(t)$的线性或非线性函数。该方程的解可以用 $x(t)$的时间函数曲线表示,也可以用 $x(t)$和 $\dot{x}(t)$的关系曲线表示,而 t 为参变量。$x(t)$和 $\dot{x}(t)$称为系统运动的相变量(状态变量),以 $x(t)$为横坐标、$\dot{x}(t)$为纵坐标构成的直角坐标平面称为相平面。相变量从初始时刻 t_0 对应的状态点$(x_0,\dot{x}_0)$起,随着时间 t 的推移,在相平面上运动形成的曲线称为相轨迹。在相轨迹上用箭头符号表示参变量时间 t 的增加方向。根据微分方程解的存在与唯一性定理,对于任一给定的初始条件,相平面上均有一条相轨迹与之对应。多个初始条件下的运动对应多条相轨迹,形成相轨迹簇,而由一簇相轨迹组成的图像称为相平面图。

若已知 x 和 $\dot{x}$ 的时间响应曲线如图 7.9(b)、(c)所示,则可根据任一时间点的 $x(t)$和 $\dot{x}(t)$的值,得到相轨迹上对应的点,并由此获得一条相轨迹,如图 7.9(a)所示。

7.2.2　相轨迹的特性

1. 相轨迹的斜率

若相轨迹上任意一点的斜率为 α,则

$$\alpha = \frac{d\dot{x}}{dx} = \frac{d\dot{x}/dt}{dx/dt} = \frac{\ddot{x}}{\dot{x}} = -\frac{f(x,\dot{x})}{\dot{x}} \tag{7.13}$$

2. 相轨迹的对称性

通常相平面图可能关于 x 轴、$\dot{x}$ 轴或坐标原点对称。

由式(7.13)得

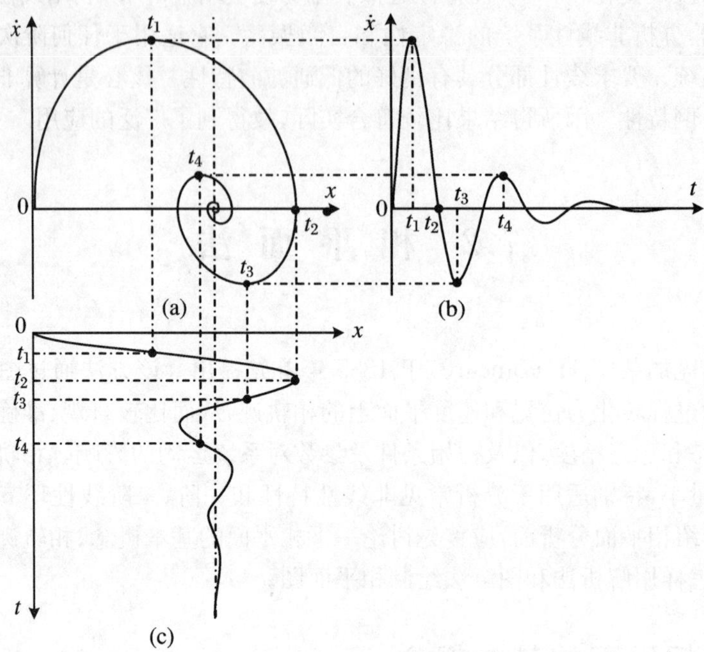

图 7.9　$x(t)$和 $\dot{x}(t)$及其相轨迹曲线

$$\frac{\mathrm{d}\dot{x}}{\mathrm{d}x} = -\frac{f(x,\dot{x})}{\dot{x}} \tag{7.14}$$

若相轨迹对称于 x 轴,则应有

$$\left.\frac{\mathrm{d}\dot{x}}{\mathrm{d}x}\right|_{\dot{x}>0} = -\left.\frac{\mathrm{d}\dot{x}}{\mathrm{d}x}\right|_{\dot{x}<0}$$

从而有

$$-\frac{f(x,\dot{x})}{\dot{x}} = -\left(-\frac{f(x,-\dot{x})}{-\dot{x}}\right)$$

得

$$f(x,\dot{x}) = f(x,-\dot{x}) \tag{7.15}$$

即 $f(x,\dot{x})$必是 $\dot{x}$ 的偶函数。

若所有对称于 $\dot{x}$ 轴的点$(x,\dot{x})$,$(-x,\dot{x})$上相轨迹曲线的斜率大小相等、符号相反,则相平面图对称于 $\dot{x}$ 轴。由式(7.14)可得相轨迹对称于 $\dot{x}$ 轴的条件是

$$f(x,\dot{x}) = -f(-x,\dot{x}) \tag{7.16}$$

即 $f(x,\dot{x})$必须是 x 的奇函数。

若所有对称于原点的点$(x,\dot{x})$,$(-x,-\dot{x})$上相轨迹曲线的斜率大小相等、符号相同,则相平面图对称于原点。由式(7.14)可得相轨迹对称于原点的条件是

$$f(x,\dot{x}) = -f(-x,-\dot{x}) \tag{7.17}$$

3. 相平面图的奇点

由相轨迹斜率的定义可知,相平面上的一个点$(x,\dot{x})$只要不同时满足 $\dot{x}=0$ 与 $f(x,\dot{x})=0$,则该点的相轨迹斜率由式(7.14)唯一确定,通过该点的相轨迹只能有一条,即相轨迹曲线簇不会在该点相交;同时满足 $\dot{x}=0$ 与 $f(x,\dot{x})=0$ 的点称为奇点,该点的相轨迹斜率为$\frac{0}{0}$

型的不定形式，通过该点的相轨迹可能不止一条，且彼此的斜率也不相同，即相轨迹曲线簇在该点相交。

若一条线上的点都满足 $\dot{x}=0$ 与 $f(x,\dot{x})=0$，则称该直线为奇线。

4. 相轨迹的运动方向

若相轨迹和 x 轴相交，则一般是垂直相交。由于相轨迹与 x 轴相交时，$\dot{x}$ 等于零，因此相轨迹与 x 轴一般成正交关系。若 $\dot{x}>0$，则 x 将逐渐增大；若 $\dot{x}<0$，则 x 将逐渐减小。在相平面图中反映为：在相平面的上半部，系统状态将沿相轨迹向右运动；而在下半平面，则沿相轨迹向左运动。因此，系统状态沿相轨迹运动是顺时针的。

7.2.3　相轨迹的绘制

相轨迹的绘制方法有解析法与图解法两种。解析法通过求解微分方程找出 x 与 $\dot{x}$ 的解析关系，从而在相平面上绘制相轨迹。具体方法一般为直接积分法和参变量消去法。常用的图解法有两种：等倾线法和圆弧近似法。这里只介绍解析法中的直接积分法和图解法中的等倾线法，其他方法请参考有关书籍。

1. 解析法

若系统微分方程比较简单，则常采用解析法绘制相平面图。

解析法的关键是求取相轨迹方程 $\dot{x}=f(x)$。因为找到相轨迹方程后，根据初始条件、系统参数，以 x 为自变量、$\dot{x}$ 为因变量，即可在 x-$\dot{x}$ 平面绘制出系统的相轨迹图。

设二阶系统的微分方程为

$$\ddot{x} + f(x,\dot{x}) = 0 \tag{7.18}$$

因为

$$\ddot{x} = \frac{\mathrm{d}\dot{x}}{\mathrm{d}t} = \frac{\mathrm{d}\dot{x}}{\mathrm{d}x}\cdot\frac{\mathrm{d}x}{\mathrm{d}t} = \dot{x}\frac{\mathrm{d}\dot{x}}{\mathrm{d}x}$$

由式(7.18)，有

$$\dot{x}\frac{\mathrm{d}\dot{x}}{\mathrm{d}x} = -f(x,\dot{x}) \tag{7.19}$$

若该式可以分解为

$$g(\dot{x})\mathrm{d}\dot{x} = h(x)\mathrm{d}x \tag{7.20}$$

则两端积分，有

$$\int_{\dot{x}_0}^{\dot{x}} g(\dot{x})\mathrm{d}\dot{x} = \int_{x_0}^{x} h(x)\mathrm{d}x \tag{7.21}$$

由此可得 $\dot{x}$ 和 x 的解析关系式，其中 $\dot{x}_0$ 和 x_0 为初始条件。

例 7.1　已知非线性系统如图 7.10 所示。系统原来处于静止状态，输入 $r(t)=-R\cdot 1(t)(R>a)$，试画出以误差及其导数作为状态变量的相轨迹。

解　由系统的方框图写出系统的方程组：

$$\ddot{c} = m$$

$$m = \begin{cases} -b & (e<-a) \\ 0 & (|e|\leqslant a) \\ b & (e>a) \end{cases} \tag{1}$$

$$e = r - c$$

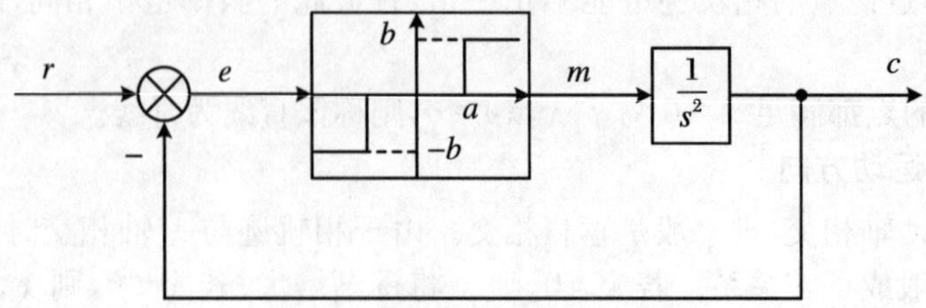

图 7.10　非线性系统结构图

取误差及其导数作为状态变量，则系统分段形式的微分方程为

$$\begin{aligned} &\text{Ⅰ 区：} \ddot{e} = b \quad (e < -a) \\ &\text{Ⅱ 区：} \ddot{e} = 0 \quad (|e| \leqslant a) \\ &\text{Ⅲ 区：} \ddot{e} = -b \quad (e > a) \end{aligned} \tag{2}$$

显然，开关线

$$|e| = a$$

根据零初始条件

$$e(0) = r(0) - c(0) = -R, \quad \dot{e}(0) = 0$$

当 $e < -a$ 时，$\ddot{e} = \dot{e}\dfrac{\mathrm{d}\dot{e}}{\mathrm{d}e} = b$，则按式(7.21)，有 $\dot{e}^2 = 2be + C_1$。由初始条件得

$$C_1 = \dot{e}^2(0) - 2be(0) = 2bR$$

故有

$$\dot{e}^2 = 2b(e + R) \tag{3}$$

这是一条抛物线，其顶点为$(-R,0)$。

当 $e > a$ 时，由相轨迹的对称性知，相轨迹是一条开口相反的抛物线，其顶点为$(R,0)$。

当$|e| \leqslant a$ 时，因为 $\ddot{e} = 0$，所以 $\dot{e} = \text{const}$，相轨迹为水平线。

至此，可作出无速度反馈时系统的相轨迹，如图 7.11 所示。

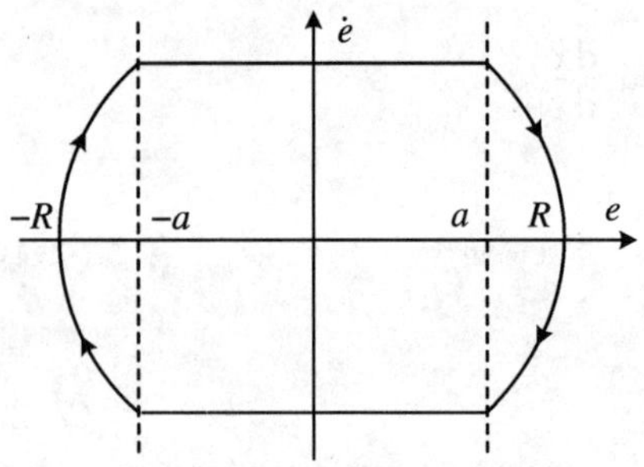

图 7.11　相轨迹图

例 7.2　已知非线性系统微分方程为 $\ddot{x} + |x| = 0$，试用解析法求该系统的相轨迹。

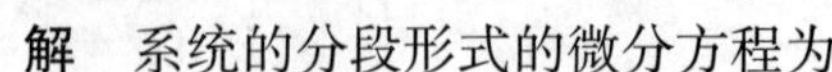

解　系统的分段形式的微分方程为

$$\begin{aligned} &\text{Ⅰ 区：} \ddot{x} = -x \quad (x > 0) \\ &\text{Ⅱ 区：} \ddot{x} = x \quad (x < 0) \end{aligned} \tag{1}$$

显然，开关线

$$x = 0$$

当 $x > 0$ 时，$\ddot{x} = \dot{x}\dfrac{\mathrm{d}\dot{x}}{\mathrm{d}x} = -x$，取 $g(\dot{x}) = \dot{x}$，$h(x) = -x$，两边积分可得

$$\int_{\dot{x}_0}^{\dot{x}} \dot{x}\mathrm{d}\dot{x} = \int_{x_0}^{x} -x\mathrm{d}x \tag{2}$$

$$\dot{x}^2 + x^2 = \dot{x}_{01}^2 + x_{01}^2 \tag{3}$$

$(x_{01},\dot{x}_{01})$为左半平面相轨迹与开关线的交点或初始条件。由相轨迹方程(3)可见，在相平面的右半平面($x>0$)，相轨迹是以原点为圆心、以$\sqrt{\dot{x}_{01}^2+x_{01}^2}$为半径的半圆弧。

当 $x<0$ 时，同上可得相轨迹方程为

$$\dot{x}^2 - x^2 = \dot{x}_{02}^2 - x_{02}^2 \tag{4}$$

$(x_{02},\dot{x}_{02})$为右半平面相轨迹与开关线的交点或初始条件。由相轨迹方程(4)可见，在相平面的左半平面($x<0$)，相轨迹方程是双曲线方程。若 $\dot{x}_{02}^2 = x_{02}^2$，相轨迹为Ⅱ、Ⅲ象限的对角线。

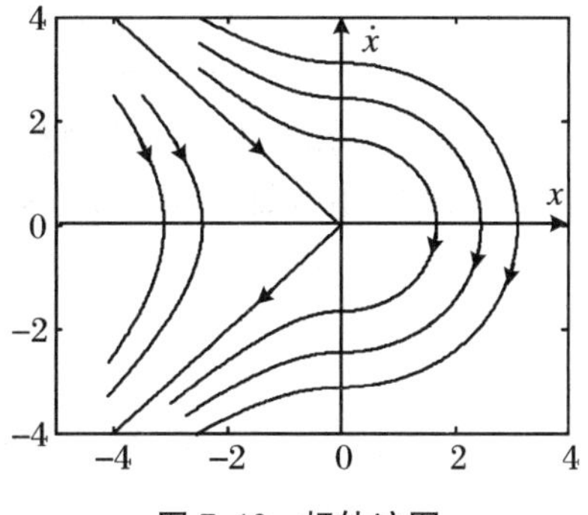

图 7.12　相轨迹图

综上，可作出相轨迹如图 7.12 所示。由相轨迹可见，当初始点落在第Ⅱ象限的对角线上时，该系统的运动才可以到达平衡位置。该系统是不稳定的。

2. 等倾线法

等倾线法是求取相轨迹的一种作图方法，不需要求解微分方程。对于求解困难的非线性微分方程，图解方法显得尤为有用。

等倾线法的基本思想是先确定相轨迹的等倾线，进而绘制相轨迹的切线方向场，然后从初始条件出发，沿方向场逐步绘制相轨迹。所谓等倾线，即相平面上相轨迹斜率相等的各点的连线。相轨迹斜率 $\alpha = \dfrac{\mathrm{d}\dot{x}}{\mathrm{d}x} = -\dfrac{f(x,\dot{x})}{\dot{x}}$，若斜率 α 为常数，则相应的等倾线方程应当为

$$\alpha\dot{x} = -f(x,\dot{x}) \tag{7.22}$$

当相轨迹经过该等倾线上任一点时，其切线的斜率都相等，均为 α。取 α 为若干不同的常数，即可在相平面上绘制出等倾线。在等倾线上各点处作斜率为 α 的短线段，则这些短线段在相平面上构成了相轨迹切线的方向场。从某一初始点出发，沿着方向场各点的切线方向将这些短线段用光滑曲线连接起来，便可得到一条相轨迹。

综上所述，可以归纳出绘制相轨迹的具体步骤如下：

(1) 利用式(7.22)，作出 α 为定值的等倾线。

(2) 在等倾线上，作出斜率为 α 的短线。

(3) 从给定初值出发，沿着已作出的短线连接，然后把这条折线平滑处理，得相轨迹。

例 7.3　用等倾线法绘制由微分方程

$$\ddot{x} + \dot{x} + x = 0$$

所描述系统的相轨迹。其中，$\dot{x}(0)=1$，$x(0)=0$。

解　由于 $\ddot{x} = \dot{x}\dfrac{\mathrm{d}\dot{x}}{\mathrm{d}x}$，则原方程可写为

$$\frac{\mathrm{d}\dot{x}}{\mathrm{d}x} = \frac{-(\dot{x}+x)}{\dot{x}} \tag{1}$$

令

$$\alpha = \frac{\mathrm{d}\dot{x}}{\mathrm{d}x} = \frac{-(\dot{x}+x)}{\dot{x}}$$

则得等倾线方程为

$$\dot{x} = \frac{-1}{\alpha+1}x \tag{2}$$

即等倾线是通过原点的直线。当给定不同的 α 值后，可以得出相应的等倾线方程，如表 7.1 所示。

表 7.1　不同的 α 值对应的等倾线方程

α	0	1	2	∞	−0.5	−1	−1.5	−2
等倾线	$\dot{x}=-x$	$\dot{x}=-\frac{x}{2}$	$\dot{x}=-\frac{x}{3}$	$\dot{x}=0$	$\dot{x}=-2x$	$x=0$	$\dot{x}=2x$	$\dot{x}=x$

在相平面作出以上等倾线及相应短线，再由(0,1)点出发，即可求得相轨迹如图 7.13 所示。在工程上，为保证作图的精度，一般取相邻两条等倾线之间的夹角为 $5^\circ\sim10^\circ$。

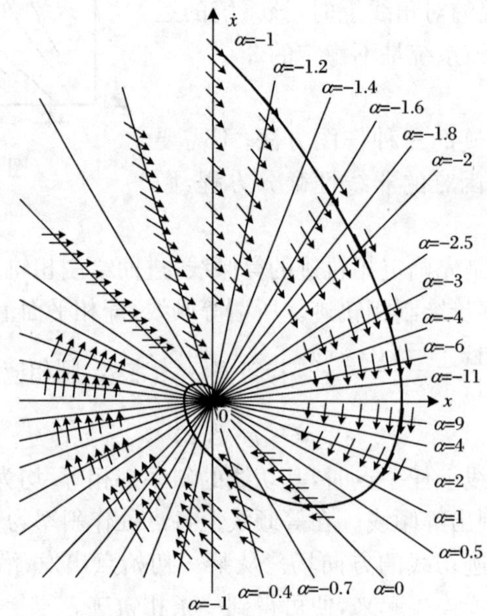

图 7.13　按等倾线绘制相轨迹

例 7.4　绘制范德波尔微分方程

$$\ddot{x}+\mu(x^2-1)\dot{x}+x=0$$

的相轨迹。当 μ 取不同数值时，它可以描述许多不同非线性系统的物理过程。

解　由 $\ddot{x}=\dot{x}\frac{\mathrm{d}\dot{x}}{\mathrm{d}x}$，可得等倾线方程为

$$\frac{\mathrm{d}\dot{x}}{\mathrm{d}x}=\frac{-\mu(x^2-1)\dot{x}-x}{\dot{x}}=\alpha \tag{1}$$

现考虑 $\mu=1$ 的情况，用等倾线法在相平面 x-$\dot{x}$ 内画这个方程的相轨迹图。$\mu=1$ 时，等倾线方程为

$$\dot{x}=\frac{-x}{\alpha+x^2-1} \tag{2}$$

在相平面 x-$\dot{x}$ 内按等倾线方程(2)画出 α 分别取 0,1,−2,−5 时的等倾线。给定一些初始状态画出相轨迹，得到一个稳定极限环如图 7.14 所示，产生一个稳态周期振荡(即自激振荡)。

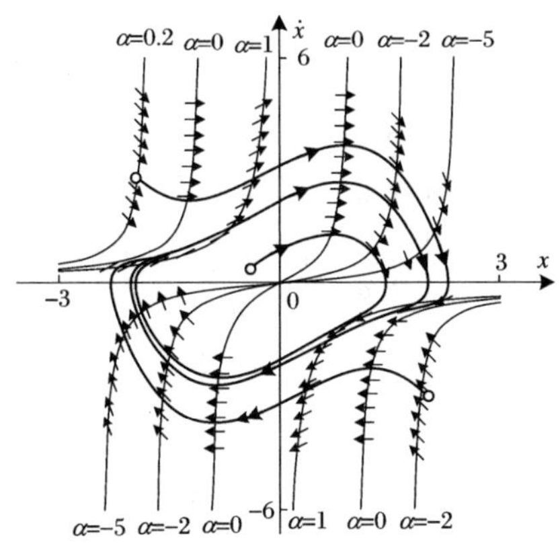

图 7.14　范德波尔方程($\mu=1$)的相轨迹图

例 7.5　设含饱和特性的非线性系统如图 7.15 所示，已知 $k=1, T=1, r(t)=1(t)$。

(1) 试列写 c-$\dot{c}$ 平面的相轨迹微分方程。

(2) 求等倾线、开关线、渐近线方程，并概略绘制等倾线图。

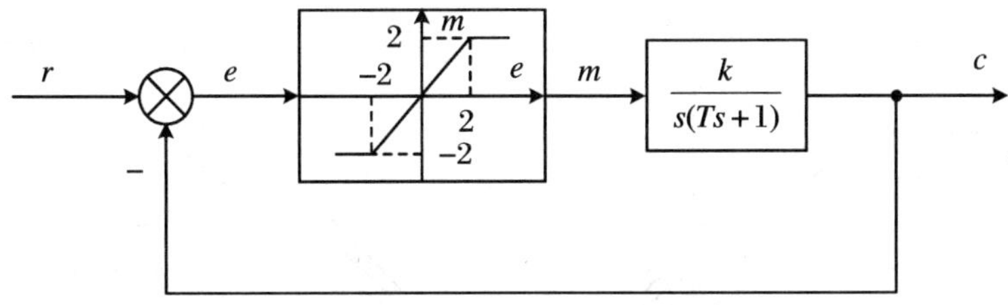

图 7.15　含饱和特性的非线性系统方框图

解　(1) 列写相轨迹微分方程。

因为

$$e = r - c = 1 - c \tag{1}$$

$$\ddot{c} + \dot{c} = m = \begin{cases} 2 & (e > 2) \\ e & (|e| \leqslant 2) \\ -2 & (e < -2) \end{cases} \tag{2}$$

故有

$$\ddot{c} + \dot{c} = \begin{cases} 2 & (c < -1) \\ 1 - c & (-1 < c \leqslant 3) \\ -2 & (c > 3) \end{cases} \tag{3}$$

由于 $\ddot{c} = \dot{c}\dfrac{\mathrm{d}\dot{c}}{\mathrm{d}c}$，则得相轨迹微分方程

$$\begin{cases} \dfrac{\mathrm{d}\dot{c}}{\mathrm{d}c} = \dfrac{2 - \dot{c}}{\dot{c}} & (c < -1) \\ \dfrac{\mathrm{d}\dot{c}}{\mathrm{d}c} = \dfrac{1 - c - \dot{c}}{\dot{c}} & (-1 < c \leqslant 3) \\ \dfrac{\mathrm{d}\dot{c}}{\mathrm{d}c} = \dfrac{-2 - \dot{c}}{\dot{c}} & (c > 3) \end{cases} \tag{4}$$

(2) 求等倾线、开关线、渐近线方程。

令$\dfrac{\mathrm{d}\dot{c}}{\mathrm{d}c}=\alpha$,则有等倾线方程

$$\begin{cases} \dot{c} = \dfrac{2}{1+\alpha} & (c < -1) \\ \dot{c} = \dfrac{1-c}{1+\alpha} & (-1 < c \leqslant 3) \\ \dot{c} = \dfrac{-2}{1+\alpha} & (c > 3) \end{cases} \tag{5}$$

开关线

$$c=-1,\quad c=3$$

渐近线方程

$$\dot{c}=2\quad(\alpha=0, c<-1)$$
$$\dot{c}=-2\quad(\alpha=0, c>3)$$

绘制系统的等倾线图如图 7.16 所示。

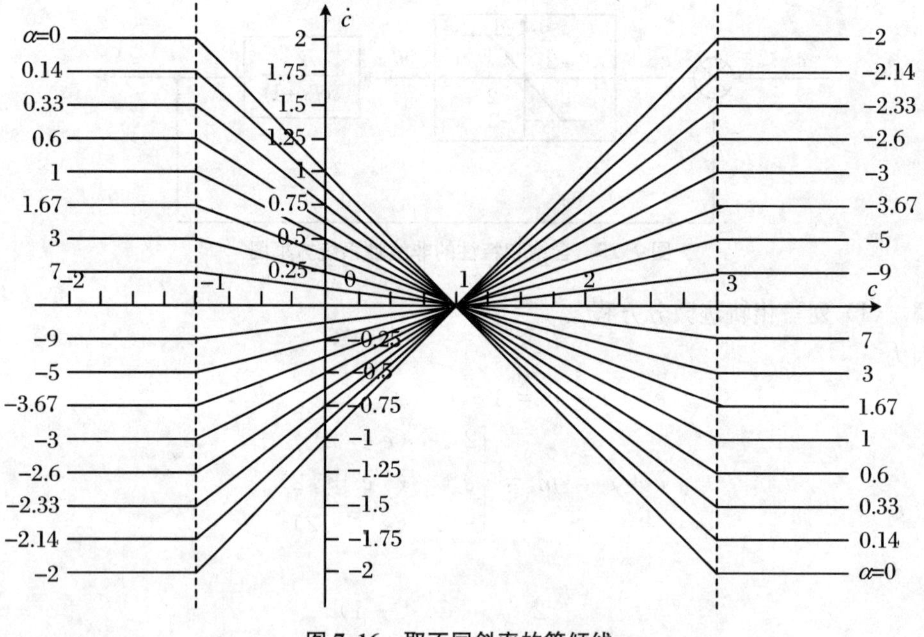

图 7.16　取不同斜率的等倾线

7.3　二阶系统的相平面分析

利用等倾线法固然可以绘制出系统的相轨迹,但作图量还是比较大的。如果事先能够知道相轨迹的运动趋势,就可以大大加快绘制相轨迹的速度。由于相轨迹主要针对二阶系统,故可以对常见二阶系统的相轨迹做一个典型的归纳,然后将实际的系统表示(或近似)成

为一种或几种典型形式的组合。在对系统进行粗略的分析时，这是可行的，并可由此指出改进系统结构与参数的方向。在此基础上，若要求较为准确的定量信息，则可以利用计算机进行进一步仿真分析。

7.3.1　奇点及奇点的类型

设描述二阶系统的微分方程为

$$\ddot{x} + 2\zeta\omega_n\dot{x} + \omega_n^2 x = 0 \tag{7.23}$$

其斜率为

$$\alpha = \frac{\mathrm{d}\dot{x}}{\mathrm{d}x} = -\frac{2\zeta\omega_n\dot{x} + \omega_n^2 x}{\dot{x}} \tag{7.24}$$

从斜率的公式(7.24)可以看出，二阶线性系统在相平面原点处的斜率为$\frac{\mathrm{d}\dot{x}}{\mathrm{d}x} = \frac{0}{0}$型，因此(0,0)为奇点。在奇点处，$\dot{x} = 0$，$\ddot{x} = 0$，即系统的运动速度与加速度同时为零，系统处于静止状态。故相平面的奇点也称为平衡点。

系统的特征方程为

$$s^2 + 2\zeta s\omega_n + \omega_n^2 = 0 \tag{7.25}$$

特征根为

$$s_{1,2} = -\zeta\omega_n \pm \omega_n\sqrt{\zeta^2 - 1}$$

系统的自由运动形式完全由特征根在复平面上的分布决定。由于奇点也是平衡点，因此可按特征根的不同分布来划分奇点(0,0)的类型。

(1) 当 $0<\zeta<1$ 时，系统在 s 平面左半部具有一对共轭复数根，系统处于欠阻尼状态。其零输入响应为衰减振荡，收敛于零。对应的相轨迹是一簇对数螺旋线，收敛于相平面原点，如图 7.17 所示。这时原点对应的奇点称为稳定焦点。

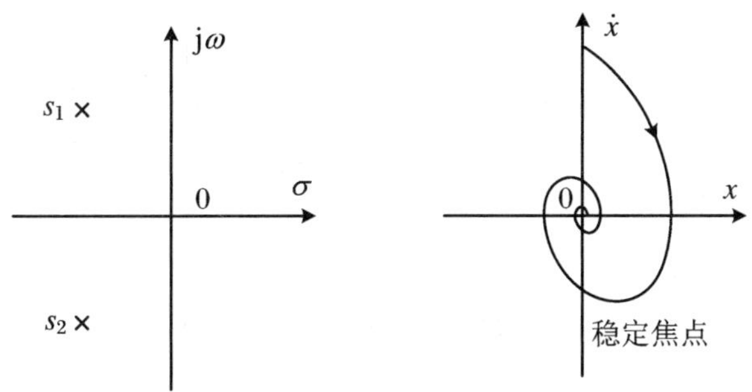

图 7.17　极点分布及相轨迹图

(2) 当 $-1<\zeta<0$ 时，系统在 s 平面右半部具有一对共轭复数根，系统的零输入响应是振荡发散的。对应的相轨迹是发散的对数螺旋线，如图 7.18 所示。这时奇点称为不稳定焦点。

(3) 当 $\zeta>1$ 时，系统在 s 平面左半部具有两个不等的实数根，系统处于过阻尼状态。其零输入响应是指数衰减状态。对应的相轨迹是一簇趋向相平面原点的抛物线，如图 7.19 所示。这时奇点称为稳定节点。

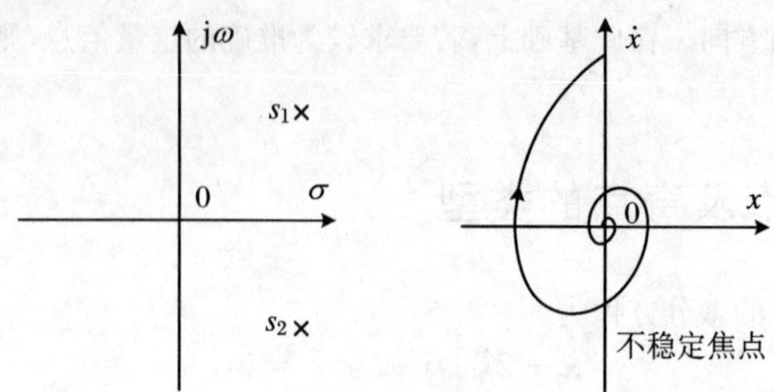

图 7.18　极点分布及相轨迹图

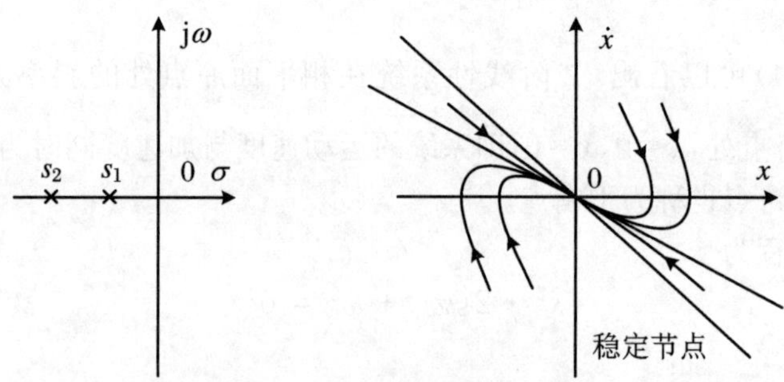

图 7.19　极点分布及相轨迹图

(4) 当 $\zeta<-1$ 时,系统在 s 平面右半部具有两个不等的实数根,系统的零输入响应为周期发散的。对应的相轨迹是由原点出发的发散的抛物线簇,如图 7.20 所示。相应的奇点称为不稳定节点。

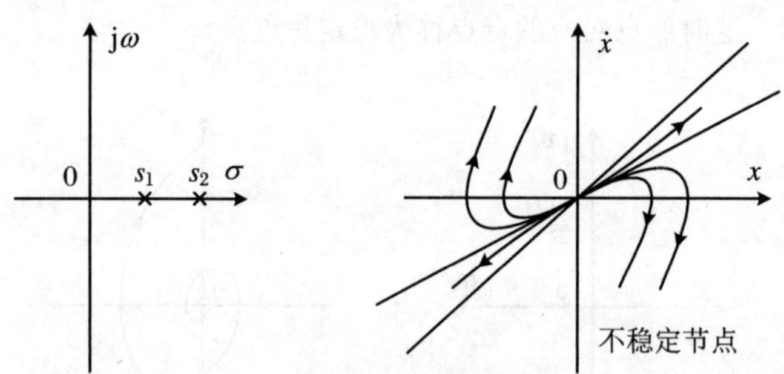

图 7.20　极点分布及相轨迹图

(5) 当 $\zeta=0$ 时,系统在 s 平面虚轴上具有一对共轭纯虚根,系统处于无阻尼运动状态,系统的相轨迹是一簇同心椭圆,如图 7.21 所示。该情况对应的奇点称为中心点。

(6) 若系统的微分方程为 $\ddot{x}+2\zeta\omega_n\dot{x}-\omega_n^2x=0$,则系统在 s 平面具有符号相反的两个互异实根,此时系统的零输入响应是非周期发散的。对应的相轨迹如图 7.22 所示。该情况对应的奇点称为鞍点。

进一步地,对于非线性系统的各平衡点,若描述非线性过程的非线性函数解析,则可以通过平衡点处的线性化方程,基于线性系统特征根的分布,确定奇点的类型,进而确定平衡点附近相轨迹的运动形式。

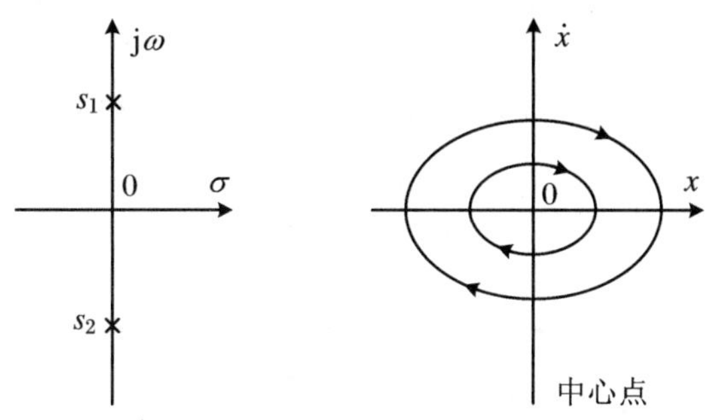

图 7.21　极点分布及相轨迹图

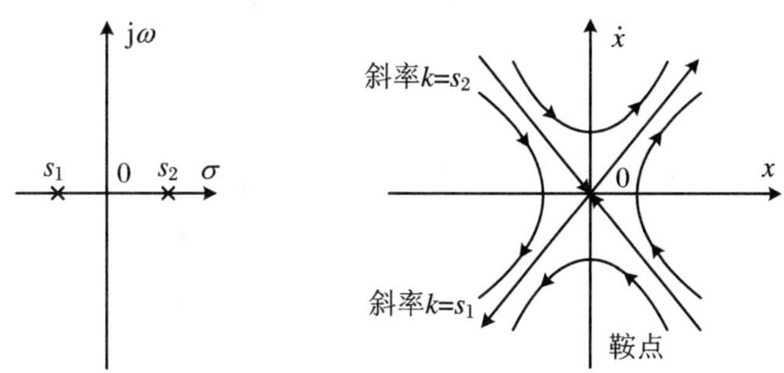

图 7.22　极点分布及相轨迹图

对于常微分方程 $\ddot{x}+f(x,\dot{x})=0$，若 $f(x,\dot{x})$可解析，设$(x_0,\dot{x}_0)$为非线性系统的某个奇点，则可将 $f(x,\dot{x})$在奇点$(x_0,\dot{x}_0)$处展开成泰勒级数，在奇点的小邻域内，忽略 $\Delta x=x-x_0$ 和 $\Delta\dot{x}=\dot{x}-\dot{x}_0$ 的高次项，即取一次方近似，则得到奇点附近关于 x 增量 Δx 的线性二阶微分方程

$$f(x,\dot{x}) = f(x_0,\dot{x}_0) + \left.\frac{\partial f(x,\dot{x})}{\partial x}\right|_{\substack{x=x_0\\ \dot{x}=\dot{x}_0}}\Delta x + \left.\frac{\partial f(x,\dot{x})}{\partial \dot{x}}\right|_{\substack{x=x_0\\ \dot{x}=\dot{x}_0}}\Delta\dot{x} \tag{7.26}$$

若 $f(x,\dot{x})$不解析，则可以根据非线性特性，将相平面划分为若干个区域，在各个区域，非线性方程中 $f(x,\dot{x})$或满足解析条件或可直接表示为线性化微分方程。当非线性方程在某个区域可以表示为线性微分方程时，奇点类型决定该区域系统的运动形式。若对应的奇点位于本区域内，则称为实奇点；若对应的奇点位于其他区域，则称为虚奇点。

例 7.6　已知二阶非线性系统的微分方程式为

$$2\ddot{x}+\dot{x}^2+x=0$$

试确定奇点及其类型。

解　由系统的微分方程有

$$\ddot{x}=-f(x,\dot{x})=-\frac{1}{2}(\dot{x}^2+x) \tag{1}$$

由奇点的定义 $\dot{x}=0$ 与 $f(x,\dot{x})=0$，可得 $x=0,\dot{x}=0$，因此，奇点为原点。在奇点处将 $f(x,\dot{x})$展开为泰勒级数，忽略二阶以上的高次项，得

$$f(x,\dot{x}) = f(0,0) + \left.\frac{\partial f(x,\dot{x})}{\partial x}\right|_{\substack{x=x\\ \dot{x}=0}}\Delta x + \left.\frac{\partial f(x,\dot{x})}{\partial \dot{x}}\right|_{\substack{x=x\\ \dot{x}=0}}\Delta\dot{x} = -\frac{1}{2}(x-x_0) = -\frac{1}{2}x \tag{2}$$

从而将非线性方程在奇点处线性化为 $\ddot{x}-\frac{1}{2}x=0$。由线性化方程可得特征根为 $s_{1,2}=\pm\mathrm{j}\frac{\sqrt{2}}{2}$,是一对虚根,所以奇点为中心点。由微分方程也可求得等倾线方程为一簇过原点的抛物线,画出其相轨迹如图 7.23 所示。由图可以看出,相轨迹是围绕原点的封闭曲线簇,同样也说明奇点为中心点。

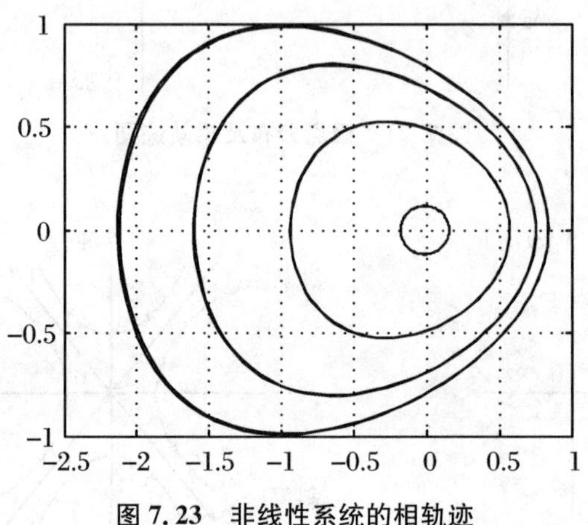

图 7.23　非线性系统的相轨迹

7.3.2　奇线及奇线的极限环的存在形式

对于线性系统来说,奇点的类型完全确定了系统的性质。而对非线性系统来说,一方面,奇点的类型只能反映平衡位置附近的系统行为,不能确定整个相平面上的运动状态;另一方面,非线性系统的奇点可能不只有一个,整个系统的相轨迹,特别是远离奇点的部分,取决于多个奇点的共同作用。这时候,对于极限环的讨论就很重要了。

前文曾经把由奇点组成的线段称为奇线,这里,将奇线的概念加以推广。在非线性系统的相轨迹中,可能会存在特殊的相轨迹,将相平面划分为具有不同运动特点的多个区域,这种特殊的相轨迹就称为奇线。极限环就是最常见的一种奇线,它是相平面上一条孤立的封闭相轨迹,而且附近的其他相轨迹都无限地趋向或者离开它。极限环作为一条相轨迹来说,既不存在平衡点,也不趋向无穷远,而是一个无首无尾的封闭环圈,它把相平面划分为内部平面和外部平面两个部分。任何一条相轨迹都不能从内部平面穿过极限环进入外部平面,也不能从外部平面穿过极限环进入内部平面。所以,极限环也是相平面上的分隔线,它对于确定系统的全部运动状态是非常重要的。

应当指出,不是相平面内所有的封闭曲线都是极限环。在无阻尼的线性二阶系统中,由于不存在由阻尼所造成的能量损耗,因而相平面图是一簇连续的封闭曲线。这类闭合曲线不是极限环,因为它们不是孤立的,在任何特定的封闭曲线附近,仍存在着其他封闭曲线。而极限环是相互孤立的,在任何极限环的邻近都不可能有其他极限环。极限环是非线性系统中的特有现象,它只发生在非守恒系统中。这种周期运动的原因不在于系统无阻尼,而是系统的非线性特性导致系统的能量交替变化,这样就有可能从某种非周期性的能源中获取能量,从而维持周期运动。

根据极限环邻近相轨迹的运动特点，可以将极限环分为以下三种类型。

1. 稳定的极限环

当 $t\to\infty$ 时，如果起始于极限环内部或外部的相轨迹均卷向极限环，则该极限环称为稳定的极限环，如图 7.24 所示。极限环内部的相轨迹发散至极限环，说明极限环的内部是不稳定区域；极限环外部的相轨迹收敛至极限环，说明极限环的外部是稳定区域。任何微小扰动使系统的状态离开极限环后，最终仍会回到这个极限环。因此，稳定的极限环上系统就表现为自激振荡，而且这种自激振荡只与系统的结构和参数有关，与初始条件无关。极限环轴向与径向的最大值分别对应自激振荡的振幅与最大变化率。从减少自激振荡对机械系统的磨损与冲击来说，希望这种极限环的尺寸尽可能小。

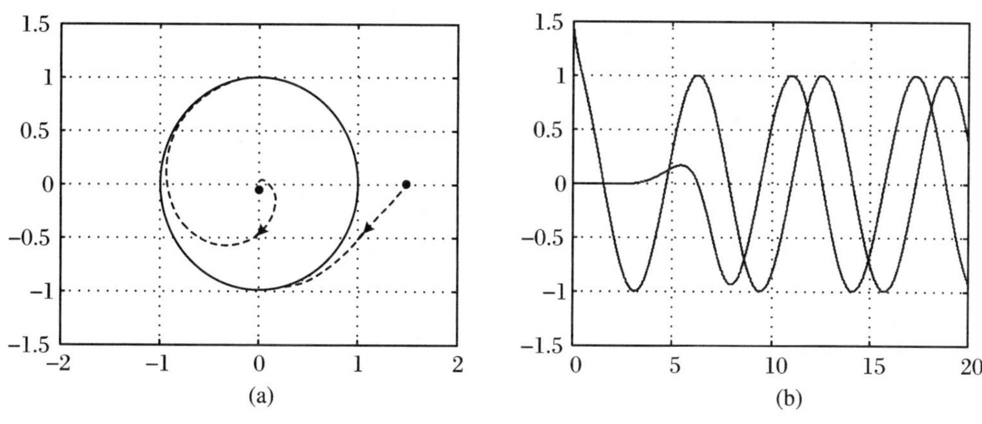

图 7.24　稳定极限环及其状态响应曲线

2. 不稳定的极限环

当 $t\to\infty$ 时，如果起始于极限环内部或外部的相轨迹均卷离极限环，则该极限环称为不稳定的极限环，如图 7.25 所示。极限环的不稳定指的是极限环所表示的周期运动是不稳定的，任何微小扰动，不是使系统的状态收敛于环内的奇点，就是使系统的状态发散至无穷远，而不是意味着系统的不稳定。恰恰相反，对于起始于极限环内部平面的相轨迹，最终都会趋于平衡点，系统是渐近稳定的。而外部平面则属于不稳定的区域。所以在设计系统时，尽量增大这种极限环的尺寸，使系统有较大的稳定域。

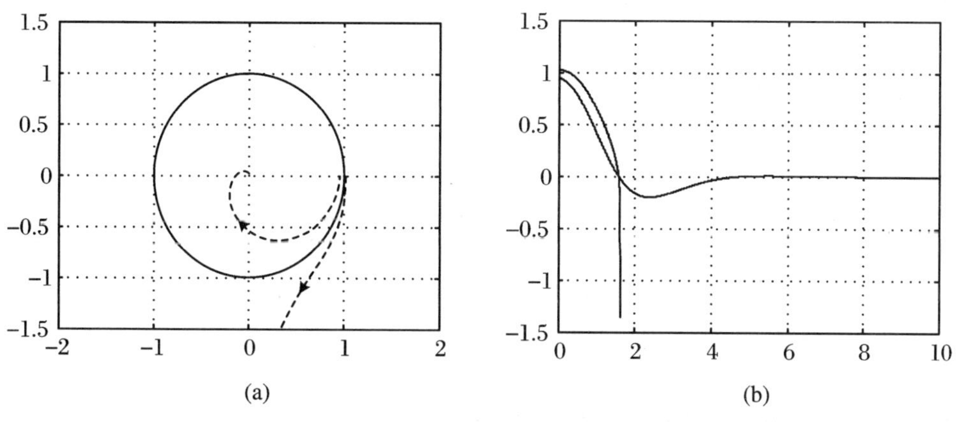

图 7.25　不稳定极限环及其状态响应曲线

3. 半稳定的极限环

当 $t \to \infty$ 时，如果起始于极限环附近两侧的相轨迹，一侧卷向极限环，而另一侧卷离极限环，则该极限环称为半稳定的极限环，如图 7.26 与图 7.27 所示。图 7.26 所示的系统显然是一个不稳定的系统，设计系统时应设法避免，而图 7.27 所示的系统则同不稳定的极限环一样，应使它的尺寸尽可能大。

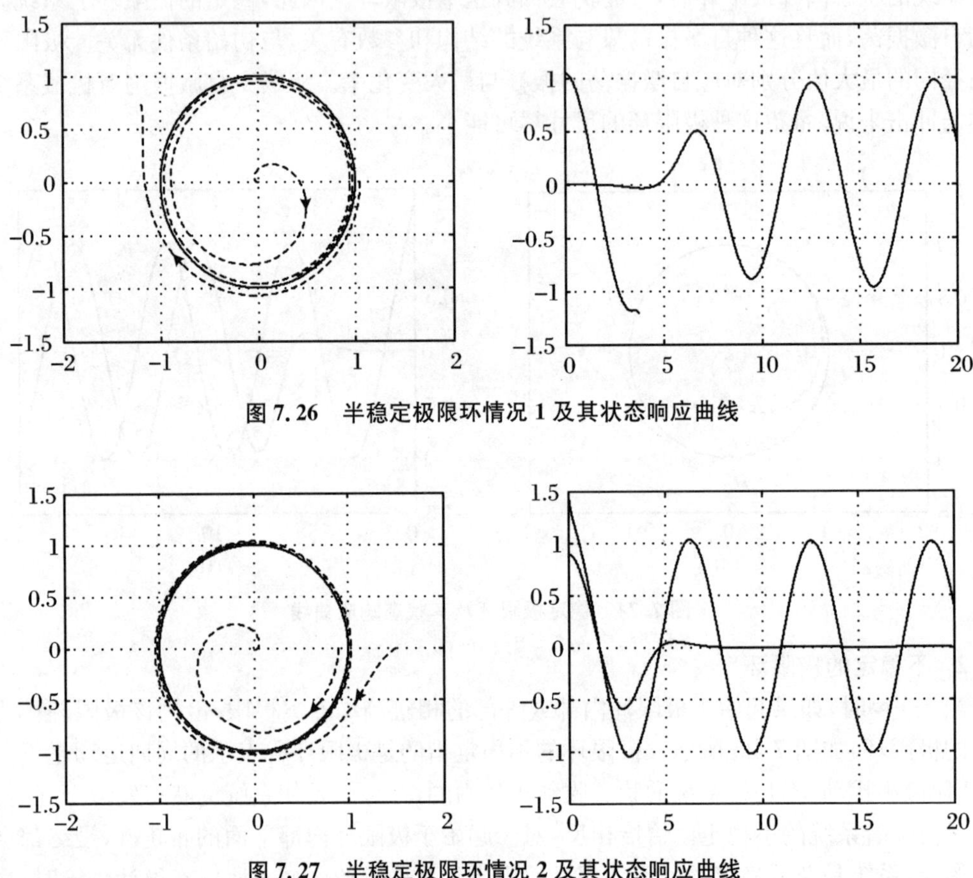

图 7.26 半稳定极限环情况 1 及其状态响应曲线

图 7.27 半稳定极限环情况 2 及其状态响应曲线

7.3.3 非线性系统的相平面分析

考察前述典型的非线性特性，可以看出，它们多数都可以表示成分段的直线。根据这一特点，在相平面上就可以用几条分界线(称为开关线)把相平面分割成几个区域。在每个区域内系统都可以看作线性的，非线性系统的相平面分析就转化为绘制线性系统的相轨迹。每个区域的相轨迹绘制完成后，再根据系统运动的连续性，将开关线处相邻区域的相轨迹连接起来，就可以得到非线性系统的相轨迹。由相轨迹可以得到系统的相关信息，如是否存在自激振荡、系统的运动的模态及稳定性等。下面通过几个例题来说明这一方法。

例 7.7 设带死区非线性的控制系统如图 7.28 所示。设系统为零初始状态，试分析系统在阶跃信号作用下的运动过程。

解 首先，由系统的方框图写出系统的方程组

$$T\ddot{c} + \dot{c} = km$$

$$m=\begin{cases}K(e+\Delta) & (e<-\Delta)\\ 0 & (|e|\leqslant\Delta)\\ K(e-\Delta) & (e>\Delta)\end{cases}\tag{1}$$

$$e=r-c$$

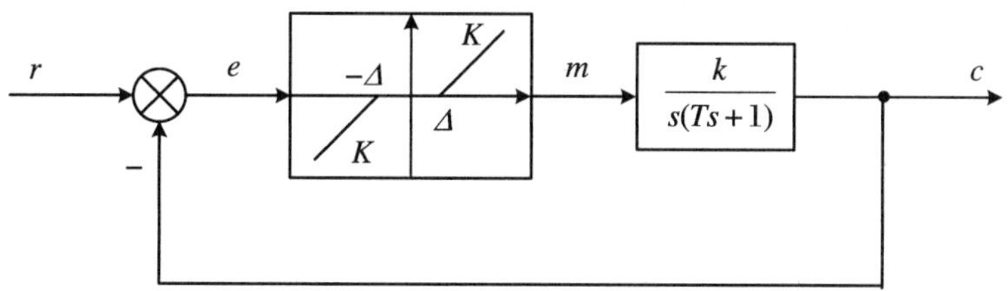

图 7.28　带死区特性的非线性系统方框图

为便于分析，一般取误差及其导数作为状态变量，则系统分段形式的微分方程为

$$\begin{aligned}&\text{Ⅰ 区}:T\ddot{e}+\dot{e}+Kke=T\ddot{r}+\dot{r}-Kk\Delta\quad(e<-\Delta)\\&\text{Ⅱ 区}:T\ddot{e}+\dot{e}=T\ddot{r}+\dot{r}\quad(|e|\leqslant\Delta)\\&\text{Ⅲ 区}:T\ddot{e}+\dot{e}+Kke=T\ddot{r}+\dot{r}+Kk\Delta\quad(e>\Delta)\end{aligned}\tag{2}$$

根据零初始条件及 $r(t)=R\cdot 1(t)$，有

$$\begin{aligned}&\ddot{r}(t)=\dot{r}(t)=0\\&e(0)=r(0)-c(0)=R\\&\dot{e}(0)=0\end{aligned}\tag{3}$$

代入系统分段形式的微分方程(2)，有

$$\begin{aligned}&\text{Ⅰ 区}:T\ddot{e}+\dot{e}+Kk(e+\Delta)=0\quad(e<-\Delta)\\&\text{Ⅱ 区}:T\ddot{e}+\dot{e}=0\quad(|e|\leqslant\Delta)\\&\text{Ⅲ 区}:T\ddot{e}+\dot{e}+Kk(e-\Delta)=0\quad(e>\Delta)\end{aligned}\tag{4}$$

得到方程(4)后，就可以着手绘制相轨迹了。先将开关线在相平面中绘制出来，标明各个不同的区域。对本题而言，开关线的方程为 $e=\pm\Delta$，是两条直线。

下面分析各奇点的类型，其中参数 $T=1,Kk=1$。

Ⅰ区：奇点为$(-\Delta,0)$，$\zeta=0.5$，奇点为稳定的焦点，相轨迹为卷向奇点的螺旋线。

Ⅱ区：从该段的微分方程可以看出，只要 $\dot{e}=0$，就有 $\ddot{e}=0$，因此相平面上$(-\Delta,0)$到$(\Delta,0)$之间的每一点都是奇点。同时由该区对应的微分方程，有$\dfrac{\mathrm{d}\dot{e}}{\mathrm{d}e}=-\dfrac{1}{T}$，即相轨迹是斜率为$-\dfrac{1}{T}$的直线簇。

Ⅲ区：奇点为$(-\Delta,0)$，是稳定的焦点，相轨迹为卷向奇点的螺旋线。

图 7.29 给出了 $\Delta=0.2$，$R=1$ 和 $R=2$ 的相轨迹。由图可知，横轴上$(-\Delta,0)$到$(\Delta,0)$的线段为奇线，相轨迹最后收敛于奇线上的某一点。因此，系统存在稳态误差，大小和 Δ、初始条件及系统参数都有关系。

例 7.8　设含饱和特性的非线性系统如图 7.30 所示，已知 $k=1,T=1,c(0)=-3$，$\dot{c}(0)=0,r(t)=1(t)$。试绘制系统的相轨迹。

解　由图知

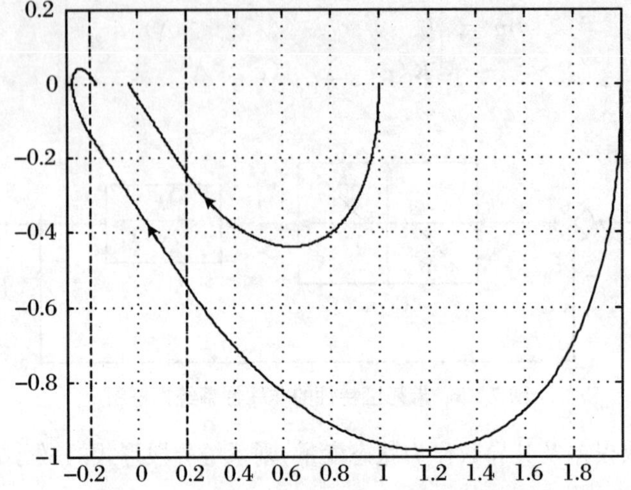

图 7.29　带死区特性的非线性系统的相轨迹

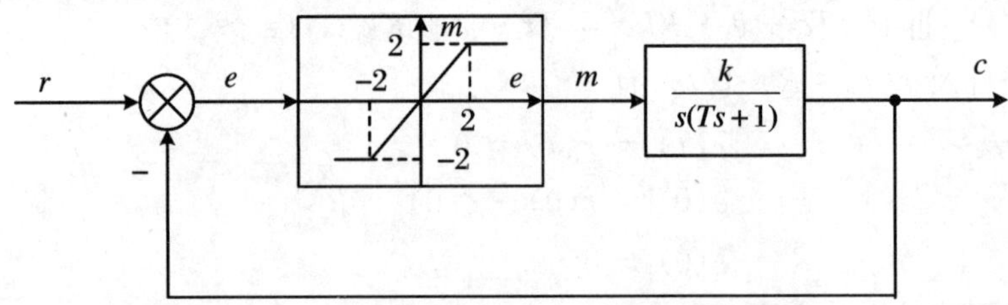

图 7.30　含饱和特性的非线性系统方框图

$$T\ddot{c} + \dot{c} = km$$

因为 $e = r - c$,所以上述方程可改写成

$$T\ddot{e} + \dot{e} + km = T\ddot{r} + \dot{r} \tag{1}$$

图 7.30 中非线性饱和特性的数学表达式为

$$\begin{cases} m = e & (|e| \leqslant 2) \\ m = 2 & (e > 2) \\ m = -2 & (e < -2) \end{cases} \tag{2}$$

将式(1)代入式(2)得系统分段线性微分方程为

$$\begin{aligned} &\text{Ⅰ 区}: T\ddot{e} + \dot{e} + ke = T\ddot{r} + \dot{r} \quad (|e| \leqslant 2) \\ &\text{Ⅱ 区}: T\ddot{e} + \dot{e} + 2k = T\ddot{r} + \dot{r} \quad (e > 2) \\ &\text{Ⅲ 区}: T\ddot{e} + \dot{e} - 2k = T\ddot{r} + \dot{r} \quad (e < -2) \end{aligned} \tag{3}$$

已知 $k = 1, T = 1, r(t) = 1(t)$,则分段表达式(3)可改写为

$$\begin{aligned} &\text{Ⅰ 区}: \ddot{e} + \dot{e} + e = 0 \quad (|e| \leqslant 2) \\ &\text{Ⅱ 区}: \ddot{e} + \dot{e} + 2 = 0 \quad (e > 2) \\ &\text{Ⅲ 区}: \ddot{e} + \dot{e} - 2 = 0 \quad (e < -2) \end{aligned} \tag{4}$$

(1) 当 $|e| \leqslant 2$ 时,$\ddot{e} = \dot{e}\dfrac{\mathrm{d}\dot{e}}{\mathrm{d}e}$,则

$$\dot{e}\frac{\mathrm{d}\dot{e}}{\mathrm{d}e}+\dot{e}=-e \tag{5}$$

即$\dfrac{\mathrm{d}\dot{e}}{\mathrm{d}e}=\dfrac{-e-\dot{e}}{\dot{e}}$。

令$\dfrac{\mathrm{d}\dot{e}}{\mathrm{d}e}=\dfrac{0}{0}$,求得奇点为 $e=0,\dot{e}=0$,在该区域内,特征方程为

$$s^2+s+1=0 \tag{6}$$

特征根 $s_{1,2}=-\dfrac{1}{2}\pm \mathrm{j}\dfrac{\sqrt{3}}{2}$,故该奇点为稳定焦点。

令$\dfrac{\mathrm{d}\dot{e}}{\mathrm{d}e}=\alpha$,得等倾线方程为

$$\dot{e}=-\frac{e}{\alpha+1} \tag{7}$$

可知,等倾线为一簇过原点的直线。

(2) 当 $e>2$ 时,

$$\frac{\mathrm{d}\dot{e}}{\mathrm{d}e}=\frac{-\dot{e}-2}{\dot{e}} \tag{8}$$

显然无奇点,等倾线方程为

$$\dot{e}=-\frac{2}{\alpha+1} \tag{9}$$

等倾线为一簇平行于横轴的直线。在 $\alpha=0$ 时,有 $\dot{e}=-2$。

(3) 当 $e<-2$ 时,

$$\frac{\mathrm{d}\dot{e}}{\mathrm{d}e}=\frac{-\dot{e}+2}{\dot{e}} \tag{10}$$

无奇点,等倾线 $\dot{e}=\dfrac{2}{\alpha+1}$是一簇平行于横轴的直线。在 $\alpha=0$ 时,有 $\dot{e}=2$。

由于 $c(0)=-3,\dot{c}(0)=0$,故

$$e(0)=r(0)-c(0)=1-(-3)=4$$

$$\dot{e}(0)=\dot{r}(0)-\dot{c}(0)=0$$

在 e-$\dot{e}$ 相平面上,起始于(4,0)的相轨迹如图 7.31 实线所示。若改变初始条件,还可得到其他的相轨迹如图 7.31 虚线所示。

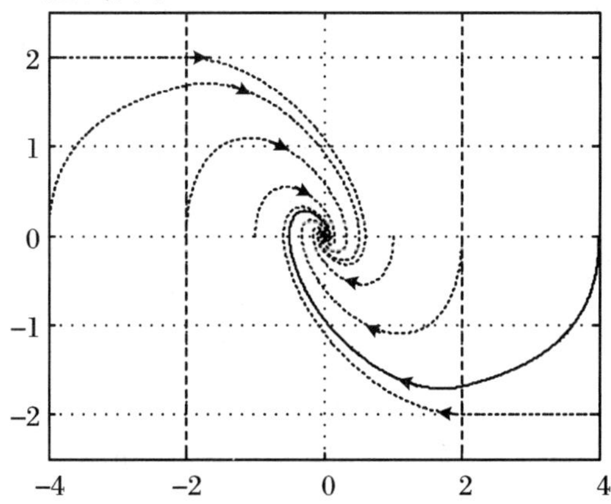

图 7.31　含饱和特性的非线性系统相轨迹

例 7.9 设含理想继电器特性的非线性系统方框图如图 7.32 所示,已知 $k=0.5$,$M=1,T=1,r(t)=1(t)$,试绘制系统的相轨迹。

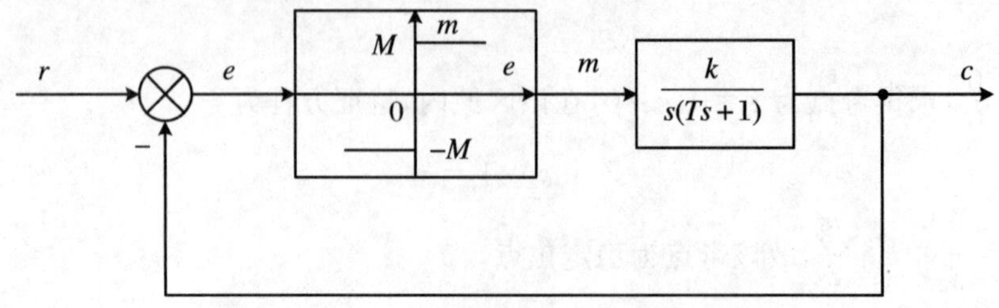

图 7.32 含理想继电器的非线性系统方框图

解 由图 7.32 可得,以误差 e 为输出变量的系统运动方程为

$$T\ddot{e}+\dot{e}+km=T\ddot{r}+\dot{r} \tag{1}$$

由理想继电器特性,有

$$m=\begin{cases}M & (e>0)\\ -M & (e<0)\end{cases} \tag{2}$$

故相平面上的开关线为直线 $e=0$,它将相平面分成两个部分,设右边为Ⅰ区,左边为Ⅱ区。

在阶跃输入信号 $r(t)=R\cdot 1(t)$ 作用下,根据 $e=r-c$ 及线性部分的传递函数 $\dfrac{k}{s(Ts+1)}$,可求得各线性区系统的微分方程为

$$\begin{aligned}&\text{Ⅰ 区:}\ T\ddot{e}+\dot{e}+kM=0\quad(e>0)\\&\text{Ⅱ 区:}\ T\ddot{e}+\dot{e}-kM=0\quad(e<0)\end{aligned} \tag{3}$$

系统初始条件为 $e(0)=R,\dot{e}(0)=0$。由微分方程可以看出,当 $\dot{e}=0$ 时,$\ddot{e}\neq 0$。因此,无论是Ⅰ区还是Ⅱ区,都不存在奇点。由于不能由奇点确定相轨迹,故由等倾线入手。

对于Ⅰ区,等倾线方程为

$$\dot{e}=\frac{-kM/T}{\alpha+1/T} \tag{4}$$

这是一簇平行于 e 轴的直线,斜率均为零。令 $\alpha=0$,等倾线方程为 $\dot{e}=-kM$,此时,等倾线斜率与相轨迹的斜率完全相等,都为零,等倾线与相轨迹完全重合。按前述等倾线的绘制方法,易知其他的相轨迹必然都无限趋向于这条特殊的相轨迹。同时,等倾线为平行于 e 轴的直线,除这条特殊的相轨迹外,其他的相轨迹是一簇曲线。Ⅱ区与Ⅰ区类似,只是特殊的相轨迹方程为 $\dot{e}=kM$,也可以利用相轨迹的对称性来说明。图 7.33 给出了系统的相轨迹。

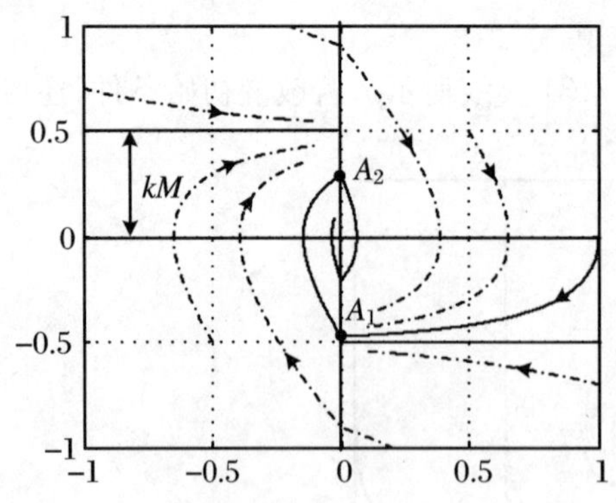

图 7.33 含理想继电器的非线性系统的相轨迹

现在来考虑开关线的作用。系统初始条件为(1,0)时的相轨迹如图 7.33 中的粗实线所示。经过右半平面后,这条相轨迹与开关线相交于 A_1 点。设 A_1 点的坐标为$(0,-a_1)$,按照对称性,初始条件为$(-1,0)$的相轨迹必然交开关线于$(0,a_1)$。因此,从 A_1 点出发经左半平面的相轨迹再次与开关线相交于 A_2 时,

A_2 点就位于 $(0,a_1)$ 的下方。也就是说，A_1 点系统运动速度的绝对值要比 A_2 点系统运动的绝对值大。因此，经过多次振荡后，从理论上说，系统状态最终会收敛于原点。系统的运动曲线是衰减振荡的形式，没有静态误差。

如果继电器元件有一定的延时，则相平面上的开关线会比理想的情况落后一个角度，即发生右倾。开关线的倾斜会使刚才分析的情况不复存在，造成相邻区域的转换延迟。可以证明，此时系统状态会收敛于原点附近的一个稳定的极限环上，系统产生了自激振荡。

例 7.10　如图 7.34 所示，在例 7.9 的控制系统中，若继电器特性具有滞环，试绘制系统的相轨迹。

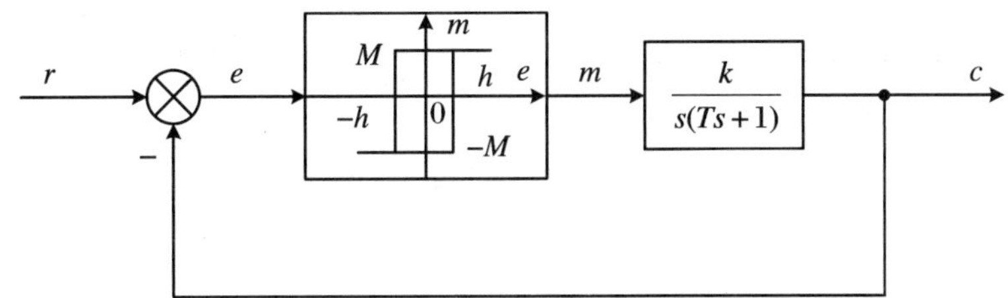

图 7.34　具有滞环继电器特性的非线性系统方框图

解　带滞环继电器特性中令 $m=1$ 的数学表达形式为

$$\dot{e}>0,\quad m=\begin{cases}+M & (e>h)\\ -M & (e<h)\end{cases}\tag{1}$$

$$\dot{e}<0,\quad m=\begin{cases}+M & (e>-h)\\ -M & (e<-h)\end{cases}\tag{2}$$

则系统分段形式的微分方程为

$$\begin{aligned}T\ddot{e}+\dot{e}+kM=0 \quad (e>h\text{ 或 }e>-h,\dot{e}<0)\\ T\ddot{e}+\dot{e}-kM=0 \quad (e<-h\text{ 或 }e<h,\dot{e}>0)\end{aligned}\tag{3}$$

因此，有三条开关线：$e=h,\dot{e}>0$；$e=-h,\dot{e}<0$；$\dot{e}=0,e\in(-h,h)$。开关线为折线，将相平面划分为左右两个区域。和例 7.9 相比，只是开关线分别发生了平移。下半平面开关线的平移，使得在右半区域的运动时间延长（A_1 点横坐标向左移，纵坐标向下移）；上半平面开关线的右移，同样使得系统在左半区域的运动时间延长（A_2 点横坐标向右，纵坐标向上移）。从而例 7.9 中的衰减关系将不复存在，相轨迹绕原点形成了一条封闭的曲线，即有极限环存在，如图 7.35(a)所示。从图中可以看出，极限环的内部与外部起始的相轨迹都卷向极限环，故为稳定的极限环，系统存在自激振荡。

由此可见，滞环特性的存在将导致系统产生自激振荡，给系统带来不良的影响。按前面对极限环的讨论，应尽量减小它的尺寸。从图 7.35(a)可以看出，极限环纵向的大小主要取决于 kM，横向的大小主要取决于滞环宽度 h。当然，极限环的大小也与系统的参数 T 有关系。图 7.35(b)给出了 T 取 1.2 和 0.5(其他参数相同)时的相轨迹。

比较例 7.9 与例 7.10 可以发现，当开关线变化时，相轨迹的性质会产生根本的变化。从例 7.10 来看，参数的调整只能改变极限环的尺寸，要彻底消除自激振荡，就只能改变系统的结构。常用的方法是引入速度反馈（或局部反馈）。从相轨迹的角度来说，就是要改变开关线的位置与倾角。下面通过一个简单的例子来说明这一点。

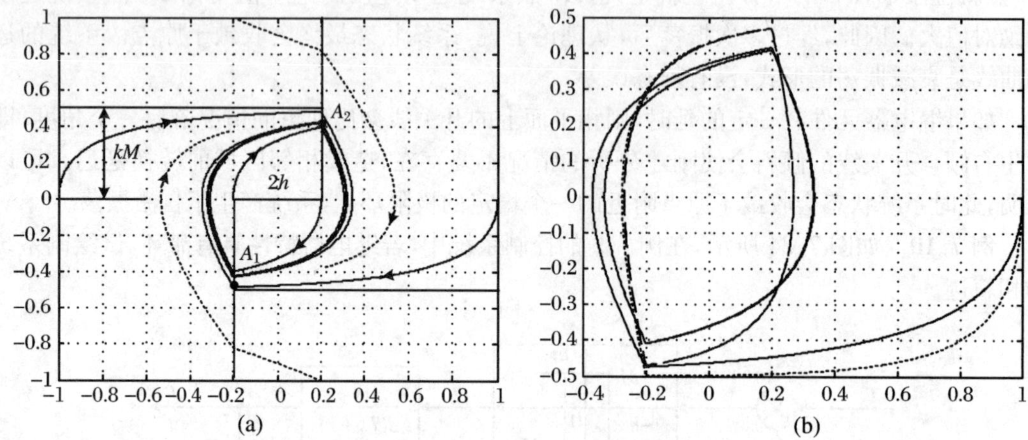

图 7.35 具有滞环继电器特性的非线性系统相轨迹

例 7.11 在例 7.9 中,引入速度反馈,如图 7.36 所示,试绘制系统的相轨迹。

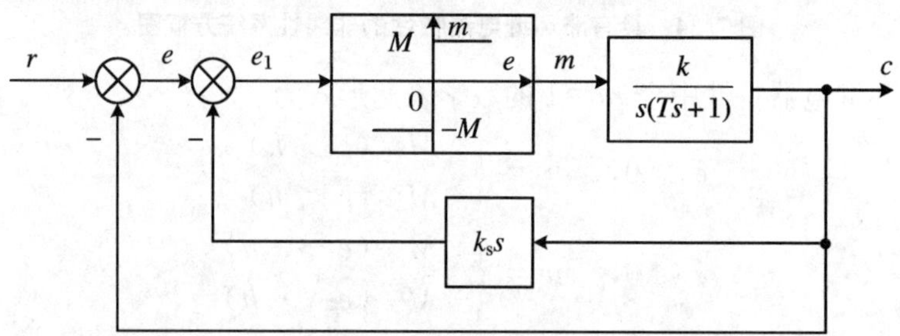

图 7.36 具有速度反馈的非线性系统方框图

解 加入速度反馈后,继电器的输出为

$$m = \begin{cases} +M & (e + k_s\dot{e} > 0) \\ -M & (e + k_s\dot{e} < 0) \end{cases} \tag{1}$$

开关线方程为 $e + k_s\dot{e} = 0$,和例 7.9 相比,开关线发生向左的倾斜,斜率为 $-1/k_s$,误差方程没有变化,其相轨迹和误差响应曲线如图 7.37 所示。

由图 7.37(a)可以看出,由于开关线的倾斜,和例 7.9 相比,A_2 点会向下移动,因而采用速度反馈校正后,调节时间缩短,振荡次数减少,超调量也会减少。另外,当开关线左倾后,其上会出现一段特殊的线段$\overline{B_1B_2}$。B_1 点是相轨迹曲线簇Ⅰ中与开关线正好相切的一条相轨迹的切点,B_2 是相轨迹曲线簇Ⅱ中正好与开关线相切的一条相轨迹的切点。在线段内与开关线相接触的任何一条相轨迹都指向开关线,故不存在从这一线段上任何一点出发的相轨迹。一旦系统状态运动到线段$\overline{B_1B_2}$上的某点,之后的运动只能是沿开关线滑向原点。这种现象称为非线性系统的滑动现象,其滑动模态(简称"滑模")是$\overline{B_1B_2}$。可利用滑模控制缩短系统的调节时间,改善系统性能。滑模控制在变结构系统的设计中有着非常重要的作用,详见相关书籍。

通过引入速度反馈的例子可以看出,要改善系统的性能,关键是使开关线左倾,使相轨迹的转换提前。由于开关线的倾角与速度反馈系数成正比,当 $k_s > 0$ 时,系统性能的改善将随着 k_s 的增大而愈加明显。如果由于某种原因(如前面提到的继电器元件的延时)使开关线右倾,则与上述过程相反,可能会对系统产生不利影响,如自激振荡及超调量、调节时间增大等。

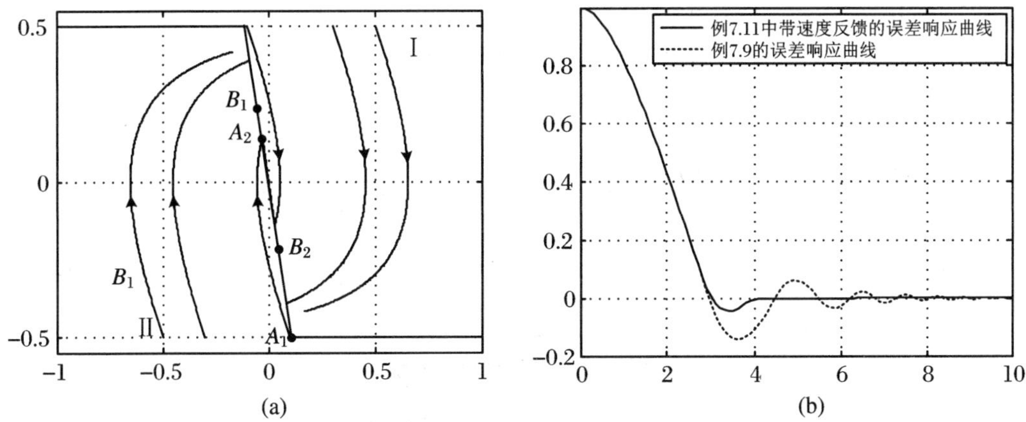

图 7.37　具有速度反馈的非线性系统的相轨迹和取 $e=1,\dot{e}=0$ 的误差响应曲线

7.4　描述函数法

描述函数法是达尼尔(P.J.Daniel)于 1940 年首先提出来的,其基本思想是:当系统满足一定的假设条件时,系统中非线性环节在正弦信号作用下的输出可用一次谐波分量来近似,由此导出非线性环节的近似等效频率特性,即描述函数。这时非线性系统就近似等效为一个线性系统,并可应用线性系统理论中的频域分析法对系统进行频域分析。

描述函数主要用来分析在无外作用的情况下,非线性系统的稳定性和自激振荡问题。它不受系统的阶次限制,一般都能给出比较满意的结果,因而获得了广泛的应用。但是由于描述函数对系统结构、非线性环节的特性和线性部分的性能都有一定的要求,其本身也是一种近似的分析方法,因此该方法的应用有一定的限制条件。另外,描述函数法只能用来研究系统的频率响应特性,不能给出时间响应的确切信息。

7.4.1　描述函数的基本概念

1. 应用描述函数法的基本条件

首先,非线性系统应简化成一个非线性环节和一个线性部分闭环连接的典型结构形式,如图 7.38 所示。图中,$N(A)$代表非线性元件,$G(s)$代表线性部分。应用描述函数法分析时,我们着重讨论的是非线性环节的输入信号 $x(t)$和输出信号 $y(t)$,可以设系统的参考输入信号 $r(t)$为零,系统的输出信号可以看作回路中的一个中间变量。这样就可以更方便地将非线性系统化简成一个非线性环节与线性部分串联的形式。

另外,要求线性环节 $G(s)$:① 是最小相位传递函数;② 具有较好的低通滤波特性。要求非线性环节:① 非线性特性与时间无关;② 非线性的输入输出是奇对称的。

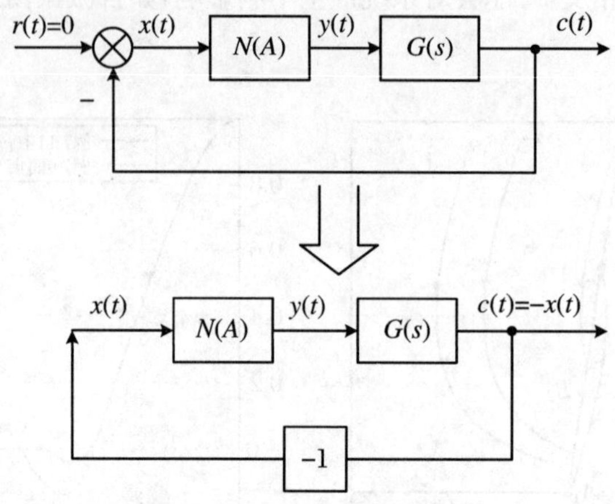

图 7.38　非线性控制系统

虽然非线性控制系统的参考输入 $r(t)=0$，但是系统在扰动信号的激励下，非线性元件的输出信号 $y(t)$将是一个非正弦的周期函数，若满足傅里叶分解条件，则可分解为直流分量 $y_0(t)$、一次谐波分量 $y_1(t)$、二次谐波分量 $y_2(t)$……其幅值取决于 $y(t)$中各谐波分量的大小及系统线性部分的频率特性 $G(\mathrm{j}\omega)$。

因为非线性元件的特性是奇对称的，所以 $y(t)$中的直流分量 $y_0(t)=0$。$G(\mathrm{j}\omega)$一般具有良好的低通性能，因此，$y(t)$中的高次谐波幅值不大，略去这些较小分量，得到 $y(t)\doteq y_1(t)$。一次谐波分量又称为基波分量，故非线性的输出可只考虑基波分量 $y_1(t)$起作用，从而引出描述函数。

2. 描述函数的定义

对于非线性控制系统，当非线性元件的输入为 $x(t)=A\sin\omega t$ 时，一般情况下其稳态输出 $y(t)$为非正弦的周期信号，因而可以展开成下列傅里叶级数：

$$y(t)=\frac{A_0}{2}+\sum_{n=1}^{\infty}(A_n\cos n\omega t+B_n\sin n\omega t)=\frac{A_0}{2}+\sum_{n=1}^{\infty}Y_n\sin(n\omega t+\theta_n) \tag{7.27}$$

其中

$$A_0=\frac{1}{\pi}\int_0^{2\pi}y(t)\mathrm{d}t$$

$$A_n=\frac{1}{\pi}\int_0^{2\pi}y(t)\cos n\omega t\,\mathrm{d}\omega t,\quad B_n=\frac{1}{\pi}\int_0^{2\pi}y(t)\sin n\omega t\,\mathrm{d}\omega t$$

$$Y_n=\sqrt{A_n^2+B_n^2},\quad \theta_n=\arctan\frac{A_n}{B_n}\quad (n=1,2,3,\cdots)$$

若非线性为奇对称，则直流分量 $A_0=0$。同时，各谐波分量的幅值与基波相比一般都比较小，考虑到实际系统一般都具有低通滤波特性，因此可以忽略式(7.27)中的高次谐波分量，只考虑基波分量，则

$$y(t)\doteq y_1(t)=A_1\cos\omega t+B_1\sin\omega t=Y_1\sin(\omega t+\theta_1) \tag{7.28}$$

其中

$$A_1=\frac{1}{\pi}\int_0^{2\pi}y(t)\cos\omega t\,\mathrm{d}\omega t,\quad B_1=\frac{1}{\pi}\int_0^{2\pi}y(t)\sin\omega t\,\mathrm{d}\omega t \tag{7.29}$$

$$Y_1 = \sqrt{A_1^2 + B_1^2},\quad \theta_1 = \arctan\frac{A_1}{B_1}$$

式(7.28)表明，非线性元件在正弦输入情况下，其输出也是一个同频率的正弦信号，只是幅值和相位发生了变化。可近似认为具有和线性环节相类似的频率响应形式。由于只是用一次基波代替了总体的输出，因此这种近似也称为谐波线性化。

非线性环节进行谐波线性化处理后，可以依照线性环节频率特性的定义，建立非线性环节的等效频率特性，即描述函数。定义在正弦输入信号下，非线性环节的稳态输出中基波分量 $y_1(t)$和输入正弦信号 $x(t)$的复数比为非线性环节的描述函数，用 $N(A)$表示：

$$N(A) = \frac{Y_1}{A}\angle\theta_1 = \frac{B_1 + \mathrm{j}A_1}{A} = \frac{\sqrt{A_1^2 + B_1^2}}{A}\arctan\frac{A_1}{B_1} \tag{7.30}$$

式中，$N(A)$表示描述函数；A 表示正弦输入信号的幅值；Y_1 表示非线性元件输出信号中基波分量的幅值；θ_1 表示非线性元件输出信号中基波分量的相位移。

一般情况下，若非线性元件不包含储能机构，则描述函数表示为 $N(A)$。只有当非线性元件包含储能机构时，描述函数才既是输入振幅 A 又是角频率 ω 的函数，记为 $N(A,\omega)$。

7.4.2　典型非线性特性的描述函数

典型非线性特性具有分段线性特点，描述函数的计算重点在于确定正弦响应曲线和积分区间，一般采用图解方法。下面针对两种典型非线性特性，介绍计算过程和步骤。

1. 饱和非线性特性描述函数

饱和非线性特性以及它对正弦输入的输出波形如图 7.39 所示。其输入、输出信号的波形在正、负半周期内是对称的。在 $\omega t=0\sim\pi$ 的半个周期内，当正弦输入的振幅 $A<S$ 时，输出量 $y(t)$与输入量 $x(t)$是线性关系：$y(t)=KA\sin n\omega t$；而当 $A>S$ 时，输出量 $y(t)$的值不变，为常量 KS，即

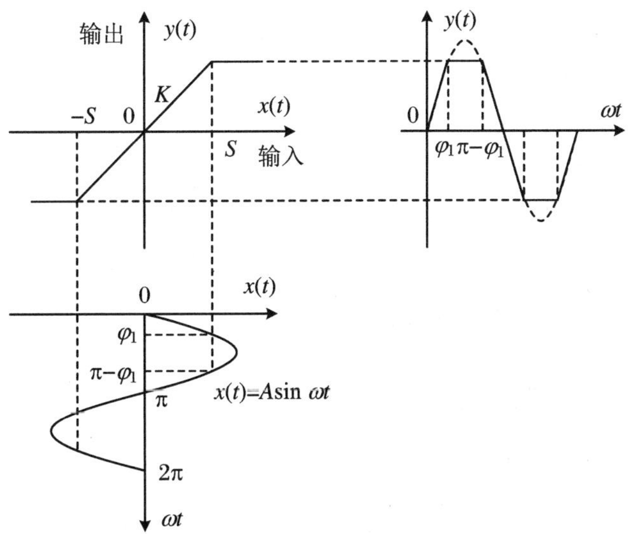

图 7.39　饱和非线性及其输入、输出波形

$$y(t)=\begin{cases} KA\sin\omega t & (0<\omega t<\varphi_1) \\ KS & (\varphi_1<\omega t<\pi-\varphi_1) \\ KA\sin\omega t & (\pi-\varphi_1<\omega t<\pi) \end{cases} \tag{7.31}$$

由于饱和非线性特性是对原点单值奇对称，所以 $A_0=0, A_1=0$。从图中可得到 $\varphi_1=\arcsin\dfrac{S}{A}$，并将上式代入式(7.29)中计算 B_1，得

$$\begin{aligned} B_1 &= \frac{1}{\pi}\int_0^{2\pi} y(t)\sin\omega t\,\mathrm{d}\omega t = \frac{4}{\pi}\int_0^{\frac{\pi}{2}} y(t)\sin\omega t\,\mathrm{d}\omega t \\ &= \frac{4}{\pi}\left[\int_0^{\varphi_1} KA\sin^2\omega t\,\mathrm{d}\omega t + \int_{\varphi_1}^{\frac{\pi}{2}} KS\sin\omega t\,\mathrm{d}\omega t\right] \\ &= \frac{2KA}{\pi}\left[\arcsin\frac{S}{A}+\frac{S}{A}\sqrt{1-\left(\frac{S}{A}\right)^2}\right] \end{aligned} \tag{7.32}$$

由于 $A_1=0$，所以 $Y_1=\sqrt{A_1^2+B_1^2}=B_1$，$\theta_1=\arctan\dfrac{A_1}{B_1}=0$，于是饱和非线性的描述函数为

$$N(A)=\frac{Y_1}{A}\angle\theta_1=\frac{B_1}{A}=\frac{2K}{\pi}\left[\arcsin\frac{S}{A}+\frac{S}{A}\sqrt{1-\left(\frac{S}{A}\right)^2}\right]\quad (A\geqslant S) \tag{7.33}$$

2. 继电器特性的描述函数

具有不灵敏区与滞环的继电器特性以及它对正弦输入的输出波形如图 7.40 所示。在 $\omega t=0\sim\pi$ 的半个周期内，输出 $y(t)$ 的数学表达式为

$$y(t)=\begin{cases} 0 & (0\leqslant\omega t<\varphi_1) \\ M & (\varphi_1\leqslant\omega t\leqslant\varphi_2) \\ 0 & (\varphi_2<\omega t\leqslant\pi) \end{cases} \tag{7.34}$$

式中，$\varphi_1=\arcsin\dfrac{h}{A}$，$\varphi_2=\pi-\arcsin\dfrac{mh}{A}$（$0<m<1, A\geqslant h$）。

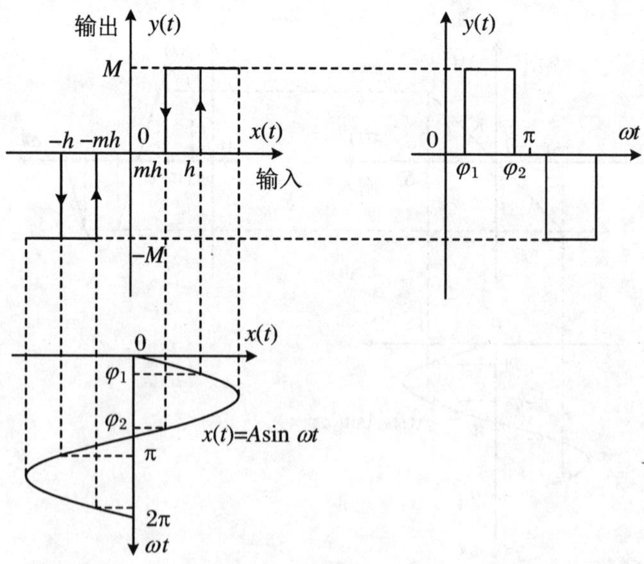

图 7.40　不灵敏区滞环继电特性和正弦响应曲线

由图 7.40 可见，$y(t)$为奇对称函数，故 $A_0=0$，由式(7.29)，得

$$A_1 = \frac{2}{\pi}\int_0^{\pi} y(t)\cos\omega t\,\mathrm{d}\omega t = \frac{2}{\pi}\int_{\varphi_1}^{\varphi_2} M\cos\omega t\,\mathrm{d}\omega t = \frac{2Mh}{\pi A}(m-1) \tag{7.35}$$

$$B_1 = \frac{2}{\pi}\int_0^{2\pi} y(t)\sin\omega t\,\mathrm{d}\omega t = \frac{2}{\pi}\int_{\varphi_1}^{\varphi_2} M\sin\omega t\,\mathrm{d}\omega t$$

$$= \frac{2M}{\pi}\left[\sqrt{1-\left(\frac{h}{A}\right)^2}+\sqrt{1-\left(\frac{mh}{A}\right)^2}\right] \quad (0<m<1, A\geqslant h) \tag{7.36}$$

于是，具有不灵敏区与滞环继电器的描述函数为

$$N(A) = \frac{2M}{\pi A}\left[\sqrt{1-\left(\frac{h}{A}\right)^2}+\sqrt{1-\left(\frac{mh}{A}\right)^2}\right] + \mathrm{j}\,\frac{2Mh}{\pi A^2}(m-1) \quad (0<m<1, A\geqslant h) \tag{7.37}$$

取 $h=0$，得理想继电器特性的描述函数为

$$N(A) = \frac{4M}{\pi A} \tag{7.38}$$

取 $m=1$，得不灵敏区继电器特性描述函数为

$$N(A) = \frac{4M}{\pi A}\sqrt{1-\left(\frac{h}{A}\right)^2} \quad (A\geqslant h) \tag{7.39}$$

取 $m=-1$，得滞环继电器特性的描述函数为

$$N(A) = \frac{4M}{\pi A}\sqrt{1-\left(\frac{h}{A}\right)^2} - \mathrm{j}\,\frac{4Mh}{\pi A^2} \quad (A\geqslant h) \tag{7.40}$$

表 7.2 列出了常见的非线性特性及它们的描述函数 $N(A)$，以供查用。

表 7.2　非线性特性及其描述函数

名　　称	非线性特性	描述函数 $N(A)$
理想继电器特性	y(t) M 0 x(t) −M	$N(A)=\frac{4M}{\pi A}$
不灵敏区的继电器特性	y(t) M −h 0 x(t) h −M	$\frac{4M}{\pi A}\sqrt{1-\left(\frac{h}{A}\right)^2}$ $(A\geqslant h)$
有滞环继电器特性	y(t) M 0 h x(t) −h −M	$\frac{4M}{\pi A}\sqrt{1-\left(\frac{h}{A}\right)^2}-\mathrm{j}\,\frac{4Mh}{\pi A^2}$ $(A\geqslant h)$

续表

名　称	非线性特性	描述函数 $N(A)$
具有不灵敏区与滞环的继电器特性	$y(t)$, M, 0, $x(t)$, mh, h, $-M$	$\frac{2M}{\pi A}\left[\sqrt{1-\left(\frac{h}{A}\right)^2}+\sqrt{1-\left(\frac{mh}{A}\right)^2}\right]+\mathrm{j}\frac{2Mh}{\pi A^2}(m-1)$ $(0<m<1, A\geqslant h)$
饱和特性	$y(t)$, K, $x(t)$, $-S$, 0, S	$\frac{2K}{\pi}\left[\arcsin\frac{S}{A}+\frac{S}{A}\sqrt{1-\left(\frac{S}{A}\right)^2}\right]$ $(A\geqslant S)$
间隙特性	$y(t)$, K, $x(t)$, $-b$, 0, b	$\frac{K}{\pi}\left[\frac{\pi}{2}+\arcsin\left(1-\frac{2b}{A}\right)+2\left(1-\frac{2b}{A}\right)\sqrt{\frac{b}{A}\left(1-\frac{b}{A}\right)}\right]$ $+\mathrm{j}\frac{4Kb}{\pi A}\left(\frac{b}{A}-1\right)$ $(A\geqslant b)$
不灵敏区特性	$y(t)$, K, $-\Delta$, 0, $x(t)$, K, Δ	$\frac{2K}{\pi}\left[\frac{\pi}{2}-\arcsin\frac{\Delta}{A}-\frac{\Delta}{A}\sqrt{1-\left(\frac{\Delta}{A}\right)^2}\right]$ $(A\geqslant\Delta)$
库仑摩擦加黏性摩擦	$y(t)$, K, M, 0, $x(t)$, K, $-M$	$K+\frac{4M}{\pi A}$
具有不灵敏区的饱和特性	$y(t)$, K, $-S$, $-\Delta$, $x(t)$, 0, Δ, S, K	$\frac{2K}{\pi}\left[\arcsin\frac{S}{A}-\arcsin\frac{\Delta}{A}+\frac{S}{A}\sqrt{1-\left(\frac{S}{A}\right)^2}\right.$ $\left.-\frac{\Delta}{A}\sqrt{1-\left(\frac{\Delta}{A}\right)^2}\right]$ $(A\geqslant S)$
变增益特性	$y(t)$, K_2, $-S$, K_1, $x(t)$, K_2, 0, S	$K_2+\frac{2(K_1-K_2)}{\pi}\left[\arcsin\frac{S}{A}+\frac{S}{A}\sqrt{1-\left(\frac{S}{A}\right)^2}\right]$ $(A\geqslant S)$

续表

名　　称	非线性特性	描述函数 $N(A)$
具有不灵敏区的线性特性	$y(t)$, K, Δ, $-\Delta$, 0, Δ, $x(t)$, $-\Delta$, K	$K-\frac{2K}{\pi}\arcsin\frac{\Delta}{A}+\frac{(4-2K)\Delta}{\pi A}\sqrt{1-\left(\frac{\Delta}{A}\right)^2}$　$(A\geqslant\Delta)$

7.4.3　非线性系统结构图的等效变换

前面在讨论非线性系统时，假定其典型结构为一个非线性部分 $N(A)$ 和一个线性部分 $G(s)$。但是，实际系统并非完全符合上述形式。为了应用描述函数法分析系统的自持振荡及其稳定性，需要将各种形式等效变换成典型结构。

由于在讨论系统自持振荡及其稳定性时，不需要考虑外作用的影响，因此在进行等效变换时，可以认为所有的外作用均为零。

1. 并联连接的等效变换

并联非线性部件如图 7.41(a)所示。可将两个非线性特性进行叠加，对叠加后的特性求描述函数 $N(A)$，如图 7.41(b)所示。也可以先分别求出各非线性特性的描述函数，然后叠加，得到总的描述函数，即

$$N(A) = N_1(A) + N_2(A) \tag{7.41}$$

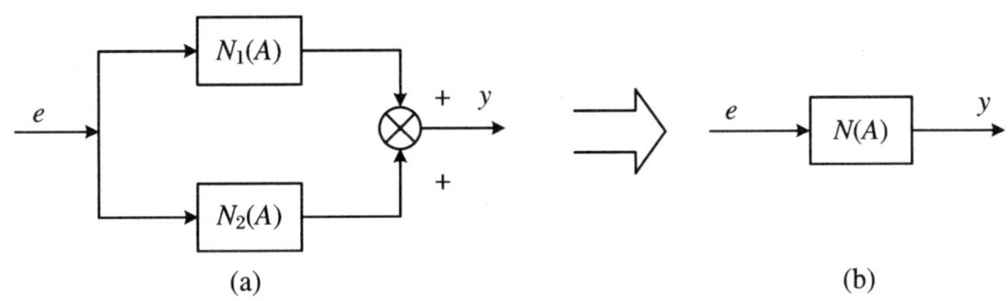

图 7.41　并联连接的等效变换

2. 串联连接的等效变换

串联非线性部件如图 7.42(a)所示。求取串联非线性部件的等效描述函数的方法是：首先由串联非线性求取等效的非线性特性，然后根据等效非线性特性求取其等效描述函数。

如图 7.42(a)所示，串联非线性 N_1 与 N_2 可用一个具有不灵敏区无滞环的继电器特性 N_{12} 来等效。写出前一级非线性环节的分段线性函数

$$x=\begin{cases}k(e-e_0) & (e\geqslant e_0)\\ 0 & (-e_0<e<e_0)\\ k(e+e_0) & (e\leqslant -e_0)\end{cases} \tag{7.42}$$

则可知当 $x=k(e-e_0)\geqslant a$ 时，后一级非线性环节才进入饱和区域，即 $e\geqslant e_0+a/k$，输出为 $y=M$。由对称性可知，当 $e\leqslant-(e_0+a/k)$ 时，其输出为 $y=-M$。则等效非线性环节的不灵敏区 $a_1=e_0+a/k$，输出为 M，如图 7.42(b)所示。等效非线性 N_{12} 的描述函数为

$$N_{12}(A)=\frac{4M}{\pi A}\sqrt{1-\left(\frac{a_1}{A}\right)^2}\quad (A>a_1) \tag{7.43}$$

应该指出,两个非线性环节的串联,等效特性还取决于其前后次序,调换次序则等效非线性特性亦不同。一定要以信号流通方向为准,即需将信号先通过的特性排在前面。描述函数需按等效非线性环节的特性计算。多个非线性环节的串联,可按上述两个非线性环节简化方法,依由前向后顺序逐一加以简化。

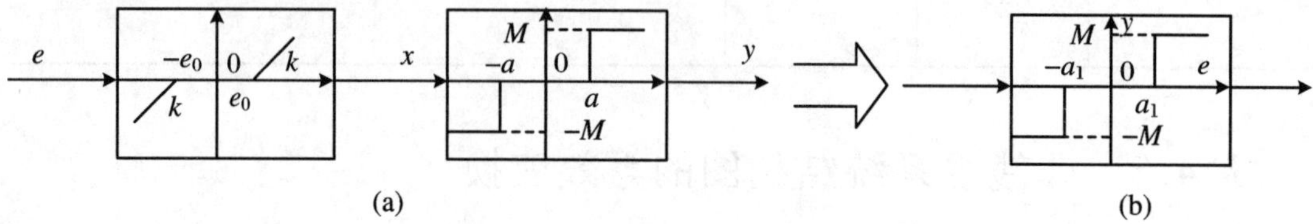

图 7.42　串联连接的等效变换

3. 结构图的等效变换

为进行描述函数的分析,化简非线性系统时,我们所感兴趣的不是非线性环节的输入和输出,可令系统的输入 $r(t)=0$。

非线性部件被线性部件局部反馈所包围,如图 7.43(a)所示。根据等效变换法则,可将线性部分叠加成为一个线性部件,则系统变换后的结构方框图如图 7.43(b)所示。

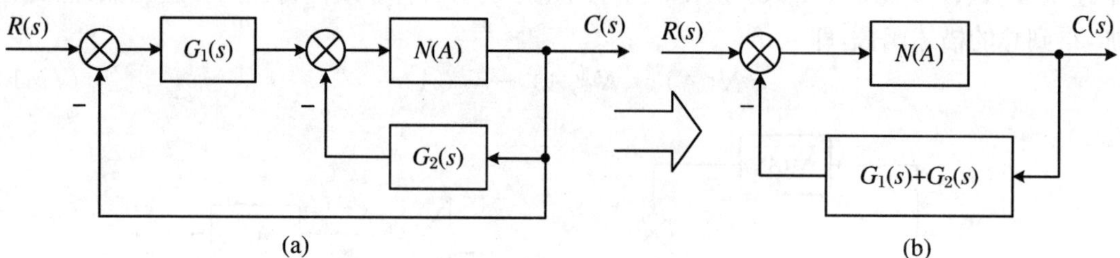

图 7.43　非线性部件被线性部件局部包围的等效变换

反之,当线性部件被非线性部件局部反馈所包围,如图 7.44(a)所示,根据等效法则,可简化为如图 7.44(b)所示结构方框图。

另外,也可以将非线性特性 $N(A)$视为线性环节来对待,然后利用梅森增益公式求出系统的闭环传递函数,取闭环特征方程并将其写成 $1+N(A)G(s)=0$ 的形式,则可求出等效线性部分的传递函数为 $G(s)$,下面举例说明。

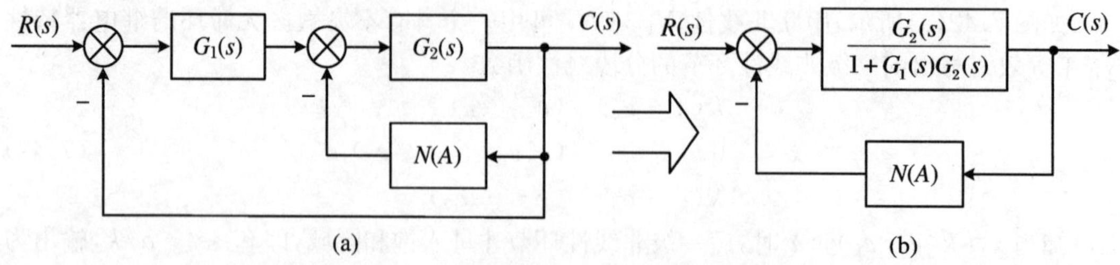

图 7.44　非线性部件为局部反馈时的等效变换

例 7.12　非线性系统如图 7.45 所示，试将其等效成非线性环节和线性环节相串联的形式。

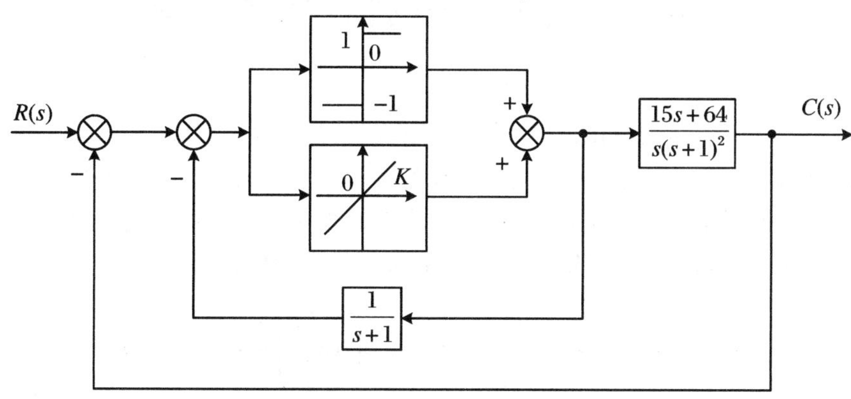

图 7.45　非线性系统结构图

解　将并联的非线性环节等效为如图 7.46 所示的非线性环节，可知其描述函数为

$$N(A)=N_1(A)+N_2(A)=\frac{4}{\pi A}+K \tag{1}$$

按上述方法，将非线性环节 $N(A)$视为线性环节对待，由梅森增益公式求出系统的闭环传递函数：

$$\frac{C(s)}{R(s)}=\frac{\sum P_k\Delta_k}{\Delta}=\frac{N(A)G_1(s)}{1+N(A)G_1(s)+N(A)G_2(s)} \tag{2}$$

其中

$$G_1(s)=\frac{15s+64}{s(s+1)^2},\quad G_2(s)=\frac{1}{s+1}$$

可知闭环特征方程为

$$1+N(A)G_1(s)+N(A)G_2(s)=0$$

将其写成 $1+N(A)G(s)=0$，可知

$$G(s)=G_1(s)+G_2(s) \tag{3}$$

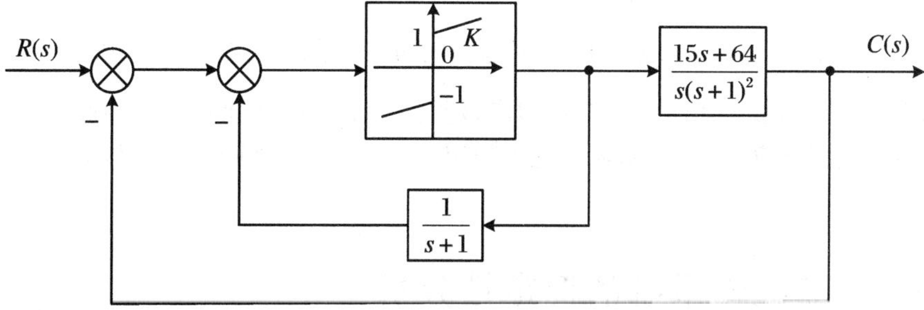

图 7.46　非线性系统等效结构图

7.5 非线性系统的描述函数分析

若非线性系统经过适当简化,具有图 7.47 所示的典型结构形式,且非线性环节和线性部分满足前述描述函数应用的条件,则描述函数可以作为一个具有复变增益的比例环节。于是非线性系统经过谐波线性化,已变成一个等效的线性系统。可以应用线性系统理论中的频域稳定判据——奈奎斯特稳定判据,来分析非线性系统的稳定性。

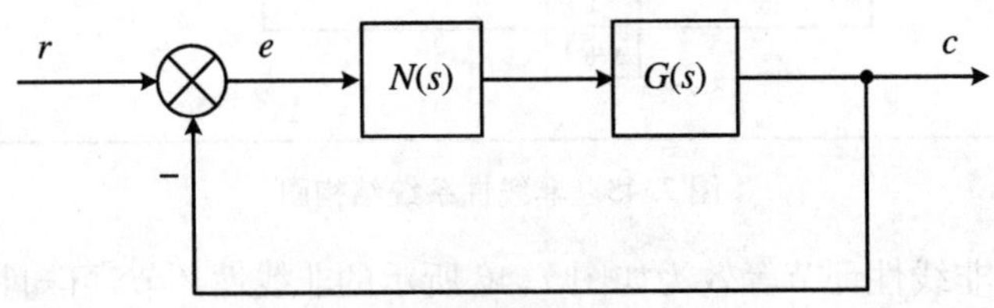

图 7.47 非线性系统的典型结构图

7.5.1 变增益线性系统的稳定性分析

在应用描述函数法分析非线性系统的稳定性之前,有必要讨论如图 7.48(a)所示线性系统的稳定性,其中 k 为比例环节增益。

设 $G(s)$为最小相位系统,则其极点均位于复平面的左半平面,即 $P=0$,$G(\mathrm{j}\omega)$的奈氏曲线 Γ_G 如图 7.48(b)所示。闭环系统的特征方程为

$$1+kG(\mathrm{j}\omega)=0 \quad 或 \quad G(\mathrm{j}\omega)=-\frac{1}{k}+\mathrm{j}0 \tag{7.44}$$

由奈氏判据可知,当 Γ_G 曲线不包围$\left(-\frac{1}{k},\mathrm{j}0\right)$点时,$Z=P-2N=0$,系统闭环稳定。当 Γ_G 曲线包围$\left(-\frac{1}{k},\mathrm{j}0\right)$点时,系统不稳定。当 Γ_G 曲线穿过$\left(-\frac{1}{k},\mathrm{j}0\right)$点时,系统临界稳定,将产生等幅振荡。更进一步,若设 k 在一定范围内可变,即有 $k_2\leqslant k\leqslant k_1$,则$\left(-\frac{1}{k},\mathrm{j}0\right)$为复平面实轴上的一段直线。若 Γ_G 曲线不包围该直线(如图 7.48(b)所示),则闭环系统稳定,而当 Γ_G 曲线包围该直线时,则闭环系统不稳定。下面,在此基础上来分析非线性系统的稳定性。

7.5.2 非线性系统的稳定性分析

由图 7.47 可得,当非线性特性采用描述函数近似等效时,闭环系统的特征方程为

$$1+N(A)G(\mathrm{j}\omega)=0 \quad 或 \quad G(\mathrm{j}\omega)=-\frac{1}{N(A)} \tag{7.45}$$

式中,$-1/N(A)$称为非线性元件的"负倒描述函数"。在复平面上绘制 $G(\mathrm{j}\omega)$与$-1/N(A)$曲线时,$G(\mathrm{j}\omega)$曲线上的箭头表示随 ω 增大 $G(\mathrm{j}\omega)$的变化方向,$-1/N(A)$曲线上的箭头表

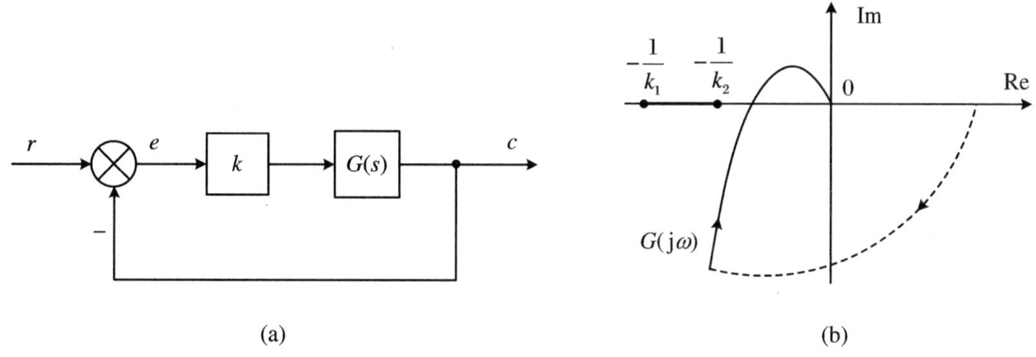

图 7.48　可变增益的线性系统

示随 A 增大 $-1/N(A)$ 的变化方向。若两条曲线不相交，则表明方程无 ω 的正实数解。图 7.49 给出了这一条件下两种可能的形式。

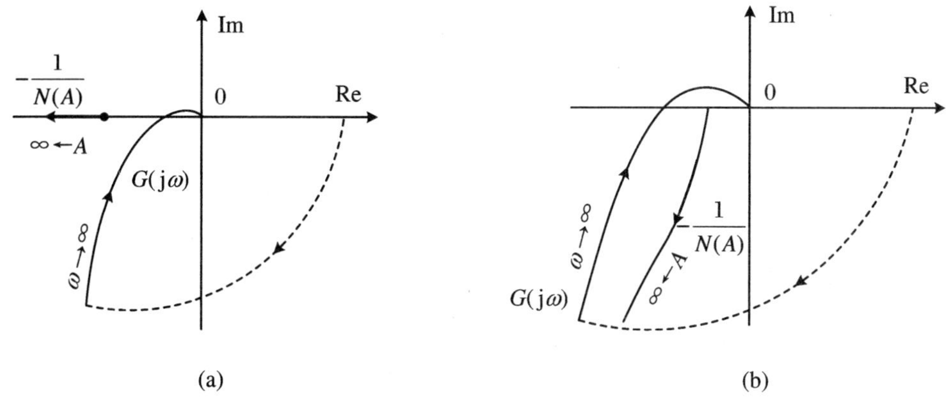

图 7.49　$G(j\omega)$ 曲线与 $-1/N(A)$ 曲线无交点的两种形式

图 7.49(a)中，$G(j\omega)$曲线不包围 $-1/N(A)$ 曲线。对于非线性环节的具有任一确定振幅 A 的正弦信号，$(-1/N(A), j0)$ 不被 $G(j\omega)$ 曲线包围。由于 $G(s)$ 具有低通滤波特性，其极点均位于复平面的左半平面，即 $P=0$。此时系统稳定，A 将减小，并最终使 A 减小到零或使非线性环节的输入值为某定值，或位于该定值附近较小的范围。

图 7.49(b)中，$G(j\omega)$曲线包围 $-1/N(A)$ 曲线。对于非线性环节的具有任一确定振幅 A 的正弦信号，$[\mathrm{Re}(-1/N(A)), j\,\mathrm{Im}(-1/N(A)]$点被 $G(j\omega)$ 曲线包围。同上，此时系统不稳定，A 将增大到极限位置或使系统发生故障。

综上所述，可知非线性系统稳定性判据：若 $G(j\omega)$ 曲线不包围 $-1/N(A)$ 曲线，则非线性系统是稳定的；若 $G(j\omega)$ 曲线包围 $-1/N(A)$ 曲线，则非线性系统不是稳定的。

前面讨论了 $G(j\omega)$ 曲线与 $-1/N(A)$ 曲线没有交点的情况，但是在有些情况下两条曲线会出现交点。在交点处，式(7.45)成立，由该式可解得交点处的幅值 A 和频率 ω。系统处于周期运动时，非线性环节的输入近似为等幅振荡：

$$x(t) = A\sin \omega t \tag{7.46}$$

即每个交点对应着一个周期运动。如果周期运动能够维持，即在外界小扰动作用下使系统偏离该周期运动，而当该扰动消失后，系统的运动仍能恢复原周期运动，则称为稳定的周期运动，即自激振荡。

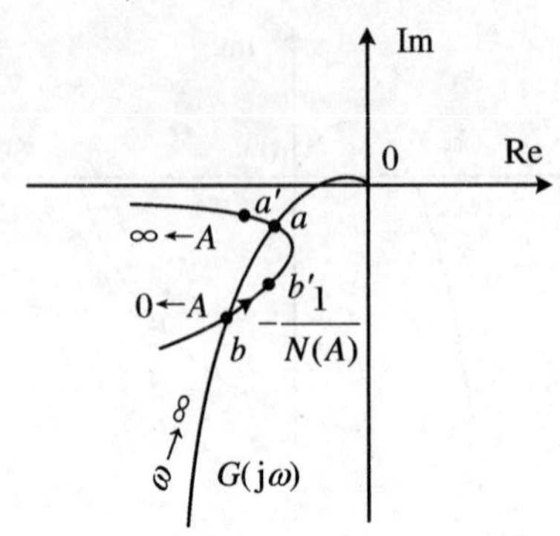

图 7.50　存在周期运动的非线性系统

为判断系统是否存在自持振荡，在 $G(\mathrm{j}\omega)$ 曲线与 $-1/N(A)$ 曲线的交点附近，沿 A 增大方向，在曲线 $-1/N(A)$ 上取一点。若该点不被 $G(\mathrm{j}\omega)$ 曲线包围，则该点对应系统的一个自持振荡状态，相应的周期运动是稳定的；否则，就不是自持振荡，只是一个不稳定周期运动的解。对于图 7.50 所示系统，按此方法，很容易判断出 a 点的自持振荡是稳定的，而 b 点的自持振荡是不稳定的。

例 7.13　非线性系统方框图如图 7.51 所示。其中非线性特性的描述函数为

$$N(A)=\frac{4}{\pi A}\sqrt{1-\frac{1}{A^2}}-\mathrm{j}\frac{4}{\pi A^2}\quad(A\geqslant 1)$$

试用描述函数法判断系统是否发生自持振荡。

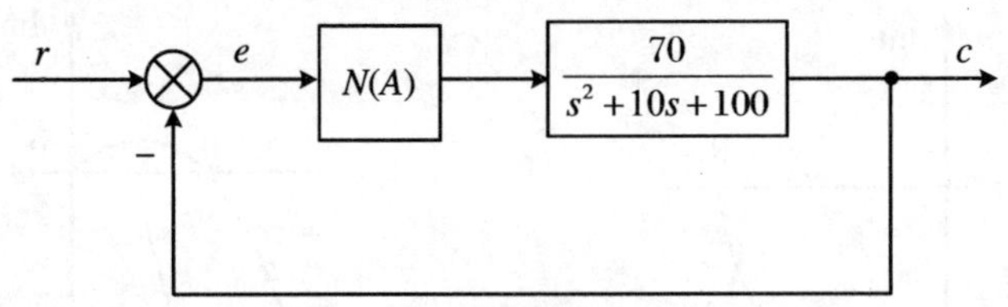

图 7.51　非线性系统方框图

解　描述函数为

$$N(A)=\frac{4}{\pi A}\sqrt{1-\frac{1}{A^2}}-\mathrm{j}\frac{4}{\pi A^2}=\frac{4}{\pi A^2}(\sqrt{A^2-1}-\mathrm{j})$$

负倒描述函数为

$$-\frac{1}{N(A)}=-\frac{\pi A^2}{4}\cdot\frac{1}{\sqrt{A^2-1}-\mathrm{j}}=-\frac{\pi A^2}{4}\cdot\frac{\sqrt{A^2-1}+\mathrm{j}}{(\sqrt{A^2-1})^2+1}=-\frac{\pi}{4}(\sqrt{A^2-1}+\mathrm{j})\tag{1}$$

显然，有

$$\mathrm{Re}\left[-\frac{1}{N(A)}\right]=-\frac{\pi\sqrt{A^2-1}}{4}<0\quad(\forall A\geqslant 1)\tag{2}$$

$$\mathrm{Im}\left[-\frac{1}{N(A)}\right]=-\frac{\pi}{4}=-0.7854\quad(\forall A\geqslant 1)\tag{3}$$

频率特性为

$$G(\mathrm{j}\omega)=\frac{70}{(\mathrm{j}\omega)^2+10\mathrm{j}\omega+100}=\frac{70}{(100-\omega^2)+\mathrm{j}10\omega}\tag{4}$$

若 $\omega=0$，则 $G(\mathrm{j}0)=0.7$；$\omega=10$，$G(\mathrm{j}10)=-\mathrm{j}0.7$；$\omega\to\infty$，$G(\mathrm{j}\infty)=0$。

画 $G(\mathrm{j}\omega)$ 曲线与 $-1/N(A)$ 曲线如图 7.52 所示。由图可知，$G(\mathrm{j}\omega)$ 与 $-1/N(A)$ 无交点，故系统不会发生自振。

例 7.14　非线性系统方框图如图 7.53 所示。试问：系统稳定与否？若产生自持振荡，试确定自持振荡的频率 ω 和振幅 A。

解　理想继电器的描述函数为 $N(A)=\dfrac{4M}{\pi A}$，在 $M=1$ 的情况下，理想继电器的负倒描

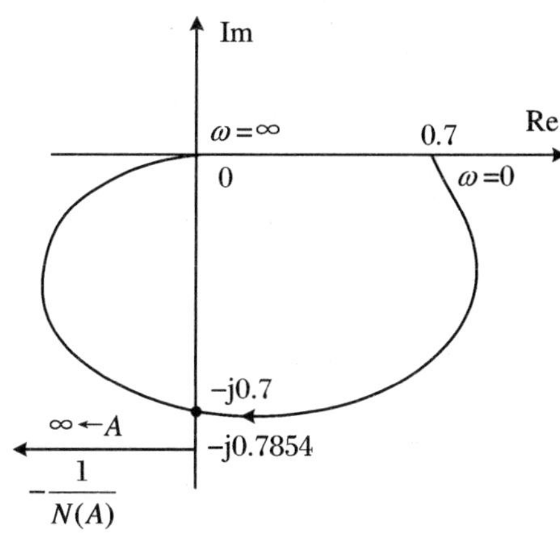

图 7.52　G(jω)曲线与 -1/N(A)曲线

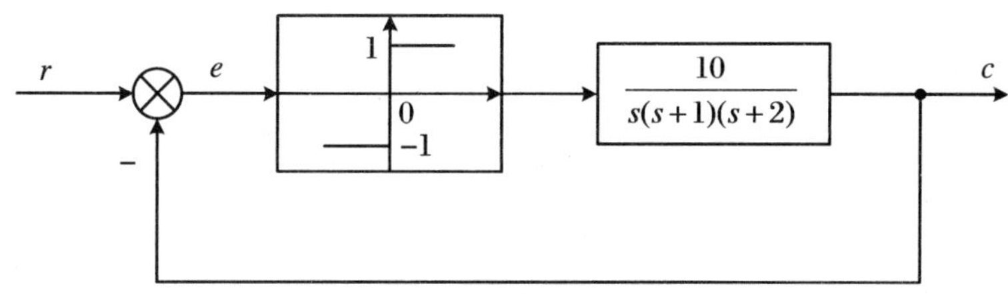

图 7.53　非线性系统方框图

述函数为

$$-\frac{1}{N(A)}=-\frac{\pi A}{4}$$

当 $A=0$ 时，$-1/N(A)=0$；当 $A=\infty$ 时，$-1/N(A)=-\infty$。所以 $-1/N(A)$ 的特性为整个负实轴。

系统线性部分的频率特性为

$$G(\mathrm{j}\omega)=\frac{10}{\mathrm{j}\omega(\mathrm{j}\omega+1)(\mathrm{j}\omega+2)}=\frac{10}{-3\omega^2+\mathrm{j}\omega(2-\omega^2)} \tag{1}$$

令 $\mathrm{Im}[G(\mathrm{j}\omega)]=0$，得

$$\omega=\sqrt{2}\ \mathrm{rad/s}$$

将 $\omega=\sqrt{2}$ 代入式(1)，得

$$\mathrm{Re}[G(\mathrm{j}\omega)]\big|_{\omega=\sqrt{2}}=-\frac{10}{3\omega^2}\bigg|_{\omega=\sqrt{2}}=-\frac{5}{3}$$

$G(\mathrm{j}\omega)=-1/N(A)$ 的交点有

$$\mathrm{Re}[G(\mathrm{j}\omega)]\big|_{\omega=\sqrt{2}}=-\frac{1}{N(A)} \tag{2}$$

即

$$-\frac{5}{3}=-\frac{\pi A}{4}$$

于是

$$A=2.1$$

由上述奈奎斯特稳定性判据判断非线性系统的稳定性和确定系统是否存在自持振荡的结论知，系统产生稳定的自持振荡，振荡频率为 $\omega=\sqrt{2}$ rad/s，振幅为 $A=2.1$。

例 7.15 具有饱和非线性的控制系统如图 7.54 所示。

(1) 试分析 $k=15$ 时非线性系统的稳定性。

(2) 为了使系统不产生自持振荡，系统应如何调整？

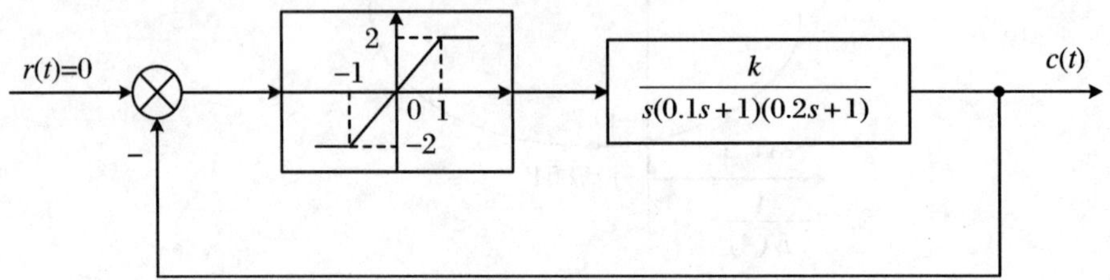

图 7.54 具有饱和非线性的控制系统方框图

解 饱和非线性的描述函数为

$$N(A)=\frac{2K}{\pi}\left[\arcsin\frac{S}{A}+\frac{S}{A}\sqrt{1-\left(\frac{S}{A}\right)^2}\right]\quad(A\geqslant S)\tag{1}$$

取 $u=\dfrac{S}{A}$，对 $N(u)=\dfrac{2K}{\pi}\left[\arcsin u+u\sqrt{1-u^2}\right]$求导，得

$$\frac{\mathrm{d}N(u)}{\mathrm{d}u}=\frac{2K}{\pi}\left(\frac{1}{\sqrt{1-u^2}}+\sqrt{1-u^2}-\frac{u^2}{\sqrt{1-u^2}}\right)=\frac{4K}{\pi}(1-u^2)^{\frac{1}{2}}$$

注意到当 $A>S$ 时，$u=\dfrac{S}{A}<1$，故$\dfrac{\mathrm{d}N(u)}{\mathrm{d}u}>0$，$N(u)$为 u 的增函数，$N(A)$为 A 的减函数，$-\dfrac{1}{N(A)}$亦为 A 的减函数。代入给定参数 $K=2,S=1$，则

$$-\frac{1}{N(A)}=-\frac{\pi}{4\left[\arcsin\frac{1}{A}+\frac{1}{A}\sqrt{1-\left(\frac{1}{A}\right)^2}\right]}\tag{2}$$

当起点 $A=1$ 时，$-\dfrac{1}{N(A)}=-0.5$；当 $A\to\infty$时，$-\dfrac{1}{N(A)}\to-\infty$。因此，$-\dfrac{1}{N(A)}$曲线位于 $-0.5\sim-\infty$这段负实轴上。

系统线性部分的频率特性为

$$G(\mathrm{j}\omega)=\left.\frac{k}{s(0.1s+1)(0.2s+1)}\right|_{s=\mathrm{j}\omega}=\frac{k[-0.3\omega-\mathrm{j}(1-0.02\omega^2)]}{\omega(0.0004\omega^4+0.05\omega^2+1)}\tag{3}$$

令 $\mathrm{Im}[G(\mathrm{j}\omega)]=0$，即 $1-0.02\omega^2=0$，得 $G(\mathrm{j}\omega)$曲线与负实轴交点的频率为

$$\omega=\sqrt{\frac{1}{0.02}}=7.07\ \mathrm{rad/s}$$

代入 $\mathrm{Re}[G(\mathrm{j}\omega)]$，可求得 $G(\mathrm{j}\omega)$曲线与负实轴的交点为

$$\mathrm{Re}[G(\mathrm{j}\omega)]=\left.\frac{-0.3k}{0.0004\omega^4+0.05\omega^2+1}\right|_{\omega=7.07}=\frac{-0.3k}{4.5}$$

(1) 将 $k=15$ 代入上式，得 $\mathrm{Re}[G(\mathrm{j}\omega)]=-1$。图 7.55 绘出了 $k=15$ 时的 $G(\mathrm{j}\omega)$曲线与 $-1/N(A)$曲线，两曲线交于$(-1,\mathrm{j}0)$点。显然，交点对应的是一个稳定的自持振荡，根据交点处幅值相等，即

$$-\frac{\pi}{4\left[\arcsin\frac{1}{A}+\frac{1}{A}\sqrt{1-\left(\frac{1}{A}\right)^{2}}\right]}=-1$$

求得与交点对应的振幅 $A=2.5$。因此，当 $k=15$ 时，系统处于自持振荡状态，其振幅 $A=2.5$，振荡频率为 $\omega=7.07$ rad/s。

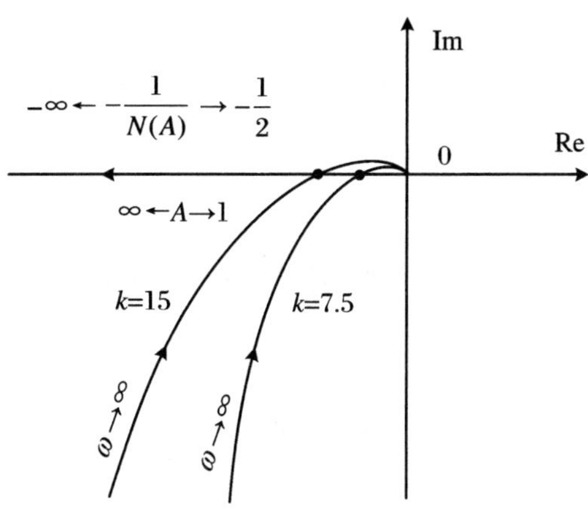

图 7.55　$G(j\omega)$曲线与 $-1/N(A)$曲线

(2) 由于 $G(s)$极点均在 s 平面左半部，故根据推广的奈奎斯特稳定性判据判断非线性系统的稳定性和确定系统是否存在自持振荡。欲使系统稳定地工作，不出现自持振荡，应使 $G(j\omega)$曲线不包围 $-\frac{1}{N(A)}$曲线，即

$$-\frac{0.3k}{4.5}\geqslant-0.5$$

故 k 的临界值为

$$k_{c}=\frac{0.5\times4.5}{0.3}=7.5$$

因此，为了使系统不产生自持振荡而稳定工作，系统的 k 值最大只能取 7.5。

7.6　基于 MATLAB 的非线性控制系统分析

例 7.16　基于 MATLAB 的相平面分析方法示例。

解　可以编制如下的 MATLAB 程序用计算机对方程(7.11)进行精确求解，并绘制如图 7.8 所示的状态响应曲线和相轨迹曲线。

```
t = 0:0.1:20;                          %设定仿真时间为 20 s
[T1,Y1] = ode15s(@vdp, t, [1 0]);      %求解初始条件为(1,0)的非线性系统微分方程
[T2,Y2] = ode15s(@vdp, t, [2 0]);      %求解初始条件为(2,0)的非线性系统微分方程
[T3,Y3] = ode15s(@vdp, t, [3 0]);      %求解初始条件为(3,0)的非线性系统微分方程
figure(1);
hold on;
```

```
plot(T1,Y1(:,1));               %绘制初始条件为(1,0)的非线性的状态曲线
hold off;
hold on
plot(T2,Y2(:,1));               %绘制初始条件为(2,0)的非线性的状态曲线
hold off
hold on
plot(T3,Y3(:,1));               %绘制初始条件为(3,0)的非线性的状态曲线
hold off
figure(2);
hold on
plot(Y1(:,1),Y1(:,2));          %绘制初始条件为(1,0)的非线性的相轨迹
hold off;
hold on
plot(Y2(:,1),Y2(:,2));          %绘制初始条件为(2,0)的非线性的相轨迹
hold off
hold on
plot(Y3(:,1),Y3(:,2));          %绘制初始条件为(3,0)的非线性的相轨迹
hold off
```

调用函数:vdp.m。

```
function dy = vdp (t,y)          %描述非线性的微分方程,分别令 y(1) = x,y(2) = ẋ
dy = zeros(2,1);
dy(1) = y(2);
dy(2) = 2 * 0.3 * (1 - y(1)^2) * y(2) - y(1);
```

例 7.17 试分析图 7.56 所示含有摩擦阻力的二阶随动系统,图中的 F_f 表示摩擦阻力,它包括干摩擦力 $f_C \mathrm{sgn}\,\dot{c}$ 及黏性摩擦力 $f_v \dot{c}$,即 $F_f = f_C \mathrm{sgn}\,\dot{c} + f_v \dot{c}$,式中 f_C, f_v 分别为干摩擦系数与黏性摩擦系数,其中 $k = 1.25, f_C = 0.25, f_v = 0.25$。试对该非线性反馈系统进行 MATLAB 仿真,在相平面上绘制 e-$\dot{e}$ 相轨迹,并分析非线性反馈在改善系统性能方面的作用。

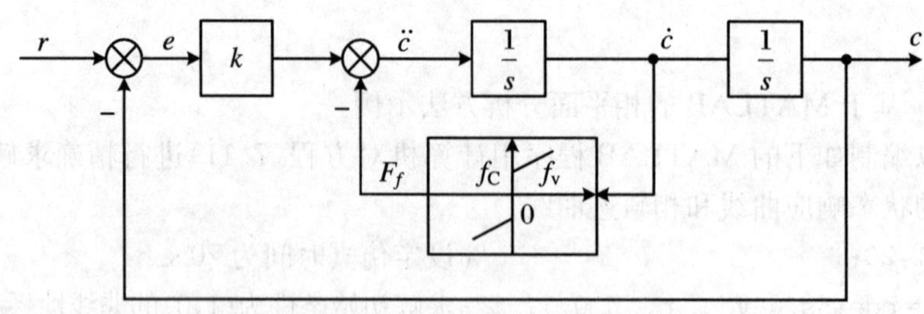

图 7.56 二阶随动系统结构图

解 由图 7.56 得系统的运动方程为

$$\ddot{c} = ke - (f_C \mathrm{sgn}\,\dot{c} + f_v \dot{c}) \tag{1}$$

$$e = r - c \tag{2}$$

设输入信号为 $r(t)=1(t)$，则以误差 e 为输出变量表示的运动方程为

$$\begin{cases} \ddot{e}+f_{\mathrm{v}}\dot{e}+k\left(e-\dfrac{f_{\mathrm{C}}}{k}\right)=0 & (\dot{e}<0) \\ \ddot{e}+f_{\mathrm{v}}\dot{e}+k\left(e+\dfrac{f_{\mathrm{C}}}{k}\right)=0 & (\dot{e}>0) \end{cases} \tag{3}$$

从运动方程可以看出，当 $f_{\mathrm{C}}=0$ 时，此非线性系统与线性系统一样，当 $f_{\mathrm{C}}\neq 0$ 时，系统则为非线性系统，由于阻尼比 $0<\zeta=\dfrac{f_{\mathrm{v}}}{2\sqrt{k}}<1$，系统处于欠阻尼运动状态。由上列方程不难求出，在 e-$\dot{e}$ 平面上半部（$\dot{e}>0$）的奇点（$-f_{\mathrm{C}}/k,0$）为稳定焦点，在 e-$\dot{e}$ 平面下半部（$\dot{e}<0$）的奇点（$f_{\mathrm{C}}/k,0$）也是稳定焦点。干摩擦的效应是在 $\dot{e}<0$ 时将系统的焦点移到（$f_{\mathrm{C}}/k,0$）点，当 $\dot{e}>0$ 时又将系统的焦点左移至（$-f_{\mathrm{C}}/k,0$）点。于是奇点就扩展为一条奇线。随着初始条件的变化，奇线上任何点都可能成为系统的平衡点。横轴上的线段 $-f_{\mathrm{C}}/k\sim f_{\mathrm{C}}/k$ 代表系统的稳态误差区。这说明系统的最大稳态误差等于 $\pm f_{\mathrm{C}}/k$，增大开环增益 k 可以减小最大稳态误差值。

MATLAB Function 环节的调用函数：

```
function y = fun(u)
if u>=0
y = 0.25 + 0.25 * u;
else
y = -0.25 + 0.25 * u;
end
```

根据系统方框图 7.56 应用 MATLAB 软件包，在 Simulink 环境下搭建如图 7.57 所示的仿真模型，其中 MATLAB Function 环节的调用函数为 fun.m。运行它后在命令窗口运行语句：

```
figure(1);
plot(e_ec(:,1),e_ec(:,2));
figure(2);
plot(t,c);
```

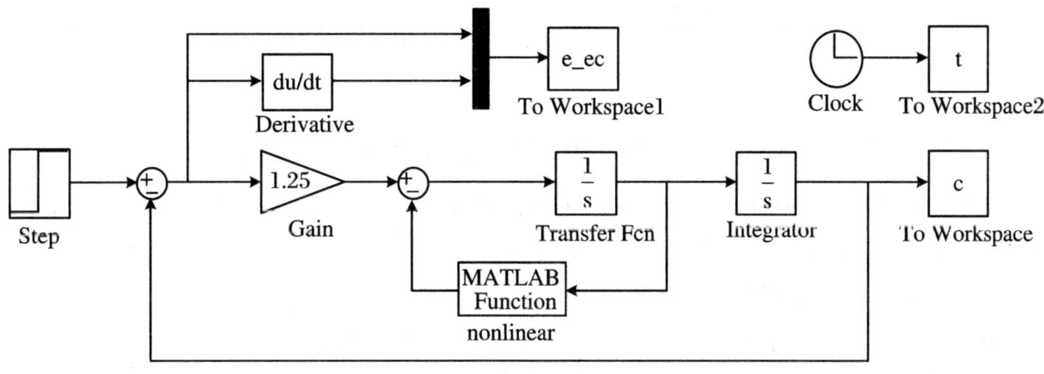

图 7.57　Simulink 环境下的系统仿真模型

可在相平面上精确绘出 e-$\dot{e}$ 相轨迹，同时也可绘出系统的时间响应曲线，如图 7.58(a)、(b)所示。

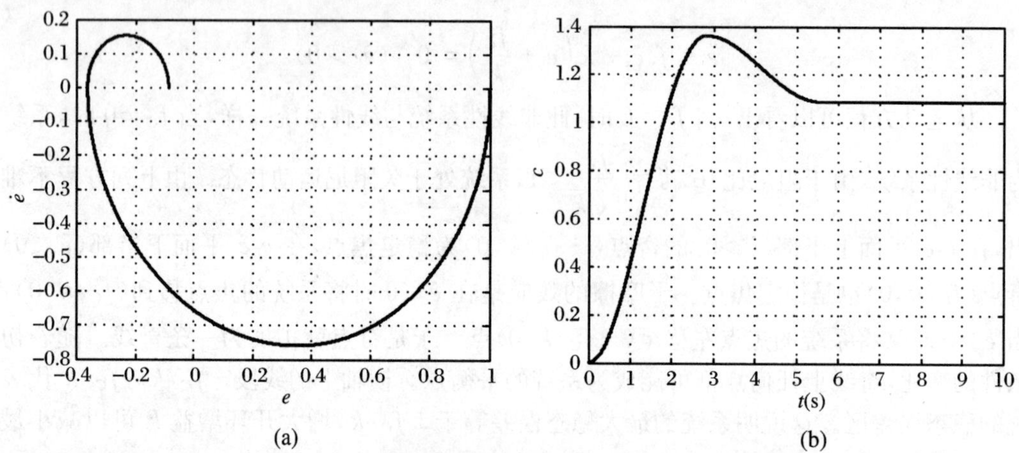

图 7.58　相轨迹及系统响应曲线

若增大开环增益 k，取 $k=10$，则系统快速性变好，稳态误差变小。但由于阻尼比 $\zeta=\dfrac{f_v}{2\sqrt{k}}$ 变大，系统的超调量增加，因此应增大 f_v 来减小超调，取 $f_v=5$。同时为了进一步降低稳态误差，可以减少 f_C，取 $f_C=0.1$。仿真后绘出的 e-$\dot{e}$ 相轨迹和系统的时间响应曲线如图 7.59(a)、(b)所示，仿真结果表明，采用非线性校正可以得到较好的效果。

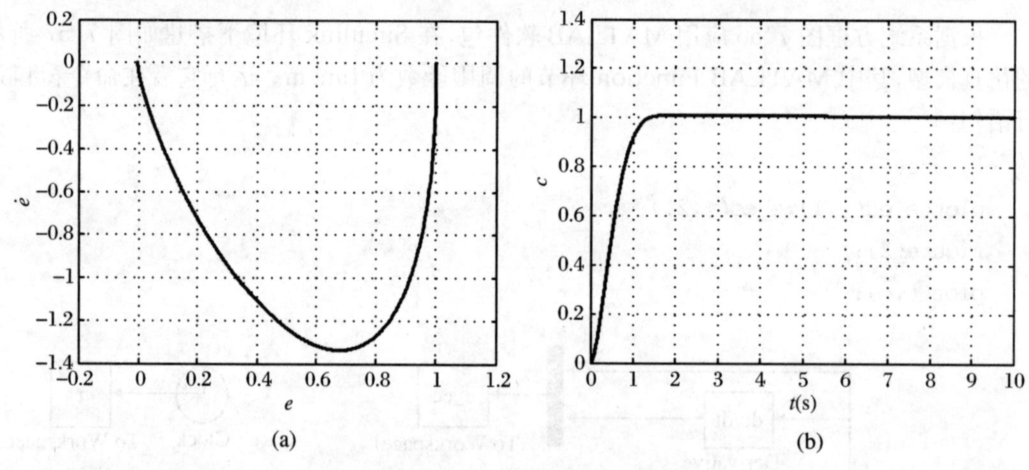

图 7.59　相轨迹及系统响应曲线

例 7.18　如图 7.60 所示为含有非线性串联校正的控制系统，非线性为变增益环节，其中 $k=5$，$T=0.5$，$r(t)=t$。试分析变增益非线性串联校正环节在改善系统性能方面的作用，并通过 MATLAB 仿真进行验证。

解　在系统中引入非线性的变增益放大器，即有可能获得比较理想的效果。系统的结构如图 7.60 所示，变增益放大器的数学表达式为

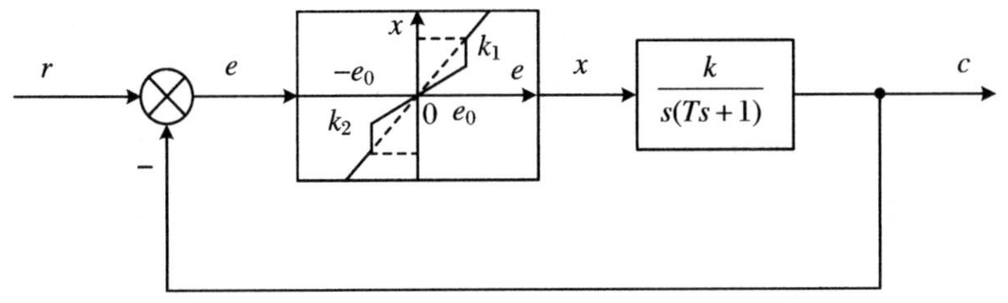

图 7.60　含变增益校正的控制系统

$$x(t)=\begin{cases}k_1e(t) & (|e(t)|<e_0)\\ k_2e(t) & (|e(t)|>e_0)\end{cases} \tag{1}$$

当 $|e(t)|<e_0$ 时，系统的特征方程为

$$Ts^2+s+kk_1=0 \tag{2}$$

如果选择 $k_1<\frac{1}{4Tk}=0.1$，则系统工作于过阻尼状态。

当 $|e(t)|>e_0$ 时，系统的特征方程为

$$Ts^2+s+kk_2=0 \tag{3}$$

如果选择 $k_2>\frac{1}{4Tk}=0.1$，则系统工作于欠阻尼状态。

这样，在偏差较大时，k_2 工作，可以选择足够大的 k_2，取 $k_2=0.16$，使系统具有高精度和快速跟踪性能；在偏差较小时，k_1 工作，可以选择足够小的 k_1，取 $k_1<\frac{1}{4Tk}$，使系统具有很大的阻尼，从而使系统输出的振荡被抑制。若参数选择得当，则有可能实现无超调和振荡的平稳响应，从而可以获得比较理想的过渡过程。上述非线性校正很好地解决了快速性和振荡性之间的矛盾。下面通过 MATLAB 仿真进行验证。

MATLAB Function 环节的调用函数：

```
function y = fun1(u)
if abs(u)< = 0.1
y = 0.01 * u;
else
y = 0.16 * u;
end
```

根据系统方框图 7.60 应用 MATLAB 软件包，在 Simulink 环境下搭建如图 7.61 所示的仿真模型，其中 MATLAB Function 环节的调用函数为 fun1.m。运行它后在命令窗口运行语句 plot(t,c)，可得系统的时间响应曲线如图 7.62 所示，其中实线为采用变增益校正的控制效果，虚线为采用固定增益校正的控制效果。

例 7.17、例 7.18 具有一定的代表性。当然，在控制系统中，还有很多其他形式的非线性特性的应用。值得一提的是，利用非线性改善系统的动态性能，往往可以取得比线性系统更为理想的效果，实现起来也并不复杂。这需要根据具体情况，理论联系实际地去解决，一般没有固定模式。

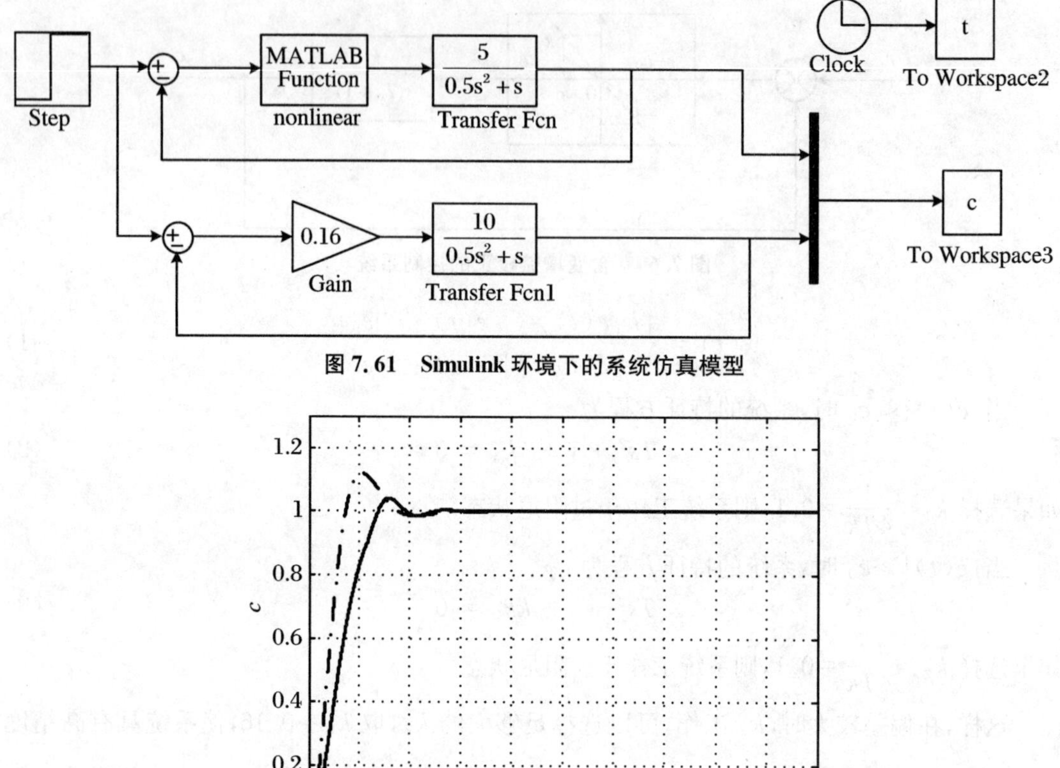

图 7.61 Simulink 环境下的系统仿真模型

图 7.62 系统响应曲线

小　　结

非线性与线性系统的本质差别在于不能使用叠加原理。非线性系统有许多线性系统没有的特点,自激振荡就是其中的一种。这是一种稳定的周期运动,即使受到一定范围内扰动的影响,振荡也能够维持。研究自激振荡是非线性系统理论的一个重要内容。

本章介绍了非线性系统的三种方法:相平面法、描述函数法以及计算机仿真分析。

相平面法内容包括相平面与相轨迹、奇点与极限环等。它适用于一阶和二阶的系统,可以用来判定系统的稳定性与自激振荡,计算动态响应。

描述函数法是分析系统稳定和自激振荡的常用方法,但由于一般没有考虑外作用的影响,不能用来求解系统的响应。它适用于非线性程度较低、线性部分低通滤波特性较好的系统。在应用时应注意其限制条件,否则可能得到错误的结论。

利用 Simulink 仿真平台,可以对非线性系统进行直观有效的分析与设计。它可以建立任意的非线性特性的模型,直接求解系统的时域响应,对极限环进行准确的分析,是一个强有力的辅助分析设计工具。

习　　题

7.1　非线性系统的微分方程分别为：

(1) $\ddot{x}+(3\dot{x}-0.5)\dot{x}+x+x^2=0$；

(2) $\ddot{x}+x\dot{x}+x=0$。

试求系统的奇点，并概略绘制奇点附近的相轨迹图。

7.2　在图 7.63 所示的曲线中，曲线 A 和 B、C 和 D 哪个振荡周期短？为什么？

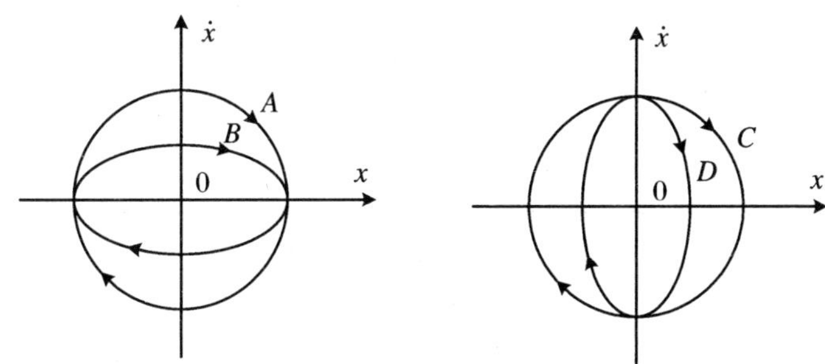

图 7.63　相轨迹图

7.3　试用等倾线法证明 $\ddot{x}+2\zeta\omega_n\dot{x}+\omega_n^2x=0(\zeta>1)$ 相轨迹中有两条过原点的直线，其斜率分别为微分方程的两个特征根。

7.4　试绘制 $Tx+\dot{x}=M(T>0,M>0)$ 的相轨迹。

7.5　非线性系统的结构图如图 7.64 所示。试用相平面法分析该系统在 $\beta=0,\beta>0,\beta<0$ 三种情况下相轨迹的特点。

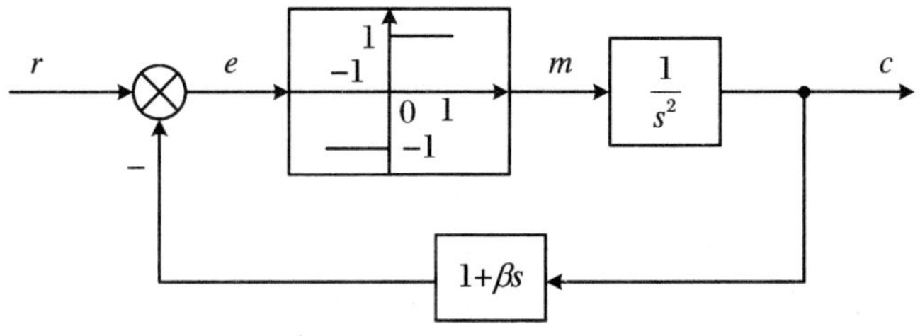

图 7.64　非线性控制系统方框图

7.6　非线性系统的结构图如图 7.65 所示。系统开始是静止的，输入信号 $r(t)=4\times1(t)$。试写出开关线方程，确定奇点的位置和类型，画出该系统的相平面图，并分析系统的运动特点。

7.7　设控制系统采用非线性反馈时的方框图如图 7.66 所示。试绘制系统响应 $r(t)=R\cdot1(t)$ 的相轨迹图，其中 R 为常值。

7.8　设控制系统的方框图如图 7.67 所示。试绘制

(1) $r(t)=R\cdot1(t)$，

(2) $r(t)=R\cdot1(t)+vt$

时 e-$\dot{e}$ 平面相轨迹图,R,v 为常值且 $c(0)=\dot{c}(0)=0$。

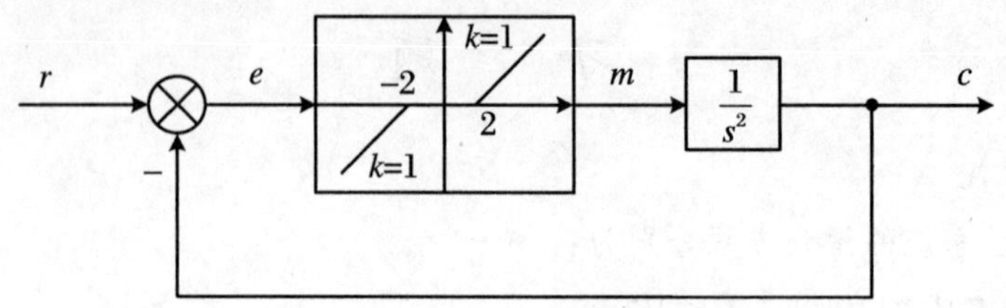

图 7.65　非线性控制系统方框图

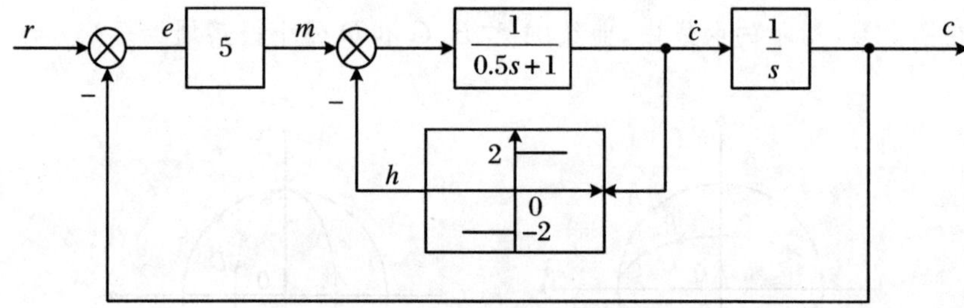

图 7.66　非线性反馈系统方框图

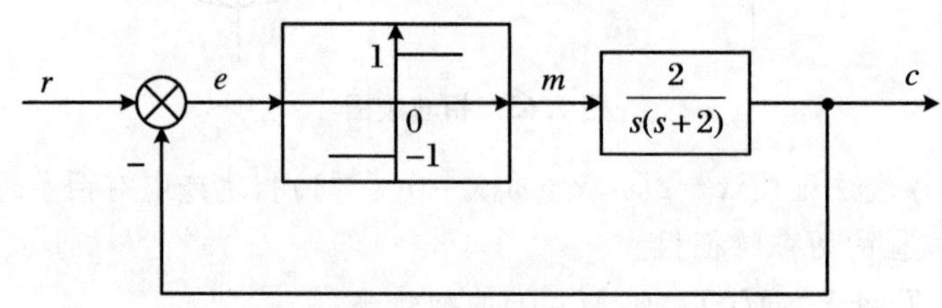

图 7.67　控制系统方框图

7.9　三个非线性系统的非线性环节一样,线性部分分别为:

(1) $G(s)=\dfrac{1}{s(0.1s+1)}$;

(2) $G(s)=\dfrac{2}{s(s+1)}$;

(3) $G(s)=\dfrac{2(1.5s+1)}{s(s+1)(0.1s+1)}$。

用描述函数法分析时,哪个系统分析的准确度高?为什么?

7.10　试确定输入-输出关系式为 $y=x^3$ 的非线性元件的描述函数。

7.11　试将图 7.68 所示的非线性控制系统简化成非线性特性 N 与等效线性部分 $G(s)$ 相串联的典型结构,并写出线性部分的传递函数。

7.12　判断图 7.69 中各系统是否稳定及 $-1/N(A)$ 与 $G(\mathrm{j}\omega)$ 两曲线交点是否为自振点。

7.13　已知非线性系统结构图如图 7.70 所示,其中 $N(A)=\mathrm{e}^{-A}$,$G(s)=\dfrac{k}{s(s+1)(s+4)}(k>0)$,试用描述函数法分析当 k 从 $0\to+\infty$ 时非线性系统的自由运动。若有自振,请求出自振参数。

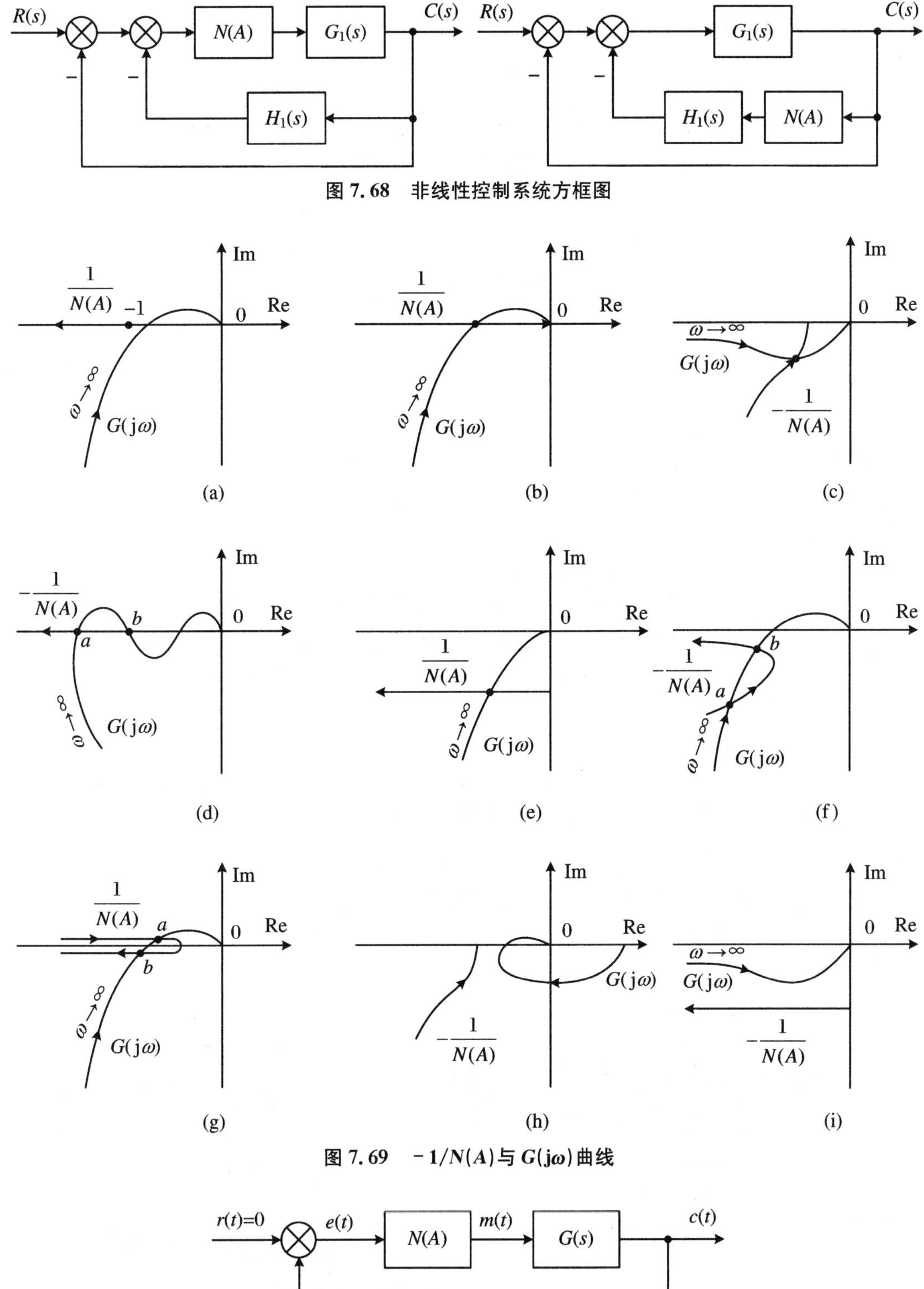

图 7.68　非线性控制系统方框图

图 7.69　$-1/N(A)$与$G(j\omega)$曲线

图 7.70　非线性控制系统方框图

7.14 试用描述函数法说明图7.71所示的系统必然存在自振，并确定输出信号 c 的自振振幅和频率，分别画出信号 c,e,m 的稳态波形。

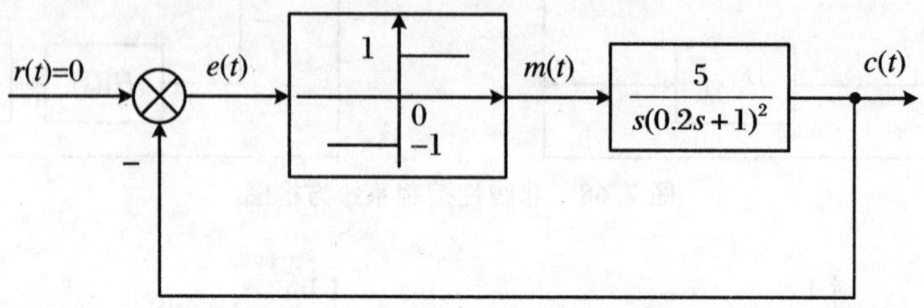

图7.71 非线性系统方框图

7.15 某非线性系统的微分方程为

$$\begin{cases} \ddot{x} + \dot{x} = 1 & (\dot{x} - x > 0) \\ \ddot{x} + \dot{x} = -1 & (\dot{x} - x < 0) \end{cases}$$

试用描述函数法分析系统的稳定性。（提示：可用继电器非线性特性来等效。）

7.16 控制系统如图7.72所示。试用描述函数法，确定使系统不产生自持振荡时，继电器特性的参数 M,Δ 的值。

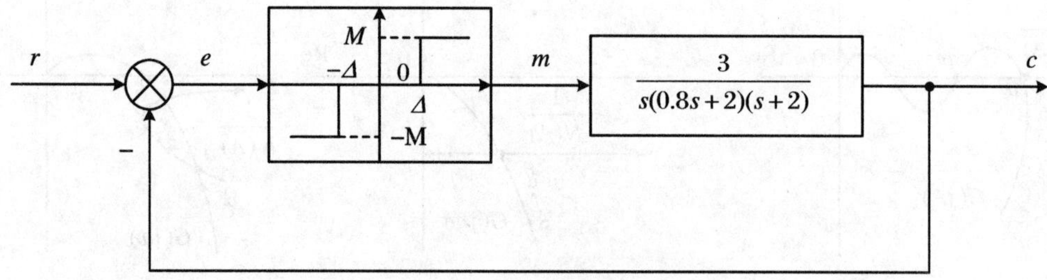

图7.72 非线性系统方框图

7.17 具有滞环继电特性的非线性控制系统如图7.73(a)所示，其中 $M=1,h=1$。

(1) 当 $T=0.5$ 时，分析系统的稳定性，若存在自振，确定自振参数。

(2) 讨论 T 对自振的影响。

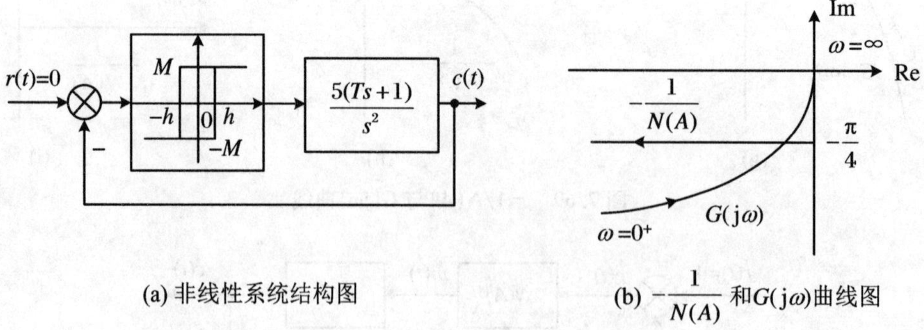

(a) 非线性系统结构图　　(b) $-\dfrac{1}{N(A)}$ 和 $G(j\omega)$ 曲线图

图7.73 非线性系统结构图及自振分析

7.18 非线性系统如图7.74所示，试用描述函数法分析周期运动的稳定性，并确定系统输出信号振荡的振幅和频率。

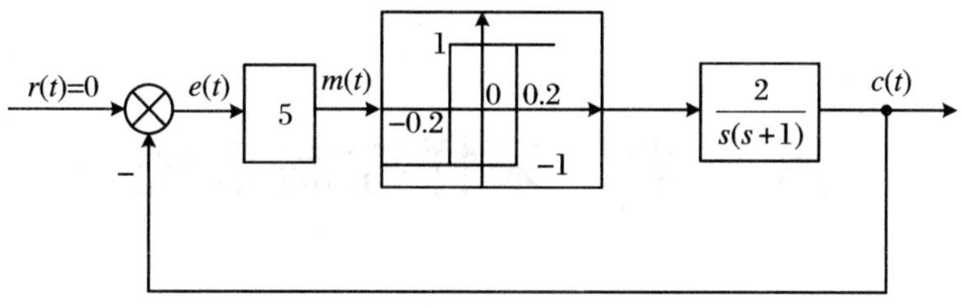

图 7.74　非线性系统结构图

7.19　用描述函数法分析图 7.75 所示系统的稳定性，并判断系统是否存在自振。若存在自振，求出自振振幅和自振频率（$M>h$）。

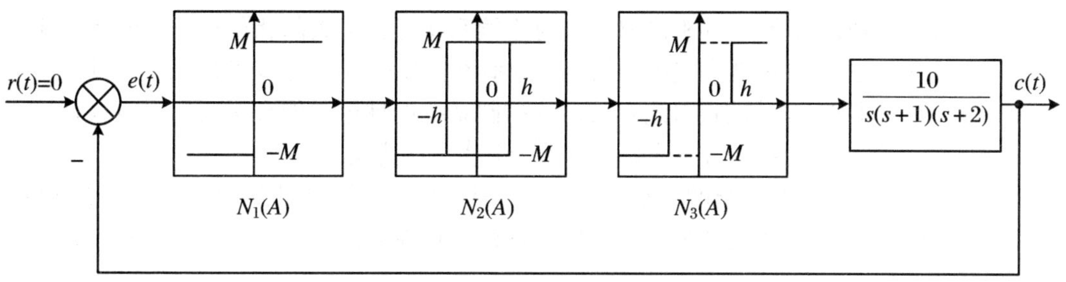

图 7.75　非线性系统结构图

7.20　已知非线性系统的结构图如图 7.76 所示，图中非线性环节的描述函数为 $N(A)=\dfrac{A+6}{A+2}(A>0)$，试用描述函数确定：

（1）该非线性系统稳定、不稳定及产生周期运动时，线性部分的 k 值范围；

（2）判断周期运动的稳定性，并计算稳定周期运动的振幅与频率。

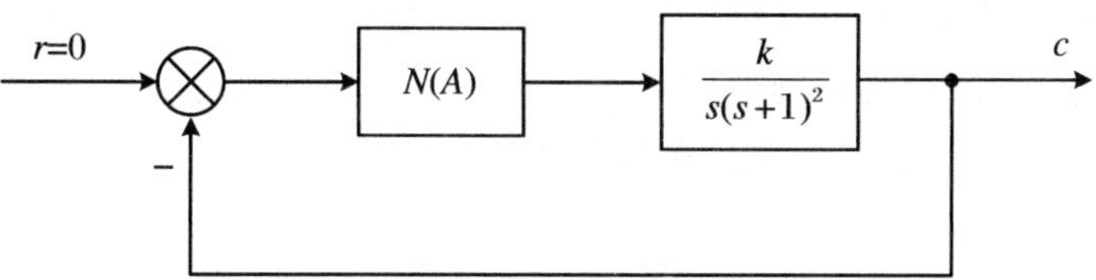

图 7.76　非线性系统方框图

第 8 章　采样控制系统

随着计算机控制系统的迅速发展，以及脉冲技术、数字式元部件、微处理器在数字式通信系统中的大量使用，很多情况下控制系统存在着不连续信号的传输过程。这类包含离散的脉冲序列或数字序列的不连续信号的系统，称为采样控制系统或离散控制系统。

对于采样(离散)系统，其分析研究方法与连续系统存在很大的相似性。线性连续系统中的许多概念和方法，都可推广应用于线性离散系统。然而，由于采样控制系统与连续控制系统之间存在着本质上的差别，因此有关连续控制系统的理论不能直接用来分析采样控制系统，故对于采样控制系统的分析与研究有着十分重要的意义。

本章将介绍采样控制系统的基本概念，讨论采样过程、采样定理、Z 变换、逆 Z 变换和 Z 脉冲传递函数，分析采样控制系统的动态特性及稳态特性，进行采样控制系统的 MATLAB 仿真研究。

8.1　采样控制系统概述

采样控制系统的典型结构如图 8.1 所示，$e(t)$ 为系统的偏差信号，经过采样周期为 T 的采样开关后离散化成脉冲序列信号 $e^*(t)$，脉冲控制器对采样信号进行处理后，再经过保持器转化为连续信号 $u(t)$ 去控制被控对象。系统中 $e^*(t)$ 和 $u^*(t)$ 为离散信号。保持器的作用是把离散模拟信号复现为连续模拟信号。

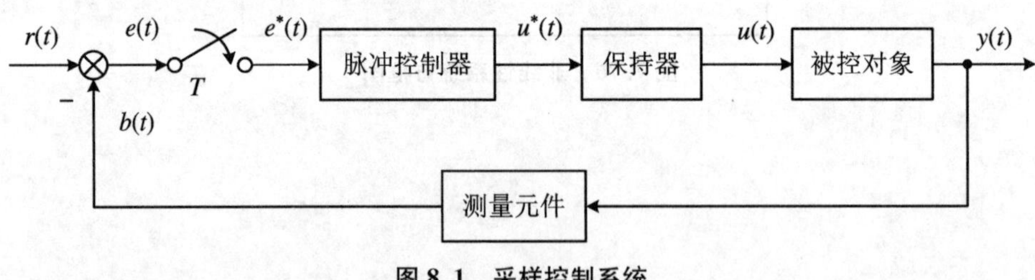

图 8.1　采样控制系统

根据采样装置在系统中所处位置的不同，可以构成各种采样系统。当采样器位于系统闭合回路之外或系统本身不存在闭合回路时，称为开环采样系统；而当采样器位于系统闭合回路之内时，称为闭环采样系统。

计算机控制系统(图 8.2)是典型的采样控制系统，系统包括工作于离散状态下的数字计算机和工作于连续状态下的被控对象两大部分，是一种以数字计算机为控制核心的目前工业生产过程中最常见的控制系统。系统中含有数字计算机或数字编码元件的系统，由计算机作为系统的控制器，其输入和输出只能是二进制编码的数字信号，即在时间上和幅值上都是离散信号，而系统中被控对象和测量元件的输入和输出是连续信号，故需要 A/D（模数转换器）和 D/A（数模转换器）实现两种信号的转换。与图 8.1 比较，A/D 对应采样器（采样开关），D/A 对应保持器（零阶保持器），计算机对应脉冲控制器。

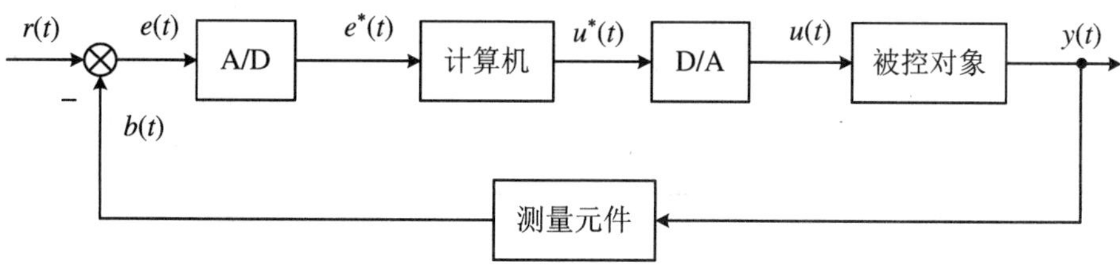

图 8.2　计算机控制系统

计算机控制系统中的控制算法主要由软件实现，其数字化实现以离散函数和变量表示。现场的输入输出信号如电动调节阀的控制信号、加热炉的温度检测信号等，需经数字化后才能参与到算法之中。一般情况下，一台计算机可控制多个回路，并可实现对复杂系统的先进控制。

本节主要讨论了采样控制系统中的脉冲控制系统和数字（计算机）控制系统，简单介绍了系统组成、装置和器件及信号特点。以下是本节中的几个术语：

① 采样过程：把连续信号转变为脉冲序列的过程。

② 采样器：实现采样的装置，或采样开关。

③ 保持器：将采样信号转化为连续信号的装置（或元件）。

④ 信号复现过程：把脉冲序列变成连续信号的过程。

⑤ 编码：把模拟量在采样时刻的十进制变为二进制代码。

⑥ A/D 作用：对连续输入信号定时采样。

⑦ D/A 作用：解码，把离散的数字信号转换成离散的模拟信号。

⑧ T：采样周期，即两个采样的间隔时间。

8.2　信号采样过程和采样定理

离散系统的特点是：系统中某一处或某几处信号是脉冲序列或数字序列。为了把连续信号变换为脉冲序列信号，需要采样器将信号离散化。离散信号有其自身的特点，为定量研究离散系统，必须对信号的采样过程和保持过程用数学方法加以描述。

8.2.1　采样过程与采样信号的数学描述

为了对采样系统进行分析和研究，需要用数学表达形式描述信号采样和信号保持过程。将连续信号转换成脉冲信号的过程称为采样，实现采样过程的装置称为采样器。图 8.3 为采样过程的示意图。采样器可用一个周期性闭合的采样开关 S 表示，设采样器每隔 T 秒闭合一次（接通一次），接通时间为 τ。采样器的输入 $e(t)$ 为连续信号，输出 $e^*(t)$ 是宽度为

τ 的调幅脉冲序列，重复周期为时间 T。在实际的采样器中，脉冲宽度 τ 不为0，而理想采样器脉冲宽度则趋于0。为了分析方便，当实际的采样器中闭合时间 τ 非常短时，近似将其视为理想采样器。

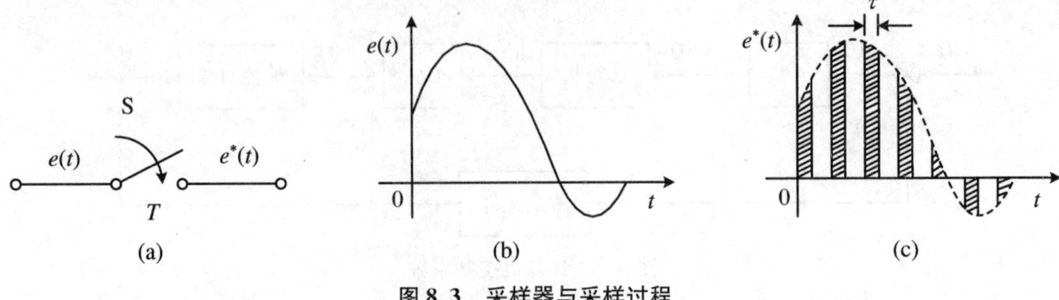

图 8.3　采样器与采样过程

由图 8.3 可见，采样输出信号 $e^*(t)$ 为脉冲序列 $\{e(nT): n=0,1,2,\cdots\}$，当采样器 S 为理想采样器时，采样信号 $e^*(t)$ 的数学描述如下：

$$e^*(t) = \sum_{n=0}^{\infty} e(nT)\delta(t-nT) \tag{8.1}$$

式中，$e(nT)$ 表示 $e(t)$ 在 nT 时刻的值，$\delta(t-nT)$ 可理解为

$$\delta(t-nT) = \begin{cases} 1 & (t = nT) \\ 0 & (t \neq nT) \end{cases} \tag{8.2}$$

若记理想单位脉冲序列 $\delta_T(t)$ 为

$$\delta_T(t) = \sum_{n=0}^{\infty} \delta(t-nT) \tag{8.3}$$

则式(8.1)又可表示为

$$e^*(t) = e(t)\delta_T(t) \tag{8.4}$$

式(8.4)即 $e^*(t)$ 与 $e(t)$ 之间的关系表达式。当采样器采样开关闭合时间 τ 很短，即 $\tau \ll T$ 时，可认为采样器的输出 $e^*(t)$ 等于输入于采样器的连续信号 $e(t)$ 在采样时刻的数值。采样过程可以看成一个幅值的过程。理想采样器就像是一个载波为 $\delta_T(t)$ 的幅值调制器，$e^*(t)$ 可以认为是输入连续信号 $e(t)$ 调制在单位脉冲序列 $\delta_T(t)$ 上的结果，如图 8.4 所示。

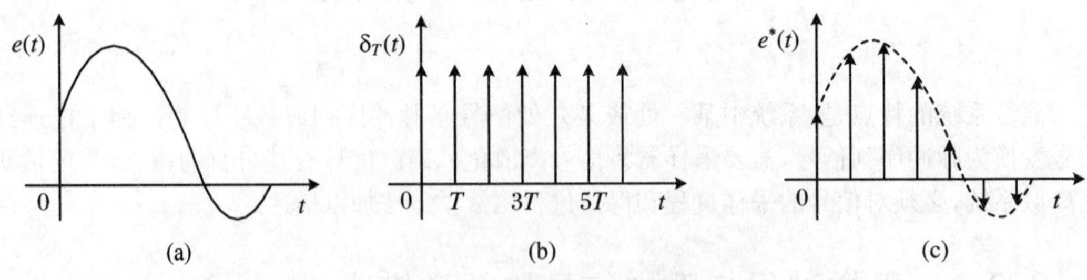

图 8.4　理想采样过程示意图

为了方便分析采样过程，对式(8.1)表示的 $e^*(t)$ 取拉氏变换，得

$$E^*(s) = L[e^*(t)] = L\left[\sum_{n=0}^{\infty} e(nT)\delta(t-nT)\right]$$

根据拉氏变换的位移定理，有

$$L[\delta(t-nT)] = \mathrm{e}^{-nTs}\int_0^{\infty}\delta(t)\mathrm{e}^{-st}\mathrm{d}t = \mathrm{e}^{-nTs}$$

所以,采样信号 $e^*(t)$的拉氏变换 $E^*(s)$为

$$E^*(s) = \sum_{n=0}^{\infty} e(nT)\mathrm{e}^{-nTs} \tag{8.5}$$

以下作几点说明:

① $e^*(t)$只描述了 $e(t)$在采样瞬时的数值,故 $E^*(s)$不能给出连续函数 $e(t)$在采样间隔之间的信息。

② 采样拉氏变换 $E^*(s)$与连续信号 $e(t)$的拉氏变换 $E(s)$类似,如 $e(t)$为有理函数,$E^*(s)$也总可以表示成 e^{Ts}的有理函数形式。

③ 求 $E^*(s)$过程中,初始值常规定采用 $e(0^+)$。

④ $e^*(t)$满足拉氏变换的基本条件。

例 8.1　设 $e(t)=1(t)$,试求 $e^*(t)$的拉氏变换。

解　根据定义,有

$$E^*(s) = \sum_{n=0}^{\infty} 1(nT)\mathrm{e}^{-nTs} = 1 + \mathrm{e}^{-Ts} + \mathrm{e}^{-2Ts} + \mathrm{e}^{-3Ts} + \cdots$$

上式为无穷等比级数,公比为 e^{-Ts},求和后得闭合形式

$$E^*(s) = \frac{1}{1-\mathrm{e}^{-Ts}} = \frac{\mathrm{e}^{Ts}}{\mathrm{e}^{Ts}-1} \quad (|\mathrm{e}^{-Ts}|<1)$$

显然,$E^*(s)$是 e^{Ts}的有理函数。

尽管可以得到有理函数,但是一个超越方程。变量 s 的超越方程不便于分析和设计,后面所讲的 Z 变换可以把 s 的超越方程变换为变量 z 的代数方程。

8.2.2　采样定理

连续信号 $e(t)$经采样所得信号 $e^*(t)$只能给出采样点上的数值,各采样时刻之间的数值未知。因此,从时域上看采样过程损失了 $e(t)$所含的信息。怎样才能使采样信号 $e^*(t)$大体上正好反映连续信号 $e(t)$的变化规律呢?以下是采样函数的频谱分析。

理想单位脉冲序列 $\delta_T(t)$是一个周期函数,可以展开为傅里叶级数:

$$\delta_T(t) = \sum_{n=-\infty}^{\infty} C_n \mathrm{e}^{\mathrm{j}n\omega_s t} \tag{8.6}$$

式中,$\omega_s=\dfrac{2\pi}{T}$为采样角频率;C_n 为傅里叶系数。对于 $\delta_T(t)$,有

$$C_n = \frac{1}{T}\int_{-\frac{T}{2}}^{\frac{T}{2}}\delta_T(t)\mathrm{e}^{-\mathrm{j}n\omega_s t}\mathrm{d}t = \frac{1}{T}$$

亦即

$$\delta_T(t) = \frac{1}{T}\sum_{n=-\infty}^{\infty}\mathrm{e}^{\mathrm{j}n\omega_s t}$$

于是

$$e^*(t) = e(t)\sum_{n=0}^{\infty}\delta(t-nT) = e(t)\frac{1}{T}\sum_{n=-\infty}^{\infty}\mathrm{e}^{\mathrm{j}n\omega_s t} = \frac{1}{T}\sum_{n=-\infty}^{\infty}e(t)\mathrm{e}^{\mathrm{j}n\omega_s t}$$

取拉氏变换并考虑到复数位移定理,可得

$$E^*(s)=\frac{1}{T}\sum_{n=-\infty}^{\infty}E(s+\mathrm{j}n\omega_s) \tag{8.7}$$

如果 $E^*(s)$没有右半平面的极点,则可令 $s=\mathrm{j}\omega$,得

$$E^*(\mathrm{j}\omega)=\frac{1}{T}\sum_{n=-\infty}^{\infty}E(\mathrm{j}\omega+\mathrm{j}n\omega_s) \tag{8.8}$$

该式表明了采样函数频谱和连续函数频谱之间的关系,$E(\mathrm{j}\omega)$为连续函数 $e(t)$的频谱函数,$E^*(\mathrm{j}\omega)$为采样函数 $e^*(t)$的频谱函数。

设采样器输入连续信号的频谱 $E(\mathrm{j}\omega)$为有限带宽的图形,其最大频率为 ω_{max}(图 8.5),则信号经过理想采样后的变化情况如图 8.6 所示,是以采样角频率 ω_s 为周期的无穷多个频谱之和,其中图 8.6(a)对应于 $\omega_s>2\omega_{max}$的情况,而图 8.6(b)对应于 $\omega_s<2\omega_{max}$的情况。

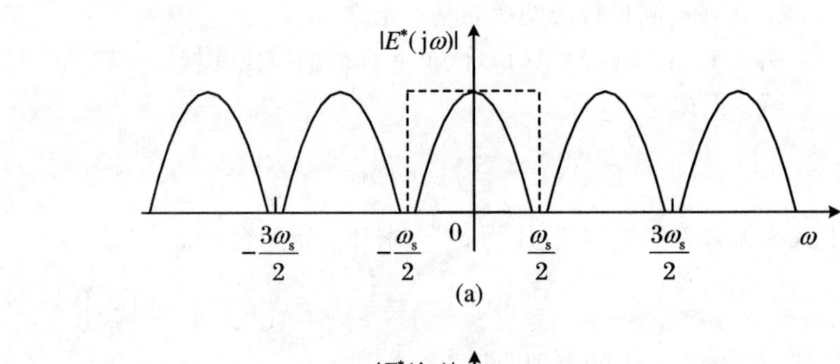

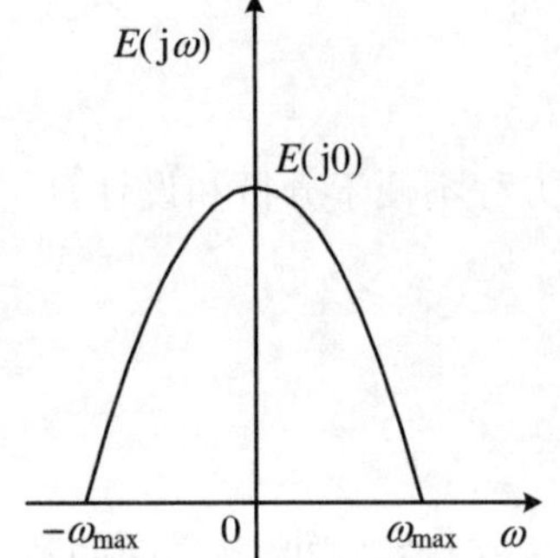

图 8.5 连续信号频谱

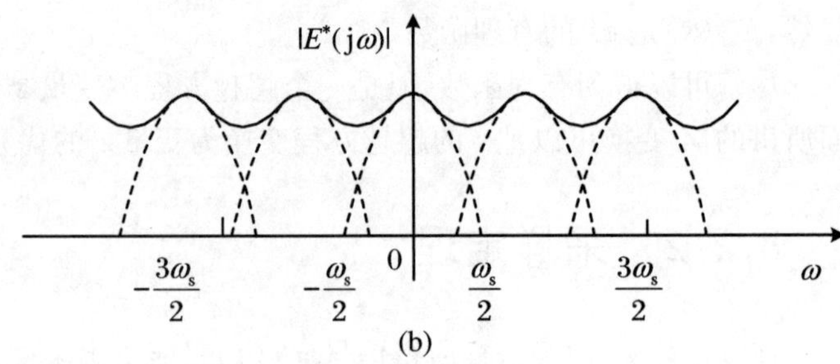

图 8.6 离散信号频谱

采样信号只有一个在 $-\omega_{max}$和 ω_{max}频率之间孤立的频谱。T 较小,$\omega_s>2\omega_{max}$,采样后 $e^*(t)$谱频互不重叠,其主分量频带宽度与连续信号频带宽度相同,但幅值仅为连续频谱的 $\frac{1}{T}$,其余正负方向的高频段,频谱与主频宽相同,只是每个频谱中的频率相差一个采样频率 ω_s。特别地,当 $\omega_s=2\omega_{max}$时,采样后 $e^*(t)$频谱相交,不重叠。T 较大,$\omega_s<2\omega_{max}$,$e^*(t)$频谱分量彼此重叠,变成连续频谱,重叠后频谱形状与原信号$|E(\mathrm{j}\omega)|$不同。

如果 $\omega_s>2\omega_{max}$,离散的频谱彼此之间不会重叠,只要用一个理想的滤波器将 ω 高于$|\omega_{max}|$的所有边带(外)频谱全部滤掉,剩下的只有主分量 $E(\mathrm{j}\omega)$,这就能复现连续函数的原貌,但必须使幅值提高$\frac{1}{T}$,才能真正复现原函数。

据以上讨论,可得香农(Shannon)采样定理内容如下:

对一个有限频谱($-\omega_{max}<\omega<\omega_{max}$)的连续信号进行采样,当采样频率 $\omega_s\geqslant2\omega_{max}$时,采样信号能无失真地复现原来的连续信号。采样周期 T 满足 $T\leqslant\frac{\pi}{\omega_{max}}$。

下面作几点说明：

① 采样定理只给出了一个选择采样周期 T 或采样频率 f 的指导原则，并未给出具体计算公式。

② 一般情况下，T 较小，控制信号多，控制效果好，计算量相应增大，复杂控制规律实现效果的好坏直接与计算机控制系统的运算速度有关。

③ T 增大，控制过程误差增大，动态性能相应下降，甚至可能导致整个控制系统失去稳定。控制工程中，不同的被控对象，采样周期有所不同。

④ 采样周期选择是数字控制子系统设计中的关键因素之一，要依据实际情况综合考虑，合理选择。如流量控制系统，采样周期一般为 1～2 s；压力和液位控制系统，采样周期一般为 3～5 s；温度控制系统，采样周期一般为 15～20 s。

8.3 信号保持

系统设计中为了控制连续式部件，又需要使用保持器将脉冲信号变换为连续信号。要复现原信号，就必须把采样信号的高频分量滤掉。理想滤波器是一个在 $\omega=\omega_s$ 处截止的低频滤波器，但实际上得不到这种理想滤波器，只有性能接近的滤波器，一般采用保持器。

保持器是一种延迟滤波器，它把采样时刻的信号不变地保持到下一采样时刻，或是将信号线形函数、抛物线函数或其他时间函数关系推迟到下一采样时刻。根据所得特性不同，分为零阶保持、一阶保持和高阶保持。实现信号的恢复与保持所依据的是信号定值外推理论。本节主要介绍零阶保持器、一阶保持器和它们的数学模型。

8.3.1 零阶保持器

零阶保持器是一种比较实用且相对简单的信号复现元件，其作用为使采样信号每一个采样瞬间的采样值一直保持到下一个采样开始，从而使采样信号变成阶梯信号。其在每一个采样区间内的值为恒定常数，且导数为零(故而称之为零阶保持器)。零阶保持器的数学表达式为

$$e(nT+\Delta t)=e(nT)\quad(0<\Delta t<T,n=0,1,2,3,\cdots)\tag{8.9}$$

式(8.9)表明零阶保持器是一种按常值外推的保持器，它把前一采样时刻 nT 的采样值 $e(nT)$一直保持到下一采样时刻$(n+1)T$ 到来之前，从而使采样信号 $e^*(t)$变成阶梯信号 $e_h(t)$，如图 8.7 所示。

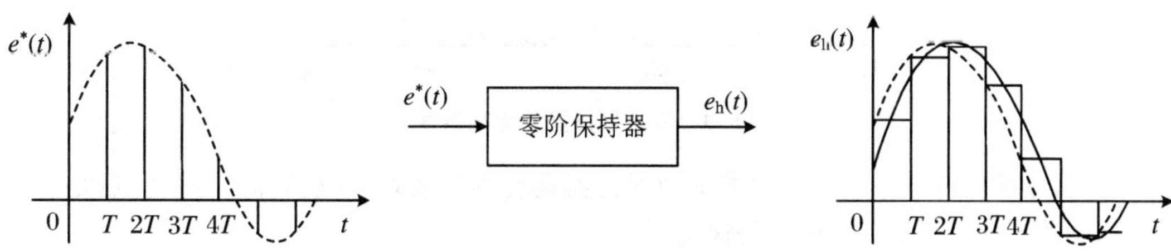

图 8.7　零阶保持器的输入输出波形

如果将阶梯信号 $e_h(t)$ 的中点连接起来，可得到与连续信号 $e(t)$ 形状一致，但在时间上滞后 $T/2$ 的响应 $e_{h0}(t)=e(t-T/2)$，这反映了零阶保持器的滞后特性。

零阶保持器的单位脉冲响应如图 8.8 所示，其函数表达式为

$$g_h(t)=1(t)-1(t-T)$$

取拉氏变换，得到其传递函数表达式为

$$G_h(s)=\frac{1}{s}-\frac{1}{s}e^{-Ts}=\frac{1-e^{-Ts}}{s} \tag{8.10}$$

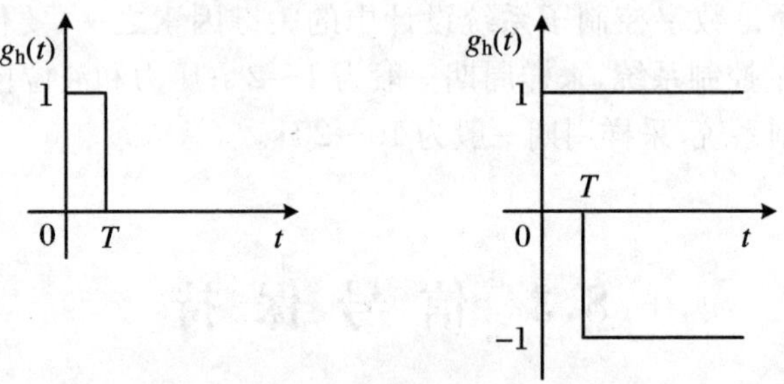

图 8.8　零阶保持器的单位脉冲响应

在式(8.10)中，令 $s=j\omega$，得到零阶保持器频率特性为

$$G_h(j\omega)=\frac{1-e^{-jT\omega}}{j\omega}=\frac{e^{-j\omega T/2}(e^{j\omega T/2}-e^{-j\omega T/2})}{j\omega}=|G_h(j\omega)|\angle G_h(j\omega) \tag{8.11}$$

式中

$$\begin{cases}|G_h(j\omega)|=T\dfrac{|\sin(\omega T/2)|}{\omega T/2}\\ \angle G_h(j\omega)=-\omega T/2\end{cases}$$

零阶保持器的幅频特性如图 8.9 所示。由图可见，它的幅频特性随频率 ω 的增加而衰减，而且频率越高衰减越剧烈，具有明显的低通滤波特性。但零阶保持器的幅频特性不像理想滤波器的幅频特性那样，只有一个截止频率，而是具有无穷多个。所以零阶保持器不是理想低通滤波器，除允许离散频谱的主要分量通过外，还允许辅助的高频分量部分地通过。因此由零阶保持器恢复的连续信号 $e_h(t)$ 与原连续信号 $e(t)$ 是有差别的，主要表现在 $e_h(t)$ 含有高频分量。由图 8.7 可见，恢复后的连续信号 $e_h(t)$ 具有阶梯形状，而与原连续信号 $e(t)$ 不同。当采样周期 T 取得越小时，上述差别也就越小。

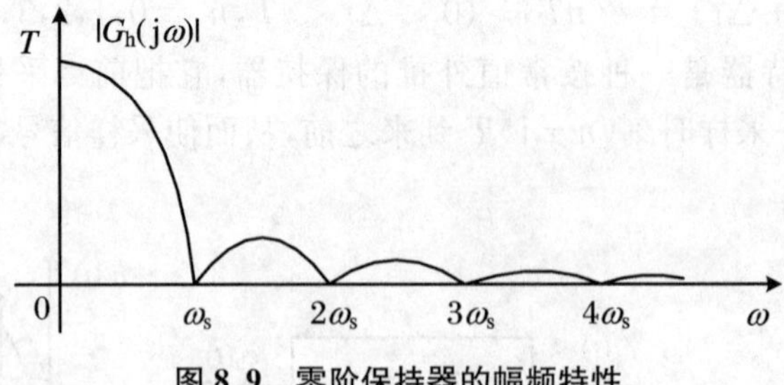

图 8.9　零阶保持器的幅频特性

总之，零阶保持器相对于其他类型的保持器具有容易实现、滞后时间小等优点，是在计算机控制系统中应用最广泛的一种保持器。

8.3.2 一阶保持器

一阶保持器是一种按线性规律外推的保持器,其外推公式可表示为

$$e_{\mathrm{h}}(t) = e(nT) + \frac{e(nT) - e[(n-1)T]}{T}(t - nT) \tag{8.12}$$

式中,$nT \leqslant t \leqslant (n+1)T$。

与零阶保持器类似,可推导出其传递函数表达式及频率特性为

$$G_{\mathrm{h}}(s) = T(1 + Ts)\left(\frac{1 - \mathrm{e}^{-Ts}}{Ts}\right)^2 \tag{8.13}$$

$$G_{\mathrm{h}}(\mathrm{j}\omega) = T\sqrt{1 + (\omega T)^2}\left[\frac{\sin \omega T/2}{\omega T/2}\right] \cdot \mathrm{e}^{-\mathrm{j}(\omega T - \arctan \omega T)} \tag{8.14}$$

与零阶保持器相比,一阶保持器复现原信号的准确度较高。然而,一阶保持器的幅频特性普遍较高,允许通过的信号高频分量较多,更容易造成纹波。此外,一阶保持器的输出相位滞后比零阶保持器大,对系统的稳定性更加不利。因此,在计算机控制系统中一阶和高阶保持器都很少采用。

8.4 Z 变换理论

线性连续系统借助拉氏变换建立系统的传递函数,可以非常方便地分析系统的特性。相应地,在讨论线性离散系统时,我们用线性差分方程来描述线性离散系统的性能,并应用 Z 变换来建立系统的脉冲传递函数,从而可较方便地分析线性离散系统的特性。Z 变换可由拉氏变换引出,它只是拉氏变换的一种变量代换。

8.4.1 Z 变换定义

连续函数 $e(t)$的拉氏变换为 $E(s)$,考虑到 $e(t)$作为系统信号,当 $t<0$ 时,$e(t)=0$,则 $e(t)$经过周期为 T 的等周期采样后,得到采样信号

$$e^*(t) = \sum_{n=0}^{\infty} e(nT)\delta(t - nT) \tag{8.15}$$

对上式表示的采样信号进行拉氏变换,可得到

$$E^*(s) = \sum_{n=0}^{\infty} e(nT)\mathrm{e}^{-nTs} \tag{8.16}$$

式中,e^{-nTs}是 s 的超越函数,不便于直接运算。因此引入一个新的复变量:

$$z = \mathrm{e}^{Ts}$$

将其代入式(8.16),得到

$$Z[e^*(t)] = E(z) = \sum_{n=0}^{\infty} e(nT)z^{-n} \tag{8.17}$$

式(8.17)被定义为采样函数 $e^*(t)$的 Z 变换。它和式(8.16)是互为补充的两种变换形式,

前者表示 z 平面上的函数关系，后者表示 s 平面上的函数关系。

下面作几点说明：

① Z 变换是对连续函数采样后的采样函数的拉氏变换，只对采样点上的信号起作用，即 $E(z)=Z[e^*(t)]$，有时简写为 $E(z)=Z[e(t)]$。

② 不同连续信号可能对应相同的 Z 变换。由于 Z 变换是对连续信号的采样信号进行变换，不同的连续信号，只要它们的采样信号相同，Z 变换就相同。

③ $E(z)=\sum_{n=0}^{\infty}e(nT)z^{-n}$ 是一个对时间离散的函数。时间 $t=0,T,2T,\cdots$；$e(nT)$ 表示幅值；$z^{-n}=e^{-nTs}$ 确定时间序列。因此，$E(z)$ 包含采样的量值和时间两个信息。

8.4.2 Z 变换方法

Z 变换方法有多种，下面介绍三种常用的方法。

1. 级数求和法

由 Z 变换的定义，将式(8.16)展开，得到

$$E(z)=e(0)+e(T)z^{-1}+e(2T)z^{-2}+\cdots+e(nT)z^{-n}+\cdots \tag{8.18}$$

式(8.18)是 Z 变换的一种级数表达形式。由这种表达形式可见，如果知道连续时间函数 $e(t)$ 在各采样时刻 nT $(n=0,1,2,3,\cdots)$ 上的采样值 $e(nT)$，便可根据式(8.18)求得其 Z 变换的级数展开形式。它是无穷多项的级数，是开放式。然后根据具体问题，将这种开放式简化为闭式，以便于运算。

例 8.2 求单位阶跃函数 $r(t)=1(t)$ 的 Z 变换。

解 *方法一*

$$R(z)=Z[1(t)]=\sum_{n=0}^{\infty}1(nT)z^{-n}=1+z^{-1}+z^{-2}+\cdots+z^{-n}+\cdots$$

若 $|z^{-1}|<1$，则这是一无穷递减等比级数，公比 $q=z^{-1}$，可用求和公式 $S_n=\dfrac{a_1(1-q^n)}{1-q}$ 计算结果：

$$Z[1(t)]=\lim_{n\to\infty}S_n=\lim_{n\to\infty}\frac{1-z^{-n}}{1-z^{-1}}=\frac{1}{1-z^{-1}}\quad(|z^{-1}|<1)$$

方法二

$$R(z)=1+z^{-1}+z^{-2}+\cdots$$

两边同乘以 z^{-1}，得

$$z^{-1}R(z)=z^{-1}+z^{-2}+z^{-3}+\cdots$$

两式相减，得

$$R(z)=\frac{1}{1-z^{-1}}=\frac{z}{z-1}\quad(|z^{-1}|<1)$$

例 8.3 求单位速度函数 $r(t)=t$ 的Z 变换。

解

$$R(z)=\sum_{n=0}^{\infty}r(nT)z^{-n}=\sum_{n=0}^{\infty}nTz^{-n}=T(z^{-1}+2z^{-2}+3z^{-3}+\cdots)$$
$$=Tz(z^{-2}+2z^{-3}+3z^{-4}+\cdots)$$

因为

$$z^{-1}+z^{-2}+z^{-3}+\cdots=\frac{z^{-1}}{1-z^{-1}}=\frac{1}{z-1}$$

$$\frac{\mathrm{d}}{\mathrm{d}z}(z^{-1}+2z^{-2}+3z^{-3}+\cdots)=-(z^{-2}+2z^{-3}+3z^{-4}+\cdots)$$

所以

$$R(z)=-Tz\frac{\mathrm{d}}{\mathrm{d}z}\frac{1}{z-1}=\frac{Tz}{(z-1)^2}$$

2. 部分分式法

部分分式法计算步骤：

① 先求出已知连续时间函数 $e(t)$的拉氏变换 $E(s)$；

② 将有理分式函数 $E(s)$展开成部分分式之和的形式，即 $E(s)=\sum\limits_{i=1}^{n}\frac{A_i}{s+p_i}$；

③ 逐项进行 Z 变换。

例 8.4　求 $E(s)=\frac{1}{(s+a)(s+b)}$的 Z 变换。

解　由于

$$E(s)=\frac{1}{(s+a)(s+b)}=\frac{1}{a-b}[(s+b)^{-1}-(s+a)^{-1}]$$

其原函数

$$e(t)=\frac{1}{a-b}(\mathrm{e}^{-bt}-\mathrm{e}^{-at})$$

$$E(z)=Z[e(t)]=\frac{1}{a-b}\left[\frac{z}{z-\mathrm{e}^{-bT}}-\frac{z}{z-\mathrm{e}^{-aT}}\right]$$

$$E(z)=\frac{1}{a-b}\cdot\frac{z(\mathrm{e}^{-bT}-\mathrm{e}^{-aT})}{(z-\mathrm{e}^{-aT})(z-\mathrm{e}^{-bT})}$$

3. 留数计算法

已知连续时间函数 $e(t)$的拉氏变换象函数 $E(s)$及其全部极点 $s_i(i=1,2,3,\cdots,n)$，则 $e(t)$的 Z 变换可通过下列留数计算式求得，即

$$E(z)=\sum_{i=1}^{n}\mathrm{Res}\left[E(s_i)\frac{z}{z-\mathrm{e}^{s_iT}}\right]$$

$$\sum_{i=1}^{n}\left\{\frac{1}{(r_i-1)!}\cdot\frac{\mathrm{d}^{r_i-1}}{\mathrm{d}s^{r_i-1}}\left[(s-s_i)^{r_i}E(s)\frac{z}{z-\mathrm{e}^{sT}}\right]\right\}_{s=s_i}\tag{8.19}$$

式中，r_i 表示重极点 s_i 的个数；n 表示彼此不等的极点个数。

例 8.5　设连续时间函数为 $r(t)=t^2$，试用留数计算法求 $r(t)$的 Z 变换 $R(z)$。

解　$r(t)$的拉氏变换为

$$R(s)-\frac{2}{s^3}$$

根据留数计算法得

$$R(z)=\frac{1}{(3-1)!}\cdot\frac{\mathrm{d}^2}{\mathrm{d}s^2}\left[s^3\cdot\frac{2}{s^3}\cdot\frac{z}{z-\mathrm{e}^{sT}}\right]_{s=0}=\frac{T^2z(z+1)}{(z-1)^3}$$

8.4.3 Z 变换性质

在 Z 变换中有一些与拉氏变换类似的基本定理，应用这些定理可使 Z 变换的运算变得简单方便。

1．线性定理

若 $Z[e_1(t)]=E_1(z)$，$Z[e_2(t)]=E_2(z)$，a_1，a_2 为常数，则

$$Z[a_1e_1(t)+a_2e_2(t)] = a_1E_1(z)+a_2E_2(z)$$

上式表明，Z 变换是一种线性变换，其变换过程满足线性空间的加法性和乘法性。

2．实数位移定理

实数位移定理又称平移定理，其含义是指整个采样序列在时间轴上左右平移若干个采样周期，其中向左平移称为超前，向右平移称为滞后。定理内容如下。

设函数 $e(t)$是可拉氏变换的，其 Z 变换为$E(z)$，则有滞后定理：

$$Z[e(t-nT)] = z^{-n}E(z) \tag{8.20}$$

式(8.20)说明原函数在时域中延迟几个采样周期，相当于在象函数上乘以 z^{-n}，算子 z^{-n} 的含义可表示时域中时滞环节，把脉冲延迟 n 个周期。

同理，有超前定理：

$$Z[e(t+nT)] = z^n\left[E(z)-\sum_{k=0}^{n-1}e(kT)z^{-k}\right] \tag{8.21}$$

证明　由 Z 变换的定义，有

$$Z[e(t-nT)] = \sum_{k=0}^{\infty}e(kT-nT)z^{-k} = z^{-n}\sum_{k=0}^{\infty}e[(k-n)T]z^{-(k-n)}$$

令 $m=k-n$，则有

$$Z[e(t-nT)] = z^{-n}\sum_{m=-n}^{\infty}e(mT)z^{-m}$$

由于 Z 变换的单边性，当 $m<0$ 时，有 $e(mT)=0$，因此上式可写为

$$Z[e(t-nT)] = z^{-n}\sum_{m=0}^{\infty}e(mT)z^{-m}$$

再令 $m=k$，即可得证式(8.20)，同理可证式(8.21)也成立。

3．复数位移定理

设函数 $e(t)$是可拉氏变换的，其 Z 变换为$E(z)$，则有

$$Z[\mathrm{e}^{\mp at}e(t)] = E(z\mathrm{e}^{\pm aT}) \tag{8.22}$$

证明　由 Z 变换定义，有

$$Z[\mathrm{e}^{\mp at}e(t)] = \sum_{n=0}^{\infty}\mathrm{e}^{\mp naT}e(nT)z^{-n} = \sum_{n=0}^{\infty}e(nT)(z\mathrm{e}^{\pm aT})^{-n}$$

令

$$z_1 = z\mathrm{e}^{\pm aT}$$

则有

$$Z[\mathrm{e}^{\mp at}e(t)] = \sum_{n=0}^{\infty}e(nT)(z_1)^{-n} = E(z\mathrm{e}^{\pm aT})$$

于是定理得证。

4. 初值定理

设函数 $e(t)$ 的 Z 变换为 $E(z)$，并且极限 $\lim\limits_{z\to\infty}E(z)$ 存在，则有

$$e(0)=\lim_{z\to\infty}E(z) \tag{8.23}$$

证明

$$E(z)=\sum_{n=0}^{\infty}e(nT)z^{-n}=e(0)+e(T)z^{-1}+e(2T)z^{-2}+\cdots$$

当 $z\to\infty$ 时，上式右边除第一项外，其余各项均趋近于零，于是定理得证。

5. 终值定理

设函数 $e(t)$ 的 Z 变换为 $E(z)$，在平面上以原点为圆心的单位圆上和圆外没有极点或 $(z-1)E(z)$ 全部极点位于 z 平面单位圆内。函数序列 $e(nT)$ 为有限值 $(n=0,1,2,\cdots)$，并且极限 $\lim\limits_{n\to\infty}e(nT)$ 存在，则有

$$\lim_{n\to\infty}e(nT)=\lim_{z\to 1}(z-1)E(z) \tag{8.24}$$

证明　函数 $e(nT)$ 的 Z 变换为

$$Z[e(nT)]=\sum_{n=0}^{\infty}e(nT)z^{-n}=E(z)$$

而 $e[(n+1)T]$ 的 Z 变换为

$$\begin{aligned}
Z\{e[(n+1)T]\}&=\sum_{n=0}^{\infty}e[(n+1)T]z^{-n}=e(T)+e(2T)z^{-1}+\cdots+e(nT)z^{-(n-1)}+\cdots\\
&=z[e(0)+e(T)z^{-1}+e(2T)z^{-2}+\cdots+e(nT)z^{-n}+\cdots-e(0)]\\
&=zE(z)-ze(0)
\end{aligned}$$

以上两式相减，得到

$$\sum_{n=0}^{\infty}\{e[(n+1)T]-e(nT)\}z^{-n}+ze(0)=(z-1)E(z)$$

对上式两边取 $z\to1$ 的极限，得到

$$e(\infty)=\lim_{z\to 1}(z-1)E(z)$$

6. 卷积定理

设 $c(nT),g(nT),r(nT)$ 为离散函数，且有

$$c(kT)=\sum_{n=0}^{k}g[(k-n)T]r(nT) \tag{8.25}$$

式中，$n=0,1,2,\cdots$ 为正整数。当 n 为负数时，$c(nT)=g(nT)=r(nT)=0$，则卷积定理可以表示为

$$C(z)=G(z)R(z)$$

式中，$C(z)=Z[c(nT)]$；$G(z)=Z[g(nT)]$；$R(z)=Z[r(nT)]$。

证明　根据 Z 变换的定义，有

$$C(z)=\sum_{k=0}^{\infty}c(kT)z^{-k}$$

将式(8.25)代入上式，得

$$C(z)=\sum_{k=0}^{\infty}\sum_{n=0}^{k}g[(k-n)T]r(nT)z^{-k}$$

当 $k<n$ 时，$g[(k-n)T]=0$，上式可写为

$$C(z) = \sum_{k=0}^{\infty}\sum_{n=0}^{\infty} g[(k-n)T]r(nT)z^{-k} = \sum_{n=0}^{\infty} r(nT)\sum_{n=0}^{\infty} g[(k-n)T]z^{-k}$$

令 $k-n=j$,则 $k=0$ 时,$j=-n$,上式可化为

$$C(z) = \sum_{n=0}^{\infty} r(nT)\sum_{j=-n}^{\infty} g(jT)z^{-(n+j)} = \sum_{n=0}^{\infty} r(nT)z^{-n}\sum_{j=0}^{\infty} g(jT)z^{-j} = G(z)R(z)$$

8.4.4 逆 Z 变换

逆 Z 变换是 Z 变换的逆运算,通过 z 域函数表达式 $E(z)$,求相应离散序列 $e(nT)$ 的过程,记为 $e(nT)=Z^{-1}[E(z)]$。这种变换只能求出采样正数解中序列的表达式,而不能求出它的连续函数的时间表达式。常用的逆 Z 变换法如下。

1. 部分分式法(因式分解法,查表法)

计算步骤如下。

① 先将变换式写成 $\dfrac{E(z)}{z}$,展开成部分分式之和:$\dfrac{E(z)}{z} = \sum\limits_{i=1}^{n}\dfrac{A_i}{z-z_i}$;

② 两端乘以 z:$E(z) = \sum\limits_{i=1}^{n}\dfrac{A_i z}{z-z_i}$;

③ 查 Z 变换表。

例 8.6 已知 $E(z)=\dfrac{(1-\mathrm{e}^{-aT})z}{(z-1)(z-\mathrm{e}^{-aT})}$,求逆 Z 变换。

解 根据部分分式法的计算步骤,有

$$\frac{E(z)}{z} = \frac{1-\mathrm{e}^{-aT}}{(z-1)(z-\mathrm{e}^{-aT})} = \frac{A_1}{z-1} + \frac{A_2}{z-\mathrm{e}^{-aT}}$$

$$A_1 = \left.\frac{1-\mathrm{e}^{-aT}}{z-\mathrm{e}^{-aT}}\right|_{z=1} = 1$$

$$A_2 = \left.\frac{1-\mathrm{e}^{-aT}}{z-1}\right|_{z=\mathrm{e}^{-aT}} = 1$$

$$E(z) = \frac{z}{z-1} - \frac{z}{z-\mathrm{e}^{-aT}}$$

查表得

$$e(nT) = 1-\mathrm{e}^{-anT}$$
$$e(t) = 1-\mathrm{e}^{-at}$$

写出离散序列:

$$\begin{aligned} e^*(t) &= (1-\mathrm{e}^{-at})\delta_T(t) \\ &= 0 + (1-\mathrm{e}^{-aT})\delta(t-T) + \cdots + (1-\mathrm{e}^{-anT})\delta(t-nT) + \cdots \quad (n=0,1,2,3,\cdots) \end{aligned}$$

例 8.7 已知 $E(z)=\dfrac{z}{(z-1)(z-2)}$,求逆 Z 变换。

解

$$\frac{E(z)}{z} = \frac{1}{(z-1)(z-2)} = \frac{-1}{z-1} + \frac{1}{z-2}$$

$$E(z) = \frac{-z}{z-1} + \frac{z}{z-2}$$

查表得

$$e(nT) = -1 + a^n = -1 + 2^n \quad (n = 0,1,2,3,\cdots)$$

$$e^*(t) = [-1(t) + \mathrm{e}^{-at}]\delta_T(t)$$

且由 $\mathrm{e}^{-aT}=2$，得 $a=\frac{1}{T}\ln\frac{1}{2}=-\frac{1}{T}0.693$，则

$$e^*(t) = [-1(t) + \mathrm{e}^{0.693\frac{t}{T}}]\delta_T(t)$$

2．幂级数法（长除法）

将 Z 变换式直接用除法求出 z^{-n} 按降幂排列的展开式，直接写出脉冲序列的前几个值，即

$$E(z) = c_0 + c_1 z^{-1} + c_2 z^{-2} + \cdots + c_n z^{-n} + \cdots$$

z^{-n} 代表时序，$e(0)=c_0$，$e(T)=c_1$，$e(2T)=c_2$，$\cdots$，$e(nT)=c_n$。

将 $z=\mathrm{e}^{Ts}$ 代入上式，得

$$E^*(s) = c_0 + c_1\mathrm{e}^{-Ts} + c_2\mathrm{e}^{-2Ts} + \cdots + c_n\mathrm{e}^{-nTs} + \cdots$$

那么

$$e^*(t) = c_0\delta(t) + c_1\delta(t-T) + c_2\delta(t-2T) + \cdots$$

例 8.8　设 $E(z)=\frac{z^3+2z^2+1}{z^3-1.5z^2+0.5z}$，求逆 Z 变换。

解　将原式整理得

$$E(z) = \frac{1+2z^{-1}+z^{-3}}{1-1.5z^{-1}+0.5z^{-2}}$$

作长除法：

$$
\begin{array}{r|l}
 & 1+3.5z^{-1}+4.75z^{-2}+6.375z^{-3}+\cdots \\
\hline
1-1.5z^{-1}+0.5z^{-2} & 1+2z^{-1}+z^{-3} \\
 & 1-1.5z^{-1}+0.5z^{-2} \\
\hline
 & 3.5z^{-1}-0.5z^{-2}+z^{-3} \\
 & 3.5z^{-1}-5.25z^{-2}+1.75z^{-3} \\
\hline
 & 4.75z^{-2}-0.75z^{-3} \\
 & 4.75z^{-2}-7.125z^{-3}+2.375z^{-4} \\
\hline
 & 6.375z^{-3}-2.375z^{-4}
\end{array}
$$

得

$$E(z) = 1 + 3.5z^{-1} + 4.75z^{-2} + 6.375z^{-3} + \cdots$$

即有

$$e^*(t) = \delta(t) + 3.5\delta(t-T) + 4.75\delta(t-2T) + \cdots$$

可见此法计算 $e^*(t)$ 简单，在实际应用中，常常只需要计算有限的几项就够了。表达式往往是开集形式。

3．留数法（反演积分法）

由式(8.18)，有

$$E(z) = \sum_{n=0}^{\infty} e(nT)z^{-1} = e(0) + e(T)z^{-1} + e(2T)z^{-2} + e(3T)z^{-3} + \cdots$$

如果已知 $e(nT)$ $(n=0,1,2,3,\cdots)$,则其逆 Z 变换对应可得

$$e^*(t) = e(0)\delta(t) + e(T)\delta(t-T) + e(2T)\delta(t-2T) + \cdots + e(nT)\delta(t-nT) + \cdots$$

为了求得 $e(nT)$,采用积分方式。因为在求积分值时需要用到柯西留数定理,故也称留数法。式(8.18)两边乘以 z^{n-1},得

$$E(z)z^{n-1} = e(0)z^{n-1} + e(T)z^{n-2} + e(2T)z^{n-3} + \cdots + e(nT)z^{-1} + \cdots$$

由复变函数理论可知

$$e(nT) = \frac{1}{2\pi \mathrm{j}}\oint_\gamma E(z)z^{n-1}\mathrm{d}z = \sum_{i=1}^{n}\mathrm{Res}[E(z)z^{n-1}]_{z\to z_i} \tag{8.26}$$

式(8.26)称为反演积分公式,积分曲线 γ 是可以包含全部极点的任意封闭曲线。$\mathrm{Res}[E(z)z^{n-1}]_{z\to z_i}$ 表示函数 $E(z)z^{n-1}$ 在极点 z_i 处的留数。

留数计算:

若 $z_i(i=1,2,\cdots)$ 为单极点,则可直接利用反演积分公式得

$$\mathrm{Res}[E(z)z^{n-1}]_{z\to z_i} = \lim_{z\to z_i}(z-z_i)[E(z)z^{n-1}]$$

若 z_i 为 n 阶重极点,则有

$$\mathrm{Res}[E(z)z^{n-1}]_{z\to z_i} = \frac{1}{(n-1)!}\lim_{z\to z_i}\frac{\mathrm{d}^{n-1}[(z-z_i)^n E(z)z^{n-1}]}{\mathrm{d}z^{n-1}}$$

例 8.9 设 $E(z)=\dfrac{z^2}{(z-1)(z-0.5)}$,试用留数法求逆 Z 变换。

解

$$E(z)z^{n-1} = \frac{z^{n+1}}{(z-1)(z-0.5)}$$

有 $z_1=1$ 和 $z_2=0.5$ 两个极点,极点处的留数

$$\mathrm{Res}\left[\frac{z^{n+1}}{(z-1)(z-0.5)}\right]_{z\to 1} = \lim_{z\to 1}\left[\frac{(z-1)z^{n+1}}{(z-1)(z-0.5)}\right] = 2$$

$$\mathrm{Res}\left[\frac{z^{n+1}}{(z-1)(z-0.5)}\right]_{z\to 0.5} = \lim_{z\to 1}\left[\frac{(z-0.5)z^{n+1}}{(z-1)(z-0.5)}\right] = -(0.5)^n$$

故

$$e(nT) = 2-(0.5)^n$$

采样函数

$$\begin{aligned} e^*(t) &= \sum_{n=0}^{\infty}e(nT)\delta(t-nT) = \sum_{n=0}^{\infty}(2-0.5^n)\delta(t-nT) \\ &= \delta(t) + 1.5\delta(t-T) + 1.75\delta(t-2T) + 1.875\delta(t-3T) + \cdots \end{aligned}$$

8.4.5 Z 变换解差分方程

微分方程是描述连续系统动态过程的数学模型,与连续系统相对应,离散系统的动态过程用差分方程来描述。在连续系统中,拉氏变换法是解线性定常微分方程的有力工具;在离散系统中,Z 变换法是解线性定常差分方程的有力工具。用 Z 变换法解差分方程的实质,是将差分方程变为以 Z 为变量的代数方程,然后用逆 Z 变换解出时间响应。下面用实例来说明差分方程的求解过程。

基本步骤为:

① 对差分方程进行 Z 变换；

② 解出输出量的 Z 变换 Z；

③ 求 $Z^{-1}[Y(z)] \to y(k)$。

例 8.10　设系统差分方程为

$$y(k+2) - 0.1y(k+1) - 0.2y(k) = x(k+1) + x(k)$$

式中，$x(k)=1(k)$。初始条件：$y(0)=y(1)=0, x(0)=0$。求 $y(k)$。

解　对方程进行 Z 变换。利用前移(超前)定理有

$$Z[y(t+nT)] = z^n\left[Y(z) - \sum_{k=0}^{n-1} y(kT)z^{-k}\right]$$

此时第一项 $y(k+2)$ 中，$n=2, k$ 取 $0,1(n-1=1)$，有

$$Z[y(k+2)] = z^2[Y(z) - y(0) - y(1)z^{-1}]$$

同理可求其他项的 Z 变换，得

$$z^2Y(z) - z^2y(0) - zy(1) - 0.1zY(z) - 0.1zy(0) - 0.2Y(z) = zX(z) - zx(0) + X(z)$$

代入初始条件得

$$(z^2 - 0.1z - 0.2)Y(z) = (z+1)X(z)$$

$$Y(z) = \frac{(z+1)X(z)}{z^2 - 0.1z - 0.2}$$

由已知 $x(k)=1(k)$ 得 $X(z)=\dfrac{z}{z-1}$，代入上式得

$$Y(z) = \frac{(z+1)z}{(z^2 - 0.1z - 0.2)(z-1)}$$

$$y(k) = Z^{-1}[Y(z)] = \sum_{i=1}^{3}\mathrm{Res}\left[\frac{z(z+1)z^{k-1}}{(z+0.4)(z-0.5)(z-1)}\right]$$

$$y(k) = 0.416(-0.4)^k - 3.33(0.5)^k + 2.875\cdot 1(k) \quad (k = 0,1,2,3,\cdots)$$

例 8.11　用 Z 变换方法求解二阶线性差分方程

$$y(k+2) + 2y(k+1) + y(k) = x(k)$$

式中，$x(k)=k(k=0,1,2,3,\cdots)$。初始条件：$y(0)=y(1)=0$。

解　对差分方程进行 Z 变换：

$$z^2Y(z) - z^2y(0) - zy(1) + 2zY(z) - 2zy(0) + Y(z) = X(z)$$

代入初始条件得

$$(z^2 + 2z + 1)Y(z) = \frac{z}{(z-1)^2}$$

$$Y(z) = \frac{z}{(z-1)^2(z^2+2z+1)} = \frac{z}{(z-1)^2(z+1)^2}$$

奇点 $-1, +1$ 均为重根，用留数法求其逆 Z 变换：

$$y(k) = Z^{-1}[Y(z)] = \sum_{i=1}^{4}\mathrm{Res}\left[\frac{z\cdot z^{k-1}}{(z-1)^2(z+1)^2}\right]$$

$$= \lim_{z\to 1}\frac{\mathrm{d}}{\mathrm{d}z}\left[\frac{(z-1)^2z^k}{(z-1)^2(z+1)^2}\right] + \lim_{z\to -1}\frac{\mathrm{d}}{\mathrm{d}z}\left[\frac{(z+1)^2z^k}{(z-1)^2(z+1)^2}\right]$$

$$= \lim_{z\to 1}\left[\frac{kz^{k-1}}{(z+1)^2} - \frac{2z^k}{(z+1)^3}\right] + \lim_{z\to -1}\left[\frac{kz^{k-1}}{(z-1)^2} - \frac{2z^k}{(z-1)^3}\right]$$

$$= \frac{k}{4} - \frac{1}{4} + \frac{k(-1)^{k-1}}{4} + \frac{(-1)^k}{4} = = \frac{k-1}{4}[1-(-1)^k]$$

所以

$$y^*(t) = \sum_{k=0}^{\infty} \frac{k-1}{4}[1-(-1)^k]\delta(t-kT)$$

本节主要介绍了几种 Z 变换、逆 Z 变换方法及性质，以及如何利用 Z 变换求解差分方程。掌握好这部分基础知识，对采样系统数学模型的分析与计算将有着很重要的作用。

8.5 脉冲传递函数

脉冲传递函数是采样控制系统常用的数学模型之一。在连续系统中，传递函数是研究系统性能的重要基础。类似地，在采样系统中，可在 z 域中通过建立系统脉冲传递函数来研究控制系统的性能。

本节重点介绍采样控制系统开环脉冲传递函数与闭环脉冲传递函数。

8.5.1 脉冲传递函数的概念

与线性连续系统传递函数的定义类似，离散系统脉冲传递函数的定义为：在零初始条件下，输出离散时间信号的 Z 变换 $C(z)$ 与输入离散信号的 Z 变换 $R(z)$ 之比，即

$$G(z) = \frac{C(z)}{R(z)} \tag{8.27}$$

所谓零初始条件，是指当 $t<0$ 时，输入脉冲序列各采样值 $r(-T),r(-2T),\cdots$ 以及输出脉冲序列各采样值 $c(-T),c(-2T),\cdots$ 均为 0。

如果已知系统脉冲传递函数 $G(z)$ 和输入信号 Z 变换 $R(z)$，则在零初始条件下，线性定常系统输出采样信号为 $c^*(t)=Z^{-1}[C(z)]=Z^{-1}[G(z)R(z)]$，即求解 $c^*(t)$ 的关键是如何求 $G(z)$。

(1) 在图 8.10(a)中，$G(z)$ 是在两个采样开关之间定义的，或至少有一个是真实的采样开关。通常实际系统输出是连续信号 $c(t)$，而不是采样信号 $c^*(t)$，故在系统输出虚设一个理想采样开关（虚线，图 8.10(b)）。它与输入采样开关同步工作，具有相同的采样周期。虚设的采样开关是不存在的，只是表明了脉冲传递的输出离散描述，表征连续函数 $c(t)$ 在采样时刻上的离散值 $c^*(t)$。

(2) $G(z)$ 表示的是线性环节与理想开关二者组合体的传递函数，如果不存在理想开关，则 $C(z)=G(z)R(z)$ 不存在。

以下根据采样系统的单位脉冲响应来推导脉冲传递函数。

由线性系统理论可知，当线性部分的输入信号为单位脉冲信号 $\delta(t)$ 时，其输出信号称为单位脉冲响应，以 $g(t)$ 表示。当输入信号为如下脉冲序列，即

$$r^*(t) = \sum_{n=0}^{\infty} r(nT)\delta(t-nT) \tag{8.28}$$

时，根据叠加原理，输出信号为一系列脉冲响应之和，即

$$c(t) = r(0)g(t) + r(T)g(t - T) + \cdots + r(nT)g(t - nT) + \cdots \tag{8.29}$$

在 $t = kT$ 时刻,输出的脉冲值为

$$\begin{aligned} c(kT) &= r(0)g(kT) + r(T)g[(k-1)T] + \cdots + r(nT)g[(k-n)T] + \cdots \\ &= \sum_{n=0}^{k} g[(k-n)T]r(nT) \end{aligned} \tag{8.30}$$

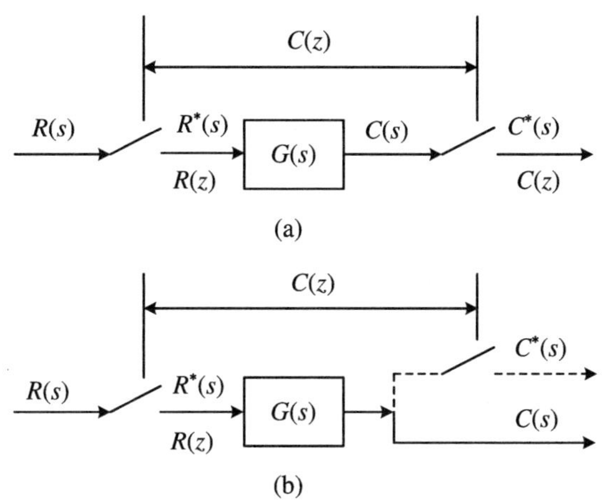

图 8.10　采样系统脉冲传递函数

因为系统的单位脉冲响应是从 $t=0$ 时才开始出现的信号,当 $t<0$ 时,$g(t)=0$,所以当 $n>k$ 时,上式中的 $g[(k-n)T]=0$,即 kT 时刻以后的输入脉冲 $r[(k+1)T]$,$r[(k+2)T]$ 等不会对 kT 时刻的输出信号产生影响。因此,上式中求和的上限可以扩展为∞,于是可得

$$c(kT) = \sum_{n=0}^{\infty} g[(k-n)T]r(nT) \tag{8.31}$$

根据卷积定理,可得上式 Z 变换为

$$C(z) = G(z)R(z) \tag{8.32}$$

而式中 $C(z)$,$G(z)$,$R(z)$分别为 $c(t)$,$g(t)$,$r(t)$的 Z 变换。

由此可见,系统的脉冲传递函数即为系统的单位脉冲响应 $g(t)$经过采样后的离散信号 $g^*(t)$的 Z 变换,可表示为 $G(z) = \sum_{n=0}^{\infty} g(nT)z^{-n}$。

脉冲传递函数求法有以下三种:

(1) 查表法

直接根据 Z 变换表,查得 $G(s)$对应的 Z 变换 $G(z)$。如果 $G(s)$是阶数较高的有理分式函数,在 Z 变换表中没有相应的 $G(z)$,则可将 $G(s)$展开为部分分式,查每个部分分式对应的 Z 变换,再计算出 $G(z)$。

(2) 间接法

① 求 $G(s)$的拉氏逆变换得到脉冲响应函数 $g(t)$;

② 对 $g(t)$采样函数化,得 $g(nT)$;

③ 对 $g(nT)$进行 Z 变换,求得相应的 $G(z)$。

(3) 定义法

若已知系统的差分方程,可对方程两端进行 Z 变换,利用 $G(z)=C(z)/R(z)$求得 $G(z)$。

例 8.12 已知 $G(s)=\dfrac{a}{s(s+a)}$，求其 Z 变换 $G(z)$。

解 方法一 将 $G(s)$ 展开得

$$G(s) = \frac{1}{s} - \frac{1}{s+a}$$

查 Z 变换表，得

$$G(z) = \frac{z}{z-1} - \frac{z}{z-e^{-aT}} = \frac{z(1-e^{-aT})}{(z-1)(z-e^{-aT})}$$

方法二

$$g(t) = L^{-1}\left[\frac{1}{s} - \frac{1}{s+a}\right] = 1 - e^{-at}$$

$$g^*(t) = \sum_{k=0}^{\infty}[1(kT) - e^{-akT}]\delta(t-kT)$$

故

$$G(z) = Z[g^*(t)] = \sum_{k=0}^{\infty}(1\cdot z^{-k} - e^{-akT}z^{-k})$$

$$= \frac{z}{z-1} - \frac{z}{z-e^{-aT}} = \frac{z(1-e^{-aT})}{(z-1)(z-e^{-aT})}$$

例 8.13 设某环节差分方程为 $c(nT)=r[(n-k)T]$，求其脉冲传递函数 $G(z)$。

解 对差分方程两边取 Z 变换，并由实数位移定理得

$$C(z) = z^{-k}R(z)$$

则

$$G(z) = C(z)/R(z) = z^{-k}$$

常见 Z 变换见表 8.1。

表 8.1 常见 Z 变换表

$X(s)$	$x(t)$	$X(z)$
1	$\delta(t)$	1
e^{-kTs}	$\delta(t-kT)$	z^{-k}
$\dfrac{1}{s}$	$1(t)$	$\dfrac{z}{z-1}$
$\dfrac{1}{s^2}$	t	$\dfrac{Tz}{(z-1)^2}$
$\dfrac{1}{s^3}$	$\dfrac{1}{2}t^2$	$\dfrac{T^2z(z+1)}{2(z-1)^3}$
$\dfrac{1}{s+a}$	e^{-at}	$\dfrac{z}{z-e^{-aT}}$
$\dfrac{1}{(s+a)^2}$	te^{-at}	$\dfrac{Tze^{-aT}}{(z-e^{-aT})^2}$
$\dfrac{a}{s(s+a)}$	$1-e^{-at}$	$\dfrac{z(1-e^{-aT})}{(z-1)(z-e^{-aT})}$

续表

$X(s)$	$x(t)$	$X(z)$
$\dfrac{1}{(s+a)(s+b)}$	$\dfrac{1}{b-a}(\mathrm{e}^{-at}-\mathrm{e}^{-bt})$	$\dfrac{1}{b-a}\left(\dfrac{z}{z-\mathrm{e}^{-aT}}-\dfrac{z}{z-\mathrm{e}^{-bT}}\right)$
$\dfrac{\omega}{s^2+\omega^2}$	$\sin\omega t$	$\dfrac{z\sin\omega T}{z^2-2z\cos\omega T+1}$
$\dfrac{s}{s^2+\omega^2}$	$\cos\omega t$	$\dfrac{z(z-\cos\omega T)}{z^2-2z\cos\omega T+1}$
$\dfrac{\omega}{(s+a)^2+\omega^2}$	$\mathrm{e}^{-at}\sin\omega t$	$\dfrac{z\mathrm{e}^{-aT}\sin\omega T}{z^2-2z\mathrm{e}^{-aT}\cos\omega T+\mathrm{e}^{-2aT}}$
$\dfrac{s+a}{(s+a)^2+\omega^2}$	$\mathrm{e}^{-at}\cos\omega t$	$\dfrac{z(z-\mathrm{e}^{-aT}\cos\omega T)}{z^2-2z\mathrm{e}^{-aT}\cos\omega T+\mathrm{e}^{-2aT}}$
$\dfrac{1}{s-(1/T)\ln a}$	$a^{t/T}$	$\dfrac{z}{z-a}$　$(a>0)$

8.5.2　开环系统脉冲传递函数

当开环采样系统由几个环节串联组成时，其脉冲传递函数的求法与连续系统的求法因采样开关的位置和数目不同而存在区别。考虑如图 8.11 所示系统(a)和系统(b)，系统(a)组成串联的两个环节 $G_1(s)$和 $G_2(s)$之间有采样开关存在，系统(b)组成串联的两个环节 $G_1(s)$和 $G_2(s)$之间不存在采样开关，这两种不同情况下串联后的脉冲传递函数计算如下：

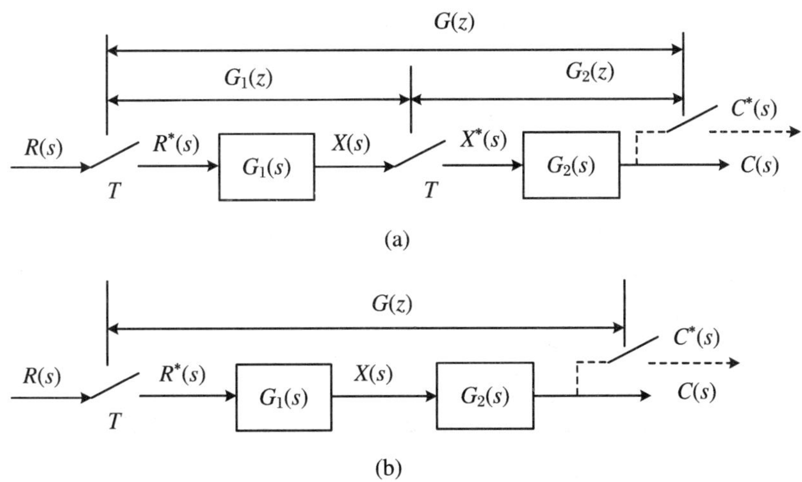

图 8.11　采样系统两种串联结构

(1) 串联环节之间有采样开关(图 8.11(a))

$$X(z)=G_1(z)R(z),\quad C(z)=G_2(z)X(z)=G_1(z)G_2(z)R(z)$$

由此可得

$$\frac{C(z)}{R(z)}=G_1(z)G_2(z)=G(z) \tag{8.33}$$

式(8.33)表明,有采样开关分隔的两个环节串联,其脉冲传递函数等于两个环节的脉冲传递函数之积。上述结论可以推广到有采样开关隔离的 n 个环节串联的情况。

(2) 串联环节之间无采样开关(图 8.11(b))

这时系统的开环脉冲传递函数为

$$G(s)=\frac{C(z)}{R(z)}=Z[G_1(s)G_2(s)]=G_1G_2(z) \tag{8.34}$$

式(8.34)表明,没有采样开关分隔的两个环节串联,其脉冲传递函数等于两个连续环节的传递函数乘积的 Z 变换。注意式(8.33)和式(8.34)的区别,通常

$$G_1(z)G_2(z)\neq G_1G_2(z)$$

上述结论可以推广到没有采样开关隔离的 n 个环节串联的情况。

例 8.14 开环采样系统如图 8.11 所示,设 $G_1(s)=\dfrac{1}{s}$,$G_2(s)=\dfrac{1}{s+1}$,分别求出上述两种串联连接时的脉冲传递数。

解 (1) 串联环节之间有采样开关:

$$G(z)=G_1(z)G_2(z)=Z\left[\frac{1}{s}\right]Z\left[\frac{1}{s+1}\right]=\frac{1}{(1-z^{-1})(1-\mathrm{e}^{-T}z^{-1})}$$

(2) 串联环节之间没有采样开关:

$$\begin{aligned}G(z)&=Z\left[\frac{1}{s}\cdot\frac{1}{s+1}\right]=Z\left[\frac{1}{s}-\frac{1}{s+1}\right]=Z\left[\frac{1}{s}\right]-Z\left[\frac{1}{s+1}\right]\\&=\frac{1}{1-z^{-1}}-\frac{1}{1-\mathrm{e}^{-T}z^{-1}}\\&=\frac{(1-\mathrm{e}^{-T})z^{-1}}{(1-z^{-1})(1-\mathrm{e}^{-T}z^{-1})}\end{aligned}$$

显然有

$$G_1(z)G_2(z)\neq G_1G_2(z)$$

8.5.3 闭环脉冲传递函数

由于采样开关在闭环系统中可能存在多种配置,故闭环离散系统没有唯一的结构形式。比较常见的系统结构之一如图 8.12 所示,图中输入端和输出端的采样开关是为了便于分析而虚设的,采样周期都为 T。

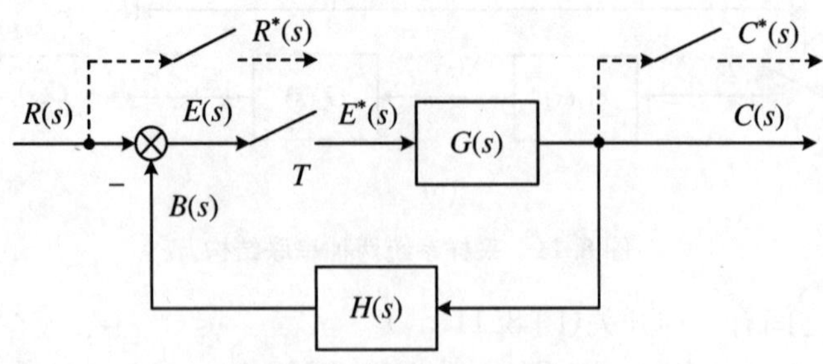

图 8.12 闭环采样控制系统

由图 8.12 可知

$$E(s)=R(s)-B(s)=R(s)-H(s)C(s)$$

$$C(s) = G(s)E^*(s)$$

即

$$E(s) = R(s) - B(s) = R(s) - G(s)H(s)E^*(s)$$

求上式采样信号的拉氏变换，则

$$E^*(s) = R^*(s) - B^*(s) = R^*(s) - GH^*(s)E^*(s)$$

那么

$$E^*(s) = \frac{R^*(s)}{1 + GH^*(s)}$$

而

$$C^*(s) = G^*(s)E^*(s)$$

于是得到

$$\frac{C^*(s)}{R^*(s)} = \frac{G^*(s)}{1 + GH^*(s)}$$

写成 Z 变换的形式，即得闭环脉冲传递函数

$$\frac{C(z)}{R(z)} = \frac{G(z)}{1 + GH(z)} \tag{8.35}$$

以及误差脉冲传递函数

$$\frac{E(z)}{R(z)} = \frac{1}{1 + GH(z)} \tag{8.36}$$

若闭环系统为单位反馈系统，即 $H(s)=1$，则有

$$\frac{C(z)}{R(z)} = \frac{G(z)}{1 + G(z)} \tag{8.37}$$

以及

$$\frac{E(z)}{R(z)} = \frac{1}{1 + G(z)} \tag{8.38}$$

与线性连续系统类似，闭环脉冲传递函数的分母 $1 + GH(z)$ 即为闭环采样控制系统的特征多项式。

例 8.15　若采样控制系统如图 8.13 所示，采样周期 $T = 1$ s，零阶保持器为 $\frac{1 - e^{-Ts}}{s}$，$H(s)=1$，被控对象传递函数为 $\frac{1}{s(s+1)}$，试求系统的开环和闭环脉冲传递函数。

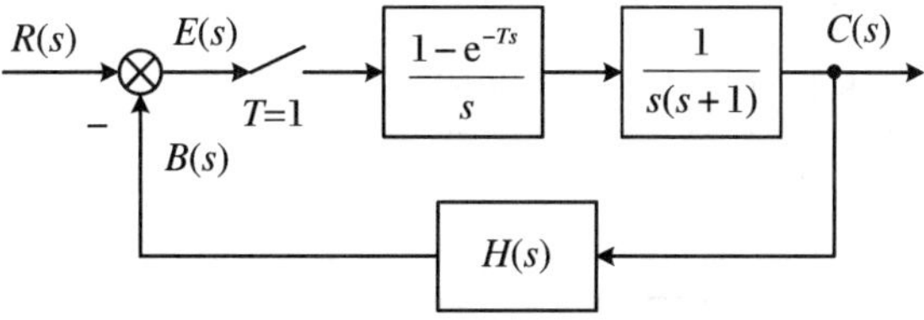

图 8.13　采样控制系统方框图

解　该系统的开环脉冲传递函数为

$$G(z) = Z\left[\frac{1 - e^{-Ts}}{s} \frac{1}{s(s+1)}\right] = Z\left[(1 - e^{-Ts}) \frac{1}{s^2(s+1)}\right]$$

$$= Z\left[\frac{1}{s^2(s+1)}\right] - Z\left[e^{-Ts} \frac{1}{s^2(s+1)}\right] = (1 - z^{-1})Z\left[\frac{1}{s^2(s+1)}\right]$$

$$G(z)=\frac{(\mathrm{e}^{-T}+T-1)z+1-\mathrm{e}^{-T}-T\mathrm{e}^{-T}}{(z-1)(z-\mathrm{e}^{-T})}$$

将 $T=1$ 代入，得系统的开环脉冲传递函数为

$$G(z)=\frac{0.368z+0.264}{(z-1)(z-0.368)}$$

闭环脉冲传递函数为

$$\Phi(z)=\frac{C(z)}{R(z)}=\frac{G(z)}{1+G(z)}=\frac{0.368z+0.264}{z^2-z+0.632}$$

并可得到误差脉冲传递函数：

$$\Phi_e(z)=\frac{E(z)}{R(z)}=\frac{1}{1+G(z)}=\frac{z^2-1.368z+0.368}{z^2-z+0.632}$$

例 8.16 设有图 8.14 所示离散控制系统，在误差信号传递通道上无采样开关。试求系统的闭环脉冲传递函数 $\Phi(z)=C(z)/R(z)$。

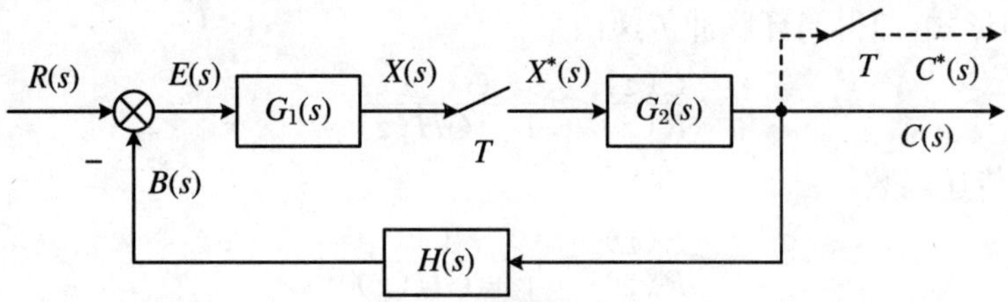

图 8.14 离散控制系统

解 由图 8.14 所示的采样系统结构图可得到以下关系式：

$$X(z)=G_1R(z)-G_2HG_1(z)\cdot X(z)$$
$$C(z)=G_2(z)\cdot X(z)$$

消去中间变量，得

$$C(z)=\frac{G_2(z)\cdot G_1R(z)}{1+G_1G_2H(z)}$$

由上式可以看出，虽然得出了 $C(z)$的表达式，但式中没有单独的 $R(z)$，因而不能写出 $C(z)=\Phi(z)R(z)$的形式。故此例所给系统不能得出相应闭环脉冲传递函数，而只能得出 $C(z)$的表达式。

表 8.2 中列出了一些采样开关处于不同位置的采样系统方框图及其输出信号 $C(z)$的表达式，供读者参考。

表 8.2 闭环采样系统方框图及系统输出函数 $C(z)$

序号	系 统 方 框 图	$C(z)$
1	R(s) E(s) T G(s) C(s) − B(s) H(s)	$C(z)=\dfrac{G(z)}{1+HG(z)}R(z)$

续表

序号	系统方框图	$C(z)$
2	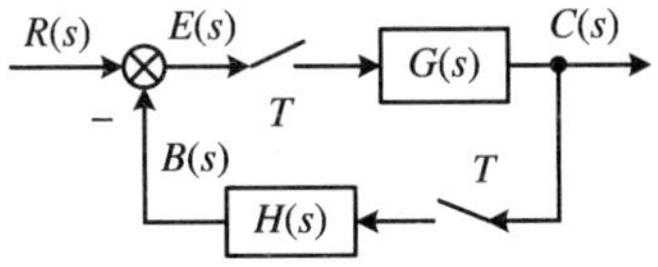 $R(s)$, $E(s)$, $G(s)$, $C(s)$, T, $B(s)$, $H(s)$, T	$C(z)=\dfrac{G(z)}{1+H(z)G(z)}R(z)$
3	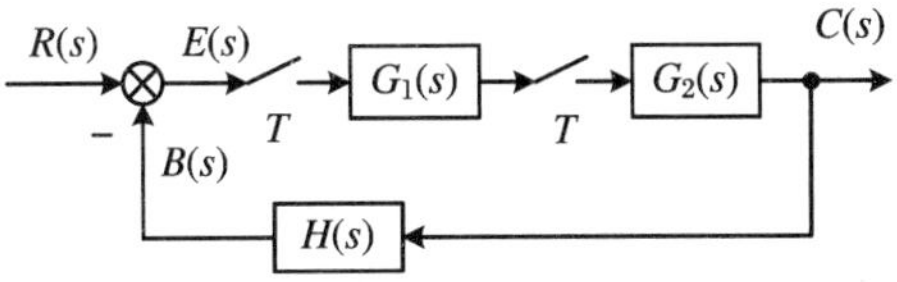 $R(s)$, $E(s)$, $G_1(s)$, $G_2(s)$, $C(s)$, T, T, $B(s)$, $H(s)$	$C(z)=\dfrac{G_1(z)G_2(z)}{1+G_1(z)HG_2(z)}R(z)$
4	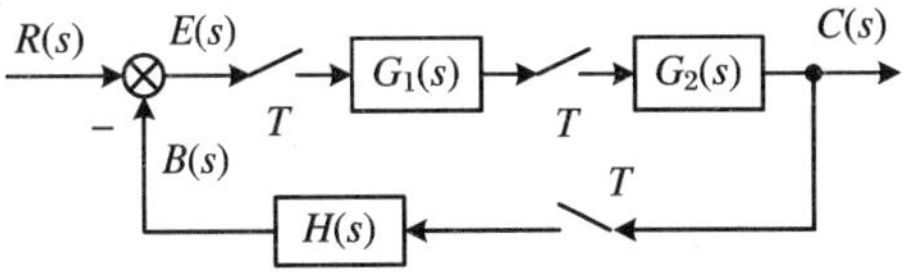 $R(s)$, $E(s)$, $G_1(s)$, $G_2(s)$, $C(s)$, T, T, $B(s)$, T, $H(s)$	$C(z)=\dfrac{G_1(z)G_2(z)}{1+G_1(z)G_2(z)H(z)}R(z)$
5	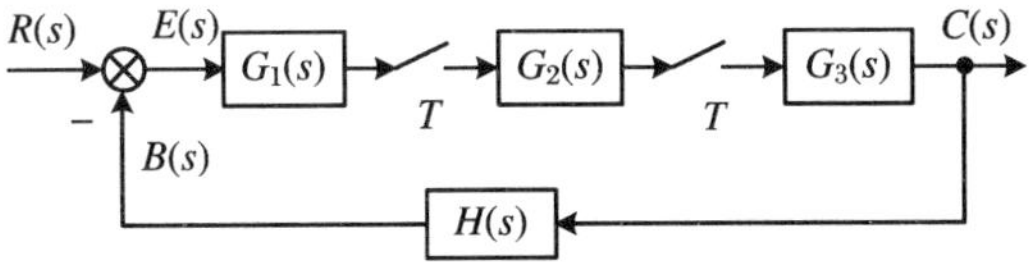 $R(s)$, $E(s)$, $G_1(s)$, $G_2(s)$, $G_3(s)$, $C(s)$, T, T, $B(s)$, $H(s)$	$C(z)=\dfrac{RG_1(z)G_2(z)G_3(z)}{1+G_2(z)HG_1G_3(z)}$
6	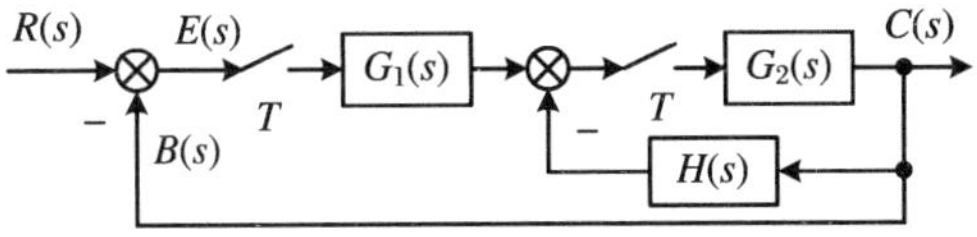 $R(s)$, $E(s)$, $G_1(s)$, $G_2(s)$, $C(s)$, T, T, $B(s)$, $H(s)$	$C(z)=\dfrac{G_1(z)G_2(z)R(z)}{1+G_1(z)G_2(z)+HG_2(z)}$

本节主要讨论了开环及闭环脉冲传递函数的求法，并介绍了采样开关对脉冲传递函数的影响和具有零阶保持器的传递函数 Z 变换。

8.6　采样系统分析

与连续控制系统一样，采样控制系统也有稳定性判别、动态响应分析和稳态误差计算与分析等问题。所涉及的基本概念和方法虽然与连续控制系统基本相类同，但由于两种系统基于不同的模型，故研究内容仍有区别。通过本节的学习，可掌握采样系统的动态性能分析、稳态性能分析，以及极点分布对采样系统稳定性的影响。

8.6.1　稳定性分析

无论连续系统还是采样系统，系统动态性能都和系统闭环极点位置有密切关系。在线性连续系统中,稳定性是由闭环系统特征方程的根在 s 平面上的分布位置决定的,即所有特征根都有负实部,则系统稳定。若可以将线性连续系统分析中的这些结论应用于采样控制系统中,则会给采样系统的分析带来便利。由前面的分析可以知道,采样控制系统的数学模型是建立在 Z 变换基础之上的,因此需要先明确 s 平面和 z 平面之间的关系。

在定义 Z 变换时,s 域的复变数 s 和 z 域的复变数 z 有以下关系:

$$z = \mathrm{e}^{Ts} \tag{8.39}$$

式(8.39)表明了 s 平面和 z 平面之间的映射关系。令

$$s = \sigma + \mathrm{j}\omega \tag{8.40}$$

将式(8.40)代入式(8.39),得

$$z = \mathrm{e}^{(\sigma+\mathrm{j}\omega)T} = \mathrm{e}^{\sigma T}\mathrm{e}^{\mathrm{j}\omega T} \tag{8.41}$$

复变量 z 的幅值和幅角分别为 $|z| = \mathrm{e}^{\sigma T}$,$\arg z = \omega T$,$s$ 平面上的虚轴($\sigma = 0, s = \mathrm{j}\omega$)在 z 平面上的映射为

$$|z| = \mathrm{e}^{\sigma T} = 1, \quad \theta = \omega T \tag{8.42}$$

式(8.42)表明 s 平面虚轴对应 z 平面单位圆,为临界稳定的域限。

s 平面上左半平面的极点 $s = \sigma + \mathrm{j}\omega(\sigma < 0)$ 在 z 平面上的映射为

$$|z| = \mathrm{e}^{\sigma T} < 1, \quad \theta = \omega T \tag{8.43}$$

对应 z 平面单位圆内,为稳定区域。

s 平面上右半平面的极点 $s = \sigma + \mathrm{j}\omega(\sigma > 0)$ 在 z 平面上的映射为

$$|z| = \mathrm{e}^{\sigma T} > 1, \quad \theta = \omega T \tag{8.44}$$

对应 z 平面单位圆外,为不稳定区域。

可见,z 平面上单位圆内对应左半 s 平面,z 平面上单位圆对应 s 平面虚轴,z 平面上单位圆外对应右半 s 平面。它们的对应关系如图 8.15 所示,s 平面上的原点 $s = 0 + \mathrm{j}0$ 映射为 z 平面上的 $z = 1$。

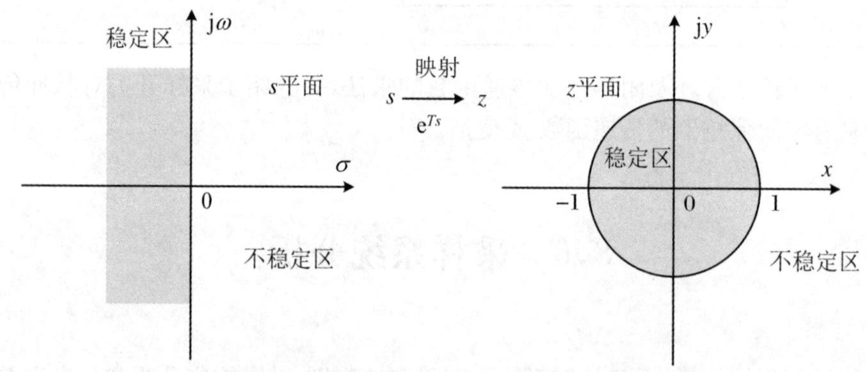

图 8.15 s 平面到 z 平面上的映射关系

分析了 s 平面和 z 平面之间的映射关系后,得出采样系统稳定的充要条件如下:

对于 n 阶采样控制系统,其闭环特征方程

$$z^n + a_1 z^{n-1} + a_2 z^{n-2} + \cdots + a_{n-1} z + a_n = 0 \tag{8.45}$$

所有的特征根 z_i 全部位于 z 平面单位圆内,即

$$|z_i| < 1 \quad (i = 1,2,3,\cdots,n)$$

则此采样系统是稳定的。

若采样系统闭环特征方程的根可以直接求出，则可直接判断系统的稳定性。

例 8.17　采样系统如图 8.16 所示，采样周期 $T=1$ s。试分析增益 $k=1$ 和 $k=10$ 时系统的稳定性。

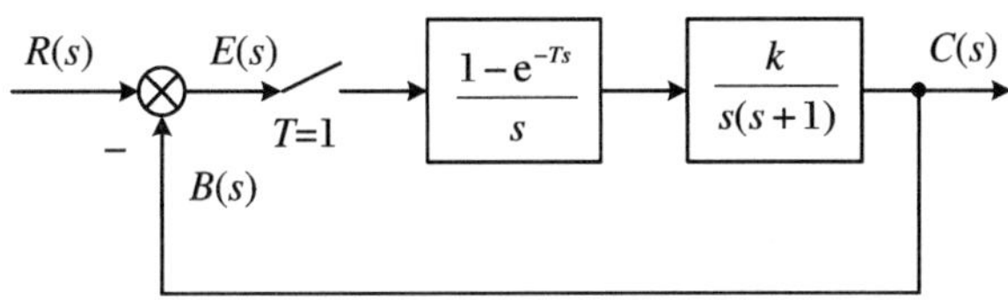

图 8.16　采样控制系统

解　连续部分开环传递函数为

$$G(s)=\frac{1-e^{-Ts}}{s}\cdot\frac{k}{s(s+1)}$$

那么

$$G(z)=(1-z^{-1})Z\left[\frac{k}{s^2(s+1)}\right]=\frac{k(z-1)}{z}Z\left[\frac{1}{s^2}-\frac{1}{s}+\frac{1}{s+1}\right]$$

$$=\frac{k[(T-1+e^{-T})z+(1-e^{-T}-Te^{-T})]}{(z-1)(z-e^{-T})}$$

当 $T=1,k=1$ 时，系统的开环脉冲传递函数为

$$G(z)=\frac{0.368z+0.264}{(z-1)(z-0.368)}$$

闭环脉冲传递函数为

$$\frac{C(z)}{R(z)}=\frac{0.368z+0.264}{z^2-z+0.632}$$

其闭环特征方程为

$$z^2-z+0.632=0$$

则特征根为

$$z_1=0.5+j0.618,\quad z_2=0.5-j0.618$$

特征根均在单位圆内，故系统稳定。

当 $T=1,k=10$ 时，易得其闭环特征方程为

$$z^2+2.31z+3=0$$

则特征根为

$$z_1=-1.156+j1.29,\quad z_2=-1.156-j1.29$$

特征根均在单位圆外，故系统不稳定。

8.6.2　稳定性判据

对于高于二阶的系统，难以通过直接求解特征根的方法来分析其稳定性，不过可以采用劳斯判据来判断。

连续系统中的劳斯判据是判别根是否全在 s 左半平面，从而确定系统的稳定性的。而在 z 平面内，稳定性取决于根是否全在单位圆内，故劳斯判据是不能直接应用的。如果将 z 平面再复原到 s 平面，则系统方程中又将出现超越函数。因此，需要再找一种新的变换，使 z

平面的单位圆内映射到一个新的平面的虚轴之左。此新的平面称为 w 平面，如图 8.17 所示。在此平面上，可直接应用劳斯稳定判据。

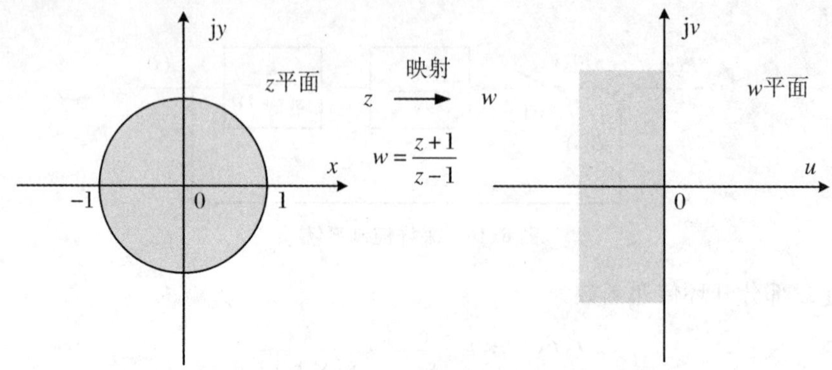

图 8.17　z 平面到 w 平面的映射

将复变量 z 取双线性变换：

$$z = \frac{w+1}{w-1} \quad 或 \quad w = \frac{z+1}{z-1} \tag{8.46}$$

z 和 w 均为复变量，有

$$z = x + \mathrm{j}y, \quad w = u + \mathrm{j}v$$

将 $z = x + \mathrm{j}y$ 代入 w 的表达式，写成实部加虚部的形式，则有

$$w = u + \mathrm{j}v = \frac{z+1}{z-1} = \frac{x+\mathrm{j}y+1}{x+\mathrm{j}y-1} = \frac{x^2+y^2-1}{(x-1)^2+y^2} + \mathrm{j}\frac{-2y}{(x-1)^2+y^2} \tag{8.47}$$

w 平面上的虚轴，对应 $u=0$，即 $x^2+y^2-1=0$，这就是 z 平面上以坐标原点为圆心的单位圆的方程。可见 z 平面与 w 平面有如下映射关系：

① z 平面单位圆边界映射为 w 平面虚轴，对应临界稳定状态；

② z 平面单位圆内部映射为 w 平面左半平面，对应稳定状态；

③ z 平面单位圆外部映射为 w 平面右半平面，对应不稳定状态。

因此，采用 z-w 双线性变换后，采样系统稳定性判别方法如下：

(1) 在特征方程 $D(z)=0$ 中，令 $z=\frac{w+1}{w-1}$，得到闭环系统在 w 域的特征方程 $D(w)=0$。

(2) 利用劳斯判据判断特征方程 $D(w)=0$ 在 w 平面右半平面根的个数，即为 z 域中特征方程 $D(z)=0$ 单位圆外根的个数。若特征方程 $D(w)=0$ 在 w 平面右半平面根的个数为零，则采样系统稳定或临界稳定。

例 8.18　已知系统的闭环特征方程为

$$D(z) = 45z^3 - 117z^2 + 119z - 39 = 0$$

试判定系统的稳定性。

解　用 w 域的劳斯判据，令 $z=\frac{w+1}{w-1}$，代入特征方程得

$$45\left(\frac{w+1}{w-1}\right)^3 - 117\left(\frac{w+1}{w-1}\right)^2 + 119\left(\frac{w+1}{w-1}\right) - 39 = 0$$

整理得

$$D(w) = w^3 + 2w^2 + 2w + 40 = 0$$

列劳斯阵列表：

$$\begin{array}{c|cc} w^3 & 1 & 2 \\ w^2 & 2 & 40 \\ \hline w^1 & \dfrac{2\times 2-40}{2} = -18 & \\ w^0 & 40 & \end{array}$$

表中第一列元素变号两次，有两个根在右半平面，也就是说有两个根在 z 平面的单位圆外。故系统不稳定。

例 8.19　采样控制系统如图 8.18 所示，采样周期 $T=1$ s。

(1) 当 $k=8$ 时，试判断系统的稳定性。

(2) 试求出闭环系统稳定时系数 k 的变化范围。

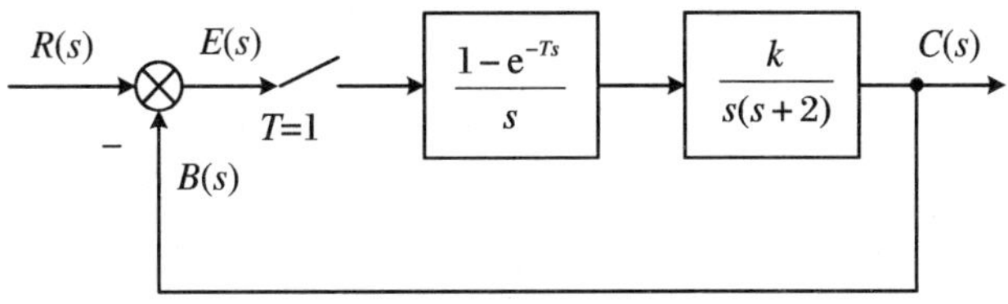

图 8.18　采样控制系统

解　(1) 当 $k=8$ 时，对原系统进行 Z 变换。由于

$$G(s) = \frac{1-e^{-Ts}}{s} \cdot \frac{k}{s(s+2)}$$

因此

$$G(z) = (1-z^{-1})Z\left[\frac{8}{s^2(s+2)}\right] = \frac{(z-1)}{z}Z\left[\frac{4}{s^2} - \frac{2}{s} + \frac{2}{s+2}\right]$$

$$= (1-z^{-1})\left[\frac{4z}{(z-1)^2} - \frac{2z}{z-1} + \frac{2z}{z-e^{-2}}\right]$$

系统特征方程为

$$1 + G(z) = 0$$

即

$$1 + \frac{4}{z-1} - 2 + \frac{2(z-1)}{z-e^{-2}} = 0$$

$$z^2 + (1+e^{-2})z + 2 - 5e^{-2} = 0$$

$$z_{1,2} = -\frac{-1.135 \pm j2.001}{2}$$

故系统不稳定。

(2) 由系统的开环传递函数

$$G(z) = \frac{0.5k}{z-1} - 0.25k + \frac{0.25k(z-1)}{z-e^{-2}}$$

得闭环特征方程为

$$1 + \frac{0.5k}{z-1} - 0.25k + \frac{0.25k(z-1)}{z-e^{-2}} = 0$$

$$z^2 + (0.25k - 1)(1 + e^{-2})z + 0.25k - 0.75ke^{-2} + e^{-2} = 0$$

把 $z = \dfrac{w+1}{w-1}$代入上式,得

$$0.5k(1 - e^{-2})w^2 + (1.5ke^{-2} - 0.5k - 2e^{-2} + 2)w + 2 - ke^{-2} + 2e^{-2} = 0$$

由劳斯判据,系统稳定的充要条件是

$$\begin{cases} 0.5k(1 - e^{-2}) > 0 \\ 1.5ke^{-2} - 0.5k - 2e^{-2} + 2 > 0, \\ 2 - ke^{-2} + 2e^{-2} > 0 \end{cases} \quad 即 \begin{cases} k > 0 \\ k < 5.82 \\ k < 16.78 \end{cases}$$

解得

$$0 < k < 5.82$$

故闭环系统稳定时,开环增益 k 的变化范围为 $0<k<5.82$。

从以上例子看出,可以利用 z-w 变换和劳斯判据对采样系统进行稳定性判别,在计算闭环特征方程的过程中也可看出采样周期对特征方程的影响。

无采样时,即对于单位负反馈连续系统,若开环传递函数为 $G(s) = \dfrac{k}{s(s+2)}$,那么当 $k>0$ 时系统总是稳定的。采样后,变为条件稳定,系统稳定的 k 值范围与采样周期有关,即稳定性下降。采样周期与开环增益对离散系统稳定性有如下影响:

① 当采样周期 T 一定时,k 增加,稳定性较差,甚至变为不稳定。

② 当增益 k 一定时,T 增加,丢失信息变多,对离散系统的稳定及动态性结构不利,甚至可能使系统失去稳定。

③ 减小采样周期 T,可以提高系统的稳定性。

判别采样系统脉冲传递函数闭环极点(特征根)在 z 平面上的分布,可得到系统的稳定特性,而进一步研究采样系统脉冲传递函数闭环极点(特征根)在 z 平面上的位置,可以定性地了解系统参数对动态性能的影响,这对系统分析和校正均具有指导意义。

8.6.3 动态特性分析

应用 Z 变换法分析线性定常离散系统的动态性能,通常有时域法、根轨迹法和频域法,其中时域法最简单。本节主要介绍在时域中如何求取离散系统的时间响应,采样器和保持器对系统动态性能的影响,以及在 z 平面上定性分析离散系统闭环极点与其动态性能的关系。

在连续系统里,如果已知函数的极点位置,就可估计出它的对应瞬态形状。采样系统中,闭环脉冲传递函数的极点在 z 平面上单位圆内的分布关系,对系统设计、分析有重要意义。下面讨论闭环极点(根的位置)与时间响应的关系。

设采样系统闭环脉冲传递函数为

$$\Phi(z) = \frac{M(z)}{N(z)} = \frac{b_0 z^m + b_1 z^{m-1} + \cdots + b_m}{a_0 z^n + a_1 z^{n-1} + \cdots + a_n} = \frac{k^* \prod_{i=1}^{m}(z - z_i)}{\prod_{j=1}^{n}(z - p_j)} \quad (m \leqslant n) \tag{8.48}$$

当 $r(t) = 1(t)$时,采样系统输出的 Z 变换为

$$C(z) = \Phi(z)R(z) = \frac{M(z)}{N(z)} \cdot \frac{z}{z-1} \tag{8.49}$$

将$\frac{C(z)}{z}$展开成部分分式：

$$\frac{C(z)}{z} = \frac{M(z)}{N(z)}\bigg|_{z=1} \cdot \frac{1}{z-1} + \sum_{j=1}^{n} \frac{\beta_j}{z-p_j}$$

假设分式无重极点，不失一般性，有

$$C(z) = \frac{Az}{z-1} + \sum_{j=1}^{n} \frac{\beta_j z}{z-p_j} \tag{8.50}$$

式中

$$A = \frac{M(z)}{N(z)}\bigg|_{z=1} = \frac{M(1)}{N(1)}, \quad \beta_j = \frac{M(z)}{N(z)} \cdot \frac{(z-p_j)}{z-1}\bigg|_{z=p_j}$$

进行逆 Z 变换，有

$$c(k) = c^*(t) = A \cdot 1(t) + \sum_{j=1}^{n} \beta_j p_j^k \tag{8.51}$$

根据 p_j 在单位圆的位置，可以确定 $c^*(t)$的动态响应形式。

(1) 单极点位于 z 平面实轴上。

① $p_j>1$，闭环极点位于 z 平面单位圆外的正实轴上，输出脉冲响应单调发散。

② $p_j=1$，闭环极点位于单位圆上，动态响应为等幅(常值)脉冲序列。

③ $0<p_j<1$，闭环极点位于单位圆正实轴，输出脉冲响应单调递减。

④ $-1<p_j<0$，闭环极点位于单位圆内负实轴，输出脉冲响应为正负交替递减脉冲序列，振荡周期为 T，振荡频率 $\omega_d=\omega_j/2$。

⑤ $p_j=-1$，输出脉冲响应为正负交替的等幅脉冲序列。

⑥ $p_j<-1$，输出脉冲响应为正负交替发散脉冲序列。

(2) 极点(共轭复数极点)位于 z 平面复平面上。

瞬态响应按振荡规律变化，振荡频率 $\omega_j=\theta_j/T$，即 ω_j 与一对共轭根的幅角 θ_j 有关，幅角越大，振荡频率越高。当 $\theta_j=\pi$ 时，共轭复根为负实轴上的一对极点，此时振荡频率最大，$\omega_j=\omega_s/2$。

① $|p_j|>1$，输出脉冲响应为振荡发散序列，$|p_j|$越大，发散越快。

② $|p_j|=1$，输出脉冲响应为等幅振荡脉冲序列。

③ $|p_j|<1$，输出脉冲响应为收敛振荡，$|p_j|$越小，收敛越快。

总之，极点越靠近原点，收敛越快；极点幅角越大，振荡频率越高；极点位置越左，幅角越大，振荡越剧烈，振幅频率增加。

如果极点在 z 平面原点上，即 $p_j=0$ 时，脉冲响应时间最短。在采样系统里，最短的时间间隔为一个采样周期，即 $p_j=0$ 对应的脉冲响应会在一个采样周期内结束。闭环极点分布与过渡分量的关系如图 8.19 所示。

综上所述，闭环脉冲传递函数的极点在 z 平面上的位置决定了相应暂态分量的性质与特点。当闭环极点位于单位圆内时，对应的暂态分量均为收敛的，系统稳定。当闭环极点位于单位圆上或单位圆外时，对应的暂态分量均不收敛，产生持续等幅或发散过程，系统不稳定。当闭环实极点位于 z 平面的左半单位圆内时，对应正负交替的衰减振荡过程，动态响应质量很差。当闭环复极点位于 z 平面的左半单位圆内时，对应的衰减振荡过程频率很高，动态响应性能欠佳。因此,为了使采样控制系统具有较满意的动态响应性能,闭环脉冲传递函数的极点最好分布在单位圆内的右半部,且尽量靠近 z 平面的坐标原点。

对于采样系统,也可通过计算输出信号的 Z 脉冲传递函数,得到输出序列,并绘制离散输出信号曲线。根据曲线的变化,分析系统的特性。以下例题是单位阶跃输入下典型采样系统输出响应特性分析。

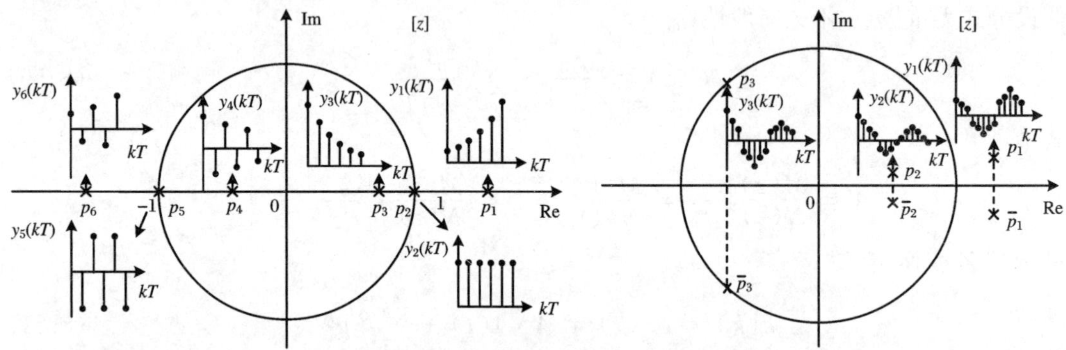

图 8.19　闭环极点分布与过渡分量的关系

例 8.20　采样控制系统如图 8.20 所示,输入信号 $r(t)=1(t)$,采样周期 $T=1$ s,增益 $k=1$。试分析系统动态性能。

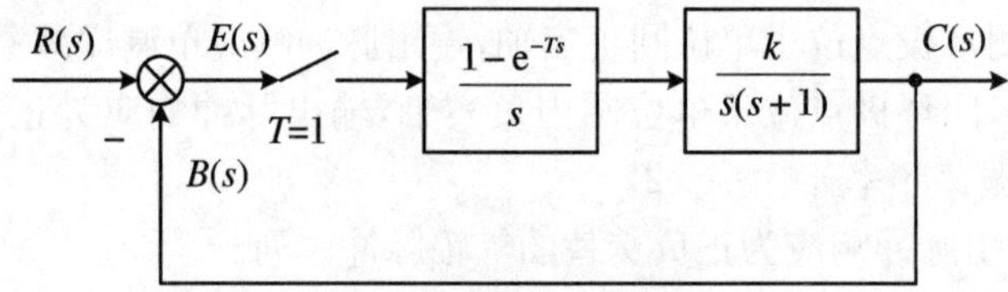

图 8.20　采样控制系统

解　当 $T=1,k=1$ 时,利用 Z 变换可求得系统的开环传递函数(见例 8.17)为

$$G(z)=\frac{0.368z+0.264}{(z-1)(z-0.368)}$$

系统的闭环脉冲传递函数为

$$\Phi(z)=\frac{C(z)}{R(z)}=\frac{G(z)}{1+G(z)}=\frac{0.368z+0.264}{z^2-z+0.632}$$

闭环特征根为 $0.5\pm j0.618$,在单位圆内,系统稳定。将 $R(z)=\frac{z}{z-1}$ 代入上式,得到单位阶跃响应序列相应的 Z 变换:

$$C(z)=\Phi(z)R(z)=\frac{0.368z^{-1}+0.264z^{-2}}{1-2z^{-1}+1.632z^{-2}-0.632z^{-3}}$$

利用长除法,将 $C(z)$ 展开成无穷次幂级数:

$$C(z)=0.368z^{-1}+z^{-2}+1.4z^{-3}+1.4z^{-3}+1.4z^{-4}+1.147z^{-5}+0.895z^{-6}+0.802z^{-7}+0.868z^{-8}+0.993z^{-9}+1.077z^{-10}+1.081z^{-11}+1.032z^{-12}+\cdots$$

基于 Z 变换定义,由上式求得系统在单位阶跃作用下的输出序列 $c(nT)$:

$c(0)=0$　　$c(T)=0.368$　　$c(2T)=1$　　$c(3T)=1.4$

$c(4T)=1.4$　　$c(5T)=1.147$　　$c(6T)=0.895$　　$c(7T)=0.802$

$c(8T)=0.868$　　$c(9T)=0.993$　　$c(10T)=1.077$　　$c(11T)=1.081$

$c(12T)=1.032$　　$\cdots$

根据上述 $c(nT)(n=1,2,3,\cdots)$，可以绘出离散系统的单位阶跃响应 $c^*(t)$，如图 8.21 所示。

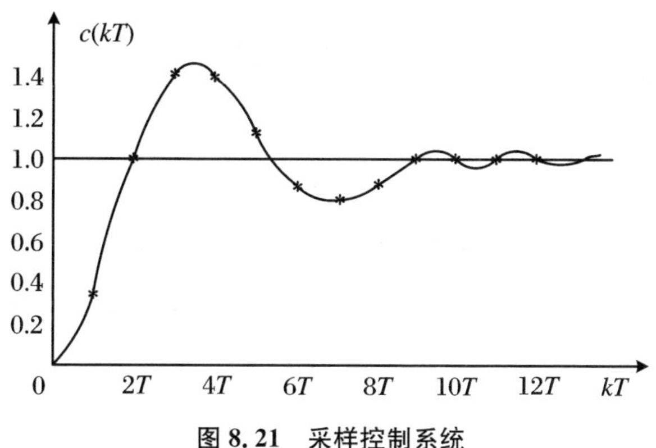

图 8.21　采样控制系统

由输出脉冲序列或图 8.21 可得系统近似的动态性能指标：上升时间 $t_r=2$ s，峰值时间 $t_p=4$ s，调节时间 $t_s=12$ s，超调量 $\sigma=40\%$。

8.6.4　稳态误差分析

连续系统的误差计算方法可适用于采样系统。采样系统中，误差信号是指采样时刻的误差，稳态误差是指系统到达稳态后的误差脉冲序列。由于采样系统没有唯一的典型结构图形式，故不能给出一般的误差脉冲传递函数 $\Phi_e(z)$ 的计算公式，其稳态误差需要针对不同形式的采样系统求取。这里仅介绍利用 Z 函数的终值定理，求取采样系统在采样瞬时的终值误差。

1. 稳态误差的计算

单位反馈误差采样系统如图 8.22 所示。

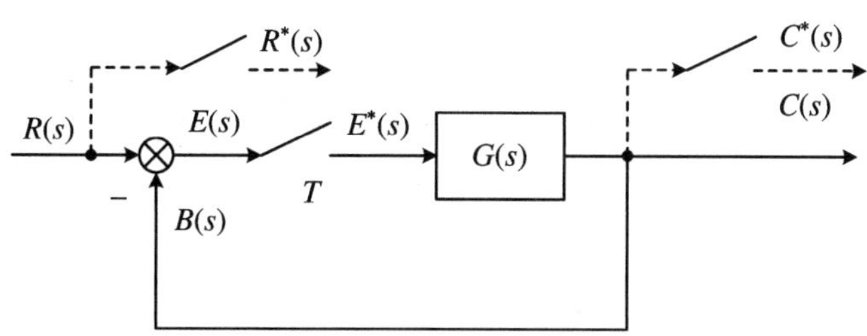

图 8.22　闭环采样控制系统

系统采样偏差信号的 Z 函数为

$$E(z)=R(z)-C(z)=[1-\Phi(z)]R(z)=\frac{1}{1+G(z)}R(z)$$

若采样系统稳定，即 $\Phi(z)$ 全部极点位于 z 平面单位圆内，且函数 $(z-1)E(z)$ 满足终值定理

应用的条件时,则可用 Z 变换终值定理求出采样瞬时终值误差:

$$e^*(\infty) = \lim_{n\to\infty} e(nT) = \lim_{z\to 1}(z-1)E(z) = \lim_{z\to 1}(z-1)\frac{R(z)}{1+G(z)}$$

由上式可见,采样系统稳态误差不但与系统本身结构和参数有关,与输入序列的形式即幅值有关,而且与采样周期 T 有关。($G(z)$与 T 有关,大多数 $R(z)$也与 T 有关。)

2. 典型输入信号作用下采样系统的稳态误差

由于典型输入信号的普遍性,以下将研究采样系统在三种典型输入信号作用下的稳态误差,以图 8.22 所示典型系统为研究对象研究其稳态性能。

(1) 单位阶跃输入 $r(t)=1(t)$

$$R(z) = \frac{z}{z-1}$$

$$e(\infty) = \lim_{z\to 1}(z-1)\frac{1}{1+G(z)}\frac{z}{z-1} = \lim_{z\to 1}\frac{z}{1+G(z)} = \frac{1}{1+\lim\limits_{z\to 1}G(z)}$$

与连续系统误差系数定义类似,定义 k_p 为系统的位置误差系数,则有

$$k_p = 1+\lim_{z\to 1}G(z) \tag{8.52}$$

那么稳态误差为

$$e(\infty) = \frac{1}{k_p} \tag{8.53}$$

当 $G(z)$具有一个及以上 $z=1$ 的极点时,系统在恒定输入作用下的稳态误差为 0,即

$$k_p = \infty,\quad e(\infty) = \frac{1}{k_p} = 0$$

(2) 单位斜坡输入 $r(t)=t\cdot 1(t)$

$$R(z) = \frac{Tz}{(z-1)^2}$$

$$e(\infty) = \lim_{z\to 1}(z-1)\frac{1}{1+G(z)}\frac{Tz}{(z-1)^2} = \lim_{z\to 1}\frac{T}{(z-1)G(z)} = \frac{T}{\lim\limits_{z\to 1}(z-1)G(z)}$$

定义 k_v 为系统的速度误差系数,则有

$$k_v = \lim_{z\to 1}\frac{1}{T}(z-1)G(z) \tag{8.54}$$

那么对应的稳态误差为

$$e(\infty) = \frac{1}{k_v} \tag{8.55}$$

可见系统采样瞬间的稳态误差与采样周期 T 有关,提高采样频率,即缩短采样周期,会降低采样误差。当 $G(z)$具有两个及以上 $z=1$ 的极点时,系统在恒定输入作用下的稳态误差为 0,即

$$k_v = \infty,\quad e(\infty) = \frac{1}{k_v} = 0$$

(3) 单位加速度输入 $r(t)=\frac{1}{2}t^2\cdot 1(t)$

$$R(z) = \frac{T^2 z(z+1)}{2(z-1)^3}$$

$$e(\infty) = \lim_{z\to 1}(z-1)\frac{1}{1+G(z)}\frac{T^2 z(z+1)}{2(z-1)^3} = \lim_{z\to 1}\frac{T^2}{(z-1)^2 G(z)} = \frac{T^2}{\lim\limits_{z\to 1}(z-1)^2 G(z)}$$

定义 k_a 为系统的加速度误差系数，则有

$$k_a = \lim_{z\to 1}\frac{1}{T^2}(z-1)^2 G(z) \tag{8.56}$$

对应的稳态误差

$$e(\infty) = \frac{1}{k_a} \tag{8.57}$$

这里系统采样瞬间的稳态误差与采样周期 T^2 有关，同样，提高采样频率，即缩短采样周期，会降低采样误差。当 $G(z)$具有三个及以上 $z=1$ 的极点时，系统在恒定输入作用下的稳态误差为 0，即

$$k_a = \infty,\quad e(\infty) = \frac{1}{k_a} = 0$$

从以上三种典型输入信号的稳态误差计算可以看出，与连续系统的稳态误差计算相比，除不同点在于采样系统的稳态误差计算与采样周期有关以外，采样系统的稳态误差计算与连续系统稳态误差的计算方式比较相似。$z=1$ 的极点个数与连续系统积分环节$\frac{1}{s}$的个数对应，因此也可类似地将采样系统 $z=1$ 的极点个数 v 定义为系统的无差度。$v=0$ 是有差系统，$v=1$ 是一阶无差系统，$v=2$ 是二阶无差系统。

根据以上的讨论，可将结果归纳为表 8.3。

表 8.3　典型信号输入下稳态误差的计算

$e(\infty)$	单位阶跃输入 $r(t)=1(t)$	单位速度输入 $r(t)=t\cdot 1(t)$	单位加速度输入 $r(t)=0.5t^2\cdot 1(t)$
$v=0$	$\frac{1}{k_p}$	∞	∞
$v=1$	0	$\frac{1}{k_v}$	∞
$v=2$	0	0	$\frac{1}{k_a}$

例 8.21　设采样系统如图 8.23 所示，采样周期 $T=0.2$ s，系统的输入信号

$$r(t) = 1 + t + 0.5t^2$$

试计算系统的稳态误差。

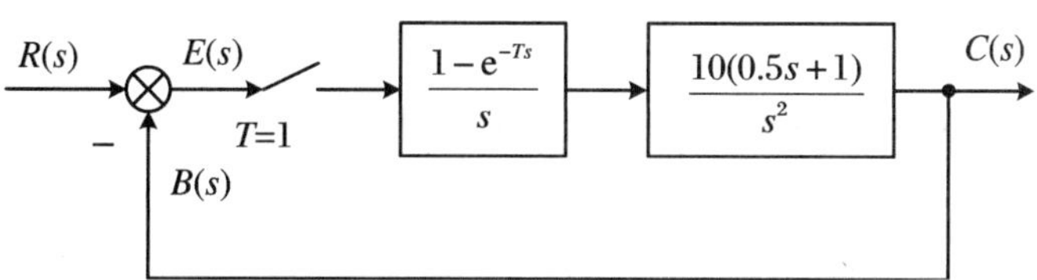

图 8.23　采样控制系统结构图

解　由图 8.23 可知，该系统为单位负反馈误差采样系统，而且连续环节中包含零阶保持器。在求其稳态误差时，可利用表 8.3 的结果，并分以下三步：

(1) 首先求得系统的开环传递函数 $G(z)$。

$$G(z) = Z\left[(1-e^{-Ts})\frac{10(0.5s+1)}{s^3}\right] = (1-z^{-1})Z\left[\frac{10}{s^3}+\frac{5}{s^2}\right]$$

查 Z 变换表，可得

$$G(z)=(1-z^{-1})\left[\frac{5T^2z(z+1)}{(z-1)^3}+\frac{5Tz}{(z-1)^2}\right]$$

将采样周期 $T=0.2\ \mathrm{s}$ 代入并化简得

$$G(z)=\frac{1.2z-0.8}{(z-1)^2}$$

(2) 判断闭环系统的稳定性。

系统的闭环特征方程为

$$D(z)=1+G(z)=0$$

展开得

$$(z-1)^2+1.2z-0.8=0$$

即

$$z^2-0.8z+0.2=0$$

易知该特征方程的两个特征根的模均小于1，故系统稳定。

(3) 求 $e(\infty)$。

可先求误差系数，因为

$$G(z)=\frac{1.2z-0.8}{(z-1)^2}$$

故系统 $v=2$，是二阶无差系统。那么 $k_{\mathrm{p}}=\infty$，$k_{\mathrm{v}}=\infty$，$k_{\mathrm{a}}=\lim\limits_{z\to 1}(z-1)^2G(z)/T^2=10$。由表8.3可知，$r(t)=1+t+0.5t^2$ 作用下的稳态误差为

$$e(\infty)=\frac{1}{k_{\mathrm{p}}}+\frac{1}{k_{\mathrm{v}}}+\frac{1}{k_{\mathrm{a}}}=0+0+\frac{1}{10}=0.1$$

8.7 采样系统的数字控制器设计

采样控制系统在某些性能指标不能满足技术要求时，必须对系统加以校正，设计校正装置即数字控制器使系统满足要求。在采样控制系统中，大部分数字控制器用计算机来实现。计算机可以完成较复杂的运算，只要改变计算程序就可以改变校正装置的形式和参数，使系统的性能得到极大的改善。本节主要介绍最少拍控制器设计和数字 PID 控制器设计。

8.7.1 最少拍采样控制系统的设计

最少拍系统，是在典型输入信号(例如单位阶跃信号、单位斜坡信号或单位加速度信号)作用下，系统输出能在几个采样周期(一个采样周期时间称为一拍)内结束过渡过程，并且稳态误差为零的系统。最少拍控制实际上是一种性能指标为系统的过渡过程时间最短的优化控制。

最少拍控制系统如图8.24所示，图中 $D(z)$ 是数字控制器，由计算机实现，$H_0(s)$ 是零阶保持器传递函数，$G(s)$ 是被控对象的传递函数。

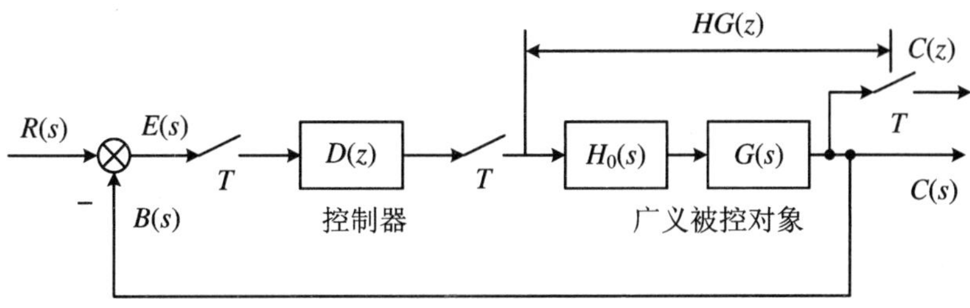

图 8.24　最少拍采样控制系统

零阶保持器和被控对象构成广义被控对象，离散化后的脉冲传递函数为 $H_0G(z)$，有

$$H_0G(z) = Z[H_0(s)G(s)] \tag{8.58}$$

它与数字控制器 $D(z)$串联在系统的前向通道上。系统闭环脉冲传递函数为

$$\Phi(z) = \frac{C(z)}{R(z)} = \frac{D(z)H_0G(z)}{1 + D(z)H_0G(z)} \tag{8.59}$$

那么由

$$E(z) = R(z) - C(z) = R(z) - \Phi(z)R(z)$$

可将误差脉冲传递函数写成

$$\Phi_e(z) = \frac{E(z)}{R(z)} = 1 - \Phi(z) = \frac{1}{1 + D(z)H_0G(z)} \tag{8.60}$$

故可得最少拍数字控制器 $D(z)$基于 $\Phi(z)$，$\Phi_e(z)$，$H_0G(z)$的表达式为

$$D(z) = \frac{\Phi(z)}{\Phi_e(z)H_0G(z)} \tag{8.61}$$

从 $D(z)$的表达式可以看出，$H_0G(z)$由被控对象的数学模型而确定，通过系统的动态性能指标和稳态性能指标去设定 $\Phi(z)$和相应的 $\Phi_e(z)$，这时即可得到对应的数字控制器 $D(z)$的脉冲传递函数的有理算式。

最小拍控制系统设计的目标就是使得系统的调节时间最短。根据性能指标的定义，系统的调节时间也就是系统的误差 $e(kT)$达到恒定值或趋向于零所运行的时间。而由 Z 变换定义，有

$$\begin{aligned} E(z) &= \sum_{k=0}^{\infty} e(kT)z^{-k} \\ &= e(0) + e(T)z^{-1} + e(2T)z^{-2} + \cdots + e(kT)z^{-k} + \cdots \end{aligned} \tag{8.62}$$

假设所设计的系统能使 $E(z) = 1 + 0.5z^{-1}$，其含义为该系统第二个周期以后误差均为零，即系统的调节时间为二拍(两个周期)。

一般情况下，最少拍系统就是要求系统在典型输入作用下，当 $k > N$ 时，$e(kT)$达到恒定值或趋向于零，N 为尽可能小的正整数。

以下考虑三种典型输入下最少拍系统的设计过程。

1．单位阶跃输入

输入信号 $r(t) = 1(t)$，其脉冲传递函数 $R(z) = \dfrac{1}{1 - z^{-1}}$，由式(8.60)可得

$$E(z) = \Phi_e(z)R(z) = \Phi_e(z)\frac{1}{1 - z^{-1}} \tag{8.63}$$

那么，只要选择 $\Phi_e(z) = (1 - z^{-1})\Psi(z^{-1})$，$\Psi(z^{-1})$是 z^{-1}的有限多项式，不含有$(1 - z^{-1})$

的因式，则 $E(z)$ 是有限多项式。最特殊的情况下可选择 $\Psi(z^{-1})=1$，不仅可以使数字调节器简单，阶数较低，而且还可以使 $E(z)$ 的项数较少，因而调节时间较短。当然，具体的选择还需要根据系统的其他因素确定。

若选择 $\Phi_e(z)=(1-z^{-1})$，那么

$$E(z)=\Phi_e(z)R(z)=\Phi_e(z)\frac{1}{1-z^{-1}}=(1-z^{-1})\frac{1}{1-z^{-1}}=1$$

$$D(z)=\frac{\Phi(z)}{\Phi_e(z)HG(z)}=\frac{z^{-1}}{(1-z^{-1})HG(z)}$$

$$C(z)=\Phi(z)R(z)=z^{-1}\frac{1}{1-z^{-1}}=z^{-1}+z^{-2}+z^{-3}+\cdots$$

误差及输出序列如图 8.25 所示。

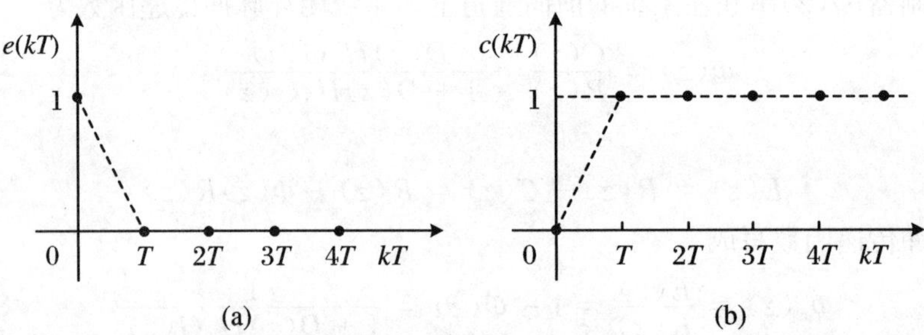

(a) (b)

图 8.25 单位阶跃输入时最少拍采样控制系统误差及输出序列

由图可以看出单位阶跃输入时，最少拍系统的调节时间 $t_s=T$，即一拍完成调节。

2. 单位速度输入

输入信号 $r(kT)=kT$，其脉冲传递函数 $R(z)=\frac{Tz^{-1}}{(1-z^{-1})^2}$，由式(8.60)可得

$$E(z)=\Phi_e(z)R(z)=\Phi_e(z)\frac{Tz^{-1}}{(1-z^{-1})^2}\tag{8.64}$$

选择 $\Phi_e(z)=(1-z^{-1})^2$，那么

$$E(z)=\Phi_e(z)R(z)=\Phi_e(z)\frac{Tz^{-1}}{(1-z^{-1})^2}=(1-z^{-1})^2\frac{Tz^{-1}}{(1-z^{-1})^2}=Tz^{-1}$$

$$D(z)=\frac{\Phi(z)}{\Phi_e(z)HG(z)}=\frac{2z^{-1}-z^{-2}}{(1-z^{-1})^2HG(z)}$$

$$C(z)=\Phi(z)R(z)=(2z^{-1}-z^{-2})\frac{Tz^{-1}}{(1-z^{-1})^2}=2Tz^{-2}+3Tz^{-3}+4Tz^{-4}+\cdots$$

误差及输出序列如图 8.26 所示。

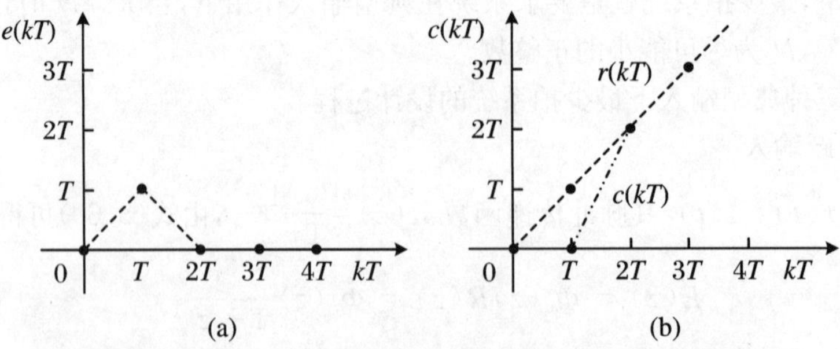

(a) (b)

图 8.26 单位速度输入时最少拍采样控制系统误差及输出序列

由图可以看出单位速度输入时，最少拍系统的调节时间 $t_s=2T$，即二拍完成调节。

3. 单位加速度输入

同理，我们可以绘制出单位加速度输入时，最少拍系统的误差及输出序列的动态响应曲线(图 8.27)，其调节时间 $t_s=3T$。

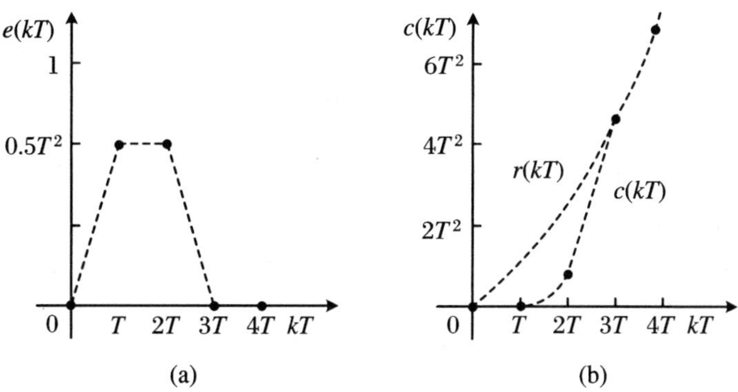

图 8.27　单位加速度输入时最少拍采样控制系统误差及输出序列

对于三种典型输入，最少拍系统的调节时间 t_s 分别为 $T,2T,3T$。也就是说，最少拍系统分别经过一拍、二拍和三拍达到稳定状态。

例 8.22　设有限拍系统如图 8.24 所示，被控对象传递函数 $G(s)=\dfrac{10}{s(0.1s+1)}$，零阶保持器的传递函数 $H(s)=\dfrac{1-\mathrm{e}^{-sT}}{s}$，采样周期 $T=0.1$ s。试设计单位速度输入时最少拍系统。

解　连续部分开环传递函数为

$$G(s)H(s)=\frac{1-\mathrm{e}^{-Ts}}{s}\cdot\frac{10}{s(0.1s+1)}$$

那么

$$\begin{aligned}HG(z)&=(1-z^{-1})Z\left[\frac{10}{s^2(0.1s+1)}\right]=(1-z^{-1})Z\left[\frac{100}{s^2(s+10)}\right]\\&=\frac{10(z-1)}{z}Z\left[\frac{1}{s^2}-\frac{0.1}{s}+\frac{0.1}{s+10}\right]\\&=\frac{(10T-1+\mathrm{e}^{-10T})z+(1-\mathrm{e}^{-10T}-10T\mathrm{e}^{-10T})}{(z-1)(z-\mathrm{e}^{-10T})}\end{aligned}$$

当 $T=0.1$ 时

$$HG(z)=\frac{\mathrm{e}^{-1}z+(1-2\mathrm{e}^{-1})}{(z-1)(z-\mathrm{e}^{-1})}=\frac{0.368z+0.264}{z^2-1.368z+0.368}$$

单位速度输入时，选择 $\Phi_e(z)=(1-z^{-1})^2$，则

$$D(z)=\frac{\Phi(z)}{\Phi_e(z)HG(z)}=\frac{2z^{-1}-z^{-2}}{(1-z^{-1})^2HG(z)}=\frac{5.435(1-0.5z^{-1})(1-0.368z^{-1})}{(1-z^{-1})(1+0.717z^{-1})}$$

最少拍系统的闭环脉冲传递函数为

$$\Phi(z)=1-\Phi_e(z)=2z^{-1}-z^{-2}$$

最少拍系统单位速度输入时，输出序列为

$$C(z)=\Phi(z)R(z)=(2z^{-1}-z^{-2})\frac{Tz^{-1}}{(1-z^{-1})^2}$$

$$= 2Tz^{-2} + 3Tz^{-3} + 4Tz^{-4} + \cdots$$

上式表明最少拍系统的调节时间 $t_s = 2T$,即二拍达到稳态误差为零。

在设计最少拍控制器时,应考虑到 $D(z)$的可实现性要求,因此按响应过程在尽可能少拍内结束的要求选取闭环脉冲传递函数 $\Phi_e(z)$及 $\Phi(z)$。其选择有限制条件,它们是:

① $D(z)$必须是可实现的,$D(z)$不包含单位圆上($z=1$除外)或单位圆外极点,$D(z)$不包含超前环节。

② 选择 $\Phi_e(z)$时,不仅要考虑到输入信号的形式,而且要把开环脉冲传递函数 $HG(z)$的单位圆上($z=1$除外)或单位圆外的极点作为 $\Phi_e(z)$的零点。

③ 为使数字控制器脉冲传递函数 $D(z)$在物理上可实现,当开环脉冲传递函数 $HG(z)$含有 $z-1$ 的因子时,要求闭环脉冲传递函数 $\Phi(z)$也含有 $z-1$ 的因子。又考虑到对于单位反馈线性离散系统来说,$\Phi(z)=1-\Phi_e(z)$,所以闭环脉冲传递函数 $\Phi_e(z)$应为包含常数项等于1的 $z-1$ 的多项式。

最少拍系统的设计方案比较简便,系统结构也比较简单,是一种时间最优系统,但在实际应用中存在一定的局限性。首先,最少拍系统对输入信号要求苛刻。其次,它对系统模型参数变化敏感,被控系统模型和参数一旦产生变化,控制器性能无法预料,甚至不稳定。这些对于现场控制器设计来讲都是极为不利的。

8.7.2 数字 PID 控制器

在大多数控制工程中,PID 控制器得到了最广泛的应用。采样控制系统常使用数字 PID 控制器。由计算机实现的数字 PID 控制不仅可以便捷地将模拟 PID 控制规律离散化,而且可以进一步利用计算机的逻辑判断与计算功能,开发出多种不同形式的 PID 控制算法,使得 PID 控制的功能和适用性更强,更能满足各种各样应用场合的控制要求。

1. 模拟 PID 控制规律的离散化

在连续控制系统中,PID 控制规律的一般形式为

$$u(t) = k_p\left[e(t) + \frac{1}{T_i}\int_0^t e(t)\mathrm{d}t + T_d\frac{\mathrm{d}e(t)}{\mathrm{d}t}\right] \tag{8.65}$$

其对应的拉氏变换为

$$U(s) = k_p\left[E(s) + \frac{1}{T_i}\frac{E(s)}{s} + T_d sE(s)\right] \tag{8.66}$$

也可写成传递函数形式:

$$D(s) = \frac{U(s)}{E(s)} = k_p + \frac{k_p}{T_i}\frac{1}{s} + k_p T_d s$$

式中,k_p 为比例增益,T_i 为积分时间常数,T_d 为微分时间常数;也有资料定义 k_p 为比例系数,$k_i = \dfrac{k_p}{T_i}$为积分系数,$k_d = k_p T_d$ 为微分系数。$U(s)$为控制器的输出信号。

将式(8.65)进行离散化,令

$$u(t) \approx u(kT)$$
$$e(t) \approx e(kT)$$
$$\int_0^t e(t)\mathrm{d}t \approx T\sum_{j=0}^{k} e(jT)$$

$$\frac{\mathrm{d}e(t)}{\mathrm{d}t} \approx \frac{e(kT) - e(KT - T)}{T}$$

则可得数字 PID 控制算法：

$$u(kT) = k_p\left\{e(kT) + \frac{T}{T_i}\sum_{j=0}^{k} e(kT) + \frac{T_d}{T}[e(kT) - e(kT - T)]\right\} \tag{8.67}$$

式中，T 为采样周期。

式(8.67)的数字 PID 控制算法表明，在数字控制器中，根据控制器输入信号的采样值计算控制器的输出信号 $u(kT)$，它对应被控对象执行机构在采样时刻应达到的位置，故称为位置式 PID 控制算法。

式(8.67)的控制算法中包含数字积分项，需要存储过去的全部输入信号，计算量大，所以在应用中，通常将其改为增量式算法形式。由式(8.67)可以导出增量式 PID 控制算法：

$$\begin{aligned}\Delta u(kT) &= u(kT) - u(kT - T)\\ &= k_p\left\{e(kT) - e(kT - T) + \frac{T}{T_i}e(kT) + \frac{T_d}{T}[e(kT) - 2e(kT - T) + e(kT - 2T)]\right\}\end{aligned} \tag{8.68}$$

在许多情况下，执行机构本身具有累加或记忆功能，如步进电动机就具有保持前一时刻位置的功能。只要控制器给出一个增量信号，就可以使执行机构在原来位置的基础上前进或后退若干步，达到新的位置，这时就需要采用式(8.68)的增量式 PID 控制算法。

在工业过程控制的实际应用中，位置式控制算法输出的是执行机构的位置，而增量式控制算法输出的是执行机构位置的改变量。两种控制算法无根本差别，只是形式不同而已，对系统的控制，二者完全相同。在手动和自动切换时，由于执行机构具有保持作用，增量式控制算法更易于实现控制系统的无冲击切换。一旦计算机出现故障，使控制信号 $u(kT)$ 为零时，执行机构的位置仍能保持前一步的位置 $u(kT - T)$，系统工作安全性好。因此，增量式控制算法较位置式控制算法应用更为广泛。

2. 数字 PID 控制的 Z 脉冲传递函数

由 Z 变换的滞后定理，即

$$Z[e(kT - T)] = z^{-1}E(z)$$

和 Z 变换的线性叠加定理，即

$$Z\left[\sum_{j=0}^{k} e(jT)\right] = \frac{E(z)}{1 - z^{-1}}$$

可得式(8.67)的 Z 变换式为

$$U(z) = k_p\left[E(z) + \frac{T}{T_i}\frac{E(z)}{1 - z^{-1}} + \frac{T_d}{T}(1 - z^{-1})E(z)\right] \tag{8.69}$$

PID 数字调节器的 Z 脉冲传递函数为

$$\begin{aligned}D(z) = \frac{U(z)}{E(z)} &= k_p + k_p\frac{T}{T_i}\frac{1}{1 - z^{-1}} + k_p\frac{T_d}{T}(1 - z^{-1})\\ &= k_p + k_i\frac{1}{1 - z^{-1}} + k_d(1 - z^{-1})\end{aligned} \tag{8.70}$$

式中，k_p 为比例系数；$k_i = k_p\dfrac{T}{T_i}$为积分系数，T 为采样周期；$k_d = k_p\dfrac{T_d}{T}$为微分系数。

三个环节 k_p，$k_i\dfrac{1}{(1 - z^{-1})}$，$k_d(1 - z^{-1})$又分别称为比例控制器、积分控制器和微分控

制器。

3. 数字 PID 控制的比例、积分和微分作用

PID 控制中，比例控制是根据系统的误差调节控制量，加大比例系数 k_p 将会减小系统的稳态误差，提高系统的动态响应速度，以下将举例说明。

例 8.23 PID 控制系统如图 8.28 所示，采样周期 $T=0.5\,\mathrm{s}$，$D(z)=k_p$ 是比例控制器，$H_0(s)=\dfrac{1-\mathrm{e}^{-Ts}}{s}$，$G(s)=\dfrac{2}{s+2}$。试分析比例系数 k_p 的变化对系统性能的影响。

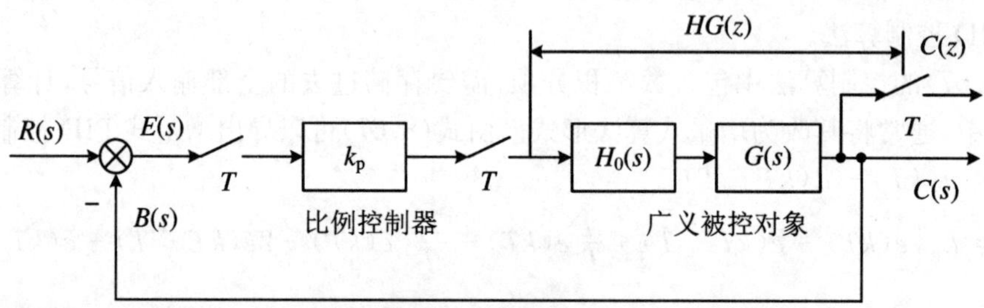

图 8.28 比例控制系统

解 系统广义对象的 Z 传递函数为

$$H_0G(z)=(1-z^{-1})Z\left[\frac{2}{s(s+2)}\right]=(1-z^{-1})Z\left[\frac{1}{s}-\frac{1}{s+2}\right]$$

$$=(1-z^{-1})\left(\frac{z}{z-1}-\frac{z}{z-\mathrm{e}^{-2T}}\right)$$

当 $T=0.5$ 时

$$H_0G(z)=\frac{1-\mathrm{e}^{-1}}{z-\mathrm{e}^{-1}}=\frac{0.632}{z-0.368}$$

系统闭环 Z 传递函数为

$$\Phi(z)=\frac{C(z)}{R(z)}=\frac{D(z)HG(z)}{1+D(z)HG(z)}=\frac{0.632k_p}{z-0.368+0.632k_p}$$

当 $k_p=1.5$ 时，输入为单位阶跃信号时，系统的输出为

$$C(z)=\frac{0.948}{z+0.58}\cdot\frac{z}{z-1}=\frac{0.948z}{z^2-0.42z-0.58}$$

利用逆 Z 变换可求出输出序列 $c(kT)$，其输出动态曲线如图 8.29 所示。

当系统输入为单位阶跃信号时，输出量的稳态值

$$c(\infty)=\lim_{z\to1}(z-1)\,\Phi(z)R(z)$$

$$=\lim_{z\to1}\frac{0.632k_pz}{z-0.368+0.632k_p}=\frac{0.632k_p}{0.632+0.632k_p}$$

当 $k_p=1$ 时，$c(\infty)=0.5$，稳态误差 $e_{ss}=0.5$；

当 $k_p=1.5$ 时，$c(\infty)=0.6$，稳态误差 $e_{ss}=0.4$；

当 $k_p=2$ 时，$c(\infty)=0.667$，稳态误差 $e_{ss}=0.333$。

由此可见，当 k_p 增大时，系统的稳态误差减小。

PID 控制中，积分控制是根据系统的误差的累积调节控制量，可用来消除系统的稳态误差，使稳态误差趋于零，提高系统的稳态精度。

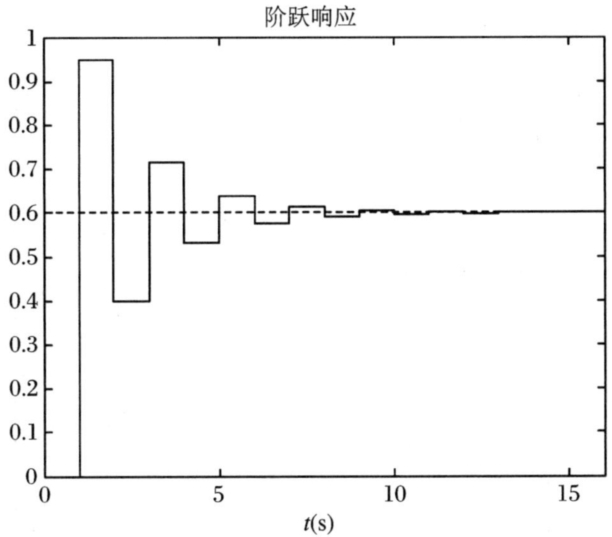

图 8.29　比例控制系统动态响应曲线

例 8.24　PID 控制系统如图 8.30 所示，采样周期 $T=0.5\ \mathrm{s}$，比例积分控制器为$D(z)=k_p+k_i\dfrac{1}{1-z^{-1}}$，$H_0(s)=\dfrac{1-e^{-Ts}}{s}$，$G(s)=\dfrac{2}{s+2}$。试分析积分控制器对系统稳态性能的影响。

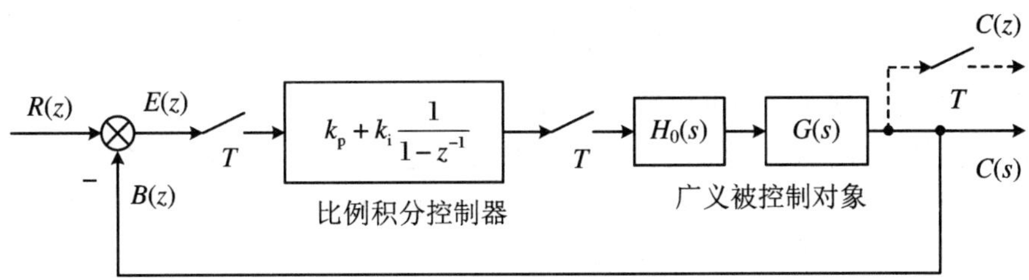

图 8.30　比例积分控制系统

解　系统广义对象的 Z 传递函数为

$$H_0G(z)=\frac{0.632}{z-0.368}$$

系统开环 Z 传递函数为

$$G_o(z)=D(z)H_0G(z)=\left(k_p+\frac{k_i}{1-z^{-1}}\right)\frac{0.632}{z-0.368}$$

$$=\left(k_p+\frac{k_i}{1-z^{-1}}\right)\frac{0.632}{z-0.368}=\frac{0.632(k_p+k_i)\left(z-\dfrac{k_p}{k_p+k_i}\right)}{(z-1)(z-0.368)}$$

系统闭环 Z 传递函数为

$$\Phi(z)=\frac{C(z)}{R(z)}=\frac{D(z)H_0G(z)}{1+D(z)H_0G(z)}$$

$$=\frac{0.632(k_p+k_i)\left(z-\dfrac{k_p}{k_p+k_i}\right)}{(z-1)(z-0.368)+0.632(k_p+k_i)\left(z-\dfrac{k_p}{k_p+k_i}\right)}$$

当系统输入为单位阶跃信号时,输出量的稳态值为

$$c(\infty) = \lim_{z \to 1}(z-1)\Phi(z)R(z) = 1$$

系统的输出响应如图 8.31 所示。系统的稳态误差为零,可见积分控制器的作用是消除了系统稳态误差,提高了控制精度。

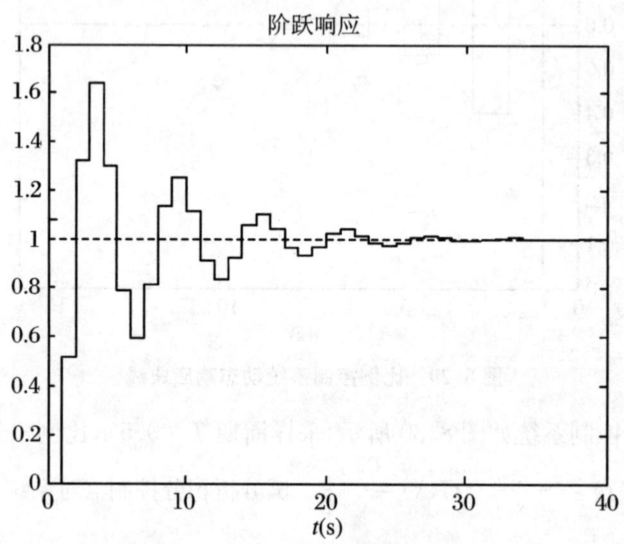

图 8.31　比例积分控制系统输出响应

比例和积分控制规律已经可以解决多数系统控制问题,而微分作用应用于某些被控对象则可以改善系统输出的动态特性。如水管水温快速变化,人们会根据水温的变化调节热水龙头:水温升高,热水龙头向关闭方向变化,升温越快,关闭越多;水温降低,热水龙头向开启方向变化,降温越快,开启越多。这就是所谓的微分控制规律。由于控制量和实际测量值的变化率成正比,微分控制的重点不在实际测量值的具体数值,而在其变化方向和变化速度。微分控制在理论上和实际中有很大的优越性,但局限也是明显的。如果测量信号不是很"干净",时不时有那么一点不大不小的"毛刺"或扰动,微分控制就会被这些风吹草动搞得方寸大乱,产生很多不必要甚至错误的控制信号。因此,工业上对微分控制的使用是很谨慎的。PID 控制中,微分控制是根据系统误差的变化率调节控制量,可用来预测偏差,产生超前控制,改善系统的动态品质,详细讨论参见有关计算机控制系统理论的书籍。

除了以上介绍的数字 PID 控制算法,还有积分分离 PID 控制算法、带死区的 PID 控制算法、专家 PID 控制算法、自适应 PID 控制算法、神经网络 PID 控制算法、智能 PID 控制算法等。根据不同被控对象的要求,选用适合被控对象特性的 PID 控制算法,这样可在某种程度上改善控制系统的品质。

随着计算机和微电子技术的迅速发展,各种数字控制器被用于高度现代化的工业生产控制系统中。可以这样说,目前所有的控制系统都是基于计算机控制来实现的。

8.8　基于 MATLAB 的采样控制系统分析

MATLAB 软件提供了采样控制系统的各种分析功能。与可用于连续系统的函数相对应，MATLAB 软件中还提供了用于离散系统分析的函数。对于采样系统，利用理论方法进行分析和设计是比较复杂的，但在 MATLAB 平台下，连续系统与离散系统的模型转换、采样系统闭环极点计算和闭环系统的动态响应及稳态性能分析等工作，均可使用 M 文件编程或运行 Simulink 进行图形化仿真分析，使之更加形象和直观。

例 8.25　已知系统的传递函数为 $G(s)=\dfrac{s-1}{s^2+4s+5}$，输入延时 $T_d=0.35$ s，采用一阶保持器，采样周期 $T=0.1$ s。试在 MATLAB 环境下对系统进行离散化。

解　输入下述命令并运行，结果如图 8.32 所示。

```
H = tf([1 - 1],[1 4 5],'td',0.35);   Hd = c2d(H,0.1,'foh')
                   0.0115z^3 + 0.0456z^2 - 0.0562z - 0.009104
Transfer function: ------------------------------------------
                         z^6 - 1.629z^5 + 0.6703z^4
Sampling time:  0.1
step(H,'-',Hd,'--')
```

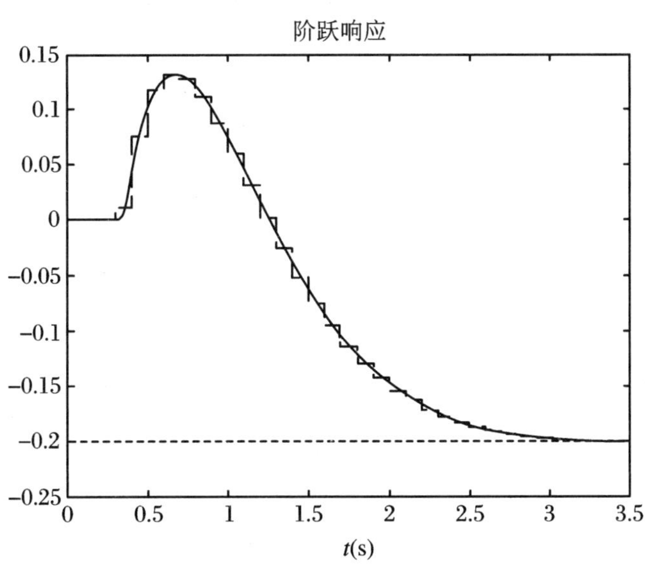

图 8.32　例 8.25 系统在连续和离散情况下的单位阶跃响应

例 8.26　已知采样系统的脉冲传递函数为

$$\frac{C(z)}{R(z)}=\frac{1.638}{z^3+1.2z^2+0.47z+0.06}$$

采样周期 $T=1$ s。求单位阶跃响应。

解　在 MATLAB 平台下输入命令：

```
num=[1  0.2];
den=[1  1.2  0.47  0.06];
dstep(num,den)
```

运行后得到如图 8.33 所示的响应曲线,系统振荡频率较高,20 s 后稳定在 0.6,稳态误差为 40%。

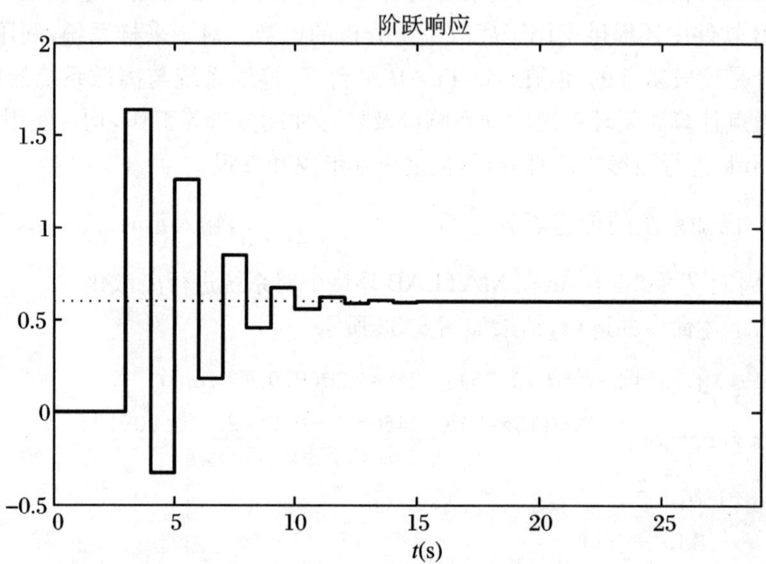

图 8.33　例 8.26 系统的单位阶跃响应

例 8.27　已知单位负反馈系统的开环传递函数为 $G(s)=\dfrac{k}{s(s+2)}$,若原系统是连续系统,根据连续系统的稳定性判别,只要 $k>0$,系统即稳定。但对如图 8.34 所示采样控制系统,这种特性还能保持吗?试分析采样周期 T 变化对控制系统稳定性的影响。

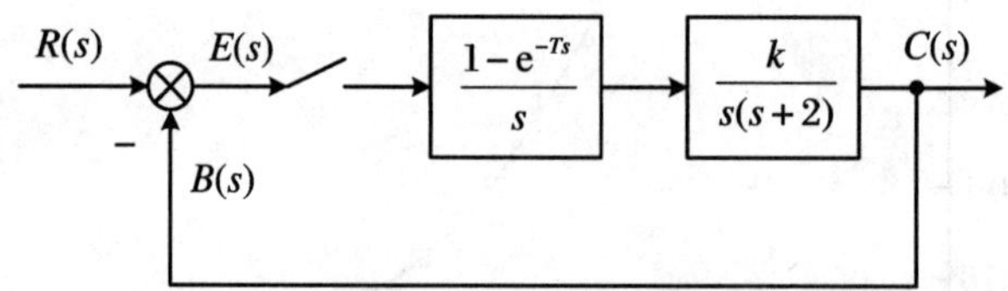

图 8.34　带零阶保持器的采样控制系统

解　不妨取 $k=5$,用 MATLAB 绘制当 $T=0.2$ s,$T=1.0$ s,$T=1.5$ s 时的动态响应曲线,如图 8.35 所示。从响应曲线可以看出,随周期 T 的增大,系统由稳定变为不稳定。

```
num=[5]; den=[1 2 0];
T=0.2 1.0 1.5
[numZ,denZ]=c2dm(num,den,T,'zoh');
printsys(numZ,denZ,'z')
[nume,dene]=cloop(numZ,denZ);
printsys(nume,dene,'z')
dstep(nume,dene)
```

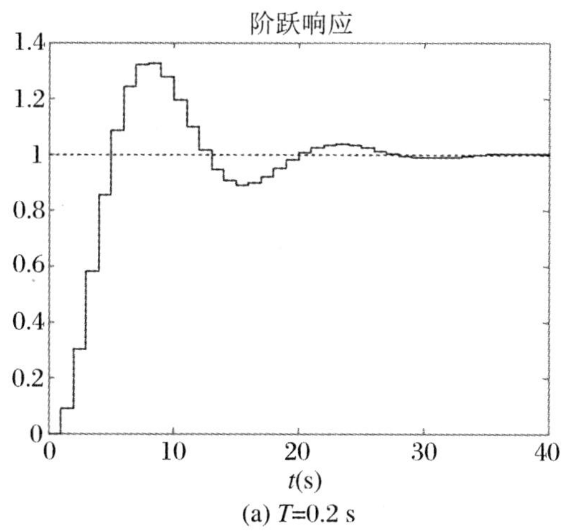

(a) T=0.2 s

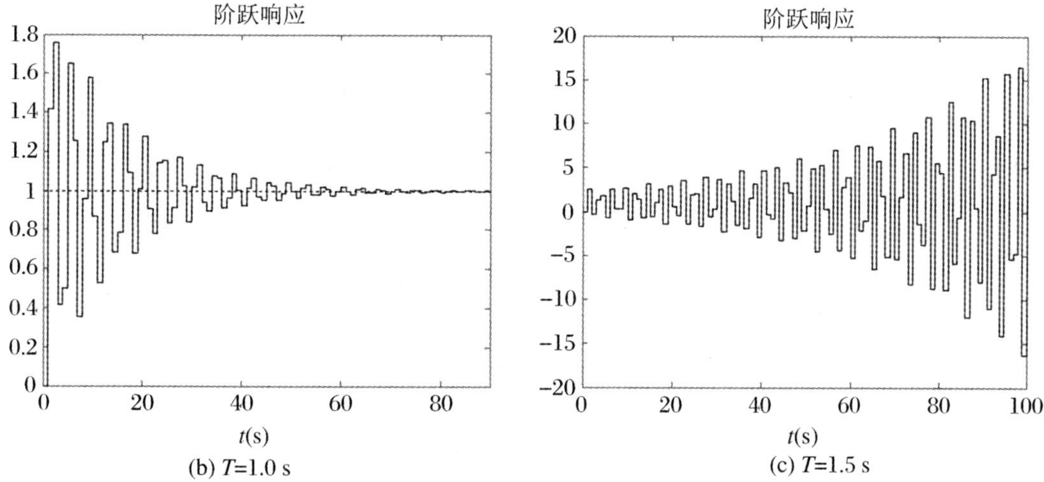

(b) T=1.0 s　　(c) T=1.5 s

图 8.35　例 8.27 系统在不同 T 值下的单位阶跃响应

例 8.28　已知采样控制系统如图 8.36 所示，采样周期 $T=0.5$ s。试分析增益 k 的变化对控制系统动态特性的影响。

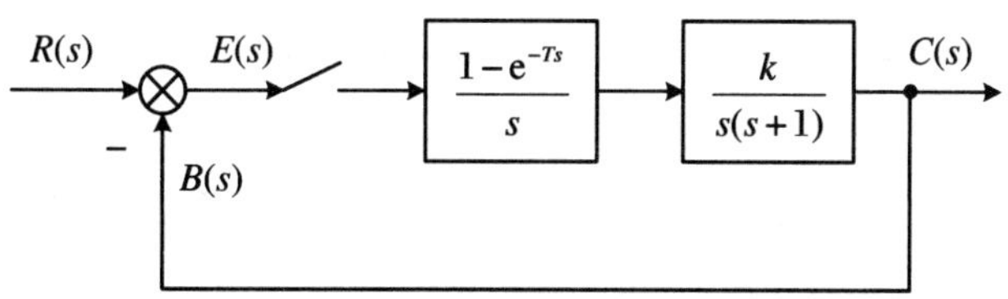

图 8.36　带零阶保持器的采样控制系统

解　绘制出离散系统的单位阶跃响应如图 8.37 所示。比较图 8.37(a)～(d)可以看出：当 $k=0.5$ 时，系统的超调量较小($\sigma\approx10\%$)，但上升时间较长($t_r\approx8T$)。当 $k=1.0$ 时，系统的超调量有所增大($\sigma\approx30\%$)，但上升时间缩短($t_r\approx5T$)。当 $k=2.0$ 时，系统的超调量继续增大($\sigma\approx55\%$)，虽然上升时间缩短($t_r\approx3T$)，但由于系统振荡加剧，动态品质变差，相应系统的调节时间也加长。如果继续增大增益，当 k 达到 4.362 时，系统出现等幅振荡状态，属临界稳定，若继续增大 k，系统将不稳定。

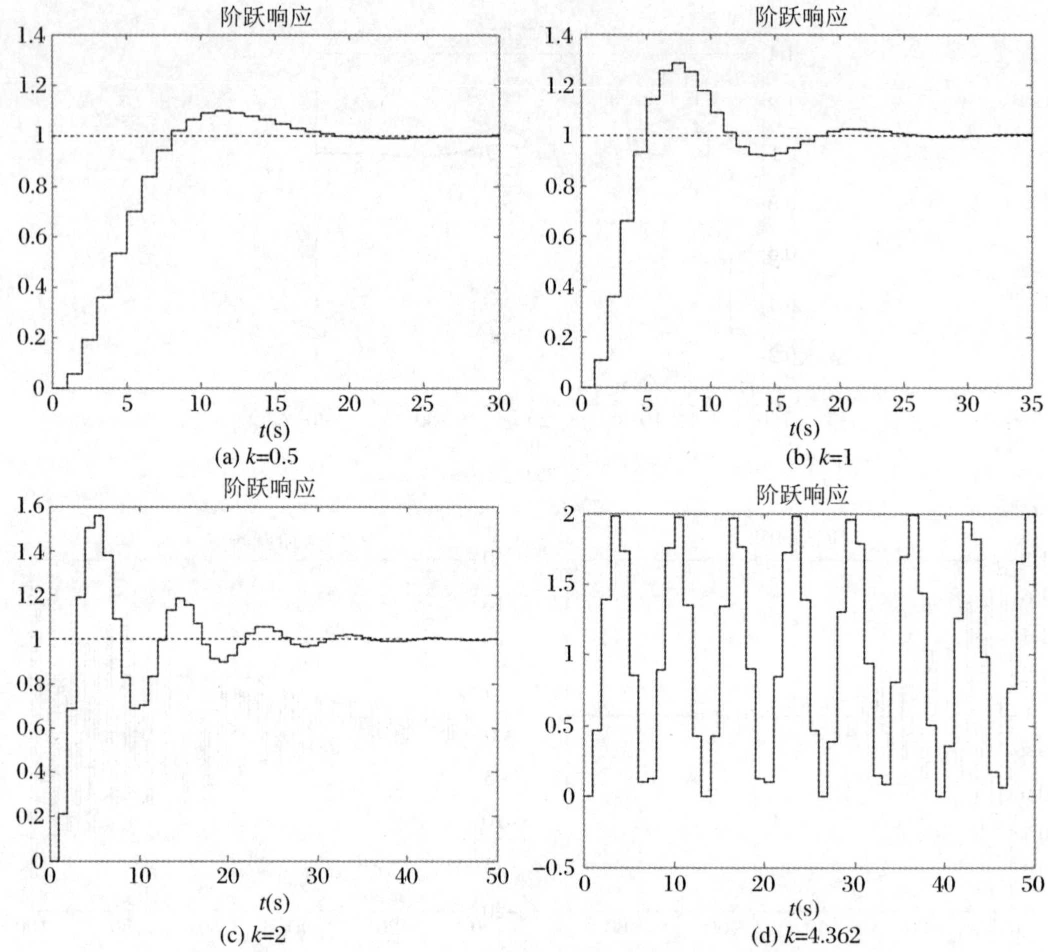

阶跃响应

(a) k=0.5

阶跃响应

(b) k=1

阶跃响应

(c) k=2

阶跃响应

(d) k=4.362

图 8.37　例 8.28 系统在不同 k 值下的单位阶跃响应

例 8.29　所给离散系统的 Simulink 仿真模型如图 8.38 所示。在仿真模型中设置离散传递函数和零阶保持器的采样时间为 0.1 s,运行仿真模型就能获得系统的单位阶跃响应。打开 scope 模块,可以观察到运行结果。图 8.38 所示仿真模型又将运行结果送入了 MATLAB 工作空间,输入绘图命令 plot(t,y),即可得响应曲线如图 8.39 所示。

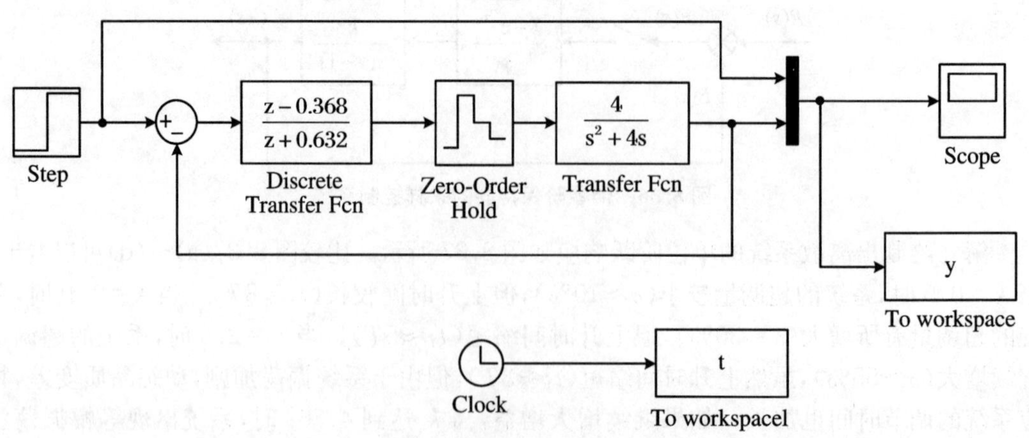

图 8.38　例 8.29 系统的 Simulink 仿真模型

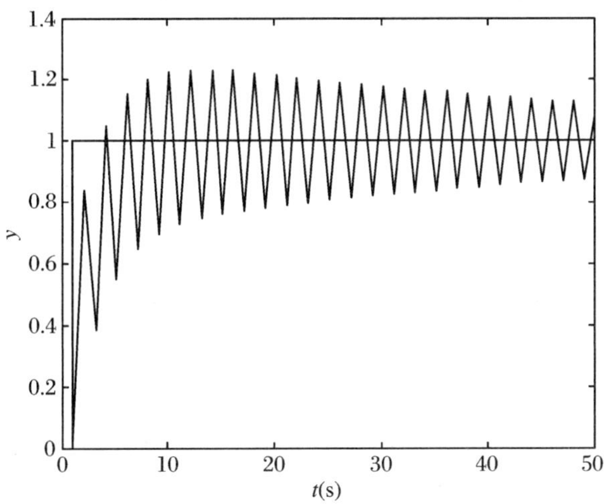

图 8.39　例 8.29 系统的单位阶跃响应

例 8.30　已知采样系统的开环脉冲传递函数为

$$\Phi(z) = \frac{C(z)}{R(z)} = \frac{2z^2 - 3.3z + 1.2}{z^2 - 1.8z + 0.82}$$

试绘制系统的根轨迹。

解　输入下列命令：

```
num=[2 -3.3 1.2];
den=[1 -1.8 0.82];
axis('square')
zgrid('new')
rlocus(num,den);
title('Root-Locus')
```

程序运行后得到如图 8.40 所示的根轨迹。

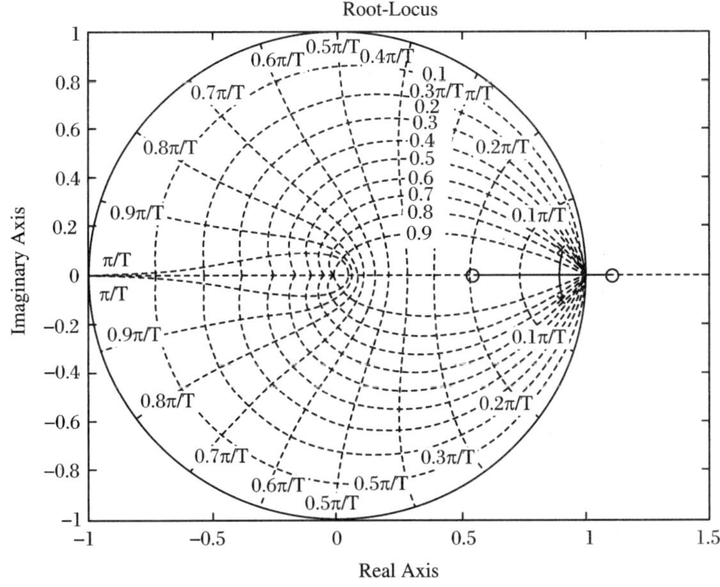

图 8.40　例 8.30 系统的根轨迹

小　结

(1) 自动控制有很强的应用背景,随着计算机控制系统越来越普及,采样控制的研究更加深入。为了实现计算机控制算法,我们将连续信号经采样变成离散信号。为了使离散信号不失真地保留原有连续信号的全部信息,采样频率必须满足香农采样定理。

(2) 数字控制器输出的离散信号用于控制对象时,一般情况下需要将离散信号恢复成连续信号,实践中常用零阶保持器实现这种信号的恢复。

(3) 差分方程与脉冲传递函数都是离散系统的数学模型,Z 变换是研究离散系统的有力工具。借助基于 Z 变换而建立的脉冲传递函数,可以很方便地在 z 域中对离散系统进行分析。在计算机控制系统设计中,用差分方程描述的算法软件编程实现更加容易,因而应用得更为广泛。

(4) 对离散系统的性能要求仍然在两个方面:稳态性能和动态性能,即系统的稳定性、稳态误差和上升时间、超调量、振荡频率、调节时间等。

在 z 域中直接判断系统的稳定性,对二阶以下的系统可采用求解特征方程根的办法,对于高阶系统,为了避免解高阶特征方程,可根据特征方程的系数来判断系统的稳定性。为了能用劳斯稳定判据判断离散系统的稳定性,要用双线性变换,将 z 域中的特征方程变为 w 域中的特征方程,即

$$1 + G(w) = 0$$

一旦获得了 w 域中的特征方程,不仅在 w 域可用劳斯判据来判断离散系统的稳定性,而且对连续系统中的频域分析法稍加修改,也可推广用于分析与综合离散系统。

研究离散系统在采样点上的稳态误差,可用 Z 变换终值定理获得终值稳态误差(它是一个具体的误差数值),也可用动态误差系数(由误差脉冲传递函数获得)法获得稳态误差函数,该函数是从 $t = t_0$ 时刻开始计时的。

离散系统闭环脉冲传递函数的极点在 z 平面上的分布以及与单位圆的关系,对系统的动态性能有很大影响。对系统动态性能的估计,可用离散系统的时域响应进行近似计算。

(5) 对离散系统进行动态校正,现在主要采用数字校正装置,并用数字计算机来实现。在设计数字校正装置的脉冲传递函数 $D_c(z)$时,对离散系统性能指标的提法可分为两类:第一类是沿用线性连续系统有关性能指标的提法,第二类是最少拍系统性能指标的提法。最少拍系统设计的目标是让调节时间尽可能短,与输入信号的形式、广义对象的 Z 传递函数以及对输出纹波的要求有关。为了设计出稳定、可实现的最少拍控制器,需要综合多方面的因素。

比例-积分-微分控制规律是工业上最常用的控制规律。人们一般根据比例-积分-微分的英文缩写,将其简称为 PID 控制。即使在更为先进的控制规律广泛应用的今天,各种形式的 PID 控制仍然在所有控制回路中占 85%以上。

(6) 应用 MATLAB 软件,可以很方便地对离散系统进行分析和设计。

习　　题

8.1　已知连续信号的函数 $x(t)$，采样器的采样周期为 $T=1\,\text{s}$，求采样后输出的离散序列信号 $x^*(t)$的前 4 项。

(1) $x(t)=1-t+0.5t^2$；　(2) $x(t)=1-\cos(0.168t)$；　(3) $x(t)=1+t+te^{-at}$。

8.2　已知连续信号的函数 $x(t)$，求采样后输出的离散序列信号的 Z 变换 $X(z)$。

(1) $x(t)=1-e^{-at}$；　(2) $x(t)=\cos\omega t$；　(3) $x(t)=te^{-at}$；　(4) $x(t)=t-T$。

8.3　求下列函数的 Z 变换。

(1) $G(s)=\dfrac{s+3}{(s+1)(s+2)}$；　(2) $G(s)=\dfrac{\omega}{s^2+\omega^2}$；　(3) $G(s)=\dfrac{1}{s^2(s+a)}$。

8.4　求下列各式的逆 Z 变换，式中 a 为常数，T 为采样周期。

(1) $G(z)=\dfrac{z}{(z-1)^2}$；　(2) $G(z)=\dfrac{z(1-e^{-aT})}{(z-1)(z-e^{-aT})}$；

(3) $G(z)=\dfrac{z^2}{z^2-1.5z+0.5}$；　(4) $G(z)=\dfrac{z}{(z-1)(z-2)}$。

8.5　求下列函数所对应的脉冲序列的初值和终值。

(1) $G(z)=\dfrac{z}{z-e^{-2}}$；　(2) $G(z)=\dfrac{z^2}{(z-1)(z-0.368)}$；

(3) $G(z)=\dfrac{z}{z^2-2z+1}$；　(4) $G(z)=\dfrac{z^{-1}\sin(1-z^{-1})}{(1-z^{-1})^2(1-0.3z^{-1})}$。

8.6　解下列差分方程。

(1) $y(k)=b_0u(k)+b_1u(k-1)-a_1y(k-1)$，$y(0)=1$，$u(k)=1(k)$；

(2) $y(k+2)+2y(k+1)+y(k)=u(k)$，$y(0)=0$，$y(1)=0$，$u(t)=t$。

8.7　离散系统的差分方程如下：

(1) $y(k+2)+5y(k+1)+3y(k)=u(k)$，$y(0)=\ y(1)=0$；

(2) $y(k+3)+4y(k+1)+3y(k)=u(k)$，$y(0)=\ y(1)=y(2)=0$，$u(0)=0$。

试写出它们的脉冲传递函数 $G(z)=\dfrac{Y(z)}{U(z)}$。

8.8　已知系统的结构如图 8.41 所示，$G_1(s)=\dfrac{1}{s+3}$，$G_2(s)=\dfrac{1}{s+4}$。试求(a)、(b)两种结构下系统的开环脉冲传递函数 $G(z)=C(z)/R(z)$。

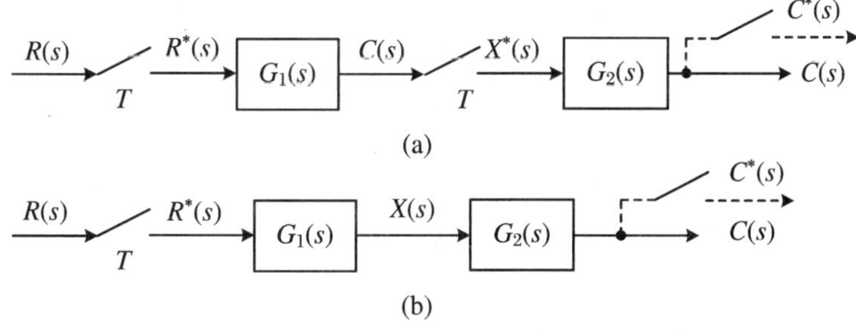

图 8.41　系统方框图

8.9　已知采样离散控制系统的结构如图8.42所示。试求系统的闭环脉冲传递函数或输出信号的Z变换$C(z)$。

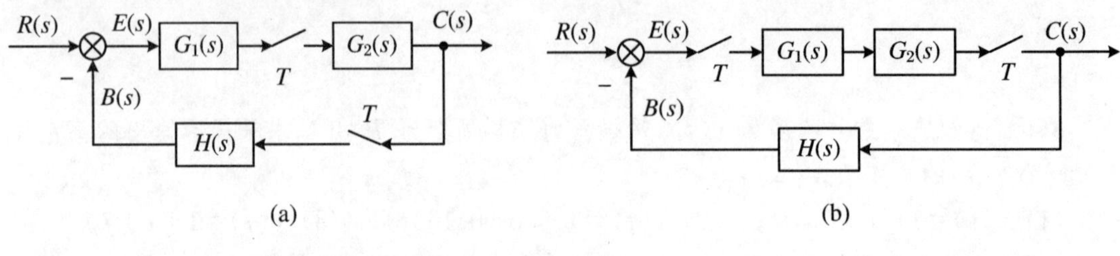

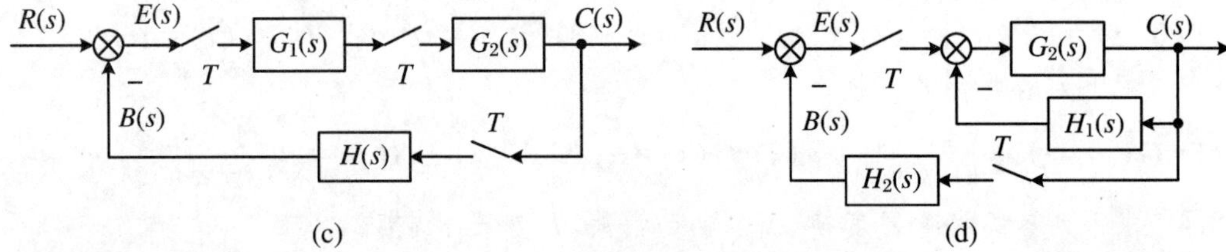

图8.42　采样离散控制系统方框图

8.10　如图8.43所示的采样系统，采样周期$T=0.5\ \mathrm{s}$，增益$k=4$。求闭环脉冲传递函数$\Phi(z)$。

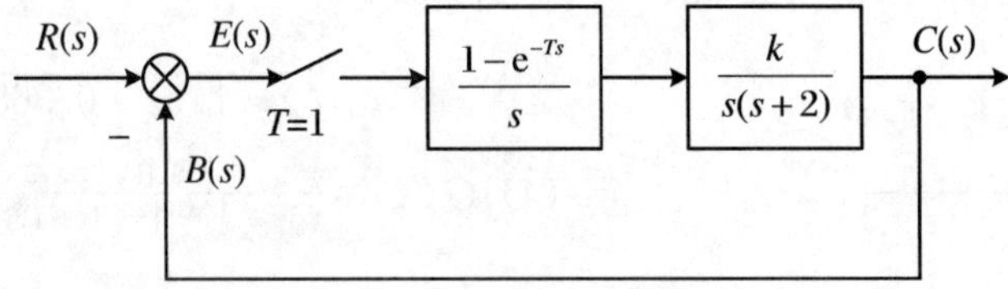

图8.43　采样系统方框图

8.11　已知系统的特征方程，试判断下列系统的稳定性：

(1) $D(z)=(z+0.91)(z+0.5)(z-0.72)=0$；

(2) $D(z)=z^3+0.58z^2+0.36z+0.81=0$；

(3) $D(z)=z^2+(0.63k-1.37)z+0.37=0$；

(4) $D(z)=5z^3-119z^2+31z-15=0$。

8.12　已知系统的结构如图8.44所示。试求$T=1\ \mathrm{s}$时，系统稳定的临界放大倍数k。

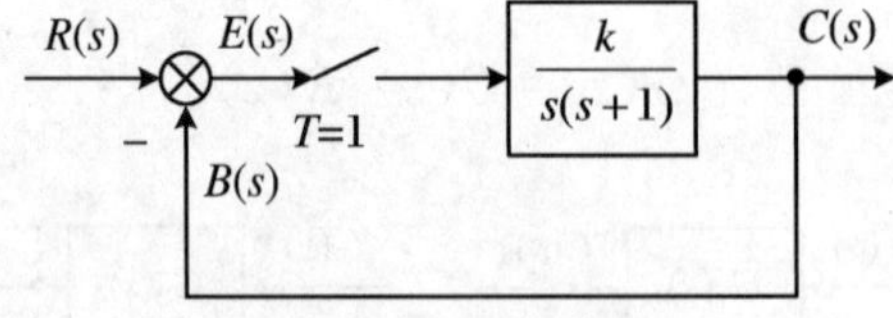

图8.44　系统方框图

8.13　已知采样系统如图8.45所示，其中$H(s)=1$，采样周期$T=1\ \mathrm{s}$。

(1) 当$k=5$时，分别在z域和w域中分析系统的稳定性。

(2) 试判断系统稳定的k值范围(采样周期$T=1\ \mathrm{s}$)。

(3) 若采样周期$T=0.5\ \mathrm{s}$，系统稳定的k值范围有何变化？

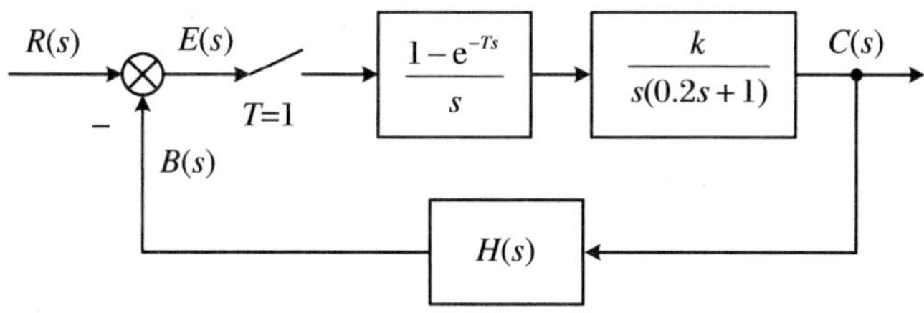

图 8.45　采样系统方框图

8.14　采样系统开环传递函数 $G(z)=\dfrac{z(1-\mathrm{e}^{-1})}{(z-1)(z-\mathrm{e}^{-1})}$，$T=0.1\ \mathrm{s}$，输入连续信号为 $r(t)=1(t)$ 和 $r(t)=t$。试分别计算单位反馈系统的稳态误差和静态误差系数。

8.15　已知系统的脉冲传递函数如下：

$$\Phi(z)=\frac{C(z)}{R(z)}=\frac{0.53+0.1z^{-1}}{1-0.37z^{-1}}$$

其中，$R(z)=\dfrac{z}{z-1}$。试求 $c(k)$。

8.16　已知采样系统如图 8.46 所示，其中采样周期 $T=0.2\ \mathrm{s}$，增益 $k=5$，参考输入 $r(k)=1(k)$。试根据系统输出响应分析其动态性能，并绘制输出响应曲线。

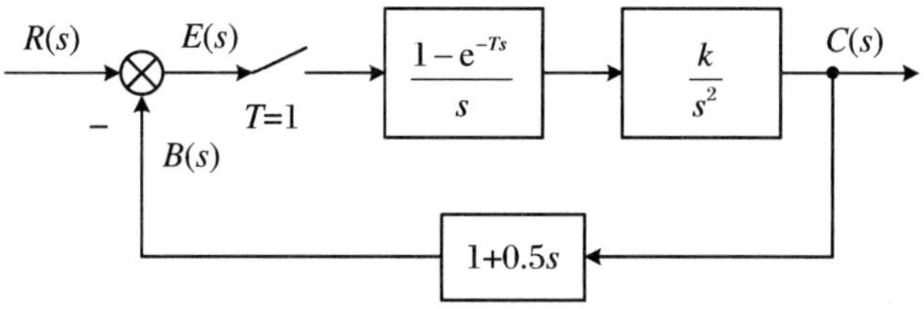

图 8.46　采样系统方框图

附录Ⅰ　自动控制原理专业词汇中英文对照表

中　文	英　文
自动控制	automatic control/cybernation
自动控制系统	automatic control system
自动控制理论	automatic control theory
经典控制理论	classical control theory
现代控制理论	modern control theory
智能控制理论	intelligent control theory
开环控制	open-loop control
闭环控制	closed-loop control
输入量	input
输出量	output
给定环节	given unit/element
比较环节	comparing unit/element
放大环节	amplifying unit/element
执行环节	actuating unit/element
控制环节	controlling unit/element
被控(制)对象	controlled plant
反馈环节	feedback unit/element
控制器	controller
扰动/干扰	perturbance/disturbance
前向通道	forward channel
反馈通道	feedback channel
恒值控制系统	constant control system
随动控制系统	servo/drive control system
程序控制系统	programmed control system
连续控制系统	continuous control system
离散控制系统	discrete control system
线性控制系统	linear control system

续表

中　　文	英　　文
非线性控制系统	nonlinear control system
定常/时不变控制系统	time-invariant control system
时变控制系统	time-variant control system
稳定性	stability
快速性	rapidity
准确性	accuracy
数学模型	mathematical model
微分方程	differential equation
非线性特性	nonlinear characteristic
线性化处理	linearization processing
泰勒级数	Taylor series
传递函数	transfer function
比例环节	proportional element
积分环节	integrating element
一阶惯性环节	first order inertial element
二阶惯性环节	second order inertial element
二阶振荡环节	second order oscillation element
微分环节	differentiation element
一阶微分环节	first order differentiation element
二阶微分环节	second order differentiation element
延迟环节	delay element
动态结构图	dynamic structure block
串联环节	serial unit
并联环节	parallel unit
信号流图	signal flow graph
梅森增益公式	Mason's gain formula
时域分析法	time domain analysis method
性能指标	performance index
阶跃函数	step function
斜坡函数	ramp function
抛物线函数	parabolic function/acceleration function
冲击函数	impulse function

附录Ⅱ 常用校正装置及其特性

原理图	传递函数	伯德图
C, R	$\dfrac{\tau s}{\tau s+1}$ $\tau = RC$	L(dB), 0, $\dfrac{1}{\tau}$, ω, +20
R_1, C, R_2	$\dfrac{\tau_1 s}{\tau_2 s+1}$ $\tau_1 = R_2 C$ $\tau_1 = R_1 C + R_2 C$	L(dB), 0, $\dfrac{1}{\tau}$, ω, +20, $20\lg\dfrac{R_2}{R_1+R_2}$
R_1, C, R_1	$k\dfrac{\tau_1 s+1}{\tau_2 s+1}$ $\tau_1 = R_1 C$ $\tau_2 = \dfrac{R_1 R_2}{R_1+R_2}C$ $k = \dfrac{R_2}{R_1+R_2}$	L(dB), 0, $\dfrac{1}{\tau_1}$, $\dfrac{1}{\tau_2}$, ω, 20 lg k, +20
C_1, C_2, R_1, R_2	$\dfrac{\tau_1\tau_2 s^2}{\tau_1\tau_2 s^2+(\tau_1+\tau_2+\tau_{12})s+1}$ $\tau_1 = R_1 C_1$ $\tau_2 = R_2 C_2$ $\tau_{12} = R_1 C_2$	L(dB), 0, $\dfrac{1}{\tau_1}$, $\dfrac{1}{\tau_2}$, ω, +20, +40

续表

原理图	传递函数	伯德图
R; C	$\dfrac{1}{\tau s+1}$ $\tau=RC$	L(dB); 0; $\frac{1}{\tau}$; ω; −20
R_1; R_2; C	$\dfrac{\tau_2 s+1}{\tau_1 s+1}$ $\tau_2=R_2C$ $\tau_1=(R_1+R_2)C$	L(dB); 0; $\frac{1}{\tau_1}$; $\frac{1}{\tau_2}$; ω; −20
R_1; R_2; C_1; C_2	$\dfrac{1}{\tau_1\tau_2 s^2+(\tau_1+\tau_2+\tau_{12})s+1}$ $\tau_1=R_1C_1$ $\tau_2=R_2C_2$ $\tau_{12}=R_1C_2$	L(dB); 0; $\frac{1}{\tau_1}$; $\frac{1}{\tau_2}$; ω; −20; −40
R_1; C_1; R_2; C_2	$\dfrac{(\tau_1 s+1)(\tau_2 s+1)}{\tau_1\tau_2 s^2+(\tau_1+\tau_2+\tau_{12})s+1}$ $\tau_1=R_1C_1$ $\tau_2=R_2C_2$ $\tau_{12}=R_1C_2$	L(dB); 0; $\frac{1}{\tau_1}$; $\frac{1}{\tau_2}$; ω; −20; +20; $20\lg\dfrac{\tau_1+\tau_2}{\tau_1+\tau_2+\tau_{12}/2}$
R_2; C; R_1; R_0; −; +	$k\dfrac{\tau_1 s+1}{\tau_2 s+1}$ $\tau_1=\dfrac{R_1R_2}{R_1+R_2}C$ $\tau_2=R_2C$ $k=\dfrac{R_1+R_2}{R_1}$	L(dB); 20 lg k; −20; $\frac{1}{\tau_1}$; 0; $\frac{1}{\tau_2}$; ω

续表

原理图	传递函数	伯德图
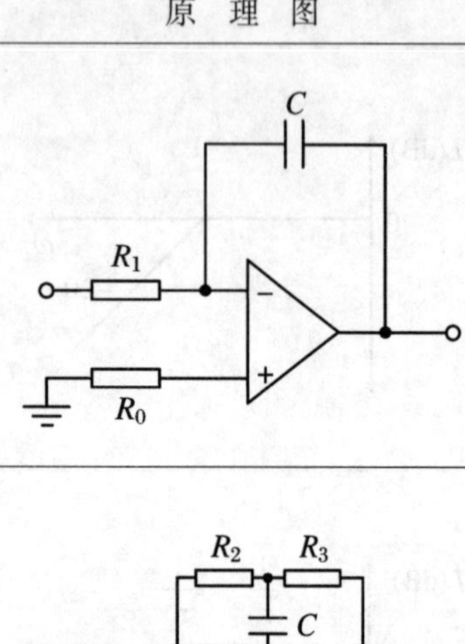	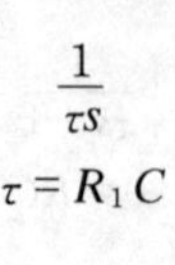 $\frac{1}{\tau s}$ $\tau = R_1 C$	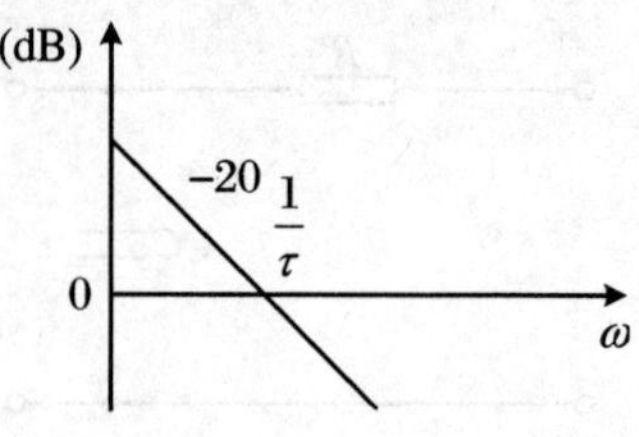
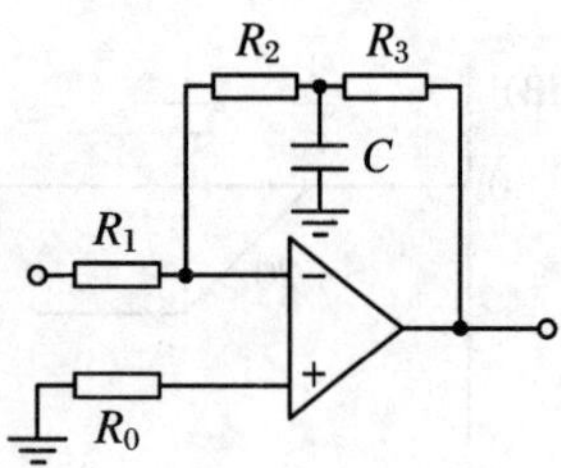	$k(\tau s+1)$ $\tau = \frac{R_2 R_3}{R_2 + R_3} C$ $k = \frac{R_2 + R_3}{R_1}$	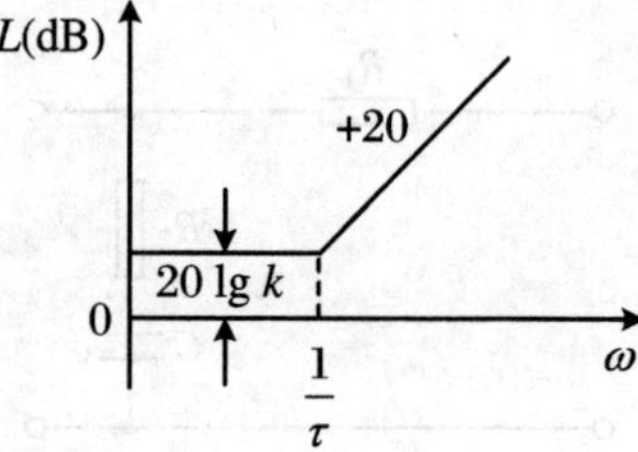
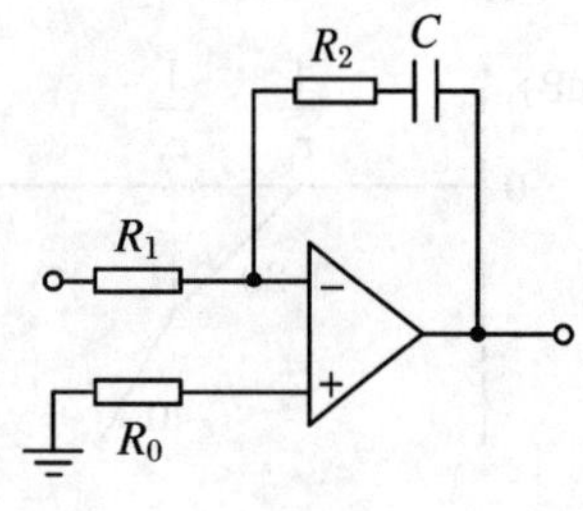	$k\frac{\tau s+1}{\tau s}$ $\tau = R_2 C$ $k = \frac{R_2}{R_1}$	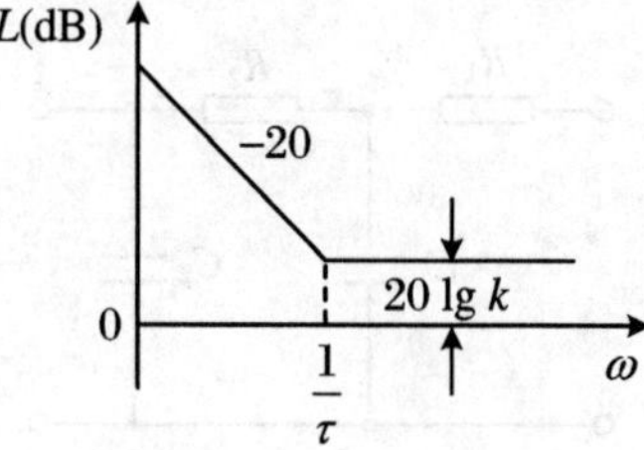
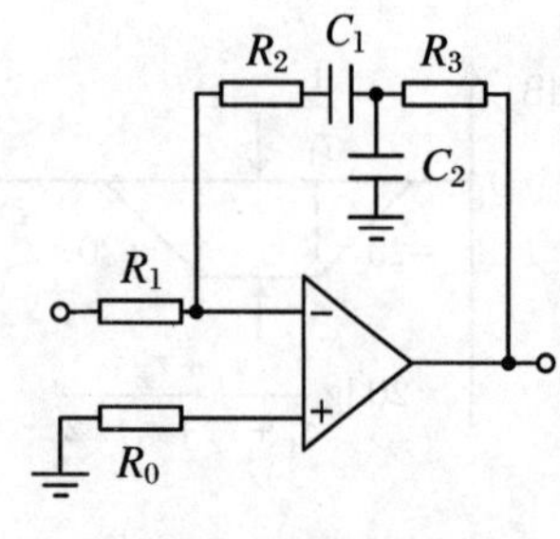	$k\frac{(\tau_1 s+1)(\tau_2 s+1)}{\tau_1 s}$ $\tau_1 = R_2 C_1$ $\tau_2 = R_3 C_2 \quad (C_2 \gg C_1, R_2 \gg R_3)$ $k = \frac{R_2}{R_1}$	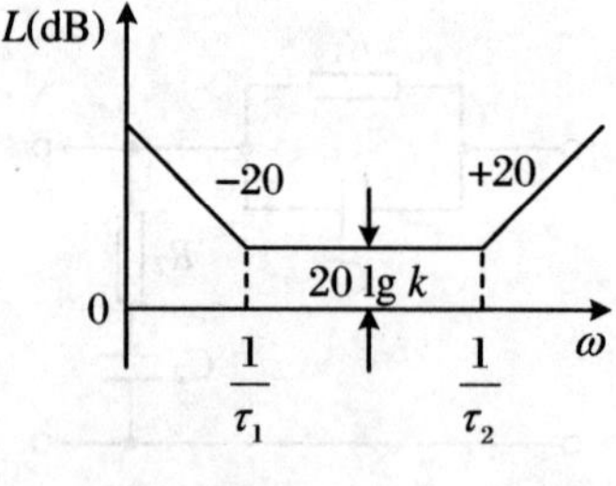
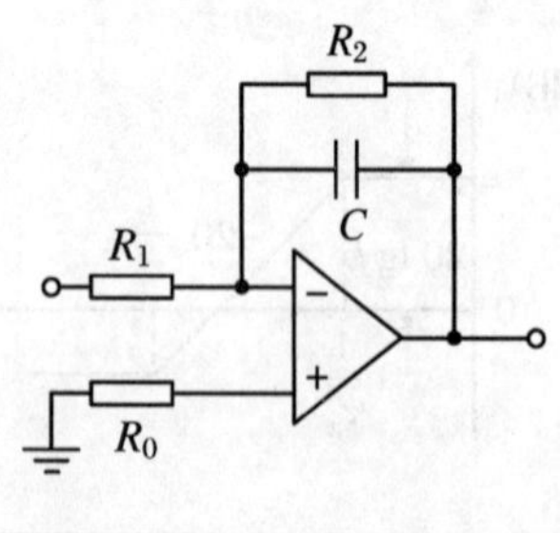	$k\frac{1}{\tau s+1}$ $\tau = R_2 C$ $k = \frac{R_2}{R_1}$	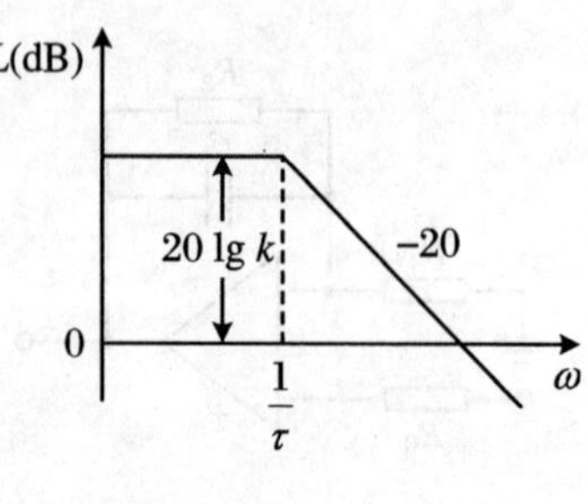

续表

原理图	传递函数	伯德图
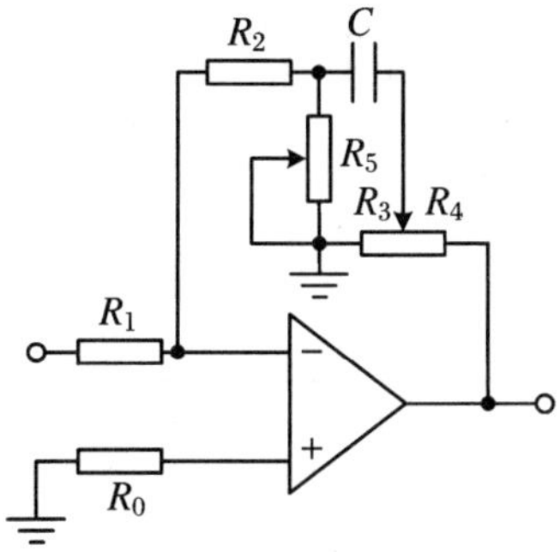 R_2 C R_5 R_3 R_4 R_1 R_0	$k\dfrac{\tau s+1}{\tau s}$ $\tau=R_5C\quad(R_2\gg R_3+R_4)$ $k=\dfrac{R_2}{R_1}\left(1+\dfrac{R_4}{R_3}\right)$	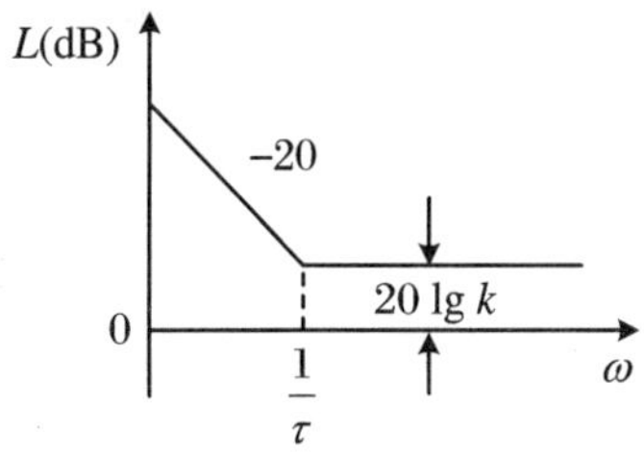 L(dB) −20 20 lg k 0 $\frac{1}{\tau}$ ω
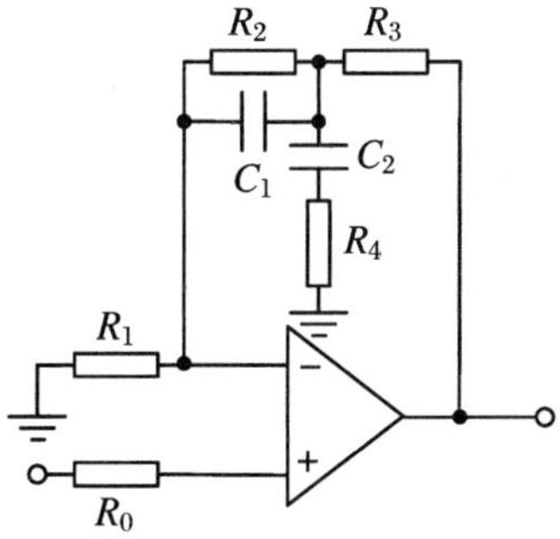 R_2 R_3 C_1 C_2 R_4 R_1 R_0	$k\dfrac{(\tau_2s+1)(\tau_3s+1)}{(\tau_1s+1)(\tau_4s+1)}$ $\tau_1=R_2C_1$ $\tau_2=\dfrac{R_1R_2}{R_1+R_2}C$ $\tau_3=(R_3+R_4)C_2$ $\tau_4=R_4C_2\quad(R_1\gg R_3)$ $k=\dfrac{R_1+R_2+R_3}{R_1}$	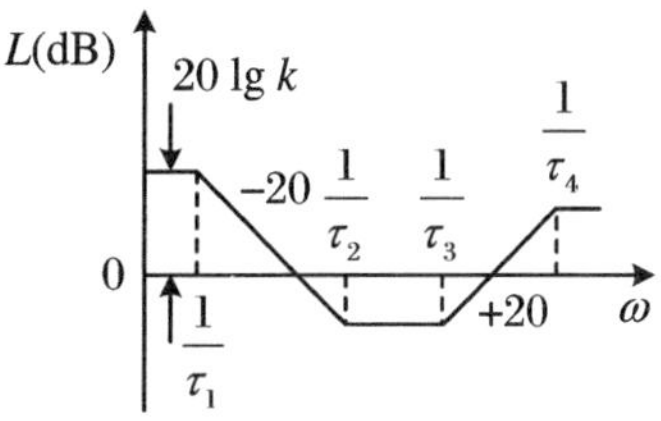 L(dB) 20 lg k −20 $\frac{1}{\tau_2}$ $\frac{1}{\tau_3}$ $\frac{1}{\tau_4}$ 0 $\frac{1}{\tau_1}$ +20 ω
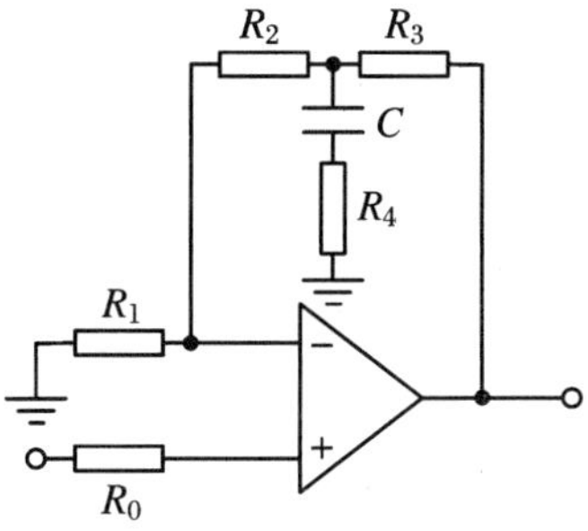 R_2 R_3 C R_4 R_1 R_0	$k\dfrac{\tau s+1}{\tau_4s+1}$ $\tau=\left(\dfrac{R_2R_3}{R_2+R_3}+R_4\right)C$ $\tau_4=R_4C$ $k=\dfrac{R_1+R_2+R_3}{R_1}$	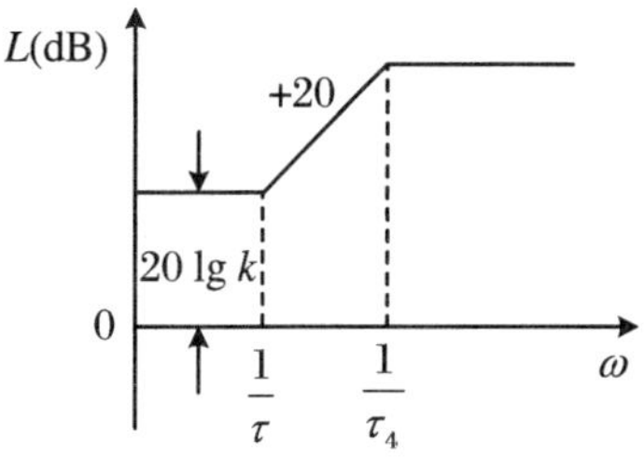 L(dB) +20 20 lg k 0 $\frac{1}{\tau}$ $\frac{1}{\tau_4}$ ω

注：1. 给出的传递函数默认运算放大器为理想的，并且未考虑反号输入时对增益 k 的符号影响。

2. 使用运算放大器反号输入端的校正装置，其传递函数中的增益 k 可整定为 $k<1$，伯德图均画为 $k>1$ 的图形。

附录Ⅲ　拉氏变换表与相关性质

附表 1　常用时间函数拉氏变换对照表

序号	$f(t)$	$F(s)$
1	$\delta(t)$	1
2	$1(t)$	$\frac{1}{s}$
3	t	$\frac{1}{s^2}$
4	$\frac{1}{2}t^2$	$\frac{1}{s^3}$
5	$\delta(t-T)$	e^{-sT}
6	e^{-at}	$\frac{1}{s+a}$
7	te^{-at}	$\frac{1}{(s+a)^2}$
8	$\frac{1}{2}t^2e^{-at}$	$\frac{1}{(s+a)^3}$
9	$\frac{1}{n!}t^n \quad (n=1,2,3,\cdots)$	$\frac{1}{s^{n+1}}$
10	$\frac{1}{n!}t^n e^{-at} \quad (n=1,2,3,\cdots)$	$\frac{1}{(s+a)^{n+1}}$
11	$1-e^{-at}$	$\frac{a}{s(s+a)}$
12	$\frac{1}{b-a}(e^{-at}-e^{-bt})$	$\frac{1}{(s+a)(s+b)}$
13	$\frac{1}{b-a}(be^{-bt}-ae^{-at})$	$\frac{s}{(s+a)(s+b)}$
14	$\frac{1}{ab}\left[1+\frac{1}{a-b}(be^{-at}-ae^{-bt})\right]$	$\frac{1}{s(s+a)(s+b)}$

续表

序号	$f(t)$	$F(s)$
15	$\frac{1}{a^2}(at-1+e^{-at})$	$\frac{1}{s^2(s+a)}$
16	$\sin \omega t$	$\frac{\omega}{s^2+\omega^2}$
17	$\cos \omega t$	$\frac{s}{s^2+\omega^2}$
18	$e^{-at}\sin \omega t$	$\frac{\omega}{(s+a)^2+\omega^2}$
19	$e^{-at}\cos \omega t$	$\frac{s+a}{(s+a)^2+\omega^2}$
20	$e^{-\zeta\omega_n t}\sin \omega_d t$	$\frac{\omega_d}{(s+\zeta\omega_n)^2+\omega_d^2}$
21	$e^{-\zeta\omega_n t}\cos \omega_d t$	$\frac{s+\zeta\omega_n}{(s+\zeta\omega_n)^2+\omega_d^2}$

附表 2　拉氏变换的几个重要性质

序号	名　称	公　　式
1	线性定理	$L[af_1(t)\pm bf_2(t)]=aF_1(s)\pm bF_2(s)$
2	实位移定理	$L[f(t-\tau_0)]=e^{-\tau_0\times s}\times F(s)$
3	复位移定理	$L[e^{at}f(t)]=F(s-a)$
4	相似性	$L[f(t/a)]=aF(as)$
5	微分定理	$L[f'(t)]=sF(s)-f(0)$ $L[f^{(n)}(t)]=s^nF(s)-s^{n-1}f(0)-s^{n-2}f'(0)-\cdots-sf^{(n-2)}(0)$ $-f^{(n-1)}(0)$
6	积分定理	$L\left[\int f(t)\mathrm{d}t\right]=\frac{1}{s}F(s)$
7	初值定理	$\lim\limits_{t\to 0}f(t)=\lim\limits_{s\to\infty}sF(s)$
8	终值定理	$\lim\limits_{t\to\infty}f(t)=\lim\limits_{s\to 0}sF(s)$
9	卷积定理	$L[f_1(t)*f_2(t)]=F_1(s)\cdot F_2(s)$

附录Ⅳ 串联校正的 MATLAB 应用程序

在这里我们编写了控制系统串联校正的 MATLAB 应用程序代码，以方便读者利用 MATLAB 软件对系统进行校正。这些程序对我们更好地理解控制系统串联校正过程有很大帮助。其中，Gmd 表示期望的幅值增益裕度，Pmd 表示期望相位裕度，Kv 表示期望的开环增益，tp 表示峰值时间，tr 表示上升时间，ts 表示调节时间，percentovershoot 表示超调量。

程序 1 超前校正程序

本程序可以用来较方便地进行超前校正的设计，从而避免烦琐的计算。在程序中我们也给出了校正后闭环单位阶跃响应的计算，整个程序清单如下：

```
Gmd = input('请输入期望的 Gmd:');
Pmd = input('请输入期望的 Pmd:');
Kv = input('请输入期望的 Kv:');
Z = input('请输入原系统的零点 Z=[ ]:');
P = input('请输入原系统的极点 P=[ ]:');
K = input('请输入原系统的开环增益 K:');
disp('原系统零极点模型')
sys = zpk(Z,P,K)
sys1 = tf(sys);
[num,den] = tfdata(sys1,'v');
den1 = den(find(abs(den)>0));
num1 = num;
K1 = polyval(num1,0)/ polyval(den1,0);
Kopen = Kv / K1;                    %计算校正前系统增益
sysold = Kopen * sys;
[Gmo,Pmo,Wcgo,Wcpo] = margin(sysold);
disp('原系统的相对稳定裕度:')
Gmo = 20 * log10(Gmo),Pmo,Wcgo,Wcpo
phacmp = Pmd - Pmo + 5;             %考虑相位滞后，根据经验一般需要
phc = phacmp * pi/180;              %追加 5 度，这里追加了 6.5 度
alpha1 = (1 - sin(phc))/(1 + sin(phc));
h = (1 + sin(Pmd * pi / 180))/(1 - sin(Pmd * pi / 180));
```

```
if(1/alpha1)< h
    alpha = 1 /(h);
else
    alpha = alpha1;
end
Gaincmp= 10 * log10(alpha);
[mag,phase,w]= bode(sysold);
[l,c]= size(mag);
mag1 = zeros(c,1);
for  i= 1 : c
    mag1(i)= 20 * log10(mag(1,1,i));
end
Wcnew= interp1(mag1,w,Gaincmp,'spline');
Zc= Wcnew * sqrt(alpha);
Pc= Zc / alpha;
disp('校正环节的传递函数:')
cmp=zpk(-Zc,-Pc,1/alpha)
disp('校正后系统传递函数:')
sysnew= cmp * sysold
figure(1);
bode(sysnew,'r',sysold,'b--')
legend('校正后','---','校正前')
title('校正前后伯德图比较')
grid
disp('校正后系统的相对裕度:');
[Gmn,Pmn,Wcgn,Wcpn]= margin(sysnew);
Gmn= 20 * log10(Gmn),Pmn,Wcgn,Wcpn
figure(2);
subplot(121);
sysclose= feedback(sysold,1);
step(sysclose);
title('校正前闭环系统单位阶跃响应')
grid
subplot(122);
sysclosenew= feedback(sysnew,1);
step(sysclosenew);
title('校正后闭环系统单位阶跃响应 ')
grid
%以下程序计算校正后闭环系统的单位阶跃响应
[num2,den2]= tfdata(tf(sysclosenew),'v');
```

```
finalvalue = polyval(num2,0)/ polyval(den2,0);
[y,t] = step(sysclosenew);
[Y,k] = max(y);
tp = t(k)                                                %计算峰值时间
percentovershoot = 100 * abs(Y - finalvalue)/ finalvalue   %计算超调量
    n = 1;                                               %计算上升时间
while  y(n) < 0.1 * finalvalue
    n=n+1;
end
m=1;
while  y(m) < 0.9 * finalvalue
    m = m+1;
end
tr = t(m) - t(n)
l = length(t);                                           %计算调节时间
for i = 1 : l
    if  y(i)> 1.02 * finalvalue
        ts = t(i);
    elseif  y(i)< 0.98 * finalvalue
            ts = t(i);
    end
end
ts
```

对于本书第6.2.2小节所举的例子,我们输入相关数据,例如:Gmd =10,Pmd=50,Kv=20,Z=[],P=[0 -2],K=2。程序执行后,结果如下:

原系统零极点模型:$\dfrac{2}{s(s+2)}$;

原系统的相对稳定裕度:Pmo=17.9642,Wcpo=6.1685;

校正环节的传递函数:$\dfrac{7.5486(s+3.781)}{(s+28.54)}$;

校正后系统传递函数:$\dfrac{301.9453(s+3.781)}{s(s+2)(s+28.54)}$;

校正后闭环系统单位阶跃响应计算结果:

tp=0.2910,percentovershoot=11.9606;

tr=0.1198,ts=0.6591。

从上面的结果可以看出,校正后系统满足所给性能指标要求。因此,校正是成功的。

我们也可以删去用来计算阶跃响应的那段程序,直接从阶跃响应曲线中求取,具体方法如下:把鼠标拖到曲线上,双击鼠标左键或单击鼠标右键,将会出现一个对话窗口,然后选择properties,等待出现一个对话窗口后,选择characteristic,接着选择其中的几个show……后,单击close,此时曲线上就会出现几个小黑点,这时我们可以单击相应的小黑点来求取阶跃响应数值。

程序绘制的图像如附图 1、附图 2 所示。

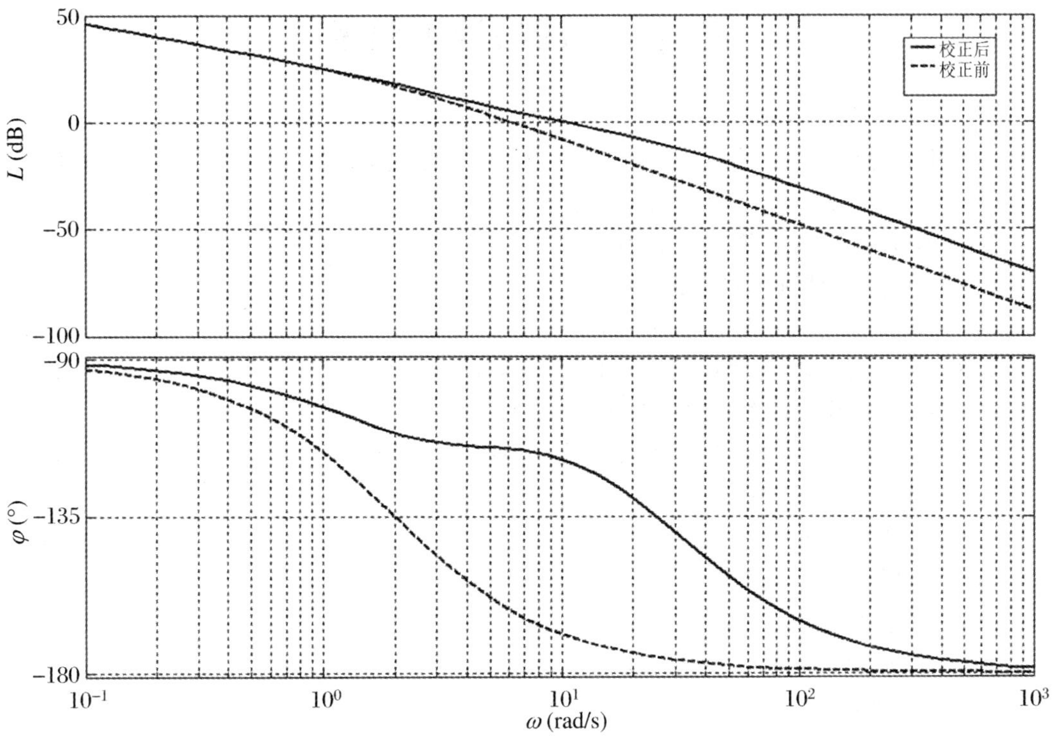

附图 1　校正前后伯德图比较

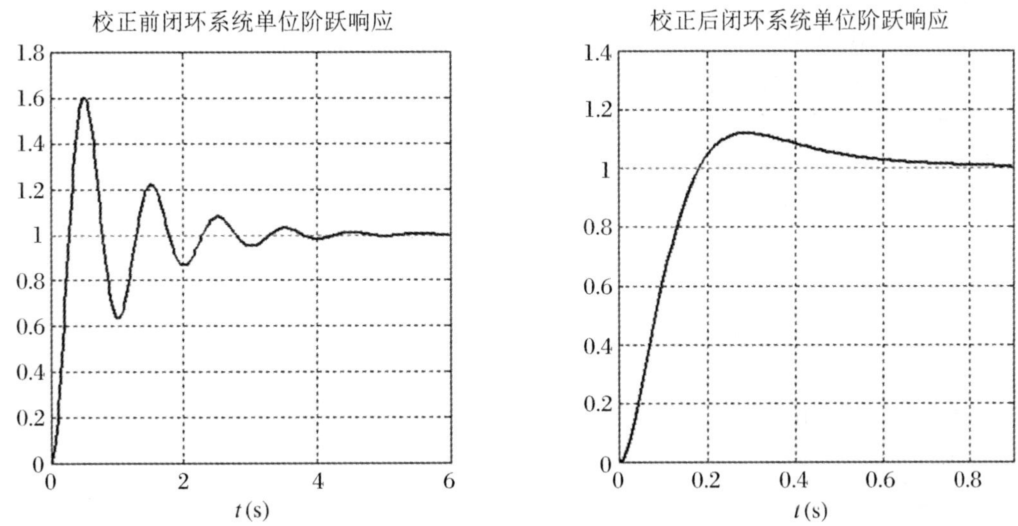

附图 2　校正前后闭环系统单位阶跃响应比较

程序 2　滞后校正程序

本程序没有给出校正后有关闭环单位阶跃响应的计算，如果需要，可以参考程序 1 中的相关部分，也可以按照前文介绍的那样用鼠标直接从图中求取。程序清单如下：

```
Gmd = input('请输入期望的 Gmd:');
Pmd = input('请输入期望的 Pmd:');
Kv = input('请输入期望的 Kv:');
Z = input('请输入原系统的零点 Z = [ ]:');
P = input('请输入原系统的极点 P = [ ]:');
K = input('请输入原系统的开环增益 K:');
disp('原系统零极点模型')
sys = zpk(Z,P,K)
sys1 = tf(sys);
[num,den] = tfdata(sys1,'v');
den1 = den(find(abs(den)>0));
num1 = num;
K1 = polyval(num1,0)/ polyval(den1,0);          %计算原系统开环增益
Kopen = Kv / K1;
sysold = Kopen * sys;
[Gmo,Pmo,Wcgo,Wcpo]= margin(sysold);
disp(' 原系统相对裕度:')
Gmo = 20 * log10(Gmo),Pmo,Wcgo,Wcpo
[mag,phase,w]= bode(sysold);
[l,c]= size(mag);
mag1 = zeros(c,l);
for i = 1 : c
    mag1(i)= mag(1,1,i);
end
[l,c]= size(phase);
phal = zeros(c,l);
for i = 1 : c
    phal(i)= phase(1,1,i);
end
%Gmo1 = 20 * log10(Gmo);
if Gmo < 0 | Pmo < 0
    disp(' 未校正系统闭环不稳定!!!!');
end
```

```
phacmp = -180 + Pmd + 12;                   %根据工程经验选公式
Wcnew = interp1(phal,w,phacmp,'spline');    %20 * log10(beta)
mag2 = interp1(w,mag1,Wcnew,'spline');      %= 20 * log10(|Gc(jWc)|)
beta = 1 / mag2;                            %= -20 * log10(|Go(jWc)|)
Zc = Wcnew / 5;                 %可求出 Pc = beta = 1 / |Go(jWc)| = 1/mag2
Pc = Zc * beta;
disp('校正环节传递函数:');
cmp = zpk(Zc,-Pc,beta)
disp('校正后开环传递函数:')
sysnew = cmp * sysold
figure(1);
bode(sysnew,'r',sysold,'--')
legend('校正后','---','校正前')
title('校正前后伯德图比较')
grid
[Gmn,Pmn,Wcgn,Wcpn]= margin(sysnew);
disp('校正后系统相对稳定裕度:');
Gmn = 20 * log10(Gmn),Pmn,Wcgn,Wcpn
figure(2);
subplot(121);
sysclose = feedback(sysold,1);
step(sysclose)
title('校正前闭环系统单位阶跃响应')
grid
subplot(122);
sysclosenew = feedback(sysnew,1);
step(sysclosenew);
title('校正后闭环系统单位阶跃响应')
grid
```

对于本书第 6.3.2 小节所举例子，我们输入以下数据：Gmd = 10，Pmd = 40，Kv = 5，Z = [ ]，P = [0 −1 −2]，K = 2。程序执行后，结果如下：

原系统零极点模型：$\dfrac{2}{s(s+1)(s+2)}$；

原系统相对裕度：Gmo = −4.4370，Pmo = −12.9919，Wcgo = 1.4142，Wcpo = 1.8020；

未校正系统闭环后不稳定!!!!

校正环节传递函数：$\dfrac{0.1052(s+0.09293)}{(s+0.009776)}$；

校正后开环传递函数：$\dfrac{1.052(s+0.09293)}{s(s+0.009776)(s+1)(s+2)}$；

校正后系统相对稳定裕度：Gmn = 13.9617，Pmn = 41.5141，Wcgn = 1.3231，Wcpn =

0.4718。

从以上结果可以看出，未校正系统是不稳定的，校正后系统是能满足所给指标要求的。因此，校正是成功的。

程序绘制的图像如附图3、附图4所示。

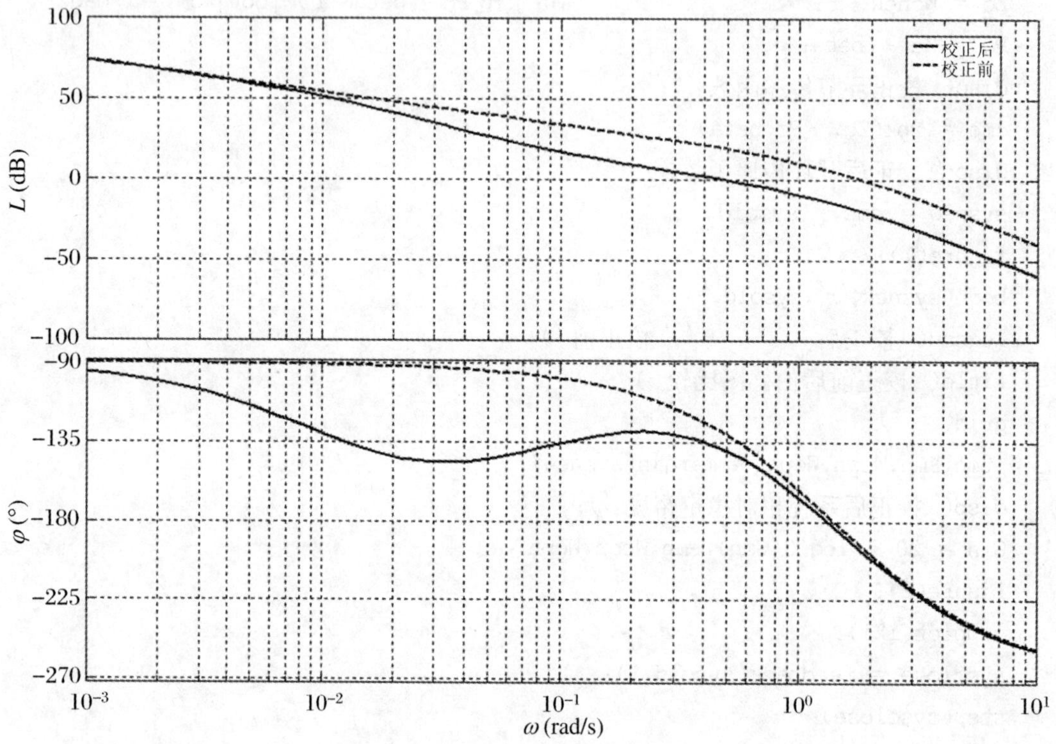

附图3　校正前后伯德图比较

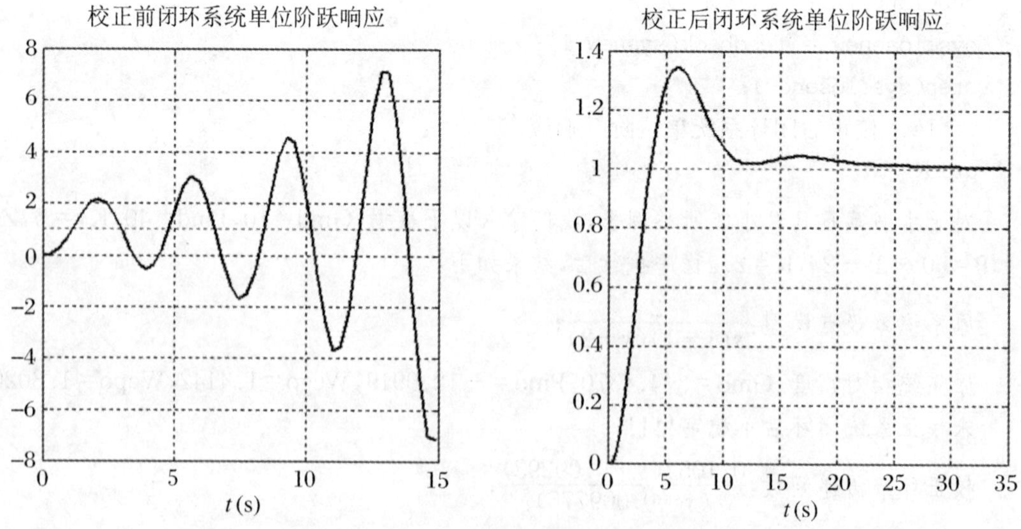

附图4　校正前后闭环系统单位阶跃响应比较

程序 3　滞后-超前校正程序

程序中 Wc 表示期望的剪切频率，其余的变量同前文。程序清单如下：

```
Gmd = input(' 请输入期望的 Gmd:');
Pmd = input(' 请输入期望的 Pmd:');
Kv = input(' 请输入期望的 Kv:');
Z = input(' 请输入原系统的零点 Z =[ ]:');
P = input(' 请输入原系统的极点 P =[ ]:');
K = input(' 请输入原系统的开环增益 K:');
Wc = input(' 请输入期望的 Wc 如果对 Wc 没有具体要求，请输入任意一个负数:');
alpha= input(' 请输入范围在(5—15)的一个正数 alpha(根据工程经验):');
disp(' 原系统零极点模型 ')
sys = zpk(Z,P,K);
[num,den]= tfdata(tf(sys),'v');
den1 = den(find(abs(den)> 0));
num1 = num;
K1 = polyval(num1,0)/ polyval(den1,0);
Kc = Kv / K1;
sys1 = Kc * sys;
disp(' 校正前考虑开环增益后系统的相对稳定性指标:')
[Gmo,Pmo,Wcgo,Wcpo]= margin(sys1);
Gmo = 20 * log 10(Gmo),Pmo,Wcgo,Wcpo
if  Wc < 0
    Wc = Wcgo;
else Wc = Wc;;
end
beta = 0.1;               %为了减少滞后部分对相角裕度的影响，根据工程经验选
T1 = alpha /(beta * Wc);  %选 1/T1 * beta =(1/5—1/15) * Wc，由此可求出 T1
disp(' 滞后校正元件的传递函数:')
cmp1 = tf([beta * T1 1],[T1 1])
[mag0,phase0,w] = bode(sys1);
[l,c]= size(mag0);
mag1 = zeros(c,l);
for  i = 1 : c
    mag1(i)= 20 * log10(mag0(1,1,i));
end
```

```
magwc = -interp1(w,mag1,Wc,'spline');
%计算考虑开环增益后系统在 Wc 处的幅值
Lm = 20 * log10(beta);
G1 = magwc/20;
T2 = 10 ^ G1 / Wc;
G2 =(magwc-Lm)/ 20;
aT2 = 10 ^ G2 / Wc;
disp('超前校正元件的传递函数:')
cmp2 = tf([aT2 1],[T2 1])
disp('滞后-超前校正元件的传递函数:')
cmp = cmp1 * cmp2
disp('校正后开环传递函数:')
sysnew = sys1 * cmp
figure(1);
bode(sysnew,'r',sys1,' - - ')
title('校正前后伯德图比较')
legend('校正后',' - - - ','校正前')
grid
disp('校正后系统的相对稳定性指标:');
[Gmn,Pmn,Wcgn,Wcpn]= margin(sysnew);
Gmn = 20 * log10(Gmn),Pmn,Wcgn,Wcpn
figure(2);
subplot(121)
syscloseold = feedback(sys1,1);
step(syscloseold);
title('校正前闭环系统单位阶跃响应曲线')
grid
subplot(122)
step(sysclosenew)
title('校正后闭环系统单位阶跃响应曲线')
grid
```

对于本书第 6.4.2 小节所给的例题,输入以下数据:Gmd = 10,Pmd = 50,Kv = 10,Z = [],P = [0 -1 -2],K = 2,Wc = -8,alpha = 14.2,程序执行后,结果如下:

原系统零极点模型:$\dfrac{2}{s(s+1)(s+2)}$;

校正前考虑开环增益后系统的相对稳定性指标:

Gmo = -10.4576,Pmo = -28.0814,Wcgo = 1.4142,Wcpo = 2.4253;

滞后校正元件的传递函数:$\dfrac{10.04s+1}{100.4s+1}$;

超前校正元件的传递函数:$\dfrac{2.121s+1}{0.2121s+1}$;

滞后-超前校正元件的传递函数：$\dfrac{21.3s^2+12.16s+1}{21.3s^2+100.6s+1}$；

校正后开环传递函数：$\dfrac{20(s+0.4714)(s+0.09959)}{s(s+1)(s+2)(s+4.714)(s+0.009959)}$；

校正后系统的相对稳定性指标：Gmn = 12.5910，Pmn = 50.7446，Wcgn = 3.4976，Wcpn = 1.4286。

从以上结果可以看出，校正是成功的。另外，我们可通过调整 alpha 和 beta 的值来得到更令人满意的效果。程序绘制的图像如附图 5、附图 6 所示。

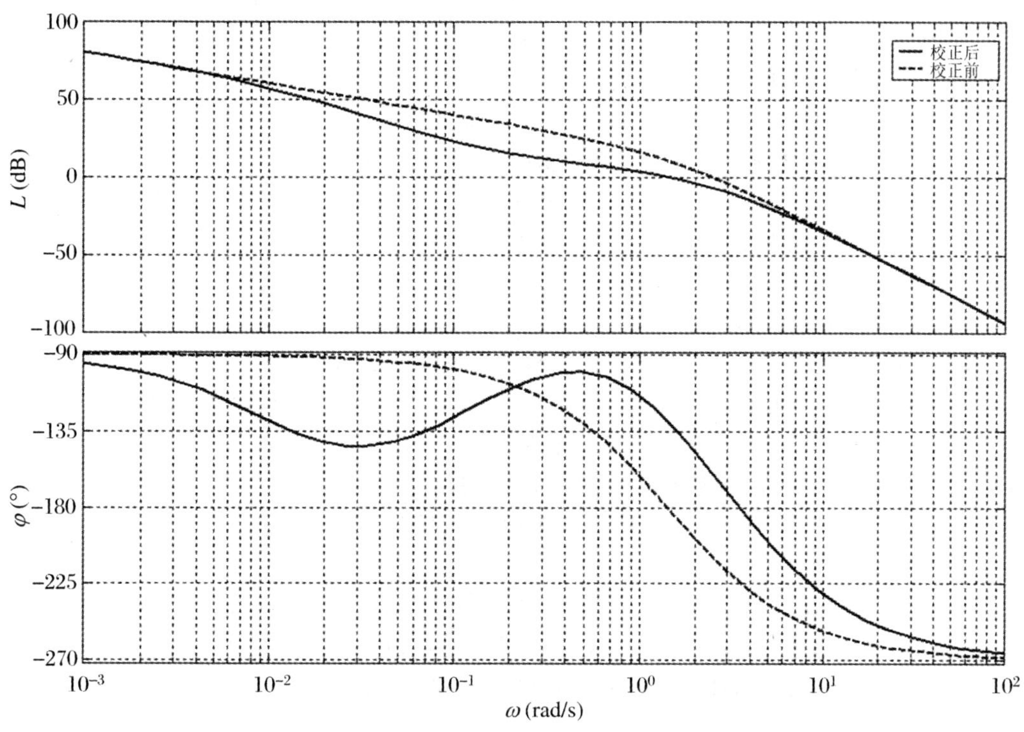

附图 5　校正前后伯德图比较

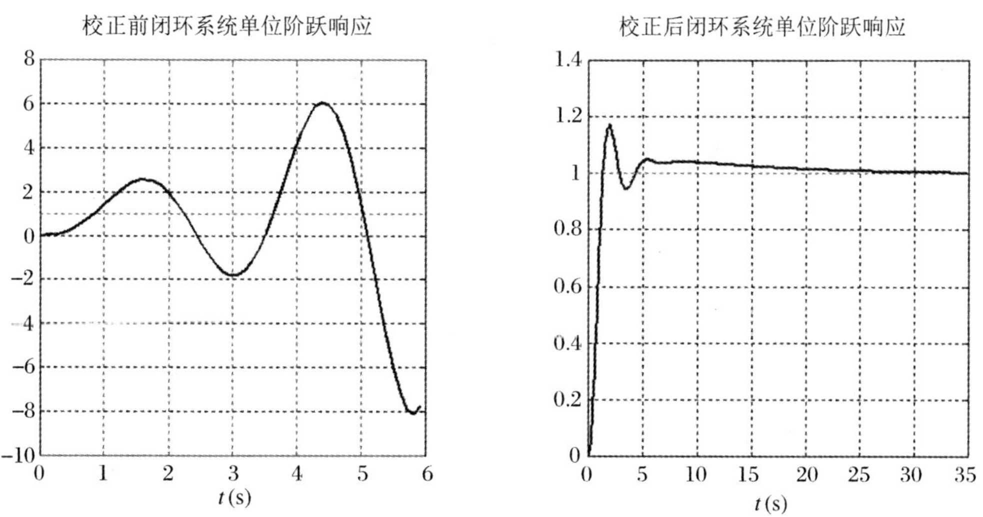

附图 6　校正前后闭环系统单位阶跃响应比较

参 考 文 献

［1］ 李约瑟.中国科学技术史:物理学及相关技术:机械工程［M］.北京:科学出版社,1999.

［2］ 纳格拉思,戈帕尔.控制系统工程［M］.刘绍球,李连升,崔士义,译.北京:电子工业出版社,1985.

［3］ 李友善.自动控制原理［M］.3版.北京:国防工业出版社,2007.

［4］ 胡寿松.自动控制原理［M］.6版.北京:科学出版社,2013.

［5］ 吴麒,王诗宓.自动控制原理［M］.2版.北京:清华大学出版社,2006.

［6］ 夏德钤,翁贻方.自动控制理论［M］.4版.北京:机械工业出版社,2012.

［7］ 吴仲阳.自动控制原理［M］.北京:高等教育出版社,2005.

［8］ 邹伯敏.自动控制理论［M］.4版.北京:机械工业出版社,2019.

［9］ 王广雄,何朕.控制系统设计［M］.北京:清华大学出版社,2008.

［10］ 钱学森,宋健.工程控制论［M］.3版.北京:科学出版社,2011年.

［11］ 冯纯伯,费树岷.非线性控制系统分析与设计［M］.2版.北京:电子工业出版社,1998.

［12］ 高为炳.非线性控制系统导论［M］.北京:科学出版社,1988.

［13］ 高为炳.变结构控制理论基础［M］.北京:中国科学技术出版社,1990.

［14］ 绪方胜彦.现代控制工程［M］.4版.北京:清华大学出版社,2006.

［15］ 王翼.离散控制系统［M］.北京:科学出版社,1987.

［16］ 徐丽娜.数字控制:建模与分析、设计与实现［M］.2版.北京:科学出版社,2006.

［17］ 薛定宇.反馈控制系统设计与分析:MATLAB语言应用［M］.北京:清华大学出版社,2000.

［18］ 楼顺天,于卫.基于MATLAB的系统分析与设计:控制系统［M］.西安:西安电子科技大学出版社,1998.

［19］ 胡寿松.自动控制原理习题集［M］.北京:国防工业出版社,1990.

［20］ 卢京潮,刘慧英.自动控制原理典型题解析及自测试题［M］.西安:西北工业大学出版社,2001.

［21］ 胡寿松.自动控制原理题海与考研指导［M］.2版.北京:科学出版社,2013.